Forensic Fire Scene Reconstruction
(3rd Edition)

火灾现场重建

（原著第三版）

［美］大卫 J. 艾克（David J. Icove）
［美］约翰 D. 德哈恩（John D. DeHaan） 著
［美］杰拉德 A. 海恩斯（Gerald A. Haynes）

张金专　车强　主译

化学工业出版社

·北京·

内容简介

《火灾现场重建》（原著第三版）深入阐述消防工程计算、火灾模拟、重建技术等内容，并对推动火灾现场重建技术改革和创新的几起典型案例进行详细描述。本书还涵盖了几个特殊研究主题，包括使用扫描全景照片、准备调查报告、点火矩阵、专家证言、计算机建模和激光成像等。

本书可作为火灾调查人员开展火灾调查工作的指导用书，也可供火灾调查研究人员阅读，还可供消防救援队伍、公安机关和消防工程领域工作人员参考阅读。

Forensic Fire Scene Reconstruction, 3rd edition/by David J. Icove, John D. DeHaan, Gerald A. Haynes ISBN 9780132605779

图书在版编目（CIP）数据

火灾现场重建/(美）大卫J. 艾克（David J. Icove），（美）约翰 D. 德哈恩（John D. DeHaan），（美）杰拉德 A. 海恩斯（Gerald A. Haynes）著；张金专，车强主译. —北京：化学工业出版社，2022. 11

书名原文：Forensic Fire Scene Reconstruction（3rd Edition）

ISBN 978-7-122-41979-8

Ⅰ. ①火… Ⅱ. ①大…②约…③杰…④张…⑤车… Ⅲ. ①火灾-调查 Ⅳ. ①TU998. 12

中国版本图书馆 CIP 数据核字（2022）第 146514 号

责任编辑：高 震 杜进祥　　装帧设计：韩 飞

责任校对：宋 夏

出版发行：化学工业出版社（北京市东城区青年湖南街 13 号 邮政编码 100011）

印 装：北京天宇星印刷厂

787mm×1092mm 1/16 印张 27 字数 610 千字 2022 年 11 月北京第 1 版第 1 次印刷

购书咨询：010-64518888　　售后服务：010-64518899

网 址：http://www.cip.com.cn

凡购买本书，如有缺损质量问题，本社销售中心负责调换。

定 价：158.00 元

译者序

火灾调查是消防工作的基础，消防法律法规、标准中关键条文都是从一起起火灾事故中总结出来的。

火灾调查人员不仅要关注调查程序、调查方法和调查技术，火灾发生后，还需要利用重建思维，综合运用火灾科学理论、证人证言、现场痕迹物证和科学试验结果重新构建整个火灾现场，以便相关人员理解火灾发生、发展的全过程，同时回应法庭上辩护专家的种种质证。《火灾现场重建》（原著第三版）一书正是为满足火灾调查人员此方面的需求，由三位资深火灾调查和法庭科学专家总结数十年工作经验撰写而成的。

火灾是全人类的共同敌人，不同国家的火灾调查理念、方法和技术的交流融通，可以推动火灾调查水平的快速提升。2018 年机构改革后，我国专门组建国家综合性消防救援队伍，火灾调查在消防中的地位作用凸显；公安部刑侦局专门成立涉火案件侦查处，公安机关对涉火案件的侦查愈发重视。这对火灾调查人员提出了更高的要求，需要火灾调查人员具有更高的站位，以便用更宽广的视野，更精湛的技术来完成新时代的火灾调查工作。《火灾现场重建》（原著第三版）一书以全新视角，深入阐述火灾现场重建的方法和技术，可供消防救援队伍、公安机关和消防工程等领域专家学者参考。

对于那些在火灾调查方面存在疑惑的调查人员，《火灾现场重建》（原著第三版）为其打开了一条新的途径，提供了一套科学的方法，指导其如何重建火灾现场，在法庭上如何更权威地陈述专家证言。相信此书会引领火灾调查人员在专业领域更上一层楼，推动我国火灾调查工作更加高质高效发展。

本书由中国人民警察大学张金专教授、车强教授主译，张金专、车强、刘玲、王芸、赵艳红、段瑶以及张家口市桥东区消防救援大队的冉雪晴合作翻译，具体分工如下：冉雪晴翻译第 1 章，张金专翻译第 2 章，王芸翻译第 3 章，段瑶翻译第 4 章，赵艳红翻译第 5 章和第 7 章，车强翻译第 6 章，刘玲翻译第 8 章，车强翻译原著作者简介、前言、致谢和课程描述，刘玲翻译词汇表，赵艳红翻译了后记及附录。张金专、车强负责全书统稿审定工作。

本书的顺利出版得到了中国人民警察大学研究生院和侦查学院、化学工业出版社的大力支持，多位研究生帮助整理书稿，在此一并感谢。由于译者水平有限，书中疏漏之处在所难免，请读者批评指正。

译者

2021 年 7 月 3 日

原著第三版前言

过去的一年，在火灾调查领域所发生的变化远远超过了自2004年第一版《火灾现场重建》问世以来所经历的所有变化。火灾调查已经不仅仅局限于现场勘验、询问证人及应用基本调查方法来认定起火点和起火原因。现在，火灾调查人员必须紧跟法定科学和火灾法律文书不断变化的脚步，从容面对法庭上辩护专家质证的挑战。

本书的初衷是如何更好地应对这些司法挑战，同时也作为《柯克火灾调查》的姊妹篇。第七版的《柯克火灾调查》目前仍被认为是火灾调查专业人员的最权威培训教材和专著。《火灾现场重建》与《柯克火灾调查》一并提供给业内人士，去理解和掌握美国消防协会（NFPA）最新版本《火灾和爆炸调查手册》（NFPA 921）中提及的概念及相关标准。

火灾现场记录在几乎所有的司法争议调查中扮演着不可或缺的角色。普通的重建工作，例如重新确定家具的位置以及确定其他火烧物体在火灾前的位置，已不能满足需求。因此，在现场记录过程中，如今的火灾调查人员必须具备基于科学的火灾模式分析技能，并且必须采用基于可辨识模式和火灾动力学的分析方法。

《火灾现场重建》深入探讨消防工程领域，涵盖了消防工程计算和火灾模拟内容，并对几起推动技术改革和创新的典型案例进行了详细描述，对重建技术进行了深入阐述。本书还涵盖了几个特殊研究主题，包括使用扫描全景照片、准备调查报告、点火矩阵、专家证言、计算机建模和激光成像，对耐受性也有深入探讨（在《柯克火灾调查》里只做了简要介绍）。

对于那些寻求司法调查技能更上一个台阶的调查者们而言，《火灾现场重建》为其铺平了道路，即探索应用一套超越了柯克研究范围的科学方法，并详细说明了须知信息背后的工作假设。本书也为读者应对法庭辩护做好充分准备，即指导调查人员如何组织并更具权威性地陈述专家证言。此外，《火灾现场重建》在火灾调查领域关于放火案现场分析和动机分析方面的研究也更为深入。对于希望在消防工程、消防技术和火灾调查等领域有所建树的火灾调查人员而言，本书的定位涉及多个专业的研究领域，其论述和分析超越了它的姊妹篇《柯克火灾调查》。相信《火灾现场重建》一书能够引领读者在专业领域更上一层楼。

贡献

《火灾现场重建》（第三版）献给约翰 L·布莱恩博士。布莱恩博士于1956年在马里兰大学工程学院创立了消防工程系，他从1956年起担任系主任和教授直到1993年退休，期间他被他的学生亲切地称为“教授”。

在布莱恩博士的领导下，该消防工程学从一个普通的单人运作机构发展成为一个成熟、重要且能服务于国家消防需要的部门。通过在马里兰大学帕克分校、美国消防协会和美国消防工程师学会的不断开创和进取，他推动了该学科的发展，建立了第一个由美国工程与技术认证委员会（ABET）认证的消防工程本科课程体系。

马里兰大学消防工程系不断解放思想，提高创新能力，培养了一批在火灾调查领域拥有前沿知识的专家教授，同时使得火灾动力学的知识内容在众多火灾调查课程中设置或被涵盖。那些火灾调查专业毕业生有的走上了联邦和州机构的领导职位，包括美国国家标准与技术研究院（NIST）、美国烟酒枪支爆炸物管理局（ATF）和美国联邦调查局（FBI）。布莱恩教授撰写了两本书和大量的学术论文，编辑了大量出版物。他一直活跃在推动国际和美国消防安全工程标准发展的领域内。布莱恩博士最初就是《火灾现场重建》的审稿专家。

关于本书

火灾现场重建远非简单地搞清楚有什么家具以及曾经摆放在哪里。重建涉及识别和记录火灾现场所有的相关特征，即材料、尺寸、位置，并帮助确定燃料和建立人类活动和交往的实物证据。然后将这些信息与消防工程和人员行为原理结合起来，用于评估不同火灾现场的起火点、起火原因和发展以及人为参与情况。

本书有广泛的适用目标人群，包括政府和民间机构的火灾调查和司法部门人员及法医、工程师。这些预期读者具体包括：

（1）负责调查火灾责任的公共安全官员；

（2）寻求提高评估证据能力及提高向非专业的法官和陪审团提出技术细节能力的放火案和相关火灾案件的起诉人；

（3）想要更好地理解所负责的案件的技术细节的司法官员；

（4）民间调查机构调查人员、调停者和保险业律师代表；

（5）旨在开展提高公众意识活动以减少火灾对经济造成威胁与破坏的公民和国内社团、服务组织；

（6）从事火灾现场重建的科学家、工程师、学者及学生们。

深入了解火灾动力学对应用这些司法工程技术是极具价值的。本书阐述了最新的重建火灾现场的系统方法。这些方法适用于消防工程、司法和行为科学。

利用教科书和在线资源中心提供的火灾案例，作者就火灾的起火源，初起、发展和结果给出了新的看法和审视。所有案例的记录都遵循或超越了 NFPA 制定的 2011 版的 NFPA 921《火灾和爆炸调查指南》及其配套标准 2009 版的 NFPA 1033《火灾调查员职业资格标准》中阐述的方法。本书的最大特点是用真实的火灾案例来阐述内容。这些案例清晰解释了法庭科学、消防工程和火灾中的人的行为等方面的问题。列举的案例都运用了 NFPA 921 和《柯克火灾调查》介绍的方法，在火灾工程分析或火灾模拟中这些技术也得到了探索与应用。

本书参考的大量的美国消防工程师学会（SFPE）的文献构成了内容主体，内容涵盖火灾科学的核心原理和人的行为因素，包括《SFPE 消防工程手册》和许多 SFPE 的工程指南手册等。为此作者特别致谢。

新版更新情况

第三版在以前版本的基础上进行了全面的升级与改进，提供了最新的调研技术和创新的文档记录信息。

（1）满足火灾调查与分析的 FESHE 指导原则，与 NFPA 921 和 NFPA 1033 相关联。

（2）该书是国际放火调查员协会（IAAI）多项专业课程认证的指定读物。

（3）包括应用到火灾调查的科学方法的最新信息。

（4）用全新、深入的案例演示了消防工程分析方法的应用。

（5）综合词汇表提供了火灾调查中术语的最新定义。

（6）为准备国际放火调查员协会（IAAI）火灾调查人员（IAAI-FIT）资格考试和取证技术员（IAAI-ECT）资格考试提供必要信息。

（7）新资源中心为教师和学生提供在线资源，包括 NIST、美国消防协会（NFPA）、美国司法部、美国化学安全与危害评估委员会的习题集。

标志性特征

（1）介绍了火灾现场重建的系统方法，其中调查人员结合了消防工程、司法鉴定与行为科学的基本原则。

（2）描述了火灾图痕的产生以及调查人员如何利用它们评估火灾损失和确定火灾的起火点。

（3）详述了支撑司法鉴定分析和报告的系统方法。

（4）评论了用于分析放火动机和意图的技术。

（5）讨论了应用于模拟火灾、爆炸、人为运动的各种数学、物理和计算机辅助技术。

（6）深入地审查火灾对人类的影响和耐受性。

（7）回顾了火灾现场分析和重建的重要的标准耐火试验方法。

（8）包含由经验丰富的职业消防员和律师撰写的后记。

本书范围

《火灾现场重建》内容按照逻辑顺序排列如下：

第 1 章“火灾现场重建基础”，描述了一个重建火灾现场的系统方法，其中调查人员遵循的是消防工程与法庭科学和行为科学相结合的原则。通过这种方法，调查人员可以更准确地记录建筑火灾的起火点、强度、蔓延、发展的方向和持续时间以及居住者的行为。

第2章“火灾动力学基础”，给调查人员提供了火的现象、普通材料的热释放率、热传递、蔓延和发展、火羽流和室内火灾。

第3章“火灾痕迹”，描述了调查人员利用火灾图痕进行火灾损失评估和确定火灾起火点。火灾图痕是火灾扑灭后留下的唯一可见的证据，准确记录和解读火灾图痕对调查人员而言是一种极为重要的技能，有助于他们重建火灾现场。

第4章“火灾现场记录”，详述了支撑司法鉴定分析和调查报告的系统方法。火灾现场记录的目的包括记录视觉观测所得，强调火灾发展特性，鉴定并保护物证。本章对为提高文件的准确性和记录广泛性所采用的新技术进行了阐述。

第5章“放火犯罪现场分析”，介绍了用于分析放火动机和意图的技术，提出了国家认可的动机基础分类指引，以及以破坏、刺激、报复、掩盖犯罪和获利为动机的案例。还研究了连环放火案的地理性和放火犯分析选定目标技术。

第6章“火灾模拟”，探讨了应用于模拟火灾、爆炸、人为运动的各种数学、物理和计算机辅助技术。对众多的方法进行了探索，连同各自的优点和缺点，还列出了几个案例。

第7章“火灾中的死伤”，深入地审查火灾对人类的影响和人员耐受性。考察了火灾中致使人员伤亡的因素，特别是他们接触到的燃烧副产品、有毒气体、热量。还探讨了可预见的火灾燃烧对人体的损害，总结了综合调查中的法医检验。

第8章“火灾试验”，回顾了适用的标准火灾试验方法，是火灾现场分析和重建的重要部分。试验范围可从台式“实验室”测试到复杂程度不同的火灾的重建。

附录是对科学概念和计算的简要回顾。在本书的结尾部分读者能找到全面的火灾科学术语词汇表。信息资源中心网站上是有潜在价值的读者目录，包括供应商在文本中提到的许多产品。通过信息资源中心，本书还为教师提供了在线补充教材，例如试题库，PowerPoint课件和辅助课堂的在线教师辅导。

同行审稿

同行审稿对于一本教科书内容的平衡性、适用性、权威性和准确性是非常重要的。以下的个人、政府机构、大学和公司等在本书的第一版、第二版和第三版的审稿过程中给予了大力支持与帮助。

Dr. Vytenis (Vyto) Babrauskas, Fire Science and Technology Inc., Issaquah, Washington

Richard L. Bennett, Associate Professor of Fire Protection & Emergency Services, The University of Akron, Akron, Ohio

Dr. John L. Bryan, Professor Emeritus, University of Maryland, Department of Fire Protection Engineering, College Park, Maryland

Guy E. “Sandy” Burnette, Jr., Attorney, Tallahassee, Florida

Steven W. Carman, BS, Physical Science, IAAI, Owner, Carman & Associates Fire Investigation, Grass Valley, California

Jody Cooper, IAAI-CFI, CVFI, Owner/investigator, JJMA Investigations LLC, and

Instructor, Oklahoma State University, Poteau, Oklahoma

Carl E. Chasteen, BS, CPM, FABC, Chief of Forensic Services, Florida Division of State Fire Marshal, Havana, Florida

Community College of South Nevada, Nevada

Coosa Valley Technical College, Georgia

Robert F. Duval, National Fire Protection Association, Quincy, Massachusetts

Fishers Fire Department, New York

Christopher Gauss, IAAI-CFI, Captain, Baltimore County Fire Investigation, Towson, Maryland

Gregory E. Gorbett, MScFPE, CFEI, IAAI-CFI, Assistant Professor/FPSET Program Coordinator, Eastern Kentucky University, Richmond, Kentucky

Brian P. Henry, Esq., CFEI, Attorney, Smith, Rolfes & Skavdahl, Sarasota, Florida

Gary S. Hodson, Utah Valley University, Utah Fire and Rescue Academy, Utah

Patrick M. Kennedy, National Association of Fire Investigators, Sarasota, Florida

Frederick J. Knipper, Fayetteville State University, Durham, NC

Daniel Madrzykowski, National Institute of Standards and Technology, Gaithersburg, Maryland

John E. "Jack" Malooly, Bureau of Alcohol, Tobacco, Firearms and Explosives, Chicago, Illinois (retired)

Michael Marquardt, Bureau of Alcohol, Tobacco, Firearms and Explosives, Grand Rapids, Michigan

J. Ron McCardle, Bureau of Fire and Arson Investigations, Florida Division of State Fire Marshal (retired)

Lamont "Monty" McGill, McGill Investigations, Gardnerville, Nevada (deceased)

C. W. Munson, Captain, Long Beach Fire Department, California (retired)

Bradley E. Olsen, BS, Fire Science Management, Southern Illinois University; Fire Captain, City of Madison Fire Department, Madison, Wisconson

Robert R. Rielage, former State Fire Marshal, Ohio Division of State Fire Marshal, Reynoldsburg, Ohio

James Ryan, Investigator, New York State Office of Fire Prevention & Control, New York

Michael Schlatman, Fire Consulting International Inc., Shawnee Mission, Kansas

Carina Tejada, BA Mathematics QAS, Marietta, Georgia

Robert K. Toth, Iris Fire, LLC, Parker, Colorado

Luis Velazco, Bureau of Alcohol, Tobacco, Firearms and Explosives, Brunswick, Georgia, (retired)

原著致谢

我们衷心感谢对本书的三个版本提供了帮助和给予了启示的众多人士，包括个人及过去或现在就职于以下机构和部门的工作人员。

David M. Banwarth Associates，LLC，Dayton，Maryland：David M Banwarth，P. E.

Bureau of Alcohol，Tobacco，Firearms and Explosives (ATF)：Steve Carman (retired)，Steve Avato，Dennis C. Kennamer，Dr. David Sheppard，Jack Malooly (retired)，Wayne Miller (retired)，Michael Marquardt，Luis Velaszco (retired)，John Mirocha (retired)，Ken Steckler (retired)，Brian Grove，and John Allen.

J. H. Burgoyne & Partners (UK)：Robin Holleyhead，and Roy Cooke

California State Fire Marshal's Office：Joe Konefal (retired) and Jim Allen (retired).

Eastern Kentucky University：Gregory E. Gorbett，James L. Pharr，Andrew Tinsley，and Ronald L. Hopkins (retired)

Federal Bureau of Investigation (FBI)：Richard L. Ault (retired)，Steve Band，S. Annette Bartlett，John Henry Campbell (retired)，R. Joe Clark (retired)，Roger L. Depue (retired)，Joseph A. Harpold (retired)，Timothy G. Huff (retired)，Sharon A. Kelly (retired)，John L. Larsen (retired)，James A. O' Connor (retired)，John E. Otto (retired)，William L. Tafoya (retired)，and Arthur E. Westveer

Mark A. Campbell，Fire Forensic Research，Colorado.

Fire Safety Institute：Dr. John M. "Jack" Watts，Jr.

Fire Science and Technology：Dr. Vyto Babrauskas

Forensic Fire Analysis：Lester Rich

Gardiner Associates：Mick Gardiner，Jim Munday，Jack Deans

Rodger H. Ide

Iris Fire，LLC，Parker，Colorado：Robert K. Toth

Kent Archaeological Field School，UK：Dr. Paul Wilkinson

Knox County (Tennessee) Sheriff's Office and Knox County Fire Investigation Unit：Det. Michael W. Dalton (retired)；Inv. Shawn Short；Inv. Greg Lampkin；Inv. Aaron Allen；Inv. Michael Patrick；Inv. Daniel Johnson；Kathy Saunders，Knox County Fire Marshal

Leica Geosystems: Rick Bukowski, Tony Grissim

Mesa County Sheriff's Office, Colorado, Benjamin J. Miller

Metropolitan Police Forensic Lab, Fire Investigation Unit, London (UK): Roger Berrett (retired)

McGill Consulting: Monty McGill (deceased)

McKinney (Texas) Fire Department: Chief Mark Wallace

National Institute of Standards and Technology (NIST): Richard W. Bukowski, Dr. William Grosshandler, Dan Madrzykowski, and Dr. Kevin McGrattan

New South Wales Fire Brigades: Ross Brogan (retired)

Novato Fire Protection District: Assistant Chief Forrest Craig

Ohio State Fire Marshal's Office, Reynoldsburg: Eugene Jewell (deceased), Charles G. McGrath (retired), Mohamed M. Gohar (retired), J. David Schroeder (retired), Jack Pyle (deceased), Harry Barber, Lee Bethune, Joseph Boban, Kenneth Crawford, Dennis Cummings, Dennis Cupp, Robert Davis, Robert Dunn, Donald Eifler, Ralph Ford, James Harting (retired), Robert Lawless, Keith Loreno, Mike McCarroll, Matthew J. Hartnett, Brian Peterman, Mike Simmons, Rick Smith, Stephen W. Southard, and David Whitaker (retired)

Panoscan: Ted Chavalas

Precision Simulators, Inc.: Kirk McKenzie

Richland (Washington) Fire Department: Glenn Johnson and Grant Baynes

Sacramento County (California) Fire Department: Jeff Campbell (retired)

Saint Paul (Minnesota) Fire Department: Jamie Novak

Santa Ana (California) Fire Department: Jim Albers (retired) and Bob Eggleston (retired)

Seneca College School of Fire Protection Engineering Technology: David McGill

Smith, Rolfes & Skavdahl: Brian P. Henry

Tennessee State Fire Marshal's Office: Richard L. Garner (retired), Robert Pollard, Eugene Hartsook (deceased), and Jesse L. Hodge (retired)

Tennessee Valley Authority (TVA): Carolyn M. Blocher, James E. Carver (retired), R. Douglas Norman (retired), Larry W. Ridinger (retired), Sidney G. Whitehurst (retired), and Norman Zigrossi (retired)

Underwriters Laboratories, Inc. (UL): Dr. J. Thomas Chapin

University of Arkansas, Department of Anthropology: Dr. Elayne J. Pope, now at Office of the Chief Medical Examiner Tidewater District, Norfolk, Virginia

University of Edinburgh, Department of Civil Engineering: Professor Emeritus Dr. Dougal Drysdale

University of Maryland, Department of Fire Protection Engineering: Dr. John L. Bryan (Emeritus), Dr. James A. Milke, Dr. Frederick W. Mowrer (Emeritus), Dr.

James G. Quintiere, Dr. Marino di Marzo, and Dr. Steven M. Spivak (Emeritus)

University of Tennessee, College of Engineering: Dr. A. J. Baker, J. Douglas Birdwell, Samir M. El-Ghazaly, Dr. Rafael C. Gonzalez, Dr. M. Osama Soliman, Dr. Jerry Stoneking (deceased), Dr. Tse-Wei Wang, and the many students in the ME 495 and ECE 599 courses, Enclosure Fire Dynamics and Computer Fire Modeling

U. S. Consumer Products Safety Commission: Gerard Naylis (retired) and Carol Cave

U. S. Fire Administration, Federal Emergency Management Agency (FEMA): Edward J. Kaplan, Kenneth J. Kuntz (retired), Robert A. Neale, and Dr. Denis Onieal.

我们在此衷心感谢 Carolyn M. Blocher，Angi M. Christensen 博士，Shirley Runyan，Vivian Woodall，Edith De Lay，Wendy Druck 和 I. arry Harding，他们审阅了早期的手稿，解决了技术问题，就本书的排版与内容安排提出了建设性意见。

感谢我们的策划编辑 Carol Lazerick，我们的责任编辑 Lisa Garboski，我们的文字加工编辑和校对员 Barbara Liguori，我们的最有耐心的副总编 Pearson/Brady，Monica Moosang 和编辑助理 Samantha Sheehan。

也特别感谢我们的家人和亲密的朋友多年来的持续支持。

原著特别致谢

本书依然向第一版贡献者 Bud Nelson 致谢，向第二版的贡献者，名誉教授 Dougal Drysdale，致谢。特别感谢 20 世纪消防工程方面最有影响力的教育家约翰 L·布莱恩名誉教授对第三版的贡献。

原著作者简介

本书由美国三位经验丰富的火灾科学家合著而成，汇集了消防、行为科学、消防工程、火灾行为、调查、犯罪学和犯罪现场重建等领域100多年的历史经验。

Icove博士是在国际上广受赞誉的消防工程专家，在该领域有着40多年的经验，他同时也是消防领域重要论著《柯克火灾调查》第7版及经济放火罪核心教科书《打击放火牟利》的作者之一。从1992年起他开始担任NFPA 921科技委员会火灾调查小组的首要成员。Icove博士曾在联邦、州及地方政府担任犯罪调查员，现在是一名退休的职业联邦执法代理人，同时他也是专业注册工程师，火灾及爆炸鉴定调查中心（CFEI）调查员及美国消防工程师学会的成员。

Icove博士2005年退休，曾任美国田纳西州河流域管理局刑事调查部门的检查员，在他退休前的最后两年他一直在为美国联邦调查局（CFBI）联合反恐专责小组工作。除了参与重大案件调查，还负责高级火灾调查训练课程，与联邦应急管理局消防分局等众多机构合作开展科研项目。

在1993年到任美国田纳西州诺克斯维尔市田纳西州河流域管理局犯罪调查部门之前，Icove博士已经在弗吉尼亚州匡提科美国联邦调查局精英行为科学和犯罪心理画像部门担任了九年的项目管理员。在美国联邦调查局，他开展了放火和爆炸调查支持（ABIS）计划并成为第一位监督员，任职于美国联邦调查局和美国司法部烟酒枪支爆炸物管理局（ATF）犯罪心理画像部门。在FBI工作之前，Icove博士还曾在诺克斯维尔警察局、俄亥俄州消防队长办公室和田纳西州消防队长办公室防火局担任刑事调查员。

在火灾现场重建方面他所积累的专业知识，主要源自长期从事火灾现场勘查的实战经验、火灾测试实验，以及对定罪入狱的放火犯及爆炸案嫌犯的访谈。他曾作为民事和刑事案件的专家证人出庭作证，也曾在美国国会委员会就关键问题寻求指导放火调查和立法倡议。

Icove博士拥有田纳西大学电气工程学士和硕士学位以及工程科学和力学的博士学位。他还获得了马里兰大学帕克分校消防工程专业学士学位。目前他是诺克斯维尔市田纳西大学电气工程与计算机科学系的一名研究教授，并为马里兰大学消防工程专业研究生授课。同时，作为田纳西州诺克斯维尔警长办公室诺克斯县预备役副警长，他兼任该县火灾调查部门的调查员。

DeHaan博士是国际公认的司法鉴定专家，他是消防领域领先著作《柯克火灾调查》的作者之一，还是NFPA 921火灾调查技术委员会的一位前主要成员。

DeHaan 博士是一位有着超过 42 年工作经验的刑事专家，在火灾和爆炸的证据以及人的毛发、鞋印和仪器分析，犯罪现场重建等方面有着专业的知识和见解。作为刑事专家，他还受雇于阿拉米达县警长办公室；美国司法部烟酒枪支爆炸物管理局及加利福尼亚州司法部。

他的火灾现场重建的研究源于 500 多例原尺寸结构模型的火灾性能实验，在可控条件下进行的车辆火灾实验及实验研究所得的第一手数据。DeHaan 博士曾在民事和刑事案件中作为专家证人出庭作证。目前，他是火灾爆炸司法鉴定公司总裁，同时还是美国、加拿大及海外民事刑事火灾案件顾问。

DeHaan 博士于 1969 年本科毕业于伊利诺伊大学芝加哥分校，主修物理学，辅修犯罪学。1995 年，他在英国格拉斯哥的斯特拉思克莱德大学获得了理论及应用化学（司法鉴定学）博士学位。目前，DeHaan 博士是美国刑事调查委员会成员（火灾残留物），法医学会成员及美国消防工程师学会成员。他还是国际放火调查员协会认证的火灾调查员及国家火灾调查员协会认证的火灾爆炸调查员。

Gerald A. Haynes 是一位有着 35 年防火经验的专业注册工程师。他毕业于美国马里兰大学帕克分校，拥有消防工程专业的本科和硕士研究生学历。他曾先后从事灭火、消防安全检查、火灾调查、消防工程等工作。目前，他是火灾司法分析有限责任公司副总裁，美国马里兰大学高级工程教育办公室兼职讲师。

Haynes 先生经验丰富，曾先后任职于美国国家标准与技术研究院（NIST），建筑与火灾研究实验室，美国司法部烟酒枪支爆炸物管理局（ATF）及加利福尼亚州司法部。其工作经历涉及多领域，先后在城市消防，火灾爆炸调查，复杂案件分析及工程保障，司法鉴定及军事部门工作。他还在联邦和州法院作为专家证人对火因和火灾测试协议相关的案件提供司法鉴定，就火灾动力学、火灾建模、消防工程司法分析等领域的研究进行了多场专题讲座。

Haynes 先生目前是美国消防工程师学会，美国消防协会，国际放火调查员协会和司法调查学会成员。他曾是 NFPA 921 火灾与爆炸调查和 NFPA 1033 火灾调查员的专业资质标注制定科技委员会的成员。

David J. Icove，PhD.
PE，CFEI，FSFPE
（照片由 the University of Tennessee，College of Engineering. 提供）

John D. DeHann，PhD，
FABC，CFI-IAAI，CFEI，
FFSS，FSSDip
（照片由 Fire-Ex Forensics，Inc. 提供）

Gerald A. Haynes，
MSFPE，PE，CFEI
（照片由 Gerald A. Haynes，PE. 提供）

课程描述

本课程研究了放火案的技术、调查、法律及社会因素，包括放火火灾分析和检测原理，环境和心理因素，法律思考，干预以及缓解策略。

美国国家消防学院开发的消防及应急救援高等教育（FESHE）课程作为国家级的培训指南，成为很多消防服务机构和培训项目的课程要求。下面表格中的概要介绍了火灾调查与分析课程的课程要求及在书中的位置。

课程要求	1	2
课程要求明确掌握对火灾损失和放火罪特点及影响的分析技术，以便进行有效的火灾调查和分析	X	X
按照实际操作要求和法律规范记录火灾现场情况	X	X
运用科学的方法及火灾科学和相关的技术分析火灾现场	X	X
开展系统性的放火案调查和案件准备的法律依据分析	X	X
设计和整合各种放火相关的干预和缓解策略	X	X

	引用2009版NFPA 1033中规定的火灾调查人员工作表现的专业水准
火灾调查人员的一般要求	4.1.2 采用科学方法的所有要素进行操作分析 4.1.3 完成所有现场的安全评估 4.1.4 与其他相关专业人士和机构保持联系 4.1.5 遵守所有适用的法律法规要求 4.1.6 了解调查组和事故处置系统的组织与运作
现场检查	4.2.1 保护火灾现场 4.2.3 进行内部调查 4.2.4 解析火灾图痕 4.2.5 解释和分析火灾图痕 4.2.6 检查和消除火灾残骸 4.2.7 重建起火部位 4.2.8 审查建筑性能 4.2.9 区分爆炸与其他破坏类型的影响
	引用2009版NFPA 1033中规定的火灾调查人员工作表现的专业水准
记录现场	4.3.1 绘制现场图 4.3.2 拍照记录现场 4.3.3 创建调查记录

续表

收集并保护证据	4.4.1 通过标准程序整理统计受害者和死亡情况 4.4.2 定位、提取和打包证据 4.4.3 选择需分析的证据 4.4.4 维护证据监督链 4.4.5 证据的处理
询问	4.5.1 设计询问计划 4.5.2 进行询问 4.5.3 评估询问得到的信息
事后调查	4.6.1 收集报告和记录 4.6.2 评估调查文件 4.6.3 协助专家 4.6.4 确定关于动机和/或机会的证据 4.6.5 就起火点、起火原因和事故责任形成意见
提交	4.7.1 准备书面报告 4.7.2 口述调查发现 4.7.3 在法律程序中证实 4.7.4 公开提交信息

目 录

第 1 章

火灾现场重建基础

"没有数据或事实的推理是站不住脚的。人们有时会不知不觉地扭曲事实去符合推理，而不是让推理符合事实。"

——阿瑟·柯南·道尔爵士

《波希米亚丑闻》

本章的主要目的是对建立在科学基础上的火灾现场重建的基本原理和概念进行新的阐述，并从几个不同的方面讨论如何运用科学的方法对起火原因、火灾发展和对人员生命的影响形成专家意见。

基于科学方法进行的火灾现场重建可用于确定最有可能的火灾发展过程。重建过程始于对起火前的现场及反应情况的了解，并应复原火灾从起火到熄灭的全过程，解释火灾及烟气的发展、可燃物的作用、通风效应、人工和自动灭火的效果、建筑物性能、人身安全设施特征，以及人员伤害方式等。

火灾现场重建的基本原理依靠于对火灾破坏痕迹的全面审查、健全的消防工程原理、人为因素、物证，以及运用适当的科学方法。这些因素构成了专家意见，并用以解释火灾或爆炸最可能的成因。专家意见可以是鉴定意见的一部分，也可以作为庭审中的言词证据。

专家意见必须通过同行评议、证人质疑、多伯特（Daubert）听证和法庭质证才能起到有效作用。近年来，法庭判决更多看重专家出具的科学性司法鉴定意见，而非仅依据社会经验常识加以判案。

在确定起火点和起火原因时，完整的火灾重建通常包括多种火灾场景的消防工程分析。这些分析可采用火灾模型进行，将不同起因和增长模式产生的预期模拟结果与实际火灾过程进行比较。对于复杂火灾现场的调查而言，这些工程分析可以使人们更加全面、清晰地了解火灾过程。

1.1 火灾现场重建对科学理论的需求

在 1997 年 11 月召开的一次国际研讨会中，Nelson 和 Tontarski 对当时火灾调查技术现状和空白进行了讨论。在这次关于火灾研究和火灾调查的国际会议中，总结了当时在火灾现场重建中存在的理论和技术的空白。

这次会议列出了研究、开发、训练和教育方面的需求，包括如下几方面：

① 关于火灾事故重建　需要实验室方法验证假设的引火源；

② 关于燃烧图痕分析　需要建立验证墙面、顶棚、地面上液体燃烧图痕的方法，并与固体燃料热辐射的燃烧图痕进行对比；

③ 关于燃烧速率　需要确定不同物品的燃烧速率，开发材料燃烧速率数据库；

④ 关于电气火灾　需要验证作为点火源的电气故障识别方法；

⑤ 关于轰燃　需要研究轰燃对燃烧图痕和其他燃烧特征的影响；

⑥ 关于通风　需要研究通风对火灾增长的影响，以及对确定起火点的影响；

⑦ 关于火灾模型　需要研究火灾模型使用过程中的验证、教育、培训的方法；

⑧ 关于健康和安全　需要研究评估火灾调查人员职业健康和安全的方法；

⑨ 关于认证　需要建立火灾调查人员和实验人员的培训与资格认证体系；

⑩ 关于"Train-the-trainer"（培训者的培训）　需要建立将培训目标和专门知识传递给有资质的培训者的方法。

会议的基本目的是鼓励火灾调查人员在火灾调查工作中研发和使用科学方法，并确定哪些研究方法可用来提高火灾调查水平。会议的研讨结果列入了消防研究基金会资助发布的研究白皮书中（FPRF，2002）。研究结论指出，当前很多用于确定起火部位和起火原因的方法缺乏严谨的科学基础。材料燃烧形式的多样性、建筑结构的复杂性、通风条件的变化以及灭火扑救行动，都会对起火部位造成错综复杂的影响。

2009 年，美国国家研究委员会司法鉴定需求分委员会在美国国家学术出版社（NAP，2009）发表了一份报告，标题为"加强美国司法鉴定学科建设：前进之路"。这份研究报告提出了司法鉴定学界面临的挑战，其中就包括火灾调查。研究报告特别声明：与之相比，我们需要更多关于具体火灾中燃烧图痕和燃烧破坏特征的多样性的研究，以及它们在多种助燃剂存在的情况下将受到怎样的影响。

然而，由于缺乏相关研究，一些放火案件调查人员始终无法确定是否有人放火。然而，根据庭审中呈现的证人证言，经验法则（大拇指规则）中的许多内容使用了助燃剂的现场特征（例如，木材的漆膜龟裂，特殊焦炭图痕），但这些认识都被证明是错误的。放火案件调查的实验设计应当基于更为坚实的科学基础。美国国家研究委员会在报道中提出了对犯罪现场调查、司法鉴定学科体系、实验室建设、研究经费、职业协会等方面的整体管控的要求。文章末尾，报道建议在司法鉴定学科、资格认证、能力验证、学科培训、学科教育、法医/验尸人员体制、自动化指纹识别技术以及国土安全等方面探索新路径，增强实践，提高执行能力。

1.2 科学调查法

尽管 Francis Bacon（1561—1626 年）作为一名律师开始了职业生涯，他却以建立并在案件的科学调查中推广使用归纳推理法（inductive logic or reasoning）而闻名于世。他建立的归纳法是在观察、实验和假设的验证中，归纳出结论。要加强司法调查中的火灾现场重建工作，就必须在重建中尽可能采用科学原理和火灾现场的系统勘验方法。对于后期需要专家意见作为佐证的案件而言，现场重建的真实性尤为重要。

原来的美国材料与试验协会（ASTM）对火灾调查人员能否成为专家的资格进行了较为全面的论述。在现已撤销，但实际仍然准确的标准中，ASTM 将“技术专家”（technical expert）定义为“受过教育和技能训练，或具有技工、应用科学及相关领域的工作经历的人员”（ASTM，1989）。按照美国 ASTM 的定义，作为一名受过良好训练并具有资质的火灾调查人员，在火灾调查中能够熟练运用火灾科学理论就可称作“技术专家”。可惜这些定义没有出现在《科学技术工程词典》（第 10 版）（ASTM，2005a）

简而言之，科学调查法的基本内涵就是指观察、假设、试验和总结。这里所说的科学调查法包括相关自然科学和消防工程的原理，以及客观（peer-reviewed，同行评议）研究和试验，它被认为是进行火灾现场分析和重建的最好方法。按照 NFPA 1033（《火灾调查人员职业资质标准》4.1.2 节，NFPA，2009）的表述，作为合格的火灾调查人员，在从事火灾调查工作时应该具备熟练使用科学方法，并从中总结出结论的能力。

NFPA 921（《火灾爆炸调查指南》，2011 版，3.3.139 节，NFPA，2011）把科学调查法的应用定义为：针对某一问题的本质进行系统探索，也就是通过观察、实验、对假设的理论描述和试验获得数据的过程。

使用科学调查法的过程就是对问题的假设不断地进行抽丝剥茧般的探究，直到获得最终的专家结论或意见，整个过程如图 1-1 所示。将科学调查法应用于火灾现场调查的一条重要原则是，火灾调查人员应该在不预设火灾原因的前提下，考虑所有可能的原因，直到通过现场勘验获得充分的数据后，再提出具体假设（NFPA，P21，2011 版，4.3.6.7 节）。

接下来，在 NFPA 921（NFPA，2011 版，4.3 节，NFPA 2011）的基础上列出了火灾调查和现场重建中应用科学调查法的七个主要步骤，并予以解释。

（1）明确需求（明确任务）。最先到达现场的人员，其首要职责是保护好火灾现场原貌，直到全方位调查准备就绪。在获得初始通报后，火灾调查人员应尽快处理现场，并确定需要哪些资源来开展全面调查。就火灾事故而言，不仅需要查清火灾原因，还需要总结经验教训，以便将来通过更新设计、修订标准和法规防止类似的火灾、爆炸和人员伤亡事故重演。就公共安全而言，确定每一次火灾的起因是法定的要求。甄别与火灾原因相关的不安全产品能够为产品的召回和同类事故的预防提供依据。

（2）定义问题。设计初步调查方案以保护火灾现场，确定损失情况，进行任务评估、修正并实施调查方案，并准备调查报告。这一步还包括确定谁是主要责任人，并依法询问证人，保全证据，并审阅统计损失的原始资料。

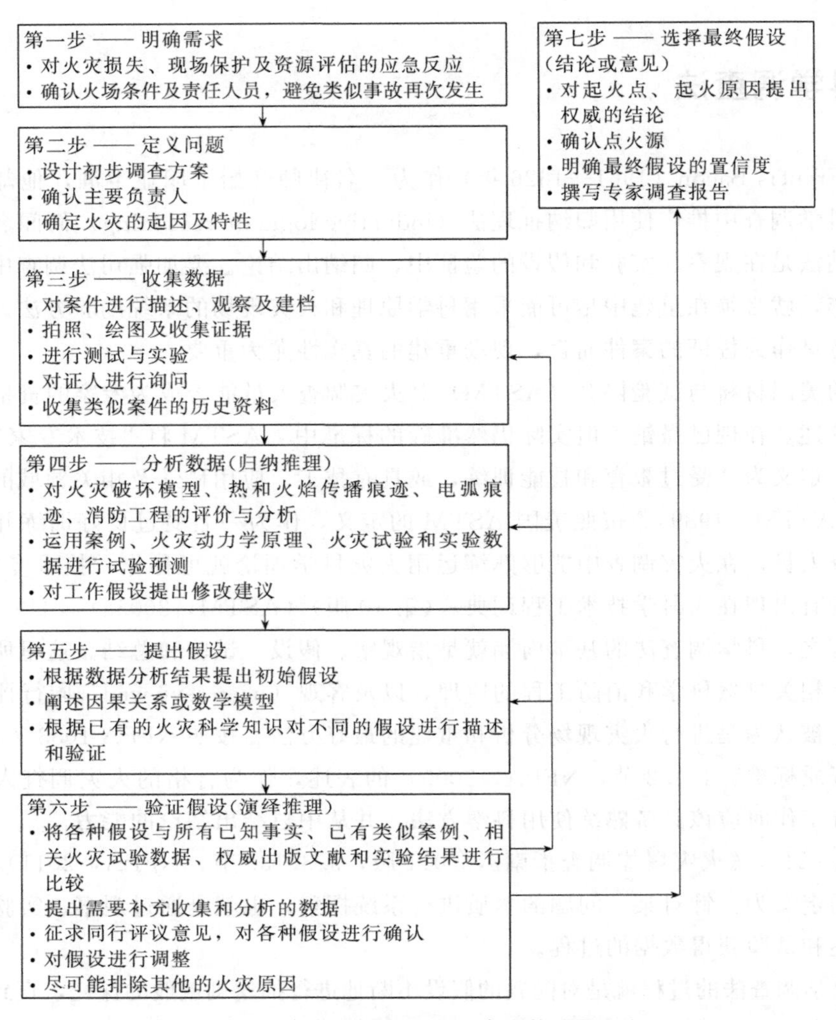

图 1-1　用于火灾现场调查和重建的科学方法流程图

（引自 NFPA 621，2011）

（3）收集数据。这里所说的“数据”是“用于讨论或做出决定的事实或信息”（ASTM，1989）。通过直接观察、测量、照相、提取物证、检测、实验、查阅以往案例和询问证人等手段收集与事故有关的事实和信息。收集的所有数据都应该具有合法性。所收集的数据应包括与建筑、车辆、土地相关的所有文件资料，建筑的结构和使用者的情况、燃料荷载、塌落物处理和分层位置、烟熏痕迹、炭化深度、中性化深度和电弧痕迹。

（4）分析数据（归纳推理）。使用归纳法对收集到的所有数据进行分析，并提出初步结论。火灾调查人员主要依靠自己的知识、训练和经验对收集的所有数据进行分析判断。使用这种主观方法进行分析时还可以运用案例、火灾动力学原理、火灾试验和实验数据。分析判断的数据包括火灾破坏模型、热和火焰传播痕迹、电弧痕迹，以及火灾模拟数据。

（5）提出假设。这里的“假设”定义为“提出用于考虑某种事实，并作为基础开展进一步调查的假定或推测，在进一步的调查中确证假设的真伪”（ASTM，1989）。在数据分析的基础上，提出初始假设，用来解释火灾从起火到蔓延发展的过程，并能与现场观察的现象、痕迹物证、证人证言相对应。假设可以阐述火灾中的因果关系和数学模型（如火羽高度、不同火灾荷载的作用、引火源的位置、房间尺寸、门窗开闭的影响）。

（6）验证假设（演绎推理）。使用演绎推理法，从假设结论出发，进行演绎推理，并与所有已知事实、已有类似案例、相关火灾试验数据、权威出版文献和实验结果进行比较。使用初步假设，可排除所有其他无关的火灾、爆炸原因，并收集和分析附加证据，询问证人寻找新线索，对初步假设进行修正和改进。在此阶段还包括同行对分析结果的审评。重复（4）、（5）、（6）三个步骤，直到现有假设中不再存在与事实或证据不符的缺陷。假设验证的重要特征是在验证中提出可替代的新假设。如果可替代假设与原有假设相悖，其价值在于可揭示某些需要进一步论证的问题。通过对所有假设进行严格验证，对于那些最终不能排除的假设仍应该看成是可能的。

（7）选择最终假设（结论或意见）。这里的“意见”（opinion）定义为“基于事实和逻辑推理的认识和判断，但未必绝对正确”（ASTM，1989）。当调查中的假设与证据和研究结果完全符合，该假设就成为最终假设，并作为火灾调查的权威结论或意见。

在现行 NFPA 921 中，建议采用两个等级的置信水平做出专家意见（NFPA，2011 版，18.6 节）。其中，一个是“很有可能”（probably opinion）等级，即现有假设符合事实的可能性大于 50%。另一个是“有可能”（possible opinion）等级，即其真实度处于有可能的水平，尤其是当两个或两个以上的假设具有相同的可能性时，更是如此。如果最终的假设仍不能确定，那么，火灾原因应报告为“原因不明”（undetermined）。结论的置信度随报告者专业水平的不同而变化。例如，工程师通常在书面报告中将他们的“专家意见”表述为“工程化的确定性程度”。而提供给法庭的意见只能是具有很高确定性的意见。也就是说，工程师所提交的意见是所有解释中与已有数据最符合的解释。但在 NFPA 921 中并没有列出此类意见。在刑事案件中，这种意见要仔细筛查。在民事案件中，这类意见可以根据“是否具有更大可能性”所做的评价而定。检察官对所提供的专家意见的可能作用必须有清醒认识。

在应用科学调查法表述有关火灾、爆炸原因的专家意见中，调查人员要对形成的专家意见给出置信度水平的临界范围。特别是当置信度水平处于“有可能”或“怀疑”等级时，对火灾或爆炸原因应给出“原因不明”（undetermined）的结论。专家意见应该能够经得住同行正当质疑或法庭上的质辩（NFPA，2011 版，18.7 节）。

1.2.1 初步假设

在科学调查法运行框图中，初步假设是核心内容。在火灾现场重建中，初步假设是以火灾调查人员描述或解释的火灾或爆炸的起因及其后续发展为基础的。对初步假设还要进行不断推敲和调整，并非最终结论。

如图 1-2 所示，调查人员先提出初步假设，然后通过对许多信息资料进行甄别分析，对初步假设进行修订，这些信息资料中包含以往的火灾调查经验。初步假设也可包含其他有资质的火灾调查人员在同行评议中提供的参考意见。也可提出备选假设并对其进行检验。NFPA P21（NFPA，2011 版，4.6.2 节）对技术有更详细的讨论。

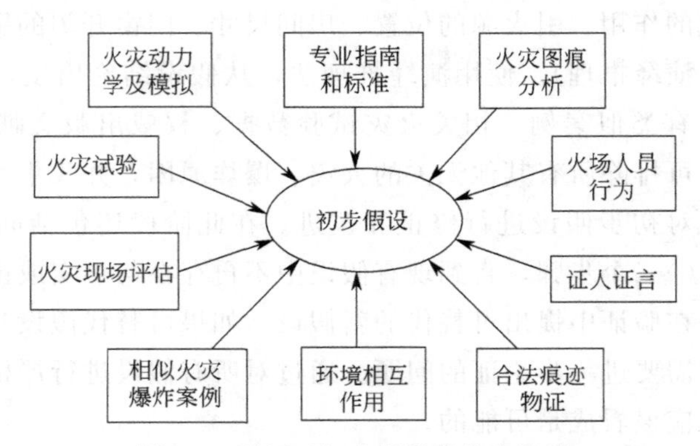

图 1-2　可用于初步假设的信息资料

新的假设是在原有假设的基础上提出的，尤其是当所需知识的学科范围增大时，更需要对假设进行更新。当已认可的初步假设不能解释新的证据时，就要努力提出新的假设，并重新审视原有问题。历史上“地心说”与“日心说”的演变就是有关应用假设解释证据的经典例子。早期的“地心说”假设太阳围绕地球转，后来，该假设不能解释新的天文观察证据，最后被新提出的“日心说”取代。

再现性（reproducibility）是科学调查法的支撑基础之一，也就是说调查中提出的初步假设可以独立地被其他人通过重复试验而验证。即使初步假设与所有已知实验结果相符，但仍有可能与后续实验或偶然发现的证据相悖。例如，最近的实验结果与已有相关火灾图痕的解释（FEMA，1997a；Icove，DeHaan，2006；Hopkins，Gorbett，Kennedy，2009）就存在上述问题。某些类别的火灾破坏痕迹曾被认为只有在火灾现场发生加速燃烧时才能产生，但这种认识与现在新的理论、实践和试验结果不符（DeHaan，Icove，2012；NFPA，2011），具体包括混凝土的崩裂、家具弹簧的垮塌和玻璃裂纹（DeHaan，Icove，2012；Tobin，Monson，1989；Lentini，1992）等。

作为火灾调查专家必须具备扎实的火灾动力学及建模的应用知识，这是区分初学者的显著标志。这些知识的应用并不新奇，因为火灾蔓延的基本规则就是建立在火灾动力学理论之上。人们对火灾动力学的理解一直在提高，通过对火灾的模拟反过来也在提高对火灾动力学的理解。由于火灾调查人员已把火灾科学应用到实际工作中，因此，在交流完善初步假设、同行评议过程中，使用统一的专业术语、现场描述和解释说明就显得尤为重要。

在完善初步假设时，常常需要依靠专业指南和标准（Professional guidelines and standards），尤其是那些具有权威性的参考书。广泛使用的工程手册包括，《消防手册》（NFPA，2008）、《SFPE 消防工程手册》（SFPE 2008）、《引燃手册：消防安全工程的原理和应用》、《火灾调查》、《风险管理和司法鉴定科学》（Babrauskas 2003）。广泛采用的指南有《NFPA 921——火灾爆炸调查指南》（NFPA 2011）、国家司法协会的《火灾与放火现场证据：公共安全指南》（NIJ 2000）、《柯克火灾调查（第七版）》（Dehaan 和

Icove，2012）以及《与放火犯的斗争：火灾调查人员的高级技术（第二版）》（Icove，Wheery 和 Schroeder，1998）。另外 NIJ 国家指南收录了常见犯罪现场、死者调查、证人鉴定、爆炸、数字图像和电气证据，也包含了以上内容。ASTM 有多项标准操作用于火灾调查，在实践中都具有可行性，在后面的章节中将展开讨论。

美国消防工程师学会（The Society of Fire Protection Engineers，SFPE）发布了一系列工程指南，其中许多指南可以直接用于更好地理解火灾和人员行为，并得到真实的鉴定结果。这些书包含《SFPE：评估池火灾对外部目标的火焰辐射工程指南》《一级和二级皮肤烧伤预测》《热辐射下的固体材料强制点燃》《基于性能的火灾防护分析和建筑物设计》《火灾中的人员行为》《火灾中的结构单元》《计算机火灾模型 DETACT-QS 评估》《消防设计中的火灾风险评估》《消防设计过程中的同行评议》《计算机模型是否适用于给定场景的实证分析》等。SPEF 在其网站上提供了这些参考书和其他已发表的文章，并对这些内容象征性地收取一定费用。

火灾图痕分析是解释说明火羽流对建筑结构、室内物品、车辆、森林、遇害者或其他财物产生破坏作用的一种重要方法。由于放火犯频繁使用可燃液体作引燃物，火灾调查人员一直努力将易燃液体燃烧的权威试验结果引入火灾图痕分析之中，特别是这些易燃、可燃液体与普通可燃物燃烧图痕的对比（DeHaan，1995；Shanley，1997；Putorti，McElroy，Madrzykowski，2001；DeHaan，Icove，2012）。

在评价火灾中人员的逃生和忍耐时长时，熟悉了解人员的行为特性非常重要。并非所有人员都会以同样的方式认识到火灾危险。火灾调查人员必须要能够正确描述火灾时人员对烟气的反应，描述火灾条件随时间、位置的变化，以及由此导致的人员安全疏散或罹难。评价的内容不仅要包括个人的行为模式，还应包括个人与熟人或陌生人之间的相互影响。还应该正确理解不同性别对火灾警报的认识、判断决策和应急行为等方面存在的差异性（SFPE，2003）。

证人证言对火灾前、火灾中和火灾后的情况的描述，对初步假设的提出和验证具有重要作用。通常，需要对证人进行重复询问，以获得在司法机关首次询问时遗漏的部分信息。这些信息包括证人在火灾前、发现火灾时和火灾中的所见所闻。

法医学（forensic science）也可为初步假设提供补充信息。例如，使用传统的司法勘验技术对火灾痕迹物证进行检测分析、痕迹物证分析，以及近来广泛运用的对死者进行 DNA 鉴定。火灾现场的初始温度、湿度，火灾发展过程中风速、风向的变化等环境因素的相互作用相关知识对完善初步假设具有重要作用。例如，在高层建筑火灾中，环境温度、风速、风向等因素与起火位置（是在中性面之上，还是在之下）相互作用就会影响人们最初察觉火灾气味、烟气的时间，并影响火灾蔓延发展及其燃烧强度（SFPE，2008；Madrzykowski，Kerber，2009）。雷击是一种环境因素相互作用下产生的潜在引火源，作为常见的火灾原因之一也应该被重视。美国气象学研究表明，路易斯安那州和佛罗里达州是全美发生雷击密度最高的州，接下来是比邻的得克萨斯州、密西西比州和肯塔基州（Orvill，Huffines，1999）。

火灾爆炸损失案例统计对完善初步假设非常重要。在确定最终假设之前，对已有的类似案例的认识可以为完善假设提供新的知识。值得强调的是，在火灾调查中，这些统计数据不应该只用于证明某一特定火灾成因，而是应该更好地用于提出、检验或完善初步假设。

许多公立和私营组织都开展了住宅火灾数据的统计分析，以用于火灾风险评估和制定防火措施。表 1-1 给出了 2004～2008 年每年的餐饮业火灾原因和火灾起数的统计情况（Evarts，2010）。

表 1-1　2004～2008 年每年的餐饮业火灾原因和火灾起数统计表（Evarts，2010）

火灾原因	火灾起数/起	所占百分比/%
厨具(火炉、油煎锅、烤炉)	4410	54
电气件(灯具、电线)	620	8
放火	410	5
加热器具	830	10
吸烟	610	7
洗衣机、烘干机	130	2
其他	1150	14
总计	8160	100.0

NFPA 也对住宅火灾进行了统计分析，并公布了最先起火物种类的统计数据，这些数据在火灾调查中对提出初步假设具有基础性的指导作用（如 Rohr，2001，2005）。其他工业类的火灾损失统计数据也可在一些文献中查到，如 FM Global 定期出版的《财产防损数据统计》（FM Global，2012）。

当火灾调查人员对相似的案例进行分析研究时，可以在《火灾现场评估》（*fire scene assessment*）这本火灾调查人员工作经验总结的刊物中发现有用的统计资料。在构建工作性假设时，火灾调查人员应该把这些统计资料与专门的火灾调查指南结合起来，从中提炼出有启发和指导性的知识、经验和方法。这些统计数据和资料对于提出有待检验的备选假设也是很有用的，但并不适合用于排除某一具体火灾的原因，因为这一具体的火灾不会列在统计数据表中。

科学的火灾实验结果，可以为火灾重建工作提供有价值的理解和认识。如果测试过程是科学的，那么这些实验结果是可以重复获得的，且错误率也是可以验证的。而这样的测试结果不受研究者的主观因素影响，是客观的。普遍公认的火灾实验程序是由美国实验与材料协会（ASTM International）的火灾标准委员会（E05）建立和修订的。

1.2.2　初步假设的运用

对每一个有经验的火灾调查员来说，熟练提出初步假设与验证是非常重要的。这一过程主要包括对火灾现场证据的记录与评价、对火场证人的所见所闻和行为的记录、对类似案例的对比、查阅有关火灾文献、积极参与权威机构进行的火灾测试、撰写和发表同行评议的研究等。

在火灾现场重建（forensic fire scene reconstruction）过程中，从预定（工作）假设的提出、假设的测试验证，到火灾的发生、发展、破坏和火灾原因的确定，都需要以科学的方法为基础。初步假设最终要与所获得的所有数据相符合，需要经历一个反复审查和不断修订的过程，这样，这个假设才能成为火灾调查的结论观点。

不同假设的确立与排除过程，在火灾调查工作中早已存在。案例 1-1 介绍了 1942 年椰林夜总会火灾调查中提出的多种假设，调查人员不会放过任何一个可能的假设，虽然有些论点看起来很不切合实际，但是调查人员还是对每个假设都进行了考察。这个案例说明了如何使用科学方法来排除那些不被数据支持、与火灾理论和证人证词相悖的论点。

【案例 1-1　假设的验证】 1942 年 11 月 28 日在波士顿发生的椰林夜总会火灾共夺去 492 人的生命，多人重伤，其中在附近医院救治的有 131 人。火灾最早发现于地下室的音乐厅，随后火势沿着楼梯快速蔓延到地面直通街道的大厅。

关于该起火灾是如何发生、发展的猜测有很多，尽管直到今天还没能确定引火源到底是什么，但是火灾调查人员需要在报告中对各种公开的观点进行解释。需要解决的主要问题有可燃装饰材料的使用情况、火灾蔓延的速度很快、安全出口数量不足、导致大量人员伤亡的原因。最初所能掌握的信息是证人提供的一些关于火灾发展的描述，即火灾最先发生在地下室的音乐厅内，引燃了周围的可燃装饰物、布艺吊顶和墙面，随后沿着楼梯向上蔓延，进而封锁了顾客可以看到的唯一一个通向室外的出口。

1943 年 1 月 11 日公布的 NFPA（1943）官方报告中，提出了关于这起火灾的起火点、起火原因以及火灾快速蔓延的许多理论观点。虽然报告中没有对这些观点进行深入的分析，但它仍然是将初步假设用于火灾现场重建和分析过程的典型案例。以下列出了 NFPA 最初关于这起火灾的一些理论，其中不包含那些可能性不大和缺乏物证支持的理论。

普通火灾理论：普通火灾理论认为，夜总会吊顶和墙面上的布艺、纸质的装饰物及其他可燃材料，是火灾中产生大量的烟、一氧化碳和火灾得以快速蔓延的主要原因。报告中还提到了一个可能加快火灾蔓延的因素，但并没有对这个因素进行深入的讨论。大量顾客是在火灾发生若干小时后才死亡的，在回顾过程中，这一现象引起了人们对火灾烟气毒性方面不同寻常因素的质疑。

酒精理论：酒精理论认为，从醉酒顾客嘴里呼出的酒精蒸气会加快火灾的蔓延速度。另外，热的酒精蒸气也会从桌子上摆放的酒瓶中挥发出来，进而加速火灾的蔓延。但是由于这种情况下蒸发的酒精蒸气浓度远低于可以加快火灾蔓延的浓度，所以这个理论被排除了。

硝化纤维理论：硝化纤维理论认为，在建筑的内墙上大量使用的人造皮革，在火灾情况下会加快火灾的蔓延，并产生含氮的有毒燃烧物，进而致使大量的人员死亡。而关于这类材料的科学评价结果也将该理论推翻了，评价认为此类材料所含的硝化纤维的量很少，不足以引起火灾的快速蔓延和人员的大量伤亡。

电影胶片理论：当调查人员得知这个建筑以前是一个电影胶片交易场所时，提出了电影胶片理论。该理论认为在建筑的某个隐蔽的地方可能存放了大量的废弃的电影胶片，这些胶片被点火源引燃了。然而证人的所见所闻并不支持这个理论。

制冷剂气体理论： 音乐厅的空调供应系统位于一个角落的装饰墙上，以前的空调系统使用氨或二氧化硫作为制冷剂，这些制冷剂气体是可燃和有毒的。而关于制冷剂气体被引燃的理论也被推翻了，因为氨气的可燃浓度较高，人们在这种浓度下是无法忍受的，而且幸存者也没有反映闻到了氨气的气味，此外，制冷剂气体是在铜管中的，只有当火灾初期铜管遭到了热或机械破坏时这些气体才可能泄漏出来。

阻燃剂理论： 阻燃剂理论认为，添加在装饰物中的化学阻燃剂会在受热过程中产生氨气及其他有毒气体。而该场所的装饰物是否经过了化学阻燃处理，在火灾调查过程中并没有得到确认，幸存者也没有提供与此相关的信息。在当时，消防检查人员会将装饰物的边角部分暴露在一定强度的火焰下，以进行现场的例行检测。而在火灾发生前，该场所的装饰材料在例行检测中是合格的。

灭火剂理论： 当调查人员得知人们使用灭火剂来扑救初期的人造棕榈树火灾时，提出了灭火剂理论，该理论认为灭火剂可能释放了有毒的气体。而调查过程中并没有发现能够支持此理论的证据。

杀虫剂理论： 当调查人员得知在地下室的厨房里曾使用过杀虫剂时，提出了杀虫剂理论。他们指出，如果可燃蒸气在一个隐蔽的墙角区域聚集就可能发生报道中的初期轰燃火灾。但是没有有力的证据证明使用的杀虫剂含有可燃气体以及杀虫剂是过量的。

汽油理论： 当调查人员确定该场所曾是车库，且地下室仍存放着汽油桶时，提出了汽油理论。但是汽油蒸气从这些油桶中挥发的假设也被排除了，因为汽油蒸气比空气重，会保持在地面水平。另外，火灾现场勘验结果也证实了现场不可能有那么多的汽油蒸气来形成如此规模的火灾，而且当汽油蒸气还远没有达到燃烧下限的时候，现场中的人员就会对汽油的味道产生警觉。

电线理论： 该理论是调查人员得知此建筑的部分线路是由一个未得到资质的电工安装时提出的。这个理论认为电线的绝缘材料由于过载受热会分解出可燃和有毒的气体。但是没有证据证实电线过载或电气故障是导致火灾的原因。

阴燃理论： 由于证人说火场中一些墙摸起来很烫，而阴燃火通常又较难发现，所以调查人员提出了阴燃理论。但在火场的现场勘查中，没有发现能够证明阴燃起火的证据。

需要对这些理论进行补充说明的是，半个多世纪之后，这起火灾的起火原因仍然是“原因不明”。一些证人称，火灾最初是从一个人造树开始的，这棵人造树是被火柴、打火机或蜡烛引燃的，直到现在，人们还在对这起火灾原因的假设进行着验证，NFPA 于 1982 年开始了对这起火灾调查的重新考量，近期也对这起火灾进行了回顾，结果认为火灾模拟和科学方法的运用可以获得对这起火灾的新的认识。

1.2.3 使用科学方法的益处

在火灾爆炸案件的调查中使用科学方法的益处有很多，主要包括以下内容。

增加了调查方法在科学领域的接受度；对统一的、同行认可的实践标准的运用，如

NFPA 921，提高了证言的可信度。

科学的方法在科技研究领域都得到了很好的运用，通过科学方法得到的调查结果更容易被那些对调查不彻底而产生质疑的人所接受。科学方法是被普遍认可的实践标准，那些忽视科学方法或不按推荐的调查程序得到的结论或观点需要更进一步的审查（DaHaan 和 Icove，2012）。最重要的是，专家证言越来越依赖于运用科学方法而获得的观点和认识。最近美国最高法院的决定强调了这些原则，各州的法院也有类似决定。

1.2.4 其他科学方法

在火灾调查工作中，除了归纳和演绎的推理方法之外，还有一些其他形式的科学逻辑方法，如溯因推理方法，它是对某一现象的最佳解释进行确定的过程。比如解释“如果下雨，草就会湿”这个现象时，就可以用溯因推理的方法。在这里，溯因推理的规则是解释草为什么会湿，通过回答“如果不下雨，草会湿吗”这个问题来获得不同的解释，而这个问题的回答是肯定的，当使用草坪洒水器或露水重的情况下也会使草变湿。在这个方法中，推理过程始于一系列的既定事实，然后从这些事实中得到最可能的解释或假设。应用这个方法得到的推理结果往往是经得起验证的，所以在正确使用科学方法来确定起火点和火灾原因过程中，该方法的运用是非常关键的。

溯因推理在现代的应用过程中，还包括人工智能、故障树诊断和自动规划等方法。在国防情报学院的一篇题为《批判性思维和智能分析》（Moore，2007）的论文中，对归纳、演绎和溯因推理的方法进行了比较深入的探讨。虽然人们对溯因推理的适用性进行了讨论，也有一些火灾会议引用了这种方法，但是 NFPA 921 仍没有将溯因推理列入其中（Brannigan 和 Buc，2010）。

1.3 专家证据基础

1.3.1 联邦证据规则

提交给联邦法院系统的证据是这本书的重点，《联邦证据规则》（FRE，2012）中明确表述了哪些人可以为联邦法院提供证据，一些州级法院也以此制定了他们的指导原则。

以下关于《联邦证据规则》中第 701、702、703、704、705、706 条的修订（于 2011 年 11 月 1 日起实施），对证据证言的有效性产生了一定的影响。

第 701 条：普通证人的证词判断

如果证人未被认定为专家，则证人意见性或推论性的证词应当限制在以下几种情况：（1）基于证人的理性判断；（2）对有效理解证人证词或对认定问题的事实有帮助；（3）不源于第 702 条范围内的科学、技术手段或其他专业知识。

第 702 条：专家证言

如果科学技术手段或其他专业知识能够帮助调查者更好地理解证据或是认定问题中的

事实，那些具有专门知识、技能、经验、培训或教育的人可以被看作是专家，如果他们的观点或其他证据符合以下条件，则称为专家证言：

(1) 证词充分建立在可靠的事实或数据之上；

(2) 证词是遵照可靠的准则及方法得到的；

(3) 证人在案件事实中运用了可靠的准则及方法。

第 703 条：专家意见证言的基础

专家的意见或假设以特定案件中的事实或数据为基础，这些事实或数据可能在听证会上或听证会举行之前专家就已熟知。如果专家在某些特殊领域提出意见或假设时，合理地引用了某些事实和数据，那么这些事实和数据是否被采纳与专家意见或证词是否被采纳之间是没有联系的。但是，提出意见或假设的专家不应向陪审团出示不被采纳的事实或数据，除非法庭认为这些事实或数据可以帮助陪审团来评价专家的意见，且它们的证明价值要充分大于其不利作用。

第 704 条：关于原则性问题的意见

(1) 除非是下面 (2) 中提到的情况，案件事实的审判者对专家提出的意见或推理并不排斥，因为其中包含着一个需要被裁决的最终问题。

(2) 在一起犯罪案件中，如果没有专家证人证明被告的精神状况，则需要陈述清楚关于被告是否具有某种精神状态的意见或假设，这种精神状态决定了被告的行为是犯罪还是防卫。而这些问题是仅仅针对事实的审判者而言的最终问题。

第 705 条：对形成专家意见的事实和数据的公开

除非法庭提出相关要求，专家只需对他们提出的意见或假设进行论证和解释，而无须对引用的事实或数据进行证实。任何情况下都有可能要求专家公布其引用的事实或数据。

第 706 条：法庭指定的专家

(1) 指定。在理由充分的情况下，法庭或任何一方当事人都可以对某专家证人提出回避要求，并且当事人可以提名哪些专家可以参与调查。法庭可以指定任何经当事人同意的专家证人，也可以指定自己选择的专家证人。另外，如果没有征得本人的同意，法庭不能任命其作为此案件的专家证人。经任命的证人，其义务需由法庭以书面形式告知，复件需由记录员存档，或是在有当事人参加的会议上宣布。如有任何发现，证人应将其告知当事人；证人资格的取消可由当事人进行；法庭或当事人可传唤证人出庭作证。证人需参与每一方当事人的交叉询问，包括一方当事人传唤的情况。

(2) 补偿。经任命的专家证人有权在法庭允许的范围内获得合理的报酬。在第五修正案中，涉及刑事案件、民事案件以及只涉及赔偿的诉讼案件中，都可以获得一定数额的补偿，这些补偿金是由相关法律提供的基金支付的。在其他民事案件和诉讼中，补偿的数额和时间是由法庭确定的，且这些补偿与其他费用一样由当事人进行支付。

(3) 任命专家的公布。在行使自由裁量权时，法庭应授权陪审团公布法庭任命专家证人的情况。

(4) 由当事人指定的专家。对当事人自行选择专家证人的权利，在本规则中没有任何限制。

需要注意的是，这些联邦指导方针并不适用于所有的州法庭或是涉外事务，读者应尽量向合适的法律顾问寻求指导。

1.3.2 专家证言的信息来源

通常来说，专家一般用以下四种主要的信息来源作为提出他们观点的基础（Kolczynski，2008）：

- 第一手的观察结果
- 在审讯之前提交给专家的事实
- 在法庭上提交的事实
- 对于可能假设的验证

第一手观察结果的例子包括在火灾现场、实验室检测或火灾测试中观测到的事实，或者是根据 FRE 703 得到的对证据的评估。专家亲自到火灾现场勘验是很重要的，而不应仅仅依赖于其他组织制作的现场草图和图像资料。但即使第一手资料非常珍贵，专家并不需要也不太可能亲自到达所有火灾的现场，尤其是现场已经很大程度上被改变或破坏的情况。如果图像文件足够全面，并且有相关资料或其他方式能够证明它的真实性，专家就可以通过这些图像文件来了解现场的情况（Ruby Gardner 案，2000）。

在审判之前，专家通常会批判地审阅案件，并获得对案件事实的见解和认识。这种认识一般是从其他专家报告、科学指南、学术论文或历史测试结果中得到的。例如从 NFPA 921、《柯克火灾调查》以及 SFPE 手册等专著中得到的信息。

第 701 条允许普通证人提供非专家意见证词作为证据使用。这些意见证词可能包含关于醉酒、车速以及汽油气味的回忆。例如，消防员虽不是火灾调查的专家，但如果他们进入着火建筑的某个房间时闻到强烈的汽油气味，也可以作证。

第 702 条要求专家的证词必须对案件事实的审判有所帮助，同时证词是否被采纳，部分取决于所提供的科学研究或测试与案件中有争议的事实问题之间的联系［在热保利铁路站印刷电路板（1994）诉讼案中引用了 1985 年的美国诉 Downing 案］。另外，专家分析中的每个步骤都应与其特定案件的工作确实地联系起来。

第 702 条规定普通证人也可以提供专家证言，条件是其意见基于一种公认的评价方法，且证人有进行评价的资质。公认的评价方法包括 NFPA 921 中的指导方法以及许多 ASTM 的标准。

自该规则从 1975 年颁布以来，不论那些案件事实是否显而易见，只要它们对于形成非诉讼角度的专业判断是必需的，第 703 条即允许专家以案件事实来形成意见。在专家形成意见时所采用的信息，不会自动被法庭所采纳。在 FRE 第 703 条中，专家可以使用传闻证据，比如其他证人的陈述。专家可以使用如下信息来帮助其形成意见，火灾目击证人提供的信息、其他证人的证词、相关文件报告、火灾发展过程的录像资料以及案件中提交的相关书面报告（美国 v. Ruby Garden，2000）。

法庭上提交的事实也可作为专家证言的根据。这些事实可能包括其他证人的证词以及提交证据中所含的信息。专家证人会被提问一个假设的问题，例如“设想在一幢房子的不同房间分别发现了三个装有汽油的水壶，且有部分烧毁的灯芯。那么，根据这些事实以及您 25 年的火灾调查经验，能够得到什么结论呢?”

在专家证言形成过程中，对于多个可能假设的验证是很重要的，验证方法可以是实体实验室的测试，或是对案件中提出的其他合理假设的批判性审查。在 ASTM E620-11，4.3.2 节（ASTM，2011）中规定，专家应在其报告中反映出在获得意见和结论时所使用的逻辑推理方法。在最近的一个案例中，一位专家没有对另一个与其假设相似的可能的火灾原因进行排除，法庭认为即使这名专家具备进行火灾研究的资格，他的证词中还是缺少客观、足够的证据对其结论进行支持［沃尔玛商店，上诉人（Petitioner），v. Charles T. Merrell，Sr. 等. 2010］。

1.3.3 专家证言的公开

下文摘录了 2012 年 12 月 1 日生效的联邦民事诉讼规则（FRCP 2010）修正案里第 26 条（a)(2)(B）中关于民事案件要求公开专家证言的指导方针。

公开专家证言：

（1）通则。除了第 26 条（a)(1）规定的公开情况以外，联邦证据规则第 702、703 及 705 条规定一方当事人必须向其他当事人公布参与审讯示证过程的所有证人的身份。

（2）必须提交书面报告的证人。如果专家证人是被指定或是当事人聘请的，除了法庭规定或要求的情况以外，在公布专家证言时必须附加由证人整理并签字的书面报告。且报告应包括如下内容：

① 证人想要表达的所有意见的完整陈述以及得到这些意见的根据和理由；

② 证人在得到意见过程中考虑的事实或数据；

③ 所有用以概括或支撑专家意见的证据；

④ 证人的资质，包括近 10 年内发表的所有出版物的列表；

⑤ 近 4 年内证人作为专家在审讯或法庭上作证的所有其他案件的列表；

⑥ 在案件中，对于提供研究及证词所得补偿的陈述。

（3）不需要提交书面报告的证人。除法庭规定或要求的情况以外，如果证人不需要提供书面报告，那么公开的专家证言需要包括以下内容：

① 根据联邦证据规则第 702、703 或 705 条规定，希望证人对哪些问题出示证据；

② 需要证人进行验证的事实及意见的概述。

（4）公开专家证言的时间。一方当事人必须按照法庭要求的时间和次序进行公布。如果法庭没有规定的话，公开必须做到：

① 在案件审讯或做好审讯准备之前至少 90 天；

② 根据第 26 条（a)(2)(B）或（C）规定，如果一方当事人就某项内容提供的证据与另一方当事人提供的证据存在冲突或矛盾，需在另一方当事人公开专家证言后 30 天内再行公开。

（5）对公开的补充。当事人必须根据第 26 条（e）的规定对这些公开进行补充。

FRE 第 705 条强调了专家需公开支撑其意见的事实或数据。专家在证实他们的观点时，可不必先介绍所用的事实或数据，除非法庭指定这么做。但是，在之后的交叉询问中，会要求专家对其使用的事实或数据进行公开。

根据 FRCP 第 26 条（a）(2)(B) 的规定，专家需提交一份书面的专家证人报告。这份报告必须由专家证人整理并签字，其内容必须包含以下内容：

- 对证人将要表达的所有意见的完整陈述以及得到这些意见的根据和理由
- 专家在得到意见过程中所考虑的数据或信息
- 用以概括或支撑专家意见的证据
- 证人的资质，包括近 10 年内发表的所有出版物的列表
- 对于提供报告及证词所得的补偿
- 近 4 年内证人作为专家在审讯或法庭上作证的所有其他案件的列表

专家公开的书面报告的大纲版式会有所区别。表 1-2 是专家公开报告中建议使用的标题，报告由专家发送给律师。表 1-3 列举了要得到火灾专家资质需要涉及的领域（Beering，1996）。

表 1-2　专家公开报告中建议使用的标题

1. 公开内容以及条约范围
2. 个人背景及资质
3. 专业意见的概述
4. 对于财产损失的说明
5. 在火灾调查中使用的标准以及方法
6. 火灾事故(包括名称及事件列表)
7. 对于其他调查的分析
□在火灾调查方面接受过训练并有一定经验
□高等教育
□知识储备及证书
□运用可靠的调查方法方面的专业知识
□相应资质
8. 篡改证据的影响(如果有的话)
□定义、责任以及存档情况
□可能引起的诉讼生效时间
□通知涉及的当事人
□关键证据的丢失或销毁
□篡改证据的时间
9. 进行一项独立火灾调查的影响
10. 关于专家意见的执行摘要,需要签字或盖章
附录 A——审阅过的信息列表
附录 B——专业资质、以往的证词
附录 C——得到的补偿
附录 D——补充数据
附录 E——程序列表(计算机模型)

表 1-3 具备火灾专家资格需要涉及的领域

分类	范例
身份——谁是专家，他/她在该领域工龄多长？	姓名 头衔、部门 工作经历——当前及以往的
教育及培训——这名专家接受过何种正规的专业培训？	正规教育 消防培训学校 国家消防学院 FBI学院 联邦执法培训中心 年度国际、全国研讨会 专门培训
证书——专家是否有执照、证书或者其领域的其他资质？	火灾调查人员 警察 消防专家 专业工程师 指挥员
经验——专家是如何获得对火灾的第一手认识及经验的？	火势控制 火灾调查 火灾测试 实验室
历史证词——该专家曾经作过证吗？	刑事、民事及行政法庭 普通及专家证人 管辖范围(州、国家、国际)
行业协会——该专家参加过何行业协会？是何身份(例如会员、终身会员)？	职业火灾调查 消防及司法工程
任教经历——专家是否在该领域给他人进行过专业且可靠的培训？	地方、州、联邦、国际学校及组织 国家学院 学院及大学
专业出版物——该专家是否撰写并出版过同行认可的文章？	同行认可的文章、技术报告 书籍 国家标准
奖励和荣誉——该专家得到过何种重要的荣誉及奖励？	地方、州、联邦及国际级别的专业组织和社团

注：根据 Beering 1996 总结并更新。

1.4 对火灾调查科学的认可

1.4.1 多伯特（Daubert）准则

美国最高院在其最近的裁决中继续对专家的科学技术意见的采纳进行了定义和完善，尤其是那些涉及现场调查的意见。这些裁决对专家证言的解读和采纳产生了影响。

这些法庭决定尽管仍存在许多争议，但火灾和爆炸调查被认为是一门科学而不是艺术。尤其是当科学的方法、相关工程学准则和提供专家证言方面的研究结合在一起的时候，这句话更是正确的（Kolar，2007；Ogle，2000）。

法官拥有自由裁量权去排除那些凭推测或不可靠信息得到的证词。在Daubert v. Merrell Dow药物案件（1993）中，法庭分配给审讯法官的一项任务是确保专家证言不仅要与案件相关，还要有很高的可靠性。这位法官扮演的角色类似于一名“守门人”，负责判定一个特定科学理论或技术的可靠度。法庭定义了4项准则，以判定专家的理论或使用的技术能否得到认可。Daubert允许法官对专家证言与呈现的案件事实是否匹配进行考量。中心问题常常是该专家是否遵从了一个被认可、接受并且得到同行评议的方法作为他/她结论的基础。

在时间更近的锦湖轮胎有限公司诉Carmichael（1999）案件判决中，法庭运用了这4条Duabert准则来判定专家证言是否基于科学或经验。Daubert准则检查了表1-4中所阐明的可测试性、同行评议及出版物、错误率及行业标准、公众接受度等问题。简而言之，专家证言必须依赖同行认可的文献资料、测试结果、惯例和法庭遵循的可靠做法。

一个最近的联邦调查案件引用了Daubert准则以及联邦证据规则第702、703条的规定，采纳了John DeHaan博士关于一起放火案件起火点和起火原因的专家证言，证言是基于他对案件材料的审阅。其他专家也使用了该资料（United States of American v. Ruby Garden，2000）。DeHaan博士依据的是报告、图像以及第三方当事人的观察情况，这些信息有的没有直接被认定为证据。

法庭判定该程序是可靠、适当的，并确认了量刑情况。此外，法庭还对比了其他证词，包括传闻证据以及第三方当事人的观察情况，一名放火案件调查专家通过使用这些信息得出了关于精神科医生是否能够仅仅依靠员工报告、与其他医生的会谈以及背景信息就作为专家进行作证的意见。

在United States of American v. John W. Downing（1985）案件中（第三次巡回法院案件），同时使用了Daubert准则和Downing因素来判定专家使用的方法是否可靠。Downing因素考虑了以下几点：（1）技术与方法之间建立的可靠联系；（2）专家证人基于一定方法作证的资质；（3）利用这种方法解决的非司法问题。

表1-4 Daubert准则及需要考查的相关问题

分类	需要查明的相关问题
可测试性	该种方法、理论或技术是否经过测试？
同行评议及出版物	该种方法、理论或技术是否经过同行评议或公共发表过？
错误率及行业标准	该方法、理论或技术的已知或潜在错误率是多少？ 该方法、理论或技术是否遵守管理标准？这些标准是如何维持的？
公众接受度	该方法是否在科学界被广泛接受？

1.4.2 FRYE标准

现在有16个州以及哥伦比亚地区（Gianelli，Imwinkelried，2007）使用Frye标准（或其演变方式，例如加利福尼亚州的Kelly-Frye测试、马里兰州的Reed-Frye测试、密歇根州的Davis-Frye测试），而不是Daubert准则来作为专家证言是否被采纳的标准。最初的 Frye 判决是在 1923 年，针对测谎科学规则是否应该被采纳的问题而制定的，当时在广泛的质疑面前仍有少数拥护者坚持认为测谎技术是可靠的。美国哥伦比亚的地区上诉法院声明：

当一个科学原理或发现处于实验和论证阶段之间时，是很难对其进行定义的。有时在这个模糊地带，该科学原理的证据力应当得到认同，但是法庭仍需要尽力认定专家证言确实是由一个广泛认可的科学原理或发现演绎而得的，同时所依据的信息必须在所属的特定领域内得到广泛认可（Frye v. United States，1923）。

Frye 判决规定了法官作为一名“守门人”，其职责是排除伪科学。“普遍接受”的标准推理论证过程可以从以下 6 个方面帮助案件的审判者（Grahan，2009）：

（1）一定程度上促进司法判决的一致性；

（2）在诉讼过程中避免耗时且不准确的对于科学技术可靠性的判定；

（3）确保提出的科学证据是可靠的且具有相关性；

（4）确保有一个专家库能够批判的对科学判定的有效性进行考查；

（5）提供一个初步审查来避免陪审团非常看重证据的科学技术性，而案件的审判者又无法正确评估证据可靠性的尴尬情况；

（6）在一些新的领域，当辩方律师的询问不能或不太可能推断专家证言的准确性时，要针对科学专家证言的可信度设置一个门槛标准。

这个门槛标准是比较保守的，当严格适用时，还需要一些长期使用并被从业者测试有效的新技术。证据的广泛接受程度应由提供证据的一方当事人来进行证明。在 Frye 标准中，并未提及法官应使用何种方法去判定证据的接受程度。单个专家的证词，尤其是带有明显个人偏见或涉及既得利益的，几乎不会被采纳。而多次同行评议的陈述、发表的论文、由法院聘请的独立专家的证词，以及多名专家的证词都会被采纳。

“由审判法官判定 Frye 标准是否满足联邦证据规则第 104(a) 条的规定。这时适用‘优势’标准”（Gianelli，Imwinkelried ，2007）。一些法庭在形成“标志性指标”时使用 Daubert 准则，例如独立的同行评议、完整而彻底的测试、错误率的确定，或者应用于技术的客观标准的颁布。一个通用的标准是，如果技术的运用得到科学界内绝大多数的支持，那么就可以说达到了广泛接受的程度。

Frye 标准中另一个主要的问题是确定相关的科学领域或技术运用的领域是什么。火灾调查和火灾重建都需要依托多个领域——火灾动力学、消防工程学、化学，某些条件下还要用到人类行为学；它们不属于一个单独的学术或专业准则。法官可以从一些出版的火灾调查著作或火灾动力学、消防工程学或化学的相关资料获得启发（包括地方院校讲师，无论其对概念是否有必要的熟悉度）。以前的司法判决也被用作此类判决的基础（即使它们在这个案件的调查技术中并不适用）。

一些法庭拓展了 Frye 标准，越过了技术的可靠性概念，而是考虑技术所依据的理论。但是，当要求火灾调查人员证明一些现象背后基本理论的有效性时，这样的拓展会给火灾调查人员带来一些实际问题，例如“V 型”痕迹、爆裂、玻璃的破坏、闪燃、环状或圆形痕迹等。这些现象的基本理论（如果已知的话）可以用火灾动力学以及材料科学方面的规律进行解释。

其他法庭通过判定一些证据与“科学”领域无关而仅是示意证据（物证、照片、X光片等诸如此类的证据）来回避Frye标准。在那些情况下，法官不会盲目相信作证专家的断言，而是可以通过自己的观察判断来证实这些结果。对专家的过分信赖会使得在前几十年内一些不良律师在法庭上使用的把戏、手段（例如替换、错误描述，甚至是一些花招）重演，来动摇和控制法官。

1.4.3 NFPA 921对科学的专家证言的影响

作为专家证言中相互联系的要素，NFPA 921与Daubert准则一样具有重要意义，因为它为实现可靠而系统的火灾爆炸事故（Campagnolo，1999；DeHaan，Icove，2012）调查分析活动建立了指导方针。最近联邦法院出台的意见和准则涉及以下领域：

- 调查协议、指导方针以及同行评议引文的使用
- 燃烧图痕的方法学解释
- 作证的资质

对任何职业，尤其是火灾调查工作，不间断的职业教育是很关键的。对于所有专业的火灾调查员来说，要不断阅读和了解所有与火灾、工程以及法律相关的出版资料，并且要利用自己与时俱进的知识来对它们的结论进行批判性的评价。因为科学总是随着新的发展而发生改变，进而对一个既定假设的评判产生影响。

1.4.3.1 对于NFPA 921的引用

1997年，一名联邦法官在一起民事诉讼案件中支持了被告方保险公司的请求，保险公司要求禁止原告的火灾调查专家在证词中引用NFPA 921规则。NFPA 921在1988年11月16日提出讨论稿后，最初于1992年出版。法官要求原告提供一份NFPA 921的复印件，并发现基于联邦证据规则第703条的规定，引用NFPA 921的任何一条规定都几乎毫无价值，而且还会干扰法官的判断（LaSalle国家银行等诉马萨诸塞海湾保险公司等，1997）。但这种极端保守的做法没有得到广泛的认可，事实上，从那之后大多数的法庭判决都注意到了NFPA 921规则的司法价值。

例如，在1999年11月18日的一起机动车事故中，一人驾驶的机动车撞上多用电线杆之后被困在前排驾驶座将近45min。目击者报告有一个浅蓝色闪烁的火焰吞没了机动车内部并造成被困者严重烧伤。在这起针对汽车制造商的产品责任诉讼中，原告声称产品存在设计缺陷，因为安全装置本应该在撞击之后断开电源（John Witten Tunnell v. 福特汽车公司，2004）。原告声称车上的通电线束产生了一个高电阻故障，在没有熔断保险丝的情况下引起了火灾。法官审阅案情，否决了排除火灾原因鉴定专家证言的请求，并再次认可了NFPA 921中的技术方法对该案的适用性。

1.4.3.2 调查协议

在一起1999年联邦法庭审理的犯罪案件中，辩方提议法庭应排除一名州消防局局长

对于可燃物性质的证词。辩方认为根据 Daubert 准则，这些证词未达到采纳标准（U.S. v. Lawrence R. Black Wolf, Jr. 1999）。辩方要求排除证词的原因是，调查人员直到火灾发生 10 天后才到达现场，并且没有取样进行实验室分析，火灾原因的基本理论没有接受准确且可靠的同行评议，并且没有使用科学方法或程序来得到结论。辩方提出的 A 证据就是 1998 年版本的 NAPF 921。

联邦法官在回顾了辩论过程之后决定，调查人员提出的证词是可靠的，因为他的确使用了一个与 NFPA 921 中推荐的基本方法和程序一致的调查协议，并且他通过了作为火灾调查专家的资质审查（图 1-3）。

图 1-3　如果一名调查人员提出的证词符合某个调查协议（如美国司法部出版的调查指南，其中引用了 NFPA 921 推荐的方法和程序），则其证词可以视作可靠证词
（美国司法部 www.usdog.gov 提供）

考虑到关联性验证，法官认为调查人员的证词可以帮助陪审团理解起火点附近的环境以及起火原因。地方法官进一步发现证词也满足联邦证据规则第 703 条，因为调查人员基于专家收集的事实和数据而提出了有关火灾原因和起火点的证词。因此法官认为辩方有大量的机会，在质证环节提出反证或向陪审团进行解释，来驳倒专家证言。

1.4.3.3 使用指导方针以及引用同行评议的规则

在 1994 年 11 月 16 日发生的一起住宅火灾案件中，许多独立的调查人员试图判定确切的起火点和起火原因。一位电气工程师（火灾调查人员）认为，位于地下室的家庭活动室里的一台电视机引起了火灾。原告指控电视机的生产商，声称生产商没有履行产品责任义务、疏忽大意且违反了产品质量保证书（Andronic Pappas 等人诉索尼电子股份有限公司等案，2000）。

判决该案的联邦法官举行了为期两天的基于 Daubert 准则的听证会，结论是其不能采纳该调查员关于火灾原因的证词。法官指出，证词无法采纳的主要原因源于联邦证据规则第 702 条的规定，即专家鉴定意见应当基于可靠的调查方法。法官注意到这名调查员在判定起火原因时并未使用一套固定的指导方针。同时值得关注的是，这名调查员证实了虽然他对 NFPA 921 和《柯克火灾调查》中的指导方针有所了解，他还是选择了依赖自己的经验和知识判定火灾原因。在听证会的过程中，原告并没有提交任何著作、文章或是关于特定的火灾原因鉴定技术方面的证据，只是提交了这一名专家的证词。法官专门批评了这种仅有一位专家基于自己在电视机内部燃烧图痕方面的专业知识进行作证的现象，而他的观点也没有经过同行评议加以支撑。

1998 年 7 月 16 日，一家公司在火灾中烧毁，从而引发了产品质量诉讼案件。原告仅聘请了一名专家证人。该专家证人提出辩方生产的产品（Chester Valley Coach Works 等人诉 Fisher-Price Inc. 公司案，2001）引发了火灾。2001 年 6 月 14 日法庭举行了一场基于 Daubert 准则的听证会，根据听证会上的证词和辩论情况，法庭排除了该专家关于起火点和起火原因的专家证言和意见。在听证会上，专家表明他的结论主要是基于自己的经验和所受教育，而不是基于任何测试、实验或者被广泛认可的文章或论著等。他在调查活动中采用的一些步骤违背了 NFPA 921 中的指导方针。

在 2003 年 4 月 16 日联邦法庭的一个判决中，原告依据 Daubert 准则请求排除辩方专家证人的证词，但该请求被否决了（James B. McCoy et al. v. Whirlpool Corp. et al., 2003）。原告声称 2000 年 2 月 16 日的住宅火灾由一台洗碗机引发。原告还质疑专家关于起火点、起火原因的报告没有明确引用 NFPA 921 中陈述的方法。在判决中，法庭提醒原告，辩方的专家证人不需要引用 NFPA 921，因为他已经提交了一份完整的意见陈述以及支撑观点的基本原理的说明。

1.4.3.4 同行评议理论

在一起 1996 年 12 月 22 日左右发生的住宅火灾引发的案件中，保险公司聘请了一名专家判定火灾原因。所有当事人都同意火灾是从壁炉炉膛的右侧区域开始蔓延的。辩方却质疑了火灾原因，并请求排除原告的专家证言（Allstate Insurance Company v. Hugh Cole et al., 2001）。

虽然原告于 1998 年 12 月 21 日提起了申诉（早于联邦证据规则第 702 条修正案生效日期——2000 年 12 月 1 日），但法官仍然基于第 702 条修正案，采纳了该证词（FRCP,

2010）。且原告坚持主张，调查人员应在庭审证词中引用符合 NFPA 921 的数据来支持他的意见。

原告方调查人员的意见是：由金属管传递的热量引燃了邻近的可燃物。法官注意到，该结论所依据的理论在 NFPA 921 中已有所体现，通过了同行评议，在科学界中是被广泛认可的，且充分满足联邦证据规则第 702 条对证据可采性的要求。同行评议也能涵盖其他有资质的火灾专家（科学领域和调查领域均有）的咨询意见。

1.4.3.5 需要的方法

1996 年 9 月 13 日发生的一起住宅火灾，从厨房角落开始蔓延，起火区域内有洗碗机、烤箱和微波炉。该市的消防队长得出的结论是微波炉引起了火灾。然而在联邦民事案件中，原告方的专家证人主张是由烤箱故障引起了火灾（Jacob J. Booth 和 Kathleen Booth 诉百得集团股份有限公司案，2001）。

一位高级联邦法官基于 Daubert 准则举行了听证会，在听证会上对所有证据及证词进行了审阅，他根据联邦证据规则第 702 条规定判定，不采纳原告方调查人员的意见。法官认为原告方调查人员并未提供足够可靠的证据来支持其调查火灾原因的方法。法官还指出 NFPA 921 是一个综合性的规则，它包含了一种用以支持意见的方法，并能够作为验证火灾原因假设的基础。

在 1999 年 12 月 8 日，一名密歇根州巡回法庭的法官支持了原告方提出的排除辩方专家证人证词的动议（Ronald Taepke 诉湖州保险公司案，1999）。在证词以及书面报告中，辩方专家承认了 NFPA 921 权威性，也承认了他并没有遵循 NFPA 921 认可的方法。此外，他认定该案是放火案所使用的方法在火灾调查领域并没有任何可靠资料的认可。另一方面，这名专家也承认，自己关于本案中使用过高温助燃剂的观点缺乏可靠的、有力的证据支持。

2002 年 3 月 28 日，一起关于联邦民事案件中的意见涉及一起汽车点火开关火灾，联邦法官对机动车火灾损失统计数据库在诉讼案件中的用途进行了调查。法官还对在火灾调查活动中依据 NFPA 921 规定的科学方法来获得假设的重要性进行了考查（Snodgrass 等人诉福特汽车公司和联合技术汽车股份有限公司案，2002）。值得注意的是，因为这起案件正在进行第三巡回审判，在对专家使用的方法是否可靠进行判定时，结合依据了 Daubert 准则和 Downing 因素。

在 1985 年的美国 v. Downing 案件中，法庭从目击证人身份可靠性的角度考虑了专家证言的被采纳程度。法庭认为，在恰当的情况下，专家作为目击证人的确有助于事实的审判，在联邦证据规则的规定下此类专家的证词是被采纳的。专家证言对于陪审团来说是一种“帮助”，因为专家证明的许多问题会超出人们的常识范围，甚至会直接违背常识，而且会推翻陪审团由于对目击者的过分信赖而得出的一些不正确的假设。

在 2005 年 6 月 16 日，一个州法庭做了一项决定，法庭允许上诉方独立的火灾调查员根据 Daubert 准则确定起火原因和起火点（阿邦等有限公司诉横贯大陆保险公司案，2005）。法庭指出这名独立调查员在获得关于起火点和起火原因的意见时，遵循了 NFPA 921 的方法及原理。

在2000年10月23日的一场灾难性的公寓火灾中，死者的个人代表和亲属，称电热毯生产厂商安全电路存在缺陷，因此引起了致命的火灾，并起诉该生产厂商（David Bryte诉美国家庭股份有限公司案，2005）。判定这起火灾起火点和起火原因的消防队长虽然曾接受过火灾和爆炸事故调查领域相关的培训，但是并不具备火灾调查人员的资质。他从死者的左边，沿着火灾的蔓延途径拍摄了现场照片，制作了火灾现场勘验笔录并取得了证人的口头证词。但他并没有检查导线及取证，他发现有一根电线围在死者的身体上，进而认为火灾原因是不恰当使用电热毯造成的。在2003年10月8日的审判中进行了Daubert准则的分析，法庭驳回了消防队长以及另外一名专家的证词，因为他们的证词缺乏足够可靠的根据。

在一起联邦法庭裁定的产品质量诉讼案件中，涉及火灾致人死亡的情况，州初级法官以及联邦地方法院一致认为，根据Daubert准则和联邦证据规则的规定，原告的专家证人使用的方法不够可靠，不足以作为可采纳证词的根据（Bethie Pride诉法国兴业银行股份有限公司案，2000）。在案件中死亡的60岁男子，当时拿着打火机在屋后检查管道，进而发生爆炸并导致其全身95%的面积发生烧伤。法庭指出原告方的专家未能及时进行再现性的实验来说明打火机的质量缺陷是如何引起爆炸的。原告方的一名专家证实他做过一项实验来验证他的假设，不过“由于太害怕而半途而废了”。

在一起联邦案件中，一家保险公司试图让火灾责任方对其投保单位的火灾财产损失进行赔偿，辩护方建筑公司提出，请求排除原告方消防专家关于起火点和起火原因的证词（Patrick和Linda Magee的美国皇家保险代理公司诉约瑟夫·丹尼尔建筑股份有限公司案，2002）。原告方的被保险人在1998年10月14日受雇于一家建筑公司，在其下属的一间车库工作，在二楼安装新梁时使用了乙炔喷枪，在操作乙炔喷枪过程中，发生过两次火灾但都被扑灭了，在其离开建筑公司后约14h，车库内发现起火并造成损失。

火灾发生后约1年时间，原告聘请了一名专家调查起火点和起火原因。根据调查，这名专家推断火灾是由建筑公司工人在使用焊接和切割装置过程中粗心大意造成的。法庭注意到了专家开展调查使用的方法和NFPA 921中提出的一致。他的推论是这起车库火灾是因为建筑工人粗心大意使得熔渣迸溅引起的，形成该推断所依据的数据包括现场照片、保险调查及工程报告、对证人证言的审查以及他自己对证人的询问。他还排除了其他常见的起火原因。法庭引用Daubert准则，认为专家提出的关于辩护方粗心大意使得熔渣飞溅的理论与火灾原因之间是直接相关的。

美国第三巡回上诉法院有一个未公布的案件，判决该地方法院在同意或排除原告方专家证言的决定上没有错误（Rocky Mountain和Suzanne Mountain的代理公司诉霍姆斯产品案；彭尼股份有限公司，2006）。1999年4月5日，火灾烧毁了一处住宅，保险公司的调查员认定一个卤素灯泡处是起火点，认为由于该卤素灯缺少安全防护，不足以防止灯的高温部件与附近的窗帘、衣物或其他可燃材料发生接触（引发了火灾）。在排除了其他可能的火灾原因之后，调查员得出结论，认为火灾是由于附近纺织品与存在缺陷的高能量灯泡发生接触引起的。调查员进一步假设，也许是户主的狗偶然将布帘拉下来，正好罩在高能量的灯泡上，或是狗把灯撞到与布料接触的位置。法官判决该火灾调查员的证词不符合Daubert准则，因为关于起火原因的结论是基于假设，且没有任何方法可以支持。

在一个关于代位追偿的诉讼案件中，保险公司起诉一家干衣机厂商赔偿其损失，该损失与 23 起声称是由于产品设计缺陷引起的火灾有关（旅游保险公司诉通用电气公司案，2001）。当时被告厂商要求排除原告专家的证词，证词是一份 3 页的报告，其中指出在无法监测的区域堆放的棉绒可以被干衣机的高温部件引燃，在这种情况下举行一场 Daubert 听证会是很有必要的。法官否决了被告方的请求，因为法官发现专家提交的意见证词均满足联邦证据规则第 702 条和 Daubert 准则的要求，专家意见也与 NFPA 921 以及科学方法的原则相一致，并且专家具备相关资质。然而，法官发现原告公开的报告中涉及金额的部分不诚信，法官要求原告将前 12 天专家取证所花费用的 1/3 退还给被告方，并准许原告利用 2 天多的时间再次取证。

1.4.3.6 关于燃烧图痕的方法学解释

1997 年 4 月 23 日的一起建筑火灾案件中，一名联邦地方法官驳回了原告关于排除有关起火点和起火原因意见证词的请求（Eid Abu-Hashish 和 Sheam Abu-Hashish 诉斯科茨代尔保险公司案，2000）。在这个案件中，一名市消防部门的调查员和一名私人保险调查员通过他们对现场的勘验，都认为这起火灾为人为放火，但是没有提取有关物证做实验检测。

原告认为这些调查员不可靠，根据联邦证据规则第 702 条的规定，他们的证词都不应被采纳。因为他们并未使用 NFPA 921 列出的科学方法，并且仅仅依靠现场观察到的物证来做判断。这个案件也可以与 Benfield 案件（Michigan Miller; Mutual Insurance Company v. Benfield，1998）相比较，在驳回原告请求的过程中，法官注意到调查员能够针对燃烧图痕的分析提出足够充分的方法学解释，这使得他们得出了起火原因是放火的结论（图 1-4）。

图 1-4 针对在确定起火原因过程中使用的燃烧图痕的分析方法，调查人员应提出足够充分的、方法学方面的解释（D. J. Icove 提供）

2000 年 10 月 16 日，一家影碟租赁商店被烧毁，并由此引起产品质量诉讼案，两名原告方的火灾原因鉴定专家判定火灾的源头是一台复印机（消防员基金保险公司诉佳能美国股份有限公司案，2005）。两名专家依据复印机内部的燃烧图痕以及对一个复印机发热元件样本的测试得出该结论。联邦上诉法庭与地方法庭的裁定一致，认为原告方专家关于实验的证明文件不符合 NFPA 921 的标准，是不可靠的且可能会误导法官。法庭认为测试必须经过精心设计以重现实际的情况，还应正确操作和完整记录。

2006 年 2 月 1 日，一个州民事法庭排除了被告方专家最初提出的火灾原因为放火的推断（Marilyn McCarver 诉农业局普通保险公司案，2006）。2003 年 8 月 16 日，一起火灾烧毁了原告方的住宅，2003 年 8 月 23 日，被告方保险公司的专家出具的一份报告中显示，在走访其他住户、拍摄现场照片、取样做实验室分析以及采取其他技术手段之后，被告方认为该起火灾是由于人为放火引起的。州法庭指出即使被告方专家声称在他的调查中遵循了 NFPA 921 的规定，但是在某些方面他并没有遵循规定的程序。专家并未记录下物理测量的炭化深度，没有记录下作为燃烧图痕依据的矢量分析，没有取回样品做化学检测，这些都导致了他们的失败。在举行过一个 Daubert 听证会后，法庭认为专家没能记录下炭化深度数据这一致命错误，违背了起火点和起火原因认定方法。

1.4.3.7 方法及资质

1998 年 7 月 1 日的住宅火灾引发的关于产品质量联邦诉讼案件中，法官同意了被告方要求排除电气工程师的证词的请求，该判决引用了 Daubert 准则、联邦证据规则第 702 条以及 704 条（美国家庭保险集团诉 JVC 美国公司案，2001）。在这个案例中，一位保险公司调查员要求一名电气工程师移除并检查了浴室中排风扇、时钟、台灯、计时器、CD 机的燃烧残留物。电气工程师认为 CD 机故障引起了火灾，他是基于室内的燃烧图痕、电器燃烧残留物以及他自己的经验、教育和接受过的训练得出的这一结论。法官注意到这名电气工程师的训练和经验不足以使他具备一定资质来对燃烧图痕以及火灾原因进行分析。此外，法官还认为这名电气工程师在得到假设的过程中，并没有使用 NFPA 921 推荐的科学方法对数据进行分析，也没能满足 Daubert 准则对专家证言的要求。

2001 年 3 月 1 日，一场由建筑门卫室里的壁橱开始蔓延的火灾，认定是由受污染的母线管道内发生短路造成的（103 个人投资的 IP 公司诉广场 D 公司案，2005）。原告雇用了一名持有执照的机械工程师，同时也是一名具有资质的火灾调查员，来调查起火点和起火原因。工程师保证他调查火灾的过程与 NFPA 921 提出的科学方法是一致的。在 2005 年 3 月 10 日提交的一份意见里，一位联邦法官裁定这名工程师的证词包括了短路是由污染物引起的这一观点。但是，因为这名工程师没能遵循既定的质询方法来验证他的假设，即污染物到底是如何存在的，他不能证明火灾确实是由母线管道内的短路引起的。

有一个案子在联邦地方法官审理之前，第三方被告提出的要求排除原告专家证言的请求被拒绝了（TNT 道路公司等诉斯特林卡车公司案，第三方原告斯特林卡车公司诉第三方原告李尔公司案，2004）。第三方被告声称证人不具备提出专家意见的资质，没有大学学历，不是一名持有证书的调查员，也不是一名持有执照的私人调查员，在没有询问每一名可能的证人的情况下就草率得到了结论，他的结论严重依赖于理论和间接证据，仅有过一次作为专家证人作证的经历，他的调查缺陷较大，根据联邦证据规则第702条的规定应不予采纳。在慎重审阅过后，法庭裁定原告方证人确实具备提交关于交通工具火灾起火原因意见的相关资质。

地方法官指出，证人展示出自己具备充足的知识、技能、训练以及教育，足够具备作为一名专家的资质，他的方法也很可靠。法官判决证人的调查活动遵循了NFPA 921的规定，因为在机动车主的见证下，他对现场进行了系统的检查和拍照，对所有可能会引起火灾的部件也进行了检查和拍照，他还查阅了维修记录，系统地拆除并拍摄了燃烧残骸，但并没有立刻得出关于火灾原因的意见。在几小时之后，他发现了一个可疑的点火开关。当专家怀疑是这个点火开关引起了火灾时，他暂缓了调查活动来保留证据，直到其他有关的当事人来检查该机动车。

2001年2月15日，某住宅厨房内一台咖啡机附近发生火灾，造成了大范围的燃烧、烟气以及水渍等。保险公司支付了索赔并向咖啡机的生产厂商要求行使代位追偿（警惕保险诉日光公司案，2005）。根据2004年3月1日举行的Daubert听证会结果，几位证人的证词都没有被采纳。根据联邦证据规则第702条的规定，一位火灾调查员的证词也认为是不能被采纳的，因为他的意见不是基于他对于咖啡机和烤箱电线、安全装置或是荧光灯进行测试所得的数据。根据联邦证据规则第701条的规定，他能够根据个人的观察作为一名普通证人证明咖啡机位于V形燃烧痕迹的底部。在听证会上，法庭认为另外一名证人的燃烧测试仅仅是将厨房火灾重演了，而并没有在实质上模拟出类似火灾，这是由于施加在咖啡机上的热量、咖啡壶内的水量以及工作台面的厚度与火灾条件的不同。2005年3月2～17日举行了陪审团审判，得出的结论是支持原告方保险公司。

在一起联邦民事诉讼案件中，原告试图让被告方冰箱制造厂商对一场据称是冰箱引起的火灾所造成的损失负责（Mark和Dian Workman诉AB伊莱克斯公司等案，2005）。即使使用了NFPA 921来指导调查过程，原告方保险公司调查员却没能判定出起火原因。调查员随后安排了一名机械工程师，在进行了进一步的破坏性试验之后，断定冰箱内部蒸发器发生短路并引起火灾。法庭根据Daubert准则和联邦证据规则的第702条，对工程师的证词进行了审阅，并认为工程师的证词是可靠的。但是，工程师并没有提到或对冰箱的缺陷进行描述。

2001年6月1日，在一起联邦民事诉讼案件中，火灾烧毁了房屋、车库以及原告的财产（Theresa M. Zeigler以个人和Madisen Zeigler的母亲朋友身份诉费雪公司等案，2003）。据称火灾是由一辆停在车库里且正在充电的玩具车引起的。两名专家证人对火灾原因展开了调查。法庭认为保险公司的调查人员遵循了NFPA 921的规定并使用了恰当的、被广泛接受的方法，他的意见是可靠的。第二名调查员是工程师，未做起火原因分析但是提出意见认为火灾的引火源是玩具车的插头。法庭裁定这名工程师不能就生产厂商的记录、起火点或是起火原因给出意见。

1.4.4 权威的科学测试

Daubert 准则将“可测试性”列为评价一个科学理论或技术可靠性的基本考虑因素之一。在火灾调查活动中，科学理论强烈依赖于已经建立的和已经证明的自然方面，例如火灾动力学中所展示的那些知识。将广泛接受的科学原理和火灾测试支撑的调查活动相结合，往往能够在火灾现场重建方面产生比较有价值的见解。许多火灾现场重建方面累积的知识，仅靠调查员个人的经验是无法获得的，即使他进行调查分析时具备了相当的技术并且很勤奋。

有一些案件表明人们不太可能对案件之前进行的测试有所偏见。一些专家形成意见时仅仅根据特殊的测试结果。Daubert 第二法庭（Daubert 诉梅里尔道制药股份有限公司案，1995）更看重建立在先前就存在的调查基础上的证词，那些调查使用了科学的方法，并认为是更可靠的（Clifford，2008）。

科学的测试结果一般都具有再现性，并且错误率是可以被验证或估计的。这样的结果被认为是客观的，不会让调查人员产生偏见。一个已发表的同行评议的指导方针范例包含了被广泛认可的火灾测试程序，该程序由美国试验与材料学会（ASTM）中的消防标准委员会（E05）和法医科学委员会（E30）提出和维护。

了解 ASTM 标准和指导方针间的相互关系，尤其是与 NFPA 921 的关系，以及这些关系的层级是很重要的。表 1-5 列举了在火灾调查活动中适用的一些主要的 ASTM 测试及司法标准和方法，特别是在预计会进入民事或刑事诉讼程序中时要尤其注意。如图 1-5 所示，ASTM 标准形成了相应的层级。最高标准是 ASTM E1188-11（ASTM，2011b），在这个首要标准之下是左手边的物证标准和右手边的信息标准，每个标准右边附的数字是它最后发布的时间，例如 ASTM E620-11 是在 2011 年发布的。

表 1-5 火灾调查适用的测试标准和方法

技术	说明	标准
报告	制作科学或技术专家报告的标准方法	ASTM E620
	对科学或技术数据进行评估的标准方法	ASTM E678
	对涉及或可能涉及刑事、民事诉讼案件的事项进行确定和准备的标准方法	ASTM E860
	对可能涉及刑事或民事诉讼的事故进行报告的标准方法	ASTM E1020
	产品质量诉讼中技术方面的术语	ASTM E1138
	技术调查人员收集、保存信息及物证时的标准方法	ASTM E1188
	对物证进行标识和归档的指导标准	ASTM E1459
	在法庭科学实验对证据进行接收、归档、保存、检索时的标准方法	ASTM E1492
实验测试	火场样品的蒸馏	ASTM E1385
	火场样品的萃取	ASTM E1389
	火场样品气相色谱检测	ASTM E1387
	火场样品上层蒸气检测	ASTM E1388
	火场样品被动顶空	ASTM E1412
	火场样品气相色谱-质谱检测	ASTM E1618

续表

技术	说明	标准
闪点和燃点	泰格闭杯闪点试验	ASTM D56
	克里夫兰开杯闪点测试	ASTM D92
	彭斯克-马丁闭杯试验	ASTM D93
	泰格开杯试验	ASTM D1310
	闭杯闪点测试	ASTM D3278
	塑料引燃温度	ASTM D1929
自燃温度	液体化学物质	ASTM E659
燃烧热	用弹式量热仪测量烃类化合物燃料的燃烧热	ASTM D2382
易燃性	服装纺织品	ASTM D1230
	半抑制方法处理服装面料	ASTM D3659
	成品地板纺织材料	ASTM D2859
	气溶胶产品	ASTM D3065
	化学浓度极限 标准火焰测试方法	ASTM E681
	纺织品和薄膜的火焰传播	NFPA 701
	纺织品和薄膜现场火焰测试推荐测试方法	NFPA 705
香烟着火	软垫家具组件模型	ASTM E1352
	软垫家具	ASTM E1353
表面燃烧	建筑材料	ASTM E84
燃烧测试和试验	屋面覆盖材料	ASTM E108
	楼面/天花板、楼面/屋顶、墙、柱	ASTM E119
	室内火灾试验	ASTM E603
	火场烟气测试	ASTM E800
	窗户	ASTM 2010
	门	ASTM 2074
临界辐射通量	地面覆盖系统	ASTM E648
释放率	热量和烟	ASTM E906
	用耗氧量热计测量热量和烟	ASTM E1354
压升速率	可燃粉尘	ASTM E1226
电气	绝缘强度电压	ASTM D495
	绝缘电阻	MILSTD202F
	电气事故调查	ASTM E2345
自发热	液体和固体的自发热热量(差示 Mackey 测试)	ASTM D3523 UN.1，N.4

《技术调查人员收集、保存信息及物证时的标准方法》(ASTM E1188) 对证据进行归档和保存的方法进行了概述，这些方法在做得好的一些犯罪现场操作中有所反映，且对于恢复的物证能够起到有效的保护作用。

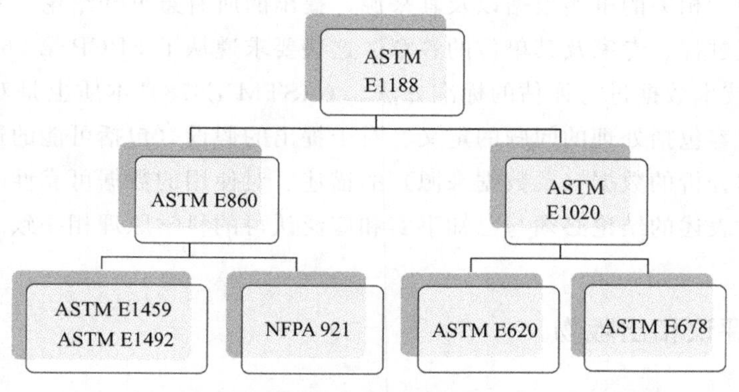

图 1-5 当涉及民事或刑事诉讼案件时可以引用的 ASTM 标准

左边的一级物证标准是 ASTM E860（ASTM，2007）。它决定着二级标准 ASTM E1459（2005）（ASTM，2005），ASTM E1492（ASTM，2011），以及 NFPA 921：火灾及爆炸事故调查指南（NAPF，2011）。

《对涉及或可能涉及刑事、民事诉讼案件的事项进行确定和准备的标准方法》（ASTM E860）是对涉及或可能涉及诉讼案件的事项进行确定和准备的首要标准方法。这个标准强调如果测试方法会影响或毁坏证据时，应当采取哪些行动。这类破坏性测试可能会对如何进行额外的测试产生限制。标准中建议在任何试验或测试之前和之后应该先将证据的情况记录并保存下来。如果测试会改变证据的状态，应该将测试的程序概述出来并告知委托人和其他相关当事人，让他们有机会回应或参与测试。

《物证标识和归档的指导标准》（ASTM E1459）（2005）提供了一个能够建立可审查的路径的标准程序，在这个程序中任何一项物证的来源、历史记录、处理方式以及分析结果都会被存档。该指导标准还描述了如何对物证进行标识，包括在现场调查中收集时，当物证被送到司法实验室时，或者从送到实验室进行检测的其他物证中获取时等情况。指导标准指出，一些物证可能存在危害性；因此，处理这些物证的人员应当进行恰当的培训，并且配有安全防护装备。

《在法庭科学实验对证据进行接收、归档、保存、检索时的标准方法》（ASTM E1492）（ASTM，2011）对司法实验室中，必须恰当、有序进行的程序和技术进行了描述。这些程序和技术用以保护存档物证的完整性。

信息标准 ASTM E1020（ASTM，2006）决定着 ASTM E620（ASTM，2011）和 ASTM E678（ASTM，2007）。完整地将所有阶段的测试进行存档可以帮助法庭更好地对测试结果的可靠性和可采纳性进行评价。

《对可能涉及刑事或民事诉讼的事故进行报告的标准方法》（ASTM E1020）是关于可能成为一项调查或诉讼主体的事故进行报告时所应包含的信息的指导方法。它的规定条款和火灾事故报告的形式很像，例如《柯克火灾调查》附录 H 的内容（DeHaan，Icove，2012）。

《制作科学或技术专家报告的标准方法》（ASTM E620）概述了在一份典型的技术专家报告中需要涵盖的内容：姓名以及作者的地址、对测试项目的描述、测试日期和地点、实施活动的范围、相关的事实根据以及其来源、提出的所有意见和结论、专家得到每条结论的逻辑和推理过程、专家及其单位的签章。这些要求遵从了 FRCP 第 26(a) 条的规定。

《对科学或技术数据进行评估的标准方法》(ASTM E678) 本质上是对科学方法的描述。它介绍的内容包括处理的问题的定义、对于提出的假设(包括可能的选择)的鉴别和解释、对收集和分析的数据(及数据来源)的描述、对使用的数据可靠性的估计，以及最后得到的意见。表述的结论必须与已知事实和广泛认可的科学原理相一致。

1.4.5 同行评议和出版物

一个可靠的理论必须考虑到该领域内经过专家编辑、验证和出版的相关研究结果。在可信度的需求方面需要强调运用科学方法所带来的优势。近来，法院倾向于让火灾调查专家也应用一套与科学家使用的相同的标准，这些标准用来对彼此的工作进行评价，有时也称为同行评议 (Ayala，Black，1993)。

在 2011 年出版的 NFPA 921 第 4.6.3 部分中，对同行评议的定义为：在调查结果公布前，对科学或技术文件的审查以及对申请研究资助机构进行筛选的过程。同行评议具有独立性和客观性，同行评议专家不应与评审结果有任何的利益关系。当事人不能自主选择评审专家，且评审过程往往是以匿名方式进行。因此，如果评审过程中聘请的是调查者的同事、领导或参与同一事件调查的其他人，这个评审不能被看作是同行评议，但是可以描述为“技术评审”。

在那些发表理论结果、测试和方法的相关期刊中，同行评议是非常普遍的。在技术期刊的同行评议过程中，一般是聘请那些相关领域内的专家，对投稿作者的观点是否满足发表的要求，以及作者所采用的数据是否能够支持他的结论进行审查。能够对火灾调查起到辅助作用的同行评议的期刊包括《消防技术》《消防工程》《火灾与材料》《消防安全》《燃烧和火焰》《法庭科学》《火灾与放火调查员》。

SFPE 的《消防设计程序》(2002) 涵盖了同行评议的范围、标准、评审结果的保密以及报告的方式等内容。虽然这些指南的重点在于消防系统的设计，但是也包含火灾调查领域中的相似概念。

当调查人员负责的案件提交给主管审核时，他们可以参加技术上的同行评议 (NFPA 921，2011 ed，pt.4.6.2)。NFPA 921 中要求，学术评审包括多个方面，评审人应该具有相关资质且熟悉火灾调查的各个方面，并能够获取所有调查文档资料 (NFPA 2011)。

在案件中，如果技术审查员只要求对调查工作中的某些具体方面进行审核，那么技术审查员应该具有相关资质并熟悉这些具体的方面。例如，一个工程师可能会对另外一名工程师的调查报告进行学术性的同行评议。在一些州，这种技术评审被认为是工程实践，并且需要注册为专业工程师。

NFPA 921 指出，尽管技术评审可能会对调查有意义，但是由于评审人员可能会对评审结果存在偏见或有利益关系，进而对评审产生限制作用。这些有意或无意的利益关系，可能会导致确认 (NFPA 921，2011 版 4.3.9 节) 或预期偏差的产生。这些偏见都可能导致调查人员和评审人员忽视其他可能的假设，进而对案件的调查产生不利影响。在执法中，监督审查的主要作用是确保所有的问题、逻辑调查线索、实验室验证和恰当的理论都得到说明。私人调查公司在民事案件的调查中通常会附有上级同行评议的火灾报告。当一些公司规模比较小或者没有能力建立同行评议程序时，他们就会让有资质的专家对火灾调查报告进行审查。在同一机构或公司的其他有同等资质的员工经常会进行同行评议。

必须强调的是，在这些情况下，最初的调查人员仍然负有用科学的方法来收集和报道相关信息的责任。在任何诉讼案件中，调查人员是主要证人，不是同行评议人。

同行评议也用来保障所发布信息的可靠性（Icove，Haynes，2007）。在对复杂的火灾进行调查和评估的过程中，可以利用一些同行评议的教材和参考文献。这些教材是由有资质的火灾科学家和工程师们撰写的，在学术刊物上被广泛引用，在火灾调查界被普遍采用，被收录在协会出版目录中，被引用在法庭案件中，也经常被法制杂志摘录。表 1-6 列出了一些同行评议的参考文献，这些文献涵盖了火灾调查领域专家的论述。

这些教材已经成为或很可能成为火灾调查领域的权威学术著作。学术著作是指那些被权威机构认可的著作，它们可以作为法庭的证据来支持或反驳专家证人的证词。另外，权威参考资料是火灾调查人员作为参考或指南频繁运用的可靠资料。当火灾调查人员在法庭上被问起什么是权威著作的时候，他们只列出那些对他们的工作有法定或行政影响的书目。

表 1-6　火灾调查领域专业的同行评议著作

文献名称	作者	发表年限
引燃手册：消防工程安全原理与应用，火灾调查，风险管理与法庭科学	V. Babrausksa	2003
火灾中的热释放	V. Babrausksa，S. J. Grayson	1992
爆炸事故法庭调查	A. D. Beveridge	2012
Brannigan 消防机构建筑施工	F. L. Brannigan，G. P. Corbett	2007
机动车火灾调查	L. S. Cole	2001
火灾调查原则	R. A. Cooke，R. H. Ide	1985
柯克火灾调查	J. D. DeHaan，D. J. Icove	2012
火灾动力学概论	D. Drysdale	2011
火灾现场重建	D. J. Icove，J. D. DeHaan	2009
与放火犯的斗争：火灾调查人员的高级技术	D. J. Icove，V. B. Wherry，J. D. Schroeder	1998
火灾动力学工具(FDTs)：美国和管理委员会消防检查项目的定量火灾危险分析方法	N. Iqbal，M. H. Salley	2004
火灾建模概论	M. L. Janssens，D. M. Birk	2000
室内火灾动力学	B. Karlsson，J. G. Quinteer	2000
火灾行为规律	J. G. Quinteer	1998
火灾学基础	J. G. Quinteer	2006

1.4.6 不确定性推理

在人为放火案的确定过程中，很少使用不确定性推理或默认放火（negative corpus or arson by default）的方法，这些方法在使用过程中完全排除偶然的因素，并缺乏足够的科学和确凿的证据来验证火灾原因。关于不确定性推理还没有公认的定义，但是它的使用非常普遍。它暗示着事件（不一定构成犯罪）的推理结果并没有得到证实。

NFPA 921 2011 年的版本中对不确定性推理做了如下描述。

在提出火灾观点时缺乏证据，或仅有不确定的证据来支持该观点，这种情况就被称为不确定性推理，且这种方法不属于科学方法。如果因为排除了其他所有可能的原因就认定火灾是人为放火或是偶然的自然事件，这种推理也是不符合科学方法的，在火灾调查过程中应避免使用这个方法。在这种情况下，火灾原因应认定为原因不明（NFPA 921，2011 版，18.6.5.2 节）。

Smith（2006）对不确定推理的逻辑认定过程进行了详细的考查，他指出，这种方法仅能在起火点非常明确或有确切的起火点的情况才能使用（DeHaan，Icove，2012）。

美国第十一巡回法院在 Benfield 案件中应用 Daubert 准则排除了火灾调查人员的证词（密歇根米勒互助保险公司诉 Benfield 案，1998）。在该案件中，调查人员不能准确说出他在排除可能的引火源时所使用的科学方法，也没有支撑自己意见的科学依据。法院认为火灾调查是以科学为基础的，所以应该使用 Daubert 准则。

人们认为如果火灾造成的破坏非常严重的话，周围的物质也会严重分解，就不能确定起始点的准确位置。如果灾后能够证明起火点位置的证据只有火灾痕迹的话，这个说法是对的。然而，当一个或多个可靠的证人能够证实火灾仅发生在一个区域内，而其他相邻区域并没有着火，这时就可以将起火点固定在证人所说的这个着火区域内。有时，烟气的颜色、密度或火焰的高度会对确定最初燃烧物的性质提供帮助，进而缩小起火点的可能区域。在许多造成巨大破坏的火灾中，监控摄像机记录了最初起火的区域，甚至是起火点。一旦起火点被确定在一个狭窄区域内，那么可能的热量来源也就确定了。起火点的确定是一个假设的过程，和其他归纳结论一样，需要进行验证。验证的过程包括对现场残留燃料以及附近进行的生产过程的物理考查。

当引火源被确定在一个明确的区域内之前，需要提出各种可能的情况并进行验证。这个过程可以通过提问的方式来完成：这里像是起火点，但是热源却在那里，那么在这里看到的破坏（或证人看到的事件）是否可能是物质（墙纸、窗帘、橱柜）在那里被引燃，然后又掉落到这个区域引起的呢？Smith 指出，调查者的基础知识越丰富，越有可能提出不同的假设。而准备不充分的调查者有可能仅仅依据现场图痕来确定明显的起火点，并在那个区域寻找热源，而从不考虑他们确定的起火点根本就是错的。

全面起火点和起火原因的确定，需要通过各种方法对假设进行综合、重复的验证，该过程包括对各种假设的提出和验证，这些假设可能是一致的也可能是相互矛盾的。火灾原因的确定是关于最初起火物、热源以及使二者相遇的外界条件的确定。最初起火物的确定可以依据实验室测试、物证或证人的所见所闻。在刑事案件中，对证据的标准是很高的，所以会出现关于起火物的间接证据甚至热源的证据不充分的情况。而在民事案件中，证明的标准可能是“优势证据”或“较可能”（NFPA P21，2011 版，11.5.5 节），在能够间接排除其他可能原因的情况下，仅提出一种可能性较大的点火源和起火物的推断就足够了。关于“可能性较大”的验证是消防工程分析的一部分，也是火灾调查中使用的科学方法的一部分。

目前，关于不确定性推理的唯一参考信息在 NFPA921（2011 版，18.6.5.2 节）中。如果积极探索并限定在已知的实验范围之内，能够证明所有相关的偶然机理都经过了专门的评价、验证、排除，那么运用科学的方法就可以证明这个唯一的关于引燃的机理是成熟的，这个机理（以及它的预期后果）是与所有数据相符合的。如果提供了新的数据，需要对原来的结论进行再次评价，并可能得到与之前不同的结论。

1.4.7 误差、专业标准和可接受程度

根据 Daubert 准则，法院要考虑已知的或潜在的误差，以及专家使用的被认可的专业技术标准。一些用于公式、关系、描述火灾和爆炸动力学的模型的误差可以通过重复的测试来获得。在火灾测试方法的发展过程中，会对这些误差进行评估，如表 1-5 中列出的测试方法。而关于整个起火点和原因确定过程中的误差率还没有建立起来。

ASTM E860（对涉及或可能涉及刑事、民事诉讼案件的事项进行确定和准备的标准方法）对于调查人员有着广泛的影响。这个标准方法包含了那些有可能被测试或分解的证据，以及诉讼案件中要涉及的证据，主要包括：

- 证据在被移动、拆解、测试或改变前的归档资料
- 对所有当事人的通知
- 测试后对证据的妥善保存

这个标准方法还对测试和拆解证据时的安全问题进行了强调，尤其对通电设备或有毒化学物证进行处理的时候。ASTM E30 委员会对这些标准具有管辖权，目前正在对这些标准进行修订，以使其适合包括民事和刑事在内的所有诉讼案件。

1.5 火灾现场重建

火灾现场重建不仅仅是对现场的系统评价，因为这个过程包括对火灾破坏模式的考查、对证人证言的考查以及解释人员行为的证据的考查，且这些考查的过程也都是科学的。根据 NFPA 921，火灾现场重建定义为：在火灾现场分析过程中，通过将火灾现场的残留物和结构构件移动到火灾前的位置，实现对现场的物理重建的过程。

具体来说，火灾现场重建方法比 NFPA 921 描述更全面，因为它远远超出了单纯将物品放回原处的概念。在对假设进行验证时，要使用科学的方法，即运用恰当的工具对假设进行评价。这不仅包括对重建火灾痕迹的物理过程的验证，还包括许多运用消防工程学和火灾动力学原理的方法。

这些原理通常在同行评议的文献资料中得到了很好的记录，相比之下，那些用来解释火灾现场物理影响的机理却没有得到较好的记录，而这些物理影响是火灾调查人员进行现场调查的依据。如果有充分的、准确的和可信的细节来建立合理假设，那么分析预测层流的温度、火羽流的高度、火焰的传播、有毒气体的浓度、烟气的流动和其他相关的因素是完全可行的。事实上，科学方法要求在合适的条件下进行概念性的测试验证。长期以来，火灾调查人员在确定起火点和起火原因时应用的一些“规则”是由工程关系来表述的，但是关于重要的变量和限制条件，调查人员缺乏相关专业知识来充分准确地运用它们。当条件需要的时候，规则中涉及的步骤的顺序可能会有所不同。有些情况下不同的步骤可以同时进行，但是其他情况下会形成一个迭代的过程，即每一步的结论是在前面步骤结论的基础上得到的。

多年来，在火灾调查过程中对火灾动力学科学模型的运用已经得到了长足的发展。它的影响在一些核心教材和论文中都有所体现。

表 1-7 所列的步骤是本书其他部分内容的基础，并使用案例和参考资料对这些步骤进行了说明。火灾扑灭之后，如果现场的燃烧或破坏痕迹保留完好的话，调查人员通常可以对起火区域和起火点进行准确的判断。在这个过程中，调查人员对火羽流在着火区域内的影响、发展、蔓延方向进行考查，同时根据热量传递的原理辨认烟气沉积图痕和破坏痕迹。其他需要考虑的方面还包括人员的因素、法庭物证、灭火行为的影响以及以往具有类似火灾现场的案例。

表 1-7　火灾现场重建的步骤

步骤	内容	步骤	内容
步骤 1	记录火灾现场图痕及其发展过程	步骤 4	将人们的见闻和人为因素关联起来
步骤 2	评估火羽造成的热破坏	步骤 5	进行消防工程分析
步骤 3	确立初始火灾条件	步骤 6	得出并评估结论

火灾现场重建可以规定出一个明显的区域来进行残留物证的提取工作，尤其是当调查者怀疑着火时使用了易燃或可燃液体的情况（DeHaan 和 Icove，2012）。在收集证据的过程中，火灾现场重建要结合火灾动力学的相关知识。运用这些知识，当调查者怀疑着火时使用了可燃液体，他就会对燃料的火羽流边缘，靠近地面的位置进行勘验，因为火灾时那里的温度比周围的低。有时候在这些较冷的区域会有残留的可燃液体，尤其是在液体被地面装饰材料（如地毯）吸收并保护的情况下。这些区域通常由留在材料上的有界线的图痕来证实（Mealy，Benfer 和 Gottouk，2011，142—51）。对火羽流留下的火灾图痕进行分析，也可以提供有价值的信息，尤其是在那些存在多个起火点的复杂的火灾中，通常放火就是这种情况。

火灾现场重建包含对火灾初期现场情况的建立，不仅仅是物理的（现场有什么，位于什么位置），还包括环境条件的状况（温度、天气、通风等）。对于调查人员来说，一个用来验证事故现场非常有用的方法就是考虑火灾发生前一天或前一时刻有什么不同。环境条件、设备运行、使用时间、材料源的变化，有时会使非常稳定的系统处于不稳定的状态，进而引发意外的火灾。火灾重建还可以表明意外或自然火灾特定的证据。

1.5.1 步骤 1：记录火灾现场图痕及其发展过程

要准确记录在火灾现场重建过程中获得的信息，对照片、草图及现场的综合分析是非常必要的。在第 4 章中还会对这个步骤进行深入的探讨。

NFPA 921 和《柯克火灾调查》就如何运用绘图和拍照的方式记录火灾现场、证明和分析火灾现场提供了大量的例子。这些记录也应确认消防设备的运行情况，例如感烟感温探测器、喷淋和发声警报器等。

对所有当事人来说，在对案件进行专业的记录过程中，系统记录火灾现场的初始状况是非常重要的。在这个过程中会收集到所有可以获得的信息，而这些信息可以运用到此后的刑事、民事或行政案件的审判中。

火灾现场通常包含复杂的信息，对调查人员来说记录这些信息是最重要的任务。单一的照片或现场图不足以确定有关火灾动力学、建筑施工、现场人员的逃生路线等信息，如图 1-6 所示。

图 1-6　单一的照片无法充分记录火灾的发展过程

运用恰当方法开展的火灾现场系统记录会更好地符合用于法庭认可度审查的 Daubert 准则，而恰当的记录过程包括对火灾现场进行的全面拍照、绘制草图、分析等工作。总之，这项工作包括对火灾现场观察结果的记录，对火灾发展特征的强调，对物证的鉴定。在绘制现场草图时，调查人员需对他们的所见现场进行记录，如重要的火灾破坏痕迹、火羽的位置、可能的起火区域或起火点。记录中的证据和相关解释要充分、简洁明了，进而使不了解此起火灾情况的有资质的专家也可以得到与其一致的关于起火点和火灾原因的结论。

1.5.2 步骤 2：评估火羽造成的热破坏

热量的传递有三种基本方式：热传导、热对流和热辐射。哪种方式在火灾过程中起主导作用，不仅取决于火灾的强度和规模，还取决于火场的环境条件。热量的传播会使物体表面的温度升高，这会导致显著而重要的影响。在第 2 章会详细阐述有关热传递的内容。

如果火灾被很快侦查到并扑灭，那么一般情况下火灾会限制在其最初起火的房间或隔间内，如果火灾的蔓延范围不是很大，就可以运用热传导、热对流、热辐射之间的关系来解释火羽燃烧的破坏痕迹（Quintiere，1994）。在火灾重建过程中，对火羽破坏的理解是非常关键的。图 1-7 所示为火羽破坏的一个房间的简图。

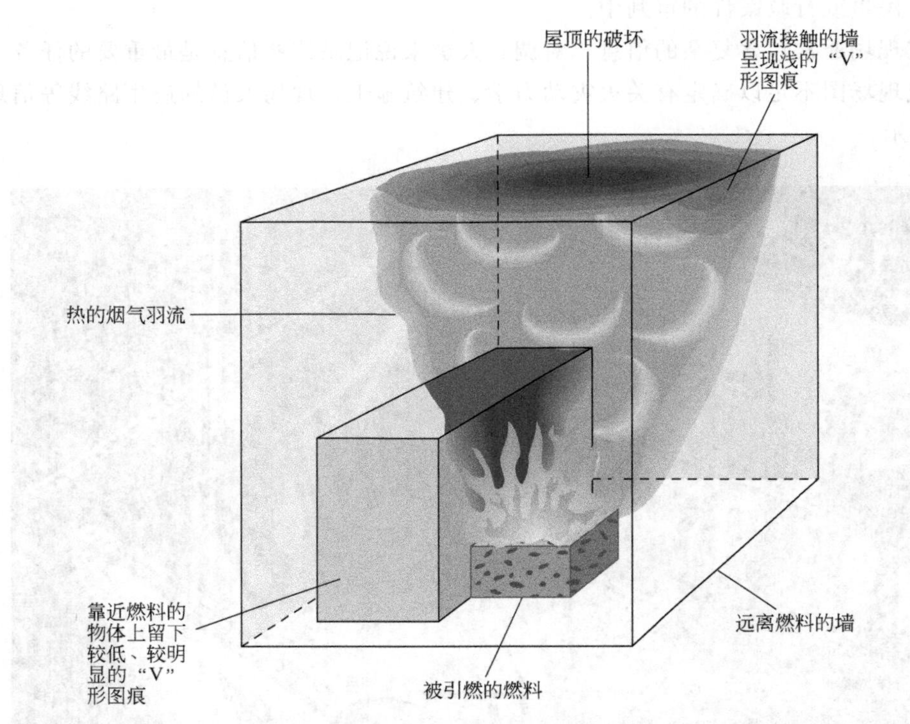

图 1-7　典型的火羽破坏会在屋顶形成圆形图痕，在垂直物体表面形成“V”或倒“V”图痕。屋顶破坏最严重的区域对应火羽的最高温度处

1.5.3 步骤 3：确立初始火灾条件

几乎所有的房间都有一些不同种类的燃料，燃料的位置、分布和类型在评价火灾的引燃和传播时都是很关键的。燃料可能是家具（生活使用）上的绒毯和衬垫、纺织品、墙体及天花板的覆盖物，还有建筑材料本身（例如，木制屋顶、墙体和天花板、纤维板墙）。了解这些材料是什么，其在房间里哪个位置，引燃和燃烧的性质是什么是非常重要的。

对火灾前的条件的了解也是非常重要的，比如调查过程中要记录火灾前的环境条件

（温度、风、湿度）、通风条件（门、窗、炉子、暖通空调）、可能的引火源的使用情况等。在多数火灾现场重建过程中，最先被引燃的燃料是非常关键的信息，且需要确认这个燃料的种类、它是怎样被引燃的、引燃时间是多长、由此产生的火灾规模是多大等信息。

1.5.4 步骤 4：将人们的见闻和人为因素关联起来

记录目击者和受害者观察到的情况，并将这些信息关联起来，对于火灾现场重建而言是很重要的。调查人员对于火灾的分析应该包括目击者的证词、新闻视频和现场消防员对于火灾的发展的描述。通过将记录中火灾前、火灾中、火灾后及与起火点和起火原因有关的人们的行为关联起来，可以依此提出假设并对假设进行验证。

早期，有研究者针对高层建筑大火发生时，被困人员制定决定的行为以及影响决定的因素进行了评价研究（Paulsen，1994）。参与火灾现场重建的调查人员应熟悉这些研究成果，并对火灾条件下人员的行为有更广泛的认识。在暴力犯罪案件中，人的反应一般是反抗、躲藏或逃跑。而人们对火灾的反应情况会多种多样，他们可能会不理睬、调查、靠近和观察、逃跑并求助、逃跑但为财产而折回、灭火等。

关于火的引燃，人为因素可能包括故意或疏忽引起火灾，不恰当的熄灭香烟的方法，在吸毒或酗酒的情况下做出的不准确的判断，对于环境的反应等方面的作为或不作为。其他的因素包括触发警铃、逃往避难区域或坚持灭火的反应和决定（适当或不适当）。

有时，在犯罪案件中，特别是当调查人员试图判断证人陈述的内容的真实性时，需要对放火犯的供词提出疑问。例如，助燃剂的种类、用量、分布情况，以及通过其他参与点火人的供认来确定助燃剂，也可以与物证进行对比。

在对火灾动力学有所理解的基础上，通过对物证、证人的观察进行综合的考查，就可以确定火源的位置和强度。当火灾对建筑或房间造成了严重的破坏，或破坏范围超出了最初起火的房间时，判定起始火羽流位置是比较困难的，在这种情况下使用该策略（对物证、证人的观察进行综合的考察）就显得尤为重要。

热对火场受害者或放火人的身体产生的灼伤情况，或者他们体内血红蛋白的水平可能会对他们在火灾初期疏散方向、活动和逃离路线产生指示的作用。例如，一个从快速发展的轰燃火灾初期（易燃液体火灾的特征）逃出的放火犯，可能会在裸露的皮肤，如脖子和胳膊的上部遭受辐射热的灼烧，或者他腿的后方和衣服也会被灼伤。而面向火灾来势的人，将会灼伤脸部、胳膊和小腿的前面部位。

1.5.5 步骤 5：进行消防工程分析

对火灾行为的分析，可以通过基本的消防工程计算（以实现对火灾规模、发展和烟热的破坏的评价）来实现。尽管这些计算并非百分之百准确，但他们对火灾行为的解释有一定的帮助（Quintiere，1998，2006）。用在消防工程计算并对调查人员有用的常见因素包括：热释放速率、火焰高度、实际火源位置、热通量和闪燃的条件。

火灾建模在消防工程分析中也是一个重要的工具，火灾模型一般是一个计算机程序，用来预测遭受火灾的单个和多个房间的环境情况。模型通常计算火场的温度、烟的分布和建筑内的气体。第 6 章将会讨论火灾计算和模型。

1.5.6 步骤 6：得出并评估结论

最后一步，综合性的结论还应该包括关于每一个假设、测试和证人观察是如何指向案件最后结论的最完整的记录。帮助排除其他假设的信息也应该描述出来。

1.6 消防工程分析的益处

本书的基本目标是推广和解释火灾分析的科学方法，以供火灾调查人员使用。然而，调查人员需要在消防工程和火灾动力学的理论方面得到一定程度的培训，来建立正确解释案件的结论。在分析过程中应用这些理论能极大地提升调查人员的假设验证能力，因为它能够回答关于火灾的引燃、传播等问题，或其他途径无法解决的火灾影响的问题。

1.6.1 消防工程分析

消防工程分析为火灾现场重建提供了很多的益处，消防工程分析的范围涵盖了从基本的计算到复杂的火灾模型等方面。从以往的调查来看，运用消防工程分析能够准确评估火灾的发展、估量消防系统的性能和特性、预测事件中人们的生存能力和行为。

在过去的几年里，NIST 开展了一些重要的消防工程分析的研究工作。这些详细的报告包括《杜邦广场火灾》（Nelson，1987）、《第一洲际银行建筑火灾》（Nelson，1989）、《普拉斯基建筑火灾》（Nelson，1994）、《哈文山养老院火灾》（Nelson 和 Tu，1991）、《开心地社交俱乐部火灾》（Bukowski 和 Spetzler，1992）、《62 瓦街火灾》（Bukowski，1995 ，1996）、《樱花路火灾》（Madrzykowski 和 Vettori，2000）、《库克国家行政大楼火灾》（Madrzykowski 和 Vettori，2004）和《车站夜总会火灾》（Grosshandler，2005）。部分案例会在第 8 章展开描述。

现在，在进行全面的火灾现场分析和重建过程中，开展一些形式的消防工程分析被认为是明智的举措（Shroeder，2004）。火灾模拟和消防工程分析可提供如下的益处：

■ 建立收集数据的基础，这些数据用来建立事件的时间轴、引燃的次序、失效模型及影响分析（FMEA）；

■ 当对假设和现场重建进行验证时，推荐提出科学的方法；

■ 为全尺寸火灾测试提供可行的替代方法，并可以将全尺寸实验结果运用到不同的火灾条件下（敏感度分析）；

■ 为许多重要的问题提供答案，这些问题包括人员的因素、引燃的次序、设备失效、消防系统（探测器、报警器、喷淋）；

■ 明确将来火灾调查工作的重要研究领域。

以往，在火灾现场重建过程中进行的消防工程分析和模拟是以个案为基础的，主要是因为这个过程太复杂。在对有关火灾发展的信息进行收集和分析的过程中，需要大量的知识和时间。工程分析并不需要涉及数学建模，但无论是用计算机还是人工计算建立的模型对大部分的分析提供了重要的支撑。所有的工程分析都基于关于质量和能量的传递和转换的基础物理知识。

工程分析和模拟越来越普遍，尽管过程非常复杂，但是消防工程分析和火灾模拟应该应用于死亡人数较多的火灾、法规不足导致的火灾、可能涉及大量民事或刑事诉讼的火灾。

1.6.2 火灾模拟

消防工程分析经常会使用火灾模拟来对实际的事件与推测的结果进行对比，推测的结果是通过假设不同的火灾原因和现场火势蔓延情况获得的，如图 1-8 所展示的，它是一起房间内椅子着火的火灾。墙面的温度通过火灾模型计算出来并用一个颜色标识的梯度范围展示出来。表面温度的计算结果可以和燃烧图痕进行对比，进而推断起火的区域和火灾历程。这个分析可以提高调查人员对火灾过程的理解程度，使复杂的火灾案件更加清晰。火灾建模，一个相对便宜但受环境影响较大的方法，可以作为全尺寸火灾测试的替代方法，来对燃烧图痕和火灾动力学进行解释。

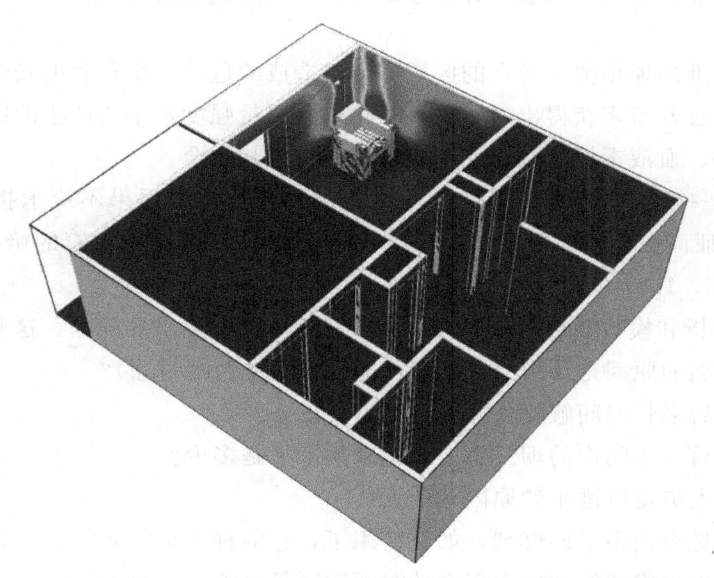

图 1-8 火灾工程分析通常使用火灾模型，将实际事件与预测结果进行对比。经过计算机模拟，从客厅右上角的椅子开始燃烧的火灾，在 2.3min 时显示出热传递接触区域。可以将这种燃烧图痕与证人陈述和火灾后图痕进行对比

通过敏感度分析，可以将测试结果运用到不同条件下火灾造成的影响的预测过程中。例如，一个基于热释放速率、羽流高度、燃料结构和房间内火源的最初位置（中间、墙上或者角落）的模型，可能会解决火灾是由偶然的垃圾桶着火引起的，还是由人为泼洒易燃液体引起的。

模型还可以预测火灾中开启的门或窗所造成的影响。另外，对时间轴的对比是火灾模拟的一个有益的结果。案例 1-2 就是一个成功应用火灾模拟的典型例子。然而，我们必须认识到，在真实性上，火灾模拟不如全尺寸实验高。全尺寸实验可以准确测试燃料的确切布置情况，火灾模拟通常需要获得燃料的数据（如热释放速率）。这些数据可从已出版的文献中获得，但数据可能存在很大差异。

【案例 1-2　美国政府运用火灾模型免遭诉讼】在寒假前夕的一个上午，6 点 45 分，军事保护区内一个三居室的房屋发生了一起储物柜火灾，一名五岁的儿童牵涉其中。浓烟惊醒了父母，但父亲未能成功将火灭掉。由于电话故障，丈夫让妻子去叫醒他们的孩子，自己到邻居家报警。

妻子和两名最小的孩子在这次火灾中丧生，三个较大的孩子逃过了一劫。消防部门在这次事故中的反应稍微延迟了两分半钟。这次延迟使得美国政府将要面临高达 3600 万元赔偿的法律诉讼。美国法院要求国家标准与技术研究所（NIST）针对这起火灾进行模拟分析，以确定此次延迟与火灾造成的严重后果是否密切相关。一位该所的工程师利用火灾危险评估方法（HAZARD）对火灾进行了模拟，当时这个方法包含了 CFAST（火灾及烟气传输统一模型）的早期 2.0 的版本。在设置模型变量时，他依据的基础是建筑施工计划、火灾事故报告、无线电记录和目击者证词。

该火灾模型准确地预测了着火的区域、烟气造成的危害、幸存者的安全疏散路径，以及邻居们试图通过开窗来获得出口时对一氧化碳和热量强度水平所产生的影响。这些预测结果与尸检结果、血液毒性测试和受害者的烧伤情况相吻合。

对时间轴进一步分析显示，消防部门对这起火灾的严重后果不应承担重要责任。当 NIST 工程师的证词被采纳之后，法院对这起诉讼的最终判决是政府的赔偿不超过 20 万美元（Bukowski，1991）。

消防工程分析和模拟还可以解答火灾调查过程中遇到的重要问题。这些问题包括：

- 火灾最可能的原因是什么（即其他可能的原因能否被排除）？
- 火灾发生后多长时间触发了探测器或喷淋设备？
- 几分钟之后，房间内的烟气和一氧化碳的水平是多少？
- 建筑内的人员得以逃生的原因是什么？
- 在火灾中是否使用了助燃剂，如果使用了，它的种类是什么？
- 从人员逃出火灾建筑到发生轰燃的时间间隔是多长？
- 是否有建筑设计上的失误或者火灾探测器、灭火系统失效导致火势增长？
- 对于政策、建筑、防火规范需要进行哪些修改，以使类似事故不再发生？

火灾调查员和防火工程师经过相互探讨和共同研究，均强调火灾模拟应该是火灾现场重建过程中作为整体所必需的一个步骤。火灾调查人员和工程专家需要进一步的合作，以扩展知识并对他们普遍使用的方法进行验证。

案例研究 1： Daubert 准则和火灾调查人员

关于在火灾调查中应用 Daubert 准则的争辩越演越烈，争论的焦点是，起火点和起火原因的确定是属于科学的验证过程，还是非科学的技术过程。拥护严格科学方法的人们认为火灾调查无论如何都是不科学的，并指出许多火灾调查人员以前在工作中存在的错误认识（例如混凝土的脱落、地面渗透等概念），而这些错误认识是近几年才被火灾科学家纠正过来的。他们认为在火灾现场分析中使用 Daubert 准则，仅仅是为了避免一些缺乏科学训练的无资质的调查人员使用不恰当的方法而已。

相反的，技术人员们则认为火灾调查从来就不像物理或者化学一样是一门纯粹的科学，因为它运用到了这两门学科的知识。“非科学性”这个术语在 Daubert 准则中只是与“科学性”这一术语对应的法律区分，而不是科学区分。当然，这并不意味着火灾调查是不科学的或者缺乏利用科学原理。相反的，正是这种对主观和客观要素的识别，才构成了火灾调查的一部分，简单说，就是人们进行的考查、分析、解释火灾现场的证据，并最终得到起火点和火灾原因的结论。

在 Daubert 准则的早期运用过程中，美国的第十巡回法院直接认可了火灾调查员关于火灾是由放火引起的证词。在 United States v. Markum（1993）案中，法院认为消防队长得出的火灾是由放火引起的结论，是基于他丰富的火灾调查经验。法院说：单凭经验，就可以使证人提供专业的证词。参见 Farner v. Paccar，Inc.，562 F. 2d 518，528-29（8th Cir. 1977）；Cunningham v. Gans，501 F. 2d 496，500（2nd Cir. 1974）。

皮尔森队长以消防战斗员和消防队长的身份从事消防工作长达 29 年。在此期间，他除了观察和扑救火灾之外，他还进入放火调查学院，接受专业的放火案件调查培训。法院认为皮尔森队长在认定第二场火是由起初的着火部位蔓延引起的，还是独立着火的问题上，具有作为一个专家所应具备的经验和相应的培训。而法院的这个观点并没有什么错误（Markum 案卷，896 页）。

另一个在火灾调查中应用了 Daubert 准则的案例是波利齐肉类股份有限公司（PMI）诉安泰人寿保险公司案（1996）。

PMI 的法律顾问认为，由于缺乏火灾原因的“科学依据”，Antna 的目击者无一人可以在法庭上作证。这一惊人的论点是由于错误地解读了美国最高法院对 Daubert 准则的决定。Daubert 准则说明了当庭审遇到基于新的技术或者方法的专家证言时，应当遵从的标准。但其中并未提及在火灾的原因认定方面，法官应当排除其他警方或火灾调查人员的相关证言。

直到第十一巡回法庭在 Joiner 案件做出的决定之前，这两个案例是报道中仅有的关于 Daubert 准则应用在火灾调查过程中的案子，在 Joiner 案件中火灾现场调查被赋予了一个新的视角。

案例研究 2： Joiner 案件——关于 Daubert 准则的阐述

许多具有不同裁决权的法庭都在试图阐明 Daubert 准则的完整含义，同时美国最高法院也提供了一些新的指导和解释。在 Joiner 通用电气公司案件中，法官做出的决定更倾向于被告，案件的原告宣称因其暴露在印刷电路板（PCB）的化学环境中而感染了癌症。用以支持原告观点的科学证据是一项实验室研究，该研究是向小白鼠体内注射大剂量的 PCB 化学物质，另外，某些流行病学研究结果也显示 PCB 化学物质与人感染癌症之间有一定关联。法官却认为原告所提供的证据不满足 Daubert 准则的要求，并认为原告所提供的专家意见只是所谓的“主观臆想”，并不能算是一个可信的证据证明 PCB 化学物质与癌症之间具有直接的联系。

在诉讼过程中，美国第十一巡回法庭推翻了原来做出的裁决，规定证据应当提交陪审团来做出决定。受理法庭发现，联邦证据规则中普遍倾向于采纳专家的证词来帮助案件裁定。此外，由于原判决是“结果的确定”（即对整个案件的判决），所以诉讼法院运用了一套更加严格的案件重审标准对原判决进行重新审理。

美国最高法院推翻了第十一巡回法庭的判决，并且恢复了初审法庭的意见。通过这些举措，法院不断地重审阐明了 Daubert 准则中的一些观点。首先，再次肯定了初审法官所扮演的“守门员”的角色。另外，预审法官不仅可以对专家所提供证据材料的重要性给出自己结论性的认定，同时人们也希望他能够这样做。这恰恰是预审法官所应发挥的作用，而且这远比 Daubert 准则的出台要早。既然这是预审法官的正当职责，那么他对专家证言所做出的接受或驳回的决定，也无须在诉讼中进行严格的审查。初审法官的判决在诉讼过程中是受到尊重的，除非他在做决定时“滥用自由裁量权”。

最高法院认为，在专家证言方面应用 Daubert 准则，不仅仅是对应用的方法的审核和证明，它还包括对专家证人根据有关方法得到的结论的审查，以及对那些支持结论的数据的审查。值得一提的是，法院并没有阐明关于科学证据和技术证据之间相互对立的问题。法院并没有针对这个问题加以说明，是因为 Joiner 案是一个明显的运用科学证据的案件。这就使得大部分关于 Daubert 准则的矛盾性问题和专家证言的可采纳性问题依旧遗留了下来。在本菲尔德（Benfield）案件的决定中就直接阐明了这个矛盾的问题，并为火灾调查中的这一关键问题展示了新的视角。本案资料由 Guy E. Burnette，Jr. Tallahassee，Florida（2003）授权提供。

案例研究 3： Benfield 案件

在诉讼双方分别是密歇根米勒互助保险公司和 Janelle Benfiled（1998）的案件中，美国第十一巡回法庭在火灾现场调查中运用了 Daubert 分析。该案件得到了火灾调查界的广泛关注，并成为 Daubert 准则争论的焦点问题。

1996 年 1 月在佛罗里达州的坦帕布市，Benfiled 案件在联邦区域法庭进行了审判。该案件涉及一个房屋火灾，在此起火灾中，密歇根米勒互助保险公司拒绝支付保险赔偿金，部分是因为这起火灾是人为引起的，且参保人有明显的参与放火的可能。一位拥有 30 多年火灾调查经验的火灾调查人员受保险公司邀请作为该案件的专家证人，并提出关于起火点和起火原因的观点。他证实火灾起始于餐桌的表面，桌面上堆积了一些衣服、纸张和常见的可燃物。他通过对火灾现场的初步观察，推断火灾属于放火，他的推断是由于现场缺乏其他可能原因引起火灾的证据，以及其他一些现场发现的证据和因素。经过对调查人员的交叉审查，原告根据 Daubert 准则排除了专家的证词。审判法庭对此也表示同意。审判法庭在否定专家证言的过程中，法官特别发现：证人并未引用科学理论和运用科学方法，只是依靠他的经验，也没有做任何科学试验和分析。他并没有列出所有可能的原因，然后用科学方法排除所有非放火原因。他说依据个人观察没有发现引火源和起火点，因此一定是放火。毫无疑问，如果运用 Daubert 准则进行审核，这个结论缺乏科学的方法作为支撑。

最后，需要注意的是调查人员的结论不是基于对残留物的科学的检查，而仅仅因为他运用不科学的方法，不能确定引火源和起火点。在 Daubert 准则和前 Daubert 理论的考查下，由于专家的证词是非常不充分的，所以被法院排除，且陪审团也对此保持一致的态度。

有趣的是，最初法庭依据这名专家的资质和学历情况，认为他可以参与该案件的火灾原因的调查，并提出自己的证词。然而，法官否定了专家基于特殊火灾现场调查方法的证词。此后，法官发现，密歇根米勒互助保险公司还没有从法律的角度证明该起火灾是放火，因此法官否决了密歇根米勒互助保险公司的观点。

从火灾现场的证据来看，起火点区域毋庸置疑是在餐厅的桌子上，所以案件的唯一问题就是起火原因是什么。专家证实，在与 Benfiled 交谈时，她说在火灾发生前，当她最后离开房间时，餐桌上有一盏防风灯和装有半瓶灯油的瓶子。此后专家也证实，当他对现场破坏前消防部门拍摄的照片进行考查时，发现地面上有一个空的油灯瓶子，且瓶子和瓶子的盖子都没有遭到破坏，所以他认为油灯瓶在火灾发生前被打开了，且从桌子上被拿走了。他还对能够排除其他偶然原因引起火灾的证据进行了解释。他根据“排除法”——这个长期以来被认为是可靠的确定起火点和起火原因的方法——做出了该起火灾是放火的结论。然而，他不能确定这起火灾的引火源是什么。更重要的是，他没有针对自己各方面的发现进行科学的记录，只是依靠自己 30 多年火灾调查的经验，甚至没有在火灾调查过程中运用科学方法。

Benfiled 的律师进行交叉审查时，要求专家对“科学方法”进行定义，并解释拍摄的明显与火灾无关的照片的“科学基础”。交叉审查过程中，一直在对专家使用的既无科学客观性也无科学证明性的证据进行攻击。专家确定的火灾阴燃的特性及被发现前燃烧持续的时间，都被认为是不可靠的，因为他没有依据热释放速率和火焰传播进行科学的计算，依据的只是他对火灾现场烟气破坏痕迹的观察和一些残留的物证。通过交叉审查，法院也认识到专家所使用的方法不属于科学方法，而是大部分依靠自己的培训和调查经验，这种情况在 Daubert 准则中是不允许的。

在 1998 年 5 月 4 日，第十一巡回法庭对 Benfiled 案件进行了裁决。与第十巡回法庭关于 Markum 和联邦区域法庭关于 Polizzi Meats 案件的判决相反，法庭发现应运用 Daubert 准则的可靠性原则对调查人员的火灾现场分析进行考查。在考查过程中，法庭注意到 Benfiled 案件中的调查人员并不是"火灾科学界"的专家，但他声称自己遵守了 NFPA 921 中的"科学方法"。因此，他认为自己使用了"科学过程"，法庭也由此认为应使用 Daubert 准则进行考查。

通过运用 Daubert 准则对专家证言的考察，诉讼法院支持审判法官做出的驳回专家证言的决定。在审判法庭的自由裁量权之内承认专家证言是可以的，诉讼过程中如果确定没有"滥用自由裁量权"，这个决定还会被再次确认，除非这个决定存在"明显的错误"。在这样一个标准下，法官被充分给予了"最终裁决"的权力，来判断专家证人的资质和他们发现的结果是否足够可靠，可以用以提交给陪审团。这并不是一个简单的有权力去决定证人是否有资格作为专家作证的问题；而是在专家证言和他们的结论被提交到陪审团之前，必须得到法官的认可。充当守门员的审判法官能够在陪审团做出决定之前，概略排除专家证人提出的不可靠的调查结果和结论。

在 Benfiled 案件的决议中，引用了许多调查人员不科学的调查和记录方法，用以说明他的证词不符合 Daubert 准则中关于可靠性的要求。在最初发生火灾的餐桌上方，有一个吊灯，现场没有痕迹表明是这个吊灯引起的火灾，但是调查人员也没有采取任何实验和审查来科学地排除它作为引火源的可能性。专家对现场的观察也不够细致，同样，在 Daubert 准则的审查下，他提出的油瓶中的灯油可能加速了火灾的发展的观点也被排除了，因为他不能科学地证明火灾发生前油瓶中有灯油，也没有对现场遗留物进行勘验，来证明火灾发生时油瓶中到底有没有灯油。所有这些说明该调查人员所得出的结论没有科学的基础，而只是根据他的工作经验。

关于 Benfiled 案件，并不是说这名调查人员是"错误"的，事实上，并没有证据显示这起火灾是由于偶然事件而导致的。具有讽刺意味的是，尽管上诉法庭维持了审判法庭排除保险公司调查员的证词的决定，但是又由此展开了一场密歇根米勒互助保险公司坚持是放火的新的审判。诉讼法庭发现，在消防部门的调查人员对案件进行审查的过程中，就已经显示出了这起火灾是放火引起的可能，而这些调查人员最初把此起火灾归为火灾原因不明（没有对他的观点提出怀疑和挑战），且在火灾本身周围存在许多受牵连的事件。

这些事件包括这样一个事实，即 Benfiled 声称在她离开房子的时候并未锁上门栓，但是当她回到火灾现场时门闩是被锁住的。只有 Benfiled 和他的女儿（不在城市里）有这些锁的钥匙。她声称是其男朋友用一根花园软管扑灭了火灾，但是这个说法遭到了消防员的否认。她的保险索赔似乎是在非同寻常地增长，她曾试图将房子卖掉，但是没能卖成，她也曾试着说服她分居的丈夫将房子转给她，但是也没能成功。Benfiled 提供的有关她在火灾前的活动是矛盾和冲突的。

列出以上所有原因，尽管不能证实保险公司的调查人员提出的人为放火的证词，诉讼法庭还是发现了一些引人注目的关于放火的证据。案件中，保险公司的调查人员所做的证明和消防部门所呈现的证明之间的区别，似乎是关键问题所在。

案例研究 4： MagneTek 案件——法律与科学分析

案件的法律分析 在美国第十巡回法庭的一项决定中，强调了在火灾诉讼案件中恰当评价和呈现专家证词的重要性。在诉讼双方分别是 Truck 保险公司和 MagneTek 公司的案件中，不仅体现了 Daubert 准则在审查专家证言的可采纳程度上的应用，还有效地推翻了一个长期存在的火灾科学原理，这个原理在很多案件中被用来证明起火原因。

MangeTek 案件涉及 Truck 保险公司提出的由一个荧光灯镇流器生产商进行代位赔偿的诉讼，保险公司认为该镇流器引发了一起餐厅火灾，餐厅位于克罗多拉州的莱克伍德。出警灭火的消防部门在餐厅内发现有浓烟但并没有明显的明火。火灾最终从地下室储藏室的天花板烧穿了厨房的楼板。这起火灾烧毁了该餐厅并导致了超过 150 万美元的损失。

当地消防部门及由保险公司聘请的私人消防调查公司对这起火灾进行了调查，并确定火灾是从储藏室天花板和厨房之间的空隙开始的。在地下室里，调查人员发现了荧光灯的残留物，且这个荧光灯曾安装在储藏室的天花板上，灯具的位置与最初起火的区域一致，因而得出结论认为火灾是由灯具中的镇流器故障引起的。

调查人员和一名物理学家检查了荧光灯的残留物，他们发现镇流器是由 MagneTek 公司制造的。通过观察荧光灯的氧化痕迹，认为灯具存在内部故障，且根据镇流器线圈变色的情况表明曾经发生了短路和过热，最终引起了火灾。镇流器内包含一个热保护器，当内部温度超过了 111℃时，该保护器会切断电源。而在调查过程中，该起火灾中镇流器的热保护器似乎是正常的。然而，调查人员依旧认为镇流器莫名其妙地失效了，过热并引起了火灾。

对 MageTek 公司制造的类似的镇流器进行了测试，结果显示样本镇流器里至少有一个在短路时，直到内部的温度达到了 171℃以上才会切断电源，甚至当镇流器一直稳定维持在 148℃或是更高的温度时，它还会继续向灯具供电。

调查人员认为来自镇流器的热量导致天花板上与之相邻的木结构热解，经过很久的一段时间导致木材炭化，而木材的炭化物在低于新鲜木头的正常燃点 240℃或更低时将有可能着火。火灾调查人员和火灾科学家对木材炭化的现象已经进行了的大量研究和考查，也有公开发表的文章。在许多与墙内结构、天花板和地板区域的热管线有关的火灾调查中，如果没有其他更明显的解释时，这就被用来作为起火的原因。然而，正如 MagneTek 案件所展现的，这个现象的正确性被火灾调查人员和火灾科学家讨论和争辩了很多年。

该案件中的调查人员认为电线穿过靠近储藏室荧光灯附近的天花板区域，但是电线故障引起火灾的可能性很小。他们报告称没有电弧和短路的证据，尽管火灾最终导致该区域内大量的电线和证据被毁。由于调查人员推断火灾是在灯具附近区域最先引燃的，所以他们断定火灾唯一的引火源就是灯具和它的镇流器。

木材的热解和炭化是原告起诉 MagneTek 公司的基础。灯具中镇流器的热保护元件没有显示出故障的迹象，因而镇流器的温度不可能达到 111℃。即便是试验中热保护原件被设计成失效的状态下，产生的温度也没有超过 171℃。研究人员承认，新鲜木材着火温度通常至少是 204℃，仅镇流器产生的热量不足以将其引燃。镇流器引起火灾的原理取决于热解这一概念，即在镇流器产生的一个较低的温度范围内可以将木材的热解产物引燃。

随着案件的发掘，MagneTek 公司引用 Daubert 准则来排除专家的证词，即火灾是由镇流器引起的。MagneTek 公司声称热解原理并非足够可靠，不能充分证实专家提出的火灾原因。根据 Daubert 准则和 FRE Rule 702，需要考虑在形成证词过程中使用的推理或方法是否科学有效，这是对专家理论的可靠性的一次挑战。

最高法庭概述了一些在做可靠性检验时需要考查的因素（不是法庭要考虑的全部因素），见表 1-4。

在证明专家的推理和方法的科学有效性时，法庭解释：原告不需要证明专家是绝对正确的或专家的理论是在科学界普遍接受的。原告必须表明：专家为得出结论而采用的方法是科学有效的，观点是以事实为基础的，且充分满足 Rule 702 的可靠性要求。

就审判法庭关于 Daubert 准则问题的裁决，第十巡回法庭运用诉讼审查标准，对其进行了考查，如果得出了“滥用自由裁量权”的审查结果，说明当低级法庭做出了明显的判决失误或超出了事件中允许选择的界限时，诉讼法庭有一个明确而严格的定罪权。法庭随后又对审判法官的判决进行了审查，发现专家的证词并不满足 Rule 702 的可靠性标准和 Daubert 准则的决定。代表 Truck 保险公司作证的物理学家，有牛津大学物理学的高等学位和超过 20 年的火灾和爆炸事故的研究经验。审判法庭和诉讼法庭都认为，在 Rule 702 的标准下，这个专家毫无疑问具有专家证人的资质。然而，他提出的灯具附近的木材是由于热解和炭化引燃的假设，并不能作为其专家证言的可靠基础。

应用 Daubert 准则中的可靠性标准，对调查过程中所运用的理论及理论的应用进行了考查。法庭关注的是这些可靠性标准中的第一个组成要素。为支持这个专家的理论，保险公司引用了三个关于热解和炭化理论的出版文献作为证据。这些文献是由世界知名的火灾科学界的专家所撰写的，但是这些文献都认为，热解的过程会发生在一个不确定的时间段，该时间段可描述为“很多年”或“一个非常长的时间”，且没有具体的参数来记录热解过程中的时间和顺序。其中一篇文献提到“在这个过程中有大量未知的东西”“用科学的理论来解决这个问题可能需要几十年”。这篇文献得出的结论是“在当前，长时间、低温下木材引燃的现象既未被证实也未被否定”。

原告的工程师在他的证词中提到热解过程“取决于许多因素，但尚未定量分析”。他继续证实“你将需要关于木材炭化的过程、产物及其化学动力学的完美理论，然而并没有……”。其余代表原告作证的专家，提出的热解和炭化的理论是以他们的火灾调查经验为基础的，而没有参考任何有关的具体的科学基础。

法庭提出根据 NFPA 921，调查人员在提出是电气火灾的假设时，首先要确定该区域中燃料的引燃温度，然后要确定电器设备所产生的温度必须达到或高于燃料的引燃温度。在这两方面，专家们都没有达到要求。案件中暴露于灯具中的燃料（木材）的引燃温度，没能被科学证明低于大部分木材的最低引燃温度 204℃，且镇流器的测试表明，即使热保护元件失效，镇流器的温度也不可能上升到这一温度范围。他们的假设基于一个关于镇流器温度的不可靠的原理或推测，而他们所依据的原理和推测与实验的结果相矛盾。因此，他们的证词就无法被承认。

上诉法庭对审判法庭的裁决给予了肯定，即基于 Daubert 准则，所有专家们呈现的证词都不充分可靠，且不能被承认。没有专家的证词，Truck 保险公司不能就起火原因得到初步证据。于是，审判法庭做了一个有利于 MagneTek 公司的总结性判决，且上讼法庭对此判决也表示认同。

这个决定对任何火灾案件的诉讼都有重要的意义。根据 Daubert 准则的要求，在证明火灾的原因时，发展健全、科学、可验证的理论很重要。而且，它提供了一个引人注目的案例，即没有得到科学的验证或广泛认可的理论经不起法庭中 Daubert 准则的考验。

法庭做出的此项决议给人们的教训有很多。首先和最重要的是，专家们要满足审判法庭的要求，证明他们的调查方法和理论的正确性。仅凭经验是不可靠的，甚至是那些表面看起来合理的、有逻辑性的理论，也必须证实足够可靠。没有科学基础，即使最有经验的调查人员也绝不允许在法庭上作证。案件中雇佣调查人员的当事人必须了解：调查过程中运用的调查方法和理论，必须满足 Daubert 准则可靠性标准的要求，从而指引他们选择专家调查火灾和做出起诉案件的决定。参与案件的律师必须对这些要求很清楚，从而在审判中成功上诉该案件。调查人员、委托人和律师都有责任确保案件被正确地调查和上诉。MagneTek 案件是一个很典型的没有这么做的例子。

案件的科学分析 对 MagneTek 案件的决议进行科学的分析和评估表明，法庭可能没有理解火灾科学的几个重要的方面，关于热解，这并不是一个最新被发现和讨论的问题。在 MagneTek 案件中，法庭认为在 Daubert 准则之下，长时间、低温引燃的热解理论是不可靠的。火灾调查人员如果想要在法庭上清晰、令人信服地解释这种现象，就必须利用权威的论文和明确的定义。

在《引燃手册》(Babrauskas，2003) 中，热解被明确定义为“物体在加热情况下发生的化学降解”。考虑到这种情况中氧气的作用，这个定义分为氧化和非氧化热解。热解过程已经研究了很多年。没有热解打破固体分子结构，就不会有固体燃料的燃烧。不幸的是，已发布的法庭决议表明热解没有被充分地研究和证明（可能打算参考自燃过程）。法庭上虚伪的陈述对于未来审议有什么影响，这并不清楚。

用科学的方法来描述引燃发生的条件可以通过：运用科学的原理、试验或计算；参考权威性数据。例如，在第二个案件中，同行评议的文献（Babrauskas，2004，2005）可以用来证实，暴露于长时间、低温度下木材的引燃温度为 77℃（约 170℉)。在排除其他足够能量的火源的情况下，如果一个散热的物体超过 77℃（约 170℉)，和木材紧挨一段时间就会有潜在的危险，而这可能已经在 MagneTek 案件中被证实了。一些物质能够发生自燃，而对于火灾调查人员来说，由于木材复杂的化学性质和种类、形状的多样性，当前还没有通过热解过程的时间/温度变化的曲线来预测木材引燃的模型，这个曲线能在提供所需条件后准确预测火灾行为。这主要是由于木材作为燃料具有复杂的化学性质，且种类和外形不同的木材的物理性质也会有广泛的变化。

甚至更有问题的是，法庭否定了任何由于自发热而发生引燃的情况，因为认为可燃物都和“手册”的引燃温度一致，在这个温度以下，热的物体将不会被引燃。在实际火灾中，自升温物体并没有唯一确定的引燃温度。而且一个物体（如：木材）能够因为额外的、短时间的加热或一个长时间的过程（包括自升温）而引燃，而对于后者的最低引燃温度和前者已发布的引燃温度并没有任何关系。

最终，在未来，火灾调查人员在证实关于木材的自引燃（即低温）时，要参考一系列关于此课题的观察报告和复杂的科学数据。除《引燃手册》之外，也有关于木材引燃过程的大量同行评议的出版物和案件研究。同时也可以得到一些关于木材成炭率和燃点的信息(Babrauskas，2005；Babrauskas，Gray，Janssens，2007)。

这一科学案例分析主要基于 Vytenis Babrauskas 博士，火灾科学与技术，包括 Issaquah，Washington 等提供的资料。Zicherman 和 Lynch（2006），Babrauskas（2004）也对本案的分析提供了技术支持。

本章小结

本章介绍了经过验证的理论和研究形成的科学方法（火灾测试、动力学、灭火剂、建模、模型分析、重建和历史案件数据）在火灾调查和现场重建过程中的应用，且这种方法依赖于消防工程、法庭科学和行为科学的相互结合。在运用科学方法时，调查人员能更加精确地估计火灾起点、强度、发展、传播方向和持续时间，还能理解和解释当事人的行为。

火灾现场重建也可以运用火灾测试和相似案件的信息，来支持最终的理论。除了 NFPA 921 之外，火灾调查人员应该熟悉一些权威性的数据和信息，如 NFPA 1033 对于工作能力的需求（表 1-8）。应该知道的是，NFPA 921 是实践的总结，它的发展是成千上万研究的结果，有一些内容的历史超过了一个世纪。还有一些火灾调查人员可利用的可靠信息，但这并不包括在 NFPA 921 中。

这个方法的优点就是能对许多假设进行更彻底、有效的验证。科学方法调查结果的可靠性与经过验证并排除的其他假设的数量有关。消防工程分析也有许多益处。特别地，它能够使调查人员在不进行重复的全尺寸火灾实验的情况下，对多个可能的现场进行评估。敏感度分析也能将分析拓展到不同的条件下。

表 1-8　火灾调查人员工作能力的专业水平（引用自 2009 版 NFPA 1033）

对于火灾调查人员的一般需求	4.1.1 操作分析过程中使用所有科学方法要素
	4.1.2 对所有火灾现场进行完整的安全评估
	4.1.3 和其他有利益关系的专业人员和单位保持必要的联系
	4.1.4 遵从所有适用的法律和管理方面的要求
	4.1.5 理解调查小组和事件管理系统的组织和运作
现场检测	4.2.1 保护火灾现场
	4.2.2 进行内部调查
	4.2.3 说明火灾模式
	4.2.4 说明和分析火灾痕迹
	4.2.5 检查和清理火场残留物
	4.2.6 重建起火区域
	4.2.7 检测建筑系统的性能
	4.2.8 识别来自其他类型的爆炸的影响
现场记录	4.3.1 绘制现场图
	4.3.2 拍摄现场照片
	4.3.3 创建调查笔记

续表

证据的收集和保存	4.4.1 利用恰当的程序组织管理受害人和伤亡人员
	4.4.2 定位、收集和包装证据
	4.4.3 为分析筛选证据
	4.4.4 保持监管链
	4.4.5 证据的处理
询问	4.5.1 制定询问计划
	4.5.2 实施询问
	4.5.3 评估询问信息
事后调查分析	4.6.1 收集报告和记录
	4.6.2 评估调查文件
	4.6.3 整合专家资源
	4.6.4 建立关于动机和/或时机的证据
	4.6.5 确定起火点、起火原因或火灾责任
陈述	4.7.1 准备一份书面报告
	4.7.2 口头表述调查结果
	4.7.3 法律程序中的证明
	4.7.4 向公众发布信息

习题

（1）从当地消防机关中收集一份判定为放火的案件（嫌疑人供认不讳）。分析火灾调查人员关于起火点和起火原因的观点，说明案件调查中是否运用了科学的方法。

（2）收集一张靠墙的火羽流的照片。寻找塑料残留物上的残炭、烧焦和烟尘的划分界限。从此练习中学到了什么？

（3）浏览网上或当前出版的火灾调查期刊，并列出三个关于同行评议的火灾试验研究的例子。

（4）浏览网上或当前出版的火灾调查期刊，并列出三个提及 NPFA 921 和 Daubert 准则的联邦和州法庭案件。

（5）分析描述热解的科学专著。最早是什么时候出版的？

（6）回顾最近的火灾调查出版物，并找到五个关于科学方法的参考文献。文献中描述的对于火灾调查的影响是什么？

推荐书目

Cooke, R. A., and R. H. Ide. 1985. *Principles of Fire Investigation,* chaps. 8 and 9. Leicester, UK: Institution of Fire Engineers.

DeHaan, J. D., and D. J. Icove. 2012. *Kirk's Fire Investigation,* 7th ed., chaps. 4 and 5. Upper Saddle River, NJ: Pearson-Prentice Hall.

参考文献

ASTM. 1989. *ASTM E1138-89: Terminology of technical aspects of products liability litigation.* (Withdrawn 1995). West Conshohocken, PA: ASTM International.

———.2005a. *ASTM dictionary of engineering science and technology,* 10th ed. West Conshohocken, PA: ASTM International.

———. 2005b. *ASTM E1459-92(2005): Standard guide for physical evidence labeling and related documentation.* West Conshohocken, PA: ASTM International.

———. 2006. *ASTM E1020-96(2006): Standard practice for reporting incidents that may involve criminal or civil litigation.* West Conshohocken, PA: ASTM International.

———. 2007a. *ASTM E678-07: Standard practice for evaluation of scientific or technical data.* West Conshohocken, PA: ASTM International.

———. 2007b. *ASTM E860-07: Standard practice for examining and preparing items that are or may become involved in criminal or civil litigation.* West Conshohocken, PA: ASTM International.

———. 2011a. *ASTM E620-11: Standard practice for reporting opinions of scientific or technical experts.* West Conshohocken, PA: ASTM International.

———. 2011b. *ASTM E1188-11: Standard practice for collection and preservation of information and physical items by a technical investigator.* West Conshohocken, PA: ASTM International.

———. 2011c. *ASTM E1492-11: Standard practice for receiving, documenting, storing, and retrieving evidence in a forensic science laboratory.* West Conshohocken, PA: ASTM International.

Ayala, F. J., & Black, B. 1993. Science and the courts. *American Scientist* 81:230–39.

Babrauskas, V. 1997. The role of heat release rate in describing fires. *Fire & Arson Investigator* 47 (June): 54–57.

———. 2003. *Ignition handbook: Principles and applications to fire safety engineering, fire investigation, risk management and forensic science.* Issaquah, WA: Fire Science Publishers, Society of Fire Protection Engineers.

———. 2004. *Truck Insurance v. MagneTek:* Lessons to be learned concerning presentation of scientific information. *Fire & Arson Investigator* 55 (October): 2.

———. 2005. Charring rate of wood as a tool for fire investigations. *Fire Safety Journal* 40 (6): 528–54, doi: 10.1016/j.firesaf.2005.05.006.

Babrauskas, V., Gray, B. F., & Janssens, M. L. 2007. Prudent practices for the design and installation of heat-producing devices near wood materials. *Fire and Materials* 31:125–35.

Babrauskas, V., & Grayson, S. J. 1992. *Heat release in fires.* Basingstoke, UK: Taylor & Francis.

Beering, P. S. 1996. Verdict: Guilty of burning—What prosecutors should know about arson. *Insurance Committee for Arson Control.* Indianapolis, IN.

Beller, D., & Sapochetti, J. 2000. Searching for answers to the Cocoanut Grove Fire of 1942. *Fire Journal* 94 (3): 84–86.

Beveridge, A. D. 2012. *Forensic investigation of explosions,* 2nd ed. Boca Raton, FL: CRC Press/Taylor & Francis.

Brannigan, F. L., & Corbett, G. P. 2007. *Brannigan's building construction for the fire service,* 4th ed. Sudbury, MA: National Fire Protection Association; Jones and Bartlett.

Brannigan, V. M., & Buc, E. C. 2010. The admissibility of forensic fire investigation testimony: Justifying a methodology based on abductive inference under *NFPA 921.* Paper presented at the ISFI 2010 International Symposium on Fire Investigation Science and Technology, September 27–29, College Park, MD.

Bukowski, R. W. 1991. Fire models: The future is now! *Fire Journal* 85(2): 60–69.

———. 1995. Modelling a backdraft incident: The 62 Watts Street (New York) fire. *NFPA Journal* (November/December): 85–89.

———. 1996. Modelling a backdraft incident: The 62 Watts Street (New York) fire. *Fire Engineers Journal* 56 (185): 14–17.

Bukowski, R. W., & Spetzler, R. C. 1992. Analysis of the Happyland Social Club fire with HAZARD I. *Fire and Arson Investigator* 42 (3): 37–47.

Burnette, G. E. 2003. Fire scene investigation: The *Daubert* challenge. Personal communication.

Campagnolo, T. 1999. The Fourth Amendment at fire scenes. *Arizona Law Review* 41 (Fall): 601–50.

Clifford, R. C. 2008. *Qualifying and attacking expert witnesses.* Costa Mesa, CA: James Publishing.

Cole, L. S. 2001. *The investigation of motor vehicle fires,* 4th ed. San Anselmo, CA: Lee Books.

Cooke, R. A., & Ide, R. H. 1985. *Principles of fire investigation.* Leicester, UK: Institution of Fire Engineers.

DeHaan, J. D. 1995. The reconstruction of fires involving highly flammable hydrocarbon liquids. PhD diss., University of Strathclyde, Glasgow, Scotland, UK.

DeHaan, J. D., & Icove, D. J. 2012. *Kirk's fire investigation,* 7th ed. Upper Saddle River, NJ: Pearson-Prentice Hall.

Drysdale, D. 2011. *An introduction to fire dynamics,* 3rd ed. Chichester, West Sussex, UK: Wiley.

Esposito, J. C. 2005. *Fire in the Grove: The Cocoanut Grove tragedy and its aftermath.* Cambridge, MA: Da Capo Press.

Evarts, B. 2010. U.S. structure fires in eating and drinking establishments. Quincy, MA: National Fire Protection Association.

FM Global. 2012. FM global property loss prevention data sheets. Retrieved January 16, 2012, from www .fmglobaldatasheets.com/.

FPRF. 2002. The recommendations of the research advisory council on post-fire analysis: A white paper, iv. Quincy, MA: Fire Protection Research Foundation.

FRCP. 2010. *Federal rules of civil procedure,* from www .law.cornell.edu/rules/frcp/.

FRE. 2012. *Federal rules of evidence. Federal Evidence Review.* Arlington, VA: http://FederalEvidence.com/.

Giannelli, P. C., & Imwinkelried, E. J. 2007. *Scientific evidence,* 4th ed. Newark, NJ: LexisNexis.

Graham, M. H. 2009. *Cleary and Graham's handbook of Illinois evidence,* 9th ed. Austin TX: Aspen Publishers.

Grant, C. C. 1991. Last dance at the Cocoanut Grove. *Fire Journal* 85 (3): 74–80.

Grosselin, S. D. 1998. The application of fire dynamics to fire forensics. Master's thesis, Worcester Polytechnic Institute, Worcester, MA

Grosshandler, W. L., Bryner, N. P., Madrzykowski, D., & Kuntz, K. J. 2005. Report of the technical investigation of the Station Nightclub fire, *NIST NCSTAR 2,* vol. 1.

Gaithersburg, MD: National Institute of Standards and Technology.
Hopkins, R. L. 2008. Fire pattern research in the US: Current status and impact. Richmond, KY: TRACE Fire and Safety.
Hopkins, R. L., Gorbett, G. E., & Kennedy, P. M. 2009. Fire pattern persistence and predictability during full scale comparison fire tests and the use for comparison of post fire analysis. Paper presented at Fire and Materials 2009, 11th International Conference, January 26–28, San Francisco, CA.
Icove, D. J., & DeHaan, J. D. 2006. Hourglass burn patterns: A scientific explanation for their formation. Paper presented at the International Symposium on Fire Investigation Science and Technology, June 26–28, Cincinnati, OH.
Icove, D. J., & Haynes, G. A. 2007. Guidelines for conducting peer reviews of complex fire investigations. Paper presented at Fire and Materials 2007, 10th International Conference, January 29–31, San Francisco, CA.
Icove, D. J., Wherry, V. B., & Schroeder, J. D. 1998. *Combating arson-for-profit: Advanced techniques for investigators,* 2nd ed. Columbus, OH: Battelle Press.
Iqbal, N., & Salley, M. H. 2004. *Fire dynamics tools (FDTs): Quantitative fire hazard analysis methods for the U.S. Nuclear Regulatory Commission Fire Protection Inspection Program.* Washington, DC: Nuclear Regulatory Commission.
Janssens, M. L., & Birk, D. M. 2000. *An introduction to mathematical fire modeling,* 2nd ed. Lancaster, PA: Technomic.
Karlsson, B., & Quintiere, J. G. 2000. *Enclosure fire dynamics.* Boca Raton, FL: CRC Press.
Kolar, R. D. 2007. Scientific and other expert testimony: Understand it; keep it out; get it in. *FDCC Quarterly* (Spring): 207–35. Tampa, FL: The Federation of Defense & Corporate Counsel, Inc.
Kolczynski, P. J. 2008. *Preparing for trial in federal court.* Costa Mesa, CA: James Publishing.
Lentini, J. J. 1992. Behavior of glass at elevated temperatures. *Journal of Forensic Sciences* 37 (5): 1358–62.
Lilley, D. G. 1995. Fire dynamics. Paper AIAA-95-0894, 33rd Aerospace Sciences Meeting and Exhibits, January 9–12, Reno, NV.
Madrzykowski, D., & Kerber, S. 2009. Fire fighting tactics under wind driven conditions: Laboratory experiments. Gaithersburg, MD: National Institute of Standards and Technology.
Madrzykowski, D., & Vettori, R. L. 2000. Simulation of the dynamics of the fire at 3146 Cherry Road NE, Washington, DC, May 30, 1999. *NISTIR 6510.* Gaithersburg, MD: National Institute of Standards and Technology, Center for Fire Research.
Madrzykowski, D., & Walton, W. D. 2004. Cook County Administration Building fire, October 17, 2003. *NIST SP 1021.* Gaithersburg, MD: National Institute of Standards and Technology.
Mealy, C. L., Benfer, M. E., & Gottuk, D. T. 2011. Fire dynamics and forensic analysis of liquid fuel fires. Baltimore, MD: Hughes Associates, Inc.
Moore, D. T. 2007. Critical thinking and intelligence analysis. Occasional paper no. 14, 2nd printing with rev. Washington, DC: Center for Strategic Intelligence Research, National Defense Intelligence College.
NAP. 2009. *Strengthening forensic science in the United States: A path forward.* Washington, DC: National Academy of Sciences, National Academies Press.
———. 2011. *Reference manual on scientific evidence,* 3rd ed. Washington, DC: National Academy of Sciences, National Academies Press.
Nelson, H. E. 1987. An engineering analysis of the early stages of fire development: The fire at the Dupont Plaza Hotel and Casino on December 31, 1986, 119. Gaithersburg, MD: National Institute of Standards and Technology.
———. 1989. An engineering view of the fire of May 4, 1988, in the First Interstate Bank Building, Los Angeles, California. *NISTIR 89-4061.* Gaithersburg, MD: National Institute of Standards and Technology, Center for Fire Research.
———. 1994. Fire growth analysis of the fire of March 20, 1990, Pulaski Building, 20 Massachusetts Avenue, NW, Washington, DC. *NISTIR 4489,* 51. Gaithersburg, MD: National Institute of Standards and Technology, Center for Fire Research.
Nelson, H. E., & Tontarski, R. E. 1998. *Proceedings of the international conference on fire research for fire investigation.* HAI Report 98-5157-001, 353. Washington, DC: Department of Treasury, Bureau of Alcohol, Tobacco & Firearms.
Nelson, H. E., & Tu, K. M. 1991. Engineering analysis of the fire development in the Hillhaven Nursing Home fire, October 5, 1989. *NISTIR 4665.* Gaithersburg, MD: National Institute of Standards and Technology, Center for Fire Research.
NFPA. 1943. The Cocoanut Grove Night Club fire, Boston, November 28, 1942. Quincy, MA: National Fire Protection Association.
———. 2008. *Fire protection handbook,* 20th ed. Quincy, MA: National Fire Protection Association.
———. 2009. *NFPA 1033: Standard for professional qualifications for fire investigator.* Quincy, MA: National Fire Protection Association.
———. 2011. *NFPA 921: Guide for fire and explosion investigations.* Quincy, MA: National Fire Protection association.
NIJ. 2000. Fire and arson scene evidence: A guide for public safety personnel, 48. Washington, DC: Technical Working Group on Fire/Arson Scene Investigation (TWGFASI), Office of Justice Programs, National Institute of Justice.
Ogle, R. A. 2000. The need for scientific fire investigations. *Fire Protection Engineering,* 8 (Fall): 4–8.
Orville, R. E., & Huffines, G. R. 1999. Annual summary: Lightning ground flash measurements over the contiguous United States: 1995–97. *Monthly Weather Review* 127:2693–2703.
Putorti Jr., A. D., McElroy, J. A., & Madrzykowski, D. 2001. Flammable and combustible liquid spill/burn patterns, 52. Rockville, MD: National Institute of Standards and Technology
Quintiere, J. G. 1994. A perspective on compartment fire growth. *Combustion Science and Technology* 39:11–54.
———. 1998. *Principles of fire behavior.* Albany, NY: Delmar.
———. 2006. *Fundamentals of fire phenomena.* Chichester, West Sussex, UK: Wiley.
Reinhardt, W. 1982. Looking back at the Cocoanut Grove. *Fire Journal* 76 (11): 60–63.
Rohr, K. D. 2001. An update to what's burning in home fires. *Fire and Materials* 25 (2): 43–48, doi: 10.1002/fam.757.

———. 2005. Products first ignited in U.S. home fires. Quincy, MA: National Fire Protection Association.
Schorow, S. 2005. *The Cocoanut Grove Fire*. Beverly, MA: Commonwealth Editions.
Schroeder, R. A. 2004. Fire investigation and the fire engineer. *Fire Protection Engineering* 21(Winter): 4–9.
SFPE. 2002. Guidelines for peer review in the fire protection design process. Bethesda, MD: Society of Fire Protection Engineers.
———. 2003. *Engineering guide: Human behavior in fire*. Bethesda, MD: Society of Fire Protection Engineers.
———. 2008. *SFPE handbook of fire protection engineering*, 4th ed. Quincy, MA: National Fire Protection Association, Society of Fire Protection Engineers.
Shanley, J. H. 1997. Report of the United States Fire Administration Program for the study of fire patterns. Washington, DC: Federal Emergency Management Agency, USFA Fire Pattern Research Committee.
Smith, D. W. 2006. The pitfalls, perils, and reasoning fallacies of determining the fire cause in the absence of proof: The negative corpus methodology. Paper presented at the International Symposium on Fire Investigation Science and Technology, June 26–28, Cincinnati, OH.
Tobin, W. A., & Monson, K. L. 1989. Collapsed spring observations in arson investigations: A critical metallurgical evaluation. *Fire Technology* 25 (4): 317–35.
Zicherman, J., & Lynch, P. A. 2006. Is pyrolysis dead?—Scientific processes vs. court testimony: The recent 10th Circuit Court and associated appeals court decisions. *Fire and Arson Investigator* 56 (3): 46–52.

法律参考

103 Investors I, L.P. v. Square D Company, Case No. 01-2504-KHV, 372 F.3d 1213 (U.S. App. 2004). LEXIS 12439, U.S. Dist. LEXIS 8796, 10th Cir. Kan., 2004. Decided May 10, 2005.
Abon Ltd. v. Transcontinental Insurance Company, Docket No. 2004-CA-0029, 2005 Ohio 302 (Ohio App. 2005). LEXIS 2847. Decided June 16, 2005.
Eid Abu-Hashish and Sheam Abu-Hashish v. Scottsdale Insurance Company, Case No. 98 C4019, 88 F. Supp. 2d 906 (U.S. Dist. 2000). LEXIS 3663. Decided March 16, 2000.
Allstate Insurance Company, as Subrogee of Russell Davis v. Hugh Cole Builder Inc. Hugh Cole individually and dba Hugh Cole Builder Inc., Civil Action No. 98-A-1432-N, 137 F. Supp. 2d 1283 (U.S. Dist. 2001). LEXIS 5016. Decided April 12, 2001.
American Family Insurance Group v. JVC American Corp., Civil Action No. 00-27(DSD-JMM) (U.S. Dist. 2001). LEXIS 8001. Decided April 30, 2001.
Booth, Jacob J., and Kathleen Booth v. Black and Decker Inc., Civil Action No. 98-6352, 166 F. Supp. 2d 215 (U.S. Dist. 2001). LEXIS 4495, CCH Prod. Liab. Rep. P16, 184. Decided April 12, 2001.
Chester Valley Coach Works et al. v. Fisher-Price Inc., Civil Action No. 99-CV-4197 (U.S. Dist. 2001). LEXIS 15902, CCH Prod. Liab. Rep. P16,18. Decided August 29, 2001.
Commonwealth of Pennsylvania v. Paul S. Camiolo, Montgomery County, No. 1233 of 1999.
Cunningham v. Gans, 501 F.2d 496, 500 (2nd Cir. 1974).
David Bryte v. American Household Inc., Case No. 04-1051, CA-00-93-2, 429 F.3d 469 (4th Cir. 2005; 2005 U.S. App.). LEXIS 25052. Decided November 21, 2005.
Daubert v. Merrell Dow Pharmaceuticals Inc. 509 U.S. 579 (1993); 113 S. Ct. 2756, 215 L. Ed. 2d 469.
Daubert v. Merrell Dow Pharmaceuticals Inc. (Daubert II), 43 F.3d 1311, 1317 (9th Cir. 1995).
Farner v. Paccar Inc., 562 F.2d 518, 528–29 (8th Cir. 1977).
Fireman's Fund Insurance Company v. Canon U.S.A. Inc., Case No. 03-3836, 394 F.3d 1054 (U.S. App. 2005). LEXIS 471; 66 Fed. R. Evid. Serv. (Callaghan) 258; CCH Prod Liab. Rep. P17,274. Filed January 12, 2005.
Frye v. United States, 293 F.1013 (DC Cir. 1923).
General Electric Company v. Joiner, 66 U.S.L.W. 4036 (1997).
Kumho Tire Co. Ltd. v. Carmichael, 119 S. Ct. 1167 (1999). U.S. LEXIS 2199 (March 23, 1999).
LaSalle National Bank et al. v. Massachusetts Bay Insurance Company et al., Case No. 90 C 2005. (U.S. Dist. 1997). LEXIS 5253. Decided April 11, 1997. Docketed April 18, 1997.
Michigan Miller's Mutual Insurance Company v. Benfield, 140 F.3d 915 (11th Cir. 1998).
Marilyn McCarver v. Farm Bureau General Insurance Company, Case Number 2004-3315-CKM, State of Michigan, County of Berrien. Decided February 1, 2006.
Mark and Dian Workman v. AB Electrolux Corporation et al., Case No. 03-4195-JAR (U.S. Dist. 2005). LEXIS 16306. Decided August 8, 2005.
James B. McCoy et al. v. Whirlpool Corp. et al., Civil Action No. 02-2064-KHV; 214 F.R.D. 646 (U.S. Dist. 2003). LEXIS 6901; 55 Fed. R. Serv. 3d (Callaghan) 740.
In re Paoli Railroad Yard PCB Litigation, 35F.3d 717 (U.S. App. 1994). LEXIS 23722; 30 Fed. R. Serv.3d (Callaghan) 644; 25 ELR 20989; 35 F.3d at 743. Filed August 31, 1994.
Pappas,Andronic, et al. v. Sony Electronics Inc. et al., Civil Action No. 96-339J, 136 F. Supp. 2d 413 (U.S. Dist. 2000). LEXIS 19531, CCH Prod. Liab. Rep. P15,993. Decided December 27, 2000.
Polizzi Meats Inc. v. Aetna Life and Casualty, 931 F. Supp. 328 (D.N.J. 1996).
Bethie Pride v. BIC Corporation, Société BIC, S.A., Civil Case No. 98-6422; 218 F.3d 566 (U.S. App. 2000). LEXIS 15652; 2000 FED App. 0222P (6th Cir.); 54 Fed. R. Serv. 3d (Callaghan) 1428; CCH Prod. Liab. Rep. P15,844. Decided July 7, 2000.
Royal Insurance Company of America as Subrogee of Patrick and Linda Magee v. Joseph Daniel Construction Inc., Civil Action No. 00-Civ.-8706 (CM); 208 F. Supp. 2d 423 (U.S. Dist. 2002). LEXIS 12397. Decided July 10, 2002.
Snodgrass, Teri, Robert L. Baker, Kendall Ellis, Jill P. Fletcher, Judith Shemnitz, Frank Sherron, and Tamaz Tal v. Ford Motor Company and United Technologies Automotive Inc., Civil Action No. 96-1814 (JBS) (U.S. Dist. 2002). LEXIS 13421. Decided March 28, 2002.
State Farm and Casualty Company, as subrogee of Rocky Mountain and Suzanne Mountain, v. Holmes Products; J.C. Penney Company, Case No. 04-4532 (3rd Cir. 2006). LEXIS 2370. Argued January 17, 2006. Filed January 31, 2006. (Unpublished).
Ronald Taepke v. Lake States Insurance Company, Fire No.

98-1946-18-CK, Circuit Court for the County of Charlevoix, State of Michigan. Entered December 8, 1999

TNT Road Company et al. v. Sterling Truck Corporation, Sterling Truck Corporation, Third-Party Plaintiff v. Lear Corporation, Third-Party Defendant. Civil No. 03-37-B-K (U.S. Dist. 2004). LEXIS 13463; CCH Prod. Liab. Rep. P17,063 (U.S. Dist. 2004). LEXIS 13462 (D. Me., July 19, 2004). Decided July 19, 2004.

Truck Insurance Exchange v. MagneTek Inc. (U.S. App. 2004). LEXIS 3557 (February 25, 2004).

John Witten Tunnell v. Ford Motor Company. Civil Action No. 4:03CV74; 330 F. Supp. 2d 731 (U.S. Dist. 2004). LEXIS 24598 (W.D. Va., July 3, 2004). Decided July 2, 2004.

Theresa M. Zeigler, individually; and Theresa M. Zeigler, as mother and next friend of Madisen Zeigler v. Fisher-Price Inc. No. C01-3089-PAZ (U.S. Dist. 2003). LEXIS 11184; Northern District of Iowa. Decided July 1, 2003. (Unpublished).

Travelers Property and Casualty Corporation. v. General Electric Company, Civil Action No. 3; 98-CV-50(SRU); 150 F. Supp. 2d 360 (U.S. Dist. 2001). LEXIS 14395; 57 Fed. R. Evid. Serv. (Callaghan) 695; CCH Prod. Liab. Rep. P16,181. Decided July 26, 2001.

United States of America v. John W. Downing, Crim. No. 82-00223-01 (U.S. Dist. 1985). LEXIS 18723; 753 F.2d 1224, 1237 (3d Cir. 1985). Decided June 20, 1985.

United States of America v. Ruby Gardner, No. 99-2193, 211 F.3d 1049 (U.S. App. 2000). LEXIS 8649, 54 Fed. R. Evid. Serv. (Callaghan) 788.

United States v. Markum, 4 F.3d 891 (10th Cir. 1993).

United States v. Ortiz, 804 F.2d 1161 (10th Cir. 1986).

United States of America v. Lawrence R. Black Wolf Jr., CR 99-30095 (U.S. Dist. 1999). LEXIS 20736. Decided December 6, 1999.

Vigilant Insurance v. Sunbeam Corporation. No. CIV-02-0452-PHX-MHM; 231 F.R.D. 582 (U.S. Dist. 2005). LEXIS 29198. Decided November 17, 2005.

Wal-Mart Stores, Petitioner, v. Charles T. Merrell,Sr., et al., Supreme Court of Texas, No. 09-0224, June 2010.

第2章

火灾动力学基础

"没有什么比第一手证据更重要。"

——阿瑟·柯南·道尔爵士

《血字的研究》

【关键词】 环境；火焰传播；阴燃；自燃；闪燃；烟尘；英制热量单位（Btu）；闪点；叠加（效应）；热传导；完全卷入；热惯性；热对流；热释放速率；热塑性材料；爆轰；引燃；蒸汽；吸热；热辐射；易挥发性；放热；瓦特；滚燃；自热

【目标】 通过学习本章，学员应该能够达到以下几点学习目标：

- 能描述火灾动力学基础知识
- 火灾动力学在涉及火灾现场重建时的运用
- 明确火灾动力学在调查中的应用
- 在火灾发展阶段，确定火灾动力学参数

应用于火灾现场重建和分析的火灾动力学知识来源于物理学、热力学、化学、传热学和流体力学等学科。准确认定火灾的起火部位、燃烧强度、发展过程、蔓延方向、持续时间和熄灭时间，调查人员必须依据火灾动力学原理，并能正确运用其中理论理解火场的形成规律。调查人员须认识到，火灾的发生发展过程受到许多因素的影响，如：现场火灾载荷、通风条件和房屋建筑结构等。

火灾调查人员可以从发表的有关火灾动力学应用成果得到相关经验和数据。这些研究成果包括近期出版的教科书和专业论文（DeHaan 和 Icove，2012；Drysdale，2011；Karlsson 和 Quintiere，2000；Quintiere，1998，2006），经典的消防工程参考资料（SF-

PE，2008），以及美国国家标准与技术研究院（NIST）、美国核管理委员会（NRC）（Iqbal，Salley，2004）和消防期刊主要完成的相关研究。这些期刊包括由同行评议的消防相关期刊，如《消防科技》（*Fire Technology*）、《消防工程》（*Journal of Fire Protection Engineering*）和《消防安全》（*Fire Safety Journal*）杂志。与火灾相关研究成果也出现在火灾调查研究同行发表的期刊上，如《法庭科学》（*Journal of Forensic Science*）和《科学与正义》（*Science and Justice*）。

有很多火灾调查人员并不懂得火灾动力学等相关知识。本章的主要目的就是弥补这一知识空缺。许多火灾动力学的基本概念在 2011 版的 NFPA 921 都进行过描述。这些基本概念以及其他更高级别的概念将在本书最后进行讨论。已发生的真实火灾案例和火灾实验都对火灾动力学相关理论进行了应用，对火灾中常见可燃物的变化运用火灾动力学原理进行了解释。本章就是采用火灾动力学中的相关消防工程计算公式对火灾案例中需要分析的火灾现象和燃烧变化进行解释，以帮助调查人员加强在法庭中重建火灾现场证据的证明力。

2.1 测量的基本单位

火灾现场重建中，常用的测量和尺寸单位有两种：美制（U. S.）和公制单位。美国正在逐步向国际标准转换，即国际通用单位制（SI，法国，国际标准）。在测量和计算时使用国际通用单位制是一种惯例，而且多数情况下，还会在括号中给出相应的美制单位作为参照。表 2-1 列出了这些火灾动力学常用的基本单位，以及其典型符号、单位和换算。

表 2-1 火灾动力学中常用的基本单位

单位	符号	SI 单位	换算
长度	L	m	1m=3.2808ft
面积	A	m^2	$1m^2=10.7639ft^2$
体积	V	m^3	$1m^3=35.314ft^3$
质量	M	kg	1kg=2.2046lb
密度	ρ	kg/m^3	$1\ kg/m^3=0.06243lb/ft^3$
质量流速	$\dot{m}$	kg/s	1kg/s=2.2lb/s
单位面积上的质量流速	$\dot{m}''$	$kg/(s\cdot m^2)$	$1\ kg/(s\cdot m^2)=0.205lb/(s\cdot ft^2)$
温度	T	℃	$T(℃)=[T(℉)-32]/1.8$ $T(℃)=T(K)-273.15$ $T(℉)=[T(℃)\times1.8]+32$
温度	T	K	$T(K)=T(℃)+273.15$ $T(K)=[T(℉)+459.7]\times0.56$
能量，热	Q,q	J	1kg=0.94738Btu
热释放速率	$\dot{Q},\dot{q}$	W	1W=3.4121Btu/h=0.95Btu/s，1kW=1kJ/s
热通量	$\dot{q}''$	W/m^2	$1W/cm^2=10kW/m^2=0.317Btu/(h\cdot ft^2)$

注：引自 SFPE 2008；Quintiere 1998；Karlsson 和 Quintiere，2000；Drysdale，2011。

火灾动力学最基本的性质是热。所有高于绝对零度（－273℃，－460℉，0K）的物体由于分子运动而含有热量。

充足的热量传递（通过传导、对流、辐射）到一个物体上，使其温度升高，物体可能会被点燃，并导致火焰传播到邻近的物体。

2.2 火灾科学

火灾是一种快速氧化反应、释放热量的燃烧过程。火灾的能量释放可以以可见的方式如火焰、灼热燃烧或不可见的方式存在。不可见的能量传递方式包括辐射传热或热传导传热（Quintiere，1998）。像铁生锈和报纸变黄的氧化过程也会产生热量，但速度非常缓慢，物体的温度不会明显升高。

2.2.1 燃烧四面体

发生燃烧必须具备四个条件，这就是通常所说的燃烧四面体，如图 2-1 所示。燃烧四面体的基本组成为：（1）可燃物；（2）充足的热量，使物质到达其着火温度并释放出可燃气体；（3）足以支持燃烧的氧化剂；（4）具备发生不受抑制放热化学链式反应的条件。防火和灭火的科学基础就是阻隔或消除燃烧四面体中的一种或多种条件。

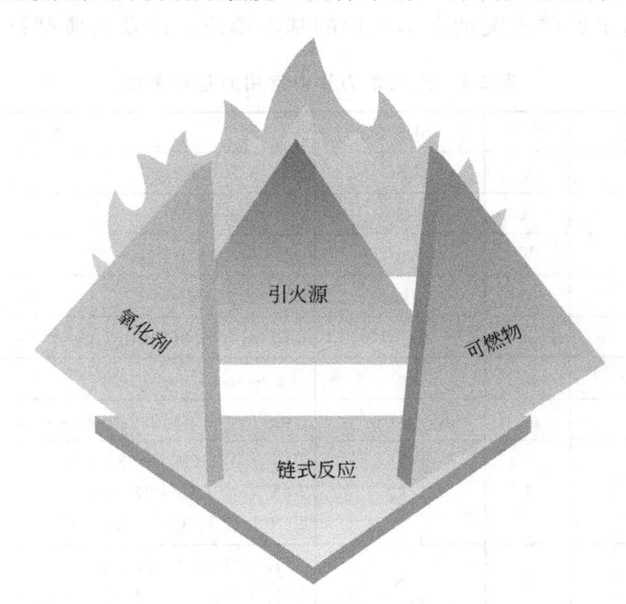

图 2-1　燃烧四面体

对于易燃液体来说，热量起到蒸发的作用（如，液体转化为蒸气）。对于固体可燃物来说，热量可造成固体分子结构断裂，即热分解，转化成蒸气、气体和残留固体（炭）。热分解也会从反应中吸收一些热量（即热分解是一个吸热过程）。

来自液体或固体的气体燃烧，通常发生在可燃物表面以上的区域。热量和质量的传递过程会使燃料产生的气体区域在适当的条件下被点燃，并维持这种状态（使燃烧持续）（见图 2-2）。

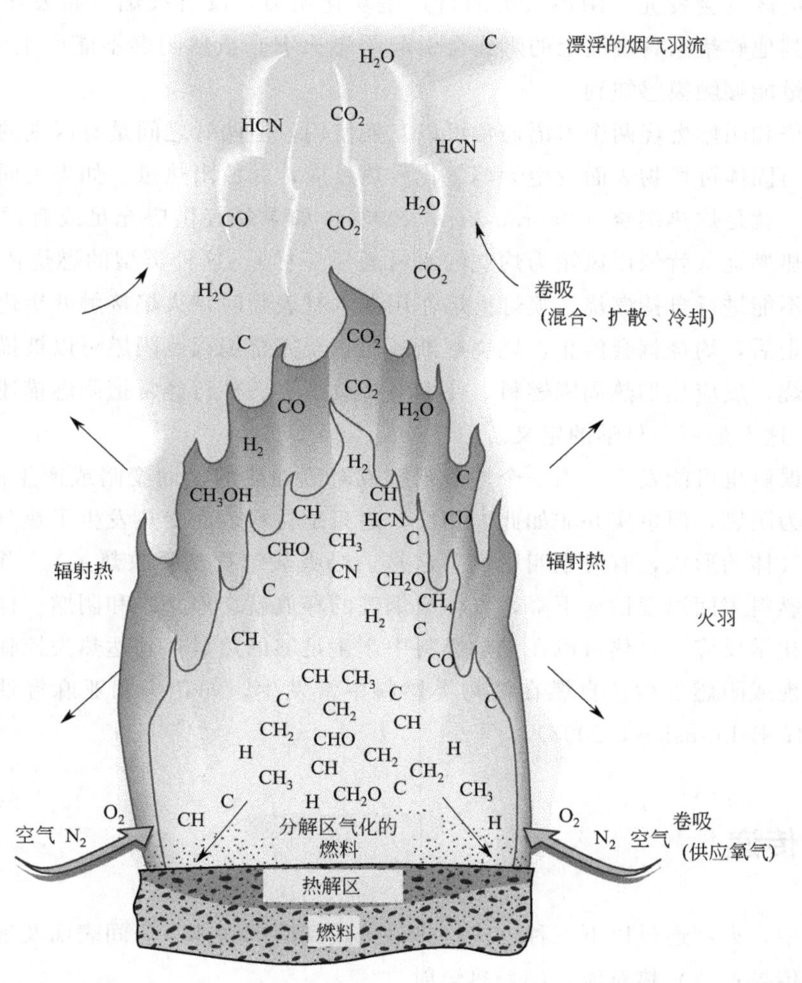

图 2-2　燃烧表面的热量和质量传递过程，源自 J. D. DeHaan 的《柯克火灾调查》，2002 年第 5 版

2.2.2 燃烧类型

燃烧或火灾类型有四种：（1）扩散火焰；（2）预混火焰（燃烧）；（3）阴燃；（4）自燃（Quintiere，1998）。

扩散火焰是大多数燃料控制型燃烧，如蜡烛燃烧、篝火和炉火。这是由于燃料气体或蒸气从燃料表面扩散到周围空气中，在燃料和氧气浓度适当的区域，会发生有焰燃烧。当燃烧过程中氧气被消耗掉时，空气中的氧气便移入火焰发光区。

如果燃料和氧气在点燃前混合，所产生的燃烧过程称为预混燃烧。这些燃料通常是可燃液体蒸气或可燃气体。在燃料/氧气浓度的上下限范围内，这些气体或蒸气的混合物能被点燃。在喷气发动机内，当燃料蒸气在压力作用下释放到空气中，并混合成可燃混合气体后，就会形成预混燃烧火焰。阴燃是典型的缓慢传播、自持的放热反应过程。氧气与可燃物在其表面或内部（如果可燃物是多孔的）发生反应。若产生的热量足够多，可燃物表面的炽热反应区就会发光。阴燃火灾的特点是炭化明显，没有火焰。如丢弃或掉落在沙发、床垫或其他软垫家具表面上的烟头会引起阴燃火灾。虽然阴燃不能产生可见的火光，但产生的热量能够触摸感知到。

灼热燃烧和阴燃燃烧两个术语通常可以互换使用，但两者之间是有区别的。两者都是指氧气直接与固体可燃物表面发生无焰氧化放热反应，并放出热量。如果表面直接反应占据主导地位，就是灼热燃烧（Babrauskas，2003）。如果氧气供应充足或有通风作用，就能够维持灼热燃烧（就像用风箱为灼烧的木材通风一样）。这种类型的燃烧依赖外界热量供应，否则不能进行自持燃烧。喷灯火焰作用在木材表面时，火焰接触处炭化并灼烧。但当火焰被移走后，灼烧就会停止，燃烧逐渐减弱直至完全熄灭。阴燃可以被描述为一种自持的无焰燃烧，反应热加热周围燃料，使燃烧持续下去。外行经常把阴燃描述为“没有火焰的燃烧”，这不是一个科学的定义。

类似的误解也可能发生。当一个被热辐射或对流加热的表面变暗或产生白色蒸气时，有时被误认为阴燃，但事实并非如此。相反，这只是材料表面受热发生了热分解，导致水蒸气或其他气体的形成，有时也叫脱气。这是一个吸热过程（吸收热量），当外部加热停止时，由于燃料表面温度快速下降，气体或烟气的释放就会停止。和阴燃一样，自燃也是一种缓慢的化学反应。自热可以在大量燃料中产生足够的热量，到达热失控临界值后，会导致火焰出现或阴燃发生。自燃在植物类燃料中常发生，如花生和亚麻籽油（DeHaan，Icove，2012；Babrauskas，2003）。

2.3 热传递

在火灾中，火羽通过以下三种方式将热量传递到周围物体、房间表面及现场人员，包括：(1) 热传导；(2) 热对流；(3) 热辐射。

这三种影响火灾蔓延方式的传热形式，不仅取决于火灾的强度和规模，火灾环境也对火灾蔓延方式造成很大影响。外来热量使周围物质表面温度升高，并产生可见的和可测量的痕迹特征。

2.3.1 热传导

通过热传导，热量从固体物质的高温区域传递到低温区域。通过墙壁、天花板和其他物体传导的热量，往往会根据不同的温度梯度留下火灾破坏的痕迹（图 2-3）。

当固体材料的两个表面温度不同时［T_1（低温）和 T_2（高温）］，通常可用下式描述其热传导过程：

图 2-3　车辆内部火灾通过热传导造成后门破坏的实例（Courtesy of Capt. Sandra K. Wesson，Crystal Fire Department，Little Rock，Arkansas. 提供）

$$\dot{q}=\frac{kA(T_2-T_1)}{l}=\frac{kA(\Delta T)}{l} \tag{2-1}$$

$$\dot{q}''=\frac{\dot{q}}{A}=\frac{kA(VT)}{Al}=\frac{k(\Delta T)}{l} \tag{2-2}$$

式中　$\dot{q}$——导热速率，J/s 或 W；

$\dot{q}''$——导热通量，W/m^2；

k——材料的热导率，W/(m・K)；

A——热传导的有效横截面积；

ΔT——墙体表面较高温度和较低温度的差值，$\Delta T=T_2-T_1$，K 或℃；

l——热量在物体内部传递的距离，m。

热传导需要热源和受热目标物直接接触，才能将热量传递至目标物。例如：发生在客厅的火灾，热量通过保温效果不好的墙体传导至邻近的房间，在表面产生分界线痕迹。在调查过程中，分析和记录内外墙及墙表面材料的破坏情况。同时内墙饰面材料，如木镶板，有时需要移除以评估热传递的影响。火灾现场常见典型材料的热特性如表 2-2 所示。

图 2-4 所示为在短时间导热、中等时间导热和稳态导热情况下，固体材料内部的温度分布。经过短时间的热传导，热通量使表面温度升高，但内部温度依然较低。增加传热的时间，将导致固体内部温度升高，最终从固体前端（高温表面）到后端（低温表面）形成近似线性关系的温度梯度分布。

2.3.2 热对流

热对流是另一种热量传递的方式，其通过液体或气体由高温区域向低温区域的流动来实现热量传递，也被称为牛顿冷却定律。火羽与其正上方的天花板直接接触的区域，可以发现热对流破坏产生的痕迹，见图 1-7。

对流换热的一般方程：

$$\dot{q}=hA(T_{\infty}-T_{s})=hA(\Delta T) \tag{2-3}$$

$$\dot{q}''=\frac{\dot{q}}{A}=\frac{hA(\Delta T)}{A}=h\Delta T \tag{2-4}$$

式中 $\dot{q}$——对流换热速率，J/s 或 W；

$\dot{q}''$——对流热通量，W/m^2；

h——对流换热系数，$W/(m^2 \cdot K)$；

A——对流换热有效面积，m^2；

ΔT——流体温度（T_{∞}）与表面温度（T_s）的差值，$\Delta T=T_{\infty}-T_s$，K 或℃。

表 2-2 火灾现场常见典型材料的热特性

材料	热导率 k /[W/(m·K)]	密度 ρ /(kg/m³)	比热容 c_p /[J/(kg·K)]	热惯性 $k_p c_p$ /[W²·s/(m⁴·K²)]
铜	387	8940	380	1.30×10^{9}
铁	45.8	7850	460	1.65×10^{8}
砖	0.69	1600	840	9.27×10^{5}
水泥	0.8～1.4	1900～2300	880	2×10^{6}
玻璃	0.76	2700	840	1.72×10^{6}
石膏板	0.48	1440	840	5.81×10^{5}
PMMA(聚甲基丙烯酸甲酯)	0.19	1190	1420	3.21×10^{5}
橡木	0.17	800	2380	3.24×10^{5}
黄松	0.14	640	2850	2.55×10^{5}
石棉	0.15	577	1050	9.09×10^{4}
纤维板	0.041	229	2090	1.96×10^{4}
聚氨酯泡沫	0.034	20	1400	9.52×10^{2}
空气	0.026	1.1	1040	2.97×10^{1}

对流换热系数由表面性质和气流速度决定。对于空气来说，其自由对流时，对流换热系数通常为 $5\sim25W/(m^2 \cdot K)$，强迫对流时是 $10\sim500W/(m^2 \cdot K)$（Drysdale，2011）。

研究物体表面特征，可以了解火羽流和顶棚射流的方向和强度，其中包含高温的燃烧产物，如：高温气体、烟气、灰烬、热解产物和燃烧残留物。火灾发展最初阶段，最严重的破坏往往出现在火源正上方火羽流直接作用的区域。一般情况下，远离火羽流的材料破坏轻。在火灾发展的后期，在远离火源的地方也会出现严重的对流破坏痕迹。这种破坏可能与高温燃烧产物有关，其穿过通风口和相邻房间，并且如果热解产物与氧气充分混合，

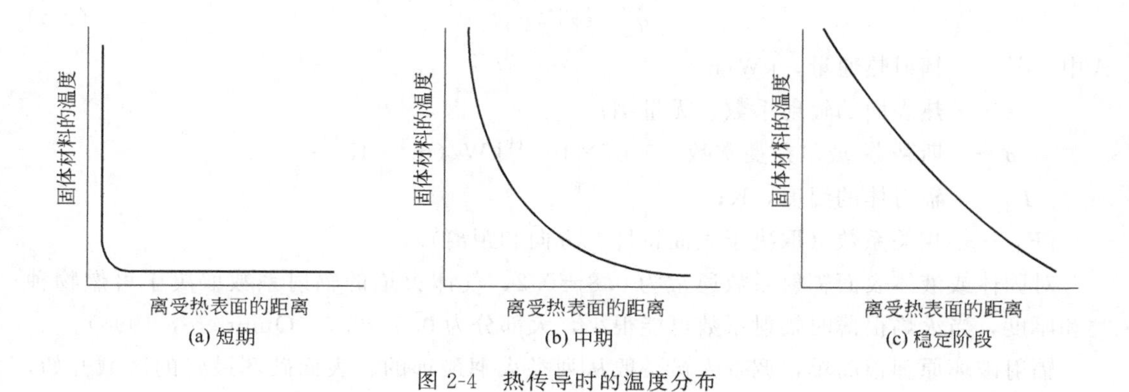

图 2-4 热传导时的温度分布

还可能包括热解产物（可燃物）的剧烈燃烧。图 2-5 显示了一起持续时间很短的汽油燃烧火灾。火灾因对流导致汽车门破坏。

图 2-5 持续时间很短的汽油火灾仅仅导致车门漆焦化的例子，汽油洒在了车外，车窗关闭。车窗玻璃由于对流和辐射造成破坏（J. D. DeHaan. 提供）。

2.3.3 热辐射

只要物体表面温度高于绝对零度（0 K），物体表面热量都会以电磁波的形式向外发散。热辐射产生的热量通常会造成正对火羽流的表面破坏，如：家具等物体表面。在火灾中，人员烧伤主要是由热对流和热辐射造成的。热辐射沿直线传播，可以被物体反射，也可以穿透某些物体传播。对物体表面总的热作用是热传导、热对流、热辐射三者的叠加。受热材料表面的辐射热通量一般用式(2-5) 表示。

$$\dot{q}''=\varepsilon\sigma T_2^4 F_{12} \tag{2-5}$$

式中　$\dot{q}''$——辐射热通量，kW/m^2；

ε——热表面的辐射系数，无量纲；

σ——斯蒂芬-玻尔兹曼常数，$5.67\times10^{-11}kW/(m^2\cdot K^4)$；

T_2——辐射体的温度，K；

F_{12}——相关系数（取决于表面特性、方向和距离）。

对固体或液体表面辐射系数通常为0.8±0.2，气体火焰的辐射系数取决于可燃物种类和厚度，当火焰很薄时辐射系数可能很小，大部分为0.5～0.7（Quintiere，1998）。

辐射破坏原理很简单，调查人员一般从列举火羽最远的、表面破坏最轻的区域开始，慢慢向燃烧最强烈、破坏最明显的区域推进，表面破坏越严重的区域越靠近强辐射源，如图2-5所示。通过对比这些受损表面，调查人员通常可以确定火灾蔓延方向和火灾发展过程中的受热强度。通过分析评估，调查者可判断火灾发展和蔓延情况，进一步确定起火范围、起火部位和起火点。

2.3.4　叠加效应

叠加效应指两种或两种以上燃烧或传热方式的共同作用。叠加效应可能导致令人迷惑的火灾烧损现象。通过火焰直接作用（例如火焰接触）的主要传热方式既包括燃烧造成的热辐射和热对流，也包括表面的热传导。火焰直接接触就是一种叠加效应，火焰高的辐射热通量和高的对流换热直接作用于外露的燃料上。这种联合效应迅速点燃燃料，并使未燃燃料温度上升到很高。

因为放火者的目的是快速毁坏建筑物，因而多点起火经常会遇到。这种火灾最初有几个独立的火羽流，特别是当这些火羽的点燃顺序未知时，各个独立燃烧作用就会叠加，结果就会迷惑最有经验的调查者。还要注意的是，当燃烧物质坍塌或掉落时，也会导致多处起火。例如悬挂帘子或窗帘导致的火灾，会由起火点蔓延到其他地方。当怀疑有多个起火点时，调查人员应当评估热传递或火羽的叠加效应。

【例2-1　传热计算】 问题：一个汽车修理厂的储藏室发生火灾，经过一段时间，储藏室的砖墙内表面和顶棚温度上升到500℃。砖墙外部环境温度为20℃，墙厚200mm，对流传热系数为$12W/(m^2\cdot K)$，计算外墙温度。建议解决方案：传导-对流问题。假定墙面为单一的平面板材料组成，具有恒定热导率。内墙表面温度为$T_s=500$℃，外部温度为$T_a=20$℃，外墙表面温度T_E未知。如果可燃物直接接触到墙体表面，此温度是非常重要的。

通过墙体表面的稳态热传导速率与墙面对外部环境的对流换热速率相同。

$$\dot{q}''=\frac{\dot{q}}{A}=\frac{T_s-T_E}{L/k}=\frac{T_E-T_a}{1/h}$$

式中　$\dot{q}$——热传导速率，J/s或W；

$\dot{q}''$——传导热通量，W/m^2；

h——对流换热系数（墙对空气），$W/(m^2 \cdot K)$；

k——材料热导率（砖），$W/(m \cdot K)$；

L——热传导路径长度，m；

A——热传导面积，m^2；

ΔT——墙两面温度差，$\Delta T = T_s - T_E$，K。

$$\frac{773 - T_E}{0.2 \div 0.69} = \frac{T_E - 293}{1 \div 12}$$

$$2665 - 2.448 T_E = 12.05 T_E - 3530$$

$$T_E = \frac{6195}{15.49} = 399(K) = 126(℃)$$

另一种解决方案。电模拟。假设砖墙在火灾中保持完整性，确定修理厂内墙的稳态温度（从 Drysdale，2011，39 改编而来）。为解决这一问题，设计如图 2-6 的电路图。我们可以把热量在材料中的传递看成电流通过电阻。

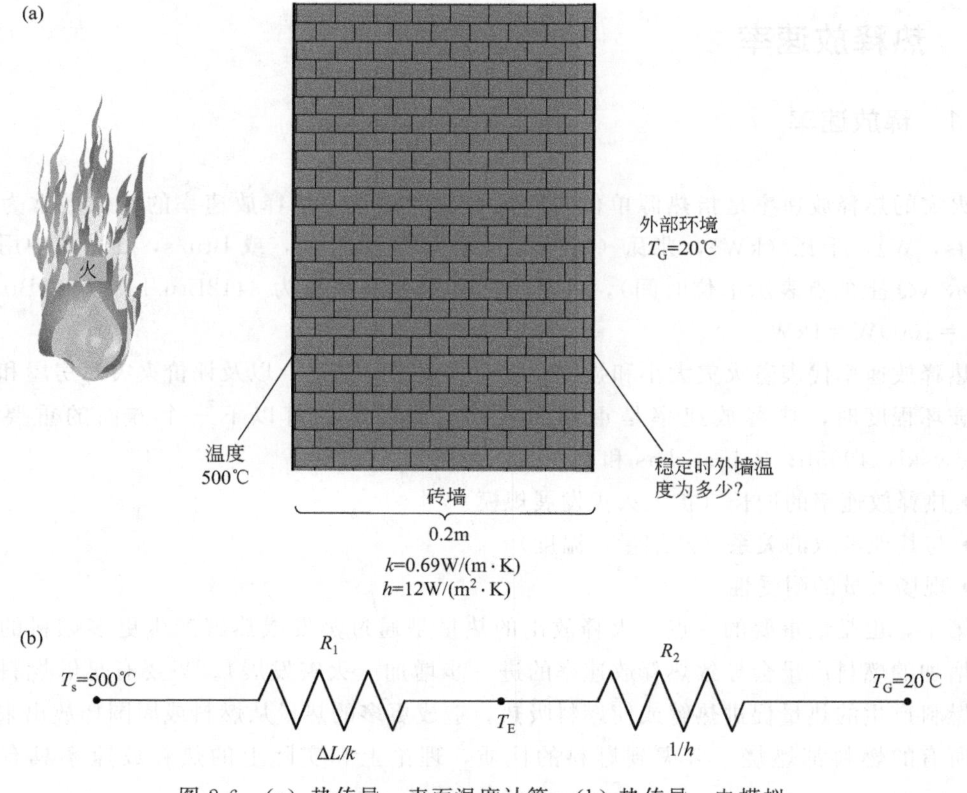

图 2-6 (a) 热传导：表面温度计算；(b) 热传导：电模拟

模拟经常被用来解决此类问题。稳态传热结果最好用直流电气回路模拟加以说明，温度相当于电压（$V = T$），热对流和热传导的热阻相当于电阻（分别是 R_1、R_2）。热通量 $\dot{q}''$，单位为 W/m^2，等同于电流，$I = \dot{q}''$。

上述问题转化成了图 2-6(b) 代表电路图。稳态电路分析中，R_1 和 R_2 分别代表砖墙的热阻和修理厂内部空气的热阻。

修理厂房间内温度	$T_s=500℃(773K)$
修理厂(周围)温度	$T_G=20℃(293K)$
热导率	$k=0.69W/(m\cdot K)$
砖厚	$L=200mm(0.2m)$
传导热阻	$R_1=\Delta L/k=0.2\div 0.69=0.290[(m^2\cdot K)/W]$
对流换热系数	$h=12W/(m^2\cdot K)$
对流热阻	$R_2=1/h=1\div 12=0.083[(m^2\cdot K)/W]$
总热通量	$\dot{q}''=(T_s-T_G)/(R_1+R_2)=1287W/m^2$
	$T_E=773-\dot{q}''R_1$
外墙温度	$T_E=773-374=399(K)$
	$T_E=399-273=126(℃)$

2.4 热释放速率

2.4.1 释放速率

火灾的热释放速率是指热源单位时间内释放的热量。热释放速率的单位通常为瓦特(Watts，W)，千瓦（kW），兆瓦（MW），千焦每秒（kJ/s），或 Btu/s，在公式中用字母 $\dot{Q}$ 表示（$\dot{Q}$ 上的点表示单位时间），各单位之间的换算关系为 3412Btu/hr＝0.95Btu/s＝1kJ/s＝1000W＝1kW。

热释放速率代表着火灾大小和强度。在对火灾进行描述，以及评价火灾对房屋和现场人员破坏程度时，热释放速率是重要变量，主要因为具有以下三个方面的重要作用(Bukowski，1995b；Babrauskas 和 Peacock，1992)：

- 热释放速率的增长（扩大火灾发展规模）
- 与其他参数的关系（产烟量，温度）
- 现场人员的耐受性

第一，也是最重要的一点，火释放出的热量是通过蒸发或热解产生更多燃料的驱动力。增加的燃料产量会导致热释放速率的进一步增加（火灾发展）。只要有足够燃料和氧气，燃料产生的热量促进热解或使燃料吸热，造成更多的热量从燃料或周围释放出来。并不是所有的燃料都燃烧。考虑到燃料的性质，理论上和实际上的热释放速率具有一定极限。

第二，热释放速率在火灾现场重建中的另一个重要作用是它与许多其他变量相关。这些变量包括燃烧的产烟量、毒物产生量、室内温度、热通量、质量损失率和火焰高度。

第三，热释放速率和火灾伤亡的直接关系是十分明显的。高的热释放速率导致材料的高的质量损失率。而这些材料有可能产生毒性物质。高的热通量、大量的高温烟气和毒性气体可导致现场人员失去行为能力，使其难以在火灾中逃生。（Babrauskas 和 Peacock，1992）。

1985 年，Drysdale 在介绍用于计算火焰角度和轰燃发生时间的公式时，将热释放速率介绍给了火灾调查人员。轰燃将在本章后面详细描述。

这些公式能够回答下列重要问题：

- 火灾有多强大，能点燃附近可燃物或造成人员伤亡吗？
- 有足够量的可燃液体在火灾中时，火焰能达到的温度。
- 是否具备发生轰燃的条件？
- 感烟探测器和/或喷淋什么时间启动？

火灾调查人员最关心的基本问题是热释放速率峰值，范围从几瓦到几千兆瓦不等。表 2-3 列出了火灾调查人员可能感兴趣的一些常见材料的热释放速率峰值。峰值热释放速率取决于燃料种类、表面积和物品状态。典型材料的热释放速率在 NIST 的网站 fire. nist. gov/上能查到，与热释放速率相关的其他火灾动力学参数还包括：质量损失、质量通量、热通量和燃烧特性。

表 2-3　火场中常见材料热释放速率峰值

项目	质量/kg	峰值热释放速率/kW	时间/s	总热量/mJ
香烟	—	0.005(5W)	—	—
火柴或打火机	—	0.050(50W)	—	—
蜡烛	—	0.05～0.08(50～80W)	—	—
废纸篓	0.94	50	350	5.8
办公室内有纸的纸篓	—	50～150	—	—
枕头、乳胶泡沫	1.24	117	350	27.5
小椅子(有衬料)	—	150～250	670	—
电视机(T1)	39.8	290	—	150
扶手椅	—-	350～750(典型)～1.2MW	—	—
躺椅(合成衬料，有覆盖物)	—	500～1000(1MW)	350	—
圣诞树(T17)	7.0	650	—	41
汽油油池(2qt，水泥上)	—	1 MW	—	—
圣诞树(6～7ft，干的)	—	1～2MW(典型)～5MW	—	—
沙发(合成材料覆盖物)	—	1～3MW	—	—
卧室	—	3～10MW	—	—

2.4.2　燃烧热

材料的燃烧热指单位质量的材料燃烧时释放出的热量，单位为 MJ/kg 或 kJ/g。Δh_c 用于表示绝热燃烧热，用于描述燃料完全燃烧时产生的热量。有效燃烧热用 ΔH_{eff} 表示，

ΔH_{eff}更有实际意义，因为燃料不能完全燃烧，还要考虑加热燃料的热损失。

2.4.3 质量损失

燃烧的质量损失率或燃烧率通常取决于三个因素：燃料种类、结构和燃烧面积。例如，相比用湿的大尺寸木材随意堆放时燃烧，用干燥的小树枝搭建起的帐篷形状的篝火在短时间内燃烧得更快，释放的热量也更高。燃烧速率单位为 kg/s 或 g/s。

热释放速率可由物体的质量损失率和燃烧热计算出来。热释放速率 $\dot{Q}$ 一般可以用式(2-6)计算。质量损失率可以在实验过程中通过称量燃料包的质量来确定。

$$\dot{Q}=\dot{m}\Delta h_c \tag{2-6}$$

式中 $\dot{Q}$——热释放速率，kJ/s 或 kW；

$\dot{m}$——燃烧速率或质量损失速率，g/s；

Δh_c——燃烧热，kJ/g。

2.4.4 质量通量

另一个与热释放速率有关的概念是材料的质量通量，或者说是单位面积的质量燃烧速率，用 kg/(m^2·s) 表示，公式中用 $\dot{m}''$ 表示。因为可燃物表面积或液池直径和方向等变量显著影响着质量通量，在实验室测试过程中可以控制上述变量，从而计算质量通量。如果已知可燃物水平燃烧区域面积和单位面积燃烧速率，热释放速率公式就可以写成式(2-7)：

$$\dot{Q}=\dot{m}''\Delta h_c A \tag{2-7}$$

式中 $\dot{Q}$——总热释放速率，kW；

$\dot{m}''$——单位面积的燃烧速率，g/(m^2·s)；

Δh_c——燃烧热，kJ/g；

A——燃烧面积，m^2。

将固体或液体燃料转化为可燃形式（气体或蒸气）所需要的热量被称为蒸发潜热，代表燃烧和维持燃烧所必须产生的热量。单位质量的可燃物蒸发所需的能量用 kJ/kg 表示，在公式中用 H_L 表示。与液体不同，固体的 H_L 值与时间有很大的关系，很难获得固定的精确 H_L 值。表 2-4 中列出了各种可燃物的 Δh_c、$\dot{m}''$ 和 H_L 的值，不同燃料的值可从文献中找到。

2.4.5 热通量

用以解释点燃、火焰传播、火灾伤亡的另一个重要的火灾动力学概念是热通量。热通量是热量作用于表面或通过某一区域的速率，单位为 kW/m^2，用字母 $\dot{q}''$表示。

表 2-4 普通材料的质量通量、蒸发潜热、有效燃烧热

材料	质量通量 m''/[g/(m^2·s)]	蒸发潜热 H_L/(kJ/kg)	有效燃烧热 ΔH_{eff}/(kJ/g)
汽油	44～53	0.33	43.7
柴油	49	0.67	43.2
纸	6.7	2.21～3.55	16.3～19.7
木材	70～80	0.95～1.82	13～15

表面温度为 T 的物体辐射热值为：

$$\dot{q}''=\varepsilon\sigma T^4 \tag{2-8}$$

式中 ε——火源辐射系数；

σ——玻尔兹曼常数；

T——表面温度，K。

火源辐射量越高，火源的辐射热通量越大。热通量以火源温度的 4 次方增加。

如果调查人员能估计热通量和方向，就能获取两项重要信息。(1) 能否引燃可燃材料表面；(2) 人员暴露时能否受伤。表 2-5 显示了造成人员受伤和引燃常见可燃物的最小热通量。

表 2-5 辐射热通量的影响

辐射热通量/(kW/m^2)	对人体和木材表面的影响
170	轰燃后测到的最大热通量
80	TPP 试验(热防护性能测试)
52	5s 后纤维板着火
20	地板轰燃
16	5s 后痛、水肿、皮肤 2 度烧伤
7.5	长时间暴露引燃木材
6.4	18s 后痛、水肿、皮肤 2 度烧伤
4.5	30s 后痛、水肿、皮肤 2 度烧伤
2.5	灭火过程中长时间暴露会引起疼痛和烧伤
<1.0	暴露在太阳下

不同火焰或火灾的辐射热通量在《引燃手册》(Babrauskas 2003，第 1 章) 中详细列出。因为这些数据在大多情况下难以测量且更难去评估，因而调查者应该认真研究这些实验数据。

最简单的情况下，从火焰辐射出的热通量可近似看作从一个点火源发射出，称之为虚拟火点。这个概念在第 3 章中将详细讨论。从点火源向目标物辐射的热通量可用图 2-7 科学解释 (NFPA 2008，第 8 章至第 10 章)。

用于计算从点火源向目标物或伤亡人员辐射热通量的公式是：

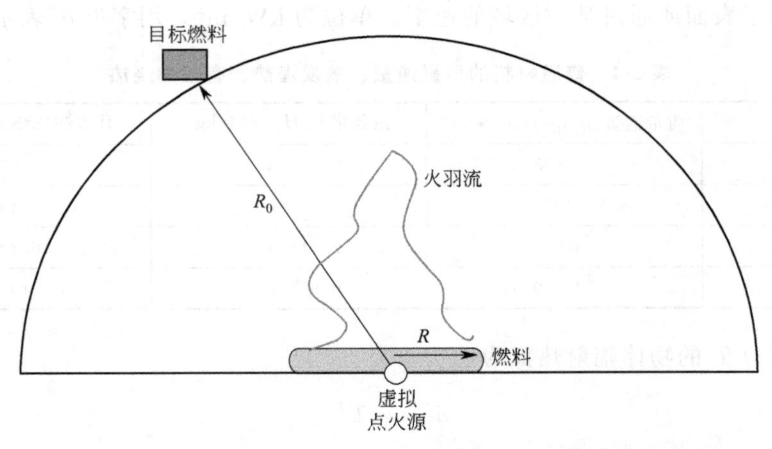

图 2-7　辐射热从火羽流的点源（虚拟点火源）向目标燃烧传播的图示

$$\dot{q}''_0=\frac{P}{4\pi R_0^2}=\frac{X_r\dot{Q}}{4\pi R_0^2} \tag{2-9}$$

式中　$\dot{q}''_0$——目标物受到的辐射热通量，kW/m^2；

P——火焰总辐射能量，kW；

R_0——目标物表面的距离，m；

X_r——辐射分数（典型值 0.2～0.6），代表火源以辐射方式向外释放热量的分数和；

$\dot{Q}$——火源的总热释放速率，kW。

变形为：

$$R_0=\left(\frac{X_r\dot{Q}}{4\pi\dot{q}''_0}\right)^{1/2} \tag{2-10}$$

公式成立的条件是，目标物到火源的距离与燃烧着的可燃物堆垛半径（R）的比值满足：

$$\frac{R_0}{R}>4 \tag{2-11}$$

也就是说，当图 2-7 中火源半径小于目标到火焰的距离 R_0 时，对于这种情况

$$\frac{R_0}{R}\leqslant 4 \tag{2-12}$$

火源不可简化为点，目标物的几何尺寸相对于火源来说变得至关重要。对于每种尺寸，都必须计算相关因子，相关因子 F_{12} 出现在一般的辐射公式中，$\dot{q}''=\varepsilon\sigma F_{12}T^4$ 或 $\dot{Q}F_{12}$。

因为计算过于复杂，图 2-8 由于几何尺寸产生的相关因子 F_{12} 一般用图 2-9 中的曲线获取。《SFPE 消防工程手册》中提供了不同尺寸下的图形。

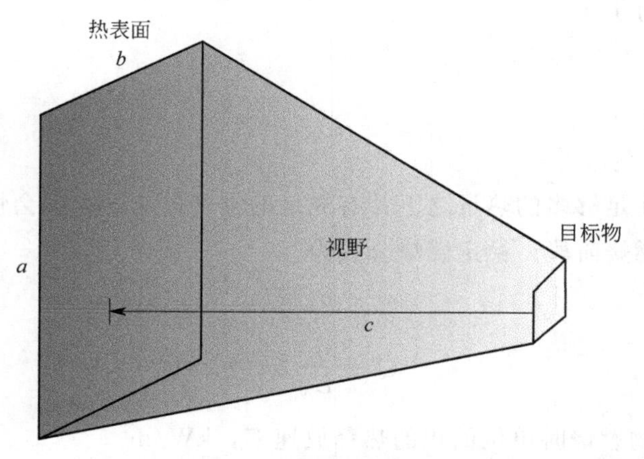

图 2-8　一个小的目标物在距离大的辐射源距离为 c 时会从广角度接收辐射

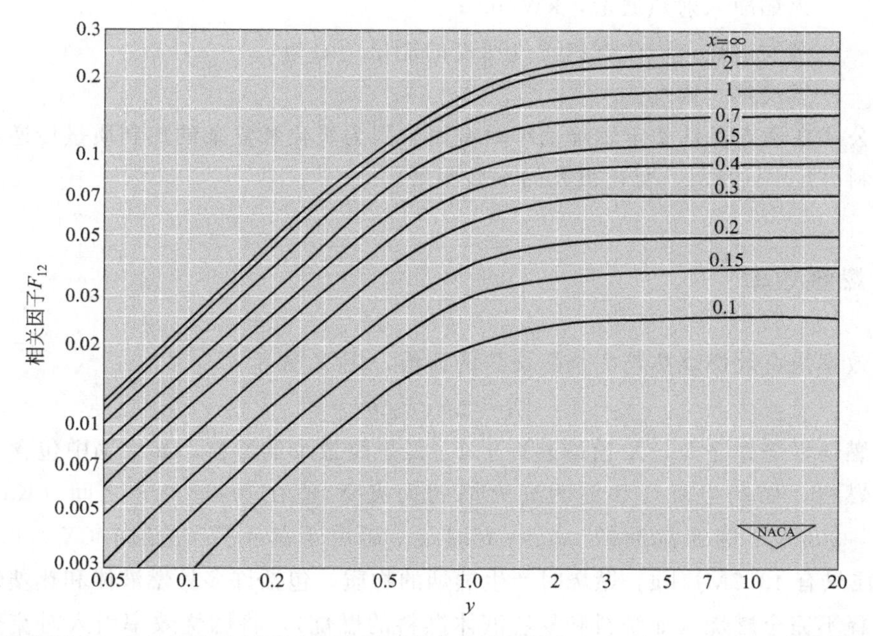

图 2-9　确定图 2-8 中显示的几何尺寸相关因子的曲线图。其中 $x=a/c$，$y=b/c$，在横轴上选定 x，与曲线交点在竖轴上对应的 y 值即为相关因子 F_{12} 的值。

【例 2-2　热通量计算】 问题：图 2-7 中所示的 500kW 的点火源，其火源直径为 0.2m。假定辐射系数为 0.6，计算 1m、2m、4m 处目标物表面热通量。

解决方案：可用式(2-6) 计算辐射热通量。

热释放速率 $Q=500\text{kW}$，辐射系数 $X_r=0.6$，燃料表面直径 $R=0.2\text{m}$，直径比 $R_0/R=24$。

目标物接收的辐射热通量 $\dot{q}''_0=\dfrac{X_r\dot{Q}}{4\pi R_0^2}$，把 $R_0=1\text{m}$、2m、4m 代入公式，得 $\dot{q}''_0=23.87\text{kW/m}^2$、$5.96\text{kW/m}^2$、$1.49\text{kW/m}^2$。由以上的数据可以看出，距离增加一倍，辐

射热通量变为原来的 1/4。

2.4.6 稳定燃烧

一旦燃料暴露在足够多的热量之下并有充足的空气供应，火灾会快速蔓延，变成气相燃烧，并进入稳定燃烧阶段。稳定燃烧公式为

$$\dot{m}''=\dot{q}''/H_{\mathrm{L}} \tag{2-13}$$

$$\dot{Q}''=\frac{\dot{q}''}{L_{\mathrm{V}}}\Delta h_{\mathrm{c}} \tag{2-14}$$

式中 $\dot{Q}''$——可燃物燃烧时单位面积的热释放速率，$\mathrm{kW/m^2}$；

$\dot{m}''$——单位面积的燃烧速率，$\mathrm{g/(m^2 \cdot s)}$；

$\dot{q}''$——火焰净入射热通量，$\mathrm{kW/m^2}$；

L_{V}——蒸发潜热，产生燃料蒸气所需的能量，kJ/g；

Δh_{c}——燃烧热，kJ/g。

这些公式在调查评估稳定燃烧速率时有用。因为炭化和复杂的热和质量传递过程，对于固体燃料，L_{V} 不固定，变化很大而不易测量。

2.4.7 燃烧效率

燃烧效率指有效燃烧热与完全燃烧热的比值，用 X 表示。

$$X=\Delta h_{\mathrm{eff}}/\Delta h_{\mathrm{c}} \tag{2-15}$$

因此燃料燃烧越完全，X 值越趋近于 1。低燃烧效率的燃料，如火焰中包含未完全燃烧产物的燃料，如产生灰烬和更明亮火焰的火灾 X 值在 0.6～0.8 之间（Karlsson 和 Quintiere，2000）。例如汽油的 $\Delta h_{\mathrm{c}}=46\mathrm{kJ/g}$，而由于其不完全燃烧（$X=0.95$），其 ΔH_{eff} 往往只有 43.7MJ/kg。燃烧时产生黑烟的物质，包括许多易燃液体和热塑性塑料。

为解释不完全燃烧（如塑料和易燃液体燃料的燃烧），将燃烧效率引入对流热释放速率 $\dot{Q}''_{\mathrm{c}}$ 公式中，X_{r} 是辐射损失的能量（通常在 0.20～0.40 之间）：

$$\dot{Q}_{\mathrm{c}}=X\dot{m}''\Delta h_{\mathrm{c}}A(1-X_{\mathrm{r}}) \tag{2-16}$$

在计算平均火焰高度和虚拟火源时（第 3 章时讲述）使用总热释放速率 $\dot{Q}$。当计算火羽的其他性质时，如羽流半径、中心线温度、速度时用对流热释放速率 $\dot{Q}_{\mathrm{c}}$（Karlsson 和 Quintiere，2000）。

【例 2-3 可燃液体火灾】问题：放火者把一定汽油洒在水泥地上，形成了直径为 0.46m 的液池，放火者点燃了汽油，产生了类似油池火灾，利用历史实验计算油池火的热释放速率。

解决方案：假定为一个不受限制的池火燃烧，其热释放速率可由式(2-8) 算出。

热释放速率：$\dot{Q}=\dot{m}''\Delta h_{\text{eff}}A$

汽油的质量通量 $\dot{m}''=0.036\text{kg}/(\text{m}^2\cdot\text{s})$（不完全燃烧时该值减小）

汽油燃烧热 $\Delta h_{\text{eff}}=43.7\text{MJ/kg}$

油池面积 $A=(\pi/4)D^2=(3.1415\div4)\times0.46^2=0.166(\text{m}^2)$

热释放速率 $\dot{Q}=0.036\times43700\times0.166=261(\text{kW})$

在这种状况下真实火灾的热释放速率预计在 200～300kW 之间。但实际上，薄层汽油燃烧时的热释放速率仅为上述计算值的 25%，公式是按照燃烧池厚度得出的。更多详细介绍，见 NTST 中 Putorti，McElroy 和 Madrzykowski（2001，52）的研究成果。

2.5 火灾发展

火灾特别是受限空间的火灾，随时间的发展可以预测。为了火灾现场重建，火灾的发展可分为四阶段，每阶段都有其特点和时间框架。这种阶段对单一燃料火灾和通风良好的建筑火灾都适用。

阶段 1：初始阶段

阶段 2：增长阶段

阶段 3：全面发展阶段

阶段 4：衰减阶段

如图 2-10 所示，这些阶段组成了特征火焰图形或设计的火灾曲线，这一曲线常用于典型建筑火灾中。这些阶段对于理解是什么燃料首先着火，火灾充分发展，火灾对建筑物及其内部物品的物理影响，计算烟气、热和自动水喷淋系统的动作，估计逃生时间和对暴露在热环境中的人的影响都是十分重要的。

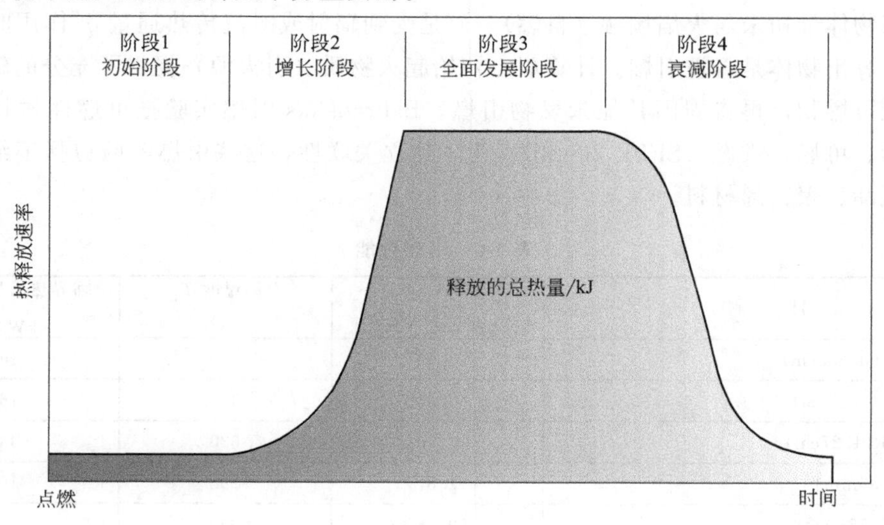

图 2-10 由四个发展阶段组织的火灾特征图

各个阶段有以下物理特征：

阶段 1：热量低，少量烟气，观测不到火焰。

阶段 2：热量增加，大量烟气，火焰蔓延。

阶段 3：大量热，烟气冒出，火焰强度大。

阶段 4：火焰和热减小，大量烟气，发生阴燃。

在由阶段 2 向阶段 3 转变时，根据总的热释放量、通风量、燃料量、房间的尺寸和几何特征，有可能发生轰燃。若没有发生轰燃，火灾可能不能达到充分发展。反过来，燃料量充足，火焰蔓延快和通风的限制，可能达到最大尺寸稳定燃烧。

2.5.1 阶段 1：初始阶段

影响物质引燃特性的最基本性质是密度 ρ、比热容 C_p 和热导率 k。表 2-6 列出了火场中常见材料的上述参数，这三个参数相乘 $k\rho C_p$ 被称为物质的热惯性。$k/\rho C_p$ 称为热扩散系数。机械惯性越大，越难做功。物质的热惯性越大，越难点燃，需要更多热量或更长时间才可以点燃。

表 2-6 列出了一些常见燃料的引燃特性参数。T_{ig} 指的是材料点燃时观测到的表面近似温度，$\dot{q}''_{critical}$是材料能够被引燃时所需最小热通量（Drysdale，2011）。这些结果只适用于整块未燃材料短时间的加热作用（10～30min）。如延长加热时间，$\dot{q}''_{critical}$ 数值就会降低很多。例如，在这种情况下，木材在热通量约为 7.5kW/m^2 时可被点燃。但考虑到木材等材料具有自身发热的性质，这个数据不适用于长时间加热（以月、年计）的情况。

物质的温度是对物质内部所含热量的相对能量的度量。这种热量是由物体的质量和它的热容或比热容决定的。物体的比热容 C_p 决定了物体的温度升高，所需吸收的热量大小。

如果物体最初未与火焰接触（自燃），而是受到辐射或对流传热通量 $\dot{q}''$作用时，那么就可以计算出物体是否被引燃。计算假定初始起火物质（引火源）提供了充分的辐射热通量，引燃可燃物，再将周围其他未燃物引燃。Babrauskas 引燃实验把可燃性材料分为三类：易燃、可燃、难燃（SFPE 2002b）。为了建立关联性，这些引燃实验包括了纸张、木材、聚氨酯、聚乙烯材料。

表 2-6 引燃性能

材料	热惯性 $k\rho C_p$ /[kW/(m^2·K)^2]	引燃温度 T_{ig} /℃	临界热通量 $\dot{q}''_{critical}$ /(kW/m^2)
胶合板，平(0.635cm)	0.46	390	16
胶合板，平(1.27cm)	0.54	390	16
胶合板，FR(1.27cm)	0.76	620	44
硬纸板(6.35mm)	1.87	298	10
硬纸板(3.175mm)	0.88	365	14
硬纸板，上光涂料(3.4mm)	1.22	400	17

续表

材　　料	热惯性 $k\rho C_p$ /[kW/(m²·K)²]	引燃温度 T_{ig} /℃	临界热通量 $\dot{q}''_{critical}$ /(kW/m²)
硬纸板,硝基赛璐珞涂料	0.79	400	17
刨花板(1.27cm)	0.93	412	18
花旗松刨花板(1.27cm)	0.94	382	16
纤维绝缘板	0.46	355	14
聚异氰脲酸酯(5.08cm)	0.020	445	21
硬泡沫塑料(2.54cm)	0.030	435	20
软泡沫塑料(2.54cm)	0.32	390	16
聚苯乙烯(5.08cm)	0.38	630	46
聚碳酸酯(1.52mm)	1.16	528	30
G 型聚甲基丙烯酸甲酯(PMMA)(1.27cm)	1.02	378	15
Polycase 聚甲基丙烯酸甲酯(PMMA)(1.59mm)	0.73	278	9
地毯 1(羊毛,堆积)	0.11	465	23
地毯 2(羊毛,未处理)	0.25	435	20
地毯 2(羊毛,已处理)	0.24	455	22
地毯(尼龙/羊毛混合)	0.68	412	18
地毯(丙烯酸树脂)	0.42	300	10
石膏板(普通 1.27mm)	0.45	565	35
石膏板(FR1.27mm)	0.40	510	28
石膏板、木板、墙纸	0.57	412	18
沥青墙面板	0.70	378	15
玻璃纤维墙面板	0.50	445	21
强化聚酯玻璃(2.24mm)	0.32	390	16
强化聚酯玻璃(1.14mm)	0.72	400	18
飞机面板环氧树脂	0.24	505	28

像纸张、窗帘这种薄材料在 10kW/m² 或更大的辐射热通量条件下会被引燃。一些厚的和更重的具有低热惯性的物质，如有软垫的家具，在 20kW/m² 或更大的辐射热通量下会被引燃。厚度大于 13mm 的固体材料，如塑料、厚木头等热惯性较大的材料，在辐射热通量达到 40 kW/m² 及以上时才能被引燃（SFPE 2008）。但是，存在例外情况。

式(2-17)～式(2-19) 由 Babrauskas (1982) 发表的 *SFPE Engineering Guide to Piloted Ignition of Solid Materials under Radiant Exposure*（SFPE，2002b）论文中的数据推导而来。点燃距火源 D 的另一处可燃物堆垛，所需的热释放速率 $\dot{Q}$，可以通过下述公式计算出来，根据易燃材料（$\dot{q}''_{crit}\geqslant 10kW/m^2$）、可燃材料（$\dot{q}''_{crit}\geqslant 20kW/m^2$）、难燃材料（$\dot{q}''_{crit}\geqslant 40kW/m^2$）计算公式分别为：

$$\dot{Q}=30\times 10^{\frac{D+0.8}{0.89}}\quad \dot{q}''\geqslant 10kW/m^2 \tag{2-17}$$

$$\dot{Q}=30\times\frac{D+0.05}{0.019}\quad \dot{q}''\geqslant 20\text{kW/m}^2 \tag{2-18}$$

$$\dot{Q}=30\times\frac{D+0.02}{0.0092}\quad \dot{q}''\geqslant 40\text{kW/m}^2 \tag{2-19}$$

式中　$\dot{Q}$——火源热释放速率，kW；

D——辐射源到第二个物体的距离，m。

这些公式描述了家具最先燃烧后，引燃第二件物品的点燃过程。但是这些公式不能用于非受限燃烧火源的热释放速率的计算，比如燃气射流。根据 SFPE（2002，2008）工程实践指南中的一些公式，可以估算热薄型和热厚型材料的引燃时间。式(2-20) 和式(2-21) 分别是得到认可的针对热薄型和热厚型两种材料引燃时间的计算公式。

对于热薄型材料，$l_p\leqslant 1$mm（l_p 是材料的厚度）：

$$t_{ig}=\rho C_p l_p\frac{T_{ig}-T_\infty}{\dot{q}''} \tag{2-20}$$

对于热厚型材料，$l_p\geqslant 1$mm，公式中去除了厚度这个参数：

$$t_{ig}=\frac{\pi}{4}k\rho C_p\left(\frac{T_{ig}-T_\infty}{\dot{q}''}\right)^2 \tag{2-21}$$

式中　t_{ig}——点燃时间，s；

k——热导率，W/(m·K)；

ρ——密度，kg/m^3；

C_p——比热容，kJ/(kg·K)；

l_p——材料的厚度，m；

T_{ig}——材料的引燃温度，K；

T_∞——初始温度，K；

$\dot{q}''$——辐射热通量，kW/m^2。

液体的引燃行为与之不同，不适用上述公式。

2.5.2　阶段 2：增长阶段

如图 2-10 所示，火灾发展速率有时可以使用数学关系进行建模，通过使用热释放速率估算，这些数学关系说明了火焰蔓延和火势发展情况。固体可燃物水平表面上的火焰前沿传播属于横向火焰传播，可以用下式表述（Quintiere 和 Harkelroad，1984）：

$$V=\frac{\dot{q}''}{\rho C_p A(T_{ig}-T_s)^2} \tag{2-22}$$

$$\text{或 }V=\frac{\phi}{k\rho C_p(T_{ig}-T_s)^2} \tag{2-23}$$

式中　V——横向火焰传播速率，m/s；

$\dot{q}''$——辐射热通量，kW/m^2；

ρ——密度，kg/m^3；

C_p——比热容，kJ/(kg·K)；

A——受$\dot{q}''$热作用的截面面积，m^2；

ϕ——由火焰传播数据得到的引燃系数（由实验获得），kW^2/m^3；

k——热导率，W/(m·K)；

T_{ig}——燃料的引燃温度,℃；

T_s——未引燃的周围材料表面温度,℃。

数值 ϕ 以及其他计算横向火焰传播所需的变量数值可以从 ASTME 1321 上获得。

表 2-7 列出了几种常见材料的水平（横向）火焰传播速率，显然在外部气流推动下，火焰会逆下风方向倾斜，增加其对前方可燃物的热辐射作用；在风力气流的作用下，火焰前沿蔓延速度更快。

表 2-7　横向火焰传播数据

材料	实验引燃温度 T_{ig}/℃	周围表面温度 T_s/℃	点燃因子
地毛毯			
已处理	435	335	7.3
未处理	455	365	0.89
胶合板	390	120	13.0
泡沫塑料	390	120	11.7
聚甲基丙烯酸甲酯	378	<90	14.4
沥青鹅卵石	356	140	5.4
丙烯酸树脂地毯	300	165	9.9

木头等厚型固体物质表面的横向和向下的火焰传播速度较慢，通常以 1×10^{-3}m/s (1mm/s) 为数量级。与之相反，固体物质的向上火焰传播速率通常在 $1\times10^{-2}\sim1$m/s (10～1000mm/s) 之间。液池表面的横向火焰传播速率通常在 0.01～1 m/s 之间，这取决于周围环境温度和液体闪点（图 2-11）。

对于层流火焰来说，预混可燃气/空气混合物的火焰传播速率在 0.1～0.5m/s 之间。湍流火焰使得火焰传播速率更高（汽油液池上部火焰传播速率通常在 1～2m/s 之间）。有些可燃物/空气混合物将产生压力驱动火焰，进而加速到爆轰（detonation）（超过 1000 m/s）的速度（Drysdale，2011）。

另一个横向火焰蔓延在固体燃料表面的例子是草地或荒野火灾。在这种类型火灾中，横向火焰的蔓延取决于几个关键的变量：可燃物种类、形状、风速和风向、湿度和地形。在此类火灾的最初阶段，森林地面上的灌木丛、半腐层通常也参与燃烧。地形、辐射传热、风引起的对流传热等因素对森林地面上的火焰传播有着重要影响。树冠和灌木冠层的火焰传播是一种特殊过程，是构成野外火灾复杂性的一部分，关于野外与城市交界火灾内容正在开展研究。

Thomas 公式（1971）可用于估算平坦地面草原上，顺风条件下水平火焰传播速率：

$$V=\frac{k(1+V_\infty)}{\rho_b} \tag{2-24}$$

式中　V——火焰传播速度，m/s；

k——野外火灾为 0.07 kg/m³，木垛火灾为 0.05kg/m³；

V_{∞}——实时风速，m/s；

ρ_b——可燃物堆垛密度，kg/m³。

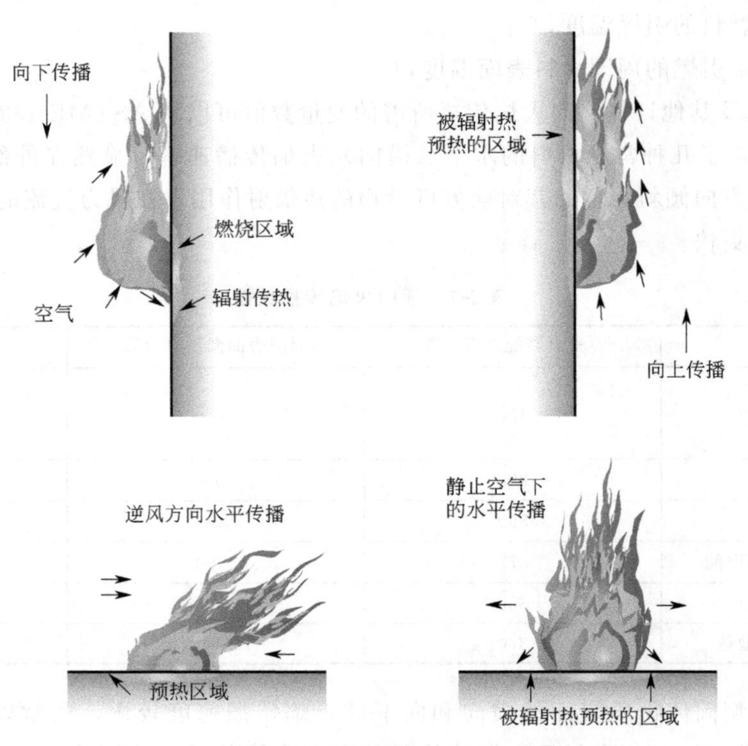

图 2-11　火焰前端的热辐射决定了火灾的传播速率

【例 2-4　估算火焰横向传播速率】 问题：调查人员判定火灾从未处理地毯边缘处燃起，假设高辐射热产生的周围表面温度为 365℃，估计火焰横向蔓延的传播速率是多少？

解决方案：利用 Quintiere 和 Harkelroacl 公式(2-23) 和从表 2-7 查到 ASTME 1321 数据。

引燃因子 $\phi=0.89\text{kW}^2/\text{m}^3$

燃料热惯性 $k\rho C_p=0.25\text{kW}^2\cdot\text{s}/(\text{m}^4\cdot\text{K}^2)$

燃料引燃温度 $T_{ig}=455℃$

周围表面温度 $T_s=365℃$

火焰传播速率 $V=\phi/[k\rho C_p(T_{ig}-T_s)^2]=0.33\times10^{-3}\text{m/s}=26\text{mm/min}$

请注意，初始温度（T_s）越低，公式中的分母越大 (2-23)，横向火焰传播速度越小。如果可燃物表面没有预热，周围表面温度 $T_s=T_a=25℃$，T_a 是环境温度，火焰传播速率如下式计算：

$$V=\phi/[k\rho C_p(T_{ig}-T_s)^2]=0.019\times10^{-3}\text{m/s}=1.14\text{mm/min}$$

【例 2-5　荒地火灾火焰传播速率】 问题：干旱季节一个小孩用火柴在平坦的草地里引起一场火灾。风速为 2m/s，地面上灌木按 0.04kg/cm³ 计算荷载密度，计算考虑和不考虑风速情况下火灾蔓延速率。

解决方案：利用 Thomas 公式(2-24)。

火焰传播速率 $V=k(1+V_{\infty})/\rho_b$

风速 $V_{\infty}=2\text{m/s}$

密度 $\rho_b=0.04\text{kg/cm}^3=40\text{kg/m}^3$

常数 $k=0.07\text{kg/m}^3$

火焰速度（$V_{\infty}=0\text{m/s}$ 时）$V=0.07\times(1+0)/40=0.1(\text{m/min})$

火焰速度（$V_{\infty}=2\text{m/s}$ 时）$V=0.07\times(1+2)/40=5.25(\text{mm/s})=0.315(\text{m/min})$

火灾初起发生阶段的增长率有时可用数学关系式模拟。一个普遍的关系式假定初期火灾增长率近似与火灾燃烧时间的平方成正比（又叫时间平方火，t^2），如图 2-12 所示。一个不受材料和通风因子限制的理想火灾有一个指数增长率，这一行为仅适用于火灾发展阶段。

$$\dot{Q}=(1055/t_g^2)t^2=\alpha t^2 \tag{2-25}$$

式中 t——时间，s；

t_g——火灾从初起到 1.055MW（1000Btu/s）时用的时间，s；

$\dot{Q}$——t 时的热释放速率，MW；

α ——被引燃材料的火灾增长因子，kW/s^2。

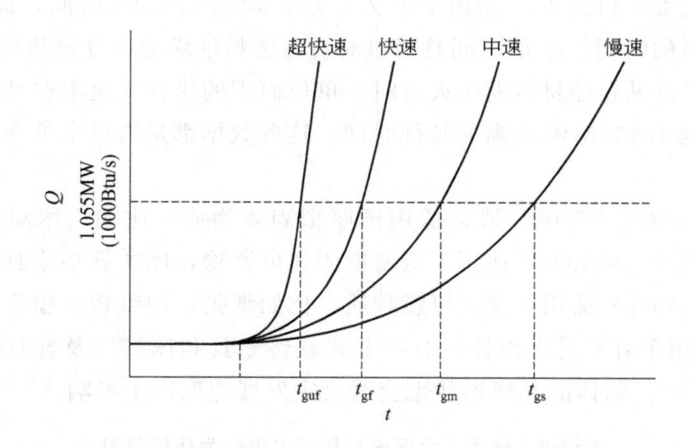

图 2-12 火灾增长因子 α 可以从 Q 与 t 的关系图中获得

$\alpha=1055/t_g^2$，t_g 为火灾的热释放速率从底线（初起阶段）增长到 1.055MW 的时间。

表 2-8 四种火灾增长速率的 t^2 火

火灾类型	产品	时间t_g/s	火灾增长因子 α/(kW/s^2)
慢速	原木物质(桌子、柜子、梳妆台)	600	0.003
中速	低密度物体(家具)	300	0.012
快速	可燃物体(纸、刨花板箱子、窗帘)	150	0.047
超快速	挥发性燃料(可燃液体、合成物床垫)	75	0.190

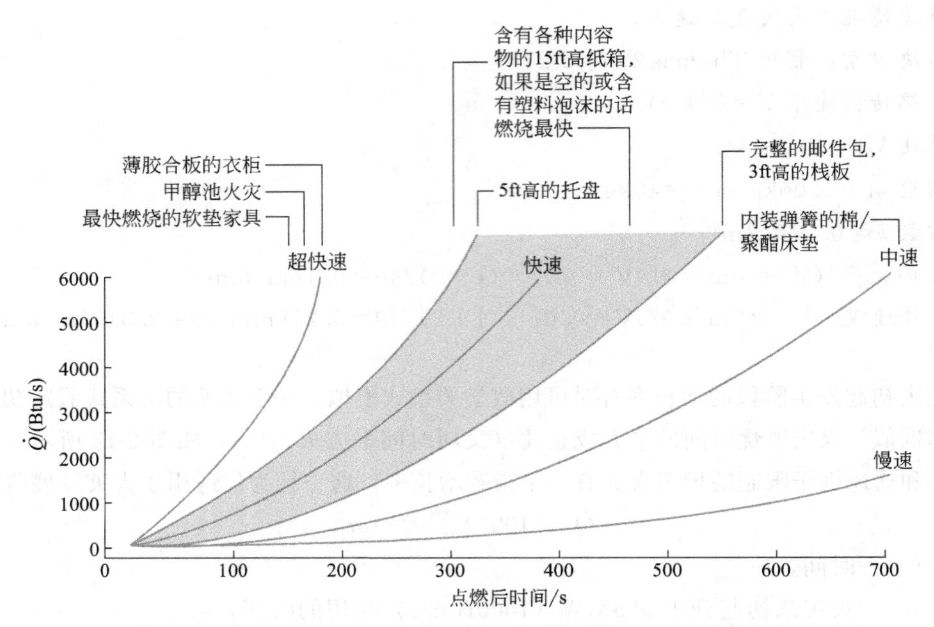

图 2-13　t^2 火与几个独立火灾实验的关系（热释放速率是 1.055MW=1000Btu/s）

根据 NFPA 72（检测器）（NFPA 2010）和 NFPA 92（防烟系统）（NFPA 2012）使用的公认原则，表 2-8 和图 2-13 给出了定义火灾所需的四种增长时间，即达到 1.055MW（1000Btu/s）所需的时间。t_g 的时间是通过对特定燃料堆垛的反复量热试验得出的。

表 2-9 列出了常见仓储材料发生火灾时，单位面积的热释放速率典型范围值，以及火灾热释放速率达到 1.055MW 所需的特征时间。这些数据都是通过常见仓储材料进行实际火灾测试得到的。

慢速发展曲线（t_g=600s）通常适用于厚型固体物质，比如实木桌子、橱柜、梳妆台。中速发展曲线（t_g=300s）适用于低密度固体可燃物，比如软垫家具和轻质家具。快速发展曲线（t_g=150s）适用于薄型可燃物质，比如纸张、硬纸板、窗帘。超快速发展曲线（t_g=75s）适用于有些易燃液体、有些老式软垫家具和床垫以及含有挥发性可燃物的材料（NFPA 2008）。物体的几何形状也会对火灾发展速度产生影响。

表 2-9　储藏于仓库内材料的火灾行为典型范围

材料	典型的热释放速率单位地板面积的覆盖物/(MW/m²)	达到 1MW 的 t^2 火的特征时间/s
木托盘		
填式 4.6m 高	1.3	155～310
填式 1.5m 高	3.7	92～187
填式 3.1m 高	6.6	77～115
填式 4.6m 高	9.9	72～115
纸箱内聚乙烯瓶 4.6m 高	1.9	72
1.5m 高的聚乙烯信件盘	8.2	189
4.6m 高的填实的邮包	0.39	187
聚苯乙烯瓶在纸箱内 4.6m 高	14	53

t^2 火灾增长速率主要适用于火灾初起阶段，在初期阶段火灾增长速率几乎为 0。在一些情况下，如涉及聚氨酯装潢的家具的火灾，特定燃烧速率下存在，热释放速率形状近似三角形。用三角形方法建模，模拟家具的热释放速率发展过程，模拟结果达到总热释放量的 91%（Babrauskas 和 Walton，1986）。

【例 2-6　装卸码头火灾】 一起自动水喷淋扑灭的火灾发生在商品配送中心装卸码头的后部，一台安保摄像机捕捉到了水喷淋启动前，一个年轻人从装卸码头逃跑的背影。

火灾现场勘验时，调查人员认定此火灾为人为放火造成的，起火点位于装载码头上两个堆高 1.56m 的一辆聚乙烯托盘车上。请为调查人员计算放火嫌疑人实施放火后，30s 和 120s 时的热释放速率。

解决方案：使用 t^2 火灾发展公式(2-25) 和表 2-9 中聚乙烯托盘火灾行为的特征参数范围。

热释放速率达到 1MW 的时间 $t_g = 189\text{s}$

火灾发展时间 $t = 30\text{s}$

热释放速率 $\dot{Q} = (1055/t_g^2)t^2 = (1055/189^2) \times 30^2 = 25(\text{kW})$

$t = 120\text{s}$ 时 $\dot{Q} = (1055/189^2) \times 120^2 = 425(\text{kW})$

2.5.3　阶段 3：全面发展阶段

火灾完全发展阶段又称为稳定燃烧阶段。这一阶段火灾达到了最大燃烧速率（依赖于可燃烧燃料的量），或者是没有充足氧气来维持火灾增长的阶段（Karlsson 和 Quintiere，2000）。燃料控制型火灾与稳定燃烧相关，特别是有充足氧气时，火灾发生并不能把轰燃后火灾与缺氧而熄灭的火灾区分开。

当氧气不足时，火灾变为通风控制型火灾，在这种情况下火灾通常发生在封闭房间内，温度可能比燃料控制型火灾更高，房间内充分发展火灾通常就是轰燃后火灾，此时全部可燃物都参与燃烧，火灾规模变成了通风控制。

2.5.4　阶段 4：衰减阶段

阶段 4 为火灾衰减阶段，通常发生在初始可燃物剩余约 20% 的时候（Bukowski，1995a），虽然大多数消防服务机构和专家表示对火灾发展前三个阶段感兴趣，但衰减阶段也涉及很多重要的问题。

例如，在高层建筑中，即使火灾已经扑灭，被困的住户仍可能需要救援。此外，进入建筑物的火灾调查人员也可能接触到燃烧的残余有毒产物，因为在衰减阶段（通常以阴燃为主）会产生高浓度的 CO 和其他有毒气体。

【例 2-7　可靠的试验数据】 问题：火调人员通过实验获取火灾燃烧的时长并估算相

应的热释放速率，火灾被报道发生在床垫的中央，由小孩玩打火机引起，床垫是火灾中唯一发生燃烧的家具，门厅的感烟探测器在火灾发生以后启动。

解决方案：火调人员需要的火灾信息是从 NIST 的互联网站“Fire in the web”上获取的，居民和商业环境中常用材料的真实火灾数据可在“火灾实验/数据”部分获得。这些数据文件包括静止的照片、录像、图、杂项数据，以及 NIST 火灾模拟软件的设定数据。

图 2-14 显示了调查人员在实验条件下，完成类似火灾需要的信息，火灾实验数据显示峰值热释放速率发生在 150s 左右，为 750kW 的火灾。当调查人员构建火灾假设时，应该评估火灾的时间线是否与证人的描述、烧损情况和热释放速率全部一致。调查人员应当记住，实验用的床垫可能与火灾时的床垫结构不一样，即使是一样的床垫，若在角上或下部点燃，火灾行为也会显著不一样，实验在一个大的封闭房间进行，以便减小辐射热和通风的影响（前者可提高燃烧速率，后者可限制最大速率）。当调查人员通过实验验证这些假设时，需要考虑到这些变量的相互影响。同时，做好火灾现场记录也是成功调查的关键。

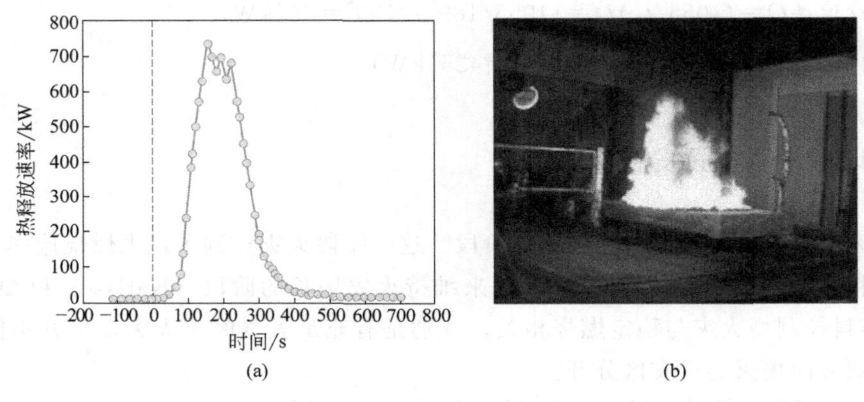

(a) (b)

图 2-14 可信赖的实验数据

(a) 热释放速率；(b) 120s 的火灾，给床垫火灾调查提供支持

2.6 受限空间火灾

局限在单室内的火灾，其发展通常受到空气、烟气和热气体进出房间的通风限制的约束。限制变量包括：顶棚高度、门窗构成的通风开口、房间体积、在房间或屋内的起火位置。如果火灾烟气限制在房间内，就有可能因为室内可燃物燃烧产生的热释放速率达到某个值而产生轰燃。

2.6.1 轰燃的最小热释放速率

室内火灾发展阶段，轰燃被定义为室内火灾发展的过渡阶段，在这一个阶段，暴露于热辐射的表面几乎同时达到燃点，火焰在房间内迅速传播，导致整个房间或封闭空间会起火（NFPA 2011）。对于小的燃料密集的房间，这个过渡可能发生在几秒，对于大房间，也可能发生在几分，或者由于热释放速率不足，可能不发生。关于此方面，《NFPA 555：室内轰燃评估方法指南》（NFPA 2009）中提供了有用参考。火灾研究人员记录下了在这一过渡阶段观察到的其他现象。定义观察到的现象一般包括一个或几个下列标准用语描述轰燃的影响：引燃地板上的物品，地板上高的热辐射（$>20kW/m^2$），火焰从房间的通风口冒出（Babrauskas，Peacock，Reneke，2003；Milke 和 Mowrer，2001；NFPA 2009a；Peacock 等，1999）

下列现象可在轰燃时观察到：

- 火焰从房间开口处冒出；
- 上层气体温度达到 600℃以上；
- 地面热通量达到 $20kW/m^2$ 以上；
- 房间上部氧气浓度下降到 0～5%；
- 存在短暂小幅度的压力升高，约 25Pa。

轰燃的发生有两个基本定义，第一个是把轰燃看成热平衡，当房间的散热能力被超过时就达到了临界状况；第二个定义认为房间处于被流体机械填充过程中，当房间内的冷空气层被热气体替换时，轰燃发生了。

因为轰燃是一个过渡阶段，定义轰燃发生的时间是困难的，轰燃前，在房间上层或热气层平均温度达到最高，若热气层的平均温度超过 600℃（有没有明火燃烧烟气都可以轰燃），热气层热辐射暴露在房间内的燃料，并达到暴露燃料的最小引燃辐射热通量，这些燃料被点燃，轰燃发生了。房间温度达到最大值（1000℃以上很是寻常），整个房间从地板到房顶变成了一个湍流燃烧区。

轰燃后的房间内燃烧具有很大燃烧速率，氧气浓度下降到了 3%以下，产生很高温度，反过来，这样的环境产生 $120kW/m^2$ 或更高的辐射热通量，造成包括暴露在辐射下的材料如墙、地毯、地板和一些低位材料如护壁板被引燃并燃烧，同时接近通风口的燃烧更猛烈。

地毯被引燃会产生地板层火焰，导致最初热烟气层向下热辐射被椅子、桌子和其他材料阻隔的下表面也卷入燃烧，燃烧持续到燃料耗尽或采取灭火措施为止。

有些变化会影响轰燃发生所需的最小热释放速率。首先，房间的形状可能会影响火灾对墙、地板和顶棚的热辐射。对一些小房间，火灾的热辐射快速提高暴露表面的温度。同样，小房间并不适用于双层模型。

通风开口对轰燃也有影响，大的通风口会导致轰燃发生时需要大规模的火灾，并会导致通风气流的计算不正确。墙的表面材料影响发生轰燃所需要的最小能量，有些计算要把材料的传热特性考虑进去（Peacock 等，1999）。

近期有关轰燃的计算成果与实验数据进行比较表明，墙体表面对热传递具有一定的影响。研究人员指出这样一个趋势——轰燃发生时受热作用时间越短，所需的最小热释放速率越高（Babrauskas，Peacock，Reneke，2003）。房间内发生轰燃所需的最小热释放速

率 $\dot{Q}_{fo}$ 可用式(2-26) 计算，也称为 Thomas 公式(1981)。

$$\dot{Q}_{fo}=378A_0\sqrt{h_0}+7.8A_w \tag{2-26}$$

式中 $\dot{Q}_{fo}$——发生轰燃时的热释放速率，kW；

A_0——房间开口面积，m^2；

h_0——房间开口高度，m；

A_w——墙、天花板、地板面积减去开口面积。

【例 2-8 轰燃计算】 问题：10m×10m 的房子（图 2-15），3m 高天花板，2.5m×1m 开口面积，计算导致轰燃的最小热释放速率。

解决方案：利用式(2-26)。

房间开口面积 $A_0=2.5m^2$

房间开口高度 $h_0=2.5m$

面积计算 A_w=墙+地板+天花板－开口=10×10+4×10×3+10×10－2.5=317.5m^2

轰燃时的热释放速率 $\dot{Q}_{fo}=378\times2.5\times\sqrt{2.5}+7.8\times317.5=10$(MW)

实际发生轰燃的热释放速率大约为 4MW。

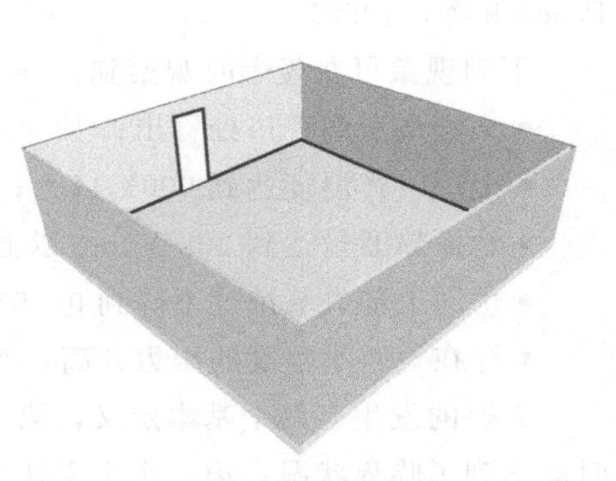

图 2-15 计算轰燃所需最小热释放速率的房间，开口为门

2.6.2 估算轰燃的其他方法

估算发生轰燃时所需的最小热释放速率有几种可供选择的方法。在应用科学方法时，需要使用几种估算方法，考虑其他方法，评估火灾模拟结果，并将其与火灾目击证人的描述进行对比。第一种替代方法是假定发生轰燃时的适当的标准温度上升值 $\Delta T=575℃$ (Babrauskas，1980)。

$$\Delta T=T_{fo}-T_{ambient}=600-25=575(℃) \tag{2-27}$$

$$\dot{Q}_{fo}=0.6A_v\sqrt{H_v} \tag{2-28}$$

式中 $\dot{Q}_{fo}$——轰燃时的热释放速率，MW；

A_v——门面积，m^2；

H_v——门高度，m。

$A_v\sqrt{H_v}$ 通常指通风因子，经常在类似公式中出现，在实际实验中，2/3 的情况符合并在下述公式确定的界限内（Babrauskas，1984）。

$$\dot{Q}_{fo}=0.45A_v\sqrt{H_v} \tag{2-29}$$

$$\dot{Q}_{fo}=1.05A_v\sqrt{H_v} \tag{2-30}$$

【例 2-9 轰燃计算，替代方法 1】问题：利用替代方法计算例 2-8 中的发生轰燃的最小热释放速率。

解决方案：使用式(2-28)～式(2-30)，也称为 Babrauskas 关系式。

门开口面积 $A_v=2.5\ m^2$

门开口高度 $H_v=2.5m$

轰燃的热释放速率 $\dot{Q}_{fo}=0.6A_v\sqrt{H_v}=2.37MW$

最小热释放速率 $\dot{Q}_{fo}=0.45A_v\sqrt{H_v}=1.78MW$

最大热释放速率 $\dot{Q}_{fo}=1.05A_v\sqrt{H_v}=4.15MW$

第二种替代方法基于实验数据，且发生轰燃的标准温度差值 $\Delta T=500℃$ (Lawson 和 Quintiere，1985；McCaffrey，Quintiere，Harkleroad，1981)：

$$\dot{Q}_{fo}=610\sqrt{h_k A_s A_v\sqrt{H_v}} \tag{2-31}$$

式中 h_k——房间对墙和天花板的导热系数，$kW/(m^2\cdot K)$；

A_s——房间的表面积除去开口面积，m^2；

A_v——开口或门的面积，m^2；

H_v——开口或门的高度，m。

MQH 方法需要估算房间的热导率 h_k，假设房间导热均匀，h_k 能用下式估算：

$$h_k=\frac{k}{\delta} \tag{2-32}$$

式中 k——房间材料的热导率，$(kW/m)/K$；

δ——房间材料厚度，m。

【例 2-10 轰燃计算，替代方法 2】问题：重复计算发生轰燃时的最小热释放速率，假定封闭房间内衬 16mm 厚的石膏板，同时计算房间的导热系数。

解决方案：假定墙体均匀受热，且充分热穿透的情况下，相关典型数值如下。

热释放速率 $\dot{Q}_{fo}=610\sqrt{h_k A_s A_v\sqrt{H_v}}$

热导率 $k=0.00017(kW/m)/K$

内衬厚 $\delta=0.016m$

房间导热系数 $h_k=k/\delta=0.00017\div0.016=1.062\times10^{-2}\ [(kW/m^2)/K]$

总表面积 $A_s=317.5m^2$

总开口面积 $A_v=2.5m^2$

开口高度 $H_v=2.5m$

轰燃时热释放速率 $\dot{Q}_{fo}=610\times\sqrt{0.01062\times317.5\times2.5\times\sqrt{2.5}}=2226.9(kW)=2.23(MW)$

实际轰燃时的热释放速率为 2.2MW。

例 2-8 中的 4.0MW，例 2-10 中的 2.2MW，都落在了式(2-29) 和式(2-30) 计算出的最小 1.78MW 和最大 4.15MW 之间，取三个 $\dot{Q}_{fo}$ 的数学平均值为预测轰燃发生时的热释放速率并不恰当。

2.6.3 识别房间火灾轰燃的重要性

火灾熄灭或烧尽之后，对于进入现场的火灾现场勘验人员来说，应该认识到判断火灾是否发生轰燃，以及轰燃会对房间物品燃烧造成的影响是非常重要的。第 3 章阐述了火灾燃烧痕迹的解释，某些痕迹可能在轰燃后的燃烧阶段产生。

室内轰燃及燃烧产生的大量痕迹，曾经被认为只有汽油等易燃液体参与的放火火灾才有可能产生。汽油蒸气燃烧产生的火球有时能产生从地板到屋顶的破坏痕迹。这种较浅的燃烧痕迹是这些火灾持续时间较短造成的。无论火灾是如何引起的，轰燃后的燃烧和汽油蒸气燃烧的火球一样，都会使地板到顶棚的墙体烧焦炭化（DeHaan 和 Icove，2012）。

地毯和底层垫的燃烧特征有时被调查人员认为在火灾中很不寻常，但现在房间里到处充满高热释放速率材料，如整套沙发、窗帘、地毯、聚氨酯泡沫，合成（热塑性）面料的房间是十分常见的。廉价地毯和贴紧墙面的挂毯衬底都是由像聚丙烯这种极易燃的纤维制成的。在一定的热辐射作用下，这种地毯在火灾中会熔化、收缩、起火，露出可燃烧的聚氨酯泡沫衬垫，当受到热辐射和火焰长期作用，燃烧热量将会引发地面处物质的猛烈燃烧，并在地板下面形成很深的不规则的燃烧图痕。在走廊火灾中，普通地毯也发生燃烧，因此研究人员设计出了地面辐射板试验。由于剧烈的湍流影响，轰燃后火灾的热辐射作用并不是均匀的，因此地面上的残留痕迹也不尽相同（DeHaan，2011）。

另一个公开发表的实验指出，对于瓷砖和地毯等不同的地板材料，点燃其上倾洒的汽油，不一定都会发生烧穿的现象（Sanderson，1995）。实验表明，地毯没有填充物时，不会发生烧穿现象。然而，也存在没有倾倒汽油的燃烧，地毯填充物将出现烧穿现象。2005 年，Babrauskas，DeHaan 和 Icove（2012）一致认为，地板烧穿最可能的原因是正上方的辐射热造成的，而非地板上可燃液体燃烧。倒塌的家具、床上用品将长时间缓慢燃烧，也会在局部产生地板烧穿。

过去曾认为桌椅下方的破坏是由地面可燃液体的燃烧造成的，但事实上轰燃时被引燃的地毯和垫子的有焰燃烧也会造成这些破坏。

轰燃后同一时间出现高温全面燃烧，与易燃液体助燃剂燃烧相似，但事实上并没有助燃剂参与。轰燃后产生非常高的热通量，造成木材炭化和其他物质烧失的速率，是低热通量的 10 倍以上（Babrauskas，2005；Butler，1971）。

能帮助确定燃料位置，火焰高度和显示火灾蔓延的局部烟熏和破坏痕迹可能被轰燃后的持续燃烧破坏，这使重建火灾现场十分困难。调查人员逐渐意识到室内火灾发生轰燃的可能性以及其他可能产生轰燃痕迹特征的影响，轰燃后整个房间燃烧的火灾痕迹特征是，从地板到顶棚所有暴露的燃料表面均起火，除有时墙角幸免（但是一定完全燃烧）。作者曾观察到在大房间内，有时会呈现出渐进火灾发展的轰燃痕迹特征。房间一侧从地板到顶棚全部起火，而在另一侧地板覆盖物未损坏。这是因为暴露在轰燃火灾中短时间（5min）内，不一定在墙上产生燃烧痕迹（见第 8 章；Hopkins，Gorbett，Kennedy，2009）。

轰燃前的燃烧阶段，最严重的热破坏发生在燃料周围或其上方。高温热烟气层会在房间的上半部分或上 1/3 部分产生更多的热破坏。然后所有燃料都燃烧，火灾变为通风控制型，最有效（温度最高）的燃烧发生在通风开口处的湍流分区，这一区域供氧最充分；氧气耗尽的燃烧发生在没有轰燃后的房间内，燃料燃烧需氧量超过可供的空气。

2008 年 Carmen 的研究成果，帮助完善了轰燃后火灾行为的理解。针对通风控制型火灾，Carmen 针对通风效应对清洁燃烧痕迹形成的影响做了大量实验（Carman，2010）。

通过询问第一个进入现场的消防员，可以了解其进入房间时，是否发生了从地板到顶棚的全室燃烧。调查人员必须熟知轰燃发生的条件，并且能够辨认是否发生过轰燃。全面理解现代家具火灾蔓延和热释放速率，以及轰燃动力学的特征，这对于火灾调查工作大有帮助（Babrauska 和 Peacock，1992）。

2.6.4 轰燃后的状况

像以前表述的一样，轰燃时房间的平均热烟气温度≥600℃。轰燃后燃烧时，整个房间可能看成一个均质的（湍流和完全混合）具有相同温度和燃料/氧气浓度的燃烧产生的统一体。

对通风控制型火灾轰燃后，房间内燃料的热释放速率受可用的通风调节，准确地说进入的新鲜空气与排出的气体的速率，由通风口内外温度差以及通风因子（$A_v\sqrt{H_v}$）共同决定。

理解上述表述，我们可以利用通过开口流入的质量速率关系式来估算房间内的燃料燃烧的最大热释放速率，通过开口的空气的质量流动速率可以近似为（Karlsson 和 Quintiere，2000）

$$\dot{m}_{air}=0.5A_v\sqrt{H_v} \tag{2-33}$$

由于热释放速率由可用的空气量调节，以下公式可用于估算热释放速率：

$$\dot{Q}=\dot{m}_{air}\frac{\Delta h_c}{r} \tag{2-34}$$

$$\dot{Q}=0.5A_v\sqrt{H_v}\frac{\Delta h_c}{r} \tag{2-35}$$

式中 Δh_c——燃料放热量，kJ/kg；

$\dot{m}_{air}$——所需的空气质量，kg 空气/kg 燃料；

$\dot{Q}$——热释放速率，kW；

r——空气燃料比，5.7kg 空气/kg 木材。

对大多数燃料$\frac{\Delta h_c}{r}$近似为一个常数，例如木材

$$\Delta h_c=15000\text{kJ/kg}$$

$r=5.7$kg 空气/kg 木材。

$\frac{\Delta h_c}{r}=2630\text{kJ/kg}$(空气)。

对于木材为燃料的室内火灾，最大尺寸的火灾是木材100%燃烧，把这值代入式(2-35)，可得

$$\dot{Q}=1370A_v\sqrt{H_v} \tag{2-36}$$

轰燃后，房间内温度可达到1100℃，也可以估算，托马斯和劳的著作给出了预测轰燃后最后温度的关系式，假定自然通风

$$T_{fo(max)}=6000\frac{(1-e^{-0.1\Omega})}{\sqrt{\Omega}} \tag{2-37}$$

$$\Omega=\frac{A_T-A_v}{A_v\sqrt{H_v}} \tag{2-38}$$

式中 $T_{fo(max)}$——轰燃后房间最后温度；

Ω——通风因子；

A_T——除去通风口后封闭房间总的表面积；

A_v——通风口面积；

H_v——通风口高度。

【例2-11 最大热释放速率及通风控制型室内火灾最高温度计算】 问题：假定通风控制型火灾由大家具构成，面积为10m×10m，3m高顶棚和2.5m×1m开口（见图2-15），假定自然通风，确定最小热释放速率及最高温度。

解决方案：房间火灾发生过程的最小热释放速率可利用给定的开口面积，利用式(2-36)计算。

最小热释放速率 $\dot{Q}=1370A_v\sqrt{H_v}$

开口高度 $H_v=2.5\text{m}$

开口面积 $A_v=2.5\text{m}^2$

最小热释放速率 $\dot{Q}=1370\times2.5\times\sqrt{2.5}=5415(\text{kW})=5.415(\text{MW})$

轰燃时的最高温度 $T_{fo(max)}=6000\frac{(1-e^{-0.1\Omega})}{\sqrt{\Omega}}$

通风因子 $\Omega=\frac{A_T-A_v}{A_v\sqrt{H_v}}$

通风口总面积 $A_v=2.5\text{m}^2$

除去通风口面积房间内表面的面积：一个地板 $10\times10=100(\text{m}^2)$

四面墙 $4\times10\times3=120(\text{m}^2)$

一个顶棚 $10\times10=100(\text{m}^2)$

$A_T=100+100+120-2.5=317.5(\text{m}^2)$

开口高度 $H_v=2.5\text{m}$

通风因子 $\Omega=\frac{A_T-A_v}{A_v\sqrt{H_v}}=\frac{317.5-2.5}{2.5\sqrt{2.5}}=\frac{315}{3.95}=79.75$

最高温度 $T_{fo(max)}=6000\frac{(1-e^{-0.1\Omega})}{\sqrt{\Omega}}=6000\frac{(1-e^{-7.975})}{\sqrt{79.75}}=6000\frac{0.999}{8.93}=671.6℃$

讨论：前面讨论到这个大房间 4MW 的火灾将在触发轰燃的边界上，通风可支持 5MW 或更大的火灾。认为最高温度 671℃超过了轰燃发生的临界温度 600℃。

2.7 其他受限火灾事件

2.7.1 持续时间

作为火灾现场重建和分析的一部分，一些受限火灾行为的特点对火灾调查人员来说也很重要。通常会考虑以下几个方面：①感烟探测器的动作情况；②热感和喷淋系统的动作情况；③通风受限火灾。下面依次讨论上述特点。

受限火灾可用于回答调查时出现的几个问题，如火灾燃烧时间，在这个燃烧时间段内感烟探测器和水喷淋系统是否启动了，这些问题的答案可以放置在用于填补空白信息时间轴上，特别是对于亡人火灾。

在密闭的房间内，火灾耗尽可用的氧气，并把无氧的空气卷入热烟气层，这一烟气层逐渐下降，直到与燃烧层接触。这时火灾规模减小，仅在烟气层中仍有氧气的地方持续燃烧，同时热释放速率也会逐渐降低。如果房间高处有缺口或通风口，烟气层就会上升到通风口处，火灾重新回到室内有氧气的燃烧状态，热释放速率也恢复到充分燃烧时的数值，直到烟气层再次下降。这种顺序形成火焰→阴燃→火焰→阴燃的周期性行为，直到所有燃料耗尽。

NFPA 555 提供了两种用于计算受限房间内燃烧持续时间的关系式，一个用于固定热释放速率的火灾，一种用于热释放速率不固定的 t^2 火（NFPA 2009a）。

对稳定燃烧火灾，

$$t=\frac{V_{O_2}}{\dot{Q}(\Delta h_c\rho_{O_2})} \tag{2-39}$$

对不稳定燃烧火灾，

$$t=\left[\frac{3V_{O_2}}{\alpha(\Delta h_c\rho_{O_2})}\right]^{\frac{1}{3}} \tag{2-40}$$

式中 t——时间，s；

V_{O_2}——燃烧过程可供消耗的 O_2 的体积，m^2；

$\dot{Q}$——稳定燃烧的热释放速率，kW；

$\Delta h_c\rho_{O_2}$——可供单位体积氧消耗时的热释放速率，kJ/m^3；

α——火灾增长速率的常数（慢火 $2.91\times10^{-3}kJ/s^3$，中火 $11.72\times10^{-3}kJ/s^3$，快火 $46.88\times10^{-3}kJ/s^3$），kJ/s^3。

根据 NFPA 555（NFPA 2009a，9）的数据，一旦氧气水平降到 8%～12%之间，将无法维持有焰燃烧，所以通常认为房间内 V_{O_2} 是房间内可供消耗氧气总量的一半［所以 $V_{O_2}=$

$0.5\times(0.21V_{room})$]。此外，这种关系成立的前提是房间只在地面水平上发生燃烧；如果火焰升高，但又不是非常大，将引发大量的局部湍流混合。V_{O_2} 就会由火焰上部空间的大小决定。

2.7.2 感烟探测器启动

火灾调查人员往往需要解决一个问题，就是在时间轴上确定感温、感烟探测器和喷淋系统的动作时间。过去防火工程师们已在这个领域做了许多研究工作，特别是 DETACT-QS 项目（Evans 和 Stroup，1986）。这些重要事件通常由目击者观察到，或由警报系统自动记录，常作为火灾调查的关键信息。

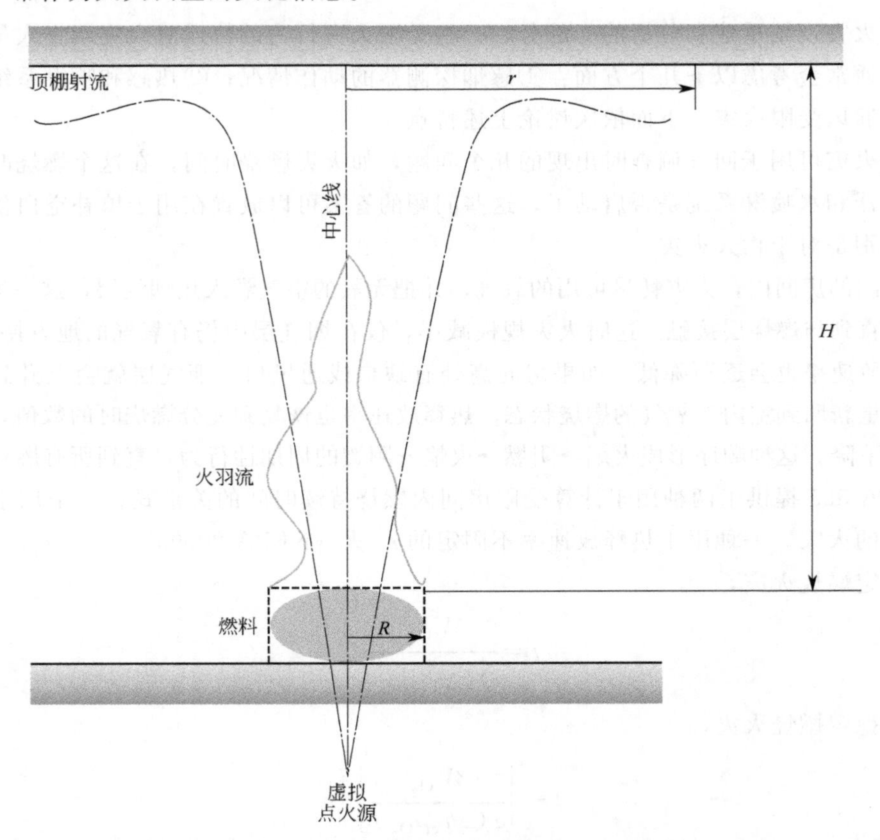

图 2-16 用于火灾探测器、感烟探测器、水喷淋系统功能时间计算的火羽参数，包括燃料表面沿火羽中心线到顶棚高度（H）、燃料表面半径（R）和从火羽中心线的顶棚射流径向距离（r）

图 2-16 显示了计算这些探测器可能需要的尺寸。H 是顶棚到燃料表面的高度，r 是火羽中心线到探测器或喷头的径向距离，中心线是从材料中心到顶棚的垂直线。R 是燃料包的等效半径，虚拟火点在第 3 章中详细讨论。有三种估算感烟探测器响应时间的方法，分别叫作 Alpet（1972）、Milke（1980）和 Mowrer（1990）方法，在 Alpet 和 Milke 的方法中，在计算时用到热释放速率中的对流换热总量 $\dot{Q}_c$，$\dot{Q}_c=X_c\dot{Q}$（X_c 为对流热释放速率系数，取 0.70）。

在 Mowrer 方法中两个公式用到了在估算稳态燃烧火灾中的感烟探测器的动作时间。第一个用于计算火灾烟气沿火羽中心线到达顶棚的时间，又叫作火羽滞后时间。第二个计算烟气从火羽中心线到达探测器的时间，又叫作顶棚射流滞后时间。

对于热释放速率为$\dot{Q}$ 的稳态燃烧，公式如下

$$t_{\mathrm{pl}}=C_{\mathrm{pl}}\frac{H^{4/3}}{\dot{Q}^{1/3}} \tag{2-41}$$

$$t_{\mathrm{cj}}=\frac{1}{C_{\mathrm{cj}}}\times\frac{r^{11/6}}{\dot{Q}^{1/3}H^{1/2}} \tag{2-42}$$

式中 t_{pl}——火羽传播滞后时间，s；

t_{cj}——顶棚射流滞后时间，s；

C_{pl}——火羽滞后时间常数（实验测定 0.67）；

C_{cj}——顶棚射流滞留时间常数（实验测定 1.2）；

r——火羽中心线到探测器径向距离；

H——燃料表面距顶棚高度；

$\dot{Q}$——火灾的热释放速率。

【例 2-12　废纸篓火灾中感烟探测器动作时间的计算】 问题：商店老板关门后不久，商店发生了火灾，老板声称可能是自己在离开前无意往废纸篓扔了根点着的火柴，引发了这场火灾。火灾引燃了一个直径 0.3m 的装满普通纸张的筐子。火灾迅速发展并达到了热释放速率为 100kW 的稳态燃烧。

房间初始温度为 20℃，废纸篓距顶棚高度为 4m，顶棚下方的感烟探测器距火羽中轴线的距离为 2m。假设顶棚光滑、水平，热辐射损失忽略不计，请计算由顶棚射流的炽热气体引起感烟探测器动作的时间。

解决方案：假设火焰为稳态燃烧，且探测器可以立即启动。

顶棚至燃料的距离 $H=4\mathrm{m}$

从火羽中轴线到探测器的距离 $r=2\mathrm{m}$

火羽滞后时间常数 $C_{\mathrm{pl}}=0.67$

顶棚射流滞后时间 $C_{\mathrm{cj}}=1.2$

热释放速率 $\dot{Q}=100\mathrm{kW}$

火羽传播滞后时间 $t_{\mathrm{pl}}=C_{\mathrm{pl}}\dfrac{H^{4/3}}{\dot{Q}^{1/3}}=0.92\mathrm{s}$

顶棚射流传播滞后时间 $t_{\mathrm{cj}}=\dfrac{1}{C_{\mathrm{cj}}}\times\dfrac{r^{11/6}}{\dot{Q}^{1/3}H^{1/2}}=0.32\mathrm{s}$

探测器动作时间 $t=t_{\mathrm{pl}}+t_{\mathrm{cj}}=0.92+0.32=1.24(\mathrm{s})$

讨论：由于火焰尺寸、房间几何尺寸、探测器的类型（光电式或电离式）和环境的相

互作用等变量，探测器的动作时间可能变化，特别是在有顶棚的房间。因此，预测的探测器的动作时间可能不准确。因为烟气进入探测器内感应元件所需的延时没有考虑在内。解决方案中所假设的瞬间产生的热释放速率为100kW的火灾，在实际火灾中有时需要30s或更长的时间才能产生。建议在确定吸顶式感烟探测器的动作时间时考虑烟气层的厚度（Hesketad 和 Delichatsios，1977）。

Collier（1996）的实验显示，安装探测器处的温度上升大约4℃就足以引起探测器的动作。在预测感烟探测器、感温探测器和喷淋系统动作时间的多次试验中，工程计算只考虑了热烟气对敏感元件的对流换热作用而没有考虑火焰的直接辐射热作用。在高温的房间内，一些低能级火灾产生的烟气层可能不能穿过火焰的静止热气层上升到探测器的高度。

相应的，针对这一问题 Alpert 和 Milke 采用各自的方法分别提出了5.89s和12.48s的估算时间。通过实验重现的火灾条件可能出现严重的偏差（例如：在墙上的位置、天花板通风口的位置、火灾从发展阶段到稳定燃烧阶段所需的时间等）。

2.7.3 喷头和感温探测器的动作

在估计喷头和感温探测器的动作时间时，顶棚射流的温度和速度都必须以 r/H 为变量进行计算。这些估算的公式是基于一系列真实的从670kW～100MW的火灾实验而得来的（Alpert，1972；NFPA 2008，第1章，第四部分）。

首先必须要计算的是由火源产生的火羽正上方中轴线上的温度：

$$T_{\mathrm{m}}=16.9\frac{\dot{Q}^{2/3}}{H^{5/3}}+T_{\infty},\quad r/H\leqslant 0.18 \tag{2-43}$$

当 r/H 大于0.18时，探测器或喷头在火羽产生的顶棚射流范围内。

$$T_{\mathrm{m_{jet}}}=5.38\frac{(\dot{Q}_{\mathrm{c}}/r)^{2/3}}{H}+T_{\infty},\quad r/H\geqslant 0.18 \tag{2-44}$$

式中 T_{m}——火焰上方的火羽烟气温度，K；

$T_{\mathrm{m_{jet}}}$——顶棚射流温度，K；

T_{∞}——房间环境温度，K；

$\dot{Q}$——火焰的热释放速率，kW；

$\dot{Q}_{\mathrm{c}}$——对流热释放速率，$\dot{Q}_{\mathrm{c}}=X_{\mathrm{c}}\dot{Q}$，kW；

r——火羽中轴线到设备的距离，m；

H——燃料表面到顶棚的距离，m。

通常在工程上计算喷头动作时间时，只考虑火灾气体对感应元件的对流热作用（Iqbal 和 Salley，2004，10-12）。这个实验没有计算直接辐射热并假设喷头向管线的热传导忽略不计。因而常常用对流热释放速率 $\dot{Q}_{\mathrm{c}}$ 代替总热释放速率 $\dot{Q}$。

为了进一步研究探测器和喷头动作的问题，我们需要计算顶棚射流的最大速度 U_{m}。下面的公式取决于 r/H 的值。

靠近火羽中轴线的最大顶棚射流速度

$$U_m = 0.96\left(\frac{\dot{Q}}{H}\right)^{1/3}, \ r/H \leqslant 0.15 \tag{2-45}$$

远离火羽中轴线的最大顶棚射流速度

$$U_m = 0.195\left(\frac{\dot{Q}^{1/3}H^{1/2}}{r^{5/6}}\right)^{1/3}, \ r/H \geqslant 0.15 \tag{2-46}$$

式中 U_m——最大顶棚射流速度；

$\dot{Q}$——热释放速率；

H——燃料表面距顶棚距离；

r——火羽中轴线距设备的径向距离。

在稳定燃烧阶段，感温探测器或喷头的动作时间依赖于响应时间指数（RTI）。这一指数用于评估感温探测器从房间初始环境温度到动作时的能力。由于喷淋系统的探头数量有限，RTI 考虑了探测器温度上升前的时间延迟。

$$t_{operation} = \frac{RTI}{\sqrt{U_m}}\ln\left(\frac{T_m - T_\infty}{T_m - T_{operation}}\right) \tag{2-47}$$

式中 RTI——响应时间指数，$m^{1/2} \cdot s^{1/2}$；

U_m——最大顶棚射流速度，m/s；

T_m——火焰上方火羽烟气温度，K；

T_∞——房间环境温度，K；

$T_{operation}$——动作温度，K。

不同类型和型号喷头的 RTI 值由生产厂家提供。

【例 2-13 废纸篓火灾中喷淋头动作时间的计算】 问题：对例 2-12 中火灾残骸的进一步勘验发现废纸篓中实际上既有纸张也有塑料，并能够产生 500kW 的稳态燃烧。一个标准响应时间的玻璃泡喷淋头（动作温度 74℃，RTI 值为 $235m^{1/2} \cdot s^{1/2}$）安装在废纸篓的正上方。房间环境温度为 20℃。试估算喷淋头的动作时间。计算顶棚射流温度时，利用对流热释放速率 $\dot{Q}_c$。

解决方案：由于探测头位于火羽正上方，距火羽中轴线的距离为 0，符合 $r/H < 0.18$ 的条件。保守估计火灾的对流热释放速率分数为 0.70，利用近似公式计算顶棚射流的温度和速度。

热释放速率 $\dot{Q} = 500kW$

对流热释放速率 $\dot{Q}_c = 350kW$

燃料表面距顶棚距离 $H = 4m$

房间环境温度 $T_\infty = 20℃ = 293K$

响应时间指数 $RTI = 235m^{1/2} \cdot s^{1/2}$

动作温度 $T_{operation} = 74℃ = 347K$

顶棚射流温度 $T_m = 16.9\times(\dot{Q}^{2/3}/H^{5/3}) + T_\infty$

$= 16.9\times(350^{2/3}\div 4^{5/3}) + 293$

$= 83 + 293 = 376\text{K} = 103℃$

顶棚射流速率 $U_m = 0.96\times\left(\dfrac{\dot{Q}}{H}\right)^{1/3}$

$= 0.96\times(500\div 4)^{1/3} = 4.8(\text{m/s})$

动作时间 $t_{\text{operation}} = (\text{RTI}/\sqrt{U_m})\ln[(T_m - T_\infty)/(T_m - T_{\text{operation}})]$

$= (235\div\sqrt{4.45})\ln[(376-293)\div(376-347)]$

$= 61.8(\text{s}) \approx 1(\text{min})$

计算顶棚射流行为的公式只适用于光滑水平的顶棚。开放的格栅、顶棚管道或倾斜的表面会显著影响烟气的运动。

【例 2-14 私人养老院火灾案例分析】 问题：一位老太太坐在私人养老院室外阳台（有顶）的轮椅里吸烟，引燃了自己的衣服和搭在腿上的毯子，最终导致死亡。当护理人员最初发现异常时，已经出现明火，当他们赶到老人身边时，火焰已经引起老人正上方的一个喷淋头动作。喷淋系统扑灭了火灾，但是轮椅的塑料靠背和大部分的衣服和毯子已经被烧毁。

老人死于吸入性损伤（烟尘和呼吸道水肿）和由于全身表面 70% 烧伤引起的休克（没有进行尸检和毒性检验）。目击者称他们没有看到受害者的任何行动和听到她的喊叫，老人就像个“人体模特”一样坐在轮椅上。她几个月前犯了一次中风，可能再次发作。在她旁边的桌子上放着一包香烟、一个烟灰缸和半盒火柴。

这位女士吸了一辈子的烟，香烟和打火机（或者火柴）总不离身。老人的睡袍和毯子材料样本已经提供。这些样本通过 NFPA 705（NFPA 2009b）进行测试，发现睡袍的料子为天然和人造棉的混纺布料；毛毯为可燃物，内部填充物为聚酯纤维，外部由棉、聚酯纤维织物包裹。

解决方案：从众多的数据库和出版物中得到的数据显示，像护腿毯和轮椅靠背这类人工合成材料只有明火才能点燃。轮椅是手动的，没有通电或者任何电动配件。火柴掉落到这类材料上可以引燃它们，火势会快速扩大，造成火灾。由 NIST 网站（fire. nist. gov）得到的数据显示，合成材料装饰的椅子能够提供长达 1min 最大热释放速率为 300～700kW 的燃烧。

在火灾发生的位置，顶棚用漆木进行装饰，灯具嵌入吊顶内。如图 2-17 所示，顶棚是倾斜的，在着火点处高度为 2.36m。喷淋头为普通的 74℃ 下垂式喷头，探头距地面 2.3m，距支撑梁 3m。喷淋头周围有一个直径 1m 的圆形炭化区，之外是淡淡的烟尘区。轮椅距地板高度 0.5m。通过实验室检验，并未在衣服和残骸的样品中发现易燃液体。

Zukoski（1978）得到的 0.5m 高度火源抵达 1.86m 高度顶棚的火羽高度（火羽高度在第 3 章有所介绍）公式为：

$$Z = 0.175k\dot{Q}^{0.4}$$

式中 Z——火羽高度，m；

k——常数（1）；

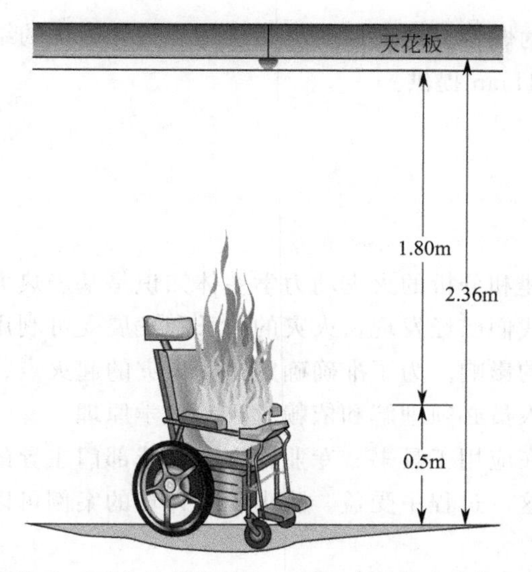

图 2-17　喷淋头正下方的轮椅着火，引起喷头快速动作（小于 100s）

$\dot{Q}$——热释放速率，kW。

因此：

$$Z=0.175k\dot{Q}^{0.4}$$

$$1.86=0.175\times1\dot{Q}^{0.4}$$

$$\dot{Q}^{0.4}=10.63$$

$$(\dot{Q}^{0.4})^{2.5}=10.63^{2.5}$$

$$\dot{Q}=368\text{kW}$$

因此，一个带有人造软垫的椅子（或是相等燃料）燃烧产生的火焰可以轻易抵达天花板的高度，造成的顶棚射流，会烧毁四周装饰物。

假设有一个 368kW 稳定燃烧的火焰，利用 NRC 火灾动力学工具表格 10（Iqbal 和 Sally，2004，第 10 章）针对喷淋响应时间（之后会详细讨论），标准响应水喷淋头［RTI=$130\text{m}^{1/2}\cdot\text{s}^{1/2}$，动作温度 74℃，安装在距椅子（在喷淋头的正下方）的座位 1.80m 的高度］的动作时间经计算大约为 12s。因为火灾从发生到热释放速率为 368kW 也需要时间，对于快速 t^2 火，$\alpha=0.047$（依据毛毯和衣物的特性得出），就有：

$$\dot{Q}=\alpha t^2$$

$$368=0.047t^2$$

$$t^2=\frac{368}{0.047}=7830$$

$$t=88.5\text{s}$$

因而，实际上，喷淋系统会在着火后的 100s 内启动。

可以得出结论，老人在试图点燃香烟时火柴掉了（可能是因为中风或其他药物作用），火柴引起燃烧并迅速发展达到顶棚的高度。死者的烧伤痕迹和轮椅的火烧图痕充分表明她的衣服和护腿毯是主要的燃料。轮椅的燃烧和毁坏是火势蔓延的结果。

案例由 John D. DeHaan 提供。

本章小结

应用于火灾现场重建和分析的火灾动力学主体知识是基于热力学、化学、传热学和流体力学等原理的综合。我们已经发现，火灾的增长和发展受可利用火灾荷载、通风和房间的几何尺寸等诸多变量的影响。为了准确确定一场火灾的起火点、强度、发展、蔓延方向和持续时间，火灾调查人员必须理解和依赖火灾动力学原理。

火灾调查人员也会在应用工具书、专业论文和权威部门主导的火灾调查案件中包含的大量的火灾动力学知识这一过程中受益。防火工程计算的案例可以帮助调查人员解释火灾行为。

习题

（1）用多种方式重新计算一个面积为 5m×5m，顶棚高 3m，有一个高 2.5m、宽 1m 开口的房间发生轰燃所需的热释放速率。

（2）利用照片或回顾一个近期发生的火灾现场，并估计初始燃烧物体的热释放速率。

（3）查找一个仓库火灾作为参考资料，要求为由防火系统探测到并由一只喷淋头扑灭的初期火灾。获取仓库的平面图，并估计喷头的动作时间。

（4）访问 fire. nist. gov 网站并查阅可供使用的火灾数据。带软垫的椅子、床垫和圣诞树的最大热释放速率分别是多少？

（5）通过改变房间的尺寸和通风口的尺寸 0.2m，检验本章所介绍的数学公式的灵敏度。比较所得的结果。

推荐书目

DeHaan, J. D., and D. J. Icove. 2012. *Kirk's Fire Investigation,* 7th ed. Upper Saddle River, NJ: Prentice Hall, chap. 3.

Drysdale, D. 2011. *An Introduction to Fire Dynamics,* 3rd ed. Hoboken, N.J., Wiley.

Gorbett, G. E., and J. L. Pharr. 2011. *Fire Dynamics.* Upper Saddle River, N.J., Pearson.

Karlsson, B., and J. G. Quintiere. 2000. *Enclosure Fire Dynamics.* Boca Raton, FL: CRC Press.

Quintiere, J. G. 1998. *Principles of Fire Behavior.* Albany, NY: Delmar, chaps. 3–9.

Iqbal, N., and M. H. Salley. 2004. Fire Dynamics Tools (FDTs): Quantitative fire hazard analysis methods for the U.S. Nuclear Regulatory Commission Fire Protection Inspection Program.

参考文献

Alpert, R. 1972. Calculation of response time of ceiling-mounted fire detectors. *Fire Technology* 8 (3): 181–95, doi: 10.1007/bf02590543.

ASTM. 2009. *ASTM E1321-09: Standard test method for determining material ignition and flame spread properties.* West Conshohocken, PA: ASTM International.

Babrauskas, V.1980. Estimating room flashover potential. *Fire Technology* 16 (2): 94–103, doi: 10.1007/bf02481843.

———. 1984. Upholstered furniture room fires: Measurements, comparison with furniture calorimeter data, and flashover predictions. *Journal of Fire Sciences* 2 (1): 5–19, doi: 10.1177/073490418400200103.

———. 2003. *Ignition handbook: Principles and applications to fire safety engineering, fire investigation, risk management and forensic science*. Issaquah, WA: Fire Science Publishers, Society of Fire Protection Engineers.

———. 2005. Charring rate of wood as a tool for fire investigations. *Fire Safety Journal* 40 (6): 528–54, doi: 10.1016/j.firesaf.2005.05.006.

Babrauskas, V., & Peacock, R. D. 1992. Heat release rate: The single most important variable in fire hazard. *Fire Safety Journal* 18 (3): 255–72, doi: 10.1016/0379-7112(92)90019-9.

Babrauskas, V., Peacock, R. D., & Reneke, P. A. 2003. Defining flashover for fire hazard calculations: Part II. *Fire Safety Journal* 38:613–22.

Babrauskas, V., and Walton, W. D. 1986. A simplified characterization for upholstered furniture heat release rates. *Fire Safety Journal* 11:181–92.

Bukowski, R. W. 1995a. How to evaluate alternative designs based on fire modeling. *Fire Journal* 89 (2): 68–74.

———. 1995b. Predicting the fire performance of buildings: Establishing appropriate calculation methods for regulatory applications. In *Proceedings of ASIAFLAM '95, 1st International Conference on Fire Science and Engineering,* March 15–16, Kowloon, Hong Kong, Interscience Communications Limited, 9–18.

Butler, C. P. 1971. Notes on charring rates in wood. *Fire Research Notes* 896. London: Joint Fire Research Organization. Fire Research Station, Borehamwood, England.

Carman, S. W. 2008. Improving the understanding of post-flashover fire behavior. *Proceedings of the international symposium on fire investigation science and technology*. Cincinnati, OH, May 19–21.

———. 2010. Clean burn fire patterns: A new perspective for interpretation. Paper presented at Interflam, July 5–7, Nottingham, UK.

Collier, P.C.R. 1996. Fire in a residential building: Comparisons between experimental data and a fire zone model. *Fire Technology* 32 (3): 195–218, doi: 10.1007/bf01040214.

DeHaan, J. D. 2001. Full-scale compartment fire tests. *CAC News* (Second Quarter): 14–21.

DeHaan, J. D., & Icove, D. J. 2012. *Kirk's fire investigation*, 7th ed. Upper Saddle River, NJ: Pearson-Prentice Hall.

Drysdale, D. 2011. *An introduction to fire dynamics*, 3rd ed. Chichester, West Sussex, UK: Wiley.

Evans, D., & Stroup, D. 1986. Methods to calculate the response time of heat and smoke detectors installed below large unobstructed ceilings. *Fire Technology* 22 (1): 54–65, doi: 10.1007/bf01040244.

Gorbett, G. E., & Pharr, J. L. 2011. *Fire dynamics*. Upper Saddle River, NJ: Pearson.

Gratkowski, M. T., Dembsey, N. A., & Beyler, C. L. 2006. Radiant smoldering ignition of plywood. *Fire Safety Journal* 41 (6): 427–43, doi: 10.1016/j.firesaf.2006.03.006.

Heskestad, G. H., & Delichatsios, M. A. 1977. *Environments of fire detectors—Phase 1: Effects of fire size, ceiling height, and material.* Gaithersburg, MD: National Bureau of Standards.

Hopkins, R. L., Gorbett, G. E., & Kennedy, P. M. 2009. Fire pattern persistence and predictability during full-scale comparison fire tests and the use for comparison of post fire analysis. Paper presented at Fire and Materials 2009, 11th International Conference, January 26–28, San Francisco, CA.

Iqbal, N., & Salley, M. H. 2004. *Fire dynamics tools (FDTs): Quantitative fire hazard analysis methods for the U.S. Nuclear Regulatory Commission Fire Protection Inspection Program*. Washington, DC: Nuclear Regulatory Commission.

Karlsson, B., & Quintiere, J. G. 2000. *Enclosure fire dynamics*. Boca Raton, FL: CRC Press.

Law, M. 1978. Fire safety of external building elements: The design approach. *AISC Engineering Journal* (Second Quarter).

Lawson, J. R., & Quintiere, J. G. 1985. Slide-rule estimates of fire growth. *Fire Technology* 21 (4): 267–92.

McCaffrey, B., Quintiere, J., & Harkleroad, M. 1981. Estimating room temperatures and the likelihood of flashover using fire test data correlations. *Fire Technology* 17 (2): 98–119, doi: 10.1007/bf02479583.

Milke, J. A. 1990. Smoke management for covered malls and atria. *Fire Technology* 26 (3): 223–43, doi: 10.1007/bf01040110.

Milke, J. A., & Mowrer, F. W. 2001. Application of fire behavior and compartment fire models seminar. Paper presented at the Tennessee Valley Society of Fire Protection Engineers (TVSFPE), September 27–28, Oak Ridge, TN.

Mowrer, F. W. 1990. Lag times associated with fire detection and suppression. *Fire Technology* 26 (3): 244–65, doi: 10.1007/bf01040111.

NFPA. 2008. *Fire protection handbook*. Quincy, MA: National Fire Protection Association.

NFPA. 2009a. *NFPA 555: Guide on methods for evaluating potential for room flashover*. Quincy, MA: National Fire Protection Association.

———. 2009b. *NFPA 705: Recommended practice for a field flame test for textiles and films*. Quincy, MA: National Fire Protection Association.

———. 2010. *NFPA 72: National fire alarm and signaling code*. Quincy, MA: National Fire Protection Association.

———. 2011. *NFPA 921: Guide for fire and explosion investigations*. Quincy, MA: National Fire Protection Association.

———. 2012. *NFPA 92: Standard for smoke control systems*. Quincy, MA: National Fire Protection Association.

Peacock, R. D., Reneke, P. A., Bukowski, R. W., & Babrauskas, V. 1999. Defining flashover for fire hazard calculations. *Fire Safety Journal* 32 (4): 331–45, doi: 10.1016/s0379-7112(98)00048-4.

Putorti, Jr., A. D., McElroy, J. A., & Madrzykowski, D. 2001. Flammable and combustible liquid spill/burn patterns. Rockville, MD: National Institute of Standards and Technology.

Quintiere, J. G. 1998. *Principles of fire behavior*. Albany, N.Y.: Delmar.

———. 2006. *Fundamentals of fire phenomena*. West Sussex, England, UK: Wiley.

Quintiere, J. G., and Harkleroad, M. 1984. New concepts for measuring flame spread properties. NBSIR-84-2943. Gaithersburg, MD: National Bureau of Standards.

Sanderson, J. L. 1995. Test results add further doubt to the reliability of concrete spalling as an indicator. *Fire Findings* 3 (4): 1–3.

SFPE. 2002a. *SFPE Engineering guide to predicting 1st and 2nd degree skin burns*. Bethesda, MD: Society of Fire Protection Engineers, Task Group on Engineering Practices.

———. 2002b. *SFPE Engineering guide to piloted ignition*

of solid materials under radiant exposure. Bethesda, MD: Society of Fire Protection Engineers, Task Group on Engineering Practices.
———. 2008. *SFPE handbook of fire protection engineering*, 4th ed. Quincy, MA: National Fire Protection Association, Society of Fire Protection Engineers.
Thomas, P. H. 1971. Rates of spread of some wind-driven fires. *Forestry* 44:155–75.
———. 1974. Fires in model rooms: CIB Research Programmes. Building Research Establishment Current Paper CP 32/74. BRE, Borehamwood, UK.
———. 1981. Testing products and materials for their contribution to flashover in rooms. *Fire and Materials* 5 (3): 103–11, doi: 10.1002/fam.810050305.
Zukoski, E. E. 1978. Development of a stratified ceiling layer in the early stages of a closed-room fire. *Fire and Materials* 2 (2): 54–62, doi: 10.1002/fam.810020203.

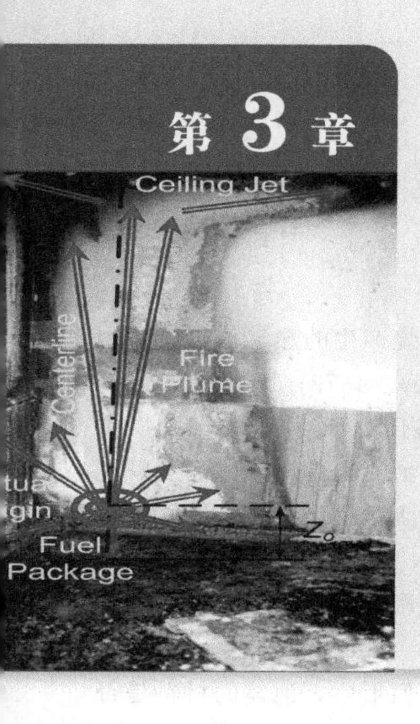

第 3 章 火灾痕迹

"在侦查学中，追踪足迹最重要，却又更容易被人忽视。"

——阿瑟·柯南·道尔爵士

《血字的研究》

【关键词】 退火；卷吸；有机物；回燃；共熔合金；煅烧；火灾痕迹；复燃；炭化；火羽；剥落；清洁燃烧；虚化痕迹；龟裂；等同炭化线

【目标】 通过学习本章，学员应该能够达到以下几点学习目标：

- 识别火灾痕迹及其形成原因
- 建立火灾痕迹与火灾动力学的联系
- 会通过火羽流的计算，解释火灾痕迹的形成

火灾调查人员通过火灾现场重建，能够精确地识别和解释火灾痕迹。准确识别和解释火灾痕迹的能力对火灾调查人员重建火灾现场至关重要。在火灾扑灭之后，火灾痕迹通常是唯一残留证据。本章将对火灾调查人员如何通过分析火灾痕迹来识别火灾的破坏作用与认定起火点进行阐述。

在一起火灾中，烟气沉降、热量传递、火焰传播等都会使暴露的物体表面和各种材料表面发生变化。比如，地板、天花板及墙壁等都会受到火羽流的热作用而产生火灾痕迹。现场形成的燃烧痕迹会受到很多因素的影响。火灾荷载、通风及房间的尺寸大小等都会影响燃烧痕迹的形成。许多常见的可燃材料和易燃液体都能产生这些火羽流及造成损害。

本章将提供一些通过火灾科学与消防工程计算的事例来帮助火灾调查人员解释火灾痕迹的形成。在本章及后续的章节中，也涉及使用火灾痕迹分析原理帮助分析、解释火灾现

场重建过程。

3.1 火羽流

火灾现场重建最重要的就是火羽流的识别与重建。可燃物燃烧产生的热气体与热产物形成了向上升腾的热浮力作用（Cox 和 Chitty，1982；McCaffrey，1979；Beyler，1986；Drysdale，2011）。火羽流实际上是向上升腾的圆柱状的热气态物质。这种热的气态物质是由燃料燃烧形成的火焰与烟气组成。任何大型火灾都会产生火羽流。可燃液体池可以形成火羽流；许多易燃固体，包括某些类型的泡沫床垫和塑料熔化滴落燃烧，像液体燃料一样也能够形成火羽流。燃料的形状，如具有多重垂直和水平表面，内部结构特征和燃料类型都会对火羽流的形成产生影响。为了更好地讨论，把火羽流的影响从一个简单的平面燃烧近似为由大量液滴组成的池火。

燃烧池产生火羽流的形状取决于几个变量，包括：容器的几何形状，池体的材料是否参与燃烧，在某些情况下，外部风也会影响火羽流的形状。由于火羽流是三维的，它们的位置通常可以通过评估热传递、火焰蔓延和对邻近地板、墙壁、天花板表面造成的烟气损害痕迹来确定和记录，如图 1-5 所示。火灾调查员可以通过对火羽流的性质、物理现象和传热特性的基本了解来得出自己的见解。当火羽流遇到阻挡物时，热气体浮力驱动火羽流垂直蔓延和水平蔓延。

模拟室内池火的研究表明，当受到气流运动影响时火羽流在垂直位置随主导气流倾斜（Steckler，Quintiere，Rinkinen，1982）。通过 55 次的全尺寸火灾实验，除了小的通风开口之外，火羽流受到通风干扰，以一种依附于空气流的侧风状态表现出来。

3.1.1 V 形痕迹

火羽流蔓延时，其产生的强度和蔓延方向会在墙上、天花板、地板和其他材料表面上形成痕迹特征。热气体和烟气从火焰中升腾，并与周围的空气相混合，形成更大体积的热气体燃料，当热气体上升至燃料上方时混合区变得更宽，在静止空气中，湍流扩散火焰向上升腾的柱状热气流在墙壁上形成了一个开口大约 30°的 V 形痕迹（即半角 15°）（You，1984）。因此，静止空气中的未受限羽流的总宽度大约是其火羽高度的一半。当火灾气体混合时，它们被稀释和冷却。沿着火焰温度最高的中轴线向上，最热火焰到达最外侧边缘的直径变得越来越小，如图 3-1 所示。由于空气的冷却作用，限制了火羽流对不燃墙壁表面的破坏作用，因此，火羽流对相邻墙壁的破坏作用不会完全反映其 30°的宽度。

分析火羽流产生的火灾痕迹的形状能提供许多信息。例如，燃料在火灾痕迹下方的情况，天花板损坏最明显位置通常是燃料正上方火羽流直接冲击的区域（如图 1-7 所示）。根据气体流动规律，从此处可以反向推出起火点。气体的温度决定了所遇表面热作用程度。如果温度过低，传热不足，可能没有热效应；但燃烧产物也会在冷表面进行凝聚。

破坏痕迹形成的痕迹界线会以二维视角的方式在火羽流与墙体表面接触和产生破坏的

部位显现。基于这些向上清扫的曲线的特征，通常把这些线称作 V 形火灾痕迹。

2011 版 NFPA 921（NFPA，2011）和《柯克火灾调查》（DeHaan 和 Icove，2012）消除了过去关于 V 形状和几何尺寸一度被认为与火的快速发展有关的误解。V 形痕迹实际上是受到燃料热释放速率、燃料几何形状、通风效应、痕迹附着表面的可燃性和燃烧性，以及烟气与垂直立面、水平面的交互作用的影响。

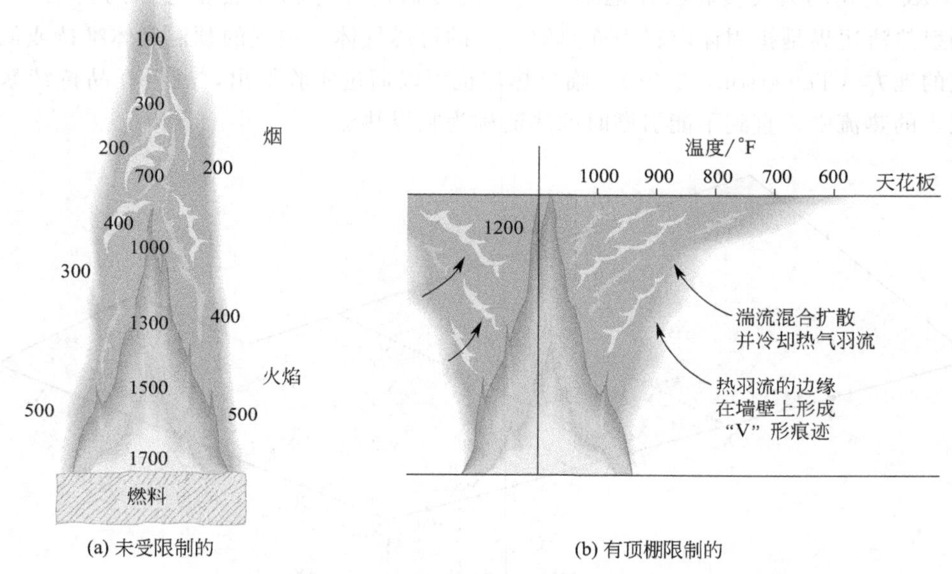

图 3-1　火羽流包括火焰与升腾的烟气，火羽流中气态物质的温度分布

如果 V 形痕迹边界线向下指向痕迹底部，那么靠近火羽流的虚拟火点的区域即可确定。有不少数学关系式用于记录和分析火羽流高度、温度、旋涡分离频率、虚拟火点等（Heskestad，2008；Quintiere，1998）。

3.1.2　沙漏图痕

在一些火灾案例当中，当一个燃料堆垛在房间内毗邻墙壁或墙角处起火时，在墙壁上就会出现一个沙漏形的燃烧图痕特征，并不是一个 V 形痕迹，见图 3-2（Icove DeHaan，2006）。作者对此进行了火灾实验，并通过数学计算得出，沙漏形燃烧图痕是火羽流的虚拟火点的直接作用形成的，在数学上，虚拟火点与热释放速率、燃料堆垛的表面积相联系。本章最后部分将列出各种沙漏图痕从头到尾的形成过程。

图 3-2　墙角处的沙漏痕迹记录了火焰作用（烧光的墙纸）与辐射热作用（烧焦的墙纸）的界线

3.1.3 火羽流破坏机理

FMRC公司的实验为V形图痕的形成提供了另一个研究的思路。在FMRC实验过程中，火羽流的边界线测试实验表明，墙壁的损坏区域面是火羽流的边界围成的区域，也就是火焰传播边界。这些严重热解边界区域在视觉上是能够与周围部分相区分的。

FMRC公司的火灾实验已经记录了火羽流传播边界与临界热流边界的密切相关性。临界辐射热流边界是指固体燃料表面热解产生的可燃气体与空气的预混气体维持或低于最小热流的地方（Tewarson，2008）。临界热流也可以通过实验得出，燃料样品持续暴露在逐渐减少的热流中，直到不能引燃时的热流称为临界热流。

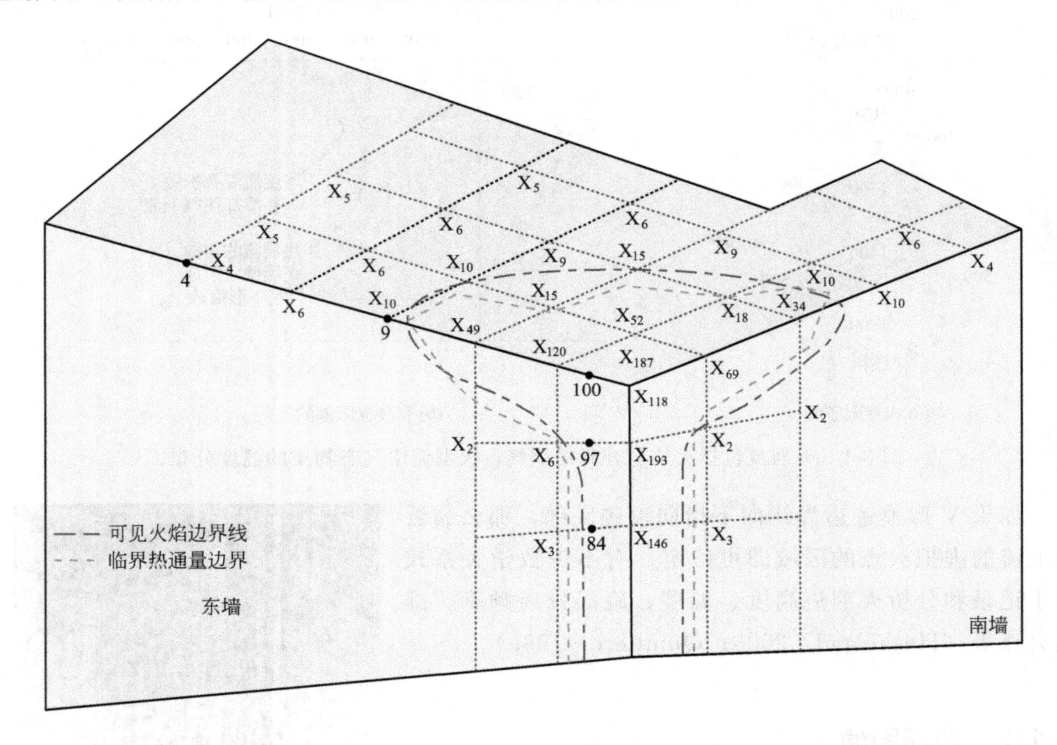

图 3-3 FMRC 25英尺墙角火实验中，临界热通量边界（虚线）和可见火焰边界线（点划线）之间的相关性，对墙上V形痕迹的形成提供了一个科学的解释（SFPE消防工程手册）

图3-3所示的FMRC公司实验中，一个火焰高度为8m，热释放速率峰值为3MW的墙角火充分说明了火羽流传播边界与临界热流边界的密切相关性（Newman，1993）。该实验用来评价低密度、高碳量绝缘材料的墙壁、天花板保温材料火灾。在图3-3中的临界热流边界由粘贴在墙上的辐射热流计进行测量，如图中虚线围成的区域所示。实际看到的损坏边界如图中点划线围成的区域所示。可以看出这两者多么相近。在评价火灾图痕的不同种类时，火羽流的位置、火羽流对墙壁、天花板的影响以及火羽流的表面积对于正确解释火羽流传播边界与临界热流边界相关性非常重要。

烟灰和烟气的热解产物起初在较冷的物质表面凝聚，与物质表面并不发生任何化学与热反应。随着火羽流中的热气体不断地与物体表面相作用，物体表面温度升高，热量通过传导和辐射传递到物体表面、内部。随着热量的不断传递，物体表面的温度不断升高，热量传递进入物体内部。在物体表面，局部高温使物体表层开始发生焦化、熔化、裂解；当达到更高温度时，物体表面物质可能被点燃。当达到了物质的临界热流值，并且持续一段时间，也就达到了物质的引燃温度。所有观测内容使我们能够对物体表面留下的痕迹如烟痕、热效应、炭化、引燃、烧穿和烧尽等更加明了。

3.2 火羽流的类型

火灾现场勘验过程中，现场中经常会发现反映热作用结果的燃烧痕迹。当火灾被扑灭，火羽流作用的燃烧图痕会留在墙壁、地面、天花板和物体表面部位。所有的这些图痕都是由火羽流与物体表面互相交叉作用而形成的。

在火灾调查与火场重建过程中，有四种主要火羽流类型：

- 轴对称羽流
- 窗口羽流
- 阳台羽流
- 线性羽流

理解这些火羽流为复杂火灾的动力学解读提供了更明晰思路。调查人员勘验火羽流对现场造成的破坏时，必须清楚地知道火羽流的起始点、燃料堆垛的类型以及通风的情况。不仅如此，通过实验已经把火羽流的发展状态、羽流形状以及不同类型火羽流的影响转变成数学关系式，建立了数学模型。

2004 年 Harrison、2007 年 Harrison 和 Spearpoint 在新西兰克赖斯特彻奇市的坎特泊雷大学进行了热喷射羽流的实体模型实验和计算机模拟实验。这些实验报告扩展了 Morgan 和 Marshall 在 1975 年热喷射羽流的基础实验的结论，它可用于解释多层大型购物商场烟气产生的条件与火灾风险。

3.2.1 轴对称羽流

轴对称羽流从垂直羽流中心线开始呈均匀的径向分布。一般来说，轴对称羽流发生在敞开空间，或者在周围没有墙壁阻碍的空阔的房间中部。许多研究已经对轴对称羽流的高度、温度、气体流速以及卷吸等参数进行了测定。图 3-4 显示了轴对称羽流中心处的火羽流特点及测量参数、平均火焰高度及火焰虚拟火点（Heskestad，2008）。这些测量被用作计算火羽流与热释放速率，火焰高度，温度和产烟的关系。

图 3-5 是 NIST 的家具量热罩下的易燃、可燃液体溢出、燃烧形成轴对称羽流研究（Putorti，McElroy，Madrzykowski，2001）。这些试验提供热释放速率，以及对各种地板表面燃烧图痕有价值的数据。

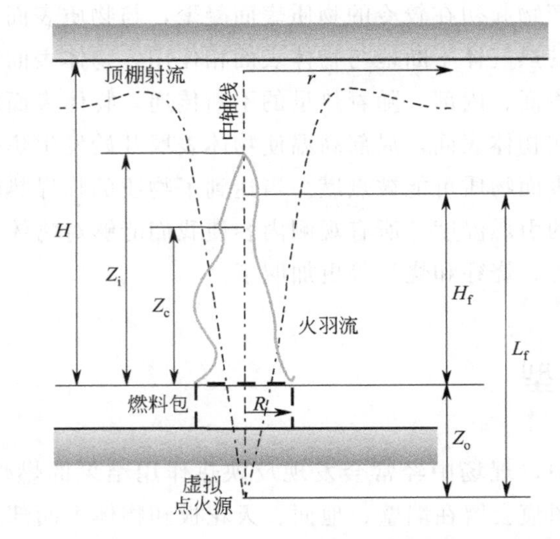

图 3-4　典型轴对称羽流示意图以及羽流与天花板的交互作用

Z_o 是燃料表面到虚拟火点的距离，H_f 是高于燃料表面的净火焰高度，Z_c 是高于燃料表面的持续火焰高度，Z_i 是间歇火焰高度，L_f 是高于虚拟火点的火焰平均高度，H 是从燃料表面到顶棚的高度，R 是燃料直径，r 是顶棚射流距火羽流中线的距离。统计上的火焰高度平均值是在整个暴露时间内能在 50% 的时间内观察到明火火焰的高度值

图 3-5　NIST 家具量热罩下的易燃可燃液体流出，燃烧形成的轴对称羽流

墙壁和墙角附近燃烧形成的羽流并不表现为轴对称。它们的燃烧行为将在本章的后面部分进行讨论。

3.2.2　窗口羽流

从门窗进入大型开放空间的羽流被称为窗口羽流（window plumes）。更完整的描述见 2012 年版 NFPA 921，5.5.3（NFPA 2012）。这些羽流从开口处涌出，通常室内燃烧是通风控制型的。在图 3-6 中，羽流出现在开口处，可测量拱腹上方的 Z_w 值。

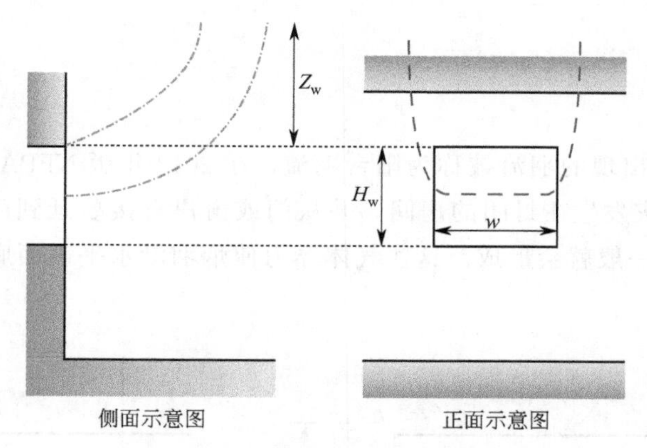

图 3-6 窗口羽流的正面与侧面示意图

当室内可燃物燃烧产生的可燃蒸气、可燃气体生成速率超过这些产物与涌入室内的空气混合燃烧的速率时，这些产物会从开口溢出，在室外燃烧形成窗口羽流。窗口羽流常常与室内的轰燃有关，因此，窗口羽流能显示火灾的发展阶段。

窗口羽流在多层建筑火灾垂直蔓延中成为主要的蔓延途径。因为卷吸可引起可燃的护墙板、上下层窗户空间面板及上层窗口形成火羽流。该建筑外墙的窗口上部有时要经历很高的热通量，并可能快速烧毁（ DeHaan，Icove，2012）。

3.2.3 窗口羽流计算

当室内的通风口处有窗口羽流，窗口的开口面积和高度能用来估计火灾的最大热释放速率。假定火灾只有一个通风口，当烟羽在窗口处形成窗口羽流时，根据实体实验的数据，可用数学公式预测木材和聚氨酯的最大热释放速率（Orloff，Modale，Alpert，1977；Tewarson，2008）。

同样地，在窗口羽流已知的情况下，质量损失率也可确定。2012 年版 NFPA 921，5.5.3 用式(3-1) 确定质量损失率

$$\dot{m}=\left[0.68(A_w\sqrt{H_w})^{\frac{1}{3}}(Z_w+a)^{\frac{5}{3}}\right]+1.59A_w\sqrt{H_w} \tag{3-1}$$

$$a=(2.40A_w^{\frac{2}{5}}H_w^{\frac{1}{5}})-2.1H_w(\mathrm{m})$$

式中 $\dot{m}$——高度为 Z_w 的质量流速，kg/s；

A_w——通风口面积，m^2；

H_w——通风口高度，m；

Z_w——窗口顶部以上的高度，m。

当温度比环境温度高，并小于 2.2℃时，这个公式不适用。

综合考虑现场目击证人的观察和消防员的反馈，这个简单的公式在评估质量损失率时

很有用。例如，基于通风面积和高度的观察，对窗口羽流的描述足以评估火灾涉及的程度。

3.2.4 阳台羽流

在屋檐下和门口出现的羽流被称为阳台羽流，在 2012 年版 NFPA 921，5.5.2（NFPA 2012）中所述。当火灾发生在封闭的房间，并从门或窗户直接蔓延到门廊、庭院或阳台时（图 3-7），阳台羽流一般就会形成。这些气体浮力使烟羽沿水平表面底部流动，直到能垂直上升。

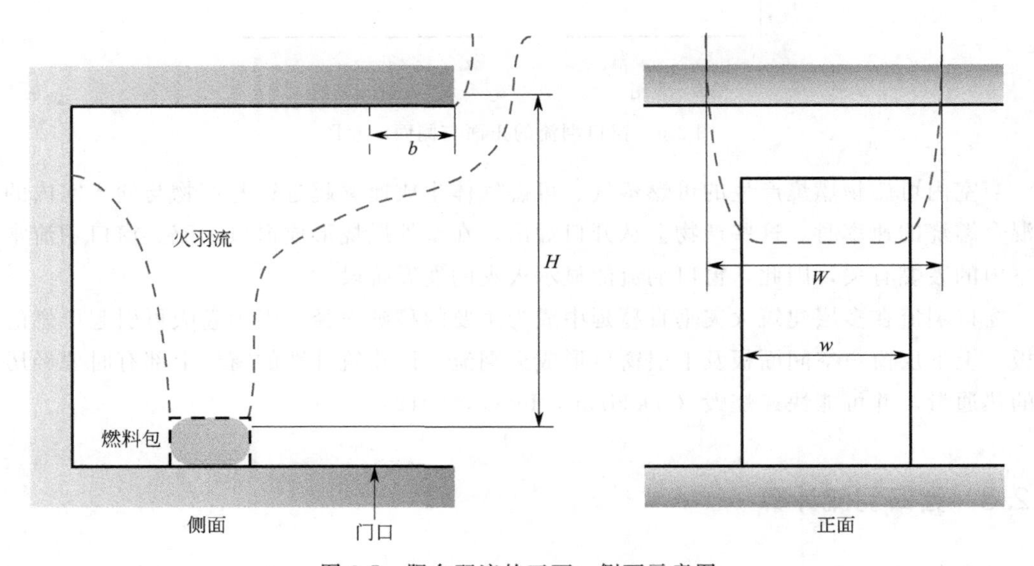

图 3-7 阳台羽流的正面、侧面示意图

水平表面底部的热破坏与烟熏痕迹可用于估计羽流的尺寸。这种羽流在流动过程中沿横向传播。通过重建羽流接触区域的水平和垂直尺寸可估算羽流的宽度

$$W = w + b \tag{3-2}$$

式中 W——最大羽流宽度；

w——从起点到阳台区域的开口宽度，m；

b——从开口到阳台外边缘的距离，m。

这个公式用于估算火羽流的宽度和高度进而评估烟气产量。阳台羽流一般发生在从开口的外侧通向外部花园的位置，或者发生在从羽流开口一直通向中庭风格建筑内的酒店客房内部的位置，还能够发生在通向多层商场的内部小隔间内部，以及通向狭小走道的错层小隔间内部。

阳台羽流的特点是阳台悬挂的突出部分使火焰偏离对楼上的威胁，一个开放的走廊和公寓的亭台同样都可能使火灾偏离对楼上的威胁。悬挑部分是被动消防工程在建筑施工中应用的一个例子，它可以防止火源层以上的楼层再次卷入外部的烟柱，从而减少火灾蔓延的机会。

图 3-8 窗口羽流在窗外门廊顶部的接触，形成了阳台羽流

图 3-8 中一个窗口羽流从窗口窜出进入了外部门廊，产生了类似阳台羽流的情况。当羽流从窗口向外溢出时，羽流就会沿着门廊顶棚蔓延，然后由于烟羽的浮力作用火焰就会从门廊的边缘处喷出。这种情况在住宅火灾中是常见的，尤其是在住宅有门廊或亭台。

3.2.5 线性羽流

线性羽流（图 3-9）的几何形状是被拉长的狭窄、细长的火羽流。热释放速率与火焰高度的关系在后面的小节中进行描述。线性羽流就是一个火焰的长度远远大于火焰宽度的火羽流。

线性羽流发生的现场包括在室外狭长沟渠中可燃性液体聚集燃烧。一排别墅、长条沙发燃烧、森林大火的火焰前沿、易燃墙衬的起火燃烧，甚至阳台溢流都是线性羽流（Quintiere 和 Grove，1998）。门廊、仓库开阔区域形成的拉长的火，也可以形成线性羽流。

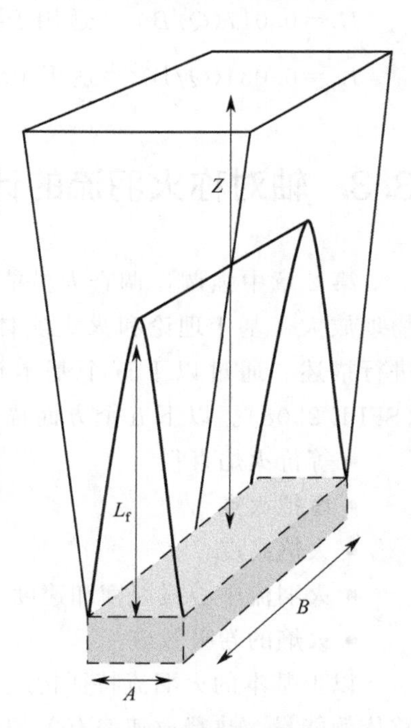

图 3-9 线性羽流图解

3.2.6 线性羽流的火焰高度

当 $B>3A$ 时，以下公式为线性羽流的火焰高度与热释放速率的关系，如图 3-9。因为火焰的高度大于 $5B$，线性羽流更接近于一个类似的轴对称羽流（Hasemi 和 Nishihata，1989）。

$$L_f = 0.035(\dot{Q}/B)^{2/3} \quad B > 3A \tag{3-3}$$

$$\dot{m} = 0.21z(\dot{Q}/B)^{2/3} \quad B < 3\text{A},\ L < z < 5B \tag{3-4}$$

式中 L_f——火焰高度，m；

$\dot{Q}$——热释放速率，kW；

A——线性羽流的短边，m；

B——线性羽流的长边，m；

$\dot{m}$——质量流速，kg/s；

z——火羽流上方的顶棚高度，m。

3.2.7 替代的方法

狭长的线性羽流对空气的卷吸来自轴对称羽流长边的两侧。1988 年 Quintiere 和 Grove 通过模拟对其进行了理论研究。由于墙壁火的一侧与垂直不燃的墙壁相连接，空气的卷吸只位于一侧（利用第 2 章的公式）。如果等量燃料表面的 $\dot{Q}$ 值能被计算中，那么 $\dot{Q}$（单位长度上的热释放速率）可以用 $\dot{Q}/B$ 计算出。

《SFPE 消防工程手册》（SFPE 2008）中给出了以下关系式：

$L_f = 0.017(\dot{Q}/B)^{2/3}$ 适用于线性羽流；

$L_f = 0.034(\dot{Q}/\text{B})^{3/4}$ 适用于墙壁羽流。

3.3 轴对称火羽流的计算

第 2 章中强调，调查人员能够从火羽流中得到有价值的信息，火羽流是燃烧过程的物理放大。基于理论和火灾实体实验相结合的合理的科学与工程原理，对火羽流行为进行描述。通过以下五个基本计算表征的火羽流行为信息，对火灾的风险进行分析（SFPE 2008）。以下五个方面描述火羽流的特征：

- 等价火焰直径
- 虚拟火点
- 火焰高度
- 火羽流中心线温度和速度
- 火焰的卷吸效应

以上基本的火羽流特征构成了火灾现场重建的最基本信息。火羽流的消防工程分析计算依赖能量、热释放速率有关的几个公式，这些公式给出了火羽流有多高，虚拟火点在地板处的什么位置上，正在燃烧的可燃液池有多深这样的问题答案。

火灾调查人员必须根据消防科学与工程的原理进行相关火灾计算。这些计算能够对火灾现场情况的各类推断假设进行评估，能够得出燃料的燃烧量，火灾持续时间以及起火房间的通风影响等结果。

这些计算已经能够通过 FPET 和 CFAST 等各类的火灾模拟软件来完成，下面简要介绍一下这些计算，以解释一些基本概念和应用。

3.3.1 等价火焰直径

在火焰高度的计算中，火焰底部被假设为圆形。但是在火灾现场中被泼洒燃烧的可燃液体形成的痕迹一般不是圆形的，矩形的燃烧物燃烧留下的痕迹也不是圆形的。因此就要计算出等价直径。根据圆面积的基本关系式，能够得出以下公式

$$D=\sqrt{(4A/\pi)} \tag{3-5}$$

式中 D——等价直径，m；

A——燃烧燃料的底面积，m^2；

π——3.1416。

不规则液池面积可以通过火灾现场照片记录内容确定液池的形状和大小，通过火灾现场文字记录获取尺寸，然后用剪纸制作出不规则液池的形状，再用油包秤称重剪纸，并与已知面积参考纸样的重量进行比较就可以计算出液池面积。液池面积也可用现场照片的照相测量法得到。（参见第 4 章火灾现场记录。）

调查人员应该认识到烟气羽流的热释放速率要比具有一定深度的燃烧液池直接喷射出的火羽流的热释放速率要小。这对热释放速率和火焰高度都有影响。有关火灾技术方面和液体火灾分析的详细讨论，参见 Putorti，McElroy，Madrzykowski（2001）；Mealy，Benfer，Gottuk（2011）的研究。

矩形容器溢流指油浸变压器或储存容器受压，其中的油溢出到一个矩形沟渠中被引燃。可以利用溢流的纵横比，根据与矩形溢流等面积的圆形来计算出直径（见图 3-10）。

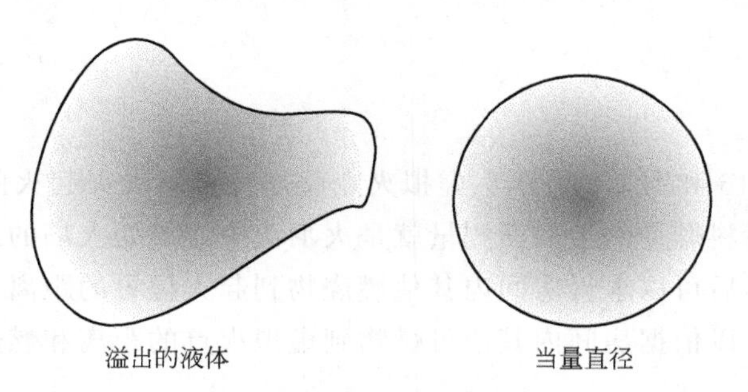

图 3-10 等价圆面积

液体燃烧形状的长与宽的比值叫液体燃烧的纵横比。等效直径公式适用于液池纵横比≤2.5 时的计算。当纵横比大于 2.5 时，可以认为是沟槽火或线性火，适用于其他的数学模型（Beyler，2008）。

火灾持续时间较短时，液体燃料溢出的面积可以通过直接测量地板或覆盖物的燃烧区域得到，对于轰燃可持续长时间的火灾，地面覆盖物可燃，火灾破坏区域会远大于液池边

界，此时公式不适用。

DeHaan（1995，2002，2004）曾建立了一个控制液池等效深度的表面积、液体体积和表面类型三者之间的简单关系式。Putorti，McElroy，Madrzykowski 等人在 2001 年也进一步确认了这个关系式。Mealy，Benfer，Gottuk（2011）等人通过实验从技术层面进行了探索，采用火灾动力学原理研究得出池火与溢出火的区别。他们得出一个能够研究液体火灾事故的方法，该方法能够对液体火灾进行识别、分析和辨识。

Mealy，Benfer，Gottuk（2011）等人确定泼洒在密实的无孔隙表面的汽油液面的高度大约是 1 mm（10^{-3}m）。液体的泼洒面积由泼洒液体的体积（m^3）除以厚度得到：

$$面积(m^2)=体积(m^3)/高度(m) \tag{3-6}$$

单位转换时：$1L=10^{-3}m^3$。

在木材等半多孔材料表面，燃烧液池的等价深度是 2～3mm。在地毯等多孔材料表面最大深度是地毯本身的厚度，此时液体已经充分地浸透在地毯中。

【例 3-1　等价火灾直径】 问题：3.8L（1gal 或 3800cm^3）的汽油泼洒在带有天井的室内水泥地面处。流动的液池厚度是 1mm。计算：（1）被覆盖面积；（2）相同面积的等价圆形直径。

解决方案：

$$池体面积=\frac{可燃液体体积}{池体深度}=\frac{3800cm^3}{0.1cm}=38000cm^2=3.8m^2$$

等效直径 D 为：

等效直径	$D=\sqrt{(4A/\pi)}$
总面积	$A=3.8m^2$
常数	$\pi=3.1416$
等效直径	$D=\sqrt{(4\times3.8)\div3.1416}=2.2(m)$

3.3.2　虚拟火点

如图 2-7、图 2-16 和图 3-4 所示，虚拟火点就是将实际火灾起火的位置等价为一个点处起火。这个点从燃料燃烧的上表面测量就是火羽流中心线处火焰的最初起点。通过识别虚拟火点的位置，然后可以求得房间内其他燃烧物到起火位置的距离。

然后调查人员可以依据房间内其他可燃物到虚拟火点的距离和燃烧物表面尺寸提出各种假设。

虚拟火点能够通过数学方法计算求得，虚拟火点位置有助于对虚拟火源、起火点、燃烧表面积和火势蔓延方向进行重建和记录。虚拟火点在一些计算中也用于计算火羽流的火焰高度。

虚拟火点，Z_o 是由 Heskestad（1982，1983）测出的：

$$Z_o=0.083\dot{Q}^{2/5}-1.02D \tag{3-7}$$

式中　Z_o——虚拟火点，m；

$\dot{Q}$——总释放速率，kW；

D——等价直径。

适用条件如下。

- 环境温度：$T_{amb}=293K(20℃)$。
- 大气压：$P_{atm}=101.325kPa$（标准温度和压力下）。
- 直径：$D\leqslant 100m$。

根据等价直径与总热释放速率，虚拟火点可能低于或高于燃料的表面。其具体位置主要取决于燃料的热释放速率和有效直径。虚拟火点值可以在公式和其他火灾羽流关系式模拟中使用。

小直径的可燃液体流淌火虚拟火点位于可燃液体表面以上。在式(3-7) 中可看出，等价直径 D 值越小，热释放速率 Q 值越高，虚拟火点 Z_o 更大可能为正，也就是在火灾表面之上。由于并不是所有火灾都在地面上燃烧，虚拟火点 Z_o 在有效火羽流起点、燃料表面和起火房间三者中显得十分重要。

【例 3-2 虚拟火点】 问题：火灾在充满废纸的纸篓里发生，快速达到 100kW 的稳定热释放速率，纸篓的直径为 0.305m。试采用 Heskestad 公式计算火羽流的虚拟火点的位置。

解决方案：使用虚拟火点的公式。

虚拟火点：$Z_o=0.083Q^{2/5}-1.02D$

等价直径：$D=0.305m$

总热释放速率：$\dot{Q}=100kW$

虚拟火点：$Z_o=0.083\times 100^{2/5}-1.02\times 0.305$

$=0.524-0.311=0.213(m)$

在例 3-2 中，虚拟火点为正值，说明其位于燃料表面以上。如果相同的燃料在地面上燃烧蔓延，它的有效直径是 1.0m，其 $\dot{Q}$ 值还是 100kW，它的虚拟火点的位置 $Z_o=-0.5m$（低于地面）。这就是说，火灾对房间的影响就好像火灾在远离天花板的地方燃烧。

讨论： 如果纸篓充满了大量汽油，$\dot{Q}=500kW$，重新计算虚拟火点的位置。当热释放速率提高时，虚拟火点有什么变化?

3.3.3 火焰高度

火羽流中的火焰代表着火灾燃烧过程中的可见部分。这是由于被加热的炭颗粒和热解产物有亮度而使火焰发亮。在火焰中气体的浮力作用使火羽流垂直升起。火焰的高度可由几个术语描述，包括连续高度、间断高度或平均高度。

已知火焰高度和大概的火灾持续时间能够使调查人员基于传导到天花板、墙壁、地板附近物体的热量，来检验和确定火灾造成的潜在损害。通过实际火灾实验拟合的回归方程可得出火焰高度的公式。在使用公式时，使用者要注意实验设定的边界条件。

燃料燃烧形成的火焰，特别是池火中形成的火焰高度是扰动的。研究者设定经典火灾高度公式是高于燃料燃烧表面的高度，在该高度上，火焰至少有 50％的时间是能观察到的。Zukoski，Cetegen，Kubota 等人（1985）在定义火焰平均高度的时候，通过测量间歇式火焰发现，其有一半的时间，火焰高度高于某一确定高度。Audouin 等人（1995）定义的火焰高度类似于 Zukoski 等人的定义，连续火焰和间歇式火焰分别有 95％的时间高于某一高度，5％的时间低于其一高度。Stratton（2005）描述了测量火焰高度的方法，通过视频捕捉三维的云图来计算火焰高度和火焰的脉冲频率。

在火焰发光区域，沿着火焰中心线区域进行 McCaffrey 火焰高度的测量，持续火焰高度为 Z_c，间歇火焰高度为 Z_i：

$$Z_c=0.08\dot{Q}^{2/5} \tag{3-8}$$

$$Z_i=0.20\dot{Q}^{2/5} \tag{3-9}$$

式中 Z_c——持续火焰高度，m；

Z_i——间歇火焰高度，m；

$\dot{Q}$——热释放速率，kW。

根据目击者和消防员对火焰高度的描述，可对热释放速率进行粗略估计。对 McCaffrey 间歇性火焰高度的测量公式进行代数变换，得出：

$$\dot{Q}=56.0Z_i^{2/5} \tag{3-10}$$

【例 3-3 火焰高度：McCaffrey 方法】 问题：对例 3-2 中 100kW 热释放速率的废纸篓火灾，利用 McCaffrey 方法确定连续式和间歇式火焰高度的值。

解决方案：使用 McCaffrey 公式进行计算。

热释放速率：$\dot{Q}=100\text{kW}$

连续火焰高度：$Z_c=0.08\dot{Q}^{2/5}=56.0Z_i^{2/5}=0.08\times100^{2/5}=0.505(\text{m})$

间歇式火焰高度：$Z_i=0.20\dot{Q}^{2/5}=0.20\times100^{2/5}=1.26(\text{m})$，高于火焰表面。

【例 3-4 不同火焰高度的热释放速率：McCaffrey 方法】 问题：一个证人看到了割草机翻倒事故，汽油被点燃起火，形成轴对称火羽流，他观察到间歇式火羽流从地面向上高达 3m。试估算汽油燃烧的热释放速率 $\dot{Q}$。

解决方案：使用 McCaffrey 方法进行计算。

基本公式：$Z_i=0.20\dot{Q}^{2/5}$

间歇式火焰高度：$Z_i=3.0\text{m}$

被估测的热释放速率：$\dot{Q}=56.0Z_i^{2/5}$

$=56.0\times3.0^{2/5}=873(\text{kW})$

实际估计热释放速率大致为 800～900kW。

【例 3-5 计算池火的面积】 问题：利用表 2-4 中的数据，计算例 3-4 中热释放速率为 873kW 的池火的燃烧面积。

解决方案：采用热释放速率的等式。

基本公式：$\dot{Q}=\dot{m}''\Delta h_c A$

热释放速率：$\dot{Q}=873\text{kW}$

单位面积的质量燃烧速率：$\dot{m}''=53\text{g}/(\text{m}^2\cdot\text{s})$

燃烧热：$\Delta h_{eff}=43.7\text{kJ/g}$

池火的面积：$A=\dot{Q}/(\dot{m}''\Delta h_c)=873\div(53\times43.7)=0.38(\text{m}^2)$

火焰高度是统计出的火焰高度的平均值，也就是能在 50% 的时间内观察到的明火焰的高度的平均值。当人们观察到一个跳动火焰时，趋向把一个变化高度的火焰用一个平均高度的火焰代替。

对火焰高度的平均值 L_f 进行较准确的估测，可采用 Heskestad 公式。

$$L_f=0.235\dot{Q}^{2/5}-1.02D \tag{3-11}$$

式中 D——有效直径，m；

$\dot{Q}$——总热释放速率，kW；

L_f——高于虚拟火点的火焰平均高度，$L_f=Z+Z_o$。

在该等式中含有火焰直径参数，说明了大尺寸的燃料燃烧对可见火焰产生影响。随着燃料燃烧面积的增加，在相同热释放速率的情况下，火焰高度变小。

【例 3-6 火焰高度：Heskestad 方法】 问题：例 3-2 中热释放速率为 100kW 的废纸篓火灾，确定高于虚拟火点 Z_o 的火焰高度 L_f。

解决方案：使用式(3-11) 计算平均火焰高度。

平均火焰高度：$L_f=0.235\dot{Q}^{2/5}-1.02D$

纸篓直径：$D=0.305$

平均火焰高度：$L_f=0.235\dot{Q}^{2/5}-1.02D$

$=0.235\times100^{2/5}-1.02\times0.305$

$=1.17(\text{m})$

例 3-2 中，虚拟火点的高度大约在燃烧面以上 0.2m。

3.3.4 火焰的卷吸效应

当火在房屋中心处燃烧时，火灾产生的烟气流上升的浮力驱使房间内的新鲜空气参与到燃烧气体中。该过程就被称为卷吸，因为周围冷空气的卷吸与夹带进入上升的羽流中，改变了燃料上方羽流的温度、流速和直径。卷吸将会降低羽流的温度，增加羽流的宽度。

如果有一个水平的天花板，并且火羽流到达了天花板的高度，羽流碰到天花板开始水平方向流动，形成顶棚射流。在这种情况下，也能够产生顶棚卷吸（Babrauskas，1980)。

当羽流的热量通过对流散失到空气当中时，通常会由于羽流与空气的混合，造成上升的热烟气被稀释、降温。在图 3-11 中，由上往下看火羽流，能够看到在火羽流的周围，向内卷吸的气流大体是相等的，对称的火羽流始终处于上升状态。

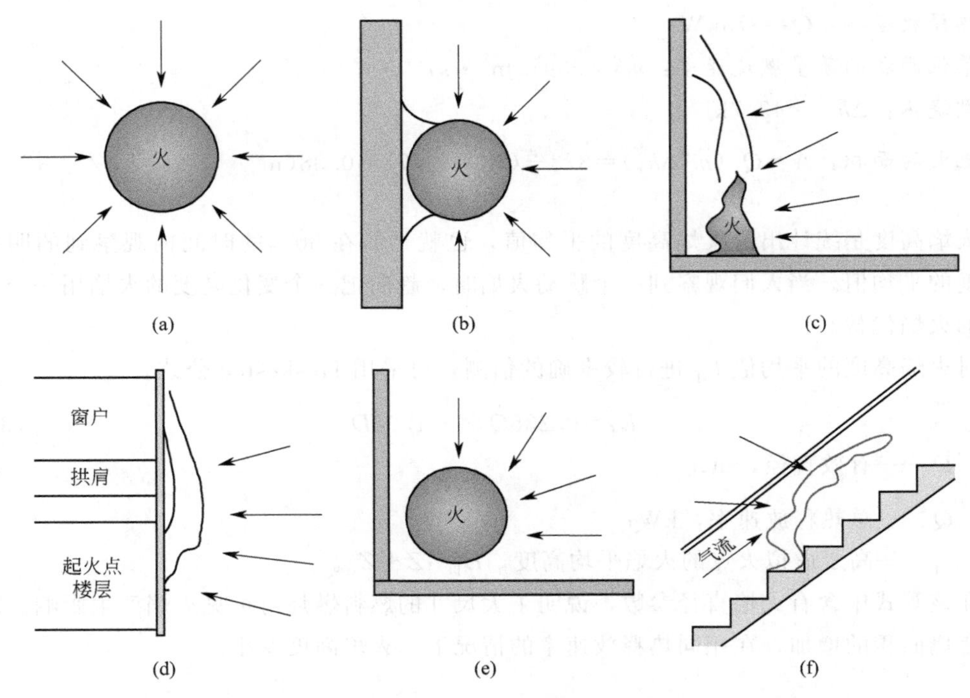

图 3-11　(a) 从火羽流上部看到的进入轴对称火羽流的空气流；(b) 墙壁影响下的空气流；(c) 从火羽流侧面看到的墙壁影响空气流；(d) 典型的升腾火羽流；(e) 墙角火影响下的空气流；(f) 侧面看到的沟渠效应

如果火羽流紧靠墙壁，火羽流对空气的卷吸是不均匀的。空气就会在火羽流开放的一侧被卷吸，造成火羽流紧贴墙壁［如图 3-11(b)、(c)］。卷吸效果降低了 50%，意味着吸入的冷空气减少，冷却作用减小了。因此，离开火焰的热气体能够上升更高。只有在墙壁附近才能发生这种情况，当墙壁不是垂直的情况下，类似情况也能发生。现代高层建筑外部火焰在楼层间的蔓延就是该原理造成的。最初起火房间的窗户被突破，火焰从建筑物中逸出，火焰就会紧贴建筑一侧向上蔓延［如图 3-11(d)］。上一楼层的窗户和窗户板材就会暴露在高热的火羽流（$>50kW/m^2$）当中，通过对流和热辐射的作用，窗户和窗框很快就会损坏。火羽流进入更高一层会点燃这一层内的物品。如果没有充分的火灾防护扑灭新的火灾，火羽流将会层层上跳，对于每层带有挡雨棚或阳台的建筑物，火羽流将会直接脱离建筑物的壁面，没有机会接触建筑物外围墙体。相比于幕墙设计来说，上方楼层的窗户被火羽流烧坏的机会由于阳台“火焰保护”效应而降低。

如果火灾发生在拐角处，火羽流直接接触冷空气的周长就会变成原来的 1/4。此时仍然有大量的空气到达燃烧区域，火灾仍然在以相同的燃烧速率发展，如图 3-11(e) 所示。在墙角处，气体被冷却的速度会更慢，因此，火焰会有更多的时间降温至不再炽热的温度点（500℃），因此产生了更高的可见火焰。当由墙壁或墙角反射辐射热反馈到燃料表面时，这种效应进一步加强，热释放速率将会大大提高。

由于火羽流附近的墙壁或墙角会减少卷吸进入火羽流的冷空气，同时增加了辐射热反馈对燃料的加热作用，因此火焰高度受到影响。在 2004 年版 NFPA 921 中列出了对调查人员有帮助的公式。这些公式都通过了大量的研究与实验，能对壁面附近的平均火焰高度进行预测。公式如下：

$$H_f=0.174(k\dot{Q})^{2/5} \tag{3-12}$$

$$\dot{Q}=\frac{79.18H_f^{5/2}}{k} \tag{3-13}$$

式中 H_f——火焰高度，m；

$\dot{Q}$——热释放速率，kW；

k——墙壁效应系数，$k=1$，附近没有墙壁，$k=2$，燃料在墙壁一侧，$k=4$，燃料在墙角处。

【例 3-7　火焰高度：NFPA921 方法】问题：对于例 3-2 中的 100kW 废纸篓火灾，分别根据以下条件估算火焰高度：(1) 房间中心处起火；(2) 墙壁附近处起火；(3) 墙角处起火。假设燃烧不受限制，也没有强制通风。

解决方案：由式(3-12)，火焰高度 H_f 以燃料顶部为起始位置。

总热释放速率：$\dot{Q}=100\text{kW}$

火焰高度：$H_f=0.174(k\dot{Q})^{2/5}$

没有墙壁效应（$k=1$）：$H_f=0.174\times100^{2/5}=1.10(\text{m})$

燃料在墙壁一侧（$k=2$）：$H_f=0.174\times2\times100^{2/5}=1.45(\text{m})$

燃料在墙角处（$k=4$）：$H_f=0.174\times4\times100^{2/5}=1.91(\text{m})$

这种现象的另一种特例是沟槽效应，也叫康达效应。就是快速流动的空气流趋向沿物体表面流动。当火灾发生在两侧有墙体的斜面上，如楼梯或电梯处［如图 3-11(f)］，这种沟槽效应就会发生。在这种情况下，空气流由底部吸入火羽流，同时伴有浮力流的卷吸。当火灾尺寸达到一个临界尺寸的话（临界空气流），火羽流会在沟槽底部，并会因直接的卷吸作用从沟槽中蔓延出来。如果沟槽的底部与侧墙是可燃的，它们会被点燃，火会在整个阶梯上快速地发展蔓延。

沟槽效应是木制楼梯上的小火迅速发展为大火的主要驱动力。在 1987 年英国伦敦的皇家十字地铁车站火灾中，在扶梯上的一个小火就是由于这种沟槽效应导致迅速发展成一个大火球吞没了扶梯顶部的售票大厅（Moodie 和 Jagger，1992）。爱丁堡大学的进一步研究确认了产生沟槽效应的四个条件：(1) 沟槽的倾斜度；(2) 几何轮廓形状；(3) 可燃的建筑材料；(4) 引火源（Wu 和 Drysdale，1996）。研究者认为对于大的沟槽与水平面的临界倾斜角度是 21°，小的沟槽与水平面的临界倾斜角度是 26°。

3.3.5 火羽流中心线温度和速度

典型的火羽流中心线的温度分布如图 3-12(a) 所示。火羽流在水平截面上的温度分布如图 3-12(b) 所示。对火羽流的中心线处羽流温度的最大值、羽流速度和羽流的质量流速进行估测在确定室内火灾羽流的影响时非常重要。这种影响包括当羽流不断升高到达天花板时，羽流对天花板及周围其他火灾载荷产生影响。

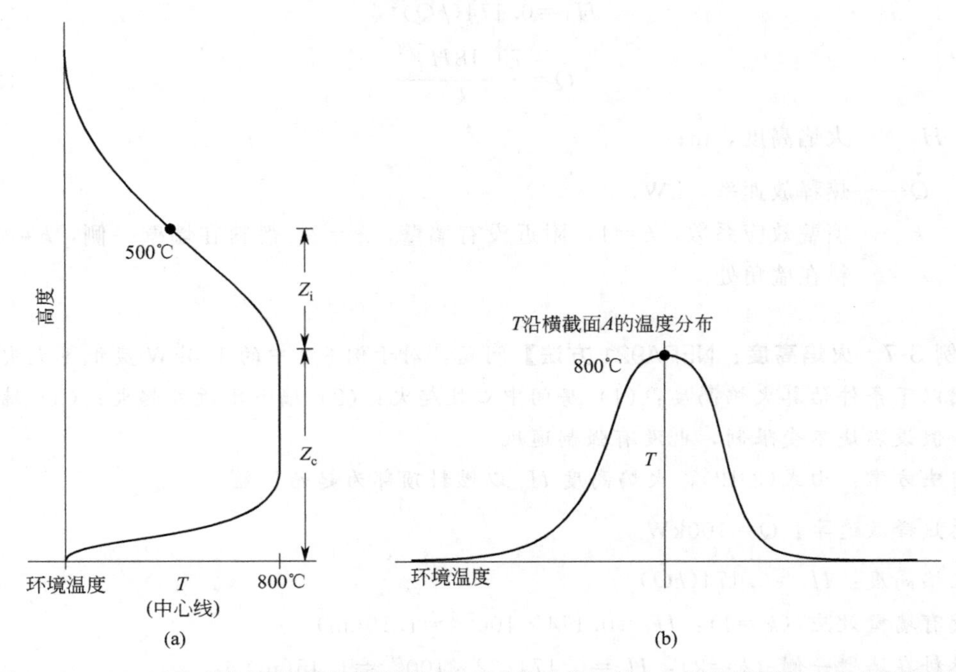

图 3-12 (a) 平均火焰温度-高度曲线图。显示火焰连续区域中心处温度最高，在火焰间歇区平均温度下降。(b) 平均火焰温度-水平位置图，显示在火羽流轴线上温度最高。

Heskestad (1982，1983) 方法可用来估算火羽流中心线的最大温度、流速、火羽流的质量流速。

$$T_0 - T_\infty = 25\left(\frac{\dot{Q}_c^{2/5}}{Z - Z_o}\right)^{5/3} \tag{3-14}$$

$$U_0 = 1.0\left(\frac{\dot{Q}_c}{Z - Z_o}\right)^{1/3} \tag{3-15}$$

$$m = 0.0056\,\dot{Q}_c\,\frac{Z}{L_f} \quad Z < L_f \tag{3-16}$$

例如，火羽流内部任意一点

$$\dot{Q}_c = 0.6\dot{Q} \quad 到 \quad Q_c = 0.8\dot{Q} \tag{3-17}$$

用来估算火羽流中心线上的最高温度，火焰速度和质量流速的 McCaffrey 方法是：

$$T_0 - T_\infty = 21.6\dot{Q}^{2/3} Z^{-5/2} \tag{3-18}$$

$$U_0 = 1.17\dot{Q}^{1/3} Z^{-1/3} \tag{3-19}$$

$$m_p = 0.076\ \dot{Q}^{0.24}\ Z^{1.895} \tag{3-20}$$

用来估算火羽流中心线上的最高温度，火焰速度替代方法是（Alpert，1972）：

$$T_0 - T_\infty = \frac{16.9\dot{Q}^{2/3}}{H^{5/3}} \quad 当 r/H \leqslant 0.18 \tag{3-21}$$

$$T_0 - T_\infty = \frac{5.38(\dot{Q}/r)^{2/3}}{H^{5/3}} \quad 当 r/H > 0.18 \tag{3-22}$$

$$U = 0.96\frac{\dot{Q}^{1/3}}{H} \quad 当 r/H \leqslant 0.15 \tag{3-23}$$

$$U = 0.195\frac{\dot{Q}^{\frac{1}{3}} H^{\frac{1}{2}}}{r^{\frac{5}{6}}} \quad 当 r/H > 0.15 \tag{3-24}$$

式中 T_0——天花板的最高温度，℃；

T_∞——环境温度，℃；

$\dot{Q}$——总热释放速率，kW；

$\dot{Q}_c$——对流热释放速率，kW；

Z——沿中心线的火焰高度，m；

Z_o——虚拟火点的高度（$L_f = Z + Z_o$），m；

m_p——总火羽流质量流速，kg/s；

r——距羽流中心处的径向距离；

H——天花板高度，m；

U——最大顶棚射流速度，m/s；

U_0——中心火羽流速度，m/s。

【例 3-8 在天花板水平面上的火羽流温度、火羽流的流动速度和质量流速：McCaffrey 方法】 问题：一个废纸篓火灾发生在一个天花板高度为 2.44m 的房间内。热释放速率为 100kW。假设周围空气温度 20℃，试采用 McCaffrey 方法计算天花板水平面上的火羽流温度、火羽流的流动速度和质量流速（注意：正确的方法就是测量能卷吸空气的火灾载荷顶部或底部的高度。也许你也想到用天花板的高度减去废纸篓的高度）。

解决方案：使用 McCaffrey 公式。

天花板处的最大羽流温度：$T_0 = 21.6\dot{Q}^{2/3} Z^{-5/2} + T_\infty$

$$= 21.6 \times 100^{2/3} \times 2.44^{-5/2} + 20 = 68.5(℃)$$

中心线羽流的速度：

$$U_0 = 1.17\dot{Q}^{1/3} Z^{-1/3}$$

$$=1.17\times100^{1/3}\times2.44^{-1/3}=4.033(\text{m/s})$$

羽流质量流速：

$$m_p=0.076\dot{Q}^{0.24}Z^{1.895}$$
$$=0.076\times100^{0.24}\times2.44^{1.895}=1.244(\text{kg/s})$$

讨论：在例 3-2 中，对虚拟火点的测量值 Z_0 高于燃料表面 0.213m。采用 Heskestad 和 Alpert 公式解决上述的问题。

3.3.6 烟气产生速率

在一起火灾中，建筑物内产生的烟气会使人员和财产暴露在烟雾、有毒气体和火焰中。火灾和烟气的蔓延能够引起巨大的危害，包括电路上的烟灰沉积物对电子设备的破坏（Tanaka，Nowlen，Erson，1996 年）。

据估计，烟气的产生速率接近火羽流产生的气体质量流速的两倍。这个假设是基于这样一种理论：吸入上升羽流的空气量等于充满烟雾的气体量（NFPA 2000，第 11 部分，第 10 章）。

在确定烟气产生速率的 Zukoski 方法（1978）中，用于确定在 20℃时火焰上方的火羽流质量流速的公式是：

$$\dot{m}_s=0.065\dot{Q}^{1/3}Y^{5/3} \tag{3-25}$$

式中 $\dot{m}_s$——羽流质量流速，kg/s；

$\dot{Q}$——总热释放速率，kW；

Y——虚拟火点到烟气层底部的距离，m。

该理论最适用于简单的圆形等价液池火灾，在较低水平面处有通风。

3.3.7 室内烟气填充

当室内火灾中的烟气聚集，一般会上升到达天花板顶部。这种室内烟气填充速率取决于烟气产生的速率和通过室内通风口逃逸的速率。当烟气聚集时，天花板顶部形成烟气层，并且不断向地面方向沉降。

室内烟气填充速率对于估测在天花板顶部聚集的烟气量非常有意义。烟气产生量和通风管的位置、大小决定了烟气层的形成速度和向地面方向沉降的速度。火灾调查人员发现一个房间内的烟气层沉积是均匀分布的，这个重要的发现可用于计算火灾持续时间及遇难者遭受到烟气威胁的时间。注意该研究支持室内火灾发生时，烟气层水平与烟气层沉积相对应时的情况。烟气充满整个房间并不少见。但烟气层沉降的高度可能被限定在天花板以下 1.22m 的高度。

密闭房间顶部烟气层沉降的计算公式：

$$U_t=\frac{\dot{m}_s}{\rho_1 A_r} \tag{3-26}$$

式中 U_t——烟气层沉降的速度，m/s；

$\dot{m}_s$——火羽流的质量流速，kg/s；

ρ_l——上部烟气层的密度，kg/m^3；

A_r——室内地板的面积，m^2。

注意烟气的密度与温度成反比关系。保守估测烟气的密度在标准温度和大气压下与空气密度是相同的。

【例 3-9　烟气填充】 问题：在上述事例当中的废纸篓在一个密闭房间内发生了 100kW 的火灾。天花板高度为 2.44m，房间 2.44m 见方，试估测此火灾对封闭房间的烟气填充速率。

解决方案：采用 McCaffrey 方法计算。假设环境空气在 17℃ 时的密度是 1.22 kg/m^3，烟气沉降有更低的速度值。

烟气层沉降速度：$U_t = \dfrac{\dot{m}_s}{\rho_l A_r}$

产烟质量流速：$\dot{m}_s$ = = 1.244kg/s

上部气体层密度：ρ_l = 1.22kg/m^3

室内地面面积：A_r = 2.44×2.44 = 5.95(m^2)

沉降速度：U_t = 1.244×1.22×5.95 = 0.171(m/s)

3.4　火灾痕迹

3.4.1　类型学

专业火灾调查人员在进行现场重建时根据许多指示物对起火部位、起火点、现场燃烧物的分布情况以及火灾蔓延方向估测。这些指示物被称为火灾痕迹。根据其特征，可将火灾痕迹分为以下 5 种类型，见表 3-1。图 3-13 中展示了一些特殊的火灾痕迹。

表 3-1　普通火灾痕迹类型

痕迹类型	描述	影响因素	事例
界线痕迹	在烟气和热量的作用下，材料未受影响和受影响部位的交叉线	材料的类型； 火灾温度、持续时间、热释放速率； 灭火； 通风； 到达物体表面的热通量	墙壁上的 V 形痕迹； 变色痕迹； 烟熏痕迹
表面效应	边界的形状、界线内的面积、区域的面积和不同类型表面的热作用特征	表面的质地（粗糙表面易形成更严重的破坏）； 表面积与质量的比； 表面的覆盖物； 可燃与不燃表面； 热传导； 表面温度	地板表面剥落； 由于热解与氧化作用造成可燃物表面的烧焦与炭化； 脱水； 不燃物表面的变色、氧化、熔化与清洁燃烧； 烟痕； 热阴影

续表

痕迹类型	描述	影响因素	事例
烧穿痕迹	水平面与垂直面烧穿的痕迹	地板、墙壁和天花板先前存在的开口； 直接火焰作用； 热通量； 灭火持续时间	家具底部向下的烧穿痕迹； 地板的接缝处马鞍形痕迹； 墙壁、天花板和地板上的烧损； 天花板与地板的内部损坏； 煅烧
烧失痕迹	可燃物表面的烧失和质量损失	材料的类型； 施工方法； 室内物品与火灾载荷； 火灾的持续时间	木制墙壁上使用的螺栓顶部； 掉落的燃烧残留物； 地毯未烧的部分； 拐角处或边沿处的部分
人员烧伤痕迹	伤者及衣物的烧损面积、深度和烧损程度	与其他物体与尸体有关的尸体位置； 火灾前、火灾过程中与火灾后的活动	人员手臂与脸部的烧伤； 由衣物或家具遮挡保护的烧伤部位； 更低位的尸体部位烧伤痕迹； 热阴影

- 界线痕迹
- 表面效应
- 穿透痕迹
- 烧失痕迹
- 人员烧伤痕迹

注意前 4 类火灾痕迹与前面讨论的火灾作用的分类相对应。烧伤痕迹可以认为是这种分类作用于人体皮肤和器官上的一类特殊情况。

3.4.2 界线痕迹

在烟气、热量和火焰的共同作用下，材料未受影响和受影响区域形成界线痕迹，界线痕迹就发生在这些位置。这些痕迹包括墙上的烟气沉积层，墙上的火羽流痕迹，如图 3-13（1）所示。界线痕迹会随物质的类型、气体温度、热释放速率和通风条件的不同而变化。在那些温度不够高，不足以对表面覆盖物产生热破坏的部位，界线痕迹能够对表面的燃烧沉积物识别提供帮助。物质烧失的面积有时对识别界线痕迹有帮助。

在火灾模拟程序中，这些水平线能在模拟建筑中预测出来，这些分界线与火灾的尺寸和火灾持续时间有直接关系。热和烟气分界线在评估死伤人员时也十分重要，可用于解释当他在房间时能否看到安全出口，或当他在建筑物内逃生时，是否会受到热和烟气的影响。在涉及人员伤亡的火灾中，在评估伤亡人员是否站在充满烟气的房间，吸入热的有毒烟气和燃烧副产物而导致受伤时，热和烟气层的预测变得十分重要。

当顶棚射流在整个房间内发生时，由于热与烟气的分层破坏作用也会形成界线痕迹。在图 3-13 中，天花板羽流沿着墙壁向右侧扩展，形成了一个分层的界线。在墙壁表面形成了有烟与无烟痕迹区分明显的受热程度不同的分界线。在天花板与分界线之间形成了一个锐角。这个锐角是热烟气由于浮力作用形成的浮力流造成的结果，同时也明确显示出火灾的蔓延方向。

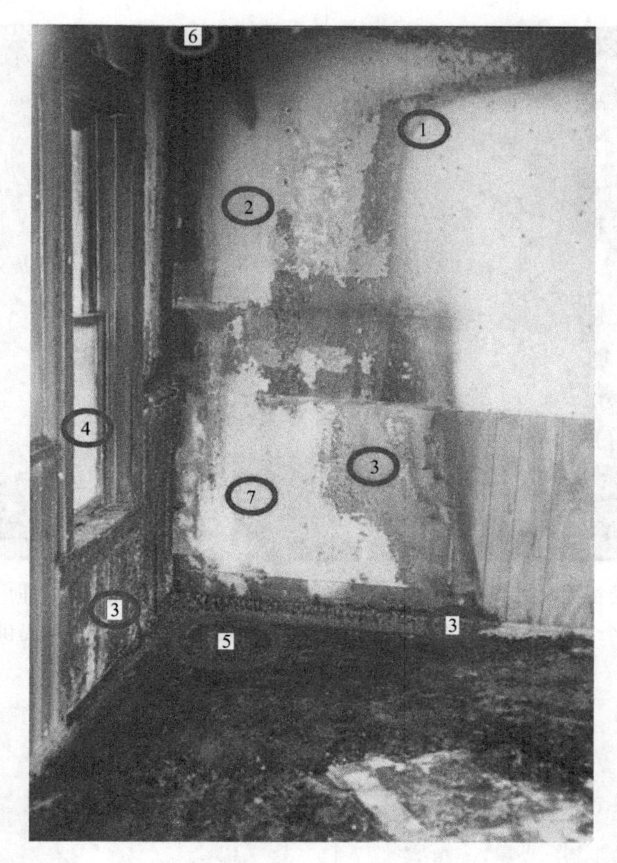

图 3-13 火灾现场发现的火灾痕迹：(1) 界线痕迹；(2) 煅烧痕迹；(3) 木质护墙板和护壁板材料的损失痕迹；(4) 玻璃破碎；(5) 地毯上可燃液体燃烧痕迹；(6) 天花板穿透痕迹；(7) 纸张和热解产物在墙面充分燃烧形成的清洁燃烧痕迹，热与烟气的水平分界线（也称水平线）指的是烟或热在房间墙面或窗户上造成污染或留下界线的高度（D. J. Icove 提供）。

水枪中的水流喷射到墙壁上、天花板上、地面上的灭火行为也会影响界线痕迹。灭火过程中采取的通风措施，如在天花板顶部通风或者门窗开放通风都能影响室内热、烟气作用形成的界线痕迹。图 3-14 中显示出在墙壁表面处一个向上的痕迹，这个痕迹是由于消防射水的影响，对受热作用的墙壁上纸张的冲刷，并将其从墙壁上面撕掉而形成的痕迹。

表面越冷，烟熏和热解产物越快吸附在表面上。空气流也将对烟气的沉积造成影响。图 3-15 中显示空气流对烟气沉积的影响，以及它如何显示热气体蔓延的方向。

3.4.3 表面效应

热传递作用使石灰墙壁表面处发生变色，可燃物发生表面烧焦、炭化，不燃物发生氧化、变色、熔化，这就是表面效应。没有被热和火焰损坏的部位是被保护区域，当发现现场中有物体、尸体或勘验前物品和尸体被移动时，被保护区域就显得十分重要。表面效应还包括在低温表面上沉积的非热解炭颗粒和热解产物。表面越冷，沉积物沉积的速度越

图 3-14 受在灭火过程中墙面消防射水的影响，在墙面形成了一个向上的痕迹，这个痕迹以前是由热和烟气形成的界线痕迹（D. J. Icove 提供）

(a) (b) (c)

图 3-15 烟熏痕迹［(a) Jim Allen，Nipomo，California 提供；(b)，(c) Ross Brogan，NSW Fire Brigades，Greenacre，NSW，Australia. 提供］

(a)，(b) 灯具周围留下的烟熏痕迹；(c) 感温探测器周围留下的烟熏痕迹，痕迹显示了空气流动的方向

快。影响表面效应的因素包括表面类型和光滑度，覆盖物的厚度和特征，以及物体表面积与质量的比值。

轰燃后房间内火灾持续燃烧，表面受到高温和热通量作用。全部可燃物发生燃烧，边界痕迹与表面痕迹会被擦去（DeHaan，Icove，2012）。东肯塔基大学进行了2～9min的轰燃后火灾实验，发现轰燃发生之后，火灾现场中的痕迹特征并不总是被抹去（Hopkins，Gorbett，Kennedy，2007）。具体在第8章中有说明。

表面效应的一个例子是汽车的金属表面油漆受热变色。由于热传导作用通常会在汽车的内部与外部产生可识别的受热痕迹特征（见图2-3和图2-5）。

金属表面的变色痕迹可能由氧化造成，这是一个化学变化的过程，与燃烧有关。特别是对于金属来讲，高温与低温作用形成的痕迹变色的界限可以通过拍照、画图等方式进行记录。

石膏板常用于住宅和商业建筑的内墙板材，有时也称作干式墙。这种干式墙是由两面纸面包裹石膏（二水硫酸钙）制成的。防火型或X形纸面石膏板是加入玻璃纤维进行强化而制成的。ASTM Cl396/C1396M-11国际标准对该类石膏板生产的有关要求进行了阐述（ASTM，2011）。

石膏是一种溶于水的岩石矿物，干燥后能够形成含水率在21%的硬化板。墙面石膏板的煅烧是指石膏板受热后硫酸钙进行两步脱水的过程。两个特征温度分别为100℃和180℃。

石膏脱水后，它会收缩并失去结合水，其机械强度降低，它会失效，暴露出可燃墙体结构。当它脱水强度降低，收缩或纸面燃烧导致它不再能够承受自身重量而破坏。最终脱水的石膏板将变成粉末，失去所有的机械承重能力，然后倒塌。这种煅烧过程也能够在墙壁上形成界线痕迹（DeHaan，Icove，2012）。在图2-13中标识2和标识7是纸面石膏板墙体煅烧后留下的痕迹。

在受热石膏的横截面上可以看到从白色到灰色再到白色的颜色变化。脱水本身可能不会引起从灰到白的颜色变化，因为这是一个无色的转变。在火灾暴露期间，其他的含碳热解产物积累，使已经脱水的石膏变成灰色。随后的加热会烧掉或蒸发表面的沉积物，导致石膏断口处变白。

暴露于火灾当中的石膏板，其纸面或漆面将会被全部烧光。这导致石膏板整体机械强度下降。在暴露于热源时，脱水石膏板跌落或从墙体上剥落的过程称为烧蚀。对于天花板来说，烧蚀在600℃时发生，对于墙面，烧蚀在800℃时发生（Konig，Walleij，2000）。石膏板被烧蚀，其厚度减小（Buchanan，2001）。有一些方法可用于对墙面石膏板火灾后烧失的测量，还可以对辐射热流的加热时间进行测算（Kennedy，2004；Schroeder，Williamson，2003）。对石膏板表面可进行煅烧深度测量，并记录在房间的测量图中。

Schroeder和Williamson（2001）的研究说明石膏板可用于对火灾强度、蔓延方向进行估测。在使用ASTM E1354锥形量热仪的一系列测试实验中，得出了石膏板受热变化的结论，并采用X射线衍射实验，记录了石膏板晶体结构的变化，为受热时间、受热温度和热通量的认定提供了定量分析方法。有关石膏板热特性的其他参考文献见Lawson（1977），Thomas（2002），McGrawc和Mowrer（1999）的研究。有关石膏板在火灾中煅烧的参考文献见Mowrer（2001），Chu Nguong（2004），以及Mann和Putaansuu（2006）等人的研究。

炭化是热解的结果，通过热解能够将纸张、木材中的有机物转变成挥发性物质和炭化物。当火灾持续发展时，不同的木制材料炭化层可能被烧光或者剥落。热解材料的线性深度也就是炭化深度，它包括炭化层和烧失层。

木制材料炭化的速率并不是线性的。木材在初期会快速炭化，由于新炭层的绝缘作用，空气燃料界面的减小，通风条件发生改变，热传导及物理结构的变化都会使木材炭化速度减小。大尺寸的建筑木材炭化行为都已经建模。利用云杉、冷杉木和松木组成的2in×4in的55个木材样品进行500℃的受热实验，拟合了一个线性模型。该模型得出一个连续的炭化速率为1.628mm^2/s和0.45mm/min（Lau，White，van Zeel，1999）。真实的火灾并不能提供一个稳定的温度和热通量的条件。

已经开展了数字化模拟木材的热解反应研究。在实验中（Jia，Galea，Patel，1999），炭化部位的运动模拟与质量损失实验之间十分吻合。Babrauskas（2005）为火灾调查人员提供了相当全面的木材炭化速率的分析工具（DeHaan，Icover，2012，第七章）。Babrauskas（2005）的数据包括随木材类型和火灾特性不同，炭化速率变化的说明。炭化速率的大小很大程度上取决于热通量的大小（Butler，1971）。在火灾过程中，物体表面处的热通量在接触小火焰时，可在0～50kW/m^2，轰燃后在120～150kW/m^{2}的范围内变化。此时炭化速率由每分钟零到几毫米之间发生变化。

调查人员通常对带有木制装修板材或石膏板墙体内木制楔钉的变化来认定通过墙体的热传导。图3-16中显示出覆盖石膏板墙体的不同程度的受热破坏以及在火灾实验中的墙体内木制楔钉的受热破坏的变化。

图3-16　火灾实验中的一个木制板材的不同烧损痕迹以及楔入墙体的楔钉痕迹（D. J. Icove提供）

WALL2D火灾模型用于对直接暴露于火焰中或由石膏板保护的木制楔钉的热传递与炭化变化的预测，实验结果与WALL2D火灾模型预测的炭化变化是一致的（图3-17）。WALL2D火灾模型的推行者报告他们的传热模型与小尺寸和大尺寸实验结果具有良好的一致性（Takeda，Mehaffey，1998）。WALL2D已经作为防火工程研究领域的焦点，证明其作为一个火灾模拟工具，对消防管理和火灾调查人员有很好的帮助作用（Richardson等，2000）。

图 3-17　火灾实验中木制天花板结合处的炭化前沿向上发展（D. J. Icove 提供）

使用一种可穿透的工具用于炭化深度的测量，并可通过网格进行记录（NFPA 921）（NFPA，2011）。在这些网格记录图中，把等值炭化深度测量值的点进行连线，得到炭化深度等值线。每一条线都连接着相同的炭化深度值，调查人员应该考虑记录的高度（高于地板的高度），测量的精度（Sanderson，2002）。因为炭化速率的变化可受木材本身特性、木材表面涂层、防火处理影响。调查人员应注意炭化深度值应该在相似的木材种类中进行比较［踢脚线（板）、门框等］。

由于炭化的非线性特性，炭化深度的测量并不能够对火灾中燃烧的时间进行准确的估算。但是，炭化深度越大，说明有更强的火焰作用或者燃烧时间更长。炭化表面的特征通常取决于木材本身的特性和通风条件（DeHaan，Icove，2012）。然而在一个 $50kW/m^2$ 持续的热流作用下的木材炭化深度已经成为防火工程应用的重要内容（Silcock，Shiekds，2001）。

水泥或建筑石制材料在受热、受冷不均或者受到外力作用都会发生开裂、破碎。该痕迹就是剥落痕迹。剥落痕迹可显示出辐射热的温度梯度，普通可燃物的火灾荷载或者局部的热源长时间的加热作用致使其热量会穿透混凝土。

剥落发生在温度快速上升时，通常是 20～30℃/min（Khoury，2000）。有几个因素会影响剥落，水分和其组分（石灰岩与花岗岩）特性是主要影响因素。剥落也可能发生在非常热的混凝土表面受到消防射水的骤冷时。高强混凝土由于密度大，比普通混凝土更容易剥落。高密度混凝土的孔隙在高压水蒸气的作用下填充得更快（Buchanan，2001）。在混凝土中掺入玻璃纤维可以减少混凝土的剥落。当玻璃纤维在低温下熔化时，它们提供了气孔来释放内部产生的蒸汽。

受热时，钢筋比混凝土更快膨胀，因此，如果钢筋埋入混凝土不够深而得不到保护，它们膨胀导致混凝土受拉力而失效。轻质混凝土由于使用蛭石作为骨料，更容易脱落。

SP 瑞典国家实验研究所对混凝土剥落的研究强化了混凝土剥落的两个经典解释。剥落的最主要原因是热应力。热应力造成内部水蒸气从混凝土受热一侧流出而引起剥落。Jansson（2006）的实验表明，在火灾实验过程中，水蒸气从混凝土冷的一边流出。在这些火灾实验中，受热 15min 后，混凝土内部压力剧烈波动。已建立新的实验方法，用于测试暴露在火灾中的混凝土，在一特定蒸汽水平时能否产生爆炸导致剥落。实验中采用了圆柱状样品，相较于大尺寸实验，这是一种更有性价比的替代品（Hertz，Sorensen，2005）。

英国建筑研究院（BRE）对建筑物中的天然石材进行了火灾受损实验研究，结果表明，建筑火灾中天然石料受到火灾作用的影响较大，特别在建筑门窗开口处受损较严重（Chakrabarti，Yates，Lewry，1996）。200～300℃时，石材表面颜色发生变化，600～800℃时，石材发生局部坍塌。带有铁元素的石材变红，这种变色不可逆，对历史建筑的损坏非常严重。除此之外，BRE 的研究表明，烟熏和消防射水导致的盐风化作用也会对石材产生严重的损伤。

英国建筑研究机构还报道了含有水化的氧化铁的棕色或浅色的石灰岩在 250～300℃时变成红棕色，400℃时变得更红，在 800～1000℃变成灰白色粉末。石灰岩在受热温度是 600℃时，变色深度很少小于 20mm，导致石灰岩的承重能力降低。含镁金属的石灰岩受热在 250℃时，由白色或浅黄色变成浅粉色，300℃时，变成粉色。

含有脱水铁元素化合物的砂岩在 250～300℃时开始变成棕色，超 400℃时变成红棕色。在 573℃时，内部的石英晶体发生碎裂，强度大大降低。当门口、窗户和通道上方采用石材横梁，其强度丧失时，在没有先兆的情况下，整体结构也可能倒塌。

英国建筑研究机构进一步的研究表明，在 573℃花岗岩不会变色，但是由于内部石英膨胀，而大理石内部的方解石晶体存在热滞后现象，导致其结构发生开裂或者粉末化，会使其抗弯强度降低。当温度超过 600℃，大理石会碎裂成粉末状。所以大理石楼梯在火灾中非常危险。

英国建筑研究院（BRE）发表了一篇有关混凝土和砂浆受热外观变化的文献综述（Bessey，1950）。项目研究了骨料、混凝土、砂浆随温度的变化情况，并对重复性和原因进行了研究。Short，Guise 和 Purkiss 等人（1996）在英国阿斯顿大学土木工程系用光学显微镜对火灾中受热损坏的混凝土进行了颜色分析。

在裸露的混凝土表面上的可燃液体燃烧后，很少会造成混凝土的剥落痕迹。这是因为可燃液体在裸露的混凝土表面燃烧一般只持续 1～2min，有时时间可能更短（DeHaan，1995），由于混凝土导热能力差，热量很难传递到混凝土内部，另外由于表面的液体会吸收辐射热，混凝土的表面温度很难大幅度超过其表面接触的液体的沸点，汽油的沸点范围一般在 40～150℃，因此混凝土的温度不会超过能对其产生影响的温度（DeHaan，Icove 2012，第 7 章）。Novak 进行的大量实验（相关数据未发表）表明，在易燃液体池火作用下，各种混凝土表面没有剥落现象，而这些表面很容易被木材火灾剥落（见图 3-18）。

如果混凝土表面有瓷砖或地毯，汽油火焰会引起地板覆盖物局部炭化、熔化和燃烧。这种燃烧物燃烧时间比汽油燃烧时间长，熔化部分也具有很高的沸点，在地板部位也没有液体自由流淌界面的保护。此时很容易使混凝土发生剥落。图 3-19 中显示出，由于可燃

图 3-18 混凝土剥落实验：(a) 汽油池体火；(b) 汽油池体火自熄之后的混凝土变色但未开裂；(c) 木制板材在相同类型的混凝土地面燃烧；(d) 木制板材燃烧使混凝土地板开裂
(Jamie Novak，Novak Investigations，Inc. 提供)

液体泼洒在地砖上导致局部燃烧。在混凝土地面上的熔化燃烧的塑料和顶棚流下的焦油会产生很高的热量，并且该热量持续时间长，容易导致混凝土剥落。持续燃烧时间很久的木质结构会倒塌到混凝土地面，也会使混凝土地面发生剥落。

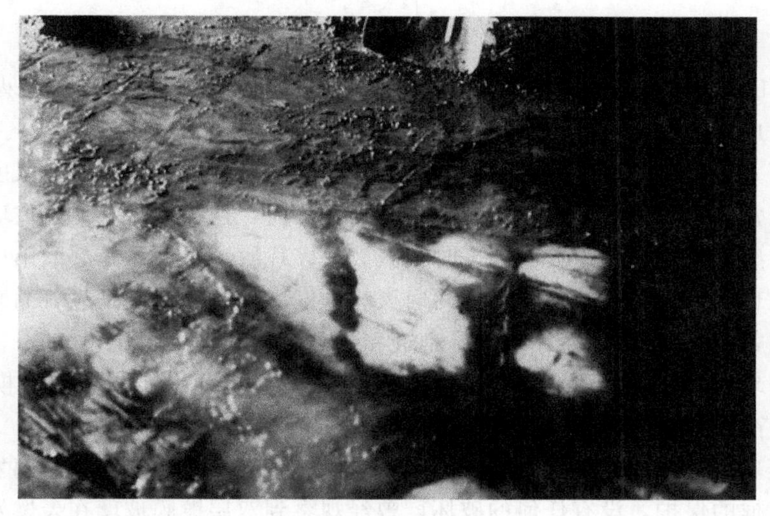

图 3-19 易燃液体泼洒痕迹（照片中央）导致地板瓷砖炭化。显示两条平行的泼洒痕迹，由放火犯从建筑物中退出时来回泼洒形成（D. J. Icove 提供）。

有关混凝土剥落的其他文献包括 Canfield（1984），Smith（1991），Sanderson（1995），

Bostrom（2005）。

当铺在混凝土地面上的乙烯基砖或沥青砖上有易燃液体局部燃烧时，就会在地板处形成潜影痕迹。潜影痕迹是由于瓷砖地板的下表面染色混凝土造成的，表面上好像是泼洒可燃液体使胶合剂熔化燃烧造成的。轰燃时热辐射或燃烧物跌落长时间加热可引起剥落，并不会明显地产生潜影痕迹（DeHaan，Icove，2012，第7章）。沿着砖体缝隙木制地板的受热痕迹也与潜影痕迹不相同。

玻璃断裂是另一种表面效应，当它受热不均匀时，玻璃就会被破坏。一般影响玻璃破坏的因素有：玻璃的厚度；玻璃本身存在的瑕疵；加热或冷却速度；玻璃镶嵌到窗框上的方式（Shields，Silcock，Flood，2001）。

玻璃断裂或破碎的原因分析已经成为多项研究的主要内容。预测玻璃破坏的可能性符合高斯统计关系式，如图3-20所示（Babrauskas，2004）。此关系式说明3mm厚玻璃破坏的平均温度是340℃，标准偏差是50℃。

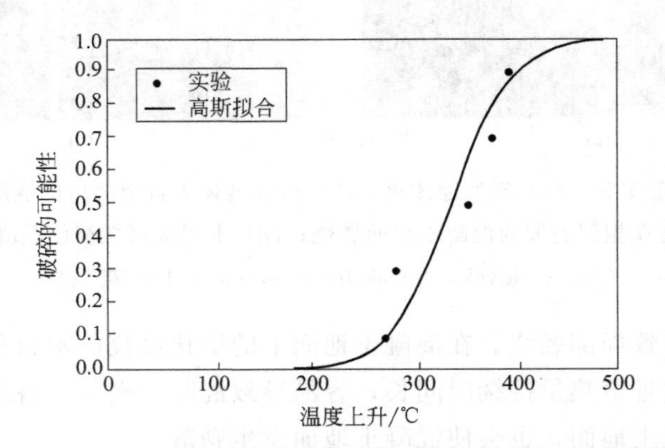

图3-20 3mm厚的玻璃破碎的可能性符合高斯统计关系式，在340℃时破裂，标准偏差是50℃。

BREAK 1（室内火灾玻璃破坏的贝克莱算法）火灾模拟程序结合一些火灾参数能够对不同物理组成的玻璃制品的窗玻璃温度变化进行模拟计算（NIST 1991）。该模型还能预测玻璃表面垂直方向上的温度梯度和玻璃破坏时间。当房间接近轰燃，温度和热通量急剧增加时，经常可以观察到大规模的玻璃热破裂。然而，这个程序只计算玻璃的开裂，而研究人员通常感兴趣的是知道玻璃什么时候破裂及碎片脱落，而不是裂纹第一次出现的时间。正是窗户玻璃的消失，才会影响房间内火势的发展，有时甚至是显著的影响。

在芬兰国家技术研究中心（VTT）建筑和运输部门工作的Hietaniemi（2005）建立了一个火灾中玻璃破坏和炸裂概率的模拟程序。该方法有两个步骤：这个模型首先使用BREAK 1程序预测初始破裂发生的时间，而后是一个玻璃的热响应程序。

双层镀膜玻璃的热破坏更不容易预测。通常双层镀膜玻璃的内层窗玻璃发生破坏，而外层玻璃受窗框的保护，没有任何的破坏。曾经观察到双层镀膜玻璃在轰燃发生后没有被破坏，直到受到消防射水冲击后才发生破坏。具有吸热膜的双层玻璃更能禁受热破坏。

普通玻璃的热破裂一般机理是玻璃边框或装饰形成的“热阴影”造成受热不均产生的压力。当窗玻璃在火场中受到辐射热或者对流换热的作用，受热面温度升高，体积膨胀，受窗框和窗口腻子遮挡的部分不会受热，但是由于玻璃是热的不良导体，这些受遮挡部位因此保持低温，并且不会发生膨胀［如图 3-21(a)］。这种差异在玻璃上产生的应力使玻璃发生破裂，形成了大致与玻璃边缘平行的破裂痕迹［如图 3-21(b)］。右侧从一点向周围辐射状破坏痕迹通常是由于玻璃边缘以前存在缺口或由于玻璃固定处或框架上的钉子产生的应力造成的（DeHaan，Icove，2012）。

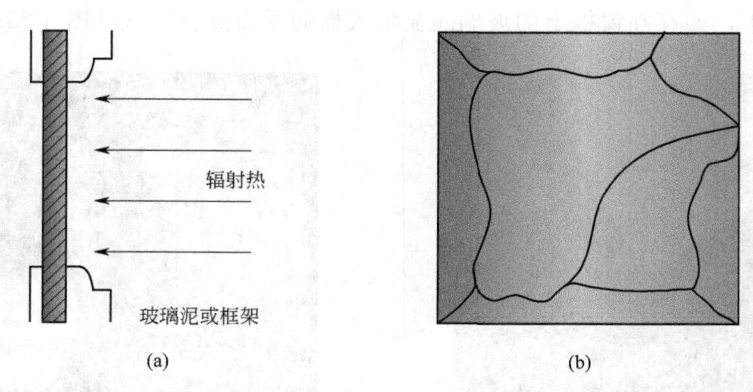

图 3-21　辐射热阴影导致的玻璃热炸裂。右侧放射状裂纹是因为玻璃边缘以前存在缺口或由于玻璃固定处或框架上的钉子产生的应力造成的

火灾中窗玻璃很少受到超压而发生爆裂，而是受到热的作用导致大块碎裂。在室内火灾轰燃条件下产生的压力并不足以使玻璃发生机械性破坏（Fang，Breese，1980；Mitler，Rockett，1987；Mowrer，1998）。然而室内发生回燃时，室内通风受限，当突然遇到空气时，产生的超压足以使玻璃受到损坏。

机械破坏的普通玻璃边缘的特征是裂纹扩展形成弯曲的、贝壳状的弓形线［见图 3-22(a)］。玻璃表面受机械力破坏形成的裂纹为典型的直线型的蜘蛛网状的痕迹［见图 3-22(b)］，该痕迹由一系列以打击点为中心的放射状裂纹和连接这些裂纹的同心圆裂纹组成。

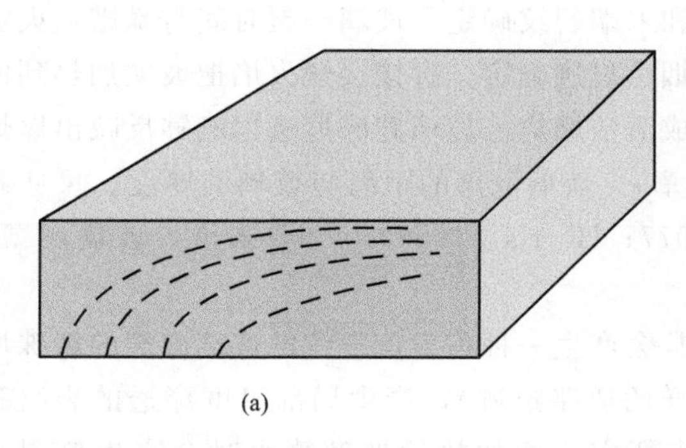

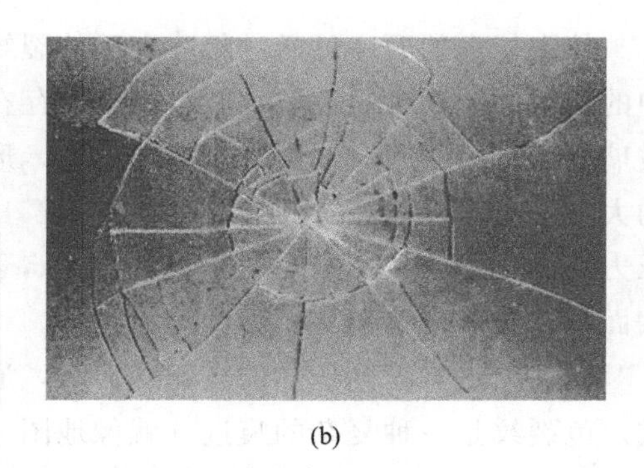

图 3-22　(a) 玻璃碎片边缘显示的贝壳状裂纹；(b) 玻璃中心部位受机械力破坏后表面放射状裂纹和同心圆裂纹快速的机械打击会形成短小的辐射状裂纹，由于玻璃在快速受力后，没有足够时间发生变形，可能会在打击点的背面蹦出少量的玻璃碎片。热应力会使玻璃形成更加随机的波浪形裂纹。这些碎片光滑断面处有贝壳状的弓形纹。这是因为相比于机械破坏，热破坏的速率更慢。

如果能收集足够多的玻璃碎片至少拼出部分痕迹，玻璃的正面或反面通过泥土、油漆、印花和刻字确定，则可以通过 3R 规则判断玻璃的受力方向。3R 规则是：放射状裂纹上的贝壳状弓形线上的直角形成于打击点背面（弓形线从受力处分开）。同心圆状痕迹的特征与之相反。安装于车辆侧面和后部，建筑的门窗、浴室门上的强化（安全）玻璃，破碎成细小的长方形的玻璃碎块，一般来讲强化玻璃破坏的原因与破坏方向都不易认定。但在一些条件下，残存在窗框上的玻璃能显示大概的受力点位置（见图 3-23）。

图 3-23 玻璃快速冷却炸裂痕迹

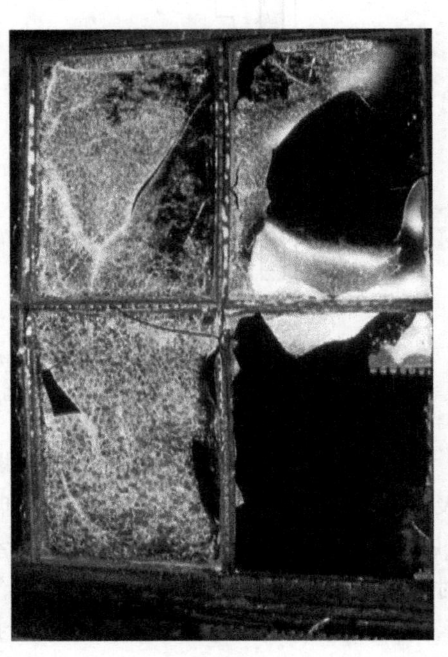

图 3-24 玻璃的龟裂纹一般是在灭火阶段玻璃快速冷却造成的。这是现场实验时窗玻璃上喷水形成的龟裂纹

外力打击的顺序可通过相互交叉的裂纹和末端裂纹确定。玻璃碎裂时间与暴露在火灾中的时间的关系可通过玻璃断口处是否存在烟熏痕迹确定。直接接触火焰把玻璃加热到使玻璃表面聚积的所有烟熏痕迹全部氧化，形成清洁燃烧。玻璃破碎痕迹也能够反映出爆炸的大量信息（DeHaan，Icove，2012，第 12 章）。玻璃散落的距离与玻璃的厚度、尺寸和压力有关（Harris，Marshall，Moppett，1977；Harris，1983）。一般来说，玻璃越薄，表面积越大，玻璃损坏所需冲击力越小。

当灭火水雾喷到加热的玻璃表面时，通常会产生一种称为龟裂纹的玻璃破裂的特殊形式。龟裂纹是一种复杂的痕迹（就像地图一样的道路痕迹），产生局部厚度穿透的裂纹和凹坑（Lentini，1992）。火灾现场实验进一步证实一面加热的玻璃喷水时会产生龟裂纹（如图 3-24）。注意在右上角玻璃发生了熔化。一般来说，窗玻璃在 700～760℃时发生软化。

还有一种表面燃烧痕迹是清洁燃烧痕迹（Kennedy，Kennedy，1985；NFPA，2011；DeHaan，2007）。当固体表面暴露在火灾环境中，燃烧产物中的水蒸气、烟尘和热解产物将会在固体表面上聚积，表面愈冷，产物沉降的速度愈快，导致墙体温度不均匀的螺栓、钉子轮廓痕和墙体上的其他特征痕迹会显露出来。当一个烟熏表面直接暴露于火焰之下，足够高的温度会使积累在表面上的燃烧产物烧光，形成清洁的表面。该痕迹可用于识别表面与火羽流的火焰直接接触的区域。不能与火焰直接接触的表面一般不能达到足够高的温度使烟尘和热解产物完全燃烧。未曾公开发表的 Ingolf Kotthoff 的研究表明，清洁燃烧一旦发生，说明温度大约达到了 700℃（约 1300℉）。清洁燃烧痕迹可能是炭化的有机物质烧光，留下不能燃烧底层所致。

2008 年 ATF 火灾研究实验室进行了燃烧实验，涉及通风控制条件下的单室隔间，每次火灾都以相同的方式和位置发生（Carman，2010）。每次测试的主要变量是火灾燃烧的持续时间。实验结果显示燃烧痕迹，特别是清洁燃烧痕迹特征有相似性，也有不同。一般我们假设清洁燃烧痕迹的形成机理是将初期形成的痕迹烧光，但是该实验提出的清洁燃烧痕迹形成的机理与此并不相同，清洁燃烧痕迹的形成部分可能是由于表面高的温度梯度阻止了燃烧产物的沉降。因此，进一步对清洁燃烧痕迹的机理的研究会改进对其形成原因和产生时机的解释。

火场中材料熔化也能够显示表面在火灾现场中受到的温度信息。英国建筑研究所的研究表明，在建筑火灾中，通过对火场残留物的勘验能够估计火场中受热部位的最高温度。研究人员勘验了现场中的铅和锌管道装置（卫生洁具）、铝和用于小型机械的合金制品、用于窗户和罐体的模制玻璃、窗户上的平板玻璃、银器、饮食用具、黄铜门把手和锁、青铜的窗框和门铃、铜制电线、铸铁水管以及机械装置等（Parker，Nurse，1950），发现对火场中熔化材料的研究能够对不同部位受热温度进行识别和记录。

塑料、玻璃、铜、铝和锡在火灾现场中发生熔化，能够证明火灾现场中的温度范围（DeHaan，Icove，2012）。热塑性塑料的熔点变化取决于其分子结构，玻璃熔化、软化、全部熔融的温度范围很大。表 3-2 列举了一般材料的大致熔化温度。熔化材料之间的相互作用可以引起特殊变化。锌与铝在钢板上熔化能够形成合金，促使钢在一般火场温度下发生熔化。锌一般来自铸铁配件或镀锌层。铝一般用于与铜形成共晶合金，它的熔点很低。硫酸钙（石膏或者白水泥）能够促使黑色金属在火灾条件下发生熔化。

表 3-2 常见材料的熔点

材料	摄氏度℃	华氏度℉
铝合金	570～660	1060～1220
纯铝	660	1220
铜	1083	1981
铸铁(灰)	1150～1200	2100～2200
50/50 焊锡	183～216	360～420
碳钢	1520	2770
锡	232	450
锌	420	787
镁合金	589～651	1092～1204

续表

材料	摄氏度℃	华氏度℉
不锈钢	1400～1530	2550～2790
纯铁	1535	2795
铅	327	621
纯金	1065	1950
石蜡	50～57	122～135
人体脂肪	30～50	86～122
聚苯乙烯	240	465
聚丙烯	165	330
聚酯	分解温度 250	480
聚乙烯	130(85～110)	185～230
PMMA(聚甲基丙烯酸甲酯)	160	320
PVC(聚氯乙烯)	分解温度 250	480
尼龙	250～260	480～500
聚氨酯泡沫塑料	分解温度 200	390

正如我们所看到的一样，在火灾现场中局部的温度都可能达到 1200℃，但是实际温度的测量很大程度上都取决于测量工具。在室内火灾发展阶段，室内温度能够在环境温度和 800℃之间变化。轰燃后火灾能够在全房间内产生 1000℃以上的高温。燃烧的塑料能够在局部产生 1100～1200℃的高温。大部分其他可燃材料，无论是可燃液体或者是一般的可燃材料在空气中产生 800℃的高温。高温物证（800℃或更高）并不能说明室内存在可燃液体。熔化或扭曲的塑料能够显示火焰强度与火场温度分布。图 3-25 中显示的墙上时钟的热塑性塑料表面证实了热气层的侵入深度。在它附近地面上的聚乙烯洗衣袋并未受到热作用。

图 3-25　塑料表盘发生软化的钟表（应该保存钟表表面并记录其与地板的高度）(J. D. DeHaan 提供)

当温度超过弹簧的退火温度（538℃）时家具弹簧会发生退火现象，弹簧会失去弹性（Tobin，Monson，1989）。失去弹性表明弹簧发生了退火，调查人员应该根据弹簧失去弹性的程度确定弹簧的受热方向和受到的火灾强度（DeHaan，Icove，2012）。这种弹簧失去弹性的特征并不能说明存在可燃液体燃烧，事故造成的阴燃也能达到这样的效果。调查人员也应该对其他局部框架的热损坏痕迹进行勘验调查（NFPA，2011）。现代聚氨酯泡沫塑料家具燃烧速度太快，高温火焰并不能使钢制弹簧达到退火温度。但是钢弹簧会因为受到火灾的作用产生应力腐蚀而发生坍塌，这种坍塌一般是弹性金属在高温时受到拉应力时发生（NPL，2000）。

3.4.4 穿透痕迹

另外一种常见的火灾痕迹就是在水平面或垂直面上发生的穿透痕迹。由于火焰直接冲击作用或强烈的热辐射，导致墙、吊顶和地板长时间受热作用，使材料发生深度的破坏而产生穿透痕迹。火羽流上方的天花板可能会发生燃烧而坍塌，使火焰扩展到受限空间。有时，掉落的可燃物残骸长时间阴燃，会使木制地板，木制窗台以及踢脚线局部烧穿。

影响穿透痕迹的变量包括地板表面、天花板以及墙体上的开口。直接的火焰冲击作用耦合强大的热流同样能够引起穿透痕迹。比如，火羽流与天花板相交的区域，就像图 3-13 中的 6 号标识，就是火羽流上方天花板被穿透的例子。由于高温的热气流和高温的作用造成了天花板的损坏。

穿透痕迹并不总在火羽流正上方出现。在轰燃发生的条件下，向下穿透痕迹有时也会发生。如前所述，大部分木制地板穿透的原因是上部的辐射作用，并不一定是由于可燃液体燃烧作用（DeHaan，1987；Babrauskas，2005）。燃烧倒塌的家具，床上用品也可能引起局部的穿透痕迹。在没有易燃液体存在的室内火灾实验证明，轰燃条件具备，就会在地毯、脚垫和胶合木地板上产生穿透痕迹，如图 3-26 所示。

图 3-26　在一个带家具的房间进行火灾实验，地毯、脚垫和 12mm 厚胶合地板的穿透痕迹没有易燃液体。轰燃后火灾持续时间不到 5min，但对暴露区域造成了广泛的破坏，特别是在门口（最显著的位置）（J. D. DeHaan 提供）。

可燃液体被泼洒在地毯上，发生轰燃之后，燃烧穿透痕迹会使地板的接缝处炭化（该痕迹是在轰燃发生后形成的，并不是液体燃烧时形成的）。美国消防管理局进行了火灾实验，1.75L 的汽油泼洒在地毯上（FEMA，1997），40s 后发生轰燃，10.3min 后，火灾被扑灭。对扑灭后的火灾现场进行勘验，可以看出火焰穿透了地毯、地毯底部的垫和 9.5mm 厚的胶合木地板。在图 3-27 中，在 2in×8in 的接缝处有大范围的炭化区域。轰燃发生后燃烧持续了 10min，汽油烧完之后，又发生了长时间的燃烧导致了大部分的可观察到的破坏。

有时，燃烧的泡沫床垫热解，燃烧的熔化液体滴落至床底下，并烧穿地板。热塑性聚乙烯垃圾筒或者热塑性塑料电器衬垫同样能够燃烧滴落形成烧穿痕迹。传统的棉花填充物

图 3-27　造成地毯、衬垫和 12mm 胶合板地板烧穿的室内实验，使用了 1.75L 汽油，轰燃后燃烧持续了大约 10min（美国消防管理局提供）

的沙发、椅子或者床垫倒塌后都能够长时间地燃烧，直至烧穿地板。

火灾过程中墙体、地板和天花板失效都可能形成烧穿，使火灾在整个建筑中蔓延。这种破坏使热量、火焰、烟气传递到建筑的其他区域。经验不足的调查员往往会错误地认为建筑内发生了两次或多次火灾。当石膏板墙坍塌，板条炭化，灰泥坍塌，钢制天花板或其他不燃天花板发生剥落时，会发生穿透。流向楼梯井的气流能够引起更大强度的火灾，会使门、天花板迅速发生破坏。

3.4.5　材料的烧失

在火灾发展蔓延的路径上，可燃材料受到火灾作用都会发生燃烧。材料的烧失痕迹有助于认定火灾的强度和发展蔓延方向。热阴影屏蔽热量传递从而影响材料的烧失，并可能掩盖其他火灾痕迹产生的界线（Kennedy，Kennedy，1985；NFPA，2011）。材料的烧失可由单独的火焰直接冲击作用或热辐射造成。轰燃后的热辐射造成的快速炭化由于门窗的通风效应进一步强化，进而导致烧穿。这种情况可发生在临近门窗的地板处，房间中央，空气流穿过房间的地方，这些地方轰燃的混合作用最有效（DeHaan，Icove，2012）（见图 3-26）。由于通风口处提供了更大量的氧气，使周围已经燃烧的可燃物进一步充分燃烧，造成了更大的破坏。由 Carman（2008，2009，2010）进行的全尺寸火灾实验结果，以及火灾后计算机模拟结果，进一步证明了开口对火灾痕迹的影响。

图 3-13 中的标识（3）和标识（7）是两个火羽流冲击作用造成的材料烧失痕迹。最重要的是木制护板的相对烧失痕迹。越靠近火羽流中心线附近，炭化程度越大。木制护板的局部炭化记录了来自天花板的热辐射。

木制楔钉的顶部、家具的边缘、拐角、装饰线以及地板和地毯表面都留下材料的烧失痕迹。在固态可燃物表面会形成斜面形或大 V 形痕迹，这些痕迹明确说明了火灾的蔓延方向。其他可燃物烧失痕迹包括由顶部掉下的残留物燃烧。典型的例子有：燃烧的帷幔和窗帘在室内引燃其他可燃物，形成的痕迹有时会误导初学的火灾调查员，认为多个地方起火。

对于阴燃或明火引燃的软垫家具火灾，烧失痕迹对于判断火灾物征和烧损程度起到了重要作用。由 Ogle 和 Schumacher（1998）发表的实验结果表明，阴燃火灾痕迹的炭层厚度等于燃料厚度（即整个厚度）。如果阴燃火灾的火源是香烟，他们发现阴燃痕迹持续到烟头熄灭，阴燃产生的火灾痕迹会被之后的明火燃烧破坏。香烟引起的阴燃火灾，香烟本身会在明火燃烧阶段被烧光。

明火燃烧火灾痕迹炭化层很薄，它的炭化厚度比燃料本身厚度还要薄。Ogle 和 Schumacher（1998）观察到明火燃烧消耗的是表面织物和下面的衬料。在观察聚氨酯泡沫垫的火焰蔓延速率，水平方向比垂直向下燃烧的速率要快。垫子属于热厚型材料，泡沫的炭化深度比整体座垫厚度要薄。

图 3-28～图 3-30 用展示了 Ogle 和 Schumacher 做的聚氨酯泡沫垫燃烧痕迹实验。这些图分别说明了阴燃、明火及阴燃向明火转换时的横断面特征。尽管聚氨酯泡沫垫本身并不能够被香烟引燃，但带有纤维织物和填料的聚氨酯泡沫垫却能够被引燃（Holleyhead，1999；Babrauskas，Krasny，1985）。

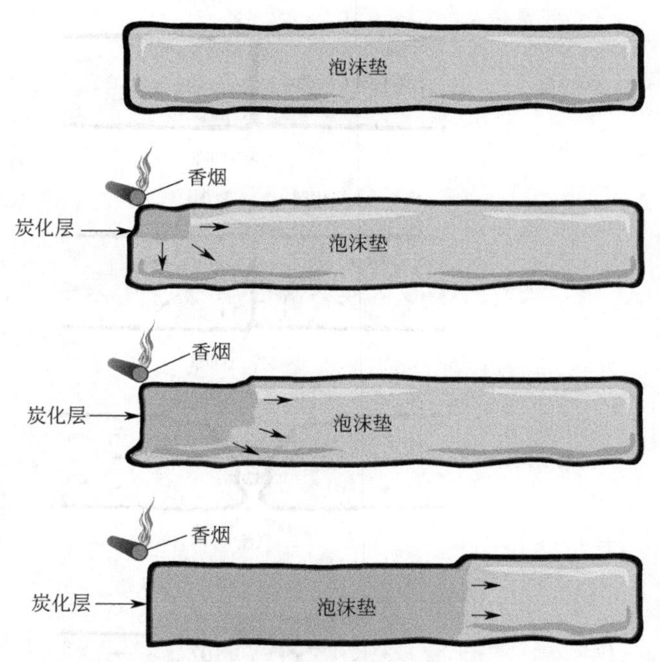

图 3-28　棉花-泡沫垫一角被香烟引燃时，阴燃痕迹在横截面上的发展过程

聚氨酯泡沫座垫与像灯泡一样的持续发热体或者热表面发生接触会形成蛋糕状的僵直的炭化痕迹。然而相同的泡沫发生明火燃烧时会形成黄色黏稠状多羟基化合物。火灾后的现场勘验会发现不同的残留物，见图 3-31。

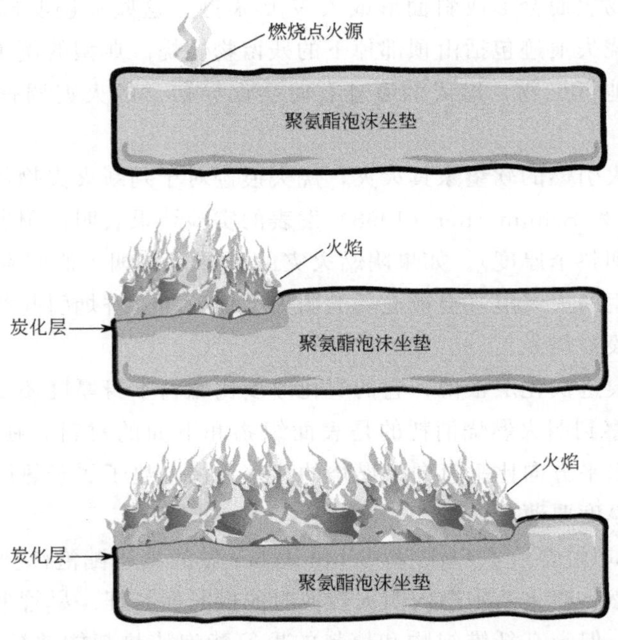

图 3-29　泡沫垫表面被明火引燃时，横截面上的明火燃烧痕迹发展过程

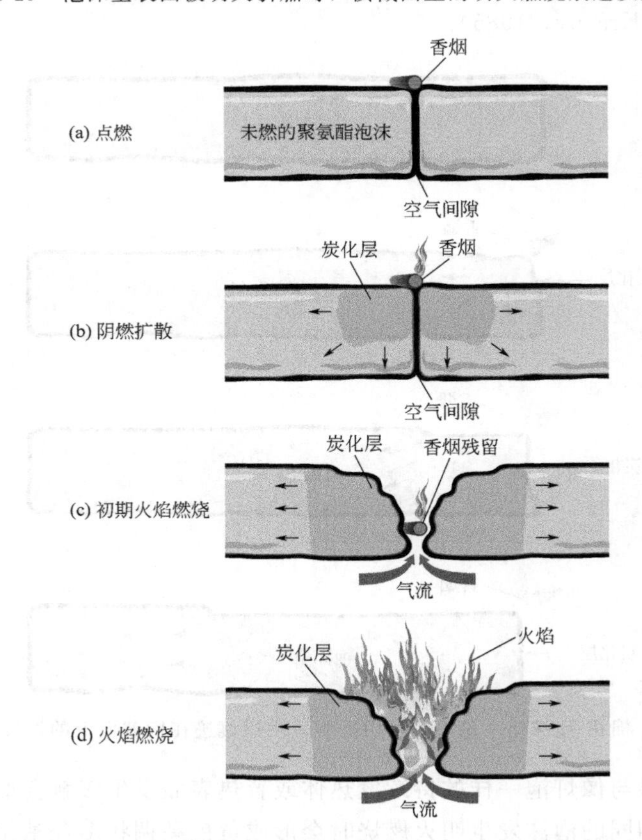

图 3-30　一对泡沫软垫，烟头放置在其接合部位，由阴燃及由阴燃向明火燃烧转换过程中横截面燃烧痕迹形成过程

图 3-31 (a) 放置在高功率灯泡上的聚氨酯泡沫垫。(b) 灯周围泡沫形成一种干硬的硬壳炭。当垫被明火点燃时，残留物是典型的黏性液体和半熔化燃烧产物。(c) 火灾后残留物，在灯泡附近是干硬的炭化物，在火焰中燃烧形成棕色黏性物质［测试由 Jack Malooly，Photos 提供。(a) 和 (b) 由伦敦消防队 John Galvin 提供。(c) 由 J. D. DeHaan 提供］

3.4.6 伤亡者

人员发现火灾、受到火灾熏烤或者从火灾现场逃离时，会发生人员伤亡。现场痕迹能够显示危急时刻人员所采取的各种行为和活动。人员伤亡的火灾中会留下伤亡特征和衣物烧损不同程度的特征。人体的组织显现不同的行为，就像枝干各层一样。人体脂肪在长时间的火灾过程中也能够参与燃烧（DeHaan，Campbell，Nurbakhsh，1999；DeHaan，Pope，2007；DeHaan，2012）。

辐射热（红外辐射）以直线传播，并被大多数物体部分吸收。一些很薄的纤维织物能

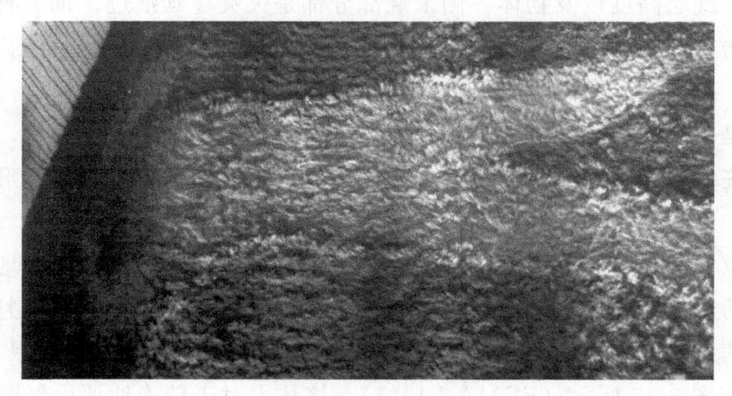

图 3-32 火灾中丧失行动能力的死者会阻挡辐射热到达其身下的表面，形成热或烟尘阴影痕迹。在这些案例中，伤亡者的身体轮廓位于床上、地毯上或者椅子上（D. J. Icove. 提供）

够被红外线穿透，造成皮肤的一度或二度烧伤。大部分物体对辐射热有部分吸收和反射作用，但是由于金属表面能够将辐射能量反射到其他物体表面，造成第二目标物表面的热损伤，火灾中丧失行动能力的死者会阻挡辐射热到达其身下的表面，在其表面上形成热或烟尘的阴影痕迹。这些案例中，伤亡者的身体轮廓位于床上、地毯上或者椅子上，如图 3-32 所示。身体受伤的机理在后面的内容将进行充分分析阐述。

3.5 对火羽流行为的解释

3.5.1 火向量

矢量是对方向和大小的数学表达。火向量的应用技术为火灾调查人员提供了理解和说明造成火灾痕迹的火羽流的运动和强度的工具。火灾调查人员很早就开始应用火灾痕迹。

Kennedy 和 Kennedy（1985）提出了热量和火焰矢量分析的概念。然而，很少有调查员能够充分地理解这些概念，并能系统地应用。有关火灾现场调查的科学研究仅仅在过去的十年才成为重要的话题。

热量和火焰矢量简称为火向量，正在变成一种利用火灾痕迹认定起火部位和起火点的标准技术（Kennedy，2004；NFPA，2011）。本书通篇的事例都是采用这种简单有效的原则认定火灾蔓延路线，该部分内容被记录在 1997USFA《燃烧痕迹研究》中（FEMA，1997）。

火向量可表示火灾发展的方向和相对强度。一些火灾调查人员只是成功地使用了火向量的方向。然而，轰燃后的燃烧，由于燃料与空气混合形成的湍流燃烧，使热量异常升高导致房间严重破坏，这与火灾实际的起火部位、起火点无关。

当火灾从一个点开始发展蔓延过程中，会形成由火焰、热或者副产物燃烧作用形成的运动痕迹。评估从破坏最轻到最重区域的相对破坏程度，由此可判断火灾蔓延方向，该技术可以判断火灾的可能起火房间、起火部位和起火点。火场中被烧物体的烧损边缘、一系列相连房间的烟气层高度以及物体一侧未烧部分都是火灾蔓延痕迹。训练有素的调查员在认定火灾蔓延方向时，只要考虑了燃烧物相关的热参数，那么一定会得出一个大致的结果。

强度痕迹是指墙体、天花板、家具、墙体装饰物及地板暴露于火灾中，受到火焰灼烧产生的破坏痕迹。不同强度的热传递沿着物体表面产生温度梯度，有时会形成燃烧与非燃烧的痕迹界线。

火向量的位置和长度定量地表示燃烧痕迹的受热强度；它的方向精确地表示从温度高的地方向低处的热流方向。被记录下来的多个火向量能够为火灾调查人员判断火灾起始位置提供有利的信息。在报告中第一个火向量都由一个数字符号表示。用以表征 USFA 实验 5 的火向量如图 3-33 所示（FEMA，1997）。该技术对于精确地评价轰燃发生前的火灾有很大的帮助。

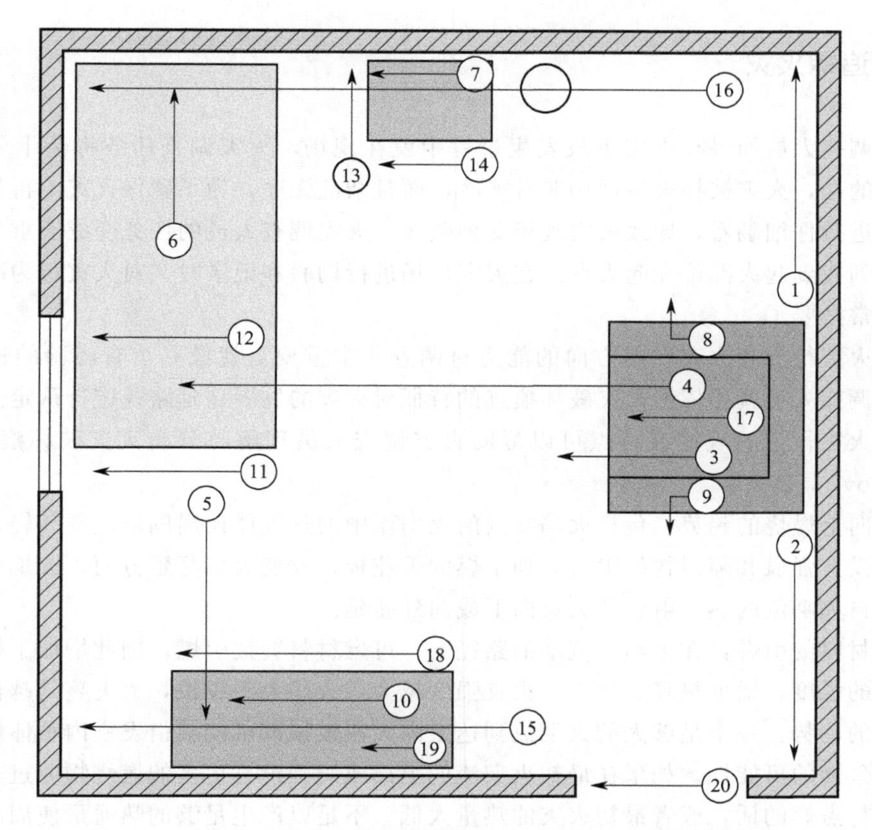

图 3-33　火向量技术使用向量的长度定量显示特定火灾燃烧痕迹的方向和强度（美国联邦应急管理局提供）

（译者：火向量，对现场燃烧温度进行记录，将蔓延方向由高温区指向低温区，做出火灾矢量方向。火向量的位置和长度定量表示了特定炭化深度、烧损程度和燃烧方向，方向从最高温处指向低温处）

3.5.2 虚拟火点

大多数火向量都指向火羽流底部，通常都被近似认为是最初起火物的位置。火向量对于估计虚拟火点的位置或火灾的热量来源非常有帮助。如前所述，虚拟火点一般都被看作是能够提供与实际火灾一样能量的虚拟点，它位于火羽流中心线的某个位置上。其位置可能比地面低。如果能够通过现场调查，把火场燃料的物理特性和热特性确定下来的话，虚拟火点就可以计算出来，虚拟火点位置对于重建和记录虚拟起火源、起火点、起火部位、火灾蔓延方向等有帮助。然而，如果火灾痕迹足够清晰，简单扩展 V 形痕迹的几何边界就能建立虚拟火点。

就像我们在第 2 章所看到的那样，与可燃物释放的能量相比，如果燃烧物的面积足够大，火灾的虚拟火点就会位于地板表面的下部。同样，如果燃烧物面积很小，释放出的能量足够大，虚拟火点就会位于地板的上部（Karlsson，Quintiere，2000）。一个小面积的汽油池火就是一个燃烧面积小释放能量高的例子。

3.5.3 追踪火灾

火灾调查人员如果在火灾事故发生过程中就在现场，火灾调查任务将会十分容易完成。不幸的是，火灾被扑灭后现场非常冰冷，而且杂乱无序，为了确保火灾不再复燃，还要对现场进行仔细翻看，导致火灾现场受到破坏。火灾调查人员的任务变成了重建燃烧的顺序，直到找到起火部位和起火点。在火灾现场进行勘验和记录时，对火灾行为准确理解就显得非常必要了。

追踪火灾行为和火灾发展方向的能力对调查非常重要。就像一个有经验的追踪者一样，火灾调查人员就要依据火灾破坏痕迹的特征对火灾的发展蔓延路线进行认定。根据经验，以下火灾行为的规律或特点可以帮助火灾调查人员理解与分析火灾破坏痕迹（DeHaan，Icove，2012）。

火灾向上燃烧的趋势：包括火焰在内的火羽流中的热气体比周围环境空气轻，所以它会上升。没有强风和障碍物的阻碍，如不燃的天花板，改变火焰蔓延方向，火焰就会一直上升。来自火羽流的热辐射会使火灾向下或向外蔓延。

可燃材料的引燃：在火羽流流动的路径上，可燃材料会被引燃，因此增加了燃烧的范围和火灾的强度，增加热释放速率。火灾强度越大，火焰上升越快，火灾蔓延越快。

轰燃的趋势：一个足够大的火羽流到达室内天花板顶部可能会引发室内整体燃烧，增加了发生轰燃的可能性。如果在最初火羽流的上部或周围没有更多的燃烧物通过热对流和热辐射进行点燃的话，或者最初火灾的热量太低，不足以产生足够的热通量使周围可燃物被引燃，那么，火灾就会独自燃烧，直到熄灭为止。

火灾荷载的位置与分布：要对一个房间的火灾过程进行评价，调查人员必须要清楚有哪些燃烧物以及这些燃烧物都在哪。这些火灾荷载不仅是指建筑结构本身，还要包括家具、室内物品，以及墙壁、地板和天花板的覆盖物。还有可燃的屋顶材料，这些都会给火灾增添燃料，并提供蔓延路径和方向。

火焰的横向蔓延：当空气流使火焰发生偏转，或者在火羽流向上流动的方向上有一个水平面，或者当辐射热点燃了附近表面的可燃物时，火羽流的蔓延方向将会发生改变，若周围区域有可燃物，并被引燃，火灾将横向蔓延。

火焰的垂直蔓延：在浮力驱动的情况下，火焰向上蔓延，当火羽流附近有烟囱状构造时，就会提高火焰垂直蔓延的速度。楼梯、电梯、公用竖井、空气管道、墙体内层等都为火焰蔓延提供开口。这些开口会使火势得到加强。

火焰向下蔓延：如果在火流向下的方向存在易被引燃的可燃物，火焰将会向下燃烧。可燃的墙面装饰层，特别是镶板，都能促使火灾向上蔓延的同时向下蔓延。火焰能引起天花板，或者屋顶帷幔和照明装置部分燃烧，这些物品掉落在可燃物上时，能引起新的燃烧，并会迅速融入上部的燃烧，这一过程称为掉落火。辐射热和热气流在合适条件下都能引起火势向下蔓延。火灾发展过程中产生的大量辐射热足以引燃相邻的地板。天花板射流能够将火势向下扩大到附近的墙体。

辐射热的影响：当火羽流足够大，与天花板相遇时，会形成顶棚射流，天花板顶部的火羽流进一步扩大。顶棚射流的辐射热和热烟气层会点燃地板的覆盖物、家具以及有一定距离的墙体，并产生新的起火点。需要提醒调查人员的是，调查人员必须从可燃物的潜在可燃性和对热释放速率的贡献的角度来考虑房间内的可燃物。

灭火的影响：灭火会对火灾蔓延产生极大的影响，因此火灾调查人员一定要找灭火战斗员核实进行灭火时行动的顺序。正压送风或者一次主动的灭火行动都会让火灾的燃烧方向发生改变。可能让没起火的部位开始燃烧或者已经开始燃烧的部位继续燃烧，或者门、橱柜发生燃烧。调查人员应该询问灭火战斗员，并且得到有关喷水的全部细节。这些细节很少能在消防部门有关火灾的描述中了解到。

热烟羽行为：由于浮力作用，热烟羽会像液体一样穿过一个房间或者建筑物。热烟羽流径直向上流动，跨越障碍向外扩散。

火向量的影响：火灾后物体受到的火灾破坏是由物体的受热强度和受热时间共同作用的结果。两个因素在火灾发展过程中始终发生着变化。

火羽流的辐射热通量的影响：火羽流的最高温部分产生最大的辐射热通量，因而会比温度稍低部分对受热表面产生更快更深的影响。调查人员就会根据该痕迹特征，可以认定物体表面与火羽流哪一部分接触，或者火羽流流动方向。因为火羽流会向接触表面传热，因而穿过物体表面后温度会变低。

火焰位置的影响：火羽流的位置对火灾发展扩大的影响不仅取决于火焰的尺寸（热释放速率）和火焰的蔓延方向，还取决于火焰在房间所处的位置。火焰的位置可能在房间的中心，在靠墙的部位或者在墙角处，还有可能远离通风口，或者就在通风口附近。

根据火灾蔓延痕迹进行火灾调查和火灾现场重建，反推定起火点，很大程度上是建立在火羽流形成的破坏痕迹是可预测这一事实基础上的。依据对火羽流的行为、燃烧物的性质和一般的火灾行为的理解，火灾调查人员就可对火灾现场进行勘验并寻找特定痕迹。采用科学的方法，每一种痕迹都是对火灾蔓延方向、火灾强度、热作用的持续时间以及起火点的独立的检测。通过一个痕迹不能直接认定起火点和火灾原因。必须综合考量所有痕迹，虽然有时这些痕迹得出的结论并不一致。最后，利用火向量能够对认定火羽流发生的起始部位提供更加充分的证据。

3.6 火灾燃烧痕迹实验

通过火灾实验，能够制造各种类型的火灾痕迹破坏特征（如表 3-1）。这些痕迹包括：界线痕迹、表面效应、烧穿痕迹、烧失痕迹。火灾实验是识别和解释这些痕迹形成原因的有效方法。

在 NIST、美国联邦应急管理局（FEMA）、消防管理局（USFA）和美国田纳西河流域管理局（TVA）警察部门的帮助下，进行了研究火灾痕迹形成过程的验证性实验。该火灾模拟实验选用两种类型建筑，一种是独栋住宅，另一种是多用途装配建筑（FEMA，1997；Icove，1995；NIST，1997）。美国田纳西河流域管理局警察部门将研究聚焦在大尺寸建筑火灾痕迹实验结果上。而 NIST 和 FEMA 则关注独栋住宅火灾现场。这些实验之后，Carman（2008，2009，2010）又进行了全尺寸火灾实验，并采用计算机火灾模拟对实体实验进行了补充。

实验的最初目的是证明火灾燃烧痕迹产生过程，研究火灾现场证据，现场记录技术和验证基础火灾模型。所有这些构成了火灾现场重建的基础。从弗络伦斯燃烧实验获得了大量不同种类的数据。这次实验的方方面面将在本书大量的事例与问题当中出现。

3.6.1 火灾实验的目的

多用途建筑放火火灾模拟实验中，一般用盛装易燃液体的塑料容器进行模拟放火。因为放火犯在建筑物内放火时经常使用这类容器（Icove 等，1992）。当一个燃烧并自熄的燃烧弹在现场被发现时，调查人员会提出以下问题：这个装置燃烧了多久？燃烧弹燃烧时能够对周围造成多大的损坏？燃烧弹一旦烧坏，哪里是搜集与这个装置有关证据的最佳位置？

为了模拟放火，一个充满 3.8L 无铅汽油的燃烧弹被放置在这个多用途建筑物主房间的拐角处，如图 3-34 的平面图所示，这个房间地板上铺了一块常见等级的合成地毯。燃烧弹用一个电子打火器点燃，实验的热电偶数据显示火灾从发生到自然熄灭持续 300s。在地板上留下了 0.46m 直径的圆坑。采用了 3 个热电偶测定了房间大致的温度，温度数据如图 3-35 所示。

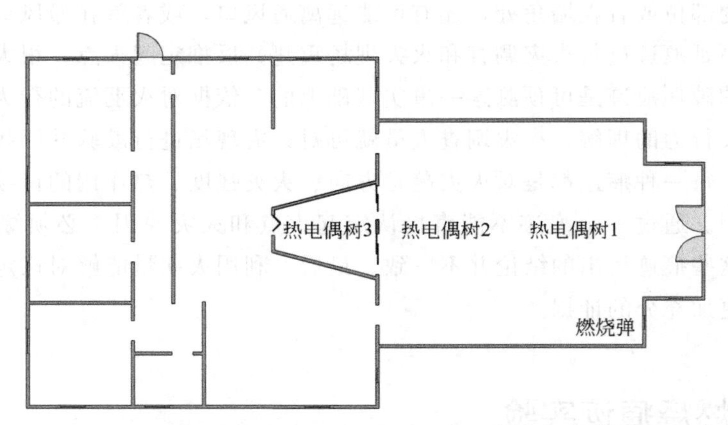

图 3-34 模拟典型燃烧弹放置在房间的角落里（实施放火）的建筑平面图（D. J. Icove. 提供）

火灾初期和火灾后期的破坏痕迹如图 3-36 所示。燃烧弹的精确位置和随后形成的燃烧池直径都被清晰地标示出来。塑料瓶快速熔化，当里面盛装的液体流出时，在地面上形成了燃烧的池火，成为火灾的主体。图 3-36(b) 中显示了燃烧界线痕迹、表面效应痕迹、穿透痕迹及物体的烧损痕迹。该图显示了表面的相对破坏痕迹，用等价炭化线表示具有相同炭化深度的区域。这些等价炭化线对火向量的位置和解释提供了有力的证据。等价炭化线能够用来记录地毯表面或者其他地板上的可燃液体燃烧痕迹。

热释放速率 $$\dot{Q}=m''\Delta h_{c}A$$

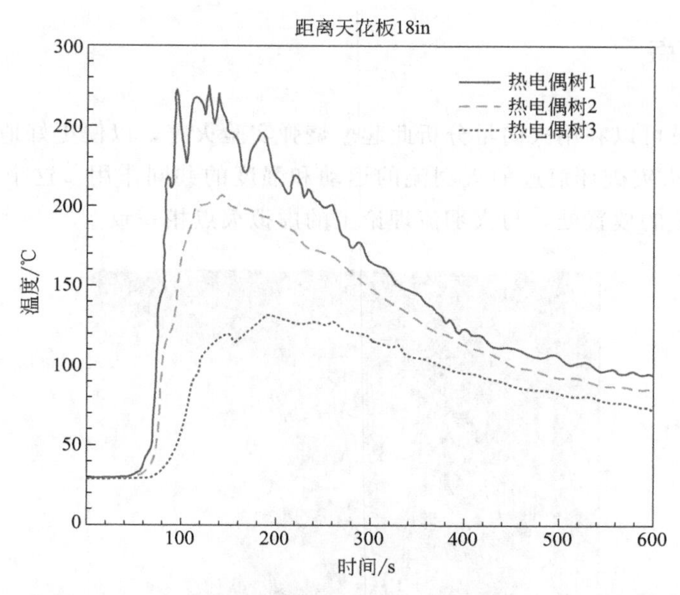

图 3-35　三个树型的热电偶记录的燃烧弹被电子打火器遥控点燃后，房间的大致温度（1ft＝30.48cm）

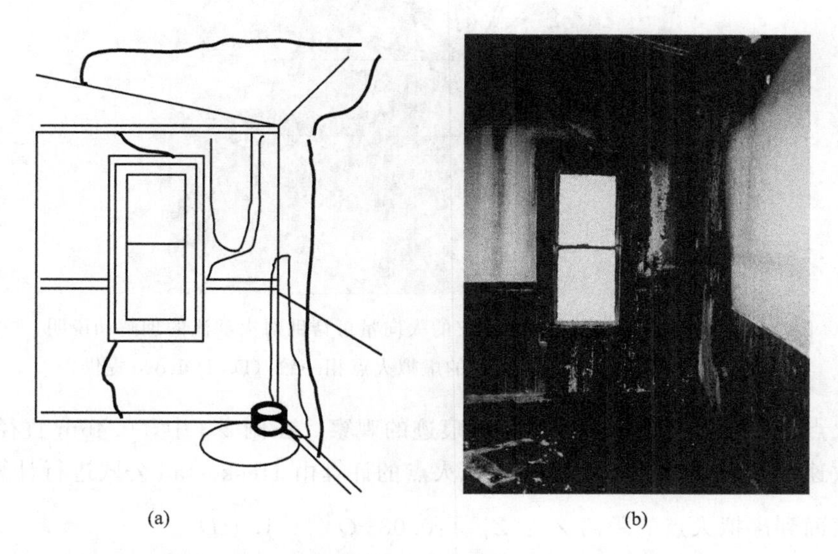

图 3-36　燃烧弹实验后形成的火灾破坏痕迹（a）示意图和（b）照片

（a）粗线为烧毁/未烧毁区域的主要界线；细线为等价炭化界线。（b）围墙上方的墙面漆涂成干式墙，在垂直火焰蔓延中不起重要作用（D. J. Icove. 提供）

燃烧池体的面积　　$A=(3.1415\div4)\times0.457^2=0.164(\mathrm{m}^2)$

汽油的质量流量　　$m''=0.036\mathrm{kg}/(\mathrm{m}^2\cdot\mathrm{s})$

汽油的燃烧热　　$\Delta h_c=43.7\mathrm{MJ/kg}$

热释放速率　　$\dot{Q}=0.036\times43700\times0.164=258(\mathrm{kW})$

实际汽油的热释放速率应该是 200～300kW。

3.6.2 虚拟火点

火灾调查人员可以利用火向量分析此起燃烧弹实验火灾，以便更好地理解和说明产生如图 3-37 所示的火灾破坏痕迹的火羽流的运动和强度的共同作用。这个向量的起始点位于燃烧弹在地板上的放置处，与火羽流理论上的虚拟火点相一致。

图 3-37 用于分析燃烧弹实验火灾的火向量可帮助对火羽流的理解和说明，地板上方的点与火羽流理论上的虚拟火点相一致（D. J. Icove 提供）

虚拟火点的计算进一步确认了以上对痕迹的观察。在例 2-3 中，0.46m 直径汽油池火燃烧热释放速率大约是 258kW。对于虚拟火点的计算由 Heskestad 公式进行计算：

燃料表面到虚拟火点的距离 Z_o：$Z_o=:0.083\dot{Q}^{2/5}-1.02D$

等价直径 D：$D=0.457\text{m}$

总热释放速率：$\dot{Q}=258\text{kW}$

虚拟火点：$Z_o=0.083\times258^{2/5}-1.02\times0.457=0.766-0.466=0.3(\text{m})$

该事例的计算，Z_o 是 0.3m，说明它高于地面，正如图 3-37 中标注的向量图一样。如前文所述，如果虚拟火点高于地面，说明该燃烧物的燃烧面积小，热释放速率高，正如本例中，虚拟火点高于地面（Karlsson，Quintiere，2000）。

虚拟火点发生改变，那么燃烧热释放速率与火焰尺寸的关系就会发生变化，如图 3-38 所示。该图对 Heskestad 等式进行了研究预测，对火羽流的虚拟火点位于燃烧体的上部还

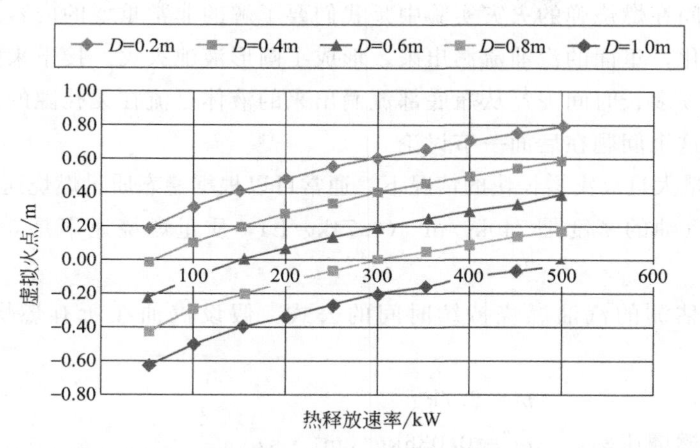

图 3-38 虚拟火点随热释放速率和燃料的等价直径变化的关系图（Icove 和 DeHaan，2006）

是下部进行了计算分析。

例如，一个较大热释放速率且燃烧体积较小的燃烧发生时，虚拟火点就是正值，说明它的位置位于燃烧荷载的燃烧表面上部。因此，曲线图进一步说明了该等式中虚拟火点是随着热释放速率与燃烧尺寸的变化而发生改变的。

3.6.3 火焰高度

NFPA 921 对于室内火灾中火焰高度的计算，考虑了房间内火灾位置的因素，特别是墙角的因素。通过观察火羽流造成的破坏以及位于地板上方的正的虚拟火点，可以假设火焰高度至少达到了天花板，根据现场的测量，高度是 3.18m。

总热释放速率 $Q=258\text{kW}$

火焰高度 $H_f=0.174(kQ)^{2/5}$

在墙角（$k=4$） $H_f=0.174\times(4\times258)^{2/5}=2.79(\text{m})$

包括虚拟火点在内的总高度 $H_{总}=Z_o+H_f=0.299+2.79=3.09(\text{m})$

该值高于天花板高度，就会在天花板顶部形成顶棚射流，当火羽流到达天花板顶部时，火羽流就会以火焰中心线为中心在天花板顶部向四周迅速扩展开，在实验过程中，能够观察到该现象。

3.6.4 火灾持续时间

在火灾现场重建过程中，火灾初期发展阶段极为重要。对火灾持续时间的认定，需要历史实验数据，还有实际火灾损失量的历史数据以及真实火灾模型。

当真实火灾的发展过程与火灾模型相对比时，调查人员就要依据观察、记录，分析历史火灾实验数据以及与所研究火灾有关的类似案例。可以从消防工程领域的手册中获得大量的信息（SFPE，2008）。

火灾持续时间在燃烧弹的火灾实验中是我们要了解的非常重要的内容。在燃烧弹被点燃后，塑料瓶熔化，里面的汽油流淌出来，形成了圆形液池火灾。接下来的问题是：这个液池火灾还会持续多长时间呢？从瓶底部流淌出来的液体是流在无孔隙的水泥地面，还是流在了地毯上？这个问题在后面一节讨论。

在燃料供应量大且火灾增长快的情况下，通常可以根据稳态质量燃烧速率来估算池火的燃烧持续时间。汽油的密度是 $740kg/m^2$（0.74kg/L），质量燃烧速率是 $0.036kg/(m^2 \cdot s)$（SFPE，2008）。

以下公式为估测的汽油燃烧持续时间的公式。假设汽油在所有燃烧物全部燃烧后自熄。

汽油的质量：　$m=2.7kg$

汽油的质量燃烧速率：　$\dot{m}''=0.036kg/(m^2 \cdot s)$

燃烧面积：　$A=\pi r^2=0.166m^2$

汽油的燃烧速率：　$m=A\dot{m}''=(0.166m^2)[0.036kg/(m^2 \cdot s)]=0.00598kg/s$

燃烧时间：　$=\dot{m}/m=2.7kg/0.00598kg/s=451s$

实际燃烧时间大约在 7～8min。

把以上结果与温度时间曲线进行对比（图 3-35），可以看出，拟合曲线的时间节点与火灾实验结果相一致。

3.6.5 逆向燃烧速率

可燃液体液池从顶部以一个稳定不变的速率向下蔓延。这种不变的速率称为逆向燃烧速率。在液池的直径和液池的深度等其他因素保持不变时，可燃液体逆向燃烧速率取决于可燃液体的化学组分和物理性能。一个很薄的可燃液层很快就能烧光，只能观察到瞬间热效应。池体的深度由液体的质量、液体的物理性质（黏性）和表面特性决定。

在一个水平光滑的无孔的平面上，如果没有其他限制条件，像汽油一样的低黏性的可燃液体会形成 1mm 左右厚的液池。在多孔隙的表面上，在重力和毛细作用下，液体会尽可能向下渗透并水平扩散。可燃液体的量、多孔材料的厚度和孔隙度以及液体倾倒的速度都会决定液池的尺寸。在有地毯的地面处，可大致地认为，地毯的厚度就是液池最大的深度。一个渗透饱和的地毯所代表的液池，它的深度就是地毯及其下方多孔的底垫的厚度（DeHaan，1995）。

液池的表面积是一个非常重要的变量。大量的汽油从一个罐体中缓慢地流出，会在土壤上或沙子上产生一个明显的液池，该池体的表面积不会比单个液滴的面积大多少，但厚度可以有几尺深。同样量的汽油被快速倾倒在相同的地面上，可能会产生一个更浅但面积更大的池体。相同量的液体以弧状泼洒，会产生更大面积的薄层液池。液体的黏性和表面张力以及倾倒的速度都会决定液池的厚度。实验时需要对倾倒的最大面积和最小面积建立边界条件。

如果液体被引燃，单位面积的燃烧速度由到达液池表面的热量和液池边界处夹带的空气量决定。质量流量取决于燃料的量和池体尺寸。对于直径 0.05～0.2m 的汽油池体，最小的逆向燃烧速度是 1～2mm/min（Blinov，Drysdale，2011）。小池体的燃烧速度更高（由于层流火焰的结构）。汽油燃烧池下方（灼热作用）的热效应就在表面很浅一层。因为没有足够的时间和热量产生热效应。火焰的尺寸由单位面积液体蒸发的速率（质量流量）决定，池的表面积越大，火越大（热释放速率越大）。直径超过 1m 的液池，由于形成了湍流预混火焰，其逆向燃烧速度最大为 3～4mm/min（Blinov，Drysdale，2011）。

火焰会在液体附近的表面产生各种类型的表面效应，这主要取决于附近表面的几何形状和热特性。被液体覆盖的底层由于液体蒸发吸收热量，该部位的温度不会超过液体沸点。因此在液池的底部不会被烧焦。像合成纤维织物等低熔点材料既可以熔化也可以烧焦。火灾中，液池外的地毯或地板区域将直接暴露在火羽流的辐射热中，由于没有蒸发液体的保护，这些部位就会发生熔化、烧焦，特别是小的或薄的部位（地毯纤维）。直接与火焰前沿接触材料，就会被烧焦或者引燃，至少会发生炭化。

火焰前沿附近材料在热效应下经常会产生圆形或者环状的痕迹，如图 3-39 由 DeHaan（2007），Putorti、McElroy、Madrzykowski（2001）进行的痕迹实验得出的燃烧痕迹。如果液体泼洒在可燃的基质表面，就会在上面留下比池体更大面积的烧损痕迹。最后，受液体保护的中心区域在液体蒸发后也会发生燃烧。在传统的羊毛和尼龙地毯上，这些燃烧痕迹很容易识别，在燃烧区域的中心会留下足够的易燃液体用于提取和识别。如果火燃尽或者由于氧气不足和喷淋系统的启动被迅速扑灭，池体的面积都可由最终留下的燃烧边缘尺寸来确定。如果火焰在地毯上燃烧很久的话，或者火灾最终达到轰燃阶段，就会在液体最初燃烧的部位发展成更大面积的燃烧痕迹。像在聚丙烯基材和聚丙烯纱线纺织的人造纤维地毯上起火就会发生以上情况（DeHaan，Icove，2012）。

图 3-39　地毯上甲醇液池火燃烧时在液池外部形成的圆形或环形痕迹。液池中心受到液体蒸发的保护（J. D. DeHaan 提供）

采用黄麻作基料的羊毛或者尼龙地毯会发生自熄，但聚丙烯地毯不会。燃烧实验表明，在这样的地毯上形成的火焰以大约 0.5～1m^2/h 的速度在边缘处传播。这种地毯将通过六亚甲基四胺板材测试［ASTM D28S9-06（2011）（ASTM，2011）］，因为地毯的燃烧火焰只有 50W 并且持续时间很短（就像一根掉落的火柴）。但是如果存在其他的大量燃烧物（纸类）或者像一些家具一样能够持续燃烧的材料，在充足的时间内，火灾将会一直发展下去，造成大面积的燃烧（DeHaan，Icove，2012）。

3.6.6 美国司法学会（NIJ）资助的专项研究

美国国家司法学会对火灾动力学与可燃液体火灾分析的研究进行了资助。主要内容是对液体浸入深度，基质燃烧速率，点燃延迟时间的影响进行研究。研究人员记录了汽油、煤油和工业酒精等可燃、易燃液体的流淌尺寸和浸润深度的统计值。同时针对乙烯基化合物地毯、胶合板、混凝土（光滑的、起绒的和有涂层的）及定向刨花板等不同类型的物体表面进行液体渗透深度的测量。

为了对液体浸润深度进行测量，研究者引入统计分析对常见油类（除润滑油外）进行实验。得出在光滑表面平均浸润深度是0.72mm，标准偏差为0.34mm。浸润深度范围在0.22～2.4mm不等，浸润深度取决于液体特性/材质配比。

研究者证明有两个因素影响液体浸润的深度——液体表面张力和浸润物的表面特性。由于大部分可燃液体的表面张力都非常相似，因此浸润物体的表面形态就是影响液体浸润深度的主要影响因素，其会影响液体泼洒后的流淌方向和大致平衡时的浸润深度。

研究人员证实，当燃料泼洒到不同热特性材料表面时，其质量燃烧速率是不同的。在每次火灾中，乙烯基地毯燃烧速率最高，混凝土的最低。发现质量燃烧速率与浸润物体的热导率、热惯性、蓄热系数和热扩散率等参数都无关。

最后，研究者发现延迟点燃时间，即从浸润开始到液体点燃的间隔时间会影响质量燃烧的峰值速率。一般情况下，延迟300s的点燃实验会引起更大面积的引燃，减小了单位面积的质量燃烧速率的峰值。当点燃延迟时间由30s提高到300s，平均增长的泼洒面积在8%～76%之间，平均增加36%。对于延迟30s和300s点火情况，热释放速率平均峰值下降了25%～74%，平均降低52%。由于延迟点燃造成的影响不能充分解释，但基底的冷却和燃料的蒸发能够对质量燃烧速率峰值的一些变化进行解释。

3.6.7 火灾持续时间的校正

在前文描述燃烧弹的持续燃烧时间是451s，该实验结果与图3-35所示的实际火灾实验中的燃烧持续时间进行比较，发现实际持续时间小于估计持续时间。这一假设必须加以修改，考虑地毯的存在，而不是最初计算中假设的混凝土地面。

浸润了大量戊烷（汽油的一个组分）的地毯实验说明，它的蒸发速率（未点燃）是在相同环境温度下的自由液池的1.5倍（DeHaan，1995）。假设地毯的热降解不影响汽油的质量传递，浸润到地毯上的汽油发生蒸发，稳定燃烧状态时的质量损失速率是自由液池燃烧速率0.036或0.054kg/(m^2·s)的1.5倍。浸润的汽油在地毯燃烧同样是先蒸发后燃烧，重新计算燃烧持续时间是316s，热释放速率是387kW。

包括池火在内的有关易燃、可燃液体在不同表面燃烧的特征方面的知识对于火灾试验和火灾分析是非常重要的。合成地毯可能会发生熔化，并减小质量流量，但是来源于盛装液体的容器和地毯燃烧的热释放速率并不包括在内。如果包括在内的话，一定会增加热释放速率，并且会缩短火灾持续时间。

NIST 对有关可燃易燃液体泼洒和燃烧痕迹进行了研究，研究表明可燃易燃液体泼洒在无孔的物体表面形成了薄薄的燃烧液体层，其火灾的热释放速率峰值仅是相同量的可燃易燃液池火灾的 12.5%～25%，而可燃易燃液体在地毯表面燃烧时的峰值热释放速率几乎与同样量的液池火灾一样（Putorti，McElroy，Madrzykowski，2001）。地毯基质的特性在实验中没有报道。地毯对液体燃烧的影响没有涉及。

在小型的液池火灾中，研究人员发现当燃料点燃之后，质量燃烧速率不断增加，直到达到一个稳定的燃烧速率（Hayasaka，1997）。在 Ma 等人（2004）的研究和验证性的燃烧速率实验中，发现液体在地毯上的燃烧现象非常复杂，特别是当考虑地毯作为燃料对火灾的发展做出贡献时。

Ma 指出影响地毯火灾的几个因素：纤维的毛细、灯芯效应，蒸发、燃烧和热传导以及传质受限的燃烧。他推测地毯对质量燃烧速率有两个相反影响：(1) 地毯作为一种绝缘材料阻碍热量传递到液体浸润的深度时造成的热损失，增加质量燃烧速率同时会促进表面达到更高的温度；(2) 因为地毯是多孔介质，由于毛细效应不足会降低液体的质量燃烧速率。液体泼洒在像水泥或木制表面会形成一个很薄的液层，这些无孔的物体导热能力比易燃液体的导热能力强，会造成更大的热量损失。Ma 指出通过观察液体火灾实验，在地毯上燃烧破坏的程度比在光滑的非地毯地面处要大，这是有合理解释的。他指出在液体燃烧初期，由于液体与地毯的纤维形成绝缘，液体的燃烧行为更像在很深的液池中的稳定燃烧，因此提高了液体的质量燃烧速率。

3.6.8 不同火灾部位的火焰高度

在一个房间内，火灾高度是火灾部位的函数。在式(3-12) 中，火焰高度取决于火灾的部位。房间中心火，$k=1$；墙边火，$k=2$；墙角火，$k=4$。

在最初的方法中，图 3-36 中所示的墙角火实验中，墙角对火焰高度有很大的影响。预测火焰高度为 3.1m，但受到墙角的影响，在热释放速率为 387kW 的情况下，火焰高度为 3.28m，再加上虚拟火点的高度 0.43m，就是 3.71m。火焰上方天花板的损坏证明，火羽流对天花板发生热作用，形成穿透痕迹。墙体可燃的护板材料参与燃烧，又会对火羽流的产生增加未知的因素。

3.6.9 池体火灾和对浸润物体的损坏

当可燃液体燃烧时，需要可燃液体蒸发，产生比空气重的蒸气层。由于温度不断提高，在蒸发温度时，布朗运动会使蒸气层达到一个固定的厚度，并从液面向上层空气扩散形成一个液体蒸气的浓度梯度（DeHaan，1995）。蒸气的浓度梯度位于液体蒸气的引燃浓度极限范围内，会形成持续火焰。扩散火焰需要液体表面不断蒸发燃料蒸气，并与周围空气/氧气混合。

燃料表面与火焰前沿的距离随温度和蒸气压不同而变化。火焰层的辐射热向四周传播。部分热量向下传递，被燃料液体吸收，以提高液体燃料的温度，进一步促进液体蒸发，为维持燃烧提供燃料气体。部分热量通过液体燃料传递到液体底部，被基质材料吸收提高了底部基质材料的温度。由于液体底部基质材料和液体燃料的密切接触，热量又传递给液体燃料，并通过对流换热在液体燃料中分配（如果液层足够厚）。

液池底部的表面温度比液体的沸点高不了多少。如果燃料沸点足够低，小于 200℃，并且液池底部表面光滑，没有孔隙、结点或接缝，并且具有很高的热降解温度，那么液体烧光之后，也不会在表面上留下任何的痕迹。如果燃料液体沸点很高的话，可燃液体对底部材料表面的破坏会严重，如发生热解（烧焦）、熔化或两者都有等情况。在一个液池燃烧过程中，液池边缘的辐射热被底部基质吸收，形成局部烧焦或其他的热破坏作用，如图 3-39 和图 3-40 所示。如果液体燃料是混合液体，具有不同的沸点，那么低沸点的液体首先被烧光，留下高沸点的组分继续受热。汽油是混合液体，它的内部组分沸点范围为 40～150℃。当混合燃烧的时候，残留物的组分的沸点不断增加，限制温升的因素随之增加。250℃时，木制基质表面仅仅被烧焦，但复合地板覆盖物会被严重破坏，人造地毯纤维会熔化，降低火灾过程中可燃液体燃料的质量传递速率。现场火灾实验证明的汽油液池火灾不会在木制地板留下明显的痕迹特征的结论已发表（DeHaan，2007）。

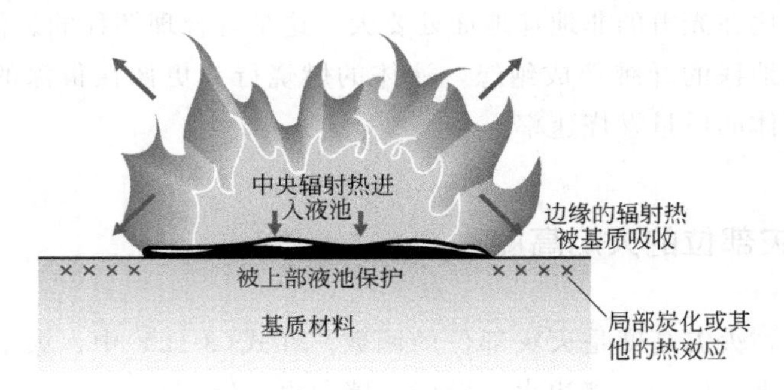

图 3-40　液池火灾的横截面

3.6.10　最后的假设

图 3-35 时间温度曲线上反映的火灾实验最后的假设是汽油最终消耗殆尽，实验中汽油是在点燃 400s 后被烧光的。该实验结果与假设相一致。结果说明放火或与火灾相关的其他犯罪中可燃液体的燃烧效果，局部温度快速升高，液体快速消耗并最终发生自熄。

专家在这些假设基础上得出的结论或者观点很大程度依赖普遍接受的或历史上证明正确的火灾实验技术，且容易重复。此外，这些方法和相似的研究已经被同行评议并发表（DeHaan，1995；Ma 等，2004；Icove，DeHaan，2006）。在已知房屋尺寸和火灾发展时间等变量的情况下，应用这些方法的误差率是可以确定的，见 Mealy，Benfer，Gottuk（2011）以及 Wolfe，Mealy，Gottuk（2009）等人运用火灾动力学对液体燃料燃烧的研究和对通风受限房间火灾进行的研究。这些标准方法被独立和无偏见的组织所认可，并用以解释这些关系。最后，这些方法被科学研究机构所认可。

本章小结

火灾痕迹损坏特征分析是火灾现场重建至关重要的调查技术。火羽流破坏痕迹的视觉判读是相互独立的，并能够用于对火灾起火点部位进行精确认定。

定位和识别最初被引燃的燃料是火灾事故现场调查的关键步骤。火灾痕迹的仔细分析对火灾调查人员完成上述工作十分有帮助。由于炭化、熔化、点燃和被保护的痕迹特征都是可预测的，燃料的位置和分布可通过询问调查和火灾前的现场照片进行确认，这些都对最初引火物位置的确定提供了坚实的基础。

火灾调查人员可以使用系统的调查手段对火灾痕迹破坏特征进行评价和记录，对火灾发展方向和火灾强度进行认定，对目击者的观察进一步确认，还可以对火灾模型结果进行验证。这些系统化的调查手段采用科学的方法实验评估有关起火点，火灾蔓延路线的不同假设。

通过观察，作者得出以下结论：

只要没有太严重的破坏，会存在充足的火灾痕迹，并可以记录下来。

火灾现场中火羽流破坏痕迹的证据能够在大多数现场中找到。这能够指明引火源、起火部位、起火点和火灾蔓延方向。

现场存在一定数量的科学的并经过确认的火灾痕迹，应评估它们的强度、方向和持续时间。

使用科学的方法进行防火工程分析是非常有必要的。如果建筑物全部被烧毁，那么防火工程进行分析是一个全面系统的分析手段，并可以成为一个主要的可用工具。

调查人员不该忽略记录人员活动痕迹的物证（指纹、足迹、血迹、玻璃破坏痕迹以及抛弃的消防软管和灭火器、烧伤痕迹等）。

火灾分析和计算机辅助模拟能够对火灾现场行为提供进一步洞察的方法。

同行评议是一种有益并且必要的调查环节，以确保所有的假设是可被理解的。

有关持续学习火灾痕迹分析的建议：将最新版本的《柯克火灾调查》和NFPA 921作为火灾和爆炸调查的指南继续学习。参加火灾痕迹分析和火灾现场重建技术的研究，以及参加火灾调查司法方面的国际会议，都是提升此领域知识的有效方法。

习题

（1）找出一张最近出现在火灾新闻中或者文章中的火羽流照片。评估它的火羽流尺寸，试着计算一下它的热释放速率。从有关的计算当中你能得出哪些有关火灾的信息？

（2）拍摄一张最近的火灾现场照片，解释你看到的火灾痕迹。

（3）根据照片中的火羽流信息和已经确定的最初起火物，估测一下热释放速率和火灾的虚拟火点位置。

（4）使用本章中提出的公式，计算距离虚拟火点不同部位处的辐射热通量。

（5）在一边打开的木制盒内，用一叠纸或一小块聚氨酯泡沫制造一个小尺寸的火灾，观察和描述墙体和墙角效应、顶棚射流和滚燃等。

参考文献

Alpert, R. 1972. Calculation of response time of ceiling-mounted fire detectors. *Fire Technology* 8 (3): 181–95, doi: 10.1007/bf02590543.

ASTM. 2011a. *ASTM C1396/C1396M-11: Standard specification for gypsum board.* West Conshohocken, PA: ASTM International.

———. 2011b. *ASTM D2859-06(2011): Standard test method for ignition characteristics of finished textile floor covering materials.* West Conshohocken, PA: ASTM International.

Audouin, L., Kolb, G., Torero, J. L., & Most, J. M. 1995. Average centreline temperatures of a buoyant pool fire obtained by image processing of video recordings. *Fire Safety Journal* 24 (2): 167–87, doi: 10.1016/0379-7112(95)00021-k.

Babrauskas, V. 1980. Flame lengths under ceilings. *Fire and Materials* 4 (3): 119–26, doi: 10.1002/fam.810040304.

———. 2004. *Glass breakage in fires.* Issaquah, WA: Fire Science and Technology Inc.

———. 2005. Charring rate of wood as a tool for fire investigations. *Fire Safety Journal* 40 (6): 528–54, doi: 10.1016/j.firesaf.2005.05.006.

Bessey, G. E. 1950. Investigations on building fires. Part II: The visible changes in concrete or mortar exposed to high temperatures. *Technical Paper No. 4.* Garston, England: Department of Scientific and Industrial Research, Building Research Station.

Beyler, C. L. 1986. Fire plumes and ceiling jets. *Fire Safety Journal* 11 (1–2): 53–75, doi: 10.1016/0379-7112(86)90052-4.

Beyler, C. L. 2008. Fire hazard calculations for large, open hydrocarbon fires. In *SFPE Handbook of Fire Protection Engineering,* 4th ed., ed. P. J. DiNenno. Quincy, MA: National Fire Protection Association.

Bostrom, L. 2005. Methodology for measurement of spalling of concrete. Paper presented at Fire and Materials 2005, 9th International Conference, January 31–February 1, San Francisco, CA.

Buchanan, A. H. 2001. *Structural design for fire safety.* Chichester, England: Wiley.

Butler, C. P. 1971. Notes on charring rates in wood. *Fire Research Note No. 896.* London: Department of the Environment and Fire Offices' Committee, Joint Fire Research Organisation.

Canfield, D. 1984. Causes of spalling of concrete at elevated temperatures *Fire and Arson Investigator* 34 (4): 22–23.

Carman, S. W. 2008. Improving the understanding of post-flashover fire behavior. Paper presented at the International Symposium on Fire Investigation Science and Technology, May 19–21, Cincinnati, OH.

———. 2009. Progressive burn pattern developments in post-flashover fires. Paper presented at Fire and Materials 2009, 11th International Conference, January 26–28, San Francisco, CA.

———. 2010. Clean burn fire patterns: A new perspective for interpretation. Paper presented at Interflam, July 5–7, Nottingham, UK.

Chakrabarti, B., Yates, T., & Lewry, A. 1996. Effects of fire damage on natural stonework in buildings. *Construction and Building Materials* 10 (7): 539–44.

Chu Nguong, N. 2004. Calcination of gypsum plasterboard under fire exposure. Master's thesis, University of Canterbury, Christchurch, New Zealand (*Fire Engineering Research Report 04/6*).

Cox, G., & Chitty, R. 1982. Some stochastic properties of fire plumes. *Fire and Materials* 6 (3–4): 127–34, doi: 10.1002/fam.810060306.

DeHaan, J. D. 1987. Are localized burns proof of flammable liquid accelerants? *Fire and Arson Investigator* 38 (1): 45–49.

———. 1995. The reconstruction of fires involving highly flammable hydrocarbon liquids. PhD diss., University of Strathclyde, Glasgow, Scotland, UK.

———. 2001. Full-scale compartment fire tests. *CAC News* (Second Quarter): 14–21.

———. 2002. Our changing world. Part 2: Ignitable liquids: Petroleum distillates, petroleum products and other stuff. *Fire and Arson Investigator* (July): 20–23.

———. 2004. Advanced tools for use in forensic fire scene investigation, reconstruction and documentation. Paper presented at the 10th International Fire Science and Engineering Conference, Interflam 2004, July 5–7, Edinburgh, UK.

———. 2007. *Kirk's fire investigation,* 6th ed. Upper Saddle River, N.J.: Pearson-Prentice Hall.

———. 2012. Sustained combustion of bodies: Some observations. *Journal of Forensic Science,* May 4, doi: 10.1111/j.1556-4029.2012.02190.x.

DeHaan, J. D., Campbell, S. J., & Nurbakhsh, S. 1999. Combustion of animal fat and its implications for the consumption of human bodies in fires. *Science & Justice* 39 (1): 27–38, doi: 10.1016/s1355-0306(99)72011-3.

DeHaan, J. D., & Icove, D. J. 2012. *Kirk's fire investigation,* 7th ed. Upper Saddle River, NJ: Pearson-Prentice Hall.

DeHaan, J. D., & Pope, E. J. 2007. Combustion properties of human and large animal remains. Paper presented at 11th International Fire Science and Engineering Conference, Interflam 2007, September 3–5, London, UK.

Drysdale, D. 2011. *An introduction to fire dynamics,* 3rd ed. Chichester, England: Wiley.

Fang, J. B., & Breese, J. N. 1980. Fire development in residential basement rooms. Gaithersburg, MD: National Bureau of Standards.

FEMA. 1997. USFA fire burn pattern tests. *Report FA 178.* Emmitsburg, MD: Federal Emergency Management Agency, U.S. Fire Administration.

Harris, R. J. 1983. The investigation and control of gas explosions in buildings and heating plants, 96–100. London: British Gas Corp.

Harris, R. J., Marshall, M. R., & Moppett, D. J. 1977. The response of glass windows to explosion pressures. Paper presented at the I. Chem E. Symposium Series No. 49, April 5–7.

Harrison, R. 2004. Smoke control in atrium buildings: A study of the thermal spill plume. In *Fire Engineering Research Report 04/1*, ed. M. Spearpoint. Christchurch, New Zealand: University of Canterbury.

Harrison, R. and Spearpoint, M. 2007. The balcony spill plume: Entrainment of air into a flow from a compartment opening to a higher projecting balcony. *Fire Technology* 43 (4):301–17, doi: 10.1007/s10694-007-0019-3.

Hasemi,Y., & Nishihata, M. 1989. Fuel shape effects on the deterministic properties of turbulent diffusion flames. Paper presented at Fire Safety Science, Second International Symposium, Washington, DC.

Hayasaka, H. 1997. Unsteady burning rates of small pool fires. In *Proceedings of 5th Symposium on Fire Safety Science*, ed.Y. Hasemi. Tsukuba, Japan.

Hertz, K. D., & Sorensen, L. S. 2005. Test method for spalling of fire-exposed concrete. *Fire Safety Journal* 40:466–76.

Heskestad, G. H. 1982. Engineering relations for fire plumes. SFPE Technology Report 82-8. Boston: Society of Fire Protection Engineers, 6.

———. 1983. Virtual origins of fire plumes. *Fire Safety Journal* 5 (2): 109–14, doi: 10.1016/0379-7112(83)90003-6.

———. 2008. Fire plumes, flame height, and air entrainment. Chapter 2-1 in *SFPE Handbook of Fire Protection Engineering*, ed. P. J. DiNenno. Quincy, MA: National Fire Protection Association, Society of Fire Protection Engineers.

Hietaniemi, J. 2005. Probabilistic simulation of glass fracture and fallout in fire. *VTT Working Papers 41*, ESPOO 2005. Finland: VTT Building and Transport.

Holleyhead, R. 1999. Ignition of solid materials and furniture by lighted cigarettes. A review. *Science & Justice* 39 (2): 75–102.

Hopkins, R. L., Gorbett, G. E., & Kennedy, P. M. 2007. Fire pattern persistence and predictability on interior finish and construction materials during pre- and post-flashover compartment fires. Paper presented at Fire and Materials 2007, 10th International Conference, January 29–31, San Francisco, CA.

Icove, D. J. 1995. Fire scene reconstruction. Paper presented at the First International Symposium on the Forensic Aspects of Arson Investigations, July 31, Fairfax, VA.

Icove, D. J., & DeHaan, J. D. 2006. Hourglass burn patterns: A scientific explanation for their formation. Paper presented at the International Symposium on Fire Investigation Science and Technology, June 26–28, Cincinnati, OH.

Icove, D. J., Douglas, J. E., Gary, G., Huff, T. G., & Smerick, P. A. 1992. Arson. In *Crime classification manual*, ed. J. E. Douglas, A. W. Burgess, A. G. Burgess, & R. K. Ressler. New York: Macmillan.

Jansson, R. 2006. Thermal stresses cause spalling. *Brand Posten SP, Swedish National Testing and Research Institute* 33:24–25.

Jia, F., Galea, E. R., & Patel, M. K. 1999. Numerical simulation of the mass loss process in pyrolyzing char materials. *Fire and Materials* 23:71–78.

Karlsson, B., & Quintiere, J. G. 2000. *Enclosure fire dynamics*. Boca Raton, FL: CRC Press.

Kennedy, J., & Kennedy, P. 1985. *Fires and explosions: Determining the cause and origin*. Chicago, IL: Investigations Institute.

Kennedy, P. M. 2004. Fire pattern analysis in origin determination. Paper presented at the International Symposium on Fire Investigation Science and Technology, Cincinnati, OH.

Khoury, G. A. 2000. Effect of fire on concrete and concrete structures. *Progress in Structural Engineering Materials* 2:429–42.

König, J., & Walleij, L. 2000. Timber frame assemblies exposed to standard and parametric fires. Part 2: A design model for standard fire exposure. *Report No. 100010001*. Stockholm, Sweden: Swedish Institute for Wood Technology Research.

Lau, P. W., White, C. R., & Van Zeeland, I. 1999. Modelling the charring behavior of structural lumber. *Fire and Materials* 23:209–16.

Lawson, J. R. 1977. *An evaluation of fire properties of generic gypsum board products*, Gaithersburg, MD: National Bureau of Standards.

Lentini, J. J. 1992. Behavior of glass at elevated temperatures. *Journal of Forensic Sciences* 37 (5): 1358–62.

Ma, T. S., Olenick, M., Klassen, M. S., Roby, R. J., & Torero, L. J. 2004. Burning rate of liquid fuel on carpet (porous media). *Fire Technology* 40 (3): 227–46.

Mann, D. C., & Putaansuu, N. D. 2006. Alternative sampling methods to collect ignitable liquid residues from non-porous areas such as concrete. *Fire and Arson Investigator* 57 (1): 43–46.

McCaffrey, B. J. 1979. Purely buoyant diffusion flames: Some experimental results (final report). Washington, DC: National Bureau of Standards.

McGraw, J. R., & Mowrer, F. W. 1999. Flammability of painted gypsum wallboard subjected to fire heat fluxes. Paper presented at Interflam 1999, June 29–July 1, Edinburgh, Scotland, UK.

Mealy, C. L., Benfer, M. E., & Gottuk, D. T. 2011. Fire dynamics and forensic analysis of liquid fuel fires. Baltimore, MD: Hughes Associates, Inc.

Merck index, 11th ed. 1989. Rahway, NJ: Merck Co.

Milke, J. A., & Mowrer, F. W. 2001. Application of fire behavior and compartment fire models seminar. Paper presented at the Tennessee Valley Society of Fire Protection Engineers (TVSFPE), September 27–28, Oak Ridge, TN.

Mitler, H. E., & Rockett, J. A. 1987. *Users' guide to FIRST, a comprehensive single-room fire model*, Gaithersburg, MD: National Bureau of Standards.

Moodie, K., & Jagger, S. F. 1992. The King's Cross fire: Results and analysis from the scale model tests. *Fire Safety Journal* 18 (1): 83–103, doi: 10.1016/0379-7112(92)90049-i.

Morgan, H. P., & Marshall, N. R. 1975. Smoke hazards in covered multi-level shopping malls: An experimentally based theory for smoke production. *BRE Current Paper* 48/75: 23. Garston, England, UK: Building Research Establishment.

Mowrer, F. W. 1998. Window breakage induced by exterior fires. Washington, DC: U.S. Department of Commerce.

———. 2001. Calcination of gypsum wallboard in fire. Paper presented at the NFPA World Fire Safety Congress, May 13–17, Anaheim, CA.

Newman, J. S. 1993. Integrated approach to flammability evaluation of polyurethane wall/ceiling materials. *Journal of Cellular Plastics* 29 (5), doi: 10.1177/0021955X9302900535.

NFPA. 2000. *Fire protection handbook,* 18th ed. Quincy, MA: National Fire Protection Association.
———. 2004. *NFPA 921: Guide for fire and explosion investigations,* 2004 ed. Quincy, MA: National Fire Protection Association.
———. 2011. *NFPA 921: Guide for fire and explosion investigations,* 2011 ed. Quincy, MA: National Fire Protection Association.
———. 2012. *NFPA 92: Standard for smoke control systems.* Quincy, MA: National Fire Protection Association.
NIST. 1991. *Users' guide to BREAK1, the Berkeley algorithm for breaking window glass in a compartment fire.* Gaithersburg, MD: National Institute of Standards and Technology.
NPL. 2000. *Guides to good practices in corrosion control.* National Physical Laboratory, Queens Road, Teddington, Middlesex TW11 0LW.
Ogle, R. A., & Schumacher, J. L. 1998. Fire patterns on upholstered furniture: Smoldering versus flaming combustion. *Fire Technology* 34 (3): 247–65.
Orloff, L., Modak, A. T., & Alpert, R. L. 1977. Burning of large-scale vertical surfaces. *Symposium (International) on Combustion* 16 (1): 1345–54, doi: 10.1016/s0082-0784(77)80420-7.
Parker, T. W., & Nurse, R. W. 1950. Investigations on building fires. Part I: The estimation of the maximum temperature attained in building fires from examination of the debris. *National Building Studies,* Technical Paper no. 4: 1–5. Building Research Station, Garston, England: Department of Scientific and Industrial Research.
Perry, R. H., & Green, D. W., eds. 1984. *Perry's chemical engineers' handbook,* 6th ed. New York: McGraw-Hill.
Putorti Jr., A. D., McElroy, J. A., & Madrzykowski, D. 2001. *Flammable and combustible liquid spill/burn patterns,* Rockville, MD: National Institute of Standards and Technology.
Quintiere, J. G. 1998. *Principles of fire behavior.* Albany, NY: Delmar.
Quintiere, J. G., & Grove, B. S. 1998. *Correlations for fire plumes.* (NIST-GCR-98-744). Gaithersburg, MD: National Institute of Standards and Technology.
Richardson, J. K., Richardson, L. R., Mehaffey, J. R., & Richardson, C. A. 2000. What users want fire model developers to address. *Fire Protection Engineering* (Spring): 22–25.
Sanderson, J. L. 1995. Tests results add further doubt to the reliability of concrete spalling as an indicator. *Fire Finding,* 3 (4): 1–3.
———. 2002. Depth of char: Consider elevation measurements for greater precision. *Fire Findings* 10, no. 2 (Spring): 6.
Schroeder, R. A., & Williamson, R. B. 2001. Application of materials science to fire investigation. Paper presented at Fire and Materials 2001, 7th International Conference, January 22–24, San Francisco, CA.
———. 2003. Post-fire analysis of construction materials: Gypsum wallboard. Paper presented at Fire and Materials 2001, 8th International Conference, January 28–29, San Francisco, CA.
SFPE. 2008. *SFPE handbook of fire protection engineering,* 4th ed. Quincy, MA: National Fire Protection Association, Society of Fire Protection Engineers.
Shields, T. J., Silcock, G. W. H., & Flood, M. F. 2001. Performance of a single glazing assembly exposed to enclosure corner fires of increasing severity. *Fire and Materials* 22:123–52.
Short, N. R., Guise, S. E., & Purkiss, J. A. 1996. Assessment of fire-damaged concrete using color analysis. *Inter-Flam '96 Proceedings.* London: Interscience.
Silcock, G. W. H., & Shields, T. J. 2001. Relating char depth to fire severity conditions. *Fire and Materials* 25:9–11.
Smith, F. P. 1991. Concrete spalling: Controlled fire test and review. *Journal of Forensic Science* 31 (1): 67–75.
Spearpoint, M. J., & Quintiere, J. G. 2001. Predicting the piloted ignition of wood in the cone calorimeter using an integral model: Effect of species, grain orientation and heat flux. *Fire Safety Journal* 36 (4): 391–415, doi: 10.1016/s0379-7112(00)00055-2.
Steckler, K. D., Quintiere, J. G., & Rinkinen, W. J. 1982. Flow induced by fire in a compartment. *Symposium (International) on Combustion* 19 (1): 913–20, doi: 10.1016/s0082-0784(82)80267-1.
Stratton, B. J. 2005. Determining flame height and flame pulsation frequency and estimating heat release rate from 3D flame reconstruction. Master's thesis, University of Canterbury, Christchurch, New Zealand (*Fire Engineering Research Report 05/2*).
Takeda, H., & Mehaffey, J. R. 1998. WALL2D: A model for predicting heat transfer through wood-stud walls exposed to fire. *Fire and Materials* 22:133–40.
Tanaka, T. J., Nowlen, S. P., & Anderson, D. J. 1996. Circuit Bridging of Components by Smoke. S. N. Laboratory. Albuquerque, New Mexico, U.S. Nuclear Regulatory Commission.
Tewarson, A. 2008. Generation of heat and gaseous, liquid, and solid products in fires. Chapter 3-4 in *SFPE Handbook of Fire Protection Engineering,* ed. P. J. DiNenno. Quincy, MA: National Fire Protection Association, Society of Fire Protection Engineers.
Thomas, G. 2002. Thermal properties of gypsum plasterboard at high temperatures. *Fire and Materials* 26 (1): 37–45, doi: 10.1002/fam.786.
Tobin, W. A., & Monson, K. L. 1989. Collapsed spring observations in arson investigations: A critical metallurgical evaluation. *Fire Technology* 25 (4): 317–35.
Wolfe, A. J., Mealy, C. L., & Gottuk D. 2009. Fire Dynamics and Forensic Analysis of Limited Ventilation Compartment Fires. National Institute of Justice: 194.
Wu, Y., & Drysdale, D. D. 1996. *Study of upward flame spread on inclined surfaces,.* Edinburgh, UK: Health & Safety Executive.
You, H-Z. 1984. An investigation of fire plume impingement on a horizontal ceiling. 1: Plume region. *Fire and Materials* 8 (1): 28–39.
Zukoski, E. E. 1978. Development of a stratified ceiling layer in the early stages of a closed-room fire. *Fire and Materials* 2 (2): 54–62, doi: 10.1002/fam.810020203.
Zukoski, E. E., Cetegen, B. M., & Kubota, T. 1985. Visible structure of buoyant diffusion flames. *Symposium (International) on Combustion* 20 (1): 361–66, doi: 10.1016/s0082-0784(85)80522-1.

第 4 章

火灾现场记录

除去所有不可能的因素，留下来的东西，无论你多么不愿意去相信，但它就是事实的真相。

——阿瑟·柯南·道尔爵士

《四签名》

【关键词】 电弧故障绘图；电弧追踪；激光扫描仪；碳电弧放电；证据链；文件损毁

【目标】 通过学习本章，学员应该能够达到以下几点学习目标：

- 恰当地定义并概括出火灾现场记录
- 说明火灾现场以及其重建
- 应用适当工具记录火灾现场情况
- 处理火灾现场时，识别并最大限度降低文件的破坏程度

火灾现场的信息非常复杂，必须要完整记录下来，因为这对调查人员而言至关重要。仅仅一张简单的照片和现场示意图不足以反映一起火灾的火灾动力学、建筑构造物、火警指示器、居民逃生路径等方面的关键信息。

获取全面完整的现场记录需要全方位的努力，包括法医摄影、数据测量、草图、制图与分析等方面工作。火灾现场法医记录的目的就是记录重要的视觉观察，以鉴定在现场找到的实物证据的权威性，确保事故现场扁平化程序的完善性。

本章将提供火灾现场法医记录的基本概念，重点强调一套比较系统的指导原则。这些概念和技巧有助于书写精确、合法、可被认可的记录，以供撰写调查报告和进行司法诉讼所采纳。同时，本章还探讨了各种计算机辅助的摄影和绘图技术，以实现准确、有代表性的图示分析。

本书不对报告撰写指导原则进行阐述，只介绍收录在权威报告中的记录。详细的讨论与事例，可参看《柯克火灾调查》（第7版）（DeHaan和Icove，2012），《打击人为放火——调查人员的先进技术》（第2版）（Icove，Wherry和Schroeder，1998）和一些相关主题文章（Icove和Henry，2010；Icove和Dalton，2008）。

4.1 美国国家协议

从火灾现场的起火阶段开始进行系统的记录，对所有相关方面的记录、保存案件证据起着至关重要的作用，尤其是法医和其他专家可能会在随后被要求就案件在会议中提供他们的意见。这种系统的方法收集了以后在刑事、民事或行政事务中所需的所有有用的信息。系统化记录可以确保一位独立的、有资质的案件调查人员能够与文件调查人员得到一致的结论。而非系统性记录现场将会在诉讼中导致严重的后果，如多伯特一案（1993年和1995年）或相似类型的有争议的案件等。多个国家协议均引述了在火灾现场进行系统化记录的必要性。最近，美国司法部和美国消防协会（NFPA）发布的两个草案中也将其纳入其中。

4.1.1 美国司法部

美国国家司法研究所（NIJ）担任着美国司法部应用研究和技术机构的角色，由美国国家司法研究所发起了经同行评议发行的专门针对火灾调查的一项国家草案。美国国家司法研究所2000年发行的《火灾与放火现场证据：公共安全指南》一书，就是该火灾调查研究技术工作组的产物。该工作组成员包括来自国家执法、检察机关、国防部门及火灾调查委员会的31位专家。两位作家（DeHaan和Icove）参与了该指南的筹备与编辑工作。

美国国家司法研究所的这项指南旨在向更多的公共部门展现在火灾事故第一现场，如何开展识别、记录、收集和保存重要物证的过程。美国国家标准局［NBS；其前身为美国国家标准与技术研究院（NIST）］1980年出版的《火灾调查手册》已经被公认为火灾现场处置的公众指南。用于收集统一完整的现场数据撰写书面报告所用的表格见表4-1。

表4-1 用于收集统一完整的现场数据撰写书面报告所用的表格

表格	名称	描述
921-1	火灾事故现场记录	收集一般性证明信息和联系信息
921-2	建筑火灾现场记录	用于记录建筑火灾
921-3	车辆现场检查记录	用于记录车辆消防监督检查
921-4	野外火灾记录	用于记录草地、灌木或野外火灾
921-5	伤亡人员现场记录	记录火灾中人员死伤情况
921-6	证据表格	记录发现获取的、发布的证据
921-7	现场照片记录	记录调查人员拍摄的所有照片的描述

续表

表格	名称	描述
921-8	配电盘记录	记录配电盘中断路器位置和标识的信息
FFSR/Kirk's	火灾模拟	用于模拟室内火灾的数据

注：源自《火灾调查手册》(美国消防协会)；《柯克火灾调查》(第7版)(DeHaan和Icove)。

4.1.2 美国消防协会

美国消防协会发行的《火灾事故现场记录手册》(NFPA 906) 最早出版于1988年，并于1998年再版，长期以来一直是记录火灾现场的标准化模板 (NFPA，1998)。美国国家司法研究所2000年版的指南引用了NFPA 906内容，包括附录部分的数据收集表格。这些表格也被并入NFPA 921中，其大纲已在表4-1中体现。相似的表格也在《柯克火灾调查》(DeHaan和Icove，2012) 中有所体现，并且经NFPA许可，在本书此章节中，这些表格将再现。

这些表格的受众群体包括负责调查火灾的所有人员——保险公司官员、火场指挥员、消防局局长、任何私家调查人员。这些数据收集表格组成了一个有条理的调查模板。而这些表格的作用就是构建模板以收集和记录火灾初步信息，为后面的正式事故报告或全面调查报告的撰写以及构建室内火灾模型做了充分的准备。

报告涵盖建筑、车辆和野外火灾；伤亡人员信息，目击证人，证据，照片，草图；保险和国家档案文件资料。事故管理表格用于跟踪调查进程。NFPA 906表格的更新与扩充由美国消防协会火灾调查委员会负责，该委员会同时还要监管NFPA 921 (NFPA，2011)。

4.2 系统化记录

火灾调查人员应采用系统化的程序或标准，对草图、照片或证人对火场的陈述，以及所有取走证据的保管链进行记录。美国国家标准局1980年出版的《火灾调查手册》最先提出了系统化的四阶段程序 (Icove和Gohar)。

这个程序按照以下四个阶段提出了一个详尽周到的火灾现场记录。

阶段1：外部情况

阶段2：内部情况

阶段3：调查研究

阶段4：全景拍摄或专业拍摄

表4-2列出了推荐的更新指南和应用该系统化记录的目的。通过这种方法开展的火灾调查更加客观，以判断火灾成因是事故性的，自然性的，还是易燃物造成的。

表 4-2 火灾调查过程中系统化信息记录方法

阶段	方法	指南	目的
1	外部情况	对建筑的周边和外围进行拍照。 制作外围概貌草图。 使用 GPS 获取定位	确立火灾现场地点位置及周边可视地标的相对位置。 记录周边财产受火灾破坏情况。 揭示建筑结构特征，结构失效、结构破坏或结构缺陷问题。 确定外围的火灾破坏程度。 确定出口和门窗状况。 记录并保存从火场取走的可能物证
2	内部情况	记录和简述火灾破坏程度，潜在着火源及火灾重建和火灾模拟所需数据	追踪从外围到可疑起火点的火灾路径和发展情况。 记录热破坏作用，烟气和热量的分层水平和结构单元的破坏情况。 记录电源装置和配电情况，以及火炉、热水器和发热设备的状况。 记录门、窗、楼梯井，以及窄小空间入口的位置和破坏情况。 记录防火设备的位置和运行情况（水喷淋，烟热探测器和灭火器）。 记录钟表和公共设备读数。 记录报警和电弧故障信息
3	调查研究	记录废墟的清理，移动前的物证，火灾燃烧和碳化痕迹，包装的证据	帮助记录火灾图痕，烟羽破坏，等同碳化线。 确定物证、公共设施、配电、保护装备（断路器，安全阀）的状况。 记录证据链的完整性
4	全景拍摄或专业拍摄	绘制多方位草图。 使用法医光源或特殊的复原技术获取证据	提供更加清晰的外部和内部的外围视图。 确立证人的拍摄视角。 记录并保管重要证据

来源：更新自 Icove 和 Gohar，1980。

使用 NFPA 921 进行现场记录或类似记录形式的部门，通常直接从标准中将空白表格拷贝过来，汇编成册装入文件夹。另外，还要用到证人陈述记录表格进行多人多次询问登记。

许多部门在调查记录上加上一个封面表单，作为工作文件供调查人员和监管人员使用。该表单通常包括复选框，用于指示表格是否包含在案件档案里、何时完成以及关于其状态的备注。证据的处置、法庭规定的最后期限以及其他重要的信息可在报告的主体部分进行记录。

另一个高级案件记录文件就是表格 921-1“火灾事故现场记录”（见图 4-1）。这个表格记录的是如何将事件通知机构、到达现场的情况、业主/住户财产情况、涉及的其他部门、预计的财产损失。同时，还记录了到达现场时间、调查人员进入现场的法律权力、现场的释放时间。

表格 921-2“建筑火灾现场记录”（见图 4-2），帮助记录财产类型，地理区域，地址，施工技术，安全性能，报警保护装置，公共设施。在放火案件中，记录火灾发生时建筑物的安全性以及门窗和防护设施的状况是一项很重要的考虑因素，这就提出了“独家机会”的问题。同样重要的是，记录门窗和外部记录发现的一部分证据，注意火灾从门窗（或者无门窗）窜出的情景等，这些都为后期火灾的发展，通风情况和时间表提供关键信息。在外部勘察时，要记录窗口的位置和窗口与建筑物或车辆的距离。

火灾事故现场记录

部门：________________ 案件号：________________

居住类型

位置/地址						
财产描述	建筑物	住宅用	商用	车辆	野外	其他
其他相关信息						

天气情况

指出相关天气信息					
	可见度	相对湿度	全球定位系统(GPS)	海拔高度	闪电
	温度	风向	风速	降雨量	

业主

姓名		出生日期	
做生意时合法名称（如适用）			
地址			
电话	家庭电话	办公电话	手机

住户

姓名		出生日期	
做生意时合法名称（如适用）			
固定地址			
临时地址			
电话	家庭电话	办公电话	手机

发现者

事故发现者	姓名	出生日期	
地址			
电话	家庭电话	办公电话	手机

事故报告者

事故报告者	姓名	出生日期	
地址			
电话	家庭电话	办公电话	手机

图 4-1

初步调查

请求日期和时间	请求日期	请求时间
请求调查机构	机构名称	联系人/电话
接受请求机构	机构名称	联系人/电话

现场信息

抵达信息	日期		时间		注释		
现场安全性	是	否	担保机构		安全做法		
进入的权威部门	当时紧急情况		赞成		授权		
			书面	口头	行政	刑事	其他
离开信息	日期		时间		注释		

其他涉及的部门

项目	部门或机构名称	事故编号	联系人/电话
初级消防部门			
二级消防部门			
执法机关			
私家调查员			

备注：

图 4-1 NFPA 921-1“火灾事故现场记录”收集的信息包括居住类型，天气情况，业主，住户，发现者，调查情况和现场信息［经许可，本书将《火灾和爆炸调查指南》（NFPA 921）2011 年版内容进行改版，版权◎2011 归美国马萨诸塞州昆西美国消防协会所有，邮编 02269。此次改版材料不能代表美国消防协会的官方立场，只有其完整的 NFPA 标准，方能代表美国消防协会］

建筑火灾现场记录

部门：　　　　案件号：

居住类型

住宅用	独户住宅	多户住宅	商用	政府部门用
教堂	学校	其他		
估计年限	高度(楼层)	长度	宽度	

财产状况

起火时有人？□是 □否	起火时无人？□是 □否	起火时未被占用？□是 □否
起火前建筑物里最后一个人姓名：	建造日期和时间	从哪个门/出口逃生？
备注		

建筑物构造

地基类型	地下室		狭小空隙		厚板		其他
材料	砖石		水泥		矿石		其他
外部遮盖物	木头	砖/石	乙烯树脂	沥青	金属	水泥	其他
屋顶	沥青	木头	瓦片		金属		其他
建筑类型	木质结构	球型结构	重型木构造	常规型	耐火型	不可燃的	其他

报警/保护/安全

水喷淋 □是 □否	竖管 □是 □否	监控摄像头 □是 □否
烟雾探测器 □是 □否	硬线连接 □是 □否	电池 □是 □否
电池是否就位？ □是 □否	位置：	
隐藏钥匙 □是 □否 在哪：	安全围栏：窗？□是 □否 门？□是 □否	

门窗情况

门	上锁	未锁但关闭	打开	
	强行进入 □是 □否	如果知道，是谁强行进入的？		
窗	安全	未锁但关闭	打开	破坏
	被第一批紧急救援人员破坏？ □是 □否	备注		

消防部门观察

第一到达人姓名	部门
总体观察	
灭火障碍？	是否有第一附加报告？ □是 □否

公共设施

电	□开 □关 □无		□地上 □地下	
	公司	联系人	电话	
气/燃料	□开 □关 □无		□天然气 □LP 液体燃料 □石油	
	公司	联系人	电话	
水	公司		联系人	电话
电话机	公司		联系人	电话
其他	公司		联系人	电话

图 4-2

备注：

____

____

____

____

____

图 4-2 NFPA 921-2“建筑火灾现场记录”收集的信息包括居住类型，财产状况，建筑物构造，报警/保护/安全，门窗情况，消防部门观察以及公共设施［经许可，本书将《火灾和爆炸调查指南》(NFPA 921) 2011 年版内容进行改版，版权©2011 归美国马萨诸塞州昆西美国消防协会所有，邮编 02269。此次改版材料不能代表美国消防协会的官方立场，只有其完整的 NFPA 标准，方能代表美国消防协会］

“车辆现场检查记录”（见表格 921-3；图 4-3）、“野外火灾记录”（见表格 921-4；图 4-4）、“伤亡人员现场记录”（见表格 921-5；图 4-5）、“证据表格”（见表格 921-6，图 4-6）、“现场照片记录”（见表格 921-7；图 4-7）和“配电盘记录”（见表格 921-8；图 4-8），这些表格被用于进一步记录评估火灾调查的方方面面。“房间火灾数据”表格（见图 4-9）是作者专门设置的一张单页数据收集表格，在现场进行风险分析和构建室内火灾模型时，用于记录现场测量的数据和信息。

车辆现场检查记录

工作________ 文件________ 发生日期________

保险________ 签订日期________

地址（市、州）________ 接收日期________

损失地点________ 勘验日期________

________ 勘验位置________

偷盗？□是□否发现人________ 检查时间________

警方报告________ 消防报告________

#钥匙________ 报警系统？□是 □否 报警类型________

隐藏密钥？ □是 □否 位置

车辆

制造商________ 款式________ 年代________

车辆识别码（VIN）________ 里程表________

外部

轮胎	轮胎类型	车轮类型	轮胎	胎纹深度	凸耳缺失
左前	____	____	____	____	____
左后	____	____	____	____	____
右后	____	____	____	____	____
右前	____	____	____	____	____
备胎	____	____	____	____	____

门	玻璃是/否	窗户向上/向下	是否锁定	打开/关闭	先前损伤
左前	____	____	____	____	____
左后	____	____	____	____	____
右后	____	____	____	____	____
右前	____	____	____	____	____

车身面板	结　构	状　况	先前破坏
前保险杠			
烤架			
左前翼子板			
左前角板			
后保险杠			
右后角板			
右前挡泥板			
车罩			
车顶			
后备厢			

发动机罩	完整	丢失	部分丢失	状态
发动机				
电池				
皮带和软管				
电线				
附件				

流体	水　平	状　态	取　样
石油			
传输装置（油）			
散热器（油）			
液压转向（油）			
制动器（油）			
离合器（油）			

内部	完　整	丢　失	部　分	丢　失	状　况
气囊					
储物箱					
转向柱					
点火器					
前排座椅					
后座椅					
后甲板					

	品牌/型号			
立体声				
扬声器				
配件				

地板		取样		
左前				
左后				
右前				
右后				

内部人的作用

图 4-3

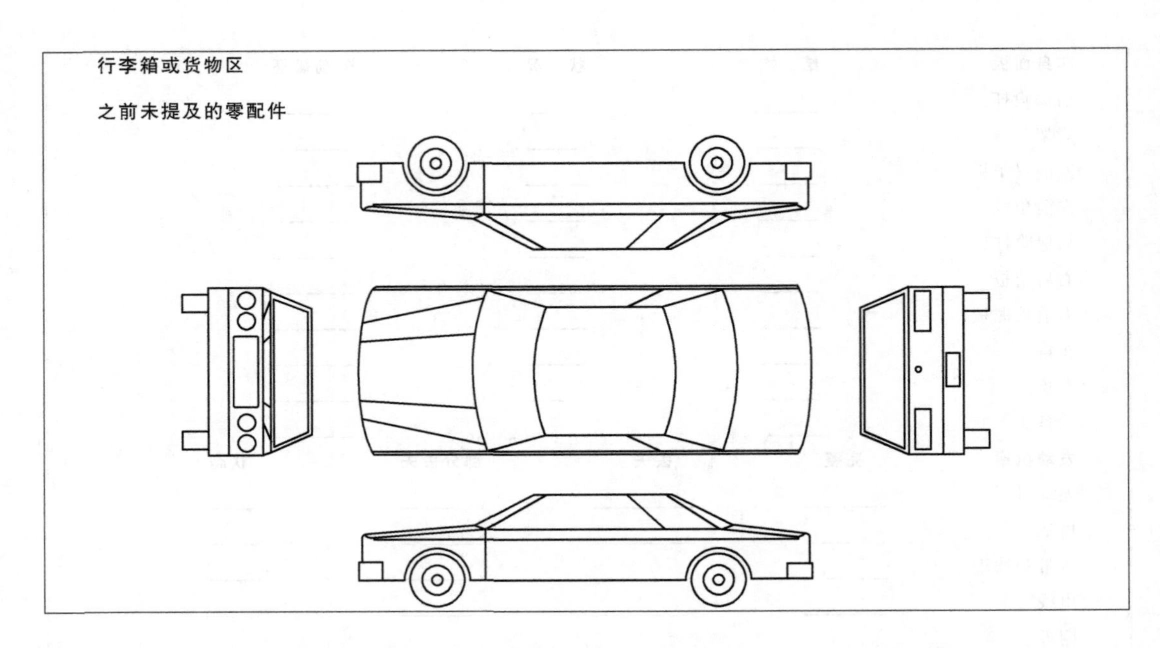

图 4-3 NFPA 921-3"车辆现场检查记录"收集的信息包括车辆描述，车主，外部/内部状况，安全性能，起火源区域的信息［经许可，本书将《火灾和爆炸调查指南》(NFPA 921) 2011 年版内容进行改版，版权◎2011 归美国马萨诸塞州昆西美国消防协会所有，邮编 02269。此次改版材料不能代表美国消防协会的官方立场，只有其完整的 NFPA 标准，方能代表美国消防协会］

野外火灾记录

机构：______________________ 火灾编号：______________________

财产情况：

火灾损害： □小于英亩 英亩	涉及的其他财产
安全性 □打开 □围栏 □大门上锁	注解：

火灾蔓延影响因素

火灾类型： □地面 □树冠	影响因素： □风 □地形	注解：

起火部位

区域内人员

火灾发生时： □是 □否 □未定	注解：

引燃顺序
引燃的热量
引燃材料
引燃因子
如果涉及设备：　制造商：　型号：　序列号：
注解：

图 4-4　NFPA 921-4“野外火灾记录”收集的信息包括财产情况，火灾蔓延影响因素，起火部位，区域内人员和引燃顺序［经许可，本书将《火灾和爆炸调查指南》(NFPA 921) 2011 年版中的内容进行改版，版权◎2011 归美国马萨诸塞州昆西美国消防协会所有，邮编 02269。此次改版材料不能代表美国消防协会的官方立场，只有其完整的 NFPA 标准，方能代表美国消防协会］

伤亡人员现场记录

机构：　事故日期：　案卷编号：

描述

姓名　出生日期　性别/民族
地址　电话
其他识别物
衣着和首饰的描述
居住地　工作地
婚姻状况
死伤者的医生　死伤者牙医
吸烟　□是　□否　□不确定

死伤人员的治疗

现场治疗　□是　□否　治疗人员：
转运至：　标注：

受伤程度

□轻度　□中度　□严重　□致命
伤情描述：

直系亲属

姓名　地址　电话
关系：　通知日期：　通知人：

死亡人员信息

死亡人员最初发现位置
发现死亡人员的人员
死亡人员最初发现时的体位
死亡人员的外表特征

图 4-5

转移死亡人员的人员：________________ 转移到：________________

在现场是否拍照：□是　□否　　死亡人员身下/附近有明显血迹：□是　□否

医学检查/验尸人员

机构________________________________

检验日期：________________ 地点：________________

是否要求尸检：□是　□否　　尸检完成：□是　□否　　粘贴附件：□是　□否

全身X射线扫描：________________ 其他X射线扫描：________________

确认身份依据：□身份特征　□医疗记录　□指纹　□以前伤痕比照

□其他________________________________

气管状态：________________________________

火灾前受伤证据：□是　□否　　类型/位置：________________

采集血样：□是　□否　　其他生物样本采集：________________

CO含量：__________ 血液酒精含量：__________ 其他：__________

死因________________________________

备注

____

____

____

____

____

____

____

身体示意图

表明身体受伤部位：□无　　□水泡（红点）　　□烧伤（黑点）

头顶

图4-5　NFPA 921-5“伤亡人员现场记录”收集的信息包括伤亡人员的姓名和情况描述，治疗情况，直系亲属，医生、法医和身体示意图等信息［经许可，本书将《火灾和爆炸调查指南》(NFPA 921) 2011年版中的内容进行改版，版权©2011归美国马萨诸塞州昆西美国消防协会所有，邮编02269。此次改版材料不能代表美国消防协会的官方立场，只有其完整的NFPA标准，方能代表美国消防协会］

火灾发生前的“天气情况”有时也是相当重要的，特别是当伴有大风，温度波动或雷电时。美国国家气象局气候水利办公室有一项司法服务项目，专门为各类调查提供帮助，特别是在诉讼时。坐落于美国马里兰州银泉的国家气象局总部能够提供权威的气象资料记录（包括雷达图像，卫星照片，曲面分析）。美国可以使用免费或低收费的天气通告和历史天气系统来提供雷达和极端天气通知。一个叫作“地下气象台”的网站（wunderground.com/）备受欢迎，因为它可为美国各地提供历史天气状况数据。

如果是闪电引发的特殊火灾时，雷击的位置是非常关键的信息。美国国家闪电检测网可在全美定位闪电位置。如果付费的话，美国私家公司 Vaisala 将会提供给定时间范围内特定区域内所有雷击的报告。Vaisala（2012）还在 vaisala.com/ 网站为其顾客提供数据和定制软件。

证据表格

事故日期：________________　存储位置：________________

证据编号	特征描述	位置	
______	______________	______	损毁　发布
______	______________	______	损毁　发布
______	______________	______	损毁　发布
______	______________	______	损毁　发布
______	______________	______	损毁　发布
______	______________	______	损毁　发布
______	______________	______	损毁　发布
______	______________	______	损毁　发布
______	______________	______	损毁　发布
______	______________	______	损毁　发布

证据收集方式：　收集日期：________　存储日期：________

□调查人员现场带走

□调查人员收集的位置：________________

收到方式：□UPS □FedEx □Airborne □US Mail□人员提供 □货运

其他：________________

描述

________________　________________

接收人员：________　事故调查人员：________

证据位置转移

____

所有者：　国家：　邮政编码：　电话：

____

单位：　地址 2：

____

地址 1：　城市：

____

城市：　州：　邮编：　电话：

图 4-6

内部检查

调查人员	取出日期	检查日期	返还日期

证据销毁

授权人　　日期

调查人员的授权　日期

销毁人员　　日期

证据发布

接收人签名

接受证据人(打印)　日期

公司名称

地址

州　邮编　电话

授权人　　日期

调查人员授权　日期

通过什么发布

备注

其他人检查

姓名　　检查日期

单位

地址

城市　州　邮编　电话

授权人

授权调查　日期

姓名　检查日期

单位

地址

城市　州　邮编　电话

授权人

授权调查　日期

姓名　　检查日期

单位

地址

城市　州　邮编　电话

授权人

授权调查　　日期

姓名　　检查日期

单位

地址

城市　州　邮编　电话

授权人

授权调查　　日期

图 4-6　NFPA 921-6“证据表格”收集的信息包括火灾现场证据的收集，发布和销毁等
[经许可，本书将《火灾和爆炸调查指南》(NFPA 921) 2011 年版中的内容进行改版，
版权◎2011 归美国马萨诸塞州昆西美国消防协会所有。此次改版材料不能代表美国消防协会的
官方立场，只有其完整的 NFPA 标准，方能代表美国消防协会]

现场照片记录

案卷＃________________ 曝光：________________

案件＃________________ 日期：________________

相机厂商/型号：　胶片类型：　感光度：　胶片额定感光度（ASA）

序号	描述	位置
1		
2		
3		
4		
5		
6		
7		
8		
9		
10		
11		
12		
13		
14		
15		
16		
17		
18		
19		
20		
21		
22		
23		
24		
25		
26		
27		
28		

图 4-7　NFPA 921-7“现场照片记录”收集关于火灾现场每张照片的描述和拍摄地点以及拍摄人信息。表格应修改为包括数码照片数据，例如识别和图像号［经许可，本书将《火灾和爆炸调查指南》（NFPA 921）2011 年版内容进行改版，版权◎2011 归美国马萨诸塞州昆西美国消防协会所有。此次改版材料不能代表美国消防协会的官方立场，只有其完整的 NFPA 标准，方能代表美国消防协会］

配电盘记录

火灾位置：	日期：	案件号：
配电盘位置	主要规格	保险丝□ 熔断器□

左边				右边			
#	额定电流	标识电流	状态	#	额定电流	标识电流	状态
1				2			
3				4			
5				6			
7				8			
9				10			
11				12			
13				14			
15				16			
17				18			
19				20			
21				22			
23				24			
25				26			
27				28			
29				30			

备注：

备注：

记录人：

图 4-8 NFPA 921-8“配电盘记录”收集的信息包括配电盘位置，断路器以及它们额定电流状况等信息［经许可，本书将《火灾和爆炸调查指南》（NFPA 921）2011 年版中的内容进行改版，版权◎2011 归美国马萨诸塞州昆西美国消防协会所有，邮编 02269。此次改版材料不能代表美国消防协会的官方立场，只有其完整的 NFPA 标准，方能代表美国消防协会］

房间火灾数据

房间______________________ 房间号________

长度__________

宽度__________

高度__________

楼层平面图

注意房顶高度变化__________

墙壁：结构/材料__________ 厚度____ 外层____ 取样？是/否

结构/材料__________ 厚度____ 外层____ 取样？是/否

天花板：结构/材料__________ 厚度____ 外层____ 取样？是/否

地面： 结构/材料__________ 厚度____ 外层____ 取样？是/否

房间开口（门，窗，其他出口）

高度(开口的底部到顶部距离)	窗台高度	底面深度(门槛、窗台)(开口上面)	宽度	打开或关闭？着火时发生变化？
1.				
2.				
3.				
4.				
5.				
6.				
7.				

供暖、通风、空调系统

描述______________________

打开/ 关闭 在火灾前/ 在着火时

布置（对主要可燃物品进行描述，如地板，墙面，毛织物）

____

____

____

____

时间轴：报警时间____ 消防部门到达时间____ 火情控制时间____

描述：______________________

火灾前活动，事件：______________________

图 4-9 单页“房间火灾数据”表格获取了火灾现场每个房间的关键信息，当进行火灾分析或计算机模拟时这些信息非常必要（J. D • DeHaan 供图）

4.3 外部情况

在调查火灾原因之前首先要记录建筑、车辆的外观及森林、荒野、船只或其他情况特征。当调查建筑或车辆的外观时，调查人员可以进行粗略的野外搜索以寻找其他证据，记录火灾从门窗喷出的形态，提供有关火灾后期发展，通风和时间表的关键信息。该阶段确定了火灾现场的位置及与周边可视地标的相对位置。外部勘验同样能揭示火灾破坏和建筑倒塌的程度，结构状况，故障，违规行为，缺陷或潜在事故隐患。这一步还要记录邻近财产的破坏情况。在大规模的调查过程中，有时要通过高架起重机，消防云梯车或飞机进行现场全景拍照。

如果发生爆炸，调查人员必须通过图示和照片对玻璃或结构碎片进行测量与记录。这些概念将在后面的章节中讨论。

考虑到其他着火源，知道着火时公共设施的使用情况尤为重要。公共设施的使用状态可以显示是否有业主、住户正住在建筑物里。如果在火灾发生前有指令要切断公共设施使用，那么确定并记录下来是谁发出的指令，以及发出指令的原因，这是非常关键的。而在火灾扑救过程中，确定并记录燃气和电源是被谁何时切断的也很重要。如果怀疑是电力中断或电涌，那么应该向附近使用同一电源的邻居询问。

4.4 内部情况

第二阶段涉及内部破坏的记录，方法是显示整个房间、区域和可疑火源的起火程度和火势发展，这些图片和图示要在挖掘起火残骸之前完成，在调查人员到达时记录现场情况。而建筑的所有未损坏区域（只要有权限进入）也应进行检查和记录。

4.4.1 损坏记录

在进行内部检查时，调查人员要记录所有房间的破坏（或者没破坏）情况，包括热量和烟层高度，烟沉积，热传递效应，以及结构的破坏（墙壁，地面，天花板和门）。调查人员可能会发现，对应表 3-1 的图案类型勾画破坏区域非常有效，并在其表面用彩色粉笔或胶带标记出各个区域，然后进行摄影。表面沉积物的分界线（有时指烟雾层）、热效应、热穿透、材料损失也可用彩笔在草图或照片上标记出来。一种方法就是用黄线勾勒出表面沉积物的区域，用绿线勾勒出热效应，用蓝线画出穿透物，用红线标出材料完全消耗区域。

这一阶段包括检查和记录电力设施、配电、炉子、热水器和发热设备工作状况，以及房间布局情况。调查人员应该记录供暖、通风和空调系统的位置以及它们的部件、管道系统和过滤系统的工作状况。还必须注意和记录窗户玻璃厚度，窗户尺寸，以及它们是单层还是双层玻璃。涉及的每个房间的窗台高度和每扇门窗的底面深度，还有它们的打开程度，发生火灾时它们是否敞开或在后来被破坏都须记录。

4.4.2 结构特征

天花板的设计和构造对烟雾的蔓延、火势蔓延和探测起关键性作用。一个光滑倾斜的天花板可以引导烟雾远离探测器，然而，一个有着外漏横梁或有着深装饰沟的天花板却可以引导烟雾或大火朝一个优选的方向蔓延，或完全阻止它们蔓延（见图 4-10）。因为，在火灾中或彻底翻修时，天花板通常是受损最主要的地方，所以在实际操作中记录建筑中没有受到破坏的房间也是很重要的。因此，要向住户或楼房维修人员了解房间的结构特征。这些特征也要通过火灾前的照片，视频和建筑平面图进行记录。

图 4-10 复杂的吊顶结构，如图中酒店会议室的吊顶，会影响火灾和烟雾的蔓延。这张照片拍摄了诸如通风设施，水喷淋头，报警传感器位置等结构特征（John Houde. 提供）

一位作家曾参与了 1916 年一场火灾的火灾重建，这次火灾彻底毁掉了作者杰克·伦敦的家，沃尔夫家。将当代访谈中的描述和建筑残骸中的可见特征与建筑平面图相比较。很明显，即便是火灾发生前几周的平面图与竣工后的结构都有不同之处。在对各种起火源进行确定的假设中，墙面材料，楼梯井以及门的位置都发挥着重要作用。详尽的关于沃尔夫家火灾案例的研究请见 Icove 和 DeHaan（2009）书中，第 9 章节。同样，供暖、通风和空调系统的类型，位置及运行也起着至关重要的作用。有一个案例，一把椅子意外起火，最终竟夺去了该吸烟室内唯一一人的生命。这场火灾发生在早晨，没被及时发现，且发展迅速，直到后来楼上的一名工作人员看到房间窗户冒出的烟气才去检查。但问题是，为什么火灾发展如此严重，而敞开门的吸烟室外面走廊天花板上的烟感探测器却没有发挥作用呢？当工作人员冲向那个房间的时候，走廊里根本就没有烟气，而烟感探测器也是和报警系统连接的。后来发现，房间窗户上的排气扇被打开了，而它每分钟的风量足以把该房间的烟气从门口吸走，阻止外面的烟感探测器探测到。因此，不合理的供暖、通风和空调系统的设计同样会产生严重后果。有吊顶而无人居住的房间，就像是一个开放式回风静压厢，它能使烟雾和热气迅速蔓延，有关案例见图 4-11。检查供暖、通风和空调系统中过滤器和冷凝器是否有烟灰和其他高温分解产物。

4.4.3 防火系统

对灾后的防火系统设备评估的结果进行记录也很重要（例如，报警器、烟感探测器、自动灭火系统、防火门、热操作安全装置以及是否存在防火分区），因为这些设备的完善，有助于抑制火灾，给住户提供警报。记录要包括它们的功效和位置。电子钟和机械钟上的时间读数可以用来记录由于高温或断电而损坏或中断工作的大致时间。

烟气、热量、一氧化碳（CO）探测器和水喷淋系统的位置、类型及运转性能也应记录，这些都很重要。NFPA 研究表明，几乎所有的美国家庭都装有至少一台烟雾报警器，然而在 2000～2004 年间，在报告的住宅火灾中，接近半数（46%）的家庭住宅都没有烟雾报警器或是烟雾报警器没有运行（Ahrens，2007）。同样，在此期间，家庭住宅火灾中 43%的人员死亡是由于没有烟雾报警器造成，其中 22%的死亡发生在有烟雾报警器但根本没有启动的家庭中。不幸的是，在这些致命火灾的调查中发现，有的家庭为了防止厨房或浴室雾气太重而触发烟雾报警器误报，将报警器中的电池卸下。有的家庭将报警器电池卸下用于电动玩具或遥控器。硬接线的探测器可以和非监控系统断开连接，也可用胶带或塑料膜罩住以阻止报警。同时，还要记录打开的水喷淋头的完好情况，熔融温度，孔尺寸大小和未熔化水喷淋头的样本。

图 4-11 厨房里的回风静压箱通风口，使得火焰迅速蔓延到天花板，始料未及，造成了吊顶的迅速坍塌（Jamie Novak，Novak Investigations. 提供）

现代火灾报警系统中的数据系统能够对捕获的时间，序列和报警区域及水喷淋系统进行电子检测，并为报警传感器确定激活的区域和方式。在进行现场调查时，应向报警系统专家咨询以寻求帮助。即便不是远程监控系统，它也拥有一个电池供电存储器，可对近期活动情况进行下载。

4.4.4 电弧故障绘图

当火焰或热袭击绝缘电缆，绝缘材料开始热解并降解。当橡胶、织物或一些塑胶绝缘炭化时，碳质残渣变得可以导电，如果导线通电并形成了回路，则电流可以通过（有时称之为碳电弧放电）。采用PVC，120℃（248℉）的温度足以发生电弧起痕过程，使得电流开始流动（巴巴拉卡斯，2006）。随着绝缘材料的降解，电阻也进一步降低。在任何一种情况下，电流开始在火线或通电电线和中性线或地线（接地导管，器具，或接线箱）间流动。增大的电流产生更多的热量，进一步炭化绝缘材料，从而产生更强的电流。

由于烧焦绝缘材料后生成电阻的情况不同于电路直接短路或故障（发生短路时，电阻值几乎为零），电流也是从非常低到非常高之间不断变化（可高达150A），还会在导体上产生各种电弧损坏区域——从熔化金属小坑，到熔珠。由于导体没有被连接在一起，它们可自由流动，因此这些电流持续时间较短。在很多情况下，由于电流持续时间过短，而无法使过载保护装置（OCPDs）起作用。这就意味着沿着电线会产生多处多次电弧放电，直至触发过载保护装置或电线因熔化被切断（有时称作熔断）。一旦电线被分离，该点的电流即中断（Carey，2002）。

这种现象为定位可能起火源区域提供了一种方法，即通过从电源处追踪线路（如断路器或保险丝盒）进行定位，然后绘制出所有的电线故障（因为即便不通电流，电线由于火灾的影响也会失灵）。通过大体外观即可确定，这种故障就是典型的电弧放电（通电流）或熔断（不通电流）。从电源处沿着电路向下，最远处的电弧放电现象的位置就是火灾最先攻击线路的地点，如图4-12所示。这些故障或许对确定起火源区域非常有用。Robert J. Svare（1988）首先采用了这种方法，该方法已被无数次在建筑火灾现场中得到验证。

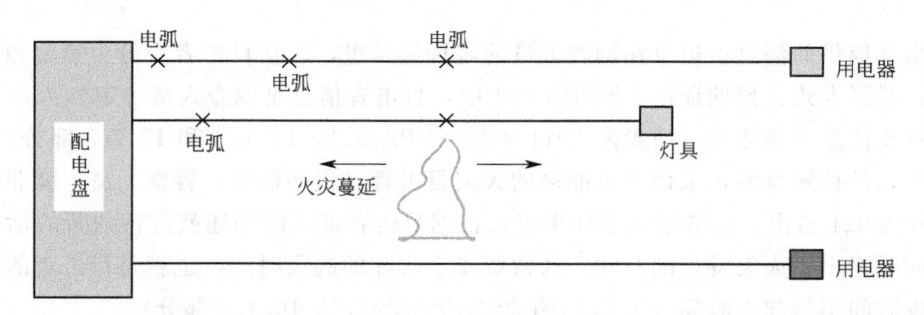

图4-12　绘制电弧放电故障位置，从电源处向下最远处的故障的位置就是火灾最先攻击线路的地点

即使在环形布线的多层建筑或设施中（如在英国），这种程序也被证实很有效（Carey，2002；Carey和Nic Daèid，2010）。然而，它不适用于每条电路中有三条电线的三相线路。这项技术要求用心仔细地追踪线路，由于电源早已确定，可以准确评估故障的性质。NFPA 921建议记录配电盘的表格可使用近似于图4-8的表格。

在受区域报警系统保护的建筑物中，可以将报警系统数据（报警器，感应器，或水喷淋情况）与电弧失效指示结合使用来估计起火源区域。这种方法不适用于大规模坍塌或是火灾损伤严重的建筑，因为内部的线路关系和走线已无法精确追踪。

4.5 调查研究

系统调查的第三阶段集中在废墟清理、火灾荷载、碳和燃烧方式、潜在起火源及从火场移走之前的证据位置。任何与火灾相关的犯罪证据，如入室盗窃、偷窃和凶杀，也要被记录下来。

除非有拍照记录和火灾现场记录作为支撑，否则不可挪动现场，包括受害者尸体。这些调查照片能够确保调查的完整性和证据保护。

4.5.1 伤亡情况

伤亡情况被记录在“伤亡人员现场记录”表格上（图 4-5）。这份报告包含了对受害者的描述、受伤类型、环境、接受治疗情况、尸体的位置及对检查情况、直系亲属以及其他恰当的备注。伤亡信息不仅包括死亡人数，还包括所有受伤人员的情况，尽管《美国医治保险携带和责任法案》（美国联邦法规第 45 款第 160 和 164 部分，第 A 和 E 段）规定有些信息不可利用。

这个表格目前不包括尸检获取的受害者信息，例如，烧伤、血液中酒精含量测试、氰化氢和碳氧血红蛋白水平以及在火灾死亡调查中经常记录的其他情况。这类信息将会在第 7 章中详细探讨。

4.5.2 目击者

目击者提供的信息被记录在调查人员的现场记录里，包括目击者身份、家庭和工作单位地址、联系方式、预期证词。NFPA 921 中，目击者信息是调查人员确定起火源和起火原因的重要信息来源之一（请参阅 2011 年版 NFPA 921，17.1.2 和 17.2.5 部分）。当信息是新的，没被触及的，采访尽可能多的火灾目击者（包括消防和警察人员）就非常有必要。NFPA 921 指出，火势增长率如果仅仅根据目击者证人的陈述就进行判断的话会非常主观。同时指出，火灾发现的时间，通常要晚于实际的起火时间，也就是目击者的报告的火灾发现时间不是起火时间（见 2011 年版 NFPA 921，5.10.1.4 部分）。

采访火灾现场的目击者可以揭示额外的火灾起火阶段的相关信息和当时的环境条件（下雨，刮风，极端寒冷的天气等）。在多数情况下，幸存者能够提供火灾发生前的一些信息；火势与烟气的发展状况；燃料箱地点和位置；受害者和犯罪嫌疑人在火灾前、火灾时和火灾后的活动情况；人员得以幸存的行为；严重的火灾事件，例如：轰燃，结构坍塌，窗户破裂，警报声，首次发现烟雾情况，首次发现火焰情况，消防部门到场以及与建筑物内其他人员的接触（见 2011 年版 NFPA 921，10.8.5 部分）。

此外，在记录目击者所述情况的同时，记下他们在火场中的位置同样重要，尤其是使用目击者角度的照片时（见 2011 年版 NFPA921，15.2.6.10 部分）。当环境安全的条件下，按照目击者的路线或回到当初目击者见证火灾的位置，能够使目击者的陈述更加真实、完整，具有说服力。通过按照目击者的路线（在安全时）或回到当初目击者见证火灾的位置，可以增强对目击者的证词记录这一过程，还可以帮助现场重建或确定视线并提供更完整的陈述。

【案例 4-1 目击者叙述的系统分析】 2007 年 1 月 16 日，在美国科罗拉多州科罗拉多斯普林斯市城堡西一座三层木质公寓，有着 129 套公寓的大楼里，发生了一场大火，造成 2 人死亡，13 名住户受伤，6 名消防员受伤，估计损失达 600 万美元。这座建筑没有水喷淋系统，也没有监控或可访问的火灾报警系统，只在走廊一些单位里有应急灯和电池供电的烟雾探测器。

由多个部门组成的调查小组采访了来自 96 套有住户的公寓的目击者，129 套公寓中还有 24 套无人居住。这些访问涵盖了居住公寓总数的 90%以上。

为了减小确认偏差，美国烟酒枪支爆炸物管理局下辖的火灾研究实验室（Geiman 和 Lord，2011）的一项研究将证人对这三层建筑的平面图的观察绘制成了镶嵌图案。结果变成了一个询问证人问题的开放性报告，该报告提升了这一过程的可靠性，纠正了被采访者很多有意识或无意识导致确认偏差的因素。

结果证明了受害者的逃生情况。图 4-13 表明，几乎所有的 A 层（1 楼）住户成功地逃离了大楼。而通过逃离建筑物的住户对烟气和火灾的个别观察，有助于将起火源区域与 B 层和 C 层的北翼楼隔离开来（如图 4-14 所示）。

这项研究得出的结论是，这种方法为火灾调查人员测试起火源假设提供了系统的分析工具。当这些开放性问题被用于群体采访时，这种方法降低了调查人员和证人的潜在确认偏差。这种将采访转变成文本系统的方法，便于以后对证人信息进行内容上的分析。最后，这种简单标注在建筑平面图上的图形说明，有助于对火灾调查结果进行分析，为纳入报告和潜在的法律程序提供了积极例证。

4.5.3 证据收集和保管保存

证据链是要追踪从发现到最终提供给法庭的证据。它的目的就是认证发现的证据，阻止其丢失或破损。记录包括在发现证据时给证据拍照，并准备一份书面清单列出证据离开现场后的转移情况，如“证据表格”所示（图 4-6）。这个记录与一些指导原则很一致，例如：ASTM E1188-05《技术调查人员收集和保管信息与物证的常规做法》（ASTM，2005）。

4.5.4 摄影

照片不仅要包括全景，还要有重要证据的特写，如果必要的话还需要远景镜头。照片

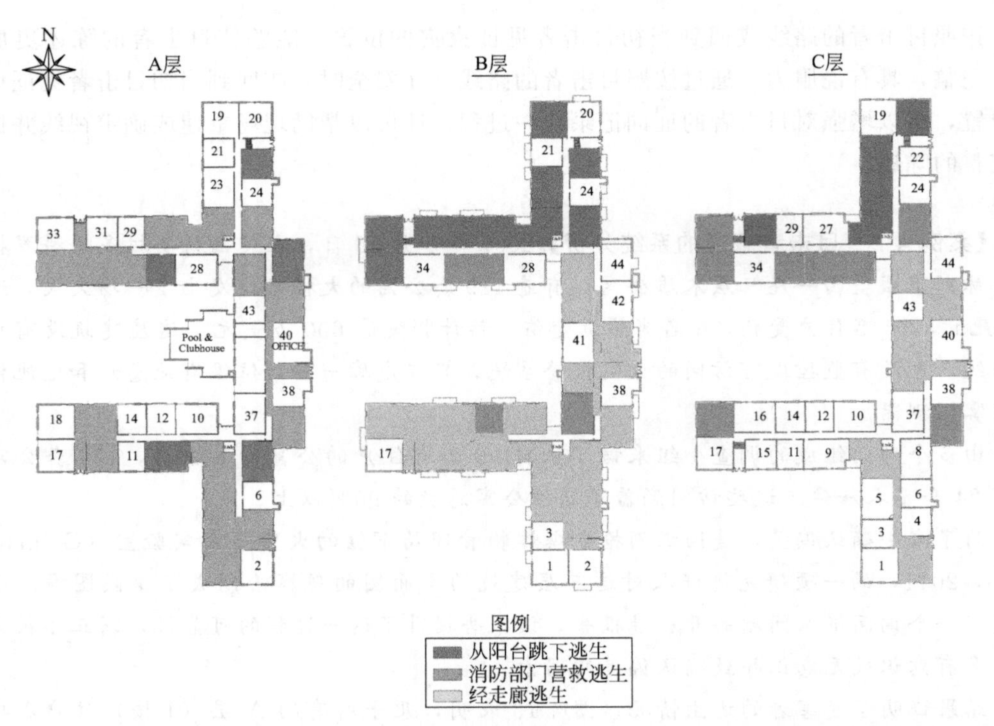

图 4-13 三层的公寓大楼平面图展示了居民经由阳台逃生，或消防部门营救及简单自救的逃生模式（the Fire Research Laboratory，U. S. Department of Justice，Bureau of Alcohol，Tobacco，Firearms and Explosives. 提供）

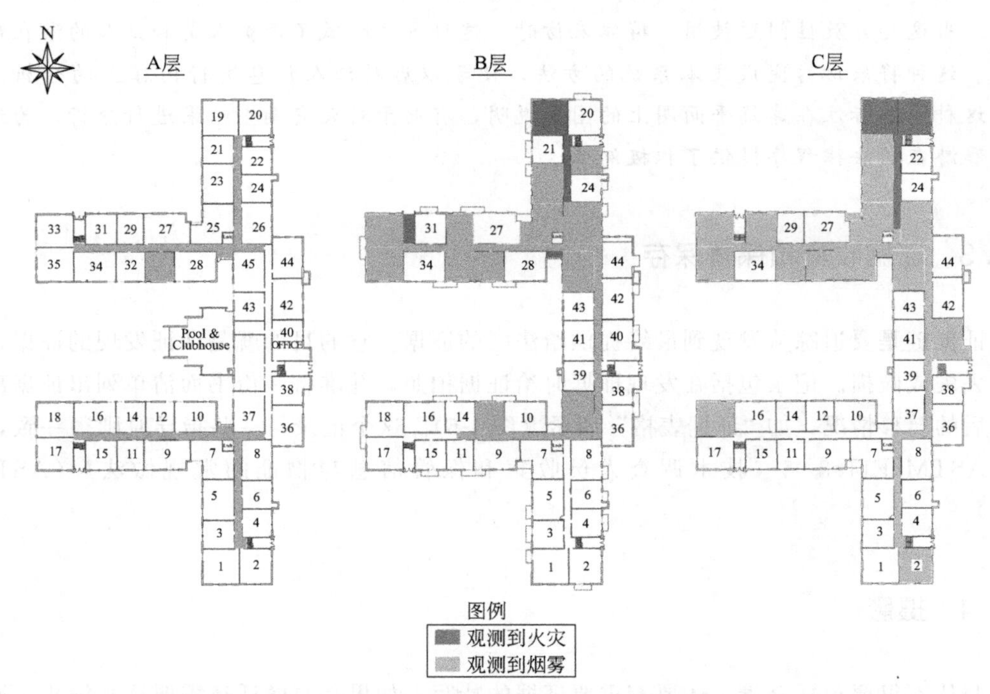

图 4-14 三层的公寓大楼平面图展示了逃离居民观察到的烟气和火焰（The Fire Research Laboratory，U. S. Department of Justice，Bureau of Alcohol，Tobacco，Firearms and Explosives. 提供）

应该记录发现现场，废墟清理过程，清理后情况，以及与火前位置发生变化的陈设。精确的照片记录几乎和照片本身一样重要，它能保证调查人员在火灾发生后几天，几周或几个月，可以准确地重建火灾现场。

“现场照片记录”（图 4-7）用于记录现场拍下的每张照片的描述，帧数，胶卷，或图像存储卡，以及在火灾现场拍摄到的每张照片的数字图像编号。同样，对于使用录像机拍摄的火灾现场摄像图像，调查人员应遵循类似的系统记录格式。表格在拍摄照片的时候填写。帧和胶卷（或照片）的编号在后来的绘制火灾现场示意图中便于使用，用来指示其拍摄方位。从存档的介质上复制的每一卷胶卷，每一个数码图像，每一盘录像带都要在一个单独的表格上记录在案。“备注”栏用于记录胶卷，存到介质和录像带的位置。证据的特写镜头照片应该和全景、方位照片存放在一起（图 4-15）。关于摄影的一些细节方面的讨论将放在本章节的后面部分。

(a)　　(b)

图 4-15　关键特征（如可能的点火源）的摄影记录应包括（a）总体（方向）、（b）特写照片（J. D. DeHaan 提供）

4.5.5　草图

火灾现场草图不论大小，对照片而言都是重要的补充。它们轮廓分明地勾画出火灾现场和调查人员获取的证据。典型的草图就是简单的二维现场图。它包括所有房间，隔间，建筑物，车辆和庭院的外形尺寸。绘画用的不同尺寸的方格纸在办公用品店都可买到。这些草图包括从粗略的建筑物轮廓或房间物品到详尽的建筑平面图。窗玻璃碎片的分布草图对于之后重建爆炸事件至关重要。它们必须包括距离和角度数据。有关草图更详尽的讨论将在本章后面介绍。

4.5.6　文件记录

保险信息和文件记录的收集可以确保调查的更加深入彻底，特别是当多人投保时，例如当案件涉及商业建筑时。火灾调查人员务必要仔细地登记和保护这些事故，财产，商业和个人的文件记录。

4.5.7 室内火灾建模数据

室内火灾模拟需要的记录远远超过调查人员通常收集的资料数。这些补充细节列入了图 4-9 所示的"房间火灾数据"表格中。室内火灾模拟需要的信息包括房间尺寸，结构，表面材料，室内装修，门窗的开口，供暖、通风和空调系统，事件时间轴和燃料箱。即使不打算进行计算机模拟，这些信息对于所有火灾重建中的假设形成和进行测试至关重要。准确而完整地记录高度信息，而不仅仅是建筑平面图，这一点尤为重要。例如，必须清楚地识别任何高度发生变化了的天花板（因为倾斜度，长梁和建筑结构能够影响热气和烟气层化。

4.5.8 物证

物证有时被称作沉默的证人，因为它们往往能够给出真实可信的答案，为其他调查手段无法解决的问题提供可靠的答案。显然，系统调查的调查阶段要结合火灾现场收集到的所有的法医证据要素。

一般公认的法医指南就是用来阻止证据被玷污，丢失或破坏，并提供一个可信的证据链。例如，当一个物体上有血渍，应尽可能收集物体本身，并在包装前风干。如果有条件，带血的物体应该风干后，存放到独立包装的密封纸袋、盒子或信封中，并尽可能保持干燥和冷藏。不能使用普通的塑料袋，因为它们使得样品不能通风。另外，涉及血液病原体时，调查人员应注意安全问题。

所有的轻武器都要单独存放于牛皮纸袋中。文件要加标签存放。轻武器要手提到实验室。特别的操作说明包括收集技巧，卸下左轮手枪活塞，标注其位置，记录武器的序列号，制造商和型号。燃烧残留物或装有挥发性液体的容器必须要密封包装，以阻止损失与污染，保持凉爽以最大限度减少挥发。进一步的细节见第 7 版《柯克火灾调查》（DeHaan 和 Icove，2012）。

4.5.9 手持式激光测量技术

调查人员通常需要记录一幢建筑物中几个房间的测量结果，这既麻烦又耗时，还会出现差错。因为两个人测量距离时使用卷尺比较有效，而一个人测量距离时使用手持设备更便利。

随着低成本精确手持式激光设备的推出，调查人员不仅能够测量距离，还能测量房间的面积和体积。针对设备售价发布的规范显示，在 30.48m 处的精度为 6.35mm 的设备售出价格不高于 100 美元。这些设备的适用范围在 0.6～30m 之间，它们的读数能切换为英制或公制单位，并且可以使用低成本 9V 电池工作（见图 4-16）（Stanley，2012；DeHaan，2004）。

图 4-16 新设备，如 FatMax 激光测量仪，使测量房间变得更容易、更快（J. D. DeHaan 提供）

4.5.10 点火矩阵

如今，火灾调查人员在起火源区域进行多种潜在起火源的假设，然后排除假设，并确定一个起火原因（基于合理的数据或方法），他们所面临的挑战比以往任何时候都要大。如第 1 章中所述，预期的火灾调查的结果就是调查人员得出了结论，既论证了该火源如何起火，又排除了其他可能的起火源。如果调查结束时，仍可能有两个或多个起火源，那么就要声明起火原因是“不确定的”。要用简明且全面的方法论证这些结论实属不易。

点火矩阵方法促使调查人员全面地考虑一系列的对立假设以及影响因素，例如：热释放率、热通量、防火间距、热惯性和火势蔓延路径。一个完整矩阵就是论证所有考虑到的潜在起火源，排除（除了一种）所有假设。这个矩阵比传统的逐项清单更容易被证实，从而提高了调查人员审查程序的准确性。但要注意，这种综合的方法不是简单随便的排除法，2011 年版的 NFPA 921 在第 18.6.5 章节中强烈告诫不要使用这种方法；然而，这是一种详尽的、科学的方法。

这种方法从对可疑起火源详细评定和制作草图开始，记录所有发现的燃料和可能的起火源。Bilancia 点火矩阵介绍了通过详尽的配对比较来评估多个起火源，并记录每个起火源有没有能力引燃第一燃料。建议用的点火矩阵就是纸上的一个表格。在它的布局当中，每个方格代表能源与第一燃料间相互作用的成对评价。

每种结合都是按照四个主要方面进行评价的：

（1）该起火源能够引燃燃料么？是或否。

（2）该起火源足够靠近燃料使其被点燃么？是或否。

（3）有证明着火的证据么？是或否。

（4）第一燃料引燃的火有路径去点燃主要燃料么？是或否。

每种评估中通常附带并应用了一些评论或注意事项，包括如下一个或多个注意事项：

(1) 该电源未通电（家用电器或电源线）或者没被使用（蜡烛）。

(2) “距离太远了”或者“取决充分的持续时间”，或是“不清楚——必须经过测试样本”。

(3) 燃烧的物证或目击证据；燃烧被目睹或摄像机记录下来。

(4) 燃料充足而形成烟羽，或者闪燃引发燃烧。

最后，用不同颜色标注矩阵，用来指示哪种组合是正确的，哪种是被排除掉的，以及哪些需要进一步研究。这种颜色表格可用红色或相近颜色代表可能的，蓝色代表不可能的，黄色代表有可能但已被排除。有关 Bilancia 点火矩阵在火灾现场记录中的应用的详细讨论，请参阅《柯克火灾调查》第 6 章。

4.6 全景拍摄或专业拍摄

4.6.1 全景拼接

在火灾现场拍摄的大多数照片都聚焦在火灾形式和证据上。在建筑火灾中，建筑的鸟瞰图或透视图能够揭示火灾对建筑物产生的总体效果，包括建筑物本身如何被火灾破坏以及在灭火过程中如何被破坏。一张简单的照片可能无法捕获房间周围的全部信息。图 4-17 显示了通过将几张照片拼接在一起而形成火灾全景照片的示例。创建全景图像用来改善现场审阅和法庭例证已不再是新的举措了。全景照相机（扫描狭缝）的问世已有 100 多年之久了，但是它们鲜少被使用，因为这些专业设备非常笨重且娇贵。全景照相机在 19 世纪后期相当流行，被用于记录火灾造成的破坏。现如今，通过对图像从顶部到底部的截取和拼接，形成一幅全景照片。目前，市面上出现了超广角照相机和 360°旋转照相机，但是价格相当昂贵（Curtin，2011）。要知道，人类的视觉通常可以看到房间 170°的

图 4-17 使用单独照片和拼接软件构成全景图（D. J. Icove. 提供）

范围，而一个典型的 50mm 的照相机镜头只能捕获五分之一的场景。因此调查人员如果想要捕获房间周围的火灾情况，就需要某种类型的全景成像。

图 4-18　使用 PTGui 软件，将分开的连续镜头的照片拼接在一起，构成大型工厂火灾现场的 150°全景照片（D. J. Icove. 提供）

简单来说，拍摄全景照片包括使用稳定的三脚架，拍摄一系列重叠照片，然后将照片进行物理叠加形成一个火场的镶嵌视图，以镶嵌形式拼接几张照片可以弥补缺乏真实全景照片的不足。使用 35～55mm 焦距的镜头，得到的效果最佳，因为使用广角（35mm）和长焦镜头会造成照片失真。一旦调查人员熟悉了相机的效果和局限性，他或她就能掌握全景照相技术（见图 4-18）。

将部分重叠的照片进行简单的拼接是可以接受的，但是图像之间会有一些角度的变化失真，可能会使观察者迷惑。全景“拼接”技术作为计算机照片编辑程序的一部分的出现，使得制作无缝的、透视修正处理的全景图像成为可能，它不需专门相机，像数码扫描照相机，只是通过对一系列简单静止的照片进行处理。本章后面的部分将进行讨论。

【案例 4-2　学校大火】 结构破坏严重的、大型多室学校火灾很难进行情景重现。这个要重建的火灾现场是几年前，发生在东南部的一场大规模的学校火灾。但在现场勘查前，楼内物品和墙壁等都已被搬走并放置在建筑物外面。

结合目击证人的陈述，原始影像资料，现场分析，烟羽几何图形等信息，对火灾现场进行重建。调查表明，火灾起始于学校办公室临近文件柜的地板上，那里是存放学生各项记录的地方。

从对废墟有条不紊的检查、火灾发展的动态时序以及火灾造成的破坏程度可以确定，火灾的起火源就在办公室。对现场破坏方式的细致分析表明，在起火办公室的地面有一个大致的椭圆形状图案，很明显，火灾起源于这个椭圆形的中心。

用黄色粉笔在地板上勾画出桌子，柜子和墙壁的位置。火场的全景图是对这些粉笔的线条从二楼进行拍摄，然后经拼接重叠获得的。拼接照片之后，在塑料贴面板上通过使用绘图胶带标注出墙壁位置，这对法庭陈述很重要，因为，可以根据需要移动板上的物品。图 4-19 是楼层平面图左侧展出的拼接照片。这个“隐形墙”是使用前面提到的图形程序包被添加进去的。这样的展示能够有助于确认证人的观察。

提供透视图的最具说服力的视觉展览品之一是法庭展示的比例模型。重建的建筑屋的整体尺寸必须仔细规定，精确获取。建筑公司通常都有制作这类模型的工作人员。模型上的屋顶是可移动的，用来访问建筑物的内部布局。

专业的拍摄技术还包括替换光源、合适的滤光器、紫外线或红外线胶片或成像系统，宏观拍摄或其他技术来保存如指纹之类的物证。这些将在本章后面章节进行探讨。

图 4-19 案例 4-2 的拼接全景图片。塑料贴面板上的绘图胶带标注出缺失的围墙和起火源区域。右侧的平面图（从下到上）表示的是从外窗观察到的连续的火灾蔓延情况（D. J. Icove. 提供）

4.6.2 全站仪测绘图

新一代的计算机驱动测量技术已被应用到大型内部和外部现场草图的绘制过程中。全球定位系统和地理信息系统相结合，来选取和确定参考位置。然后对激光瞄准器进行个性化训练，例如：房间角落，路边线，或者证据位置。计算机指出每个要素的方向、仰角和距离。然后即使没有反射镜柱，程序也能立即非常精确地绘制出现场平面图（在 150m 长度时，误差范围在±1cm）。莱卡，索佳和拓普康的系统已经多年来被很多警察部门用于交通事故调查，目前这些系统也已被很多放火案件调查机构使用。

4.6.3 激光扫描系统

激光扫描仪在记录与火灾相关事件方面取得很大进展。该技术结合了全站仪测量的精准性和全景数码摄影的完整性。三维（3D）激光扫描仪使用光检测和测距技术迅速捕获现场数百万测量数据。大多数扫描仪与高分辨率数码相机（或者与外部数码相机）相结合，以获取表面颜色和纹理。然后将此信息映射到激光测量结果上，以产生完全可浏览的 3D 虚拟现实（称为点云），包括任何内部或外部现场的数据。可以从多个位置扫描现场，并将图像配准（或“拼接”）在一起，以生成全面且视觉上令人惊叹的 3D 数据集。之后可以使用系统随附的软件从数据中提取任何度量（三个维度）。

激光扫描仪：激光扫描仪已被广泛使用，其费用低廉。一些制造商生产了放置在室内或室外现场的个人计算机驱动的扫描仪，垂直地扫描激光束后（使用镜子）水平地旋转，以每秒几千到几万的速率，进行距离和角度偏移的测量。距离可通过飞行时间（TOF）（从脉冲输出到回程反射的时间间隔决定着距离的长短）或相移来测量（光速是不变的，射出与返回光波间的干扰决定着距离的长短）。相移扫描仪发射出连续的激光束，输出正弦波和返回正弦波之间的相位差决定了到物体间的距离。两个系统均用反射镜在现场周围垂直引导光束，同时用电机驱动扫描仪水平旋转，通常以每秒数以万计的速率收集数据。

目前，一些制造商生产出了高速激光扫描仪，这些系统被广泛地应用并且费用低廉。第三技术公司研发了一种激光扫描装置，它使用5MW的激光测距仪，将其安装在摄影师或调查员的三脚架上，以每秒25000的测量速率扫描整个房间（3rd tech，2012）。

莱卡测量系统（莱卡，2012）开发的ScanStation激光扫描仪，该扫描仪无论光线条件如何，均可用脉冲绿色3R类激光进行室内室外高精度测量（见图4-23）。他们的Cyclone软件输出数据与大多数第三方计算机辅助制图（CAD）产品所兼容，并能迅速创造出充分拟真且可测量3D环境，叫作Leica TruView，该环境可通过免费查看软件共享。

这种扫描到的数据可以进行多种方式的分析与展示。一旦配准流程在计算机实验室完成后，3D虚拟实景图像能够旋转，可从各个角度或者扫描仪放置的位置进行观察，并画出草图，线框图，图表。可以添加与“起火点”相关联的特写照片、实验报告、注释或证据链信息。其他距离和角度的测量可在任何时间进行并记录。扫描仪已被应用到很多司法机构（DOJ）、罪证化验室、警察、安全和消防机构。许多制造商生产了不同功能和局限性的扫描仪（Leica，2012；3rh Tech，2012；Riegl，2012）。

选择激光扫描仪需要考虑以下几个方面：

精确度（分辨率）：每次激光测距时，它都会记录一个点（扫描电）。一旦合并所有测量数据，扫描仪会形成“点云”，以便后续的观察与研究。扫描仪技术人员可以调整点间距（相当于数码图像的分辨率），以针对给定项目的需求提供到达目标区域距离的必要细节信息。莱卡测量系统公司宣布，引进了一套新的设备，它能够查验3D激光扫描的精确度。新的查验工具专门用来帮助罪证化验室和犯罪现场调查单位实现ISO/IEC 17020和17025认证。在现场任意位置放置两根目标杆，进行精确的校准和测量，标杆的设计距离长达1700m。

为了实现美国国家标准与技术研究院（NIST）溯源性，莱卡地理系统与NIST的大型坐标测量公司签约，通过使用波长补偿的氦氖线性干扰仪，仔细测量两端目标中心之间的距离，对特定的莱卡地理系统双标杆实行单独标准。然后，NIST对每个目标系统申请序列号，形成标准报告，提供给莱卡地理系统用户。莱卡地理系统公共安全和法务会计经理托尼·格里斯姆说：“这个3D激光扫描就相当于在犯罪现场的照片引入一个标尺加以控制。3D激光扫描仪测量的精确度是法庭上司法标准的关键，我们新的NIST可追踪双目标杆，已经令ISO/IEC标准的质量系统和质量监控受益（Leica，2011）”。

法庭认定：对于使用者而言，扫描数据的关键所在就是法庭对该技术的认可。至于其他手段，使用者必须能够解释其科学依据，并证实其测量的精确度。除了 NIST 和 ISO 外，ASTM E2544-11a《3D 成像系统标准术语》（ASTM，2011）为用户进行验证提供援助，当然多伯特案件应排除在外。基于数据的分析，收集与可视化，法庭一再作出裁决，接受使用扫描仪对激光数据和动画的收集。

距离测量范围： 有些扫描仪的最小测定距离为 2m，所以在测定小范围距离时考虑使用。有些扫描仪的最大测定距离为 16m，因此它们在大型的室内或室外现场的使用受到限制。测定距离的上限取决于目标的反射率（例如，在 90%的反射率下为 300m，而在 18%的反射率下为 134m），所以，现场的环境和目标的性质非常关键。有些测定距离高达 280m，但分辨率和精度自然会下降。

波长： 火灾调查人员关心的是，有些波长在黑暗（烧焦）的表面运行得很好。有些波长会受到周围光线和“昼盲”的干扰，因此被扫描区域要保持黑暗。有些（例如莱卡）可以在白天或全黑的条件下工作。

精度（距离）： 距离测量的精度取决于测量类型（飞行时间技术或相移）和范围。50m 时，精度大约在 4～7mm。

视野： 有些扫描仪可以从垂直方向（自上而下进行 90°）扫描，而有些只能扫描 45°，需要再次扫描以获取正上方的信息。

扫描速率： 大多数系统会在 12～30min 内，完成一个房间的高分辨率扫描。对飞行时间技术，每秒进行 4000～50000 次测量。对于相移系统，每秒 500000 个点。

安全： 所有系统均使用Ⅰ类激光，所以要考虑眼睛的安全。根据扫描速率对某些系统进行了设计，这样对未受保护眼睛的曝光时间就不会超过国家安全限制。对用户和房间内其他人员需要其他保护眼睛措施。

便于配准和拼接： 大多数现场要求扫描至少两处位置。系统（软件）在完成这些数据集集成的难易程度方面有所不同。有些系统产生的数据格式可直接输入到计算机辅助制图或近似的绘图程序中。

这种扫描仪不是很便宜，但在火灾现场使用它们可以对关键特征进行快速、精准的测量，例如房间尺寸，通风口，建筑结构特征（横梁，斜面天花板，通风管道）。而对于没有此类需求却要证明他们系统的用户，公共或私家资源均可为一次性部署提供技术人员。获取的图像可以随时访问进行额外的测量。一些软件系统的数据可以输入到 CAD 系统中使它们变成固定的图像或是建造物理模型。读者应多接触供应商或制造商网站以获取详细信息（列出的清单在资源中心）。依据激光的波长，尽管在彩色照片中表面变化看起来并不明显，但是激光扫描依然能够捕获物体表面情况（反射率）发生的变化。在以下测试研究中，可以将进行燃烧测试的小隔间的“假色”激光扫描与同样现场彩色照片进行对比。

【案例 4-3　野外火灾现场重建】 问题：重建两年前扑灭的野外火灾现场。需要考虑的一些因素包括：当时风力情况，破坏的树木和随后的电线袭击情况。将“可疑”的树木锯成一段段的，作为证据保存起来。

解决方法：进入现场，激光扫描现场地形［图 4-20(a)］。一位专业的树木学家凭借 3D 计算机地形模型帮助重建八小段树木。用莱卡地理系统扫描仪分别扫描现场和重建的树木，获取数百万测量结果。

结论：精确的3D模型从视觉和空间上描绘了大风破坏前的树木情况，然后遭电线袭击，导致火灾［图 4-20(c)］。

案例研究由高精度模拟公司和柯克 McKinzie CFI 提供。

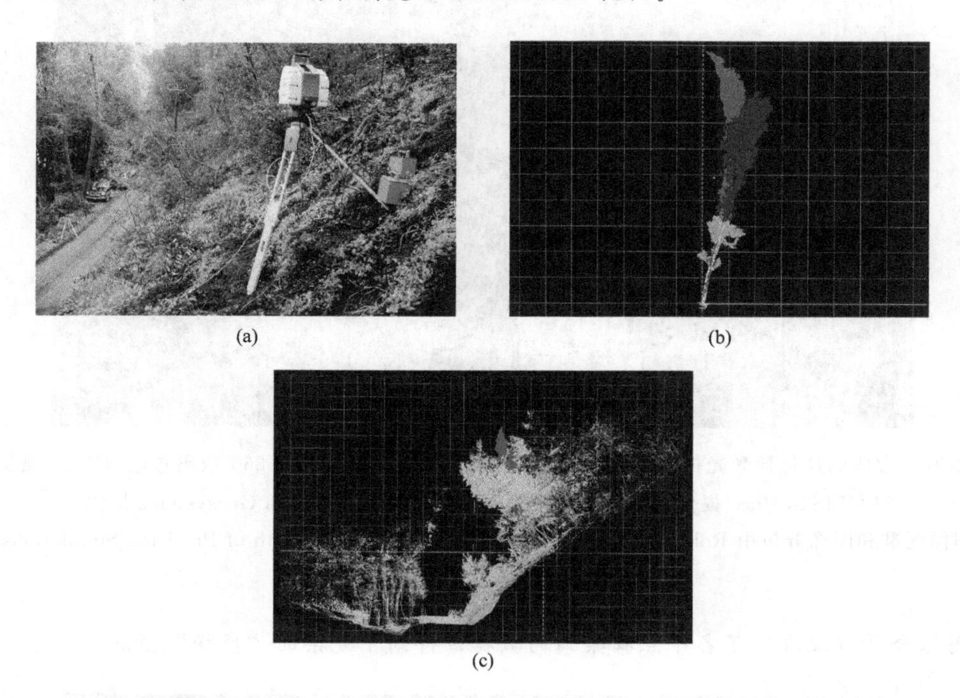

图 4-20 重建两年前扑灭的野外火灾现场（数据收集，合并和图像由 Precision Simulations Inc. and Kirk McKinzie CFI. 提供）

(a) 火灾发生两年之后，起火源区域附近扫描仪和陡峭地形；

(b) 主要的树干，枝干，分支结构组合的地形模型；

(c) 一旦树木被准确地配置，它将会在3D计算机模型中根据高度、平面、方向得到精准定位

【案例 4-4 火灾造成死亡记录】 问题：圣路易斯·奥比斯波市火灾调查突击队（SL-OFIST）几年来已经集结了国内顶级的火灾调查专家和法医专家开展先进的专门测试烧伤的培训，以促进对与火灾有关的人体伤亡现场的正确记录和分析。

解决方法：侦探、法医、火灾或犯罪调查人员、人类学法医医护检查人员的受众检查了莱卡地理系统的 ScanStation 2 扫描仪进行记录的几个测试火灾。将照片数据和激光数据合并生成复合图像（图 4-21），该图像包括激光扫描仪的点云数据和火灾之后的现场360°数码彩色图像。

图 4-22 是用激光扫描同样的现场，用假色标准反映了表面的反射率。注意勾勒出大火（高热通量）的形式，包括炉子上方（起火地点）和附近地板（落火）。火灾中积累的大量的烟，使得通风受限，使令这些图案变得模糊起来，同时也无法更好地定义彩色图片的颜色。

“空中”图片或图 4-23 中的 SiteMap 是由莱卡 ScanStation2 组成从地面收集的而形成

图 4-21 合成图片包括激光扫描仪的点云数据和随附火灾之后的现场 360°数码彩色图像。(测试由 SLOFIST, Inc. 提供。扫描数据收集由 Tony Grissim, Leica Geosystems 提供。图像配准和图像分析由 Robert Gardiner and Kirk McKinzie CFI, both of Precision Simulations, Inc., Grass Valley, CA. 提供)

的。图像合并(配准)了各个点收集到的数据,得到了复杂的"现场"情况 。

图 4-22 扫描的现场与图 4-20 相同,但使用假色标准表示激光器的表面反射率。(测试由 SLOFIST, Inc. 提供。扫描数据收集由 Tony Grissim, Leica Geosystems 提供。图像配准和图像分析由 Robert Gardiner and Kirk McKinzie CFI, both of Precision Simulations, Inc., Grass Valley, CA. 提供)

图 4-23　这张“空中”图片是由莱卡 2 号扫描站从地面采集的数据合成的（测试由 SLOFIST，Inc. 提供。扫描数据收集由 Tony Grissim，Leica Geosystems 提供。图像配准和图像分析由 Robert Gardiner and Kirk McKinzie CFI，both of Precision Simulations，Inc.，Grass Valley，CA. 提供）

观察者可随时“浏览”虚拟现场图像、场景，并且可以提取各种测量结果。莱卡地理系统专有的 TruView 软件可以通过文件传输协议（FTP）服务器从任何互联网连接访问扫描数据。免费下载插件允许调查人员、起诉人、保险公司工作人员和其他利益相关者永久访问、查看和测量现场（图 4-24）。白线表示此测量功能。虽然观众的视角由于“圆顶照片”镜头而略微倾斜，但测量结果仍然非常精确（Leica，2012）。

图 4-24　莱卡地理系统专有的 TruView 软件，通过任何互联网接口经文件传送协议（FTP）服务器，为数据扫描提供通道（图像由 Kirk McKinzie CFI 提供）

扫描现场的一个好处就是它能够对 NIST 火灾动力模拟（FDM）的火灾模型进行补充。扫描特定的现场，随后重建 3D 模型，快速准确地集合输入数据可以加速火灾蔓延的模型的建立以及对一氧化碳、氧气、热释放和温度的研究。

今后研究的领域就是与煅烧有关的燃烧模式。我们要考虑与研究的一个理论就是扫描暴露于热能中的石膏表面获得的反射率数据能否提供可量化的热通量数据。还要建立各种反射率水平的激光反射关联性。油漆，纸张，烟雾，裸露的石膏，和煅烧中的变化都会产生各自的反射质量，并且会有相应的热通量因素、指数关系。

图 4-23 通过从不同点（用黑色圆圈标记）测量的数据的合并（配准）来表示复杂的“现场”。观察者可随时“浏览”虚拟现场图像/场景，并且可以提取任何测量值。黄色三角形标识出的热源点是指向这些现场的详细照片和扫描的链接。

这些插件允许调查人员，公诉人，保险公司工作人员和其他利益相关者访问、查看和进行现场测量。白线指示出测量功能。尽管由于采用了“圆顶照片”镜头，从观察者的角度而言有些倾斜，但测量结果高度精确。

结论：速度，准确性和便携性令 3D 陆地和空中扫描仪成为重要现场的记录的自然选择。NFPA 921 和 NFPA 1033 要求利用现有的先进技术进行完整的记录，理所当然，在火灾现场，3D 激光扫描仪会有更多的用处。

4.7 犯罪侦查学在火灾现场的应用

犯罪侦查学的定义就是将自然科学的方法和知识（物理学，化学，生物学，植物学等）应用于刑事侦查。直到 19 世纪 60 年代，犯罪侦查学才在美国兴起，这一名词起源于德语司法证据分析技术中的 Kriminalistik（来自 18 世纪 90 年代）一词。犯罪侦查学包括使用物理科学分析和鉴定材料的广泛应用，但更重要的是，通常为了确定或排除共同来源，对物证进行比较、分类，使其个性化。物证可以是各种形式——鞋的印记、工具或掌纹（指纹，或脚纹）、组织、血液或其他生理溶液、玻璃、油漆、泥土、油脂、油、染料、墨水、文件以及火灾或爆炸留下的化学残留物。犯罪侦查学通常比简单的比较与鉴定研究更加深入，包括分析人的行为，力、碰撞和传递的物理动力学分析，以及在物理和动力方面的现场重建。

犯罪侦查学是审查所有与犯罪源头相关的物证材料的一门科学，识别材料，并在事件重建中加以应用。尤其是当现场情况极其复杂和严重（指伤亡情况）时，并且必须探索各种信息获取的途径时，这就变得更加重要。证据可能包括碎屑残渣或放火物，证人证言，伤亡或验尸情况，火灾现场照片和草图。

4.7.1 犯罪侦查学的应用

在火灾现场调查过程中，有一套公认的收集和保管物证的司法指南（DeHaan 和 Icove，2012）。这些优秀做法的应用来源于专业刑事专家的办案程序。

举个简单的例子，调查人员到达犯罪现场后发现了打破的窗户、敞开的大门和血迹——所有的可见的证据都容易被记录（见图 4-25）。这些证据的重建将会确定门最初是否是锁上的、窗户是否是被外力破坏的（玻璃的破裂方式由外部引起）以及入侵者在摸索撬锁、打开门闩时，碎玻璃划伤了自己，在门后留下了血渍（如图 4-25 所示）。

血渍（或留在门、玻璃、门闩上的指纹）的分析能够确定现场出现的人员。衣物里发现的碎玻璃可以和门窗的玻璃进行对比，以确认这两项物品发生的转移（现场嫌犯血迹的确认和怀疑是现场的玻璃碎片的确认）以及切口和破损地方（玻璃、油漆碎片）的分布能够确定嫌犯进入室内的方法。

图 4-25　重建表明入侵者在摸索撬锁，打开门闩时，碎玻璃划伤了自己，在门后留下了血渍。玻璃破裂方式的记录表明嫌犯是从外部闯入（Lamont“Monty”McGill，Gardnerville，NV. 提供）

许多公共和私人犯罪侦查研究室提供的服务，对火灾调查人员进行的现场和事件重建，检验事件发生原因、地点和经过及顺序的假设有很大的帮助。这些分析可能将人物与现场或受害人联系起来，或将现场与嫌疑人或车辆联系起来。

4.7.2 网格

在处理工地现场时，考古学家已经广泛地使用有条理的，便于司法证据收集与记录的技术。火灾调查人员也可以采用近似的收集和摄像技术（Bailey，2012）。有几种公认的方法可以对现场进行网格化和记录（DeHaan 和 Icove，2012，第 7 章）。复原物证位置的测量必须在重建的距离与相互关系上做到可信准确。图 4-26 介绍了几种记录测量数据的实用方法。

坐标系：垂直校准主要的结构墙能帮助定位网格线，特别是当零点在一个拐角的时候，通常在左下角或左上角。三角测量从两个固定的点到想要测量物体的距离。角位移使用一个固定的点和一个户外指南针，特别适合大型室外现场（Wilkinson，2001）。一个手持 GPS 设备以及户外指南针能够用于确定固定参照点的位置，或标注大型现场情况。

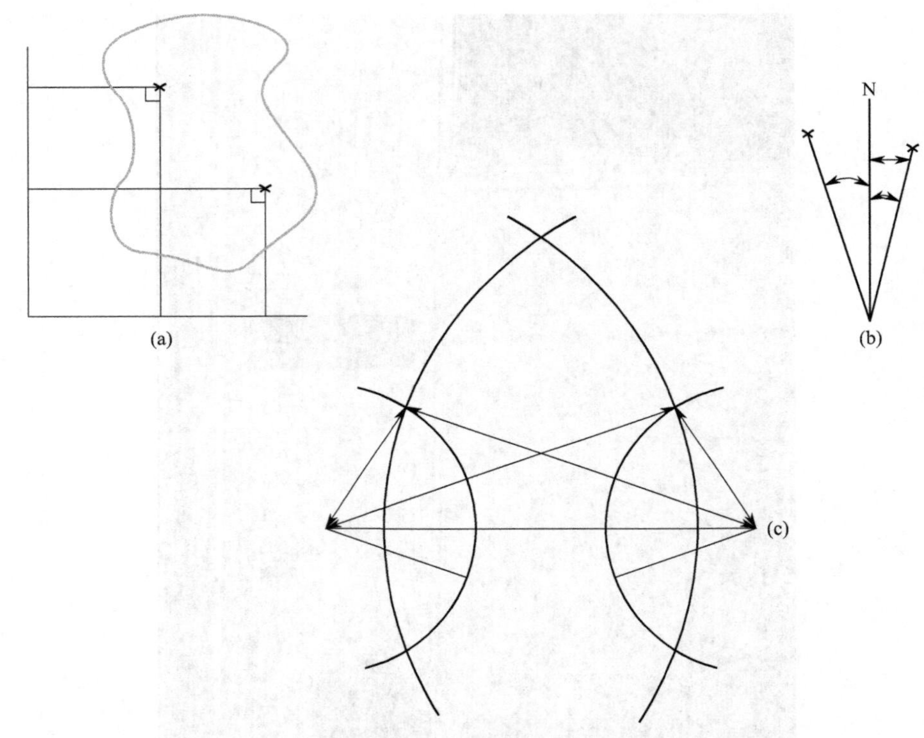

图 4-26　几种对室内或室外火灾现场（墙被看作基准线）有效的测量方法

（a）直角横切：基准线是直角（室外通过 GPS 和户外指南针）；（b）方位角、基准线：单基准线（在南北或东西方向），通过角度和与参照点的距离来记录位置；（c）两个固定参照点的相交弧

网格系统尤其适合大规模现场，例如发生爆炸时，碎片被抛离中心位置。网格系统也可用于小规模现场，例如，车内的象限。图 4-27 说明了网格系统在现场的使用。基准线和距离系统也可用于大型的室外现场，尤其是没有自然直线基准线的爆炸现场。

尽管大多数现场可逐层进行分层处理，但是有些现场需要更加细致的可控制的检查。在发生人员死亡的火灾现场，小物品的位置是相当重要的，尤其是尸体附近的物体位置。运用考古学的一些技术，调查人员以墙壁为参考基线将现场分割成网格方块。可以使用绳子、带子甚至是粉笔标注出网格。典型的网格内的方块就是沿着一条轴使用字母标注，另一条轴用数字标识。这种字母和数字相结合的标识记号简化并降低了不经意间转换坐标的可能性。这些网格在关键区域的面积为0.5～0.8m^2，在碎片不是相对集中的区域，网格可以是3m×3m的正方形。

为了进行手动检查、目视检查和筛分，碎片被从每个网格逐层拿走。被从每个网格拿走的材料（包括证据），可以放在标有相应的数字/字母的袋子里、罐子里或者信封里。这样，经过一段时间，被拿走的物证可被准确地放回到远处0.3m范围内。尽管这么做耗时、耗力且代价昂贵，但此方法是查找和记录证据的最佳方法，可以对现场进行全面搜索后进行物理重建。

图4-27　条理性使用网格的技术可用于司法证据的收集和记录

（Lamont "Monty" McGill，McGill Consulting，Gardnerville，NV. 提供）

ISO损坏曲线已被考古学家用于记录火灾对历史遗迹造成的影响，也被应用于现代火灾热影响的记录。例如，一项研究评估了公元267年凯尔特人放火破坏帕特农神庙的情况（Tassios，2002）。基于观察到的燃烧形式的破坏情况，研究确定外部结构比内部结构产生更强烈的热损伤。塔西欧斯通过非破坏性脉冲速率测量开展的调查与热损伤相对应的三个定量标准相互关联。

4.7.3　墙壁和天花板的记录

调查人员在地板覆盖物方面进行了大量细致的识别和评估工作，确定其对火灾蔓延的影响，然而在记录墙壁和天花板材料及覆盖物方面却做得不够。从图4-9中室内火灾数据表格就可看出，墙壁、天花板及其附着物的类型和厚度对精确地重建火灾非常重要。

在有些情况下，不燃烧的混凝土、砖石、泥灰墙面不会导致火势的蔓延，但是它们的低导热性和大热量会影响火灾发展的一些阶段。石膏（无论是否有金属或木条）将会脱水并失效，使得火焰渗入天花板和墙壁的缝隙中。如果在倒塌前安装恰当的话，现代的石膏板可以抵制一段时间（通常暴露于火中可达15～20min）的火势蔓延。X级或耐火石膏墙板有16mm厚或更厚些，包含的玻璃纤维也可以令石膏板更坚固。这样，它暴露于火中的时间可长达30min甚至更久（White和Dietenberger，2010）。

墙壁和天花板能由实木材料、胶合板板条、纤维板（高密度板如梅森耐特纤维板，低密度板）、刨花板、定向刨花板甚至是金属构成。每种材料对火灾蔓延的影响程度不一。不可燃的墙壁可以覆盖可燃材料。薄胶合板或低密度纤维板有助于火势蔓延。Karlsson和Quintiere（2000）估算，如果将一个房间或天花板加上低密度纤维板，比起同样大小没有覆盖这些材料的房间，这会将发生轰燃的时间缩短到一半。这些材料确保了轰燃的发生（如果通风良好的话），并且有可能被彻底销毁使得检测难以进行。

耐火等级（1h，2h等）是基于炉火的实验进行测试的，炉火是根据标准的时间温度曲线进行编程设定，使实验可重复进行，如ASTM E119中所述（ASTM，2011）（见图4-28）。这类实验不能完全复制真实世界的室内火灾，也不能预测此类火灾的事故时间。然而，现实中的大多数的火灾没有按照标准时间温度曲线设置的火灾严重（平均而言，不指个别时间）。这种火灾测试结果常被作为预期性能的依据。

图4-28　ASTM E119对墙壁或地板组件的试验使用的是大型垂直或水平燃气炉。试验组件紧靠燃气炉的开口面，燃气炉根据时间-温度曲线进行操作（NIST提供）

调查人员必须熟悉这些材料以及它们的安装情况。水泥和石膏板上烧焦黏合剂的不规则波浪线或锯齿形曲线表明嵌板是一次黏合的。嵌板的残余部分通常是在板子尖部、水管系统或电气固定装置后面。用于固定嵌板或纤维板的小钉子与用于固定石膏板的小钉子大不相同。

在安装墙上或天花板装饰材料时要用木质或金属板条，它们可以作为线索找到并识别可燃烧墙壁或天花板。有时安装墙壁或天花板的装饰材料仅在背面用少许的水泥，因此在残留的表面上留下的大的黑点图案就要仔细检查。未燃烧的墙面材料的样品应进行测量，识别并保留以备后用。

在作者的一个实验案例中，火灾现场照片只显示了螺栓和公用墙体（外部）上的石膏板。经仔细检查发现，对着起火房间的墙体覆盖了一层薄胶合板作装饰，该贴面已被彻底烧掉，造成了火势的迅猛发展（Commonwealth of Pennsylvania V. Paul S.，Camiolo，1999）。

尽管在现代建筑中并不常见，但不可否认可燃天花板的存在。在1960年之前，低密度纤维板瓦片被广泛地应用了多年。它们是0.3m×0.3m的瓦片，或是0.61m×1.22m的嵌板。装饰边源槽板或是防火板（有时也叫作面包板）在19世纪后期或20世纪初期被广泛地应用于墙壁和天花板上。在重建古老建筑的过程中，广泛安装的是聚苯乙烯吊顶材料。这些装饰材料大大增加了燃料负荷，提高了室内火灾的发生率（将轰燃时间缩短到一半，Karlsson和Quintiere，2000）。

天花板装饰材料的性质和厚度必须要关注。建议对样品进行后面的测试。在商用建筑中，吊顶十分普遍，它们可以降低天花板并且掩盖了电气、管道系统和供暖通风空调系统。这样的天花板，尽管是不燃材料，但火灾烟雾也可渗入大型空间内，并在密闭空间内蔓延。当钢丝或轻质钢结构达到退火温度，失去拉伸强度时，它们就会坍塌。而这一切将在火焰到达屋顶10min内发生。另外的案例和讨论请见NIST对芝加哥库克县行政大楼火灾的分析研究（Madrzykowski和Walton，2004）。

涉及火灾的所有房间的内部尺寸必须要记录（最好精确到±50mm），包括各个房间的高度（不能假设建筑中所有的房间都一样）。在测量过程中，高度经常被忽略，但是在评估火灾发生轰燃所需火的大小或给定起火源大小的影响时，估计烟雾填充率、可见度和可持久性等情况时，这一点非常关键。特殊的特征例如天窗，也应测量拍照。

天花板本身的设计特征、形状和倾斜度都会影响火灾和烟雾的蔓延。一个平滑的天花板可以令烟雾均匀地朝各个方向迅速蔓延；而倾斜的天花板会引导大部分烟雾向上运动。门上面的房梁、结构横梁，甚至装饰用的附加梁——天花板上架设的管道系统都会大大地限制蔓延，在有些情况下，会在起火房间的一侧形成大的热气团，最终发生轰燃。开放式吊顶龙骨（通常是在非装修的地下室）会引导集聚的热气沿着其长度蔓延，同时极大地降低了（如果不被阻拦的话）横梁蔓延到相邻托梁空间的可能性。这些特征必须要测量并记录。

要尽量找到火灾前记录的天花板和墙体特征的照片和录像资料，因为火的行为，后来的灭火行动及全面的调查或许已经消除了墙体或天花板的迹象。如果这些都没有完成的话，就要采访业主、住户、顾客、来访者、维修人员等，并让他们描述天花板和墙体装饰情况（以及家具的类型和放置情况）。检查并记录建筑中未被破坏的区域也可揭示起火前的结构特征。

4.7.4 分层法

在火灾现场，家具、墙体或天花板遭到破坏或发生倒塌的地方，建议调查人员至少对关键的地方要进行分层处理。火灾中早期的重要证据由于天花板或屋顶的倒塌将会被掩埋在废墟之下。

调查建筑物中未破坏的区域用于确定使用的材料类型。拍摄屋顶结构并记录其倒塌方向然后将其移走。屋顶或天花板保温层可搬走，一定要注意它是松散的（吹入的）玻璃纤维、玻璃棉或纤维板，还是棉絮或卷轴保温层。如果认为通过隔离层发生燃烧和蔓延，就要对样品进行鉴别。

天花板材料能被识别：石膏墙板，板条和石膏（金属板条或木板条在倒塌的时间和方式上有所不同），吊顶板材，胶合板或木板。调查人员不能假设所有的隔离材料、天花板或装饰材料是一致的，即便是一个很小的住宅，它的维修、翻新或增建通常都是利用当时现有的材料进行的。

灯具、家具或受害人可能在天花板材料下发现。大多数重要的证据会在天花板与地板之间找到，但是即便在这里，定位顺序仍很重要。

发生火灾时，当温度或热通量达到一定程度时，会发生玻璃破裂或崩塌。这通常是在玻璃上的烟雾集聚到一定浓度后发生，并且破裂方式是热破裂而非机械力造成的破裂（除非玻璃是安全钢化玻璃）（DeHaan 和 Icove，2012，第 7 章）。玻璃向内崩裂就会落在已经起火的家具或地板上。如果玻璃是在着火前破裂，破裂方式从表面上看就是机械力造成的，玻璃上就会有少量或是没有烟灰沉积，可能会掉落并保护了下面的未燃烧材料（记住在随后发生的轰燃中产生的辐射热可以熔化甚至炭化玻璃下面受到保护的材料）。火焰并不强烈的地方发生了玻璃破裂，这样的位置必须要以其他原因进行检查。

天花板或墙面材料最早坍塌位置可在此阶段通过仔细检查碎片进行估测，在进一步挖掘之前要先拍照。当家具被记录移走之后，就可以确定地板或地面材料的性质。地毯、瓷砖、实木复合地板材料、塑料或石棉（砖瓦或薄片）的分布情况也应标注。疑似起火区域内的地毯、地面材料和衬底材料要与其样本进行比较分析。

测试表明，仅通过观察不能准确估算地毯纤维含量，用火柴或小火只能揭示面纱是合成纤维还是天然纤维（细节信息见第 8 章关于应用 NFPA 705 的火灾测试和其他测试）。火灾测试进一步证实了仅地毯而言，它不能促使火焰的蔓延，但如果将它放置在一个特殊类型的垫子上，即容易燃烧。常见的做法是找到并保留一块（至少要 0.15m×0.15m）未燃烧地毯和垫子样本，为日后进行鉴别。在大多数现场，这些样品在大的家具或设备下面或在房间受保护的角落里均可获取。通过比较来确定，样本在燃烧时包含或释放何种挥发物，以帮助进行司法鉴定。

关于分层的过程，考古学家运用系统的坐标系方法说明了被发现物体的位置和深度。他们的挖掘是一层一层进行的，所以每个物体的深度都是明确的。这种方法在火灾现场用于分层分析起火源区域是非常有效的。这样的情况包括掩埋了重要证据的多层建筑物的坍塌。在某些情况下，掉落的废墟经常在较低的楼层上保留证据。

如前所述，在记录过程中，将这些分层结构进行空间设置非常重要。如果司法取证和记录被视为科学的探索，那么考古技术的应用就是科学化的一个努力的尝试。在火灾现场调查和考古挖掘现场中，记录本身结构，层状废墟的三维分层结构以及关键证据的位置都是非常重要的，这些证据的位置会在挖掘的过程中被保存、改变或被破坏。这些表面叫作分层单位。

在考古界，现场挖掘过程中应遵循的标准是哈里斯矩阵，这是根据英国考古学家爱德华·塞西尔·哈里斯博士命名的，他于1973年发明了这种方法。这个矩阵记录方法以逻辑呈现和抽象形式显示了在现场挖掘的分层物体的分层序列之间的时间关系。在考古界，哈里斯矩阵方法已得到了广泛认可。例如，在比利时，在考古挖掘过程中，哈里斯矩阵已被规定为必须要执行的要求，并且很快将会立法执行（Harris，2012）。

这里有为Windows和Mac OSX操作系统开发的计算机程序包，可以帮助编写和构建哈里斯矩阵，叫作哈里斯矩阵设计者（HMC，1.6b版本），程序以哈里斯矩阵的形式构建和管理考古分层的命令（Harris，2012）。

4.7.5 筛分法

在灰烬废墟中，所有的证据看起来都是白色、灰色或黑色物质，不是很容易区分的。手工和视觉搜索可能会忽略对完全重建的关键证据。对废墟进行水洗法为探测到在干灰中不太容易发现的小的物体，例如玻璃碎片、抛射物、钥匙或珠宝提供了更好的机会。要注意的是，被明火煅烧的骨头碎片，如果接触到水，可能会断裂，因此烧焦身体的手脚附近区域应该手工搜索和运用干筛法。

在处置至少三个相连的筛分结构时，筛分法是最有效的方法，使用25mm、12.7mm和6.35mm网孔（有些审查员使用第四种带有纱窗的筛网搜索牙齿或骨头碎片）。将废墟放在正确的网格内进行搅动，或者通过水洗法，用橡胶软管或软管线去冲洗废渣。不能用手推动废渣，因为那样会弄碎骨头和牙齿。图4-29是筛分法的案例。

获取一般证据通常倾向于水洗法，因为水冲走灰渣后，通过颜色和反射率使得小的物体显现出来。如果获得的物体能被肉眼识别，它们便被直接放置在证据袋中。而不能被识别的证据，将会保存到一个单独的容器中，贴上标签进行网格划分，直到它们被正确分析为止。

4.7.6 保管

材料暴露在火中变得脆弱易碎，尤其是铜丝、电气绝缘层和元件。在试图移动物体之前，任何复原都要从完整的照片记录开始。

收缩包装或保鲜膜（赛纶塑料袋）适用于将大的分散的物质包装在一起。电线可在1×4方木，4～8ft长的木材上保存，并附加上标签，或在木头上利用末端标号包装，在参考点一定距离处贴上标签。易碎电线或组件可用赛纶塑料袋来保护。小段的电线或电器电线可用一片波纹纸板包裹。用带颜色或带编号的胶带缠住末端指示连接的电路。

当现场被网格划分进行搜索时，每个网格内发现的材料可以用编号的防水布（塑料）标记。如果现场不进行网格划分，就用单独的防水布对现场的每个房间或每个部分进行标记。大型塑料防水布可用防水胶带进行划分，对房间进行全面的重建（见DeHaan和

图 4-29 筛分法帮助调查人员收集不易与残渣区分的证据。仅仅通过人工和目测搜查会忽视重建时的重要证据。美国内华达州加德纳维尔（Lamont“Monty”McGill，Gardnerville，NV 提供）

Icove，2012 年的例子）。这项技术被用于重建家具和其他证据的位置，甚至用于法庭陈述（Rich，2007）。

4.7.7 痕迹证据

痕迹证据是图案或轮廓信息从一个表面转移到另一个表面的总称。这种转变可以采取硬质材料经接触后转变成轻质材料的形式。例如，窗外软黏土上的鞋印或者一块木头上细刀片刻出的粗糙划痕。当传递介质保持与之接触的轮廓表面的二维形状时，也可以发生这种转移。例如，一只满是灰尘的鞋子会在干净的表面上留下可识别的脚印，一只干净的鞋子会从脏的表面带走灰尘并留下同样的信息。摄影是记录大多数印象证据的主要方式，但是务必注意，不要曲解照片中的图像。

由美国法医牙科学委员会（ABFO）设计的 ABFO L 型 2 号标尺，测量范围 10cm×10cm，已经成为记录摄影指纹，伤口，飞溅血迹，近似的小型证据的标准量表，如图 4-30 所示。三个圆圈在弥补由于相机角度倾斜导致的照片扭曲方面很有帮助。

图 4-31 中的大标尺是测定脚印的理想标尺，它有助于避免图像扭曲（LeMay，2002）。“代理标尺”最初是依据美国联邦调查局标准制定，因为它包括一个 15cm×30cm L 型标尺。交替的黑白条纹提供了视觉参考，圆形十字准线帮助检查并校正照片中的透视变形。

指纹和脚印通常是印象证据中发现的主要形式。当发现印象证据时，要用照片适当地记录下来。在可能的情况下，应回收带有印模的物体并提交给实验室。物体最好是照相或塑模，如果物体不可移动，就需要拍标尺照片，或用黏合或电子升降机进行塑造或吊装。

带有工具痕的物品也应收集起来，分别用纸包装保护好物品表面。同样的收集原则也适用于可疑工具的收集。独立包装每件工具，避免在提交给实验室过程中发生变化或破坏。

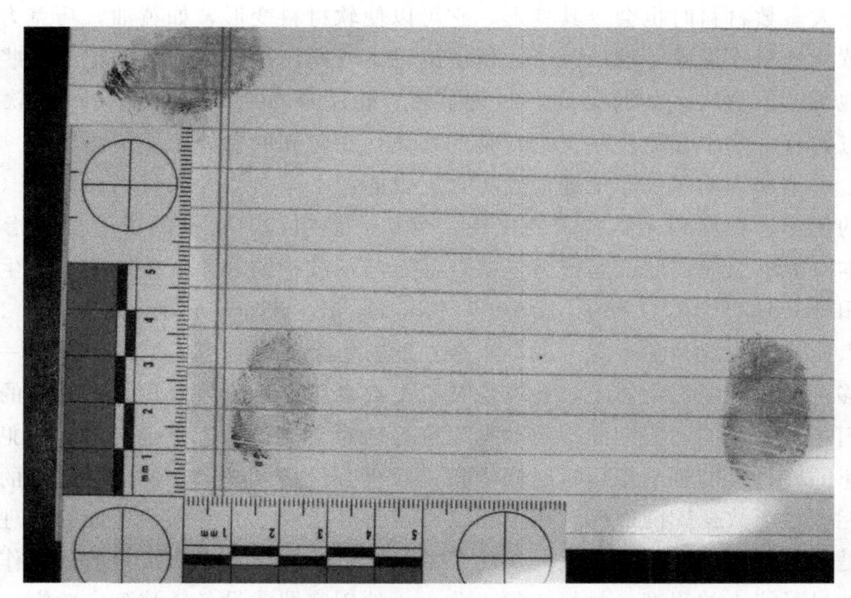

图 4-30　ABFO 2 号标尺最适用于拍摄小型物体，例如指纹，工具痕或火柴盒（J. D. DeHaan. 提供）

图 4-31　以一个鞋印为例，将图案或轮廓信息从一个表面转移到另一个表面，在鞋印证据旁边使用法医摄影比例尺（经 Forensics Source™ 允许使用）

将每件工具分别放置在一个单独的信封或盒子中，在工具末端带有一张折叠的纸，将痕迹证据的破坏或损失降低到最低程度，并防止生锈。

指纹：手指接触到干净的表面，像玻璃或金属，通常皮肤上不可见的油脂和汗液会发生转移，在表面上留下掌纹的轮廓。这些图案叫指纹，因为仅凭肉眼是看不见的，需要经过物理、化学或光学处理，变得可见并可被记录（类似于“墨水涂染”记录指纹）。

皮肤也可能被血渍、食物、油脂或油漆弄脏，留下可见或专属印记。尽管皮肤是柔软的，在接触大多数材料时也会令其变形，它可以使软材料变形，如黄油，巧克力，可溶解塑料，热软化塑料或油漆，玻璃腻子，留下的三维或模压的“可塑”印记。这些思考同样适用于其他可变形材料，如胶鞋底，胶皮手套，轮胎或布料；每种都会令更软的材料变形，并通过转移一些中介物质甚至是自身的残渣，在较硬的物体上留下图案。

手指，手掌和脚的掌纹印记即便经历火灾也能留下来。当今大量增强指纹（潜在的和显现的）的化学、物理和光学技术的出现，令从质地粗糙、污染的表面复原指纹成为可能。热量本身能够引起皮肤油脂成分变暗，甚至与承载指纹表面发生反应，产生专属印记（DeHaan 和 Icove，2012；Lennard，2007；Nic Daéid，2006；尼克·戴爱德，2004）。

就个人而言，指纹是独一无二的，永久性的，每个人都拥有自己的指纹，一经接触都会发生转移（会在现场的物体上，在燃烧装置上或者用于运输或分送易燃液体的容器上）。另外，我们还有大量的，长期的指纹数据库进行比对（既包括罪犯也包括非罪犯的指纹），强大并快速的计算机的到来使得短时间内扫描数百万份指纹记录，使建立匹配的候选人名单成为可能。这个数据库能够匹配单个指纹甚至部分指纹。有些系统还能够处理掌纹。如果火灾不是十分严重以至于熔化或是炭化了基材，那么可以考虑指纹检验。操作时要十分谨慎，保持尽可能小的程度。材料必须十分小心地用容器或设备转移到实验室（最好是通过手捧转移），尽量降低与可能带有指纹的表面接触。

由于冷凝、软管水流或环境接触造成的水污染意味着纸张或纸板上不可能形成印痕（因为使用茚三酮处理探测到的是氨基酸，可溶于水）。物理显影技术的发明（与非水溶的脂肪物质反应）就能够处理湿纸张或纸板。小颗粒试剂（SPR）可以处理无孔表面，诸如金属、玻璃和纤维玻璃，即使是湿的时候也可以。法医光源（多波长，高强度）和各种化学品和粉末能够从质地粗糙或被污染的表面发现印痕。指纹专家杰克·迪恩斯已经证明，现代光学、化学和物理方法能够处理火灾后所有表面上的指纹（Deans，2006；Bleay，Bradshaw 和 Moore，2006；DeHaan 和 Icove，2012）。

流水冲走金属或玻璃表面上的烟尘，留下炭黑形成的印痕，供拍照或提取。最近，马来西亚的一项研究评估了在不影响证据上发现的指纹的情况下，对火灾形成的玻璃碎片上的烟尘去除技术的有效性（Ahmad 等，2011）。

血液中的指纹可喷射酰胺黑或隐色结晶紫（LCV）喷雾进行加强，这些喷雾能和血液产生化学反应，形成深蓝紫色的产物。LCV 溶剂能够将表面上的烟尘冲洗干净。在一个案例中，一座房屋发生两次大火，LCV 溶液洗去了烟尘，显露了墙上喷溅的血迹，这些血迹是住户两年前遭重物猛击致死而留下的（两次放火目的是伪造贩毒团伙行动而掩盖真相）。

烧焦或燃烧的纸质文件是火灾现场审查的重要资料，特别是涉及商业记录和重要文件时。由于火灾损坏文件状况脆弱，应放置在硬质容器中用柔软的绵纸包装保管，手端到实验室进行检查。在对纸张进行识别或比较处理时，不能用任何油漆或涂料来处理。

尽管鞋印经常被紧急救援人员的脚步、车辆的轮胎、水或结构变化所破坏，但如果鞋印留在了没被大火或热量所破坏的物体表面上的话，火灾中的鞋印还是能够留存的。实际上强踹大门而留下的鞋印可能会因为大火的作用而变得更加明显。如图 4-32 所示，带有灰尘的鞋印暴露在高热中，变得更亮了，周围烧焦的木头与其形成了鲜明的对比。

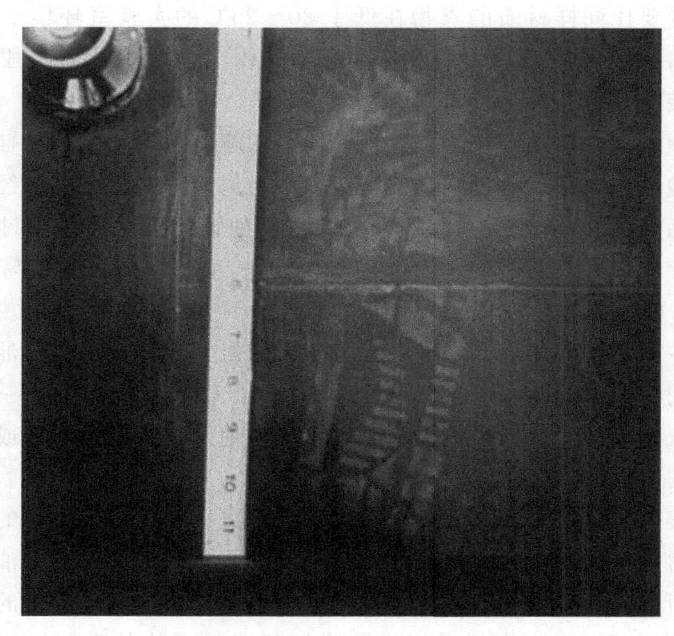

图 4-32　强踹大门而留下的鞋印可以在火中变得更加明显。在这个案例中，带有灰尘的脚印暴露在高热中，变得更亮了，周围烧焦的木头与其形成了鲜明的对比（经 Joe Konefal 允许使用）

在将个体与现场进行联系过程中，鞋印的潜在价值仅次于指纹，由于使用或破坏而具有的偶然特征，鞋子通常是（尽管不完全是）富有个性化，它们往往长时间不会更换或丢弃，在很多现场都会留下鞋印，因为人们通常都是步行进入大楼的（如果不靠近的话）。纸张或纸板能够留下鞋印（即使在水中也可通过物理显影剂进行化学处理），泥土、灰尘或血液中也能留下潜在的鞋印。

除了身份识别，鞋印还能提供一些信息，包括某人从哪里进入或离开房间或建筑物，他或她去了哪里，以及去的顺序。如果有两个或更多的人在场，鞋印可以用来确定每个罪犯进入大楼的地点。

4.7.8　在服装和鞋上发现痕迹证据

泥土、玻璃、油漆碎片、金属碎片、化学品、头发和纤维等痕迹证据可能会附着在嫌疑人的鞋子和衣物上。液体也可以渗到衣物中或留到鞋底上。玻璃、石膏板、木屑、金属屑均在与现场有关联的鞋子上发现过（只要比较样品被找回）。鞋类和衣物也能吸收易燃液体或放火案中化学助燃剂的残渣。

新西兰一项研究表明，快速分析疑似放火犯所穿鞋子和衣物，以确定是否存在易燃液体是非常必要的。研究发现，放火犯在向房间倾倒汽油时，可探测到的一定量的汽油溅到了身上。这项研究还强调了倾倒的高度和地面情况。研究结果表明，汽油总是会溅到鞋上，及衣物的上部和下部，但是样品必须要迅速地提取并包装（Coulson 和 Morgan · Smith，2000；Coulson 等，2008）。测试使用碳条提取方法发现 10mL 汽油在一直穿着的衣物上的挥发速度要比同样材质的衣物在低于 20～25℃的实验室环境下迅速得多，而在连续穿着 4h 之后，就无法探测到了（Morgan · Smith，2000）。因此衣服在发现之后必须要迅速找到并封装。

调查人员必须意识到，黏合鞋子的胶水中使用的溶剂（特别是运动鞋）可能会干扰易燃液体残留物的检验，因为它们可能会产生假阳性结果（一些制造商已经知道使用汽油作为胶溶剂的替代品）。为了防止交叉污染，必须将两种鞋分别保存在密封容器中，并且与其他证据分开保存（Lentini，Dolan，Cherry，2000）。由于汽油和其他易燃液体不可预知是否存在于鞋类，许多法医实验室不愿分析它们。

澳大利亚的一项物质转移研究考查的是，车内司机和乘客脚上的汽油残渣引发火灾的可能性。结果表明，24h 后，可以探测到少量的汽油（500μL），但是一周后由于蒸发就不能在鞋上发现汽油了。研究人员得出结论，在汽车地毯上找到新鲜的或少量蒸发的汽油是很重要的（Cavanagh · Steer 等，2005）。

同样的这批澳大利亚研究人员对车上找到的或许可以产生石油原料的地毯进行了分解研究，加热地毯时会分解，产生易挥发的有机化合物，在对地毯进行汽油测试时，产生背景干扰。然而，研究人员发现，这些化合物产生的色谱图案与汽油产生的色谱图案是不同的。两项研究都强调了获取参考样品以排除或解释背景干扰的重要性（Cavanagh，Pasquier 和 Lennard，2002）。

值得注意的是 Armstrong 等人的实验（2004）。在现场试验中，将特定量的汽油倾倒在指定地点。受试者走到汽油倾倒的位置，走过一段测试区域。结果发现鞋上（消防靴，工作靴和网球鞋）沾上的汽油量与距离倾倒区不到两步的地毯上的汽油量一样。

鞋子也能沾上现场的材料。一个很著名的例子是这样的，一只加热受损的运动鞋里有一团烧焦熔化的装饰织物。鞋子的主人被放到一家县医院的停车场里，他从头到脚遭受了大范围的二度烧伤，身上衣物燃烧严重，并仍在阴燃。他声称，自己是在发动机化油器故障时受伤的，但这并没有得到烧伤分布在他身上或衣服上的证据的支撑。烧焦的装饰织物残留物与附近着火大楼里发现的织物一致，大楼火灾是由于大量汽油倾倒在几个房间引发的。很明显，汽油之前被点燃了，犯罪嫌疑人不得不通过燃烧的建筑逃离出去。根据观察，鞋面的合成物被烧焦熔化了，织物碎片熔化在鞋底，排除了他经过火灾现场并在事件发生后很长一段时间踩在废墟上的借口。

处理衣物的一般司法指南规定，要在腰带、口袋、衣领标注出调查者的名字首字母和发现日期。如果需要保管进行血液或痕迹鉴定，那么这些物品必须分装到干净的纸袋里，且将每个物品分别用纸包裹好。如果他们是潮湿的（水或血液），就必须在包装前进行风干。处理衣物时必须佩戴亚硝酸盐手套或乳胶手套，以防止 DNA 交叉污染。

如果怀疑有易燃液体残留，衣物必须分别密封在不漏气的容器或密封的尼龙袋或者 AMPAC 防火碎片袋中。AMPAC 防火碎片袋用于火灾碎片包装，广泛用于证据的收集，它是在2010年7月引入美国市场的，目前正在被评估。初步试验表明，热封的AMPAC防火碎片袋甚至可以保管轻质烃类化合物，不会引入外来微量挥发物（AAFS，2011）。适当热密封时，这些密封的和防刺穿的聚酯袋是存储化学品、管制物品和相关设备，同时防止交叉污染和防止个体暴露于危险物品的理想选择。

处理玻璃时，调查人员应尽可能多收集玻璃碎片，并将它们存放在纸袋、盒子或信封里，为了日后现场重建或重新组装。碎片应被包装起来，尽量固定不要让它们在容器内动来动去。油漆碎片，特别是那些至少1.5cm^2大的油漆片要放在药盒、纸信封、玻璃纸或塑料袋里，小心密封起来。较小的玻璃碎片或油漆碎片应该放到折叠的纸带里，然后用信封密封好。所有的痕迹证据必须与任何控制样品和对照样品分别存放，避免交叉污染。

痕迹证据有时包括毛发和纤维。受害者或嫌犯的样本比对可以揭示直接或间接的关系。不同区域发现的掉落头发和纤维应分别包装在药盒、纸信封、玻璃纸或塑料袋里。容器的外部应密封并贴上标签。建筑中宠物的毛发也会弄到人的身上，建议同样进行样本比对。

4.7.9 含有可疑挥发物的碎片

包含可疑的易燃液体的物品应当密封在干净的金属容器内、玻璃瓶内或专门的用于火灾碎片保管的聚合物袋（AMPAC火灾碎片袋或尼龙袋）内，如图4-33所示。而不能使用普通的聚乙烯塑料袋或纸袋，因为它们多孔，易蒸发或交叉污染，可能含有挥发性化学品，还会污染证据，当提交到实验室进行分析时，导致假阳性或假阴性结果。这些容器容纳的物品不能超过容器的四分之三，要用干净的工具以避免污染。收集碎屑时，要戴上干净的一次性塑料、橡胶、乳胶手套，每次取样后扔掉手套。

调查人员应设法从现场收集和保管未被污染的易燃物和可燃液体的比对样本。测量不超过一品脱的可疑液体样本应密封在特氟隆密封玻璃小瓶、玻璃瓶，或带有胶木、金属盖的罐子（最好是特氟隆封盖）、金属容器中。如果这些比对样品不是在原始容器中提交的，则应仔细标记它们的来源。它们必须与现场样品分别存放和运输，以避免任何可能的污染。

物证收集人员应根据ASTM E1459（ASTM，2005）的规定，在每个容器上贴上样本内容和取样地点的简要说明。收集者要警惕，千万不要用橡胶瓶塞或带有橡胶密封件的罐子，因为汽油、油漆稀释剂和其他易挥发物会液化密封件而使样品污染。任何烃类化合物探测器检测到的气味或读数，都应在密封容器前进行注释。塑料瓶不适合承装残渣、液体或比对样品。可利用各种技术从混凝土地面收集液体，使用的吸收剂如面粉、清扫合成物、碳酸钙或“猫砂”（Tontarski，1985；Mann和Putaansuu，2006；Nowlan等，2007；DeHaan和Icove，2012）。调查人员应记得在将现场样品提交实验室进行分析的同时，还要提交吸收剂材料类型的样本（Stauffer，Dolan，Newman，2008）。

含有土壤的样品应尽快进行冷冻，最大限度地减少由于土壤微生物作用而发生的烃类化合物降解，要一直保持冷冻，直至提交到实验室。所有其他的样品都要尽可能地保持凉

图 4-33 干净密封的金属容器，干净的玻璃罐或专门的聚合物袋子（AMPAC 防火碎片袋）均是收纳火灾碎片证据的容器（J. D. DeHaan 提供）

爽，并尽可能迅速提交实验室进行测试。详细内容收录在第七版《柯克火灾调查》一书中（DeHaan 和 Icove，2012）。

4.7.10 石油助燃剂的紫外线检测

自从 20 世纪 50 年代以来，紫外（UV）荧光被推广用于探测火灾现场的液态烃沉积物。不幸的是，简单的荧光观测（将材料暴露在紫外荧光中，观察发射出的可见光）并不十分可靠。很多材料自然地发出荧光，热解产生大量的复合芳香烃作为分解产物，它们发出荧光，掩盖和干扰“外来”推进剂发生荧光反应。一些易燃液体根本不会产生荧光。

一个最新报道的发明承诺在使用紫外线方面取得一些成功，但是它涉及两方面的电子处理。如果紫外荧光源迅速震动，电子探测器就可用闸控制，在预先设定延迟之后观察目标，大多数热解产物的衰退时间能与石油产物的时间区别开来。另外一种方法就是使用图像加强电荷耦合器件（CCD）探测器观察肉眼无法看到的波长和强度的发射（荧光）。时间分辨荧光发射系统脉冲激光器为可燃液体的紫外荧光探测提供了光明前景（Saitoh 和 Takeuchi，2005）。

4.7.11 数码显微镜

许多调查人员携带头戴式放大镜或线路板检测放大镜到现场，去检查小型物体，但是捕获这些图像是个重要问题（如果物体随着时间的推移，由于蒸发、处理或存储而有可能发生变化，这就发挥了关键作用）。将内置 LED 照明、精密光学部件和数码电影摄影机（Zarbeco，2012）结合，就可拥有一部手持的数码显微镜（MiScope）。显微镜的放大率为 40～140 倍（视场角为 6mm×8mm～1.5mm×2mm），图像被直接转到笔记本电脑（经由 USB 接口）进行检查、获取或标示（静止，视频或延时图像）。实现这些不足 300 美元。高分辨率版本（MiScope MP 的放大率为 12～140 倍，分辨率为 2.3μm）价格低于 700 美元（见图 4-34）。

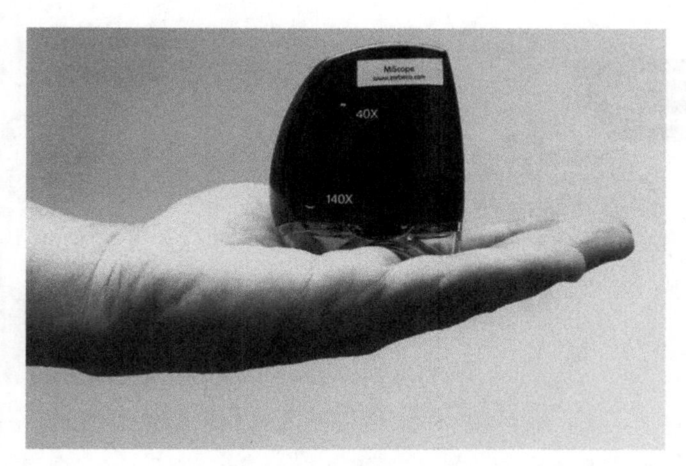

图 4-34 手持数码显微镜（放大率为 40～140 倍）内置 LED 照明系统。它的图像在笔记本电脑上显示，可以获取视频或静止图像（Zarbeco LLC 提供）

4.7.12 便携式 X 射线系统

实验室 X 射线系统，诸如 Faxitron（2012）多年来，已被犯罪实验室和工程实验室用于评估各类证据。这些类似于医疗的 X 光系统，使用不同电压和曝光时间以适应不同的目标材料。

便携式 X 射线系统也已被炸弹清除小组应用多年，用于评估现场的可疑装置，但在证据损毁问题上，现场 X 射线检查成了调查人员的理想选择。例如，一个电池供电的 X 射线系统，重不足 2.5kg。Golden Engineering 公司（Golden，2012）的 XR150 系统使用电脉冲产生的 X 射线，持续时间很短（50ns）但功率很大（150kV）（见图 4-35）。图像是根据材料的类型和厚度增强的（纸信封 1～2 次脉冲，1cm 厚钢 100 次脉冲）。图像产生在“绿屏”荧光镜上、一个“实时”数码图像系统或一个传统的 20cm×25cm 宝丽来胶片。这种设施允许受过训练，有资质的调查人员在电子设备、器具或机械内部被破坏或移走之前评估其内部状况（因此使风险和损失降到最小）。这些系统价格目前低于 5000 美元。

4.7.13 便携式 X 射线荧光

另一项有价值的技术是长期在实验室使用的 X 射线荧光元素分析，它现在可以在电钻大小的便携式手持设备上工作（如图 4-36 所示）。它使用低能 X 射线聚焦到附近的表面上，在几秒钟的扫描中识别出除了最轻元素之外的所有元素。它也可用来探测和识别化学易燃物，低级炸药，溴化阻燃剂，化学处理、加涂层等的固体碎片（Innovxsys，2012）。

Thermo Fisher Scientific（2012）也生产了手持 X 射线荧光元素分析仪。将待检测物

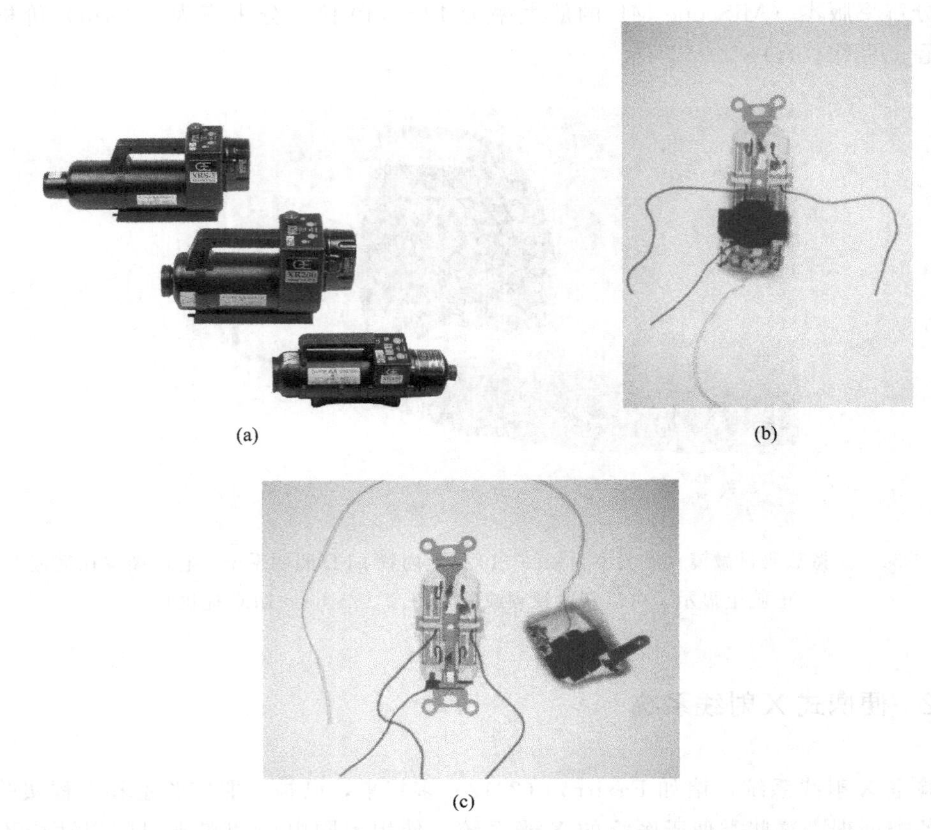

图 4-35 (a) 便携式 X 射线装置可以使用 150kV X 射线源拍摄现场的电气设备；
(b) 它的图像可在胶片、荧光屏或数码装置上捕捉，由黄金工程有限公司供图；
(c) 左侧为家用插座，右侧为电源插头的典型 X 光照片，由 Golden Fugineering Inc. 供图

图 4-36 手持能量色散 X 射线荧光 (XRF) 分析仪能同时识别现场的 25 个要素，
帮助识别化学易燃物、金属合金和其他材料（Innov-X Systems Inc. 提供）

体或表面与 Niton XL 装置的开口接触。一个 2W 的 X 射线管被激发，出现的光谱呈现在内置屏幕或（通过 USB 连接或集成蓝牙通信）直接传递到个人电脑或其他存储装置上。标准体系允许识别从氯到铀的各种元素。探测器的氦净化使它的灵敏度扩大到镁，有助于区分可能易燃物的残渣，或无机爆炸材料。Niton 系统同样允许选择全区域分析或 3mm "小点" 分析。任意的内置数码照相机都可以记录被分析样本的情况。

4.7.14 红外视频热成像

Inframetrics 开发，FLIR 系统获得的假色红外视频记录应用到工业和军事领域已十多年了，用于远程迅速地测量高压线绝缘由于泄漏电流变热、变压器过热、化学品运输管道和存储箱泄漏情况，以及测量飞机或车辆表面的运行温度。

当用于火灾研究时，红外视频热成像可以进行燃料表面温度、热气体质量的远程精确测量，也可测量墙体、窗户或其他暴露于火中的结构元素的表面温度。

Helmut Brosz 于 1991 年使用了一个早期的版本对室内火灾的发展进行监测（Brosz，Posey，DeHaan，未发表）。尽管 DeHaan（1995，1999）用红外量度设备测量毯子内挥发性燃料蒸发过程中的表面温度，但在火灾研究领域却没有多少关于该专题的论文发表。红外视频成像能够区分静态影像中温度相差仅 0.25℃的表面区域。它在捕捉瞬时活动方面的应用已得到证实（DeHaan，2001），例如捕捉轰燃后高温火焰的无秩序运动，见图 4-37 例子。

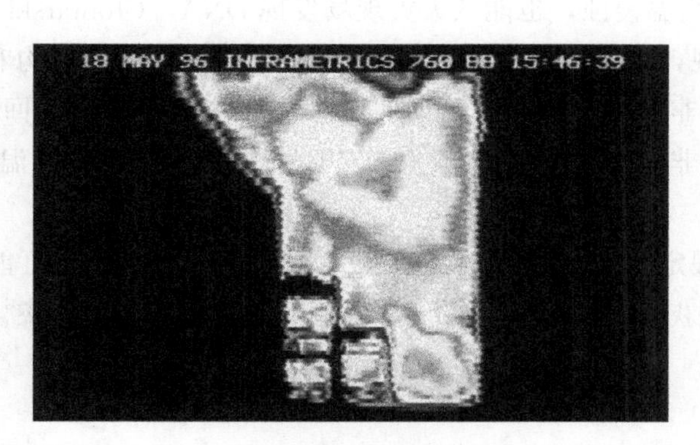

图 4-37　德哈恩（2001）用 Inframetrics 红外视频研究轰燃后无秩序火焰的动力学（J. D. DeHaan. 提供）

近年来，为了提高廉价计算机部件的性能采用了一些必要设备，它们高昂的成本现已大幅减少。希望更多的研究人员能够使用这类技术研究表面温度，目前使用传统的硬线热电偶装置无法精确测量表面温度。FLIR 系统还开发出来了其他一些版本（FLIR，2012）。

4.7.15 MRI 和 CT 成像

核磁共振成像（MRI）和计算机断层扫描（CT，或计算机 X 射线断层）发展迅速。近来，MRI 和多层 CT 已被证实可用于检查烧焦尸体，以确定是否有骨折现象、撞击伤的重建以及记录外科植入物等（Thali 等，2003）。这些技术也可用于检查火灾现场熔化或炭化的手工艺品，因为有些液体的容器需要进行无损检测或有些物质是不透 X 射线的，它们能够完成这些检测。尽管成本高，但这些技术能够给出 X 射线得不出的答案。

4.7.16 燃烧弹上的 DNA

法医科学中心在斯特拉斯克莱德大学开展的研究工作表明，由于有了 STR（短串联重复序列）方法分析脱氧核糖核酸（DNA），唾液里可识别的脱氧核糖核酸能在充满汽油的燃烧弹（汽油炸弹）顶部发现。研究人员使用外部滴有 50μL（2 滴）唾液的无菌瓶子和随机选择一个饮用过的瓶，研究发现即使在导入汽油和加入导火线的瓶子里仍然发现了可识别的 DNA。当装置发生爆炸和燃烧时，大约 50％的瓶颈上能发现可识别的 DNA（4～7 个位点），另外还有 25％的烧坏瓶子上发现了完整的 DNA 轮廓（Mann，Nic Daéid 和 Linacre，2003）。

4.7.17 火灾现场喷溅血迹中回收 DNA

有时放火嫌疑犯要掩盖或销毁可能犯罪证据，那么就可以清理溅在物体表面上的血迹，防止日后进行 DNA 分析。ATF 火灾研究实验室进行的研究表明，在这些火灾现场，甚至血迹或污迹已经遭受了高温侵蚀，也能从火灾现场发现 DNA，（Tontarski 等，2009）。

ATF 实验室发现，在模拟的多房间火灾中，建筑物内部的结构和陈设中的血迹一直保持可见与完好，除非带有血迹的表面彻底燃尽。大多数情况下，回收的 DNA 似乎不会受到高温的影响，除非温度高达 800℃（1500℉）或更高时。这个温度下，不存在 DNA 图谱。

ATF 提醒，当假定的血迹化学测试在 DNA 测试前进行，就可能无法获得有用的分型结果。他们建议，获得 DNA 最成功的方法是用擦拭、切割、刮擦。

4.8 摄影

即使是看起来不重要的火灾现场细节，火调（火灾调查）人员也应该仔细拍摄和勾画。NFPA 921 指出，照相或录像是调查人员记录火灾现场发现物质的最有效方法。摄影用来证实证人证言、记录报告、为法庭陈述提供文书证据，并确保残渣清理过程的完整性。关键的证据，包括复杂的火灾痕迹，也会比最初检查时更加明显（见 NFPA 921，2011 年版 15.2.1 部分）（NFPA，2011）。

其他的标准也提及如何用摄影记录火灾现场。ASTM E1020-06，5.1.2 部分（ASTM，2006）规定，调查人员拍摄的照片必须“能够精确公正识别和描述现场、涉及的物品或系统，以及事故发生后的情况”。ASTM E1020 也给出了指导：“照片应从多个方向拍摄，能够包含全部现场视图、全部物品和系统的视图，中间视图和特写视图。”

照相，特别是数码照相是比较便宜的记录火灾现场的调查手段。进行初步现场调查的实际平均直接成本各不相同，但是照相是成本最低的（Icove，Wherry，Schroeder，1998）。现如今的数码相机（后面将详细探讨），10GB的摄影图像能存储为4.5MB的JPEG图像。因此，1GB的存储卡能存大约200张照片。照相机的存储卡的零售价大约是1美元/GB，那么每张照片将花费0.005美元（半美分）。

NFPA 1033（NFPA，2009）要求火调人员精通火场的摄像记录（见NFPA 1033，2009年版，4.3.2部分）。火调人员不需要成为摄影专家，但他们必须能够理解并最大限度地发挥设备的功效（Berrin，1977）。因此，接下来条款应该被包括作为火灾现场摄影的最低设备。

4.8.1 记录与存储

“照片记录”表格（图4-7）用于记录现场拍下的照片或视频的描述、框架和独一无二的存储媒介编号（例如，数码内存卡，CD-ROM或DVD的序列号）。设计的表格用来填写拍摄的照片。框架和存储媒介编号稍后用于火灾现场的草图上或是用来标明火场证据的位置和方向的单独的照片记录中。记录应该包括简短的说明，这样观察者能够准确地识别感兴趣的物体和照片的拍摄位置。每一个存储媒介编号都应该记录在单独的表格里。“备注”栏用来记录存储图片或视频的媒介的配置。

火灾现场草图或图表应在草图上的圆圈内包括图像和视频编号，显示图像拍摄的位置和地点。NFPA 921（NFPA，2011）中图15.4.2（d）对此技术进行举例说明，这对后面的证据评估及火调人员观察无比珍贵（见NFPA 921，2011年版，15.4.2部分）。

开展调查时，描述性照片索引应通过图4-7完成或类似于《柯克火灾调查》（第7版）一书中索引H的照片记录完成（DeHaan，Icove，2012）。摄像索引或记录应包含在调查报告中，并附有说明。

4.8.2 胶卷照相机

很多年来，火调人员使用的最通用的传统相机是带有焦平面快门或镜头间快门系统的35mm的单镜头反光照相机（Berrin，1977）。单镜头反光照相机比较昂贵，但是能拍特写或专门场景的照片，并且很少失真。平视取景式照相机价格低廉但有视差，不能实现很多有用的摄影功能。

随着电子操作快门系统的引进，35mm胶卷和数码照相机已成为火调摄影的推荐标准设备（见NFPA 921，2011年版，15.2.3部分）（NFPA，2011）（Peige，Williams，1977）。由于竞争，许多可接受的器材价格都低于100美元。

另外，很多多功能胶卷照相机已被更新，配备了数码相机后盖，能拍出高分辨率的数码照片。这类数码相机背板的两大改装供应商是Phase One（2012）和Mamiya Leaf（2012）。

4.8.3 底片格式

经济原因是放弃胶卷相机选择数码相机的主要原因。然而，如果选择使用胶片，特别是作为备用相机，那么35mm彩色胶卷几乎是黑白胶卷上火场拍照的普遍选择。由于不能记录火灾和燃烧方式的重要颜色特征（Kodak，1968），黑白照片摄影已全部停用。

打印胶卷需要冲洗照片，而且价格昂贵。一些调查人员或许会选用具有美国国家标准协会（ASA）界定的100～500等级间的彩色幻灯片来维持分辨率。在有些处理实验室，显影时，客户能选择打印、底片、幻灯片或扫描图片传到CD-ROM上。

4.8.4 数码相机

每年都会引进更新和更高分辨率的数码相机。图像质量分辨率通常由百万像素（兆像素）来衡量。目前，最小的能接受的分辨率为5兆像素，仍然低于标准底片摄影的分辨率。像素越高，图片的质量越好。许多相机会在闪存卡或类似的下载媒介上捕捉每张图片6兆像素。计算机技术在低成本数码相机的性能方面已取得了突飞猛进的提高。现在，多于5GB闪存的照相机可提供15MB或更高的图像采集质量。数码相机现在有单反镜头和快门组件，因此可以从事各类传统摄影。

最有用的一项创新就是将话筒和录音芯片合并到照相机中。每拍一张照片，照相者都可以口述最多20s的时间来描述照片。芯片能进行下载，叙述能够转化成照片记录。这就省去了放下相机，对每张照片（或者过后重新审视照片通过记忆创建照片记录）进行记录的麻烦。尼康D100，索尼727和828，还有一些奥林巴斯数码相机都具有这个功能。对于那些倾向使用胶片相机的人，可以选用低成本的小型声控数码录音机，如Radio Shack。它们能在半个烟盒大小的芯片上，无须使用易坏的盒式磁带，录音长达1h。

在调查拍照中，如果数码相机使用不当，出于证据的考虑，会破坏案件的可行性。建议调查人员遵守标准协议保存数码图像。一些部门在原始媒介（CD或闪存卡）上保存图片，而其他人将原始图片保存在磁盘书写存储器上，并为任何媒体或任何数字图像处理制作副本。

与所有照片一样，必须通过法庭鉴定：使用的每张照片对于火灾调查必须是“真实和准确的再现”和“与证词相关”，特别是要遵循《联邦证据法403》（Lipson，2000）。数码照片系统和有步骤的处理与加工是确保它们长期可被接受使用的唯一方法（NFPA 921，2011年版，15.2.3.4部分）。

计算机操作失误和不可预料的破坏能导致数码相片的永久性丢失，因此采取预防措施是必要的。通常用一些媒介或闪存卡存储高分辨率图片是不可取的；必须将它们复制到另外的媒质上。应在案件档案里以同样的方式放置两份原始电子或磁介质副本，作为声音或视频记录。第三份副本用于调查研究工作。因为会造成细节或清晰度损失，因此图片不能被压缩。副本也应放在外部硬盘驱动器上，并在现场外存储。操作系统，程度和文件格式变化，使得一些文件不可读。一些调查人员在关键现场会使用两个相机（冲印和数码），并且重复拍摄照片以确保有些照片即使在火灾发生多年后仍可获得。

数码相机和电子照片在制作火灾现场的初步照片或最终调查报告时发挥着重要作用，因为这些图片能容易地进行调亮、调暗或强化特征，并且很容易转移到打印文件上。它们也能帮助制作火灾现场的全景视图，如前面所讨论。然而，文件压缩或其他方面的操作可能降低图片的品质，引入照片内容处理的可疑性。在被记录过程中，数码照片可以加密或加上水印，证明它们“是原本”，即未经修改的原始图像。数码摄影的简易性和低成本吸引调查人员在现场拍摄了比实际需要或合理数量多得多的照片。在拍照前，调查人员应该考虑他们用特定的照片捕捉什么信息。

4.8.5 数码图片处理

除了易于使用的电脑图像软件从一系列静止照片创建全景照片，目前数码扫描照相机也可用。有了这些技术，调查人员意识到了全景视图的优势，特别当向客户简要介绍情况和向法庭做陈述时。

还有一些收费程序包或免费程序包（免费软件）用于制作内部和外部结构的拼接视图。程序包也可用于拍摄大型的室外区域，特别是野外火灾。在此过程中，用普通焦距镜头（35～55mm）从单个视点拍摄一系列边缘重叠的照片，软件即可轻易将图片拼接到一起。如果使用可调整的旋转头三脚架，旋转一圈可拍照 25～30 张，图片失真会降到最小化。

Adobe Photoshop 是一个带有图片合并的商业软件，它能迅速轻易地将一些重叠图像拼接成一张图（Adobe，2011）。

Roxio 全景助手程序是 Roxio's Creator 软件的一部分，特征与系列照片相匹配（扫描的或数码的照片）制作一张全景扫描图（Roxio，2012）。照片必须经过裁剪，这样所有的图像才能尺寸一致，在数码合并之前，要手动进行合并。这个系统只能制作首尾连接的全景图。

一个更先进的系统是全景照片工具图形用户界面（PT Gui），为 Windows 和 Mac OSX 操作系统开发了全景拼接软件。基于成功全景工具（PT）程序，Bernhard Vogl 开发了 PT Gui（2012），可进行任何数量源照片的球面，圆柱面，或平面交互式全景图的创作。参考图 4-18，一个大型工业火灾现场的 PT Gui150°全景图。这个软件支持 JPEG，TIFF，PNG 和 BMP 源图像。可用鼠标移动图像，通过校正透视，实时改变相片的旋角、卷轴和倾斜度。

在典型的应用中，用手持式 35mm 手动相机拍摄的大型复杂火灾现场的 16 张照片被扫描并存储到单独的文档中，然后打开 PT Gui，选择 360°单排全景编辑器。最新版的 PT Gui 是 9.1.3，可以下载一个完整的试用版本。

选择惠普（HP）数码相机也能拍摄并迅速制作全景图片（Deng，Zhang，2012）。HP 数码相机既可提供相机内全景图预览，也可提供全景图拼接。相机内全景预览是能将多达 5 张图片下载到计算机中，进行无缝拼接。相机内全景拼接就是，无须下载到计算机，多达 5 张照片就能在相机内进行无缝拼接。

另一种全景或三维摄影数码扫描用的是 iPIX（2012）相机系统。它的 180°超广角镜头和三脚架与很多底片或 35mm 数码相机相兼容。相机安装在三脚架上，拍摄一张照片，然后旋转在相反方向拍摄第二张。当直接观看时，超广角镜头拍的照片严重失真，但把图片移到 iPIX 软件里就能修复失真，并将两张图进行无缝拼接，形成一个逼真的、可操纵的计算机图片。然后，iPIX 软件可以进行互动式检验或说明火灾痕迹或整个房间周围的爆炸破坏。这个过程要求在火灾现场有特殊的装备。它已成功地被许多美国警察机构应用。

加利福尼亚 Van Nuys 的 Panoscan（2012）提供了一项扫描数码相机技术，它能够在 8s 内以高分辨率和高动态范围完成一个房间的 360°扫描。形成的图像能容易在 Quick TimeVR、Flash Panorama、Immervision JAVA 以及其他成像软件上以平面全景图或虚拟现实电影形式查看。为 Windows 和 Mac OSX 操作系统开发的 Panoscan 还具备测像功能，通过专门软件（Pano Matrix）在不同高度进行两次扫描，允许在室内或室外进行精确的测量。这个系统是完全便携式的。

Quick Time VR（也叫作 Quick Time Virtual Reality 或 QTVR）是一种图像格式，与 Apple 媒体播放机 Quick Time Player 一同使用。QTVR 既能制作也可查看全景图片。还有一些可安装的插件程序，既可与单机的 Quick Time Player 使用，也可与网络浏览器使用（Quick Time，2012）。

数据以 DXF 格式保存，可用于 Auto CAD，Maya 和其他 CAD 程序。测量（测量半径超过 25ft 的物体，误差不到 1in）可随时进行或添加到文件中。一些先进的数码成像系统可让使用者交互式浏览现场，甚至能链接去查看隔壁房间。全景 360°巨幅图像允许在任何方向查看地板，天花板和墙壁。图像也能链接在一起，或是链接到传统照片和透视图，以及音频或其他文件类型。

全景照片能用于制作“视角照片”。这类摄影可用来记录证人在特定地点可能看到或没有看到的东西。正常人眼睛的周边视觉是不能被常规照相机轻易复制，所以全景成像有时是复制证人所见的唯一方法。

犯罪现场虚拟旅行（CSVT2012）3.0 版本用 Java 虚拟机（Sun Java）软件制作一个完全整合在一起的虚拟扫描图像，带有楼面平面图、特写照片和调查记录。有了 CSVT，使用者能使自己身临其境，从任何角度获取重要物体的精确测量数据，测量任意两点间的距离，形成记录。

GigaPan 系统（2012）是 NASA 技术的一个衍生物，它能获取上千张数码图片，把它们编排成一幅高分辨率图片。这个过程允许使用者共享并研究十亿像素的全景照片。十亿像素照片是由十亿像素构成的图片（1000 兆像素），它比 600 万像素数码相机捕捉到的图像信息多 150 倍以上。GigaPan 出售的这项技术是由 Carnegie Mellon 大学和 NASA Ames 智能机器人组共同协作的产物。GigaPan 销售普通相机的自动步进平移头，能轻易捕获千兆像素的全景照片，之后可以与 GigaPan 软件结合。

4.8.6 高动态范围摄影

高动态范围成像（HDR）摄影是提高数码相机拍摄图像的最亮区域和最暗区域范围的一项技术，可在较暗或阴影区域揭示细节。建议在火灾现场使用该技术（HDR），定会受益匪浅（Kimball，2012；Howard，2010）。

HDR 涉及的是以不同的快门速度或光圈拍摄同一现场的三张或更多图片，并运用处理算法将它们转换成一张大图。最后的图像在阴影和强光部分均能展示细节。很多程序都有这种图像处理算法，包括 Adobe Photoshop。制作 HDR 图像的算法存储在每个数码图像中的静态元数据，也称作可交换图像文件（EXIF）信息，它揭示的信息如相机的样式和机型、方向、快门速度、光圈、焦距、测光模式和 ISO 设置。

HDR 技术也可用在其他可视化程序中，例如 Spheron-VR 的现场中心法医视觉内容管理软件（Spheron，2012）。法庭陈述时，现场中心记录允许虚拟访问犯罪现场记录，它也允许有 3D 摄影测量。

4.8.7 数码成像指南

《刑事司法制度中使用成像技术的定义和指南》的第一稿于 1999 年 10 月在《法医科学交流》上出版（FBI，1999）。该指南由成像技术科学工作组编制（SWGIT，2002；FBI，2004），涵盖刑事司法制度中从事图像采集、存储、处理、分析、传输或输出工作的人员的政策和程序文件，以确保图像的使用和成像技术有明文规定，有章可循。

表 4-3 成像技术科学工作组提供的法医摄影推荐指南和最优方法

部分	描述
部分 1	在刑事司法制度中成像技术的使用
部分 2	管理者的考虑
部分 3	刑事司法制度中成像技术现场应用指南
部分 4	在商业机构中使用闭路电视安全系统的建议和指南
部分 5	刑事司法制度中数字图像处理的建议和指南
部分 6	刑事司法制度中成像技术培训指南和建议
部分 7	刑事司法制度中使用法医视频处理技术的建议和指南
部分 8	使用数码相机捕捉印痕的通用指南
部分 9	拍摄轮胎痕迹通用指南
部分 10	拍摄鞋印通用指南
部分 11	记录图像增强的最优方法
部分 12	专业人员法医图像分析的最优方法

注：来源于《法医科学交流》（FBI，2004）。

表 4-3 列出了由 SWGIT 发布的目前被认可的指南，被称为“刑事司法制度中成像技

术应用指南”。这些指南涵盖成像技术、指南推荐、最优方法和拍摄特殊痕迹证据技术。FBI（fbi.gov/）和国际鉴定协会（theiai.org/）的网站上有这些资源文件。

使用简单或复杂摄影技术的机构或个人应该制定一个部门政策和标准的操作程序。SWGIT 程序推荐保存原始图片，可将它们保存在不加任何改变或原始未压缩的文件格式中。工作中应使用复印件。原始图像应保管在下列耐用的格式中：银质底片（非即时），一次性写入可记录磁盘（CDRs）或者数字多功能可记录磁盘（DVD-Rs）。

应使用标准操作程序记录这些技术，这些程序应该是目视验证，包括裁剪，变亮，变暗，色彩平衡，对比度调整。高级技术包括那些通过多图像平均、积分或傅里叶分析来提高图像可见性的技术。其他技术包括裁剪、叠加和从单个系列照片创建全景。建议使用图像处理日志，以便以后需要时可以复制该进程。

证据链应保存在记录原始图片的媒介上。证据链应该记录保管证据链人员的身份，以及从获取到保管数码图像文件人员的身份。

当将图像压缩到一定格式，例如 JPEG，调查人员应尽可能保存高分辨率的图片，以避免降低图片质量。图片捕捉设备也成了图像精确的代表。不同的应用要求不同的精确标准。

当使用成像技术时，培训是很重要的。应建立正规统一的培训，进行记录并保持下去。熟练测试能确保相机设备、软件和媒介与硬件或软件的更新保持同步。

4.8.8 光线

无论使用什么相机，光线在火场摄影中发挥重要作用。剧烈燃烧的区域往往从自然或人为光源处吸光。强大的电子闪光对黑暗现场处的碳细节非常有帮助。一些底片或数码相机的内置闪光灯没有足够的功率充分照亮大型火灾现场，因此应做好外部闪光连接的准备。

有时，拍摄燃烧痕迹最好的方法是使用斜向闪光来照亮感兴趣的区域。因此，应该选用一个允许外接闪光灯的相机，用于斜向或远距离的现场照明。（NFPA 921，2011 年版，15.2.3.7.2 部分）。

室内火场和室外火场在夜间的主要问题是如何提供合适的照明。石英卤素灯被广泛使用，但是它们的覆盖范围有限，会产生强光和盲点。一项新的发明就是在可伸缩的桅杆上挂上半透明气球，里面装有金属卤素灯。Airstar（2012）气球在大片区域放射出均匀白色强光。这些气球的尺寸变化从 200～4000W，桅杆的高度从 1.8～9m（6～36ft），能够覆盖的区域从 200～10000m^2（2100～108000ft^2）。

4.8.9 附件

照相机有很多配件；然而，出于简单考虑，建议非摄影专家的调查人员不要使用那些配件。单镜头提供给相机（有代表性的是 50～55mm 焦距）的最大效用就是正常的室内和外景照片。特写镜头（18～35mm）和长焦镜头（100～400mm）是专业应用，但它们能导致光学失真。另外，如果调查人员无法对它们的用途、优点、缺点和效果做出权威性的界定，那么使用滤光片和可交换镜头配置拍摄的照片或幻灯片会取消提交到法庭的资格（Icove，Gohar，1980）。保护镜头的滤光膜是火场摄影唯一一处推荐使用滤光器的地方（NFPA 921，2011 年版，15.2.3.6 部分）（NFPA，2011）。一些摄影者倾向于在滤光膜处使用偏光或紫外线滤光器（它不会影响图像色彩）。

火场唯一最值得推荐的配件就是稳定的三脚架。在照明情况不好要求较长时间的快门曝光的条件下，这个装置可以拍摄细节清晰的现场。还有，根据现场照明情况，三脚架可以优化景深。例如，当相机聚焦到距离镜头 1.8m（6ft）的物体上，f/16 的光圈数值通常产生的景深范围从 0.91～3.05m（3～10ft）。如前所述，使用三脚架，可以轻易地记录全景现场。长时间曝光需要更小的光圈数值，如果手持相机的话，任何长于 1/30s 的曝光都可能因抖动而受影响。

4.8.10 测量和图像校准器

测量和图像校准器在处理和解释说明过程中提供额外信息。这些装置应该在不同情况下统一使用。尽管目前《火灾和爆炸调查指南》（NFPA 921）推荐使用 18%的灰度校准卡（NAPA 921，2011 年版，15.2.7.1 部分），使用颜色校准卡有很多益处。随着火场彩色摄影的普遍使用，调查人员应该考虑结合使用彩色和灰度校准卡。

在每卷胶卷、数码相机的内存卡或摄像机录像的第一帧和最后一帧上照下印有机构名称、箱号、日期和时间的彩色和灰度校准卡。有了这项技术，色彩精度的变化就能在底片和数码图像上探测出来，专业的底片处理实验室使用这些卡片就能够校准设备，以确保与最佳色彩校准与灰度相符合。此外，彩色打印机，例如 Xerox（2012），也能被校准和改正，以确保在图形显示器和商业印刷过程中使用适当的颜色。图 4-38 是市场上可买的卡片，它带有基本的校正和记录信息。

Forensics Source（2012）制作了一个 15cm（6in）的尺子，尺子被印上 18%灰色的低反射塑料，因此即便是特写镜头的数码图像也包括灰度校准。国际放火调查员协会（IAAI）也制造出近似的 6in 塑料尺作为他们 CFITrainer 项目的推广（图 4-39）。

校准卡边缘也有测量工具（尺），以记录拍摄物体的距离和尺寸。其他测量工具包括长折叠尺和黄色标号桌卡，用来识别各个兴趣点或证据的位置，如图 4-40 所示。亮色指针用来指示重要特征或记录火势蔓延的方向。

4.8.11 空中摄影

在农村，美国土地保护署在它负责的区域内拥有大多数农地的航拍照片（也称作正射影像图）。这些照片分辨率各不相同。航拍照片也不都是从飞机上拍摄的。透视照片，如例 4-1 照片，就是从邻近建筑物的较高楼层拍摄的。从消防车升起的高站台上拍摄的照片

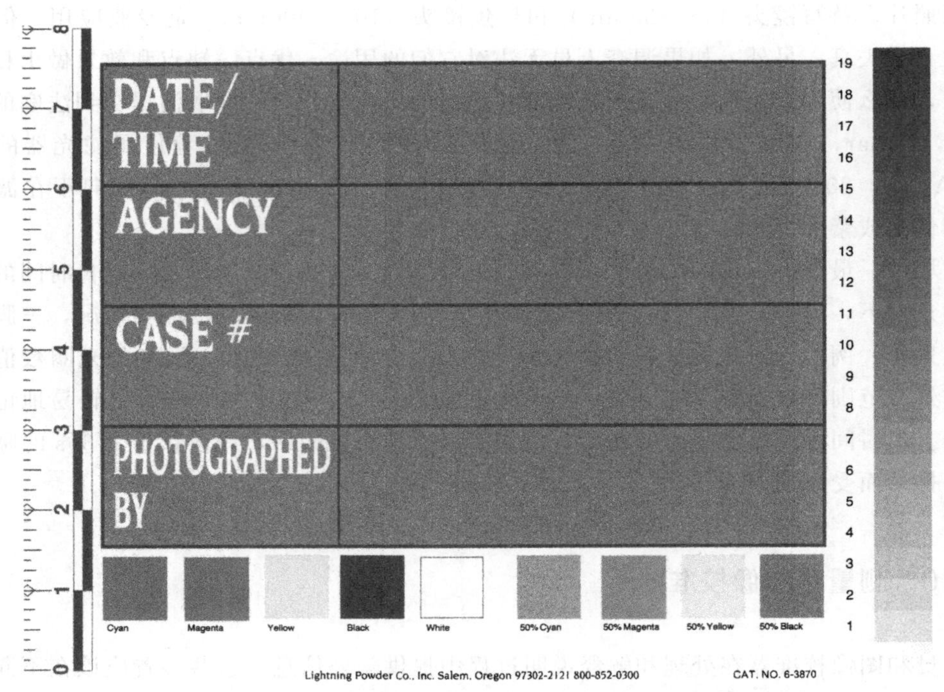

图 4-38 商用灰度和彩色校准卡，适用于法医火灾现场记录

（© Safariland，经 Forensics Source™ 允许使用）

图 4-39 一个方便易获取的灰度标尺（J. D. DeHaan. 提供）

也非常有用，它提供了一个近距离全面观察受损整体痕迹的途径，如图 4-41（b）所示。

以适中的价格通过卫星和商业航拍获得建筑物照片。很多城市和区县使用航测来搜索非许可建筑。注意，一定要使用商业数据库，因为在数据文件中，街道地址不是经常更新。使用者必须确定图片是近期的，它能精确地反映火灾前的情况。

一种正在发展中低成本的空中摄影技术，使用可实地部署的遥控的无人驾驶飞机和直升机在低海拔处勘测火灾现场。图 4-41(b)、(c) 展示了梅萨县警长办公室（MCSO）无人

图 4-40　犯罪现场测量设备。(a) 包括黄色编号的立卡，用于识别各个兴趣点或法医证据的位置，如易燃液体容器。(b) 容器盒底部有刀片反复刺穿的小孔，表明是故意弄出来泼洒易燃液体的。刀痕可能会与罪犯联系起来。(c) 标号的证据表明了证据的位置。塑料指针或箭头表明火灾现场警戒位置。它们还可用于指示火场火势蔓延方向 (J. D. DeHaan. 提供)

飞行计划直升机拍下的航拍图像。

一种商业产品 Draganflyer X8 UAV 直升机 (Draganfly，2012)，它靠电池供电，可配备四个可选相机之一：高分辨率静物照相机 (有远程变焦、快门控制和倾斜)、高清视频、暗光黑白视频或红外摄像机。

直升机尺寸：高 25.4cm (10in)，宽 99cm (39in)，包括旋翼——使它能够近距离移动。因为它是电池供电的，直升机的飞行时间大约 20min。电池很容易更换，所以可进行重复飞行。它还有一个可选的实时视频传输功能，因此地面的操作者和/或其他人能够同时监控到图像。

Infinite Jib 公司 (2012) 是 Droidworkx Airframe 多轴直升机的批发商。这个飞行器能够提供适合火灾现场摄影的低海拔图像。目前 "ready-to-fly" 飞行器由 EYE-Droid 4，6，8 款构成，每架费用高达 13000 美元。

4.8.12 摄影测量法

摄影测量法是一门从照片中提取测量数据的学科，曾经一度超出了典型火灾调查人员

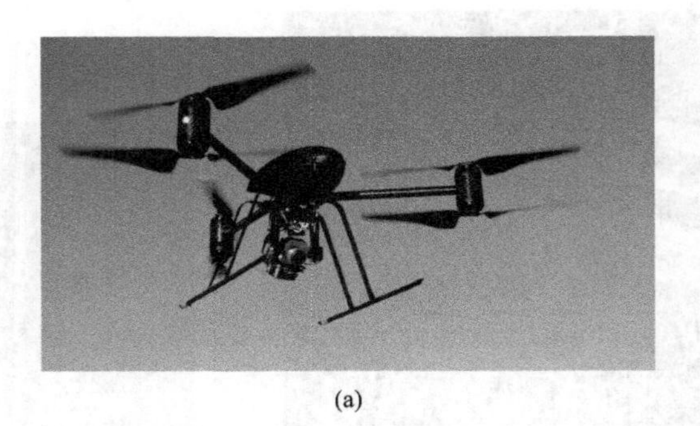

(a)

(b)

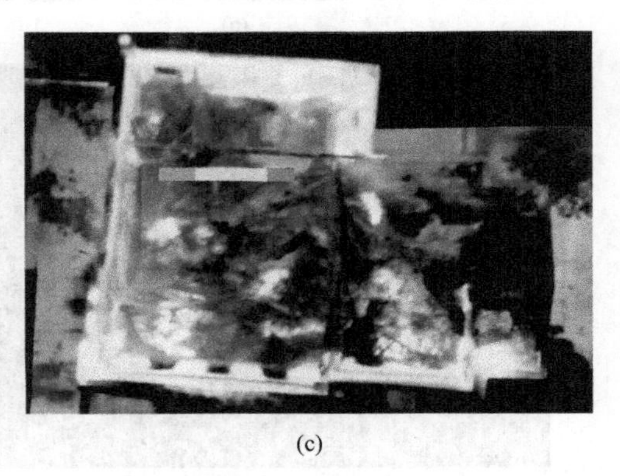

(c)

图 4-41 通过卫星或商业航拍获取建筑物照片。(a) 安装照相机的直升机，(b) 航拍图像和 (c) FLIR 图像（MCSO Unmanned Flight Program 提供）

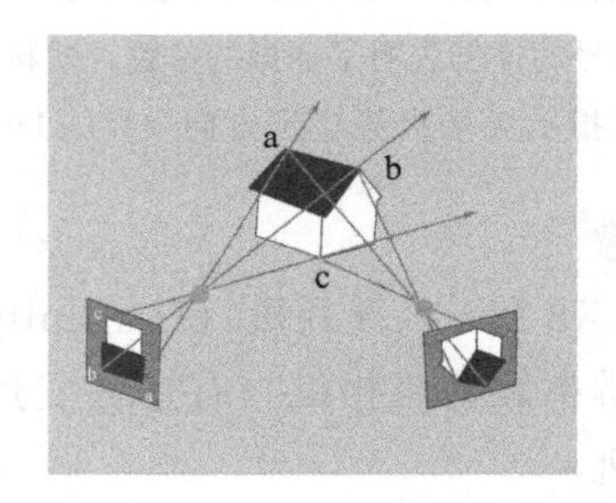

图 4-42 在摄影测量学中，以这样的方式使用两张或更多的照片，提取图像中的绝对坐标和关键点的测量数据（Eos Systems，Inc. 供图）

的专业知识的范围，然而在近几年，由于价格实惠、操作简便的计算机软件的接入，这门学科变得相对容易。在摄影测量学中，使用两张或更多的照片，提取图像中的绝对坐标和关键点的测量数据（见图 4-42）。近景摄影测量程序弥补了几乎所有照片都存在的由于透视造成物体轮廓线缩短这一缺陷，因此，使用者可以获取精确的测量数据，创造逼真的模型（Eos，2012）。

例如，从躺在床上的死者到门口的距离对于调查就至关重要。摄影测量法能够在大型或复杂的现场获取测量数据，而卷尺测量和记录不够充分或是太耗时。它还能让调查人员测量已被移走、现场已被清理或不再存在的证据。摄影测量法已在北美，欧洲和澳大利亚的事故现场和重要案件中应用多年，并建议在高级的火灾调查中使用。在美国的一个案件中，该技术首先被用于法医重建厨房区域模型以强化三维 V 燃烧痕迹（King 和 Ebert，2002）。

一些摄影测量程序允许使用者在已建立的三维表面绘制二维图像，以提供透视修正过的材质结构的逼真模型。有各种各样的软件程序计算这些测量数据，从二维照片重建成三维模型。图 4-43 就是使用摄影测量法从二维照片中重建建筑物外形的三维景象的例子。

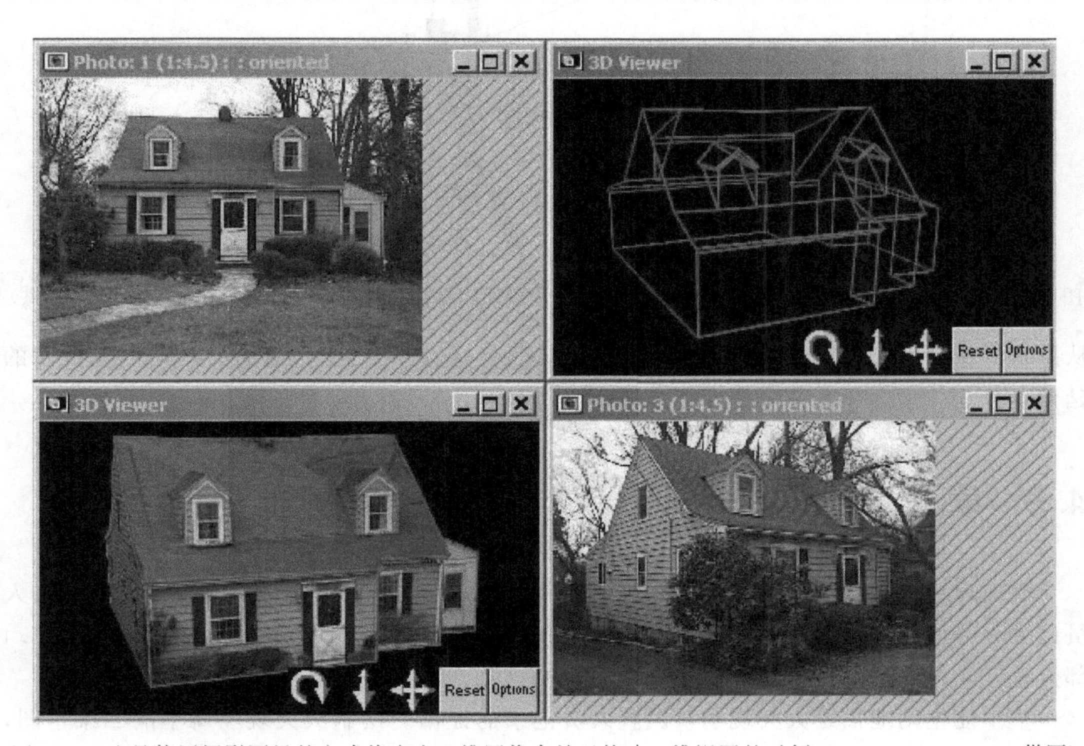

图 4-43 这是使用摄影测量的方式将多个二维图像合并以构建三维视图的示例（Eos Systems，Inc. 供图）

4.8.13 数码扫描相机

全景摄影和摄影测量性能结合在一起的一项新的发明就是数码扫描照相机，如前面提到的 Panoscan 或 Spheron VR 模型。Panoscan 和其他一些系统中具有摄影测量性能。当区域进行一次扫描后，将相机安装在垂直的可伸缩的桅杆上，使相机在房间内同一位置拍照，但是视角高出了 0.5m，然后再次扫描该区域。继而，将两张照片进行数码结合（Panoscan 系统使用了一种专有软件，称作 PanoMetric）制作立体虚拟现场，这样就可以使任何数据的测量达到毫米精度。

系统的核心就是专业数码相机，它的工作原理就像 100 年前的移动缝底片相机，但是用的是高分辨率图像转化器和专业的镜头快门系统在每一垂直“切片”上获取 170°的图像（见图 4-44）。

相机可自动旋转，这样最终图片就是一张球面高分辨率图像（最大垂直分辨率为 5200 像素，总的图像采集达到 50 兆像素）。图像采集的动态范围高达 26f-stops，因此，

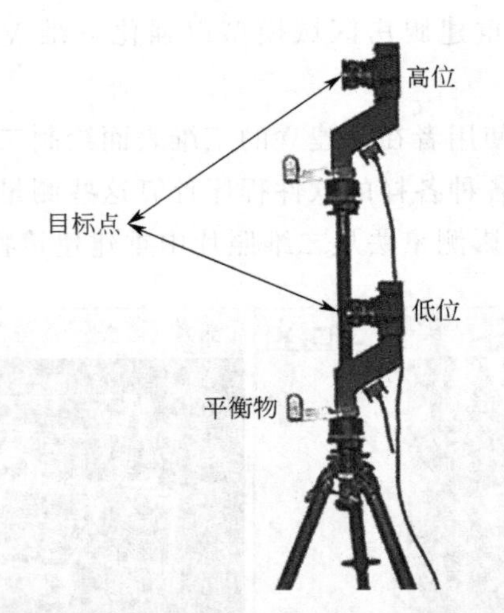

图 4-44　使用装在可伸缩杆上的数码扫描相机和专业软件能够捕捉摄影测量图像（Panoscan Inc. 提供）

从黑暗区域到全光照区域的信息可一次扫描获取。这是对之前介绍的高动态范围技术的延伸。

4.9　草图

火灾现场草图和图表，不管其是否成比例绘制，都是照片的重要补充，能帮助调查人员记录火势增长的证据、现场条件和现场的其他细节（见 NFPA 921，2011 年版，15.4 部分；NFPA 1033，2009 年版，4.3.1 部分）。

草图能生动地描绘火灾现场及调查人员记录的证据。绘制火灾现场简单的二维草图，是调查人员使用的很有价值的记录技术。这些草图涵盖从粗略的外部建筑物轮廓到详尽的楼层平面图。因此调查人员就能以图解形式解释照片拍不到的物体间的关系，例如在单个房间中的物体、家具下面或背面的物体、只能在头顶看到的物体或是经剖面看到的物体。见《柯克火灾调查》（第 7 版），有关于绘制草图准备的细节问题。

4.9.1　通用指南

好的现场草图不需要高超的艺术技巧。即便是非正式的手工绘制也能展现照片拍摄不到的物体的位置或相互关系。火灾现场法医草图可发挥重要作用，可用于图解说明和描述下列要素的信息（DeHaan 和 Icove，2012；NFPA 921，2011 年版，15.4.4（A）到（D）；NFPA 170，2012）：

（1）调查人员的全名、职称、机构、案件编号、绘制草图的日期/时间，以及参与草图绘制的其他人员的全名。

（2）火灾现场的位置和地理方位（指北针）。使用 GPS 数据的经度和纬度，可以帮助确定郊外场景的地域管辖权（州，县，镇等）或重新精确定位现场。

（3）建筑物、房间、车辆或感兴趣的区域的轮廓和成比例的图片，包括罗盘方位。注意，如果比例是近似的，就应在草图或图纸上标出“不按比例”。

（4）标识并描述示意图或图表上使用的所有符号和含义、比例及其他重要的信息（见NFPA 170《火灾安全和紧急符号标准》）（NFPA，2012）。

记录下列信息的草图很有帮助：

（1）相关证据或关键特征的位置，例如火灾痕迹和烟羽破坏。

（2）涉及火灾的所有主要燃料包和源头的位置和规格。

（3）通过简单测量、激光辅助测量和GPS坐标数据，确定受害者和嫌犯可能出入点的位置或行动距离。

（4）窗户、门、地板、天花板和墙壁表面的条件、安全性（是否上锁）和尺寸，包括窗台和拱腹高度，为后续的火灾现场重建和分析所用。

（5）电弧调查图中电弧故障的具体位置（见NFPA 921，2011年版，17.4.5.2部分）。

在某些情况下，需要使用相同外形尺寸的多个草图。以这种方式可以保存几种不同类型的证据，包括等同炭化线、烟羽损害和样本（证据收集）地点。草图往往能揭示照片中不明显的特征。

表面分界区域、热效应、渗透性和材料损失也能在草图或照片上用彩笔勾画出来。例如，有一种系统用黄色勾画表面沉积区域，用绿线标识热效应，用蓝线标识渗透，红色表示材料已被彻底消耗尽区域。背景图案（直线，交叉线）可用于计算机图表中。

草图通常最初手绘而成，有时伴有计算机辅助。有效的手绘工具就是带凹槽的网格垫，铅笔芯在网格垫上就能沿着塑料表面上轻微的压痕划线（Accu-line，2012）（见图4-45）。

图4-45 新型工具，例如Accu-line绘图辅助工具，使得手工绘图变得更加简便（D. J. Icove. 提供）

Visio是一个可靠的火灾现场绘图程序，由微软公司开发，它能够精确地再现结构（Visio，2012）。微软还通过网站为Visio免费提供了一个附加犯罪现场程序包。有经验的调查人员已为火灾现场分析的应用开发了模板。图4-46就是使用Visio，制作典型火灾现场图的例子。

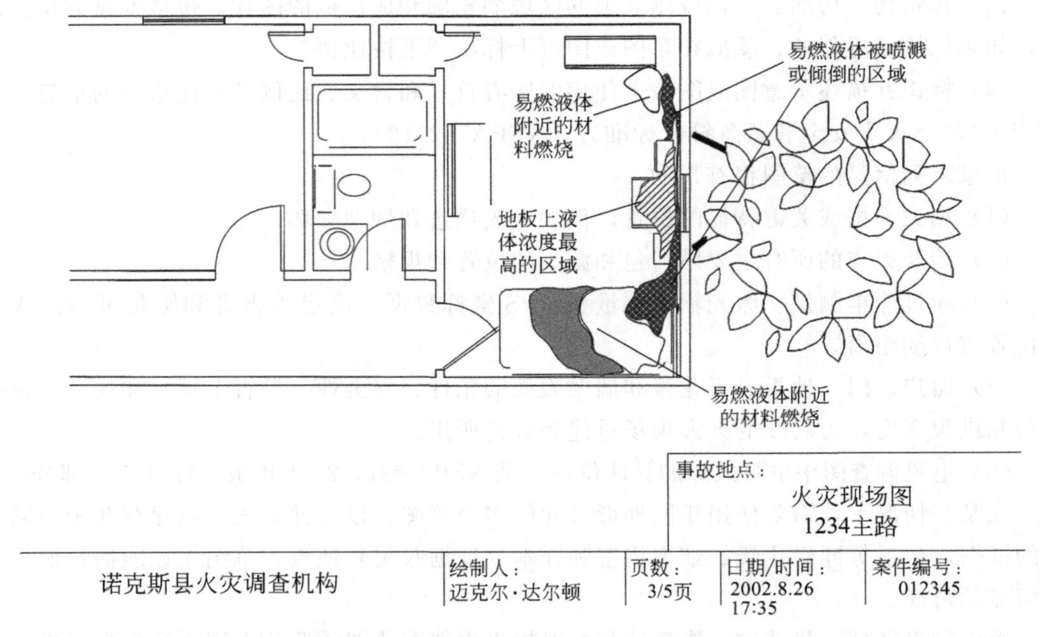

图 4-46 使用绘图程序绘制典型火灾现场草图，能精确再现燃烧痕迹、证据位置和其他细节（Michael Dalton，Knox County Sheriff's Office. 提供）

4.9.2 GPS 绘图

麦哲伦（2012）改进了使用手持 GPS 装置绘制大型现场草图的方法。通过使用一个手机大小的 GPS 装置，加上 GPS 差分软件扩展，调查人员手持该装置，走向现场的各个点，键入代码（ArcPad）来表示一组特定的特征。数据然后被专门软件下载并处理，制作精确到±0.5m 图像（依据“观察”卫星数量和每次定位的稳定时间）。这个装置使绘制大型复杂现场的草图成为可能，在这些现场中，全站仪测量的视线被地形或地物（树木、设备等）遮盖。该手持设备包含 GIS/GPS 定位系统所有常规功能。

4.9.3 二维和三维草图

随着 CAD 工具的出现，二维和三维草图目前已被用于法庭证物。图 4-47 就是这项技术的一个例子。塑料覆盖图也能放置在大的草图上，在法庭上使用事先准备好的或即兴进行标注的覆盖图进行注释。使用方便的坐标系能精确地放置证据，例如受害者躯体的定位、火羽和证据定位。

某些软件的草图大师软件既有免费版也有付费版，使用者通过简单的指令就可构建二维和三维建筑物。草图大师软件可在 Window Vista，Window 7 和 Apple Mac OSX 操作系统下进行。

草图的一个特殊应用就是将现场的俯视图或平面图复制到清晰（透明）的纸上。每张

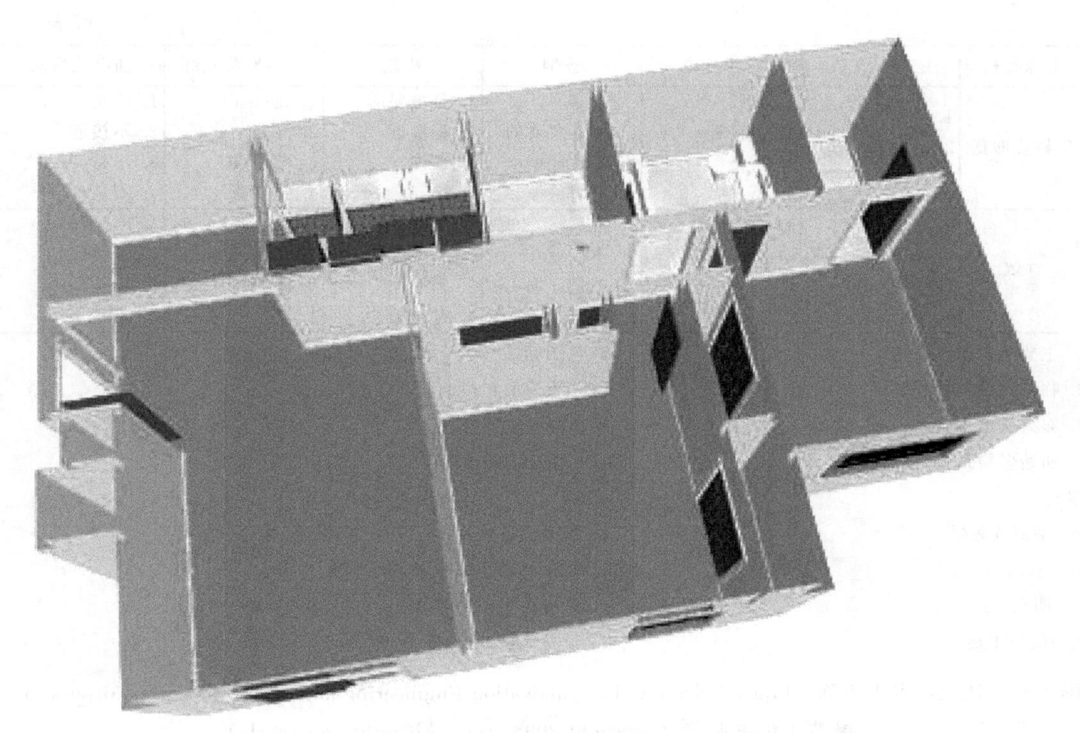

图 4-47　运用建筑设计程序构建三维视图（D. J. Icove. 提供）

纸用于记录不同的指标，例如，火焰运行矢量、炭化深度、煅烧和家具阵列方式。覆盖图可以相互比较或与原始的平面图进行比较，阐明可能起火区域的趋向。将草图放在单独的纸上分别标识，避免在一张上面标注过多细节这一问题。

美国俄勒冈州纽伯格的 HTRI 取证公司（HTRI，2012）使用名为“雨中的仪式”，提供两种服务。实地调查记录中包含了必要的空白页完整的调查报告，包括 Bilancia 点火矩阵（Bilancia，2012），如图 4-48 所示。设计了一个较小的火灾事故报告袖珍笔记本，由负责收集火灾调查初始数据的第一响应者提供。

来源燃料	定时收音机	手机充电	香烟	蜡烛	紧凑型荧光灯	插电式房间
蕾丝桌布	1. 是 2. 是接近 3. 不是(d) 4. 是路径	1. 是(a,c) 2. 不接近 3. 4. 是	1. 2. 是接近 3. 不是证据 4.	1. 是主要的 2. 是 3. 或许 4. 是	1. 是(a,c) 2. 是 3. 不是(d) 4. 是重力	1. 是(a) 2. 不接近 3. 不是(d) 4.
被单或床罩	1. 不是(c) 2. 不接近 3. 不是(d) 4. 是重力	1. 是(a,c) 2. 是接近 3. 不是(d) 4. 是	1. 2. 不接近 3. 不是证据 4.	1. 是主要的 2. 不接近 3. 4.	1. 是(a,c) 2. 不是 3. 不是(d) 4. 不是	1. 是(a) 2. 是接近 3. 4.
窗帘	1. 不是(c) 2. 不接近 3. 不是(d) 4. 是路径	1. 是(a,c) 2. 是接近 3. 不是(d) 4. 是	1. 2. 不接近 3. 不是证据 4.	1. 是主要的 2. 不接近 3. 4.	1. 是(a,c) 2. 不是 3. 不是(d) 4. 是阴影	1. 是(a) 2. 是接近 3. 不是(d) 4.

续表

来源燃料	定时收音机	手机充电	香烟	蜡烛	紧凑型荧光灯	插电式房间
塑料装饰花	1. 不是(c) 2. 不接近 3. 不是(d)	1. 是(a,c) 2. 不接近 3. 不是(d) 4. 不是	1. 不是主要的 2. 不是证据	1. 是主要的 2. 是接近 3. 或许 4. 是	1. 是(a,c) 2. 不是 3. 不是(d) 4. 是阴影	1. 不是(a,c) 2. 不接近 3. 不是(d) 4. 不是
灯罩	1. 是主要的 2. 不接近 3. 不是(d) 4. 是路径	1. 是(a,c) 2. 不接近 3. 不是(d) 4. 不是	1. 不接近 2. 不是证据	1. 是主要的 2. 不接近 3. 间接的 4. 是路径	1. 是(a,c) 2. 是接近 3. 不是(d) 4. 是	1. 不是(c) 2. 不接近 3. 不是(d) 4. 不是

1. 主要起火源 Y/N?
2. 临近、点燃靠近燃料 Y/N?
3. 起火证据 Y/N?
4. 初始燃料到燃料荷载路径

编码

P—羽流或轰燃

W—目击

F—明火

N—能量不足

颜色图标

红—主要的和接近的

蓝—不是主要的

黄—主要但被排除

注释

a. 如果设备故障

b. 如果燃料是风吹来的纤维素

c. 只有在明火的情况下

d. 设备完整

图 4-48 比兰洽点火矩阵（Lou Bilancia，P. E. Synnovation Engineering and Ignition Matrix Corporation；提供并允许使用。）

4.10 时间建立

在现场调查时，一些自然的过程是现场建立中困难的因素之一——时间推移。这些过程包括蒸发、气温升高、冷却、干燥和熔化。

4.10.1 蒸发

火灾重建中的关键因素之一就是确定助燃剂的使用或存在。估算助燃剂的挥发是关于时间推移和由此引发火灾动力学的重要洞察。液体的蒸发率依靠蒸气压（它随温度变化而变化）、液体沉积表面的温度和性质、表面区域和周围空气的流通。

蒸气压是所有液体和固体的基本物理特性。它是材料在真空中达到平衡时所产生的压力。蒸气压是测量材料挥发性的一种指标（例如，如何轻易蒸发）。因为蒸气压是随温度变化的，温度越高，蒸气压越高。关键的是液体的温度（或液体扩散表面的温度），而非室内环境温度。即使在很冷的房间里，热炉子上的一锅丙酮也会迅速蒸发。

蒸气压也高度依赖于分子量。物质的分子量越低，蒸气压越高，蒸发的速度就越快。材料的物理形态也很重要。表面上一层薄薄的挥发性液体比深水池蒸发得更快。像布或地毯这样的多孔表面上的挥发性液体蒸发的速度比它们从同样大小的独立水池中蒸发的速度要快。池子越大，池子周围的空气流动越强，挥发性越大。

复杂的混合物，如汽油，包含 200 多种化合物，其中一些化合物，如戊烷，非常易挥发，蒸发很快。其他化合物，如三甲基苯，蒸发很慢，会留存很长时间。当这样的液体被倾倒出来，最轻的，最具挥发性的化合物将会是最初蒸气团主要成分。因此，正是甲苯、戊烷和其他易挥发成分的存在控制着产生的蒸气的可燃性。化合物如辛烷或更重一些的碳水化合物在室温下蒸发得很慢。基于气相色谱谱图，产生的蒸气能容易地与液体残渣区分开来。

这个过程意味着，部分蒸发的汽油与新的汽油相比有了不同的气体色谱图。汽油的简单蒸发和燃烧会导致轻质的、易挥发混合物不成比例地损失。火焰中的热通量加速了这一进程。依据这个性质能够估算相对的曝光时间。火灾残留物中的汽油，作为气体动力消防设备的致污物或火灾后故意添加的污染物，在正常蒸发或燃烧后产生的挥发远远超残留物的预期。由于最易挥发的成分流失，汽油的部分蒸发会降低剩余液体的有效蒸气压，这会改变剩余液体的闪点和产物的可燃性。

通过将液体放置在可吸收的灯芯上或将其雾化（在高压下将其转化为雾状）来改变液体的物理形态将会增加其蒸气压，使更重的成分更迅速蒸发或更加易燃。如果蒸发成为问题的话，从液体燃料蒸发产生风险角度考虑或从重建时间因素（从释放开始的时间）的角度考虑，一些因素必须要记录下来，包括材料本身的精确识别；周围空气、表面或液体释放时自身的温度；发生挥发的表面的性质［在空气自由流动状态下，薄材料（如衣物）上的液体蒸发，比厚的、多孔的材料（如鞋子）上液体蒸发要快得多］。

主要的空气条件也非常关键：高温、太阳直射、风、风扇的机械运动、HVAC 系统和设备、车辆和人们的移动都提高了蒸发率。应当阻止证据中易燃液体的蒸发，这对确定火灾原因或将人与现场联系起来很重要，要将证据封存到不漏气容器中，尽可能保持凉爽避免进一步损失。在容器上，调查人员还要标明密封的时间。

4.10.2 干燥

干燥通常与蒸发紧密相连（如干燥衣物中的水分），但是当涉及血液或其他复杂液体时，可能会涉及其他过程。例如，血液在干燥过程中，化学成分会改变、颜色变得更深、黏度变得更大。血液干燥状态的记录不仅涉及简单的摄影，还要分析血质，通常使用无菌棉签（在任何事件中用于最终的采集）。观察的时间也要被记录。同样的考虑也适用于油漆、黏合剂、塑料树脂或其他干燥时会发生机械变化的材料。同样，如果干燥是主要问题时，周围的环境温度也必须注意。

4.10.3 冷却

冷却与融化均如同时间指示器一样在犯罪现场调查中起着重要作用（例如柜台上一定程度上仍未融化的冰激凌），但是在偶尔的情况下也对火灾重建有一定帮助作用。直接暴露于火灾中的材料冷却情况（或材料经燃烧剩余的多少）可通过直接的触摸、热成像或温度探测器进行评估。廉价的数字温度计有效测量温度区间为－45～200℃，可以在厨房和家庭用品商店买到。除此之外，所处环境的风力、雨水、阳光、静止或流动的水等条件，需要同时被记录下来。

在死亡事件调查中，观察尸体冷却情况是一种常规评价，但通常在火灾事故中被忽略。这是非常不幸的，因为死亡和火灾并不总是发生在同一时间。一个成年人的尸体，一旦冷却至与室内温度相一致，在内部温度上升之前，必须经历周围热量（甚至火灾）对其本身作用的这一段非常重要的时间。人体组织的热惯性近乎与松木或聚乙烯塑料相一致。在火灾现场，人体的内部温度（直肠或肝脏的温度）应当记录下来，但是在测算死亡时间间隔时，不应当将死者在火灾之前死亡的时间排除在外。DeHaan 最近做了关于此方面的工作，在人类尸体持续燃烧的实验中获得了相关结论和数据（DeHaan，2012；Schmidt，Symes，2008，第一章）。

4.11 证据损毁

火灾现场通常被视作火灾事故法医鉴定和事故重建过程中最重要的环节，尤其是当火灾明显将导致刑事和/或民事诉讼。火灾调查工作的主要环节是证据的保护，即在被提交至权威的检查和分析部门之前防止证据被破坏或改变。NFPA 921 重申 ASTM E860 标准，关于证据损毁是指“负责保管证据的工作人员，将司法程序中被认作为证据或潜在证据的物体（或文件）的丢失、破坏或改变”（见 NFPA 921，2011 年版，3.3.162 部分；ASTM E860，3.3 部分）。NFPA 921 和 ASTM E860 均警告在初期和随后的火灾现场处理过程中，可能会发生证据损毁的情况，尤其是当火场的残留物位置移动或状态发生改变，会严重影响有关方面从证据中获得与先前调查人员获取相同价值的信息（见 NFPA 921，2011 年版，11.3.5 部分；ASTM E860，3.3 部分）

证据损毁的内在问题是故意或疏忽损坏或更改证据不仅可能成为未决诉讼的主题，而且可能在未来的诉讼中予以考虑。如果不能防止证据损毁，将导致证言、制裁或其他民事、刑事补救措施被驳回（Burnette，2012）。所建立的标准（ASTM E860）为可能或不可能涉及诉讼责任结果的考核工作和证据测试项目创建了实践环节。该证据可能包括设备、物品或失效的部件。在实验室检查中，当证据被改变或损毁，应当给予包括在现场的人或需要重点关注的人充分表达自己观点的机会，并将相关观点加入可能的测试报告中，并且在测试中得到验证。

ASTM E860 适用于其他 ASTM 惯例，包括关于观点的报告（ASTM E620）（2011）、技术数据评估（ASTM E678）（2007）、事件报告（ASTM E1020）（2006），以及证据的搜集和保护（ASTM E1188）（2005）。举例说明，ASTM E1188，4.1 部分，表述了调查员应当“尽可能早地从所有与事件和重建活动有关的人员处获得声明”。ASTM E1188 同样也指导调查人员通过对证据的地点、时间、日期和收集者姓名进行识别和唯一标记，以保存证据链。

当证据是由一个与当事人有关的协调和知情调查小组从原始火灾现场或后来开展的实验室检测获取的，他们的调查过程必须被拍照记录。这些测试或检测应当由分解测试和破坏性测试构成（ASTM E1188，4.3 部分）（ASTM，2005）。证据的处置也应当与所有各方和当事人的大量告知书相一致。

NFPA 921 和 ASTM E860 标准均是为使证据损毁程度最小化，从而为火灾调查工作提供指导帮助（NFPA 921，2011 年版，11.3.5 部分；ASTM E860 5.2 部分）：

■ 立即通知诉讼委托人有必要获取和保存关键证据。

■ 建议其客户通知可能有潜在民事诉讼经历或风险的所有其他相关方。

■ 直到其他有利害关系的当事人能够获得参与和记录测试及潜在破坏性测试的机会，方可终止所有破坏性分解测试。

常见测试标准见表 1-5。法律专家给出了以下的实用建议和观点，以避免潜在的或仍在进一步审理的案件出现证据损毁问题（Hewitt，1997）。

■ 梳理划分其他利益方的职责义务。

■ 跟进所从事的专业领域前沿知识，熟悉了解关于证据损毁方面的法律规定。

■ 保留有资质的专家并且寻求他们的帮助指导。

■ 要遵守关于证据存储的产业标准、指导建议和发展标准程序。

■ 在权力的范围内按照上述规则管理证据。

■ 在必要的情况下提高对立当事人的关注等级，同时在掌握证据的情况下与当事人建立记录。

■ 告知其他有利害关系的当事人并为他们提供检查证据的机会。

■ 寻求自愿承诺或正式协议来保护协议。

■ 同样也需要考虑获得一组维护和防护程序规则。还可以考虑申请保存或保护令。

■ 如果属于被迫销毁或损坏证据，首先应完整记录损毁过程。

■ 向律师咨询。

避免因证据损毁而受到处罚的准则包括：指导直接调查、为保护被告而提供及时的信息通告和对所收集的证据进行长期的保存（Sweeney，Perdew，2005）。认识到火灾现场在诉讼过程中未被保存是一种动机行为，它允许有利害关系的当事人采取步骤来确定和保存其他相关证据。NFPA 921 定义有利害关系当事人为“具有法定义务或其合法利益可能受到特定事件调查影响的任何个人、实体单位或组织，包括他们的代理人”（见 NFPA 921，2011 年版，3.3.105）。

表 4-4　关于证据损毁的例证和观点的总结

原理	例证	讨论
定义	Solano 和 Delancy 供稿，264 Cal. Rptr. 721，724 (Cal. Ct. App. 1989)	■ 保管不善，令证据无法在未决或今后的诉讼中再被使用 ■ 由于一方的行为，导致证据的破坏，损毁或改变
驳回	Allstate Insurance Co. v. Sunbeam Corp.，865 F. 补充条款 1267(N. D. Ill. 1994)	■ 故意或蓄意破坏证据导致的驳回诉讼 ■ 诉讼前未能保存所有证据导致的驳回诉讼
保护证据职责	加利福尼亚和特龙贝塔，479，488-89(1984)	■ 保存对嫌犯有利的，可开脱罪责的证据的职责

续表

原理	例证	讨论
专家证词的排除	Bright v. Ford Motor Co. ,578 N. E. 第 2 版 547(Ohio App. 1990) Cincinnati Insurance Co. v. General Motors Corp. , 1994 Ohio App. LEXIS 4960 (渥太华县 1994 年 10 月 28 日) Travelers Insurance Co. v. Dayton Power and Light Co. ,663N. E. 第 2 版 1383(Ohio Misc. 1996) Travelers Insurance Co. v. Knight Electric Co. ,1992 Ohio App. LEXIS 6664(斯塔克县 1992 年 12 月 21 日)	■ 由于没能保存好不利于无辜方的证据而排除专家证词 ■ 在产品赔偿责任诉讼中,作为证据破坏的证明,专家证词可被排除 ■ 不经意或粗心大意造成的证据毁损,会免除专家证词作为惩罚 ■ 由于物证无法获得,原告专家的观点证据会被排除
证据推理	俄亥俄州和施特鲁布 355 N. E. 第 2 版 819 (Ohio App. 1975) 美国和门德斯-奥尔蒂斯,810 F 第 2 版 76(第 6 Cir. 1986)	■ 试图隐瞒可揭示犯罪意图证据 ■ 不利于破坏者动机的证据是被故意破坏的,对此进行推理(对破坏者不利的证据被故意泄露或销毁的推断)
独立侵权行为	Continental Insurance Co. v. Herman, 576 第 2 版 313 (佛罗里达州 第 3 国防通信局 1991) Smith v. Howard Johnson Co. Inc. , 615 N. E. 第 2 1037 (俄亥俄州 1993)	■ 蓄意破坏证据的独立诉讼(对故意或疏忽而导致证据泄露采取的独立行为) ■ 侵权行为中存在的干扰或证据损毁的诉讼因由
刑事法规	俄亥俄州法规,2921.32 部分	■ 通过破坏或隐藏犯罪或行为证据来"妨碍司法执法"

表 4-4 总结了相关重要例证和观点。火灾调查人员应随时掌握有关证据损毁问题的法律问题，以及如何避免触犯法律和造成违规行为。出现问题时，要向法律顾问或检察官咨询进行澄清或征求意见。附带照片和详细注释的记录是防止证据在保存或转移过程中意外受损的最好方法。现行的证据毁损的综述情况记录在《柯克火灾调查》(第 7 版) 中 (DeHaan, Icove, 2012, 17 章)。

本章小结

火灾现场通常包含复杂的信息，要认真细致地进行记录。因为仅凭一张照片和现场草图是不能够获取重要的火灾动力学、建筑物构造、证据收集和住户逃生路线等方面的信息。

通过对法医摄影、草图、图纸和证据收集的全面规定，对火灾现场进行严格记录。各种计算机辅助摄影和绘图技术有助于进行精确和有代表性的图示解释。全面的记录有助于初步调查和任何后续的调查或询问，使发生篡改情况降低到最低程度，还能为各个观点提供支撑材料，并使有效的同行评议或技术审查成为可能。同样，它还能表明调查人员是遵循专业、重要的指南进行工作的。

下一章将要探讨分析的是对故意放火案件火灾现场的精确记录。通过对起火方式、助燃剂的存在与否以及起火区域等方面的观察，可以获取很多关于放火犯的信息。后面的章节阐述了精确记录对于火灾模型重建、设计测试和案例对比分析的重要性。

习题

（1）在美国消防管理局的网站上找一个公共火灾案例报告的例子。你对这份报告的完整性有何评价？在这个报告中你想要添加什么信息？

（2）参观火灾现场，不进入建筑内，拍摄其外观照片。从外观信息中，能获取哪些信息？

（3）通过勾画居住房间的平面图，练习绘制现场草图，指明家具，热源和通风口的位置（练习绘制火灾现场草图，画出客厅的平面图，显示家具、热源和通风口的位置）。

（4）回顾引用销毁证据案例的列表。提供什么样的指导可以确认你们当地的社区调查员是符合或违背职业操守？

推荐书目

Cooke, R. A., and R. H. Ide. 1985. *Principles of fire investigation,* chaps. 8 and 9. Leicester, U.K.: Institution of Fire Engineers.

DeHaan, J. D., and D. J. Icove. 2012. *Kirk's fire investigation,* 7th ed., chaps. 6, 7, and 12. Upper Saddle River, N.J.: Pearson-Prentice Hall.

National Institute of Justice. June 2000. *Fire and arson scene evidence: A guide for public safety personnel.* Washington, D.C.: NIJ.

参考文献

AAFS. 2011. Fire debris workshop. Chicago, IL: American Academy of Forensic Science.

Accu-Line. 2012. Accu-line Industries, USA. Retrieved January 31, 2012, from https://www.accu-line.com/.

Adobe. 2011. Adobe Photoshop. Retrieved January 31, 2012, from www.adobe.com/PhotoshopFamily/.

Ahmad, U. K., Mei, Y. S., Bahari, M. S., Huat, N. S., & Paramasivam, V. K. 2011. The effectiveness of soot removal techniques for the recovery of fingerprints on glass fire debris in petrol bomb cases. *Malaysian Journal of Analytical Sciences* 15 (2): 191–201.

Ahrens, M. 2007. U.S. Experience with Smoke Alarms and other Fire Detection/Alarm Equipment. Quincy, MA, National Fire Protection Association.

Airstar. 2012. Airstar Space Lighting USA. Retrieved January 31, 2012, from http://airstar-light.us/.

Armstrong, A., Babrauskas, V., Holmes, D. L., Martin, C., Powell, R., Riggs, S., & Young, L. D. 2004. The evaluation of the extent of transporting or "tracking" an identifiable ignitable liquid (gasoline) throughout fire scenes during the investigative process. *Journal of Forensic Sciences* 49 (4): 741–48

ASTM. 2005a. *ASTM E1188-05: Standard practice for collection and preservation of information and physical items by a technical investigator.* West Conshohocken, PA: ASTM International.

———. 2005b. *ASTM E1459-92: Standard guide for physical evidence labeling and related documentation.* West Conshohocken, PA: ASTM International.

———.2006. *ASTM E1020-96: Standard practice for reporting incidents that may involve criminal or civil litigation.* West Conshohocken, PA: ASTM International.

———. 2007a. *ASTM E678-07: Standard practice for evaluation of scientific or technical data.* West Conshohocken, PA: ASTM International.

———. 2007b. *ASTM E860-07: Standard practice for examining and preparing items that are or may become involved in criminal or civil litigation.* West Conshohocken, PA: ASTM International.

———. 2011a. *ASTM E119-11a: Standard test methods for fire tests of building construction and materials.* West Conshohocken, PA: ASTM International.

———. 2011b. *ASTM E620-11: Standard practice for reporting opinions of scientific or technical experts.* West Conshohocken, PA: ASTM International.

———. 2011c. *ASTM E2544-11a: Standard terminology for three-dimensional (3D) imaging systems.* West Conshohocken, PA: ASTM International.

Babrauskas, V. 2006. Mechanisms and modes for ignition of low-voltage, PVC-insulated electrotechnical products. *Fire and Materials* 30:151–74.

Bailey, C. 2012. One stop shop in structural fire engineering. Retrieved January 31, 2012, from http://www.mace.manchester.ac.uk/project/research/structures/strucfire/.

Berrin, E. R. 1977. Investigative photography. *Technology Report 77-1.* Bethesda, MD: Society of Fire Protection Engineers.

Bilancia. 2012. Bilancia Ignition Matrix. Retrieved January 31, 2012, from http://www.ignition-matrix.com/.

Bleay, S. G., Bradshaw, and J. E. Moore. 2006. Fingerprint

development and imaging newsletter: Special edition. Publication No. 26/06. Home Office Scientific Development Branch, UK, April.

Burnette, G. E. 2012. Spoliation of evidence. Tallahassee, FL: Guy E. Burnette, Jr, P.A.

Carey, N. 2002. Powerful techniques: Arc fault mapping. *Fire Engineers Journal*, 47–50.

Carey, N., & Nic Daéid, N. 2010. Arc mapping research. *Fire and Arson Investigator* (October): 34–37.

Cavanagh, K., Pasquier, E. D., & Lennard, C. (2002). Background interference from car carpets: The evidential value of petrol residues in cases of suspected vehicle arson. *Forensic Science International* 125 (1): 22–36, doi: 10.1016/s0379-0738(01)00610-7.

Cavanagh-Steer, K., Du Pasquier, E., Roux, C., & Lennard, C. 2005. The transfer and persistence of petrol on car carpets. *Forensic Science International* 147 (1): 71–79, doi: 10.1016/j.forsciint.2004.04.081.

Coulson, S., Morgan-Smith, R., Mitchell, S., & McBriar, T. 2008. An investigation into the presence of petrol on the clothing and shoes of members of the public. *Forensic Science International* 175 (1): 44–54, doi: 10.1016/j.forsciint.2007.05.005.

Coulson, S. A., & Morgan-Smith, R. K. 2000. The transfer of petrol on to clothing and shoes while pouring petrol around a room. *Forensic Science International* 112 (2–3): 135–41, doi: 10.1016/s0379-0738(00)00179-1.

CSVT. 2012. Crime Scene Virtual Tour. Retrieved January 31, 2012, from http://crime-scene-vr.com/index.html/.

Curtin, D. P. 2011. Curtin's on-line library of digital photography. Retrieved January 30, 2012, from http://www.shortcourses.com/.

Deans, J. 2006. Recovery of fingerprints from fire scenes and associated evidence. *Science and Justice* 46 (3): 153–68.

DeHaan, J. D. 1995. The reconstruction of fires involving highly flammable hydrocarbon liquids. PhD diss., University of Strathclyde, Glasgow, Scotland, UK.

———. 1999. The influence of temperature, pool size, and substrate on the evaporation rates of flammable liquids. *Proceedings of InterFlam 99, June 29–July 1, Edinburgh, UK*. Greenwich, UK: Interscience.

———. 2001. Full-scale compartment fire tests. *CAC News* (Second Quarter): 14–21.

———. 2004. *Advanced tools for use in forensic fire scene investigation, reconstruction and documentation.* Paper presented at the 10th International Fire Science and Engineering Conference, Interflam, July 5–7, Edinburgh, UK.

———.2012. Sustained combustion of bodies: Some observations, *Journal of Forensic Science*, May 4, doi: 10.1111/j.1556-4029.2012.02190.x.

DeHaan, J. D., & Icove, D. J. 2012. *Kirk's fire investigation,* 7th ed. Upper Saddle River, NJ: Pearson-Prentice Hall.

Deng, Y., & Zhang, T. 2012. Generating panorama photos. Palo Alto, CA: Hewlett-Packard Labs.

Draganfly. 2012. DraganFlyerX8: Fire investigation. Retrieved January 31, 2012, from http://www.draganfly.com/uav-helicopter/draganflyer-x8/applications/government.php/.

Eos. 2012. Eos Systems: Imaging and measurement technology. Retrieved January 31, 2012, from http://www.eossystems.com/.

Faxitron. 2012. Faxitron bioptics: Forensic analysis. Retrieved January 31, 2012, from http://faxitron.com/scientific-industrial/forensics.html/.

FBI. 1999. Definitions and guidelines for the use of imaging technologies in the criminal justice system. *Forensic Science Communications* 1 (3).

———. 2004. Scientific Working Group on Imaging Technology (SWGIT) references/resources. *Forensic Science Communications* (March).

FLIR. 2012. FLIR: The world leader in thermal imaging. Retrieved January 31, 2012, from http://www.flir.com/US/.

Forensics Source. 2012. Crime scene documentation: Photo ID cards. Retrieved January 31, 2012, from http://www.forensicssource.com/ProductList.aspx?CategoryName=Crime-Scene-Documentation-Photo-ID-Cards/.

Forensic Magazine. 2011. Leica Geosystems introduces NIST traceable targets. *Forensic Magazine*, August 22.

Geiman, J. A., & Lord, J. M. 2011. Systematic analysis of witness statements for fire investigation. *Fire Technology*, 1–13, doi: 10.1007/s10694-010-0208-3.

GigaPan. 2012. GigaPan Systems. Retrieved January 31, 2012, from http://gigapan.org/.

Golden. 2012. Golden Engineering, Inc.: Manufacturer of lightweight portable X-Ray Machines. Retrieved January 31, 2012, from http://www.goldenengineering.com/.

Google. 2012. Google SketchUp: 3D modeling for everyone. Retrieved January 31, 2012, from http://sketchup.google.com/.

Harris, E. C. 2012. Harris Matrix.com: Home of archaeology's premier stratigraphy system, January 31, 2012, from http://www.harrismatrix.com/.

Hewitt, Terry-Dawn. 1997. A primer on the law of spoliation of evidence in Canada. *Fire & Arson Investigator* 48, no. 1 (September):17–21.

HTRI. 2012. HTRI Forensics: The cross-technology integration specialists. Retrieved January 31, 2012, from www.htriforensics.com/.

Howard, J. 2010. *Practical HDRI: High dynamic range imaging for photographers,* 2nd ed. Santa Barbara, CA: Rocky Nook.

Icove, D. J., & Dalton, M. W. 2008. A comprehensive prosecution report format for arson cases. Paper presented at the International Symposium on Fire Investigation Science and Technology, May 19–21, Cincinnati, OH.

Icove, D. J., & DeHaan, J. D. 2009. Forensic fire scene reconstruction, Pearson-Prentice Hall.

Icove, D. J., & Gohar, M. M. 1980. Fire investigation photography. In *Fire investigation handbook*, ed. F. L. Brannigan, R. G. Bright, and N. H. Jason. NBS Handbook 123. Washington, DC: National Bureau of Standards, U.S. Department of Commerce.

Icove, D. J., & Henry, B. P. 2010. Expert report writing: Best practices for producing quality reports. Paper presented at the International Symposium on Fire Investigation Science and Technology, (ISFI 2010) September 27–29, University of Maryland, College Park, MD.

Icove, D. J., Wherry, V. B., & Schroeder, J. D. 1998. *Combating arson-for-profit: Advanced techniques for investigators,*2nd ed. Columbus, OH: Battelle Press.

Infinite Jib. 2012. Droidworkx airframe multi-rotor helicopter. Retrieved January 31, 2012, from http://www.infinitejib.com/.

Innovxsys. 2012. Olympus inspection and measurement systems. Retrieved January 31, 2012, from http://www.olympus-ims.com/en/innovx-xrf-xrd/.
iPIX. 2012. Minds-Eye-View, Inc. Retrieved January 31, 2012, from http://www.ipix.com/.
Karlsson, B., & Quintiere, J. G. 2000. *Enclosure fire dynamics*. Boca Raton, FL: CRC Press.
Kimball, C. 2012. Fire photographer magazine. Retrieved January 31, 2012, from http://firephotomagazine.com/.
King, C. G., & Ebert, J. I. 2002. Integrating archaeology and photogrammetry with fire investigation. *Fire Engineering* (February): 79.
Kodak. 1968. Basic police photography. Publication no. M77. Rochester, NY: Eastman Kodak Co.
Leica. 2011. Leica Geosystems introduces NIST traceable targets for 3D laser scanning of crime scenes to support ISO accreditation. Retrieved January 31, 2012, from www.leica-geosystems.us/forensic/.
———. 2012. Leica Geosystems. Retrieved January 31, 2012, from http://www.leica-geosystems.us/.
LeMay, J. 2002. Using scales in photography. *Law Enforcement Technology* 29 (10): 142.
Lennard, C. 2007. Fingerprint detection: Current capabilities. *Australian Journal of Forensic Sciences* 39 (2): 55–71, doi: 10.1080/00450610701650021.
Lentini, J. J., Dolan, J. A., & Cherry, C. 2000. The petroleum-laced background. *Journal of Forensic Science* 45 (5): 968–89.
Lipson, A. S. 2000. *Is it admissible?* Costa Mesa, CA: James, 44-2–44-8.
Madrzykowski, D., & Walton, W. D. 2004. Cook County Administration Building fire, October 17, 2003. *NIST SP 1021*. Gaithersburg, MD: National Institute of Standards and Technology.
Magellan. 2012. Magellan Mobile Mapper CE Retrieved January 31, 2012, from http://www.magellangps.com/.
Mamiya Leaf. 2012. Mamiya Leaf Imaging, Ltd. Retrieved January 31, 2012, from http://www.mamiyaleaf.com/.
Mann, D. C., & Putaansuu, N. D. 2006. Alternative sampling methods to collect ignitable liquid resides from non-porous areas such as concrete. *Fire and Arson Investigator,* 57 (1): 43–46.
Mann, J., N. Nic Daèid, A. Linacre. 2003. An investigation into the persistence of DNA on petrol bombs. *Proceedings of the European Academy of Forensic Sciences*, Istanbul.
NBS. 1980. Brannigan, F. L., R. G. Bright, and N. H. Jason, eds. *Fire investigation handbook*. NBS Handbook 123. Washington, DC: National Bureau of Standards, U.S. Department of Commerce.
NFPA. 1998. *NFPA 906: guide for fire incident field notes*. Quincy, MA: National Fire Protection Association.
———. 2009a. *NFPA 705: Recommended practice for a field flame test for textiles and films*. Quincy, MA: National Fire Protection Association.
———. 2009b. *NFPA 1033: Standard for professional qualifications for fire investigator*. Quincy, MA: National Fire Protection Association.
———. 2011. *NFPA 921: Guide for fire and explosion investigations*. Quincy, MA: National Fire Protection Association.
———. 2012.*NFPA 170: Standard for fire safety and emergency symbols*. Quincy, MA: National Fire Protection Association.
NIJ. (2000). Fire and arson scene evidence: A guide for public safety personnel (O. o. J. Programs, Trans.) *Technical Working Group on Fire/Arson Scene Investigation (TWGFASI)* (pp. 48). Washington, DC: National Institute of Justice.
Nowlan, M., Stuart, A. W., Basara, G. J., & Sandercock, P.M.L. 2007. Use of a solid absorbent and an accelerant detection canine for the detection of ignitable liquids burned in a structure fire. *Journal of Forensic Sciences* 52 (3): 643-648, doi: 10.1111/j.1556-4029.2007.00408.x.
Panoscan. 2012. Panoscan: A breakthrough in panoramic capture. Retrieved January 31, 2012, from http://www.panoscan.com/.
Peige, J. D., & Williams, C. E. 1977. *Photography for the fire service*. Oklahoma City, OK: Oklahoma State University.
Phase One. 2012. Phase One IQ photography. Retrieved January 31, 2012, from http://www.phaseone.com/.
PTGui. 2012. PTGui: Create high quality panoramic images. Retrieved January 31, 2012, from http://www.ptgui.com/.
QuickTime. 2012. QuickTime 7. Retrieved January 31, 2012, from http://www.apple.com/quicktime/.
Rich, L. 2007. Rooms to go. Personal communication.
Riegl. 2012. Riegl laser measurement systems. Retrieved January 31, 2012, from http://www.riegl.com/.
Roxio. 2012. Roxio Creator 2011 Digital Media Suite. Retrieved January 31, 2012, from http://www.roxio.com/.
Saitoh, N., & Takeuchi, S. 2006. Fluorescence imaging of petroleum accelerants by time-resolved spectroscopy with a pulsed Nd-YAG laser. *Forensic Science International* 163 (1–2): 38–50, doi: 10.1016/j.forsciint.2005.10.025.
Schmidt, C. W., & Symes, S. A., eds. 2008. The analysis of burned human remains. Academic Press. London
Spheron. (2012). Spheron VR Virtual Technologies. Retrieved January 31, 2012, from http://www.spheron.com/.
Stanley. 2012. Stanley FatMax Electronic Distance Measuring Tool. Retrieved January 31, 2012, from http://www.stanleytools.com/.
Stauffer, E., Dolan, J. A., & Newman, R. 2008. *Fire debris analysis*. Boston, MA: Academic Press.
Stevick, G., Zicherman, J., Rondinone, D., & Sagle, A. 2011. Failure analysis and prevention of fires and explosions with plastic gasoline containers. *Journal of Failure Analysis and Prevention* 11(5): 455-465, doi: 10.1007/s11668-011-9462-z.
Svare, R. J. 1988. Determining fire point-of-origin and progression by examination of damage in the single phase, alternating current electrical system. Paper presented at the International Arson Investigation Delegation to the People's Republic of China and Hong Kong.
Sweeney, G. O., & Perdew, P. R. 2005. Spoliation of evidence: Responding to fire scene destruction. *Illinois Bar Journal* 93 (July): 358–67.
SWGIT. 2002. Guidelines for the use of imaging technologies in the criminal justice system. Version 2.3 2002.06.06. Hollywood, FL: International Association for Identification, Scientific Working Group on Imaging Technologies.
Tassios, T. P. 2002. Monumental fires. *Fire Technology* 38 (3): 11–17.
Thali, M. J., Yen, K., Schweitzer, W., Vock, P., Ozdoba, C., & Dirnhofer, R. 2003. Into the decomposed body: Forensic digital autopsy using multislice-computed

tomography. *Forensic Science International* 134 (2–3): 109–14, doi: 10.1016/s0379-0738(03)00137-3.
ThermoFisher. 2012. ThermoFisher Scientific. Retrieved January 31, 2012, from http://www.thermofisher.com/.
3rd Tech. 2012. 3rdTech, Inc.: Advanced imaging and 3D products for law enforcement and security applications. Retrieved January 30, 2012, from http://www.3rdtech.com/.
Tontarski, K. L., Hoskins, K. A., Watkins, T. G., Brun-Conti, L., & Michaud, A. L. 2009. Chemical enhancement techniques of bloodstain patterns and DNA recovery after fire exposure. *Journal of Forensic Sciences* 54 (1): 37–48, doi: 10.1111/j.1556-4029.2008.00904.x.
Tontarski, R. E. 1985. Using absorbents to collect hydrocarbon accelerants from concrete. *Journal of Forensic Sciences* 30 (4): 1230–32.
Vaisala. 2012. Vaisala: A global leader in environmental and industrial measurement, especially weather measurement. Retrieved January 31, 2011, from http://www.vaisala.com/.
Visio. 2012. Microsoft Visio 2000 Crime Scenes add-in available for download. Retrieved January 31, 2012, from http://support.microsoft.com/kb/274454/.
White, R. H., & Dietenberger, M. A. 2010. Fire safety of wood construction. Chap. 18 in *Wood handbook*. Madison, WI: U.S. Department of Agriculture, Forest Products Laboratory. Retrieved from http://www.fpl.fs.fed.us/documnts/fplgtr/fplgtr190/.
Wilkinson, P. 2001. Archaeological survey site grids. *Practical Archaeology* 5 (Winter): 21–27.
Xerox. 2012. PhaserMatch 4.0: Xerox professional color matching. Retrieved January 31, 2012, from http://www.office.xerox.com/latest/PMSDS-07.PDF/.
Zarbeco. 2012. Zarbeco: Portable and powerful digital imaging solutions. Retrieved January 31, 2012, from http://www.zarbeco.com/.

法律参考

Commonwealth of Pennsylvania v. Paul S. Camiolo, Montgomery County, No. 1233 of 1999.
Daubert v. Merrell Dow Pharmaceuticals Inc. 509 U.S. 579 (1993); 113 S. Ct. 2756, 215 L. Ed. 2d 469.
Daubert v. Merrell Dow Pharmaceuticals Inc. (Daubert II), 43 F.3d 1311, 1317 (9th Cir. 1995).

第 5 章

放火犯罪现场分析

"你知道我处理这类事情的方法，华生：我把自己放在这个人的位置上，首先评估他的智力，然后我试着想象在同样的情况下我自己该怎么做。"

——阿瑟·柯南·道尔爵士

《马斯格雷夫礼典》

【关键词】 助燃剂；动机

【目标】 通过学习本章，学员应该能够达到以下几点学习目标：

- 分析放火犯罪案件
- 掌握放火罪的概念
- 放火动机种类
- 准确识别犯罪动机

根据美国消防协会（NFPA）公布的数据，2010 年，美国消防部门处理了 1331500 起火警，几乎每 24s 一起。在这些事故中，36%发生在建筑物内部，16% 发生在公路车辆上，还有 48%是发生在室外的其他火灾。火灾引起人员伤亡是极其严峻的问题。NFPA 估计，2010 年火灾造成 3120 人死亡，其中 85%的人死于家中。这些数据源自消防部门对应的 NFPA 国家火灾调查汇编。

在美国，放火是火灾的一个主要原因，放火犯罪仍然是美国的棘手问题。通常犯罪分子都是秘密作案，真实清晰的犯罪图片很难得到。据 NFPA 统计，2010 年大概有 27500 起故意放火火灾案件发生，导致估计 200 人死亡，财产损失 5.85 亿美元。据估计，还有 14000 起是车辆火灾案件，这些火灾导致 8900 万美元的财产损失。

尽管 NFPA 收集统计火灾数据的项目能够体现美国火灾发展趋势，美国联邦调查局

(FBI）还通过统一犯罪报告（UCR）项目收集实际放火案犯罪数据，2010 年 15475 个执法部门已报告 56825 起放火案件。从 FBI 对上报数据的分析，有关建筑物（例如住宅，仓库，公共场所）的放火案占放火案总数的 45.5%，有关移动财产的占 26%，还有其他财产（比如庄稼，木材，围栏）占上报放火案数据的 28.5%。FBI 的分析反映了每个放火案件造成的平均损失金额为 17612 美元，其中工业和制造业建筑物放火案件中最高平均损失为 133717 美元（FBI，2010）。随着当地消防和警察资源减少，几乎肯定的是许多蓄意放火的火灾从来没有被上报，更不要说去进行分析和将其纳入这些数据中。

然而，深入掌握放火案数据不只是局限于美国。1999 年英国内政部提供了一份该国对此问题的看法（Home Office，1999）。在地球的另一端，澳大利亚通过一份数据重点列出了他们特有的荒地丛林放火问题（Willis，2004，Anderson，2010）。

从经济上讲，放火案影响保险费率、移除不动产的应征税，并危害了我们的社区。历史上，大城市的内部地区经常遭受最严重的打击，结果就是大多数破坏性犯罪的成本落在那些最负担不起的人身上。一个健康经济和企业倒闭减少之间的关系相当于减少了为利益而放火的案例。然而，历史趋势一再表明，经济的衰退导致了放火案的上升（Decker 和 Ottley，2009）。

从动机方面对放火罪进行研究也许可以增强调查者的结果，并为干预工作提供重点。火灾现场的检验和调查结果的上报也会促进参与放火案执法、调查和预防工作的各个部门之间的沟通。

本章旨在协助放火案调查者提高阅读技巧和解释犯罪现场证据特征的技能，并应用证据分析放火者的行为和动机。

5.1 放火罪

放火罪的定义很广泛，主要是由于法定术语不同。联邦调查局的 UCR 项目定义放火罪为“无论是否有欺骗意图，任何故意或恶意焚烧或试图焚烧住宅、公共建筑、机动车、飞机或者他人的个人财产”（ FBI，2010）。最普遍接受的定义为放火罪就是故意和恶意地焚烧财产（Icove 等，1992）。

根据 NFPA 921，放火火灾是“一种火灾原因的分类，即在人们点火时知道不应该点火的情况下有意点火”（参见 2011 年版 NFPA 921，3.3.103）（NFPA，2011）。

放火罪的犯罪行为通常被划分为三个因素（DeHaan 和 Icove，2010）：

（1）财产被烧毁。必须向法庭证明这是实际的破坏，至少是部分破坏，而不仅仅是烧焦或烟熏（尽管有些州包括任何物理或可见的表面受损）。在这里，“燃烧”包括爆炸引起的破坏。

（2）燃烧源于放火。一个有效的放火设备，无论它多么简单，都足以成为放火证明。必须通过使用科学方法详尽地考虑所有假设来建立证明。

（3）证明放火是由恶意引起的。火灾开始于带着毁坏财产的意图（比如，某人放火或引起爆炸，目的是烧毁他人或自己的建筑物）。对放火罪控告的程度在大多数管辖范围内与居

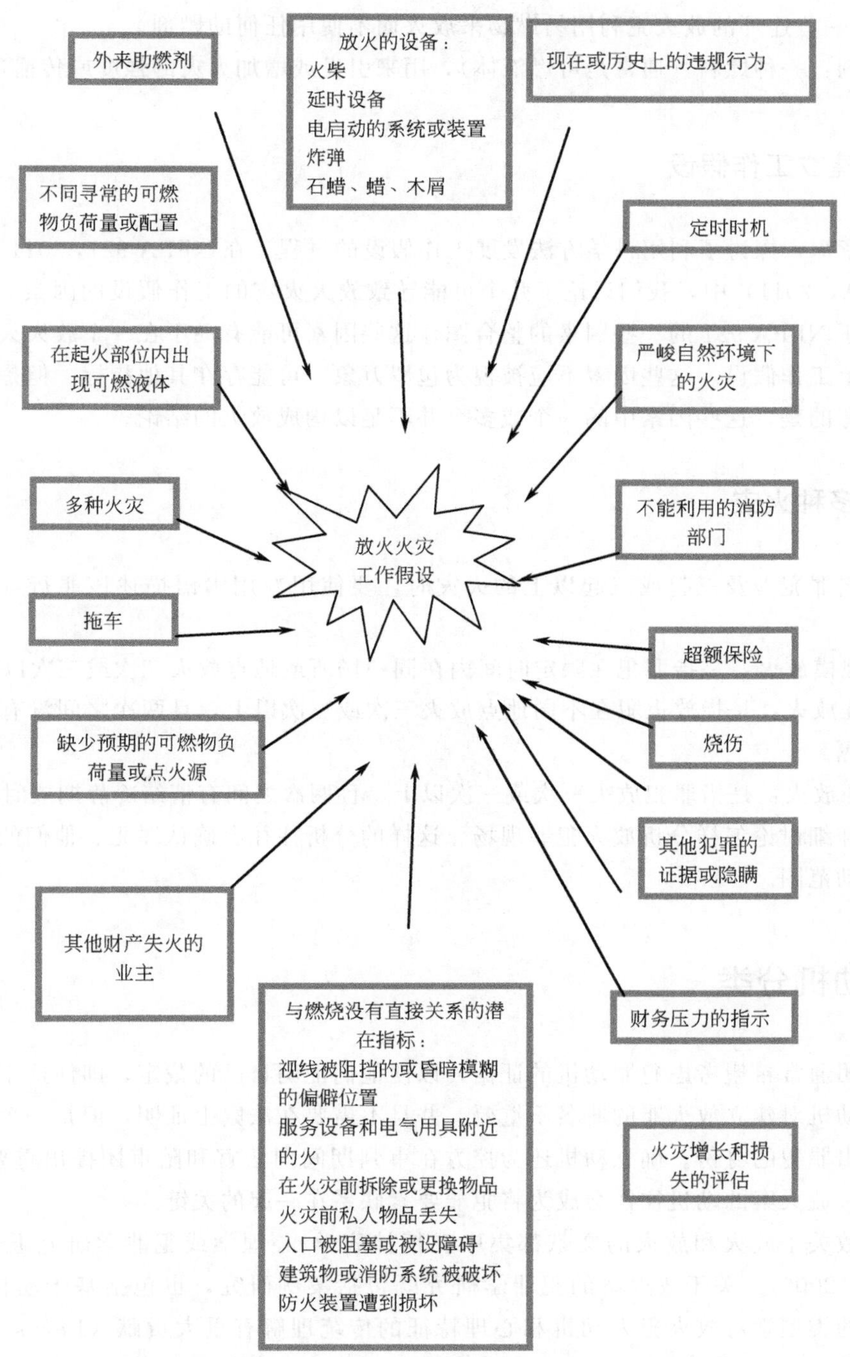

图 5-1 可能有助于放火火灾或爆炸工作假设的几个因素。

源自 NFPA 921，2011 年版，第 22 章（NFPA，2011）

住有关：一等对应一个已居住的建筑，二等对应一个未居住的建筑，三等对应其他财产。

放火犯是指因一次或多次放火而被逮捕、起诉和定罪的人。放火犯普遍使用助燃剂，任何种类的材料或物质被添加到目标物质中来促进那些物质的氧化和加速燃烧（Icove 等，

1992)。有一些连环的放火犯利用易燃物来放火而不使用任何助燃剂。

助燃剂：一种燃料（通常是可燃液体），用来引发或增加火灾的强度或传播速度。

5.1.1 建立工作假设

第1章深入探讨了利用科学方法发展工作假设的过程。在NFPA 921，2011版，第22章（NFPA，2011）中，我们讨论了几个可能导致放火火灾的工作假设的因素。图5-1是一个来源于NFPA 921的一些因素的整合图，这些因素可能有助于在一个放火火灾或爆炸中构建一个工作假设。这些因素不应被视为包罗万象，可能存在其他指标。但是，调查人员应该注意的是，这些因素中的一个或多个并不足以构成放火的结论。

5.1.2 多种火灾

当一名罪犯涉及三起或三起以上的火灾时，要使用专用术语描述该罪行（Icove等，1992）。

- 大规模放火：是指罪犯在限定时间内在同一场所或地点放火三次或三次以上。
- 疯狂放火：是指放火犯在不同地点放火三次或三次以上，且两次之间没有情绪冷静或时间间隔。
- 连环放火：是指罪犯放火三次或三次以上，且两次之间有情绪冷静期或时间间隔。

本章详细讨论怎样分析放火犯罪现场。这样的分析往往会确认罪犯、他们的常用犯罪手段和活动范围。

5.2 动机分类

陪审团通常希望考虑犯罪动机的证据，以便他们证明自己的裁定，即使这不是法律要求。虽然动机对建立放火罪的罪名不重要，并且不需要在法庭上证明，但是一个动机的发展经常引出罪犯的身份。确立动机还为控方在审判期间向法官和陪审团提出重要的论据。通常认为，放火案的动机往往会成为将犯罪要素联系在一起的关键。

大多数关于放火和放火的文献都集中在精神病学/心理学或犯罪学研究上（Kocsis，Cooksey，2006）。关于放火案的犯罪学研究既包括案例研究，也包括基于动机的分类。一些早期的类型学对放火犯人动机和心理特征的传统理解有重大贡献（Lewis，Yarnell，1951；Robbins，Robbins，1967；Steinmetz，1966；Hurley，Monahan，1969；Inciardi，1970；Vandrsall，Wiener，1970；Wolford，1972；Levin，1976；Icove，Estepp，1987）。Lewis和Yarnell（1951）的研究只被引用于历史的目的，因为它根据的是一个非常有限的样品基础。

近期Gannon和Pina（2010）的综合研究工作涉及成年放火者的特性、关于放火行为理论的当代研究和临床干预。研究者认为与放火关联的临床知识与实践极其落后。

5.2.1 分类

历史上关于放火犯的研究已从法医精神病学的角度上进行了大量实验（Vreel，Waller，1978）。许多法医研究者不一定从执法的角度来评估犯罪。他们可能无法获得完整的成人和青少年犯罪记录和调查案件档案，必须经常依赖于犯罪者的自我报告采访，因为报告采访是完全真实的。当然，这些研究者没有能力和时间通过后续调查来验证信息。其他研究者已经指出方法上的难点，包括小样本访谈和扭曲的数据库，可能对之前的部分研究有所影响（Harmon，Rosner，Wiederlight，1985）。

Inciardi（1970）的工作探讨的是成年放火行为者的类型学。Geller（1992，2008）提供了详尽的文献综述，并确定了 20 多种把放火犯归类到类型学里的尝试。Canter 和 Fritzon（1998）使这个假设更进一步，提出放火犯的犯罪行为具有行为一致性的假设，包括他们的攻击目标和犯罪的动机。Doley（2003）考察了对类型学和动机进行分类的各种尝试。

医学研究表明了许多生理学的问题。Virkkunen 等（1987）检测了 20 名放火犯、20 名暴力惯犯和 10 名健康的住院病人志愿者脑脊髓的液体（CSF）一元胺代谢物水平。尽管他们没找到 CSF 浓度和重复放火行为的联系，但研究者确实发现放火者有低血糖症的倾向。

研究关注被定罪的放火犯的犯罪和精神行为的各个方面。Repo 等（1997）研究了 282 名芬兰放火犯的医疗和犯罪记录，发现惯犯的共同特征是酒精依赖，反社会行为，以及童年时期有长期遗尿（尿床）史。

Stewart 和 Culver（1982）还有后来的 Yang 和 Geller（2009）从临床的角度研究青少年放火者。Harmon、Rosner、Wiederlight（1985），Miller、Fritzon（2007）研究女性放火者的人口统计资料。

5.2.2 基于罪犯的动机分类

出于分类的目的，美国联邦调查局行为科学研究将动机定义为一种内部驱动或冲动，它是诱导或促使某种特定行为的原因、理由或诱因（Rider，1980）。基于动机的分析方法可用于识别未知罪犯展现出的个人特点和性格（Icove，1979；Icove，Estepp，1987；Douglas 等，1986；Douglas，1992，2006；Icove 等，1992；Allen，1995）。出于法律目的，动机经常有助于解释为什么一个罪犯承认了他/她的罪行。然而，动机通常不是刑事犯罪的法定要件。本章讨论的动机也被概述和描述在 NFPA 921《火灾和爆炸调查指南》（见 NFPA 921，2011 年版，22.4.9.3）和 FBI 的犯罪分类手册（Douglas 等，1992，2006；Icove 等，1992）。

Santtila，Fritzon，Tamel 等（2004）强调将放火犯和她/他的罪行联系起来的重要性。放火犯在犯罪行为中的一致性与动机有关（Fritzon Canter 和 Wilton，2001）。后来的小组研究检测了 248 个放火案例，这形成了 42 个放火系列，并检测了 45 个变量。研究结果从数据上证实了之前的研究，即连环放火和疯狂放火案件可以根据从一个犯罪现场到另一个犯罪现场的行为一致性而联系起来。Woodhams，Bull，Hollin（2007）强调了调查人员对于熟悉案例关联性研究的重要性。

以执法为导向的放火动机研究是基于犯罪人的；也就是说，他们研究的是罪犯的行为和犯罪现场特征与动机之间的关系。其中一个最大的基于罪犯的研究是由乔治王子县消防部门（PGFD）和消防调查部门（Icove，Estepp，1987）开展的对在1980～1984年间因放火和与火有关的犯罪而被捕的青少年和成年人的访谈。其中放火罪504人，恶意假警报罪303人，违反爆炸/爆炸物/烟花罪159人，其他与火灾有关的违法行为50起。

PGFD研究的总体目的是建立并推广基于动机的放火和火灾相关犯罪个人的档案，以协助调查。以往的研究未能全面解决现代执法所面临的问题。因而关注提供合乎逻辑、基于动机的放火罪调查线索是首要问题。

进行这项研究主要是因为消防和执法专业人员能够独立地对暴力放火犯罪进行研究。PGFD研究确定了被逮捕和被监禁的放火犯经常给出以下动机（Icove，Estepp，1987）。自本主题研究以来，这些主要动机类别在首次被纳入《柯克火灾调查》后，又被收入在NFPA 921，2011年版，22.4.9，现已被火灾调查领域所普遍接受：

- 破坏他人（公共）财产的行为
- 激情
- 报复
- 隐藏罪行
- 利益
- 极端分子信仰

这个分类系统促进了早期FBI划分罪犯的途径，将包括放火者在内的犯罪分子分成两类：有组织的和无组织的（Douglas等，1986）。Kocsis，Irwin，Hayes（1998）的研究数据支持有组织/无组织类型的存在。研究人员利用利益驱动型和破坏驱动型放火犯罪的犯罪现场特征，对放火犯罪的假设进行了分析和验证。

在一些案例中可能会确定几个前述的动机。这样的案例可以被分类到混合动机。例如，一个商人可能会在下班后谋杀一个合伙人，在他们的商店放火以掩盖罪行，拿走贵重的商品，并提出高额的保险索赔。这个假设的案例可以展示出同时产生的动机有报复、隐藏罪行和利益。有关混合动机的更详细讨论，请参阅后面的部分。

5.2.3 以破坏财产为动机的放火

以破坏他人（公共）财产为动机的放火被定义为造成财产损失的恶意或者恶作剧式的放火（见表5-1和图5-2）。青少年放火者最常见的目标是学校、学校财产和教育设备。破坏者还通常以被废弃的建筑和可燃的植被为目标。典型的以破坏财产为动机的放火犯会使用现有可用的材料去放火并用火柴和打火机作为点火装置。延时设备和液体助燃剂很少被使用到。破坏他人财产的动机分类参考了NFPA 921，2011年版，22.4.9.3.2。

表 5-1　以破坏他人（公共）财产为动机的放火案

受害者研究的特征：被视为目标的财产	教育设施普遍目标 住宅区 植被（草地，灌木，森林，木料）
频繁提到的犯罪现场因素	多数罪犯的行为是自发的、冲动的 犯罪现场反映罪行自发性（无组织的） 罪犯使用在现场可用的材料并留下物证（鞋印、指纹等） 偶尔使用易燃液体 可通过安全建筑物的窗户进入 火柴，烟和喷漆罐（涂鸦）经常出现 现场材料丢失和一般的财产破坏
常见的取证结果	易燃液体的存在 烟火的存在 如果嫌疑人破窗进入，其衣服上的玻璃微粒
调查注意事项	典型罪犯是受过 7～9 年正规教育的青少年男性 学校表现的记录不佳 无业 单身并和单亲或双亲住在一起 酒精和毒品使用通常没有关联 罪犯可能已经被警察知道并有可能有逮捕记录 大多数罪犯居住在距离犯罪现场 1 英里以外的地方 大多数罪犯从犯罪现场立即逃走并不再返回 如果犯罪分子返回，他们会在一个安全有利位置观看火灾 调查者应该从学校、消防、警察那里请求帮助
搜证建议	喷漆罐 来自现场的物品 爆炸性的设备 易燃液体 衣物：易燃液体，玻璃碴的证据 鞋：鞋印，易燃液体痕迹

注：资料来源于 Icove，Estepp，1987；Icove 等，1992；Sapp 等，1995。

图 5-2　以破坏他人（公共）财产为动机的放火案中呈现的表面损毁的收银机（D. J. Icove 提供）

通常，破坏他人财产为动机的放火犯会离开现场并不再返回。他们的兴趣在于放火，而不是看着火或看由火灾引起的消防行动。平均来说，破坏他人财产的放火犯在被逮捕和控告之前会被审问两次。

当他们被逮捕的时候不会抵抗，但他们有权利通过辩护来尽量减小他们的责任。在最初的无罪辩护后，以破坏他人财产为动机的放火犯会在审判前认罪。

【案例 5-1　破坏他人财产：一个以破坏他人财产为动机的连续的放火犯的案例分析】 一个 19 岁高中辍学学生对一起发生在东北城市的连续放火案负有责任，他使用可燃材料，并用打火机点燃。他承认在空大楼，车库，大型垃圾车和废弃的汽车处放火 31 次。他在被逮捕之前被讯问了两次，因 9 起房屋火灾被正式控告。在接受采访时他说："我只是烧了它们闹着玩的。你知道，只想找点事做。那些老房子和其他的物品反正也不值钱了。"

他的父母在他两岁的时候离婚了。他和他的母亲或祖母轮流居住。他没有他父亲的联系方式，并说他母亲再婚很多次了。从 10 年级退学后，他偶尔做些不需要技能的工作，然后和他祖母生活在一起。

有几次他只是划了一根火柴，扔到了干叶子里或草地上，然后走开甚至没有看是否点燃。"我根本不在乎看有没有火。只是有事可做。你知道的，我大多数时间没有事可做。只是闲逛。这些都是小孩子的把戏，纯粹为了好玩。我认识的人有一半出来闲逛为了好玩会点个火。"(Sapp 等，1995)

5.2.4　以激情为动机的放火

以激情为动机的放火犯包括寻求刺激、关注、重视和极少数但是很重要的性满足（见表 5-2 和图 5-3）。为了性满足放火的放火犯是非常少见的。关于激情的动机分类参考了 NFPA 921，2011 年版，22.4.9.3.3。

表 5-2　以激情为动机的放火

受害者研究的特征：被视为目标的财产	大型垃圾桶 植被(草地，灌木，森林，木料) 木料堆 建筑工地 住宅地产 空置的建筑物 提供一个有利安全观察火势和调查的位置
频繁提到的犯罪现场因素	经常和户外闲逛有关联 经常使用手头可用材料放个小火 如果使用放火设备，它们通常有延时引发装置 在 18～30 岁年龄段的犯罪者更倾向于使用助燃剂 火柴/烟、延迟设备经常用来点燃植被 一小群罪犯的动机是性变态，留下精液，粪便沉积，色情内容
常见的取证结果	指纹，汽车和自行车痕迹 放火设备的残余 精液或排泄物

续表

调查注意事项	典型的罪犯是受过10年以上正规教育的青少年或年轻的成年男性 罪犯无业、单身和中产到下层阶级的单亲或父母双亲住在一起 罪犯一般是社交能力不足，特别是在异性关系中 毒品和酒精的使用通常仅限于年长者 妨碍罪犯罪前科 通过聚类分析确定罪犯居住地和犯罪现场的距离 有些罪犯不离开，混在人群中看火灾 离开的罪犯通常稍后回来评定损坏和他们的行为后果
搜证建议	汽车：类似于放火装置的材料，地板垫，卡车衬垫，地毯，罐子，火柴盒，香烟，警察/消防扫描器 房屋：类似于放火装置的材料，衣服，鞋，罐子，火柴盒，香烟，打火机，日记，文章，笔记，日志，记载火灾的记录和地图，新闻文章，犯罪现场的纪念品，警察/消防的扫描器

注：资料来源于 Icove，Estepp，1987；Icove 等，1992；Sapp 等，1995。

图 5-3　以激情为动机的放火犯有时以车库为目标，因为那里有放火所需的所有材料和燃料，而且很容易获得（D. J. Icove 提供）

从所谓的滋扰火灾到夜间有人居住的公寓里的火灾，以激情为动机的放火犯的潜在目标包罗万象。为数不多的消防员已熟知火场如何布置，所以他们可以参与到放火中（Huff，1994；USFA，2003）。安保人员通过放火来缓解工作中的厌倦，并获得关注。在这个动机类别的研究里进一步将以激情为动机的放火犯分为几个子分类，包括激动、性和以赞赏/关注为动机的放火犯（Icove，1992）。最近关于涉及消防人员放火的报告，国家志愿消防委员会通过对雇佣人员进行雇佣前仔细筛选和犯罪记录的检查，让人们对消防人员放火的预防有了新的认识（NVFC，2011）。

【案例 5-2　激情：一个以激情/认可为动机的连续放火犯案例】 一个 23 岁的志愿消防

员被控告在加入消防部门后制造了一系列小型火灾。起初，他在垃圾箱和大型垃圾车里放火，然后发展到闲置的和无人居住的建筑物。

这位消防员总是第一个到达现场并经常报告火灾，他成了火灾的嫌疑人。他说放火是为了表现，这样别人就会认为他是一名优秀的消防员。他说他的父亲曾经为他的消防员儿子感到自豪（Sapp 等，1995）。

5.2.5 以报复为动机的放火

罪犯为了报复感知到的真实的或想象的不公平，会引起以报复为动机的火灾。通常，报复也是其他动机的一个元素。报复动机分类参考了 NFPA 921，2011 年版，22.4.9.3.4。混合动机将在本章后面讨论。以报复为动机的放火见表 5-3 和图 5-4。

表 5-3 以报复为动机的放火

受害者研究的特征：被视为目标的财产	报复火灾的受害者一般和罪犯有一段人际或职业冲突（三角恋、房东/租客、雇主/雇员） 倾向于种族歧视 女性罪犯一般以受害者的重要东西为目标（汽车，个人财产） 前任犯罪者通常烧掉衣服、床单或个人财产 社会的报复目标转移攻击到公共机构，政府设施，大学，公司
频繁提到的犯罪现场因素	女性罪犯通常烧毁对自己有意义的区域，使用受害者的衣物或其他个人财产 男性罪犯从一个对个人有重大意义的区域开始，往往会使用过量的助燃剂或燃烧装置以造成过度伤害
常见的取证结果	对助燃剂，燃烧装置的碎片，布料，指纹的实验室测试
调查注意事项	罪犯主要是受过 10 年以上正规教育的成年男性 如果有工作，罪犯通常是一名低社会经济状态的蓝领工人 住在租的房子里；单身，关系不稳定 事件发生在突发事件数月或数年后 大多数时候，有一些定期的关于盗窃，偷盗或者破坏他人财产的受处罚情况 摄入酒精比毒品更普遍，火灾后可能性变高 通常独自在现场并且在火灾开始后很少返回，已建立不在场证明 生活在受影响的社区，流动性是一个重要因素 以复仇为关注点的分析帮助确认真正的受害者 调查投资的必要性
搜证建议	如果怀疑有助燃剂：鞋，袜子，衣物，瓶子，易燃液体，纸盒火柴

调查人员可能关注的是，发生在放火之前数月或数年的不公正事件（Icove 和 Horbert，1990）。为了进行威胁评估，这种时间延迟可能不容易被识别，并要求调查者对历史事件进行调查以某人或财产为调查目标。

由于犯罪者行为中反映出的过度杀戮行为，以报复和怨恨为动机引起的火灾，在严重的放火案件中占了更多的比例。因为在这些案例中，当一罐可燃液体足以点燃一座大楼或焚化一具尸体时，罪犯可能会使用更多的可燃液体，来反映行动中的情绪激动或报复。

根据报复的目标，以复仇为目的的放火者的广泛分类进一步分为子群体。研究表明，

图 5-4　因为报复而在床上放火，具有个人意义的集中目标的特征（D. J. Icove 提供）

连续以复仇为目的的放火犯更可能将他们的报复指向公共机构和社会，而不是个人或团体（Icove 等，1992）。

【案例 5-3　复仇：一个制度性报复的案例历史，“复仇”连续放火者】约翰（化名）31 岁，承认他在当地不同的政府设施放火 60 多起。他从 19 岁起就开始放火。由于小规模的盗窃，约翰在当地监狱被判处 180 天监禁后，他开始放火。他说在监狱里时放火 5 起，然后在当地市政厅垃圾桶放火 20～25 起。他的操作方法就是简单地走过去，把点燃的火柴扔进垃圾箱里。

他声称放火的动机是“给城市带来一些麻烦和损失部分金钱。他们对我不公平，我要报复”。当被问及他对城市的报复何时能得到满足时，他的回答是“当整个该死的市政厅和监狱都被烧毁时”（Sapp 等，1995）。

【案例 5-4　复仇：一桩因为复仇发生的公寓放火事件】在上午 9：09 发生一起公寓火灾，邻居看见一个女人走出了房间，紧接着就看见了烟从屋里飘了出来。消防员 9：17 到达，公寓着火，两个窗户还冒着火焰。在上午 9：22 开始灭火，并在 9：30 控制了火势。这间公寓有两个小房间（见图 5-5），每个房间约 3.6m×3.6m。客厅和厨房有两个大的窗户，大概 1.2m 长、1m 高，一个在前门旁边，还有一个在洗碗槽上面（图 5-5）。

火灾发生的时候，钢面的门是关着的，消防员赶到的时候门被烧坏了。卧房是没有门的，卧房的窗户也坏了。两个房间都被火烧得很严重，特别是客厅。门口和卧室的痕迹清楚地表明火是从客厅蔓延到那间屋子里的。沙发只有铁框架和弹簧残留，并且有明显的 V 形痕迹遗留在沙发旁边的墙上。橱柜顶部严重受损，烧焦至地面。地板被火烧穿的地方形成了 2 个洞，以至于火星残渣掉到了下面的房间。客厅的石膏板天花板坍塌，火势蔓延到上面阁楼。

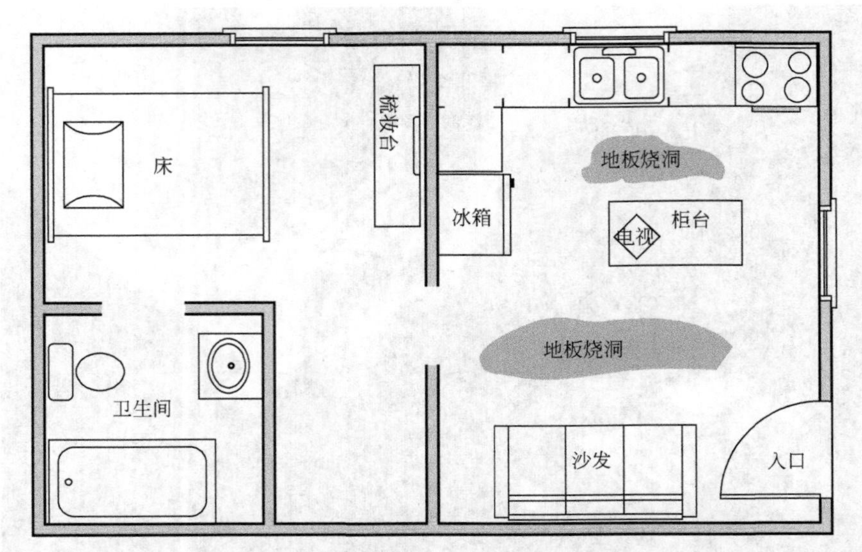

图 5-5　平面图显示了一个小的两居室的沙发和大窗户。沙发被点燃后把客厅引燃，地板上烧了个洞（Mike Dalton 提供）

这个公寓的住户在火灾发生大约半小时前离开，是在与他女朋友（先离开）发生争吵后。他说在他离开时，没有使用加热器或家用电器，无油漆、化学溶剂和蜡烛。最初的现场调查员得出的结论认为火灾是故意放火引起的，因为现场有液体低位燃烧痕迹，地面的覆盖物烧损严重、地板有烧洞，还有火势蔓延速度很快（以上午 9：09 报警、9：17 消防部门到达时间测算火势速度，不以上午 9：30 或以后的时间测算）。在现场检查中，没有发现可以用于监测分析的碎片样本，也没有易燃液体燃烧的气味。从下面房间的废墟中找到了一支没用过的茶灯蜡烛，还有完好无损的油漆罐已经被居住者储存起来。

但遗憾的是，沙发或是地毯的残留物都没收集起来。从现场沙发照片来看，沙发是一种现代全合成软垫材料，整个沙发都快被烧尽。沙发的材质不容易阴燃起火，但一旦被明火点燃就会在 5min 内形成大火。在这样一间小公寓里，通风量很快就会达到极限，但由于房间里的大窗户失去作用，所吸入的空气量将远远超过致使火灾（每扇窗户 1500kW）发生轰燃（根据 NRC 表格计算为 700～1700kW）的条件。在上午 9：17，当消防队员赶到现场并观察到火从窗户蔓延，火正接近于轰燃。大约在上午 9：30 控制住火势；这样，在没有使用助燃剂的情况下，轰燃后的火灾可以造成所观察到的破坏至少持续 13min（如果不是更长的话）。在排除了意外火源后（根据居住者的证词），结论是女友在离开公寓前点燃了沙发。她最后认罪了。

案例研究由 John D. DeHaan 提供。

5.2.6　以掩盖犯罪为动机的放火

放火是以掩盖犯罪为动机的放火罪中的次要犯罪行为（见表 5-4、图 5-6）。以掩盖犯罪为动机的放火的例子为掩盖谋杀、盗窃或消除犯罪现场留下的证据而放火。以掩盖犯罪为动机的放火的动机分类参考了 NFPA 921，2011 年版，22.4.9.3.5。

表 5-4 以掩盖犯罪为动机的放火

受害者研究的特征：被视为目标的财产	依赖于被掩盖的犯罪性质
频繁提到的犯罪现场因素	谋杀：试图抹杀潜在的有价值的或是隐瞒受害者的身份让法医无法采集证据，通常使用助燃剂去混杂证据 入室盗窃：用任何可以点燃的东西放火，特质是多种犯罪 盗车：烧毁车辆消除指纹 消灭记录：在有证据记录的地方放火
常见的取证结果	看受害者在火灾的时候还是否活着，还有他为什么没逃走 任何受伤的证据特别是在生殖器官附近的证据
调查注意事项	通常发现酗酒和娱乐性毒品使用罪犯预期，有被警察和消防部门逮捕的接触史 罪犯很可能是住在周围且人口流动性很强的社区的年轻人 犯罪隐瞒表明有同谋者陪同到现场 谋杀隐瞒一般是一次性的事件
搜证建议	指其他类型的主要动机 汽油容器、衣服、鞋子、玻璃碎片、烧掉的纸质文件等

图 5-6 以掩盖犯罪为动机的放火，在火灾发生前有价值的物品被移除（D. J. Icove 提供）

其他的例子包括烧毁商业记录以掩盖贪污案件，烧毁盗窃汽车的证据。在这些情况下，放火犯可能点燃建筑破坏最初的犯罪证据，消除潜在的指纹和鞋印，有时试图提供无用的 DNA 或血清学证据将他或她与留在火灾中死亡的受害者联系起来。

【案例 5-5 连环放火犯罪嫌疑人的历史案例】从监狱释放三周后，一名 31 岁的失业工人承认在 7 个月的时间里对一个居民区的 12 栋房子进行了盗窃和放火。除了一场火灾外，所有火灾都发生在所有者不在的时候。

罪犯说："我只是开着车去找住户不在的房子，在那找到报纸或其他东西。我只是带走了钱、珠宝和那些会在火灾中丢失或烧掉的东西。我把汽油倒在所有东西上，然后用蜡烛把它点燃。"

由于火势发展迅速，而且在残骸中发现了易燃液体，所有的火灾都被确认为人为放火。大范围的破坏使得房主难以确定家中的贵重物品是否已被转移。这名罪犯表示，他是在"其中一名女子在另一个城镇的典当行发现了一枚戒指"后被认出来的。他总是把东西带到别的地方去卖。后来她认出了那枚戒指，就报了警。

他的犯罪前科记录包括入室盗窃的犯罪，失窃的财物被寻回并追踪到他身上。罪犯的辩解是，"我发现，如果大火烧毁了一切，没有人会知道什么没了。上一次，我因一个序列号而被发现了，所以这次我决定我不会留下任何方式让他们知道什么不见了。"（Sapp等，1995）

5.2.7 以获利为动机的放火

以利润为动机的放火犯希望从放火中获利，可以直接从金钱上获利，也可以间接从金钱以外的目标获利（见表5-5和图5-7）。直接金钱收益的例子包括保险欺诈、财产清算、企业解散、存货销毁、包裹清仓和就业。后者的例子是一个建筑工人想要重建被他摧毁的公寓楼，或者一个失业的工人想找工作当森林消防员，或者作为一个伐木工人来回收烧毁的木材。以营利为目的的放火动机分类参考了NFPA 921，2011年版，22.4.9.3.6，此外，还提供了一本供调查人员使用的完整教科书（Icove，Wherry，Schroeder，1980）。

表5-5 以获利为动机的放火

受害者研究的特征：被视为目标的财产	目标物包括住宅、商业、交通（车辆、船只等）
频繁提到的犯罪现场因素	通常精心策划和有条不紊，犯罪现场更有条理，因为它含有更少的实物证据 对于大型企业，多个罪犯可能参与 目的是使用超量的助燃剂，燃烧装置，多个点火源进行彻底破坏 未强行进入 在火灾前移除或替换有价值的物品
常见的取证结果	使用先进的加速剂（水溶性）或混合物（汽油和柴油燃料） 燃烧装置的组件
调查注意事项	主要的罪犯为受过10年以上正规教育的成年男性 次要罪犯有时是放火犯，通常是25～40岁的男性，无业人士 罪犯一般住在距离犯罪现场1英里以上的地方，或被陪同到现场，离开，并且通常不再返回 财务困难指标 生产成本增加，利润减少

续表

调查注意事项	技术落后于工艺或设备 昂贵的租赁或租赁安排 用公司资金支付的个人费用 假设的资产，高估存货水平 未决诉讼、破产 先前火灾损失及索赔 频繁变更房产所有权，补缴税款，多重留置权
搜证建议	检查财务记录 如果现场有燃料/空气爆炸的证据，请检查当地急救室有无烧伤病人 尽快确定公用设施的状况

资料来源：更新自 Icove 和 Estepp 1987；Icove 等，1992；Sapp 等，1995。

图 5-7 以获利为动机的放火案，为了获取高额保险，有时使用过量助燃剂在空置住宅中精心策划火灾（D. J. Icove 提供）

利益性放火可能会带来思想的扭曲，使放火嫌疑人直接或者间接受益。放火犯在西边的森林放火就是为了出租自己的救火工具。最令人不能容忍的例子是父母放火杀害自己的孩子并且从中得利，并且用火来掩盖孩子死亡的事实。不过这种动机不是那么常见（Huff，1997，1999）。虽然一些档案记录儿童被父母杀害，但是更多的父母只是希望能从自己的孩子身上获取利润。这种案例在单亲父母或者离异父母中较多发生。相关内容将在本章后面的章节中进一步讨论。

放火者还可以从其他非金钱的原因中获利，比如在灌木丛中放火以获取更多猎物，或者烧毁邻近的房屋以改善景观。此外，放火是为了逃离不受欢迎的环境，例如海员不希望出海的情况（Sapp 等，1993，1994）。

【案例 5-6　一类以获利为动机的连续放火案例历史】阿诺德（化名）是一名职业放火犯，曾因一次放火被判 2 年监禁。他承认在他的职业生涯中烧毁了 35～40 栋空房子。他在与一位想给他找房子的房地产经纪人谈话后，卷入了放火牟利的事情。“他问我能不能找个人去烧个地方，是否认识参与拆迁的人，我告诉他是的，然后就开始了。”

随后，阿诺德与房地产经纪人和拆迁专家合作。房地产经纪人确认了目标房产，确保它们是空置的。拆迁专家教阿诺德如何点火，甚至在他的第一次放火中陪伴他。

阿诺德声称，他所使用的放火技术从未被认定为放火行为。他们不知道。他们会说，此事正在调查中。当他们说正在调查时，他们非常确定这是放火，但他们无法证明这一点。他的操作方法是将 19～38L 的无臭白色气体倒在阁楼上，并留下一个延迟的化学计时器，从上到下烧掉房子。点燃的汽油导致火势迅速蔓延，屋顶坍塌，并打消了火灾调查人员的怀疑，他们发现很难确定是否使用了助燃剂。

阿诺德担心有没有人会在他放的火灾中受伤。“我从不烧毁任何有人在里面的地方。我确定我没有伤害任何人。这很重要，真的很重要。”在与房地产经纪人涉嫌放火未遂后，阿诺德被判入狱 2 年。“这是错误的，但当时我的收入不错，我没有伤害任何人。这很容易，但很危险。我在做这件事的时候，每分钟都在害怕。”

事后，阿诺德声称自己也是他放火的受害者。“受伤的是我。我是收入过低。我在一场火灾中赚了 700 或 800 美元，房地产商从他那份保单中赚了大约 1 万美元，而我就是那个被送走的人。”（Sapp，1995）。

5.2.8　以极端主义为动机的放火

涉及以极端主义为动机的放火案里的罪犯放火有着更深远的社会、政策或宗教原因（表 5-6）。以极端主义为动机的案例目标包括流产诊所，屠宰场，动物实验室，皮毛农场，毛皮衣批发商店，甚至现在 SUV 汽车销售员。恐怖分子的目标反映了恐怖分子愤怒的关注点。随意的目标选择只会产生恐惧和困惑。自焚也被视为一种极端行为。极端分子的动机分类参考了 NFPA 921，2011 版，22.4.9.3.6（NFPA，2011）。

表 5-6　以极端主义为动机的放火

受害者研究的特征：被视为目标的财产	通过对目标特征的分析来确定具体动机以及代表与罪犯相反的信仰 目标包括调查实验、商业以及宗教
频繁提到的犯罪现场因素	犯罪现场表明这是有组织且目标明确的攻击，频繁使用点燃引火装置，留下非言语警告，放火时杀伤力过大
常见的取证结果	极端分子放火犯更有经验并且通常用遥控或定时引发引火装置
调查注意事项	罪犯能被轻易指出动机或是有问题的团伙，可能之前有与警察的交流或犯罪记录。例如，非法闯入，刑事恶作剧或侵犯公民权利犯罪后索赔的要求应该通过威胁评估测试
搜证建议	文案：写作，与组织或原因有关的物品 引火装置的构成、旅行记录、购买凭证、信用卡记录、银行记录 易燃原料：原料、液体

资料来源：更新自 Icove 和 Estepp，1987；Icove 等，1992；Sapp 等，1995.

【案例 5-7 极端分子放火】这是一个真实事件改编的故事，描述了一个以美国政府机构为目标的由极端分子发动的放火事件（ADL，2003）。联邦陪审团判定前反政府极端组织负责人放火烧毁了美国国税局办公室。陪审团认定这位 48 岁的领导人犯有破坏政府财产和干涉国税局雇员的罪行。检察官说，他和另外两名同谋使用 19lb（5gal）汽油和一个定时装置放火烧毁了美国国税局办公室。大火造成 250 万美元的损失，一名消防员在与大火搏斗时严重受伤。这位领导人还因在联邦大陪审团面前要求证人撒谎而被判篡改证词和贿赂作伪证罪。据报该领导人还威胁一名证人阻止他与执法人员合作。检察官称，这三名男子是受反政府情绪的驱使，放火是为了抗议纳税。

5.3 其他动机相关的考虑

其他与动机有关的因素也出现在文献中，值得探讨。提供这些信息是为了澄清不准确和误解。

5.3.1 放火狂

最明显的是，在讨论动机时没有提到放火狂。关于该术语的权威定义，请参考美国心理协会（APA，2000）的《精神诊断和统计手册》（第四版）（DSM-IV-TR）。手册将放火狂定义为一种故意放火的模式，目的是在放火前从紧张感的缓解中获得快感或满足感。这种疾病的名字来源于两个希腊单词："pyro"，意思是"火"；"mania"，意思是"失去理智"或"疯狂"。

一项审查显示，每一版的 DSM 对待这一主题是不同的。当前版本（第四版）没有将放火狂列为一种被诊断的人格障碍。手册将放火狂和其他五种疾病归为冲动控制问题，这意味着被诊断为放火狂的人无法抵抗放火的冲动欲望。由于意见不一和缺乏明确的定义，对这种混乱的定义多年来一直在循环。第四版的 DSM 的放火诊断标准（APA，2000）包括以下一种或多种情况。

- 多次故意放火。
- 放火前紧张不安。
- 对火的着迷，对火的兴趣，对火的好奇或对火的吸引及其情境（例如，用具，用途，后果）。
- 放火时或目睹后果时感觉快乐，满足。
- 放火不是为了金钱利益，而是为了表达一种社会意识形态，隐瞒犯罪活动，表达愤怒或者报复，改变自己的生活环境，妄想或者幻想的体现，或是判断障碍的表现（例如痴呆，智力低下，中毒等）。
- 放火并不能更好地解释为行为障碍、躁狂发作或反社会人格障碍。

研究人员问，放火冲动（各种定义的放火症的特征）是否可能是某种疾病的表现。一些报道称，放火的“不可抗拒的冲动”实际上可能只是一种无法抗拒的冲动（Geller，Erlen，Pinkas，1986）。对“放火狂”一词的评估表明，甚至在心理健康专业人士和行为科学家中，对于“放火狂”的构成，以及是否真的存在这样一种疾病，也没有达成共识（Gardiner，1992）。就连美国联邦调查局（Huff，Gary，Icove，1997）也对位于弗吉尼亚州的国家暴力犯罪分析中心的“放火狂神话”进行了调查。Doley（2003）探讨了文献中存在的常见误解，并试图澄清澳大利亚放火犯“放火”动机的真实程度。

在流行文学中，性幻想或欲望常常与放火有关，但这并没有被访谈研究证实。性作为动机被高估了。事实上，使用阴茎反应作为性唤起指标的实验表明，性动机和放火之间没有关联（Quinsey，Chaplin，Upfold，1989）。在这项研究中，26 名放火者和 15 名非放火者的阴茎反应被记录下来，并比较了他们在听了中性的异性恋行为和与多种动机（性、兴奋、保险、报复、英雄主义和权力）有关的放火行为的录音后的反应。放火者和非放火者对他们所听到的任何叙述的反应都没有显著差异。

所谓的无动机放火犯在很多情况下知道他/她的放火动机，但这对正常的局外人来说不一定有意义。放火犯也可能缺乏表达这种担忧的语言技巧或能力。

火灾调查人员被警告不要将受试者称为放火狂，因为这是由精神健康专业人员做出的诊断。每个领域对放火罪的看法都有不同的偏见，所以调查人员、犯罪学家、心理学家和精神病学家的定义略有不同。

5.3.2 混合动机

当混合动机出现的时候，对被监禁的放火犯所展开的调查并不能完全解释人类的行为。当被问到放火的原因时，这些放火犯们一般会在他们原始动机的基础上给出另一种次要动机或补充动机（蓄意破坏，刺激作案，报复，隐瞒犯罪，利益或极端主义）。

另外一点值得注意的是，当放火的唯一目标是杀戮的时候，它可以被当作一种武器。这种蓄谋杀人有很多的动机，比如说正当防卫。所以对整个事故的重建，而不仅仅是引发着火的事件，才会更准确地透露罪犯的真正意图。

像著名的研究人员 Lewis 和 Yarnell（1951）所相信的一样，报复或多或少是影响放火犯们动机的一个原因。放火的动机，就像其他人类行为一样，无法有一个系统或准确的定义。另外一种合理解释是，放火犯们缺少可以让他们清晰表达他们行为动机的社交与沟通能力。因为对自己真正的放火原因感到尴尬窘迫，有些放火犯会给调查人员或心理疾病专家另外一种或错误的动机诠释。

将迫于权势与复仇加入放火元素中时透露出了问题。火灾调查人员应该注意的是，既然放火是一种犯罪手法，那么放火的实际动机很可能会根据目标与现场的不同而变化。

连环放火案中出现的诸多因素的最佳例子，出现在从罪犯的角度对放火案的实际描述中：一个使用笔名为 Sarah Wheaton 的女性连环放火罪犯的详细描述（2001）。在她发表的文章中，她概括了她获得免除起诉的原因是，边缘型人格障碍。她的治疗方法包括生物反馈，社交能力训练，服用氯米帕明（一种治疗精神病的药物）。在她写这篇文章的同时，她声明已经有八个月没有想过放火了。

【案例 5-8 连环放火者的记忆】莎拉·惠顿（化名）曾是一名连续放火的强迫症患者，目前正在攻读心理学硕士学位。在她大学一年级结束时，也就是1993年的夏天，她被迫住进了一家精神病院，接受了为期两周的放火心理治疗。以下节选是惠顿女士（2001年）对自己作为连环放火犯所经历的治疗和感受。

入院原因：这名 19 岁的单身女性在入院时是加利福尼亚州大学的一名住宿生。这名患者曾参与过很不正常的活动，包括在校园放火五次，但并未引起火灾。

疾病历史：这是一名极其聪明并积极上进的年轻人，曾在高中四年全程担任班长。她现在是一名全职大学生，并且在一间意大利肉饼店担任全职工作。她曾经报警说要自杀。但当她被带到医院时，她又完全否认自己曾经做过的事。病人认为生活很美好，她不需要待在医院里。她已经经过了 72h 的治疗与评估。

治疗过程：一开始医院治疗的过程是高强度的。确诊疾病十分困难，因为病人一边十分积极向上讨医护人员喜欢，一方面又非常难预测。她曾跳墙出逃。警察最终将她带回。她一直被要求 14 天以上拘留并接受很高强度的治疗因为她试图用玻璃或塑料割伤自己。但她在这件事情后变得开始接受并很无助。她试图逃避问题，帮助所有的人，但是不正视自己。她的父亲曾与社工一起参与到她的康复过程中。

她的父亲曾形容她的母亲为酒鬼且有双向躁狂和抑郁型精神病史。病人曾在 9～11 岁期间被继兄侵犯。起初我试图对她使用同睡眠类药物，氯米帕明或碳酸锂片，但不得不停止因为她持续抵抗药物。病人在不食用药物时反而比较稳定。尽管她展现出了很快的进步，但我和其他工作人员还是有所焦虑。出院后，她努力适应的稳定环境可能会被破坏。她计划在 7 月 1 日去华盛顿特区在一名议会代表的办公室实习。她两年前曾做过类似的工作。

后续治疗：因为她今天出院，并且会去华盛顿特区工作，没有后续预约。

精神病专家预测：因为她疾病的严重程度应给予相应的观察。

精神情况：她强烈否认曾有毁灭性的想法，包括这次放火。

出院诊断（首次住院治疗后，又有 33 次入院治疗）：

坐标 1. 重度抑郁症，复发性的，伴有精神病。坐标 2. 强迫症人格障碍；放火癖的历史；边缘型人格障碍。坐标 3. 哮喘。坐标 4. 功能大体评定 45。由杰弗里·盖勒博士提供（引自：强迫症放火者回忆录，精神病学服务 53：1035—36，2001，美国精神病学协会；http：// PS. psychiatryonline. org。本书经许可转载）。

作为一名心理学学生，惠顿女士的文章准确追踪了连续放火犯的许多特点和特质，特别是那些在文献中被提及和对专门从事放火罪的执法人员的采访中所获取的信息。接下来引用的是她对火灾如何支配她从幼儿园到大学生活的观察。

在我上幼儿园的时候，火成了我词汇的一部分。夏天的时候，我们家的人都被疏散了，因为当地的山上着火了。我会怀着敬畏的心情观看。

下面我列出一些八年来我的不正常的跟火有关的想法和行为。我也为帮助放火者提供了建议。

连续的放火行为：每年夏天，我都期待着火灾季节和秋天（干燥多风的季节）的开始。我自己点火。我也很冲动，这让我的行为难以预测。当我一个人的时候，我表现出偏执的特征，总是环顾四周，看是否有人在跟踪我。我想象我周围的一切都在燃烧。

我每天观看当地的火灾新闻广播，阅读当地报纸，寻找处理可疑火灾的文章。我读过关于火、放火者和放火犯的文献。我与政府机构联系，了解火灾信息，并及时了解调查人员使用的放火侦查方法。我看关于火的电影和听音乐。我的梦想是关于我点燃的、想要点燃的或者希望我点燃的火。

我喜欢去调查不是我放的火，还有我可能打电话去为不是我放的火灾忏悔。我喜欢开车在消防站前面来回反复，并且我很想拉响我看到的每一个火警警报。我自我批评，自我防卫，害怕失败，有时还会有自杀倾向。

在放火之前：我可能会感到被遗弃、孤独或无聊，这就会引发焦虑或情绪的激发。我有时会经历严重的头痛、心跳加速、手部无法控制的运动，以及右臂刺痛。我从不计划放火，但通常开车来来回回，或者在街区或公园里转一圈，然后路过我要点火的地方。我这样做可能是为了熟悉这个地区，规划逃生路线，或者是为了等待点火的最佳时机。这种行为可能持续几分钟到几个小时。

点火时：我从不在发生过火灾的地方放火。我随意放火，用的是我刚在加油站买到或要的东西——火柴、香烟或少量汽油。我不会留下签名声称是我放的火。我只在隐蔽的地方放火，比如路边、峡谷后面、死胡同和停车场。我通常在夜幕降临后放火，因为我被抓住的概率要低得多。根据我当时的欲望和需要，我可以点几处小火，也可以点一处大火。正是在点火的时候，我经历了一种强烈的情绪反应，比如释放紧张、兴奋，甚至恐慌。

离开火灾现场：我非常清楚在火灾现场的风险。当我离开火灾现场时，我会正常驾驶，这样当附近有其他车辆或其他人时，我不会显得可疑。我经常路过朝相反方向行驶的叫来救火的消防车。

在火灾过程中：从一个完美的有利地点查看火灾对我来说很重要。我想看我或其他人引起的混乱和破坏。与当局通过电话或亲自交谈是刺激的一部分。我喜欢从收音机或电视上听到火灾的消息，了解所有可能的动机，以及官员们关于火灾起因和原因的理论。

在火被灭了之后：这时我感到悲伤和痛苦，有一种想再放火的欲望。总的来说，这场大火似乎为一个永久性的问题创造了一个临时的解决方案。

火灾后24h之内：我重访火灾现场。我可能也会感到自责，也会经历懊悔并对自己感到愤怒。幸运的是，没有人因为我放的火而受伤。

火灾后的几天：即使不是我放的火，我还是为那个不知名的放火者的恶名而得意。我也会再次返回去查看破坏情况，并在区域地图上标出被破坏的区域。

火灾周年：我总是在周年纪念日重温我或其他人在该地区放火的场景。

不是我放的火：不是我自己放的火能带来兴奋和缓解紧张情绪。然而，别人放的火，我希望是自己放的。知道有其他人在附近放火，可能会激发我的竞争感或嫉妒感，并增加我把火放得更大更好的欲望。我也很想知道其他放火人的兴趣和动机。

帮助放火犯的建议：放火犯再犯的可能性很高。放火的人应该能够放火可能是一个人生活中如此重要的一部分，他或她无法想象放弃它。这个习惯在所有方面培养了许多情绪，这些情绪对放火犯来说是很正常的，包括爱、快乐、兴奋、恐惧、愤怒、无聊、悲伤和痛苦。

放火犯应该被教给合适的解决问题技巧和呼吸放松技术。暴露的火灾灾难现场可能使放火者得以治疗，或公开谈论身体和情绪反应。这样做不仅能帮助放火犯，也能让心理健康专家对放火犯的困扰有更深的了解。

这份个人自我报告的见解清楚地证实了科学、精神病学和执法研究的发现。特别值得注意的是在火灾现场犯罪前、犯罪后行为、周年纪念的意义以及其他放火者放火的宣传具有很强的暗示作用。精明的火灾调查人员可以利用这些信息来帮助他们识别和解决由强迫性连环放火犯设计的案件。

【案例 5-9　母子连环放火案】在过去两年多的时间里，这个拥有 5.9 万人口的中上阶层居住的郊区经常发生小火灾和误报。大多数火灾发生在路边的草地、中间地带的植被和垃圾桶，但也有几起发生在大型商业垃圾箱里，旁边是木质外墙的商业和住宅建筑（可能会造成严重后果）。几乎所有的假警报（电话和报警站）都针对一所学校。在审查了从该地区的 NFIRS 数据库查询的大约 800 起事件（按“事件类型”和“地点”）后，调查人员编制了一份大约 50 起类似事件的清单。当这些被绘制在当地的街道地图上（图 5-8）时，可以看到一个以学校为中心的模式，沿着一条主要的南北走廊（Novato Blvd）延伸城市的长度。调查的焦点聚集在学校周围，调查人员怀疑放火犯就住在附近。

虽然在一起事件中，一名目击者报告说看到一辆深色 SUV 载着两名嫌疑人离开了现场，但并没有观察到实际的点火情况。两个现场之间的距离足够远，表明放火犯不是步行而是很有可能在车里。在一次草地火灾中，在路边发现了一个火柴盒封面，上面有一个可识别的潜在指纹，但在数据库中没有任何匹配。人们在几英尺外的草丛里发现了火柴盒，它已经被烧掉了。在一处火场附近发现的葵花籽壳表明有线索，但没有匹配的嫌疑人。时间剖面显示，类似火灾多发生在工作日晚上 4～8 点之间，夏季（5～7 月）发生频率较高。

2004 年 8 月 15 日，一场大火严重破坏了一所房子（玛丽亚山 1320 号），调查人员发现了几条线索。对邻居的采访显示，两名居民——一名 42 岁的母亲（寡妇）和她 24 岁的患有发育障碍的儿子——在火灾发生前几分钟有人看到他们进进出出。一个吸毒的女儿大部分时间都住在这所房子里，在灭火过程中她和她的哥哥对视。当着邻居和消防员的面，她扇了他一巴掌，质问他：“你都干了些什么?”他的儿子没有开车，随身带着一台警用消防扫描仪。据报道，他和母亲开车外出时，听到了扫描仪上的火警信号，他们回来后发现车库和室内卧室着火了。调查人员确定，火灾是由车库和相邻卧室的家具引起的。两场火灾的火灾痕迹和持续时间（基于火灾破坏）表明，这两场火灾几乎是在同一时间分别开始的，不可能是通过连接门蔓延的结果（从两边都被严重烧毁）。

第二天，craigslist.com 网站上发布了一封控诉信，指控这位母亲吸毒、危害他人和放火。发布这则控诉信的人是该家庭的熟人，她承认自己这样做是为了引起人们对该家庭问题的关注。在警方调查人员的采访中，儿子承认自己经常在后院烧烤时焚烧物品，并在扫描仪上收听烟雾报告。如果有人报告有烟，他就会在烧烤时把火熄灭。对现场检查，发

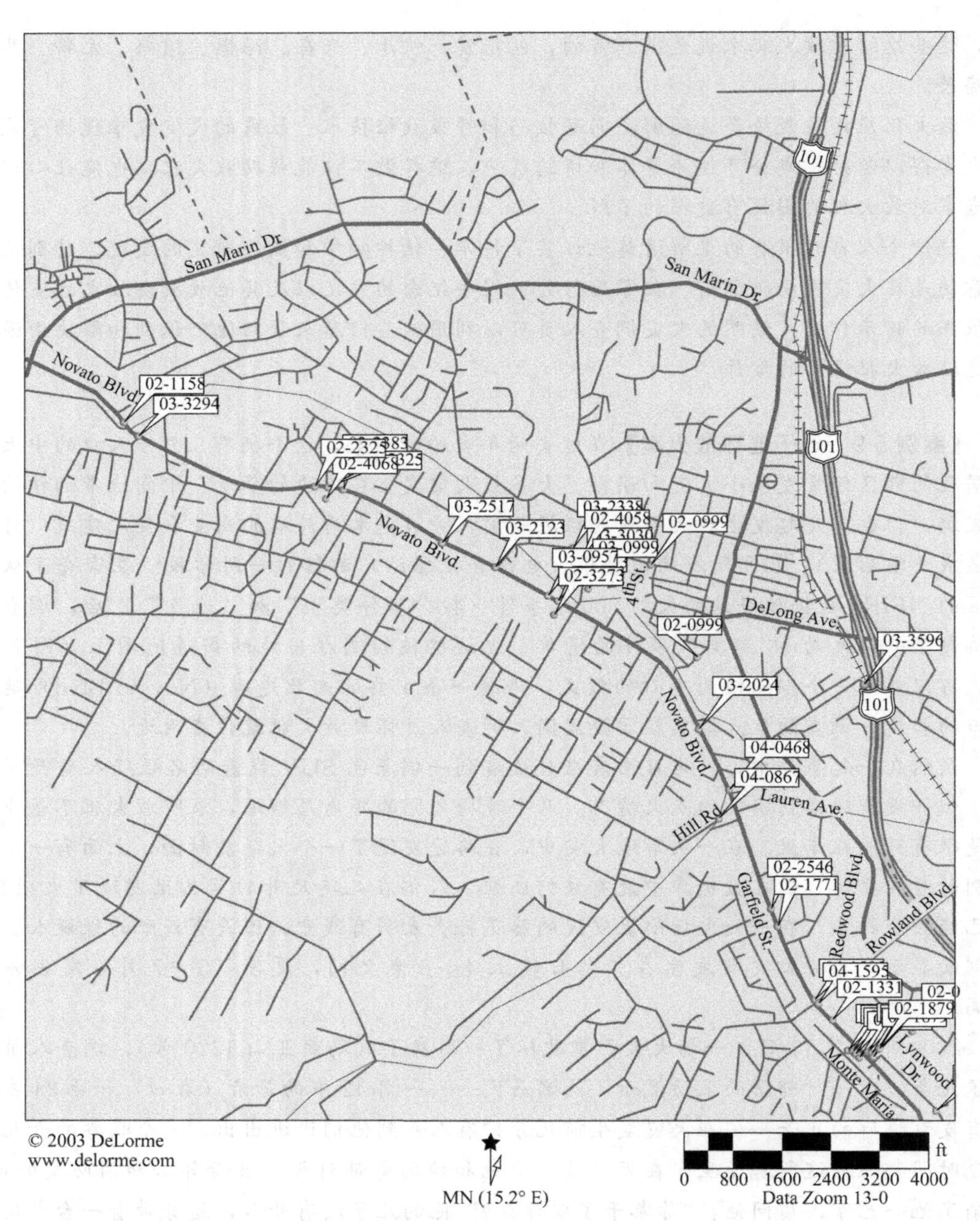

图 5-8 城市的街道图展示了两年间学校，绿地和垃圾大铁桶火灾的位置。注意沿着一个主要的大路靠近罪犯房子的痕迹（房子在火灾集群的右下角）（在公共记录的基础上，Novato Fire Protection District. 提供案例）

现了烧过的树枝、树叶和烧烤用的纸。儿子承认他的母亲把他带到不同的地方，这样他就可以放火。当她在大街上开车时，他会把点燃的火柴从车窗里扔出去。当车辆被检查时，在车门发现燃烧的纸火柴（说明 2003 年 11 月 9 日车辆的门起火）。他承认自己曾多次拉响学校的警报器或打电话报警，然后在可以俯瞰学校的后院监听扫描仪或观看消防队的反应。他不骑自行车。

在采集了儿子的指纹后，人们发现火柴盒封面上的潜在指纹（2003 年 7 月 23 日）是他的。他解释说，当他情绪低落时，放火可以让他感觉好一些。他的母亲说，她帮助他是因为她想让他感觉更好，更快乐。她承认在 2004 年 8 月 15 日在家中放火，以及其他四起火灾。火灾发生时，她正在服用美沙酮进行戒毒。夏季的火灾正好赶上了他父亲的忌日。

除了在火灾发生前 4 天学校拉响了警报外，其他所有的假警报都是在 2002 年产生的。2002 年，垃圾箱和中间地带也发生了火灾，一直持续到 2003 年和 2004 年。2003 年，野地或草地火灾占主导地位，2004 年，各种类型的火灾混合发生。2004 年 8 月被捕后，母亲和儿子达成了认罪协议，母亲迅速认罪两项罪名，儿子认罪四项罪名。两人都被送进了监狱。据报道，自 2004 年 8 月以来，镇上的垃圾箱和路边火灾已降至零。

案例研究由 Novato（CA）消防局提供（图 5-9）。

2002年系列放火案的时间轴分析

变量	一月	二月	三月	四月	五月	六月	七月	八月	九月	十月	十一月	十二月	总数
0800－1200											○		1
1200－1600					✱	◈					○		3
1600－2000				◈			○✱✱	□					5
2000－2400										×			2
2400－0400				◈							□		2
0400－0800	○		□										2
星期一				◈									1
星期二	○			○							○		3
星期三							○	□			□		3
星期四							✱						1
星期五			□		✱		✱			×			4
星期六				◈							○		2
星期日						◈							1
总数	1	0	1	3	1	1	3	1	0	1	3	0	15

火灾类型：

○垃圾
□垃圾桶
◈拉响警报
✱路边
▲建筑
↑野外
×铁路

2003年系列放火案的时间轴分析

变量	一月	二月	三月	四月	五月	六月	七月	八月	九月	十月	十一月	十二月	总数
0800－1200											□		1
1200－1600			◈	◈◈◈		◈✱✱	□						8
1600－2000			□◈	○◈	◈	◈✱	✱✱↑	↑			V		12
2000－2400				◈◈		□□	□↑↑		✱		□		9
2400－0400										○			1
0400－0800			□		◈		○						3
星期一			□					↑			□		3
星期二				◈			○		✱				3
星期三						✱	✱✱↑						5
星期四			□	○	◈	◈							4
星期五				◈◈		□✱✱	□□						7
星期六			◈◈	◈◈	◈	□◈	↑				□		9
星期日				◈						○	V		2
总数	0	0	4	7	2	7	8	1	1	1	3	0	34

火灾类型：

○垃圾
□垃圾桶
◈拉响警报
✱路边
↑野外
×铁路
V车辆

图 5-9

2004年系列放火案的时间轴分析

变量	一月	二月	三月	四月	五月	六月	七月	八月	九月	十月	十一月	十二月	总数
0800－1200		*											*
1200－1600					❋								1
1600－2000			☽					◈❋▲▲					5
2000－2400													
2400－0400		□											1
0400－0800	□												1
星期一													
星期二		□											1
星期三								❋◈					2
星期四		□	☽										2
星期五													
星期六													1
星期日		□			❋			▲▲					4
总数	1	3	1	0	1	0	0	4	0	0	0	0	10

*同时造成两处垃圾桶火灾的时间并不合理

火灾类型：

○ 垃圾
□ 垃圾桶
◈ 拉响警报
❋ 路边
▲ 建筑
☽ 厕所门

图 5-9　2002～2004 年火灾事件的目标和时间分析（时，日，月）（嫌疑人在 2004 年 8 月被逮捕）（根据公开记录。案例由 Novato Fire Protection District. 提供）

5.3.3　伪造死亡

通过焚烧替代尸体来抹杀真实身份的保险欺诈行为，是唯利至上的放火罪中一类特殊的犯罪。这种形式的放火往往涉及详细的计划，特别是在获取尸体和逃避调查当局的怀疑方面。

个案研究表明，虚假死亡的警告信号包括但不限于以下情况（Reardon，2002）：

- 死亡发生在提交保险申请后不久和/或在争议期间。
- 死亡发生在国外。
- 被保险人有财务问题。
- 存在不需要体检的大型保单或多个小型保单，政策有不实之处或遗漏。
- 被保险人使用别名。
- 之前的保单已被取消。
- 保险的水平与实际收入不相称。
- 没有尸体，或者尸体处于无法辨认的状态。

里尔登强调，任何人寿保险理赔的基本组成部分都是证明被保险人实际上已经死亡。他建议在适当时彻底调查这类索赔和诉讼，以减少向索赔人付款的可能性。

【案例 5-10　火灾计划中捏造国外死亡】在 1998 年，唐尼琼斯（化名）完成了一份价值 400 万美金的定期保险申请。琼斯在另外的保险公司已经有一份 300 万的保险。在 400 万保险单被签署的 6 个月后，保险公司收到新闻说其已经死在一场美国境外的车祸中。

被保险人仔细地准备了他的计划。琼斯和一个朋友出了国，他租了一辆大型 SUV，把自行车放在车里，晚上 10 点开车离开，大概要花 3 个小时穿过沙漠到邻近的城镇。第二天清晨，这辆 SUV 被发现在一条沙漠高速公路旁燃烧。当地政府没有在 SUV 中发现山地车的痕迹，也没有碰撞的迹象，最初也没有发现尸体。后来，在一个货仓发现了一具尸体，但琼斯的旅伴很快认领了遗体并将其火化。

由于特殊情况，保险公司立即对索赔进行调查，安排一名法医人类学家检查骨骼，并安排一名消防工程师记录和公正地确定车辆起火的原因。法医人类学家确定，这些遗骸是一位具有印第安人血统的老人，而不是被保险人的，此人是一个 33 岁的高加索人。该工程师还为保险公司解释了火灾的放火性质、阶段性事故和外国当局调查期间收集的法医证据等技术信息。

该保险公司否认了索赔，并向美国地区法院提起诉讼，要求宣布判决，以寻求解除该保单。提起诉讼使保险公司得以开始收集和保存来自当局、警方、公共和私营部门的证据。在美国境外进行的调查需要美国领事馆的参与，然后再提起诉讼。根据《海牙公约》，此类诉讼一般需要得到美国法院和相关外国当局的批准。

最终，通过对被保险人用化名工作过的公司进行例行背景调查，发现被保险人曾在美国工作。于是，该保险单被撤销，被保险人在联邦法院对其关于电信诈骗的刑事指控认罪，并被要求支付全部赔偿金（Reardon，2002）。

5.3.4 弑子女者

以火杀子是一种犯罪，其中凶手是受害者的父母，并用火掩盖死亡，经常使之看起来是一场事故。即使弑子案件很少见，但学者们对这些事件的研究越来越频繁（Stanton 和 Simpson，2006）

联邦调查局的研究虽然基于有限的案例样本，但仍可以深入了解这种犯罪。联邦调查局推测，由于需要进行彻底的调查，这个现象可能是分布广泛的并且未充分报道的（Huff，1997，1999）。本书的一名作者参与了至少八起故意放火致一名或多名放火犯孩子死亡的火灾事件调查，其中一个案例甚至是一本畅销书的主题（Rule，1998）。人们发现，对于弑子女者，他们有各种各样的杀人动机，其中包括以下几种：

- 不想要孩子：一个母亲错误地认为她和她的配偶或情人可以无负担地活下去，于是谋杀了孩子，以消除他们眼中的障碍或讨厌的孩子（们）。
- 严重精神错乱：父亲或母亲是精神病患者，比如严重抑郁的单身母亲将她三个年幼的孩子刺死，然后放火烧了他们的公寓。
- 配偶报复：一位分居疏远的丈夫残忍决定剥夺他妻子最珍贵的财宝——她的孩子。
- 谋利杀人：父母在孩子被火烧死前不久为他们购买了巨额人寿保险。在某些情况下，可能只支付了几笔预付款，而保单因未支付失效。

在这些案件中，当局最初可能并不怀疑，原因有：对火灾缺乏彻底的调查；认为致命火灾是孩子玩火柴引起的意外；对父母过分同情的掩饰；以及对孩子的悲伤。这些情绪反应可能会覆盖怀疑的迹象（危险信号）（Huff，1997）。

虽然没有单一的指标，但在谋杀案件中有几个共同的因素，包括：

受害者学：孩子们大多是年幼的学龄前儿童，没有进行过火场自救等行为的训练，因此都不太可能逃脱。人们可能会认为，年纪较小的孩子更容易被抛弃，过后更容易被“取代”。

犯罪前行为：在火灾发生前有异常行为，例如准备孩子最喜欢的饭菜或带孩子参观特殊地方。例如，在一个案例中，火灾发生前凶手带两个十几岁的孩子吃了一顿快餐，以便注射血管扩张剂（在死者死后的血液和幸存者衬衫上的干血迹中发现），使他们在火灾发生时昏昏欲睡。其中一个男孩死于火灾；另一个孩子（他的女儿）没有成为被袭击的目标，而是被隔离在火灾区域之外，因此幸存下来，从而证实了火灾前发生的事情。

临时性：大火发生在晚上或清晨，此时孩子最有可能在床上睡觉。这使父母有时间计划活动，在一些案例中发现，火灾发生时孩子们被锁在房间中。

犯罪现场特征：在火灾发生的当晚，孩子们突然改变了睡眠时间，或者睡在了平时不常用的房间内。通常这种情况发生时，孩子们很有可能在火灾发生前就被枪杀、刺伤或勒死，然后凶手往往会使用助燃剂（例如汽油）点火来掩盖罪行。在一些案例中，火灾发生时现场的逃生路线被堵住或门被锁死。可能会利用药物使孩子沉睡或昏迷。所以，包括X射线和毒理学检测在内的完整法医验尸，对于每个儿童受害者来说都是必不可少的。

罪犯特点：报告中表明，成年人半心半意的营救尝试，不会遇到明显的危险。因此，他们不会像预期的那样穿着冒烟的衣服，不会有灼伤痕迹，也不会出现眼睛被烟熏出眼泪的情况。而这种父母绝大多数住在预制房中，且年龄不超过35岁。

犯罪后行为：事故发生后，大人们表现出不适当的行为，比如很少或者基本不悲伤；很少谈论受害者，讨论最多的是物质损失（包括保险）；很快速回到往常的生活。

在案件调查中，这些因素可能只存在一个，也可能有两个或多个。不过，调查人员不要只因为一个因素就引起怀疑。他们应该用谨慎和专业的态度进行调查，不要对案件中的父母的情感过多关注。由于每个人对创伤的处理方式不同，因此调查人员不应围绕或过分强调案件中的父母“缺乏预期悲伤”的情绪来开展调查。

【案例5-11　母亲弑子案】消防员在一场发生在夏末的火灾中发现了一名22个月大的女婴，她被发现藏在锁着的卧室壁橱里的一堆衣服下，因为吸入烟雾而死。孩子的母亲告诉消防员，她的小女儿曾玩过从厨房找到的打火机。

消防员对此表示怀疑，但是当死者4岁左右的哥哥证明他能够操作使用打火机时，消防员打消了疑虑。调查人员随后认定这起火灾是意外。最初得到的结论是，死者在厨房点燃了一些餐巾纸，把它们带到了卧室然后进入壁橱，门紧紧锁在她身后。

围绕这场火灾的所有事实都证明这场意外火灾的发生是因为孩子玩打火机，最终造成了自己死亡。直到5年后，这个母亲9岁的儿子在另一场大火中被三度烧伤，才有理由怀疑这是一场谋杀。当消防队员赶到家中时，他们发现孩子在一扇锁着的卧室门后不省人事。而母亲在火灾发生后立即逃走了。

一周后，火灾调查人员找到了母亲并对其进行讯问，据称该母亲承认两次放火，并表示放火原因是与丈夫生气。在每一次火灾中，都有个别因素表明是放火杀人（Huff，1997）。

5.4 连环放火地理特点

放火动机不仅仅依靠对罪犯进行分类来确定。调查人员也应该仔细分析放火犯选择的地理位置。对这些地点的分析可能会发现很多与预期目标有关的信息，有助于深入了解放火犯的动机，并提供可能的监视计划，以试图识别和逮捕放火犯。

一项关于连环暴力犯罪地理位置的联合研究的结果说明了在连环放火案件中发现的犯罪模式。研究结果表明，犯罪分子多次放火的时间、特定目标和空间模式通常与其作案手法（操作方法）相关（Icove，Escowitz，Huff，1993；Fritzon，2001）。

许多地理学家、犯罪学家和专业执法人士都对不断上升的连环暴力犯罪（包括放火）表示关注，这些犯罪正在困扰着美国和其他自由世界国家。许多暴力犯罪者故意利用管辖范围的漏洞来逃避执法人员的侦查。

连环放火犯经常在整个社区制造恐惧气氛。社区领导人通过向执法机构施压，要求他们迅速查明并逮捕放火者，使这一问题更加复杂化。通常，放火犯会逃避逮捕数月，即使是最有经验的调查人员也感到无能为力。事件之间经常会出现不可预测的间隔，这使得执法当局怀疑放火犯是否停止了放火，离开了该地区，或因另一次犯罪被捕。

5.4.1 以往研究成果

很少有人对包括放火在内的连环暴力犯罪的地理分布进行研究。以往文献的研究集中在特定犯罪中发现的特定特征（lcove，1979；Rossmo，2000）。

对暴力犯罪的主旨分析从空间和生态角度衡量了暴力犯罪（Georges，1967，1978）。社会生态学观点认为犯罪与环境之间存在直接关系。根据这种观点，缺乏社区控制与高犯罪率相关（例如在内城区发现的犯罪）。有几种历史方法是根据犯罪的地理特征追踪罪犯，尤其在调查放火以及其它与火灾有关的犯罪时会用到。

过渡区：芝加哥社会学院首先提出犯罪与环境有关（Park 和 Burgess，1921）。这种生态方法假定高犯罪率在被称为过渡区的城市地区蓬勃发展。这些地区土地利用混合，人口流动频繁。

在许多城市，同心环形成了过渡区，代表着中心商务区向住宅区之间的漫射。这些区域通常包含寄宿房屋、贫民区、红灯区和其他不同种族群体。

过渡区理论在 1981 年对田纳西州诺克斯维尔 15 起火灾爆炸事件的研究中得到了阐明（Icove，Keith，Shipley，1981）。诺克斯维尔警察局放火专案组对火灾爆炸案的调查分析表明，66%的事件发生在人口显著下降或增长的特定普查区内。

诺克斯维尔还对一个低收入地区的人口普查区进行调查研究，在此期间，该地区发生了三起火灾爆炸事件。美国人口普查数据显示，该地区少数民族人口最高，贫困率最高，平均收入是发生爆炸的所有地区的倒数第二。

地理中心：中心图说使用描述性统计来测量犯罪在二维空间平面上的中心趋势。在某些犯罪中，罪犯的住所可能靠近犯罪现场。另一个假设是，罪犯年龄越大，从犯罪现场到他（她）的住所的平均距离越大。这种流动性在一定程度上是由于罪犯可以使用自行车和汽车，以及超过宵禁年龄。

美国司法部的一项研究探讨了地理中心分布的概念，并描述了罪犯的地理锚点（Rengert 和 Wasilchick，1990）。通过对窃贼选择建筑物的地理位置的调查研究得出结论：犯罪分子选择的目标会靠近一个固定的点，从而最大限度地减少了犯罪所需的路程和时间。通常，主要的锚点靠近罪犯的住所。罪犯住所以外的其他锚点包括酒吧，学校和游戏厅。Kocsis 和 Irwin（1997）还研究了连环放火案件，其中罪犯倾向于从他们的住所出发，向不同的方向去放火。

如本章前面的案例研究所述，其他地理分析方法在微观和宏观两个层面进行。微观层面的方法检查犯罪的确切物理位置，例如建筑物、车辆或街道的类型。宏观层面的方法倾向于将数据聚合到多个区域中。这些区域可以是人口普查区、警察巡逻区或其他地理区域。这种方法往往会增加分析的规模。

地理中心分布已被用于检查其他暴力犯罪的时空关系（LeBeau，1987）。通过叠加在街区地图上的笛卡尔坐标系的 x 轴和 y 轴来观察犯罪的空间分布。利用平均中心统计方法分析了大量事件的位置，通过跟踪这些平均中心统计的运动来测量中心趋势，并确定标准偏差椭圆来描述事件的分布。

Fritzon（2001）研究了放火犯所走的距离与其动机之间的关系。这项研究使用最小空间分析（SSA）的概念来显示放火距离、犯罪现场特征和犯罪者背景特征之间的关系。研究结果表明，与工具性犯罪不同，表达性犯罪通常把放火犯的家附近区域作为一个锚点。在报复性袭击的情况下，放火犯的总行程最大。此外，最近与伴侣分居的放火犯更有可能远行他乡。这项研究无疑为该领域现有的研究增加了价值。

有文章在地方层面上对连环放火犯和炸弹手的时空趋势进行了分析（Icove，1979；Rossmo，2000）。使用聚类分析技术，发现了一系列以前没有记载的放火犯行为模式，一个人或团体的连环放火犯和炸弹手，在地理上往往受到自然和人为边界的限制（如图 5-8 所示）。当罪犯搬家时，通常会出现一系列活动。

对纽约布法罗市中阿森斯所在地的历史变化的研究，也证实了许多使用聚类分析的观察结果。空间监视的概念，为随时间推移的火灾地点监测带来了新的意义。研究人员指出，这些空间模式的变化可能有许多不同的原因，不应仅仅就视觉解释得出结论（Rogerson 和 Sun，2001）。

Icove（1979）还使用基于时间的聚类分析技术对时间趋势进行了研究。这种分析形式可以检测与集群中心的地理变化相关的一天中具体时间和一周中具体哪一天的特定模式。在纽约市，也记录了其他时间趋势，如随着月球活动而导致放火的增加（Lieber 和 Agel，1978）。加州大学伯克利分校犯罪学系的一篇研究论文探讨了月球现象（不一定是满月）与放火罪之间的关系（Netherwood，1966）。

【案例 5-12 放火罪侦查】 这是一个应用地理分析来侦查连环放火犯的局部活动集群的示例。研究人员在绘制了 1974 年 2 月至 9 月东部城市放火地点之后，发现了一个主要的集群活动中心。图 5-10 和图 5-11 显示了三种比较技术，说明了 Icove（1979）对二维网格入射、阴影和三维等高线图的使用。

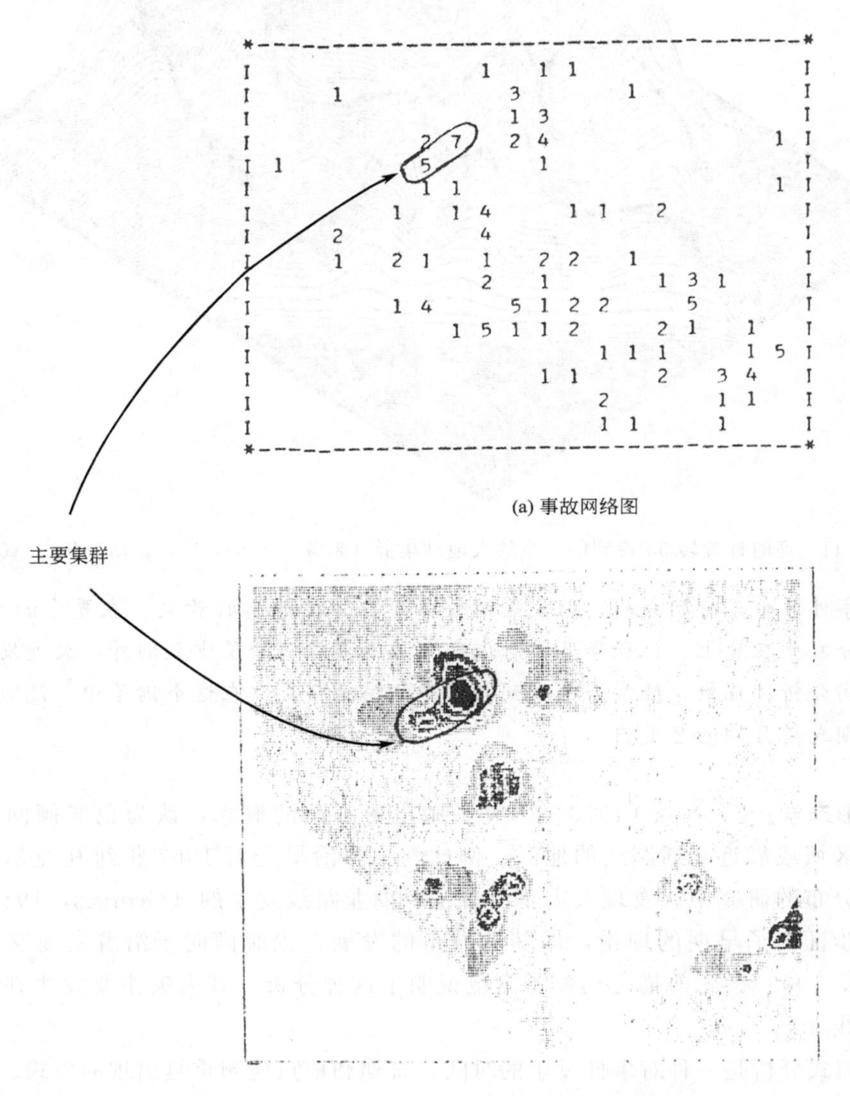

(a) 事故网络图

(b) 事故等高线图

图 5-10 带有主要放火集群中心的事故网络图和事故等高线图（来源：Icove，1979。D. J. Icove 提供）

进一步的分析表明，一个主要的集群中心是由两个网格组成的，共有 12 起放火。调查显示，在这段时间里，一伙年轻男孩在大城市的一段区域内放火。这些年轻人的目标地包括车库和树林。

当这些事件与该地区的其他放火案一起被绘制在地图上时，就形成了一个主要的集群。从这些火灾中收集和分析数据，为当地执法部门提供监视时间表。对这一主要群体中

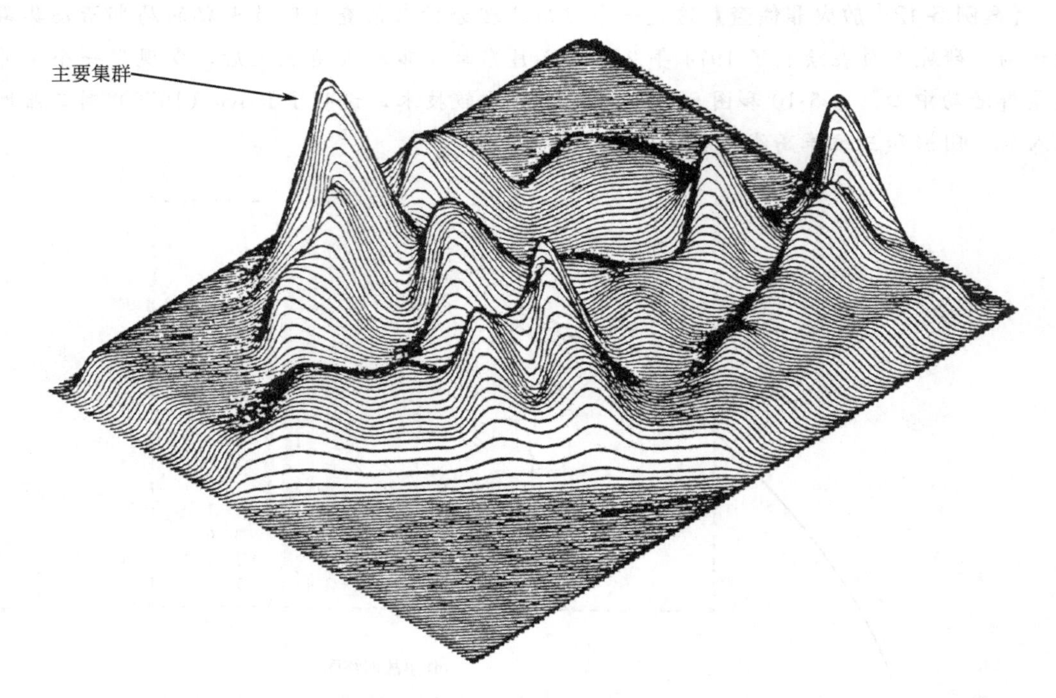

图 5-11 逆时针旋转 35°得到的三维放火地理集群（来源：Icove，1979。D. J. Icove 提供）

所发生的事件进行了时间分析，结果表明青少年在学校休息时放火。在夏季的几个月里，火灾大部分发生在晚上，但秋季开学时恢复到原始模式。除了少数例外，火灾发生在工作日。在时间分析过程中，经常会检测到与月亮相关的模式。在这个例子中，75%的火灾发生在新月期或满月期的 2 天内。

城市形态学：Georges（1978）研究了城市形态学的概念，认为犯罪倾向于集中在某些中心区域或靠近交通路线的地区。例如，在乔治早先对 1967 年纽瓦克暴乱期间放火的地理分布的研究中，发现火灾是沿着主要商业路线发生的（Georges，1967）。这项研究进一步证实了早期的理论，即随着城市的发展，犯罪倾向于沿着主要交通路线蔓延（Hurd，1903）。先前描述的弑子案也说明了这种分析，其火灾主要发生在城市的主要交通路线上。

犯罪模式分析是一种对事件发生的时间、日期和地点检测重复出现的模式、趋势和周期性事件的分析方法。一旦在一个连环放火案中发现了具有某种行为模式，就可以学到很多东西来帮助预测下一个事件，并对罪犯表现出的行为模式进行分类。有关全面的讨论，请参见美国国家司法研究所犯罪绘图网页，其中重点介绍了减少犯罪项目、地理空间工具、数据来源、研究、会议、培训和出版物，网址为 http：//www.nij.gov/maps/。

权威研究还强调，犯罪特征的同时出现也与目标房产的地理选择和罪犯的住所/工作场所有关（Canter 和 Fritzon，1998）。一种可以在犯罪活动区域进行犯罪现场分析，以确定此类活动的可能中心的系统算法已经获得专利（Rossmo，2000）。

在澳大利亚，澳大利亚犯罪学研究所（由林火合作研究中心资助）编制了一本手册，该手册作为一种犯罪分析驱动的方法，用于检测、预测和预防放火（Willis，2004；Anderson，2010）。该手册是地方、消防和警察机构制定预防策略的资源工具。项目网站包含可下载的手册、工作表和电子表格，以帮助获取信息。

美国联邦调查局（FBI）的刑事调查分析（也称为画像）通常由专家根据对大量案件历史、个人经验、教育背景和所做的研究撰写的。由于犯罪预测是根据类似的历史案例做出的，因此分析得出的犯罪嫌疑人并不总是适合每个预测，并且犯罪者可能为了躲避调查而经常修改自己的犯罪行为模式。

计算机辅助地理分析系统的应用，一直是犯罪分析领域的一个既定主题。美国联邦调查局在 20 世纪 80 年代的自动化犯罪画像（Icove，1986）中，使用了许多源自放火犯罪分析的概念（Icove，1979）。

在涉及连环事件的地理刑事调查分析过程中，提出了几个关键点：

(1) 时间分析：在连续放火案中，模式分析的第一种类型是时间分析，它确定犯罪是否有发生在任何一天中具体时间和一周中具体哪一天的特定模式（如图 5-9 所示）。如果犯罪者在面对积极的调查中修改了他的行为模式，这些模式可能会有所不同。而这种变化可能是嫌疑人有意识的行为。

(2) 目标选择：模式分析的另一种形式，涉及罪犯选择目标的类型和位置。在涉及连环放火犯的案件中，一个普遍观察到的特点是，犯罪者经常升级选定的目标，随着时间的推移，情况会变得更加危险。一个典型的情形是放火者从小草和灌木丛放火开始，然后转移到外屋和空置建筑，然后转移到有人居住的建筑。行驶距离也是目标选择的一个因素（Fritzon，2001）。

(3) 空间分析：通过空间分析，调查人员可以确定在同一地理区域内重复发生的一系列放火行为所构成的活动群（如图 5-8 所示）。找到这一活动中心通常会揭示出有关未来目标选择或犯罪者可能生活或工作地点的信息。如前所述，连环放火犯和炸弹手往往在地理上受到自然和人为的限制。因此，犯罪者有意识或无意识地将其活动维持在一个有界限的区域内，而不会经常跨越主要的公路、河流或铁路轨道。对纽约布法罗放火案地理格局的空间监测显示了寻找空间格局变化的价值（Rogerson 和 Sun，2001）。

(4) 地理画像：事实证明，能够运用地理画像的人是一个训练有素的和启发式的人才。在最近的一项关于地理画像的研究中，有 215 个人参与了根据有关犯罪地点的信息来预测连环犯的住所的实验。在这项研究中，这些人在接受一种精算分析技术的正式培训前后分别进行了测试（Snook，Taylor，Bennell，2004）。对研究参与者的表现进行的分析表明，其中有 50%的人在接受正式培训之前使用启发式方法得出准确的预测结果。接受正式培训后，将近 75%的研究参与者的预测能力得到了改善。Bennell 和 Corey（2007）提出在检测和预测恐怖袭击的背景下使用地理分布图。另请参阅 Canter，Fritzon（1998）和 Rossmo（2000）进行的地理侧写工作。

(5) 集群中心：均值中心是一簇数据点的空间分布的主要度量。假设地图上的列等于笛卡尔坐标系上的 x 值，行等于 y 值，则计算均值中心的公式为（Ebdon，1983）：

$$\bar{x}=\frac{1}{n}\sum_{i=0}^{n}x_i$$

$$\bar{y}=\frac{1}{n}\sum_{i=0}^{n}y_i$$

一般情况下的集群中心：

$$z_i=\frac{1}{n}\sum_{i=0}^{n}x$$

对这些集群中心的长期分析有助于确定罪犯是否改变了住所或工作地点。在跨越3年或3年以上的情况下，每年应计算出一个聚类中心，并绘制在地图上（Icove，1979）。如果集群中心没有明显移动，或者如果它们在某个特定区域徘徊，罪犯很可能没有改变住所或工作。当发现明显的变化时，这一信息将被传达给执法机构，执法机构将这一信息与嫌疑人的潜在行动进行比较。

研究还表明，犯罪动机和放火犯所走的距离之间存在关联（Fritzon，2001）。对罪犯的行为进行研究发现，如果罪犯带有强烈的情感成分（比如报复心理）往往使他们走得更远。

一个更适合犯罪模式分析的活动中心，被称为最小行驶中心或通常被称为质心。这个中心是地图上所有其他点的欧几里得距离平方和最小的点或坐标。

当检查某个罪犯所犯罪行的地理位置时，质心比平均中心更有意义。这一假设背后的理由是，一个罪犯走到他的犯罪现场将选择最小行驶距离。平均中心并不总是与质心重合。

质心的计算不是一个简单的公式，而是需要一个最小化性能指标的迭代过程。使用这种技术的最佳聚类过程被称为K-均值算法（MacQueen，1967）。这个算法（Tou和Gonzalez，1974）的应用最好分解成逻辑步骤。

（6）标准距离：一旦针对一系列犯罪的地理位置计算出一个集散中心，执法人员便可以利用这些知识来集中他们在该社区内的调查和监视工作。从集群中心开始的搜索半径有助于将犯罪调查集中在距活动中心合理距离内。例如，在对一宗连环放火案的详细犯罪分析中，分析人员通常会建议一个监视计划和集中区域，该区域以距离集群中心一个标准偏差为半径（Icove，1979）。该区域称为标准距离。

通过几个案例来说明与犯罪地理有关的现象。在当地执法机构的深入调查并用尽所有逻辑线索后，提交以下案件进行犯罪模式分析（Icove，Escowitz，Huff，1993）。

【案例5-13　移动聚类中心】在西南部一个州的秋冬季节，一名不明身份的放火犯涉嫌放火24起，涉及农田、车辆、活动房屋、住宅和其他建筑。一些火灾是在罪犯闯入建筑物后引起的。

对这24起事件的时间分析显示，放火犯倾向于傍晚和清晨。如表5-7所示，大部分火灾发生在周末。对放火犯选定目标的分析显示，这些建筑要么无人居住，要么空置，要么关闭营业。在一段时间内，放火犯提高了放火的规模，先是使用了可燃材料，后来转向可燃液体加速了火灾。

表 5-7　集群中心地理位置移动时的时间和目标分析

变量	八月	九月	十月	十一月	十二月	总数
8a. m～4p. m					1	1
4p. m～12a. m	1		4	3		8
12a. m～8a. m		1	4	6	3	14
未知			1			1
星期一					1	1
星期二	1					1
星期三					2	2
星期四			1	2	1	4
星期五				2		2
星期六		1	4	6		11
星期日				2	1	3
野外				1	1	2
车辆			2			2
移动房屋				2	1	3
无人居住房屋	1	1	1			3
有人居住房屋					1	1
构筑物		1	3	5	2	11
总数	1	1	9	9	4	24

注：来源于 Icove，Escowitz，Huff，1993.

地理聚类分析显示，前三起火灾集中在城镇西侧。其余的火灾集中在东侧一个较大的活动群中（图 5-12）。

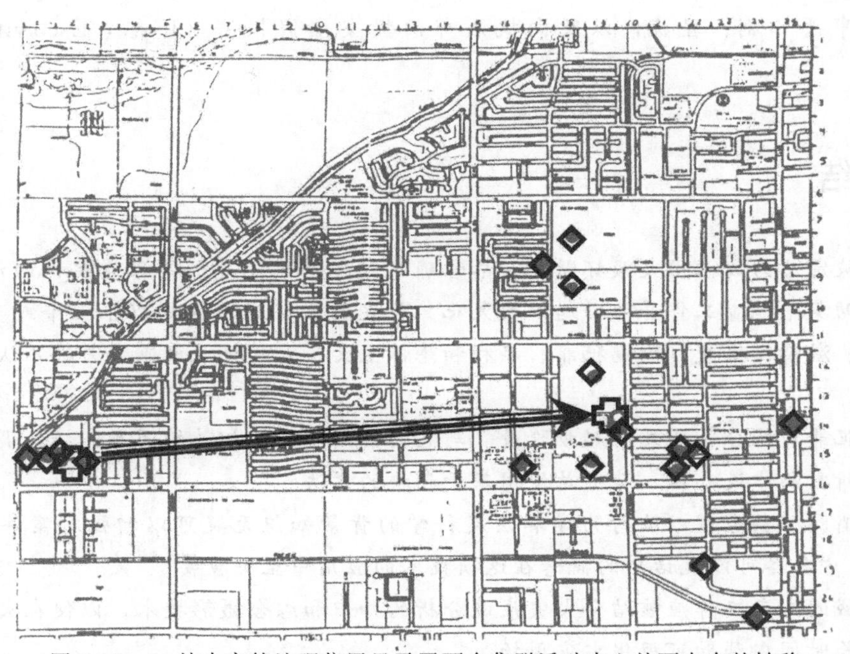

图 5-12　24 处火灾的地理位置显示了两个集群活动中心从西向东的转移

（资料来源：Icove，Escowitz，Huff，1993。D. J. Icove 提供）

然后对这起案件进行犯罪分析，并将结果转交给研究机构。任何一个首先住在西区附近然后再将其住所改变到靠近东区中心的人都应是调查人员的主要嫌疑对象。

根据执法部门的分析，有一名19岁的白人与犯罪嫌疑人的特征相符。该案的一个关键因素是罪犯住在放火案的两个集中区附近。当罪犯从城西向东边移动时，犯罪活动的地理中心发生了变化（Icove，Escowitz，Huff，1993）。

【案例5-14 时间聚类】东南部的一个城市，两年的时间里，在空置的建筑物、车辆、商业企业、住宅和车库发生了52起放火火灾。调查该案的执法机构在用尽所有传统线索后陷入困境，转而进行犯罪分析。

犯罪分析揭示了放火案发生的时间和地点的时间和地理模式。大多数火灾发生在工作日的下午和晚上。有两个6个月的活动缺口。绝大多数的放火案发生在市中心1英里半径范围内，另外两个集群毗邻两个湖泊。发回给该机构的犯罪分析报告指出，罪犯居住在其火灾活动的聚集中心附近。当后来被逮捕时，放火犯承认在大多数情况下，他会步行到火灾现场，并使用可燃材料和带到现场的火柴或打火机放火。尽管罪犯在下午和晚上放火是一种高风险的情况，但由于他对地理区域的熟悉减少了他被发现和跟踪的可能性。

警局收到犯罪分析报告四个月后，一名29岁的白人男性在逃离放火现场后被捕。嫌犯后来告诉警方，他第一次放火是因为和女友的关系破裂。这些不同的火灾都是由于该对象改变了住所而引起的。放火间隔的时间与罪犯有持续的社会关系的时间直接相关。只有当这些关系失败时，嫌疑人才会重新放火。他的动机似乎是报复。

嫌犯被捕时手中有一张地图，上面标明了他放火的地点。他之前的被捕记录包括扰乱治安、刑事恶作剧、骚扰，以及向执法部门提交虚假报告（Icove，Escowitz，Huff，1993）。

本章小结

放火被定义为故意用火毁坏财产。尽管确立起火动机不是刑事犯罪要件的法律要求，但可以帮助集中调查工作并协助起诉放火犯。放火的动机通常包括以下一个或多个类别：故意破坏、激情、报复、隐瞒犯罪、牟利和恐怖主义。无动机放火或放火狂不认为可识别的分类。

放火犯罪现场分析仍处于起步阶段。与它的使用和应用相关的问题包括：调查和解释犯罪现场所需的广泛知识，特别是使用基于动机的方法。

结合消防工程原理以及行为学和法庭科学的背景知识无疑可以增强对案件的分析能力。显然，“灰烬可以说话”的概念在这项技术的应用中至关重要。

该领域的未来工作应该结合火灾痕迹分析的知识和综合摄影技术，以便在火灾发生和进展后很长时间内帮助可视化火灾现场。

习题

（1）调查媒体上出现的当地连环放火案。绘制这些火灾的位置并进行时间分析。你能从这个分析中学到什么？

（2）对于案例 5-1 中的情况，媒体对动机的评估正确吗？检方陈述的动机是什么？辩护律师陈述的动机是什么？

（3）有哪些已发表的研究支持流行的观点，即性是放火的主要动机？今天这些结论的可靠性如何？

推荐书目

Icove, D. J., V. B. Wherry., & J. D. Schroeder 1980. *Combating arson-for-profit: Advanced techniques for investigators*. Columbus, OH: Battelle Press.

Canter, David. 2003. *Mapping murder: The secrets of geographical profiling*. London: Virgin Books.

Nordskog, E. 2011. *"Torchered" minds: Case histories of notorious serial arsonists*. Xlibris.

参考文献

ADL. 2003. Anti-government extremist convicted in Colorado IRS arson. Anti-Defamation League.

Allen, D. H. 1995. The multiple fire setter. Paper presented at the International Association of Arson Investigators, Los Angeles, CA.

Anderson, J. 2010. Bushfire arson prevention handbook. *Handbook No. 10*. Canberra: Australian Institute of Criminology.

APA. 2000. *Diagnostic and statistical manual of mental disorders (text revision) (DSM-IV-TR)*, 4th ed. Arlington, VA: American Psychiatric Association.

Bennell, C., & Corey, S. 2007. Geographic profiling of terrorist attacks. Chap. 9 in *Criminal profiling: International theory, research, and practice,* ed. R. N. Kocsis. Totowa, NJ: Humana Press.

Canter, D., & Fritzon, K. 1998. Differentiating arsonists: A model of firesetting actions and characteristics. *Legal and Criminological Psychology* 3 (1): 73–96, doi: 10.1111/j.2044-8333.1998.tb00352.x.

Decker, J. F., & Ottley, B. L. 2009. *Arson law and prosecution*. Durham, NC: Carolina Academic Press.

DeHaan, J. D., & Icove, D. J. 2012. *Kirk's fire investigation* 7th ed. Upper Saddle River, NJ: Pearson-Prentice Hall.

Doley, R. 2003a. Making sense of arson through classification. *Psychiatry, Psychology and Law* 10 (2): 346–52, doi: 10.1375/pplt.2003.10.2.346.

———. 2003b. Pyromania: Fact or fiction? *British Journal of Criminology* 43 (4): 797–807, doi: 10.1093/bjc/43.4.797.

Douglas, J. E., Burgess, A.W., Burgess, A. G., & Ressler, R. K. 1992. *Crime classification manual: A standard system for investigating and classifying violent crimes*. San Francisco, CA: Jossey-Bass.

———. 2006. *Crime classification manual: A standard system for investigating and classifying violent crimes,* 2nd ed. New York: Wiley.

Douglas, J. E., Ressler, R. K., Burgess, A. W., & Hartman, C. R. 1986. Criminal profiling from crime scene analysis. *Behavioral Sciences & the Law* 4 (4): 401–21, doi: 10.1002/bsl.2370040405.

Ebdon, D. 1983. *Statistics in geography*. Oxford: Blackwell, 109.

FBI. 2010. *Crime in the United States, 2010: Arson.* Washington, DC: Federal Bureau of Investigation.

Fritzon, K. 2001. An examination of the relationship between distance travelled and motivational aspects of firesetting behaviour. *Journal of Environmental Psychology* 21 (1): 45–60, doi: 10.1006/jevp.2000.0197.

Fritzon, K., Canter, D., & Wilton, Z. 2001. The application of an action system model to destructive behaviour: The examples of arson and terrorism. *Behavioral Sciences & the Law* 19 (5–6): 657–90, doi: 10.1002/bsl.464.

Gannon, T. A., & Pina, A. 2010. Firesetting: Psychopathology, theory and treatment. *Aggression and Violent Behavior* 15 (3): 224–38, doi: 10.1016/j.avb.2010.01.001.

Gardiner, M. 1992. Arson and the arsonist: A need for further research. *Project Report*. London, UK: Polytechnic of Central London.

Geller, J. L. 1992. Arson in review: From profit to pathology. *Psychiatric Clinics of North America* 15:623–46.

———. 2008. Firesetting: A burning issue. In *Serial murder and the psychology of violent crimes,* ed. R. N. Kocsis, 141–77). Totowa, NJ: Humana Press.

Geller, J. L., Erlen, J., & Pinkus, R. L. 1986. A historical appraisal of America's experience with "pyromania": A diagnosis in search of a disorder. *International Journal of Law and Psychiatry* 9 (2): 201–29.

Georges, D. E. 1967. The ecology of urban unrest in the city of Newark, New Jersey, during the July 1967 riots. *Journal of Environmental Systems* 5 (3): 203–28.

———. 1978. The geography of crime and violence: A spatial and ecological perspective. Resource paper for college geography. No. 78-1. Washington, DC: Association of American Geographers.

Harmon, R. B., Rosner, R., & Wiederlight, M. 1985. Women and arson: A demographic study. *Journal of Forensic Science* 30 (2): 467–77.

Home Office. 1999. Safer communities: Towards effective arson control; The report of the arson scoping study. London, UK: Home Office.

Huff, T. G. 1994. Fire-setting fire fighters: Arsonists in the fire department; Identification and prevention. Quantico, VA: Federal Bureau of Investigation, National Center for the Analysis of Violent Crime.

———. 1997. Killing children by fire. Filicide: A preliminary analysis. Quantico, VA: Federal Bureau of Investigation, National Center for the Analysis of Violent Crime.

———. 1999. Filicide by fire. *Fire Chief* 43 (7): 66.

Huff, T. G., Gary, G. P., & Icove, D. J. 1997. The myth of pyromania. Quantico, VA: National Center for the Analysis of Violent Crime, FBI Academy.

Hurd, R. M. 1903. *Principles of city land values*. New York: Record and Guide.

Hurley, W., & Monahan, T. M. 1969. Arson: The criminal and the crime. *British Journal of Criminology* 9 (1): 4–21.

Icove, D. J. 1979. *Principles of incendiary crime analysis*. PhD diss., University of Tennessee, Knoxville, TN.

———. 1986. Automated crime profiling. *FBI Law Enforcement Bulletin* 55 (12): 27–30.

Icove, D. J., Douglas, J. E., Gary, G., Huff, T. G., & Smerick, P. A. 1992. Arson. Chap. 4 in *Crime classification manual*, ed. J. E. Douglas, A. W. Burgess, A. G. Burgess, & R. K. Ressler. San Francisco, CA: Jossey-Bass.

Icove, D. J., Escowitz, E. C., & Huff, T. G. 1993. The geography of violent crime: Serial arsonists. Paper presented at the 8th Annual Geographic Resources Analysis Support System (GRASS) Users Conference, March 14–19, Reston, VA.

Icove, D. J., & Estepp, M. H. 1987. Motive-based offender profiles of arson and fire related crimes. *FBI Law Enforcement Bulletin* 56 (4): 17–23.

Icove, D. J., and Horbert, P. R. 1990. Serial arsonists: An introduction. *Police Chief* (Arlington, VA) (December): 46–48.

Icove, D. J., Keith, P. E., and Shipley, H. L. 1981. An analysis of fire bombings in Knoxville, Tennessee. U.S. Fire Administration, Grant EMW-R-0599. Knoxville, TN: Knoxville Police Department, Arson Task Force.

Icove, D. J., Wherry, V. B., & Schroeder, J. D. 1980. *Combating arson-for-profit: Advanced techniques for investigators*. Columbus, OH: Battelle Press.

Inciardi, J. A. 1970. The adult firesetter: A typology. *Criminology* 8 (2): 141–55, doi: 10.1111/j.1745-9125.1970.tb00736.x.

Karter Jr, M. J. 2011. *Fire loss in the United States during 2010*. Quincy, MA: National Fire Protection Association.

Kocsis, R. N., & Cooksey, R. W. 2006. Criminal profiling of serial arson offenses. Chap. 9 in *Criminal profiling: Principles and practice,* ed. R. N. Kocsis, 153–74. Totowa, NJ: Humana Press.

Kocsis, R. N., & Irwin, H. J. 1997. An analysis of spatial patterns in serial rape, arson, and burglary: The utility of the circle theory of environmental range for psychological profiling. *Psychiatry, Psychology and Law* 4 (2): 195–206, doi: 10.1080/13218719709524910.

Kocsis, R. N., Irwin, H. J., & Hayes, A. F. 1998. Organised and disorganised criminal behaviour syndromes in arsonists: A validation study of a psychological profiling concept. *Psychiatry, Psychology and Law* 5 (1): 117–31, doi: 10.1080/13218719809524925.

LeBeau, J. L. 1987. The methods and measures of centrography and the spatial dynamics of rape. *Journal of Quantitative Criminology* 3 (2): 125–41.

Levin, B. 1976. Psychological characteristics of firesetters. *Fire Journal* (March): 36–41.

Lewis, N. D. C., & Yarnell, H. 1951. *Pathological firesetting: Pyromania*. New York: Nervous and Mental Disease Monographs.

Lieber, A. L., & Agel, J. 1978. *The lunar effect: Biological tides and human emotions*. Garden City, NY: Anchor Press.

MacQueen, J. B. 1967. Some methods for classification and analysis of multivariate observations. Paper presented at the Fifth Berkeley Symposium on Mathematical Statistics and Probability.

Miller, S., & Fritzon, K. 2007. Functional consistency across two behavioural modalities: Fire-setting and self-harm in female special hospital patients. *Criminal Behaviour & Mental Health* 17 (1): 31–44.

Netherwood, R. E. 1966. The relationship between lunar phenomena and the crime of arson. Master's thesis, University of California, Berkeley.

NFPA. 2011. *NFPA 921: Guide for fire and explosion investigations*. Quincy, MA: National Fire Protection Association.

NVFC. 2011. Report on the firefighter arson problem: Context, considerations, and best practices. Greenbelt, MD: National Volunteer Fire Council.

Park, R. E., & Burgess, E. W. 1921. *Introduction to the science of sociology*. Chicago, IL: The University of Chicago Press.

Quinsey, V. L., Chaplin, T. C., and Upfold, D. 1989. Arsonists and sexual arousal to fire setting: Correlation unsupported. *Journal of Behavioral and Experimental Psychiatry* 20 (no. 3): 203–8.

Reardon, J. J. 2002. The warning signs of a faked death: Life insurance beneficiaries can't recover without providing "due proof" of death. *Connecticut Law Tribune*, 5.

Rengert, G., & Wasilchick, J. 1990. *Space, time, and crime: Ethnographic insights into residential burglary*. Final Report to the U.S. Department of Justice. Philadelphia, PA: Temple University, Department of Criminal Justice.

Repo, E., Virkkunen, M., Rawlings, R., & Linnoila, M. 1997. Criminal and psychiatric histories of Finnish arsonists. *Acta Psychiatrica Scandinavica* 95 (4): 318–23, doi: 10.1111/j.1600-0447.1997.tb09638.x.

Rider, A. O. 1980. The firesetter: A psychological profile. *FBI Law Enforcement Bulletin* 49 (June, July, August): 7–23.

Robbins, E., & Robbins, L. 1967. Arson with special reference to pyromania. *New York State Journal of Medicine* 67:795–98.

Rogerson, P., & Sun, Y. 2001. Spatial monitoring of geographic patterns: An application to crime analysis. *Computers, Environment and Urban Systems* 25 (6): 539–56, doi: 10.1016/s0198-9715(00)00030-2.

Rossmo, D. K. 2000. *Geographic profiling*. Boca Raton, FL: CRC Press.

Rule, A. 1998. *Bitter harvest: A woman's fury, A mother's sacrifice*. Thorndike, ME: G.K. Hall.

Santtila, P., Fritzon, K., & Tamelander, A. 2004. Linking arson incidents on the basis of crime scene behavior.

Journal of Police and Criminal Psychology 19 (1): 1–16, doi: 10.1007/bf02802570.
Sapp, A. D., Gary, G. P., Huff, T. G., Icove, D. J., & Horbett, P. R. 1994. *Motives of serial arsonists: Investigative implications*. Monograph. Quantico, VA: Federal Bureau of Investigation.
Sapp, A. D., Gary, G. P., Huff, T. G., & James, S. 1993. *Characteristics of arsons aboard naval ships*. Monograph. Quantico, VA: Federal Bureau of Investigation.
Sapp, A. D., Huff, T. G., Gary, G. P., D J Icove, D. J., & P Horbert, P. 1995. *Report of essential findings from a study of serial arsonists*. Monograph. Quantico, VA: Federal Bureau of Investigation.
Snook, B., Taylor, P. J., & Bennell, C. 2004. Geographic profiling: The fast, frugal, and accurate way. *Applied Cognitive Psychology* 18 (1): 105–21, doi: 10.1002/acp.956.
Stanton, J., & Simpson, A. I. F. 2006. The aftermath: Aspects of recovery described by perpetrators of maternal filicide committed in the context of severe mental illness. *Behavioral Sciences & the Law* 24 (1): 103–12, doi: 10.1002/bsl.688.
Steinmetz, R. C. 1966. Current arson problems. *Fire Journal* 60 (no. 5): 23–31..
Stewart, M. A., & Culver, K. W. 1982. Children who set fires: The clinical picture and a follow-up. *British Journal of Psychiatry* 140:357–63, doi: 10.1192/bjp.140.4.357.
Tou, J. T., & Gonzalez, R. C. 1974. *Pattern recognition principles*. Reading, MA: Addison-Wesley.
USFA. 2003. Special report: Firefighter arson. *Technical Report Series*. Emmitsburg, MD: U.S. Fire Administration.
Vandersall, T. A., and Wiener, J. M. 1970. Children who set fires. *Archives of General Psychiatry* 22 (January).
Virkkunen, M., Nuutila, A., Goodwin, F. K., & Linnoila, M. 1987. Cerebrospinal fluid monoamine metabolite levels in male arsonists. *Archives of General Psychiatry* 44 (March): 241–47.
Vreeland, R. G., & Waller, M. B. 1978. The psychology of firesetting: A review and appraisal. Chapel Hill, NC: University of North Carolina.
Wheaton, S. 2001. Personal accounts: Memoirs of a compulsive firesetter. *Psychiatric Services,* 52 (8), doi: 10.1176/appi.ps.52.8.1035.
Willis, M. 2004. Bushfire arson: A review of the literature. *Research and Public Policy Series No. 61*. Canberra, Australia: Australian Institute of Criminology.
Wolford, M. R. 1972. Some attitudinal, psychological and sociological characteristics of incarcerated arsonists. *Fire and Arson Investigator* 22.
Woodhams, J., Bull, R., & Hollin, C. R. 2007. Case linkage: Identifying crimes committed by the same offender. Chap 6 in *Criminal profiling: Principles and practice,* ed. R. N. Kocsis, 117–33. Totowa, NJ: Humana Press.
Yang, S., & Geller, J. L. 2009. Firesetting. In *Wiley encyclopedia of forensic science*. Chichester, UK: Wiley. (See online edition at www.wiley.com/.)

第 6 章

火灾模拟

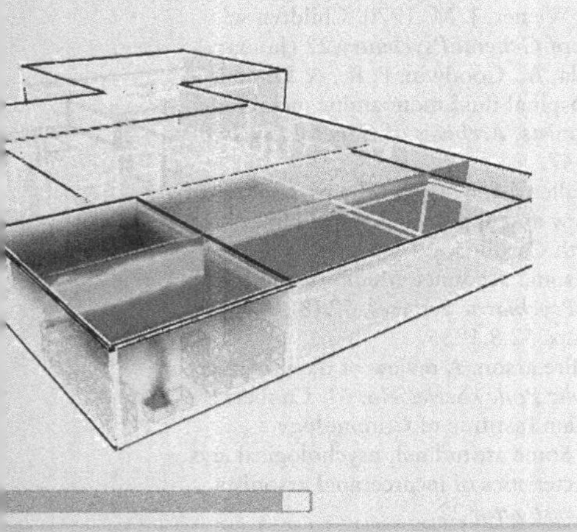

"数据！数据！数据！没有黏土我就无法造砖。"

——阿瑟·柯南·道尔爵士

《铜山毛榉案》

【关键词】 场模型；验证和确认（V&V）；火灾模型；区域模型

【目标】 通过学习本章，学员应该能够达到以下几点学习目标：

- 确定火灾模拟在火灾现场重建的合理应用；
- 评估火灾模拟应用的必要数据；
- 运用火灾模拟进行案例研究；
- 解释火灾模拟结果。

在火灾调查中，火灾模型一般有物理模型和计算模型两种类型。本章讨论计算模型，物理模型在第 8 章火灾试验中讨论。

虽然火灾模拟技术在 20 世纪 60 年代就存在了，但火灾模拟最近 20 年才在火灾调查中得到广泛应用。过去火灾模拟主要用于解释火灾中的物理现象，特别是用于验证实验数据。现在计算机模拟得到了广泛应用（DeHaan，2005）。

美国国家标准与技术研究院（NIST）、英国建筑研究院（BRE）和英国消防研究所（FRS）有大量的火灾科学家和消防工程师，他们与其他地方的火灾科学家和消防工程师共同努力将火灾模拟技术推出了实验室，应用到火灾现场重建中。在火灾诉讼和现场重建领域的早期成功应用，使得火灾模拟技术在此领域充分展示了其用途（Bukowski，1991；Babrauskas，1996）。本书对他们的卓越工作做了重要的阐述。

本章的目的不是为了让读者成为火灾模拟方面的专家，而是让读者能更好地评估火灾模拟技术在一起火灾调查中的作用。本章提供了丰富的参考资料，也是为了给大家提供更多的信息。

火灾调查人员调查一起重大或疑难火灾时，会有许多困惑的问题。本章试着回答这些问题：（1）什么是火灾模型？（2）火灾模拟技术可以从哪些方面帮助一起火灾的调查？（3）一个火灾模拟的现实的和可靠的结果是什么？（4）需要应用多种火灾模拟以增加火灾调查结论的可信度吗？（5）火灾模拟的前景怎样？

6.1 火灾模拟的历史

NIST 的 Mitler（1991）综述了火灾模拟的发展情况。NBS（美国国家标准局，NIST 的前身）的科学家在 1927 年首次科学解释了室内火灾轰燃后室内气体温度与燃料消耗之间的关系（lnberg，1927）。

1958 年，日本科学家通过研究通风因子与稳态火灾发展的关系建立了第一个火灾模型（Kawagoe，1958）。瑞典科学家建立了第二个火灾模型（Magnusson，Thelandersson，1970），伯克利加利福尼亚大学的 Babrauskas 随后也建立了一个火灾模型（1975）。

NIST 的 Mitler 准确阐述和展望了火灾数值化模拟的发展和应用（Mitler，1991）。

一个结构良好的火灾数值模拟应该做到：

- 避免重复的火灾全尺寸实验；
- 对设计师和建筑师有所帮助；
- 建立多种材料的物性参数库；
- 提高火灾模型的灵活性和可靠性；
- 满足火灾研究需求；
- 对火灾调查和诉讼有所帮助。

由于火灾实验存在环境条件和经费预算的限制，对于许多火灾实验和火灾测试来说，火灾模拟无疑是重要的补充。例如火源的位置和各种燃料组合、通风条件、材料厚度等因素的影响都可以用火灾模型进行评估，以此减少多次进行全尺寸火灾实验的可能。火灾模拟也可以用于对全尺寸火灾实验结果进行验证。

当设计师和建筑师提出新的建造施工方法和新材料时，他们发现用火灾模拟技术来评估火灾给建筑和居民造成的影响是非常有益的。在建筑设计和审核时，一些非传统或全新的设计（如中庭建筑设计）很难用常规建筑规范去规范，而火灾模拟就变得更为可行。火灾模拟现在也用于火灾人员疏散的建筑疏散最优化路线的研究。

凭借火灾动力学的先进理论，火灾数值模拟将火灾研究带入了火势发展、火焰传播和轰燃等研究领域。模拟技术可以帮助设计师、工程师、研究人员，甚至火灾调查人员深入到某些以前的空白研究领域。

最后，火灾模拟技术对火灾调查和诉讼产生了重大影响（DeHaan，Icove，2012）。这些领域的内容都将在本章中进行讨论。

6.2 火灾模型

火灾模型在火灾科学和工程领域已经有广泛的应用。火灾模拟结果是法庭证据、证人询问、现场照相、录像、初步现场勘验等收集到的火灾信息的有力补充。火灾模型主要有八大类（Hunt，2000），如表 6-1 所示。

表 6-1　火灾模型分级和常见例子

模型分级	描述	例子
电子表格	计算用于解释实际案例数据的数学解	FiREDSHEETS，NRC spreadsheets
区域	通过两个均匀区域计算火灾环境	FPETooI，CFAST，ASET-B，BRANZFIRE，FireMD
场	通常运用有限数学，通过求解守恒方程计算火灾环境	FDS，JASMINE，FLOW3D，SMARTFIRE，PHOENICS，SOFIE
轰燃	计算能量、质量和构件的时间-温度史，有助于评估火灾中的结构完整性	COMPF2，OZone，SFIRE-4
防火性能	根据响应时间指数（RTI）计算喷水装置和检测器的响应时间	DETACT-QS，DETECT-T2，LAVENT
热和结构反应	计算结构的耐火极限	FIRES-T3，HEATING7，TASEF
烟气流动	计算烟雾和气体物质的分散情况	CONTAM96，Airnet，MFIRE
出口	计算使用随机模拟烟雾条件下的人员疏散，出口变量来计算疏散时间	Allsafe，buildingEXODUS，EESCAPE，EVACS，EXITT，Simplex，SIMULEX，WAY-OUT

火灾模型通常是对火灾的影响结果进行模拟，而不仅仅是模拟火灾现象本身。火灾模型常常分为概率模型和确定性模型两种。概率模型通常利用统计数学估算或预测一个结果（带有某种可能性），例如研究火场中的人员行为（SFPE，2008，3-11 和 3-12）。确定性模型中，研究者依赖于基于火灾科学的物理和化学基础理论的数学关系。确定性模型可以是简单的直线模拟，也可以是火灾实验数据与复杂火灾模型组成的成百个方程的联立求解。

数学模型通常是根据实测火灾数据构建出来的。这些模型可以利用公式手算，用科学计算器计算，用试算表计算，或用一个简单的计算机程序来进行计算。烟气填充率、火焰高度、虚拟原点和其他的近似值通常可以在几分钟内手工计算出来。当选用公式适当和应用得当时，火灾模拟常常会得到令人满意的计算结果。

本书主要用于快速解决一些火灾调查实际问题，因此强调区域模拟和场模拟的应用。本书局限于火灾模拟概念的归纳总结，而不是作为模拟软件的使用手册来使用。事实上，大多数火灾模拟手册指出火灾模拟只用于那些已经被验证了的消防工程领域，模拟结果对用户的专业判断起到辅助作用。

6.3 电子表格模型

用于解决简单消防工程关系的最为著名的电子表格是在 1992 年 5 月的一项题为“定量的火灾风险分析方法”的研究中提出的，这项研究是美国电力研究院（EPRI）委托马里兰大学消防工程系承办的，由美国消防工程师学会（SFPE）发布（Mowrer，1992）。

这项研究描述了用于火灾薄弱环节评价（FIVE）方法的火灾危险性分析模型，并为美国核管理委员会（NRC）所用。火灾薄弱环节评价（FIVE）分析采用实际工业损失来定量评价灾害损失，包括可燃液体泄漏导致的火灾、电缆槽火灾、电气火灾。其中很多例子预测了火羽流、顶棚射流温度、热气层、热辐射和临界热通量的影响。这些概念可以用来解决火灾现场的重建与分析方面的问题（Mowrer，1992）。

继这项研究之后马里兰大学消防工程系（Milke，Mowrer，2001）继续研究出FIREDSHEETS。这些电子表格集中研究室内火灾分析的细节方面，包括大量先被引燃的典型材料的性能表。

Mowrer 继续开发电子表格模板用以火灾动力学计算，现在这些模板与大量文献一起发布在火灾风险论坛网（Mowrer，2003）。这些模板包含了一系列采用 FPETool（Nelson，1990）和其他工具的室内火灾动力学计算，如图 6-1 所示。Mowrer 电子表格还包括用于火灾和放火调查培训课程的关键计算，其中放火调查培训课程是由马里兰大学消防工程系针对美国烟酒枪支爆炸物管理局特工开设的。表 6-2 列出了 Mowrer 电子表格中的相关计算。

火羽层：对火焰中温度上升的推测

输入参数		
热释放速率	500	kW
对流部分	0.7	—
火焰高度	5	m
起点位置	1	—
计算参数		
对流热释放速率	350	kW
火焰高度	2.4	m
火羽温度	95	℃

起火点因素	起点位置
开放空间火焰	1
墙边火焰	2
墙角火焰	4

上层空间：对经过相关MQH修正的上层火焰温度上升的推测

输入参数		
房间长度	6.16	m
房间宽度	6.7	m
房间高度	2.8	m
开口宽度	1.8	m
开口高度	2.7	m
边界传导率	0.00017	kW/(m·K)
边界密度	960	kg/m^3
边界比热容	1.1	kJ/(kg·K)
边界厚度	0.0125	m
火焰热释放速率	2000	kW
起点位置	4	—
计算时间	400	s
计算参数		
热传递系数	0.0211849	$kW/(m^2·K)$
边界区域	154.56	m^2
通风因素	7.99	$m^{5/2}$
上升温度	582	℃

图 6-1　利用莫勒（Mowrer）表格进行火灾动力学计算的 21 个火灾案例中的两个例子

后来开发出一种名为火灾动力学工具（FDTS）的电子表格，它更加以行业为导向，并用于 NRC 消防检查程序（Iqbal，Salley，2004）。电子表格的输出格式较财务报表更为直观。表 6-3 为 NRC 火灾动力学电子表格，它是一个可用的 FDTS 电子表格概要。

表 6-2　莫勒火灾风险论坛电子表格

模板	电子表格描述
ATRIATMP	估算在一个大的开放空间(如中庭)内热气层的近似平均气温上升情况
BUOYHEAD	估算天花板下面热气体流动造成的压力差,气体速度和单位质量流量
BURNRATE	估算易燃液体火灾的燃烧速度

续表

模板	电子表格描述
CJTEMP	估算非限制顶棚射流中温度上升情况
DETACT	估算吊装式火灾探测器的响应时间
FLAMSPRED	估算固体材料的横向火焰传播速率
FLASHOVR	估算使具有单一矩形壁通风口的房间发生轰燃所需的热释放速率
FUELDATA	包含常见燃料的热物理和燃烧速率数据
GASCONQS	估算气体组分浓度
IGNTIME	估算暴露在恒定的热通量中的热厚性固体的点燃时间
LAYDSCNT	估算在一个封闭的房间内夹带烟气层界面位置
LAYERTMP	估算具有单一的矩形开口的密闭空间的平均热气层温度
MASSBAL	估算通过单壁开口的封闭空间的质量流量
MECHVENT	估算没有自然通风和机械通风的空间内的火灾状况
PLUMEFIL	估计火羽流中烟流量的容积率
PLUMETMP	估计轴对称火羽的温度上升情况
RADIGN	估算可燃目标辐射点火的潜力
STACK	估算通过封闭空间的质量流速
TEMPRISE	估算在一个封闭的房间内平均气温上升情况
THERMPRP	包含 15 种边界材料热性能数据

注：来源于 F. W. Mowrer，火灾动力学计算的电子表格模板，美国马里兰大学消防工程系，2003，火灾风险论坛网站上发布的电子表格和文档，fireriskforum. com/。

表 6-3 NRC 火灾动力学电子表格

章篇	FDTS 电子表格描述
2	估算自然通风条件下室内火灾的热气层温度和烟气层高度 估算强制通风条件下室内火灾的热气层温度 估算门关闭的条件下室内火灾的热气层温度
3	估算液池火的燃烧性能、热释放速率、燃烧持续时间和火焰高度
4	估算墙体火焰高度
5	估算点源辐射模型在无风状态下从火源到地面目标燃料的辐射热通量 估算固体火焰辐射模型在有风状态下从火源到地面目标燃料的辐射热通量 估算烃火球热辐射
6	估算暴露在恒定辐射热通量下目标燃料的点火时间
7	估算防火电缆桥架的全尺寸热释放速率
8	估算固体可燃物燃烧时间
9	估算漂浮火羽流中心线温度
10	估算水喷淋响应时间
13	计算火灾严重性
14	预测封闭隔间的压力上升情况
15	预测与爆炸相关的压力增加情况与爆炸能量

续表

章篇	FDTS 电子表格描述
16	计算电池室内氢气产生的速率
17	估算结构钢梁的防火喷涂涂层(替代关系)的厚度 估算防火绝缘保护的钢梁耐火时间(准稳态法) 估算未受保护钢梁耐火时间(准稳态法)
18	估算穿透烟气的能见度

注：来源于 Iqbal，Salley，2004。

6.4 区域模型

两区模型（图 6-2）是基于这样一个概念，在一个房间或封闭区域火灾可以用两个独特的区域来描述，每个区域的条件都可以预测。两区指两个单独的区，通常称为上区和下区（或者上层和下层）或层。燃烧上区由被加热的气体及其副产物组成，只有火羽流能够穿透。这些热气体和烟雾堆积在吊顶层，然后缓慢下降。边界层是上部和下部区域的交叉层。上层和下层之间唯一的物质交换是通过火羽流的行动得以实现的。

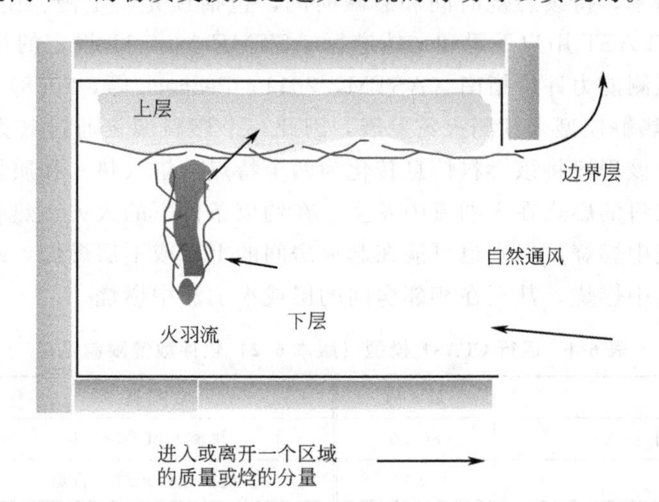

图 6-2　用图解的形式对两区模型做了阐述。SFPE1992 年公布的一项调查显示 ASET-B 和 DETACT-QS 是当时使用最广泛的区域模型（NIST，Forney，Moss，1992）

区域模型用一组微分方程求解每一区的压力、温度、一氧化碳、氧气和碳烟颗粒生成量。这些计算的精度不仅与模型有关，输入数据的可靠性也是很重要的，它描述了具体情况和房间的尺寸，最重要的是，它阐述了材料在大火中燃烧的热释放速率。多达 10 个房间的两区模型非常复杂，通常需要几分钟的时间来运行，且需使用多核计算机工作站或笔记本电脑。

现在 CFAST（火灾发展和烟气传输综合模型）已成为应用最为广泛的区域模型，它使用一个独特综合区的建模和火灾分析工具，将 FIREFORM 模型的工程计算和 FASRlite 的用户界面结合起来（Peacock 等，2008）。

6.4.1 CFAST 概述

CFAST 双区模型是一种热质平衡模型，不仅基于物理和化学，还基于火灾试验结果以及真实火灾现场勘验结果。CFAST 可用于计算：

- 燃烧物产生的焓和质量；
- 浮力与通过横向和纵向的通风强制输送的焓和质量；
- 温度，烟气的光学密度和物质的浓度。

CFAST 3.1.7 具有图形用户界面（GUI），允许用户输入和修改房间的物理形状、火灾名称、图形输出等特征参数。CFAST 5.0.1（最新版本是 CFAST 6.2）的一个提高是它与 Smokeview 联系在一起的，Smokeview 是 NIST 的火灾动力学模拟软件（FDS）的图形界面程序。表 6-4 总结了 CFAST6.2 版目前的功能。

CFAST 自 1990 年 6 月首次公开发行使用，与过去相比性能有很大提高。CFAST 6.1 版包括一个新设计的用户界面，包含了换热计算、走廊烟气流动、更为准确的燃烧化学等方面的改进。NIST 增加了可以界定一般 t^2 增长率火灾的功能，允许用户选择增长率，峰值热释放速率，持续燃烧时间和衰减时间，包括预先设定慢、中、快和超快 t^2 火灾的常数。最新 CFAST 用户手册和文档遵循 ASTME 1355-11 规定的指导方针：对于确定性火灾模型的预测能力评价指南（ASTM，2011；Peacock 等，2008）。

CFAST 没有热解模型来预测火灾发展，因此一个燃料源是通过其火灾名称（热释放速率）来描述的。该程序将该燃料信息转化为两个特点：焓（热）和质量。在一个无约束的火灾中，这种燃料的燃烧在火羽流中发生。在约束条件下的火灾，热解燃料可以在有足够的氧气的火羽流中燃烧，但它也可能在起火房间的上层或下层燃烧，或者在通往隔壁房间的门口的火羽流中燃烧，甚至在相邻房间的层或火羽流中燃烧。

表 6-4 运行 CFAST 模型（版本 6.2）软件数值限制汇总

特征	最大值	特征	最大值
模拟时间/s	86400	机械通风系统风扇	5
隔间	30	机械通风系统的管道	60
目标火	31	房间和机械通风系统的连接	62
数据库中的火灾定义	30	独立机械通风系统	15
材料的热性能定义	125	目标	90
单一表面材料板	3	历史记录或电子表格文件中的数据点	900

6.4.2 火羽流和层次

在以往的数学模型中，热通量的计算采用火羽流的虚拟原点，CFAST 模型也将火羽流作为一个“泵”把焓和质量从上层传输到下层。除了焓和质量，还有流入物和流出物通过水平或垂直的通风口（门、窗等）进行传输，这便是火羽流的原型。

该模型的一些假设在实际的火灾并不总是成立的。上层和下层的物质混合过程也在它们的界面发生。在冷壁面，随着热量和浮力的减少气体向下流动。同时，供暖和空调系统也会使上下层混合。

当上层下降到开放排气口的开口位置以下时，火势从一个房间到下一个房间发生水平流动。上层下降时，相连通的房间的压力差可能会导致空气向相反的方向从一个房间或隔室流入和流出，从而造成两相流动状态。当一个房间的屋顶或天花板打开时可能会发生物质的垂直向上流动。

6.4.3 传热

在 CFAST 模型中，高达三层的独特的材料特性可以定义为房间的表层（天花板、墙壁、地板）。这种设计考虑是有用的，因为在 CFAST 模型中，热转移到表面是通过对流传热和表面的热传导。

辐射热传递发生在火羽流、气体层和表面。在辐射换热中，辐射主要是由气体层内物质的贡献（烟雾、二氧化碳和水）决定的。CFAST 应用燃烧化学方案，使起火房间的碳氢氧含量达到平衡，包括火羽流的低层部分，上层和下层夹带的空气，其中这些空气进入下一个连通房间的上层部分。

6.4.4 局限性

区域模型有其局限性。物理和化学的六个方面不包括在内或有非常有限的在区域模型实现：火焰传播，热释放速率，火灾化学，烟化学，实际层混合和灭火（Babrauskas，1996）。物质的浓度方面的错误会导致在层与层之间的焓分布存在误差，这会影响温度场和流场的计算精度。CFAST 上层温度过高，部分原因是窗口的辐射热损失目前未纳入模型。

即使有这些限制，区域模型在法庭火灾重构和诉讼中是非常成功的（Bukowski，1991；DeWitt，Goff，2000）。CFAST 区域模型已成功应用于美国联邦法院诉讼中（见第 1 章，案例 1-2）。这些成就是卓越的科学家和工程师们的努力成果，他们多次重复进行实际火灾试验，并应用一系列研究成果，包括由 NRC 的检验和确认研究（Salley，Kassawar，2007）。

6.5 场模型

场模型以计算流体动力学（CFD）技术为依据，是最先进也最为复杂的确定性模型。场模型可以三维直观显示火场信息，在火灾现场重建技术中，尤其作为诉讼支持和火灾现场重建的工具，是具有吸引力的。

然而，场模型也是有缺点的。创建输入数据通常非常耗时，往往需要功能强大的计算机工作站来计算并显示结果。场模型的计算时间可能是数天或数周，这与模型的复杂性和计算机系统的计算能力相关。

6.5.1 计算流体动力学模型

CFD模型通过把房间划分成均匀的小隔间而不是两区来预测火灾环境或控制体积。此程序同时解决了燃烧、辐射和进出每个间隔表面的质量三个方面的守恒方程。目前的不足之处是其背景和编辑模型训练水平还不够高，特别是针对更为复杂的布局。

使用CFD模型较区域模型如CFAST有许多优点。CFD模型的高分辨率使解决方案更精准。更加高速度的笔记本电脑和工作站使得CFD模型运行成为可能，而在过去，则需要大型机和小型机来运行。在并行处理阵列中，多个工作站成功连接，使复杂的计算更加快速地完成。

由于CFD模型应用于流体流动、燃烧、传热等领域，其所应用技术比简单和粗糙的模型更为人们所接受。一旦这些模型得到更加广泛的验证，在一些重视基础证据的领域将会更受欢迎，如火灾现场的重建。

CFD在火灾现场重建方面具有悠久的使用历史，且其可以在商业流通，并具有直观的图形界面，使得CFD的应用日益普及（例如PyroSim，Thunderhead 2010，2011）。现在CFD程序的功能较区域模型更加先进，其中，最重要的是它仅在维护模式下操作。此外，CFD程序，如FDS，由于被广泛地使用、测试和越来越多地受到认可，变得经济实用。

6.5.2 基于CFD技术的NIST场模型

FDS是得到众多推荐的基于CFD技术的场模型，并且由于没有使用成本，聚焦于研究，在业内广为接受。

FDS软件可从NIST的建筑火灾研究实验室免费下载获得（McGrattan等，2010）。第一版本的FDS公开发布于2000年2月，现已成为火灾研究和司法界的常用场模拟软件。

FDS是火灾驱动的流体流动模型，并且在数值上求解出热驱动的烟雾和热量输运的纳维-斯托克斯方程。Smokeview是FDS的配套程序，它记录FDS的计算图形界面，包括物质的浓度，温度和各种模拟的热通量。FDS（McGrattan等，2010）和smokeview（Forney，2010）的用户指南都可在NIST的网站fire. nist. gov/. 上进行查看。

FDS的传统使用现已演化成为烟处理系统评价，喷头和探测器的激活和火灾重建。它也被用来研究在学术界和工业环境中遇到的基本的火灾动力学问题。FDS使用一套模型来解决计算问题：用流体动力模型来求解纳维-斯托克斯方程，用大涡模拟（LES）Smagorinsky表格来研究形成的烟雾和热传输，用网格数值模拟来处理湍流，用混合分数模型和有限体积法研究辐射传热。

不幸的是，FDS采用直线网格来描述计算单元。这使得坡形屋顶、圆形隧道、不规则圆形墙壁等的模拟变得困难。材料表面的边界条件包括记录其燃烧行为的指定热常数。像其他的CFD模型，FDS打破了进入隔间的房间（或防火区）并计算出大量的热能和流入流出的每一个隔间六个面的物质运输（通量）。图6-3是一个典型的FDS的输出网格问题。

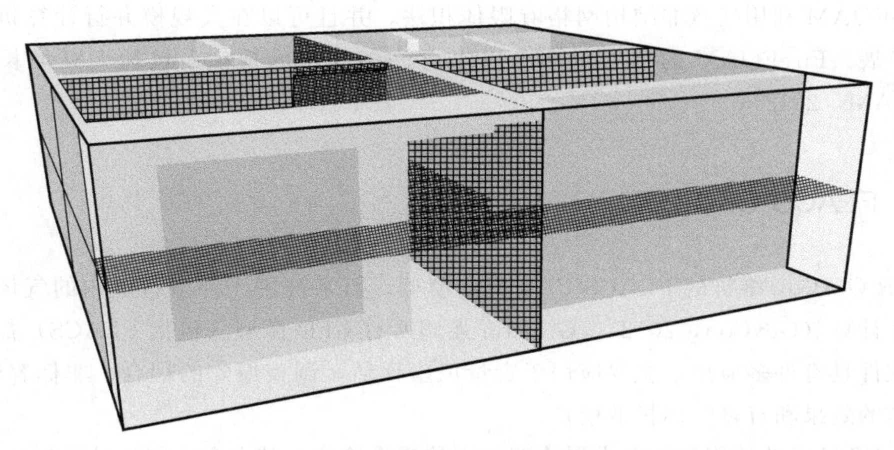

图6-3　CFD（场）模型将房间（或火灾区域）分解为单元，
并计算进入和流出每个单元六个面的质量热能和物质传输（通量）

本书出版时[1] FDS最新的版本是FDS5版本，较之先前的版本，具有显著的改进。FDS6版本的发布正在开发和测试中（译者注：目前最新版本是FDS6版本）。这些改进包括通过墙壁评价传热能力和水抑制以及初始条件的影响，并在固体物体和表面添加图像纹理。Smokeview最新的版本是Smokeview5版本（译者注：目前最新版本是Smokeview6版本）。Smokeview5版本对用于构建FDS模型的直线网格的控制有所增强。场景剪辑使得有许多墙阻塞边界曲面的复杂模型变得可视化。一个更强大的功能允许Smokeview对运动和定位的控制增强。

其他功能包括几种可视化模式，如示踪粒子流、计算变量的动画等值线切片（如矢量热流图）、动画表面数据和多个等体积线。新的可视化工具允许用户比较火灾燃烧痕迹与计算的均匀表面轮廓平面。动画流矢量和粒子动画的选项允许将观察到的热流矢量与计算的矢量进行比较。

水平时间条显示运行的持续时间，垂直颜色编码条显示其他变量，如温度和速度。图形选项包括以屏幕为单位捕捉Smokeview程序输出的能力。屏幕可以导出并制作成动画，但这需要额外的（非NIST）软件和复杂的编辑。

6.5.3　FM Global CFD火灾模拟

FM Global一直作为许多消防工程工具发展的领导者，包括火灾动力学关系，火灾增

[1] 译者注：为原著第三版出版时。

长模型和行为模型及教材中引用的测试协议。FM Global在罗得岛西部格罗斯特校园有一个独特的实验中心，用来从事开发财产损失的预防策略，进行科学研究和产品测试。

目前FM Global利用一些关键的物理模型，如流体力学，热传递，燃烧开发一个新的开源软件包，称为FireFOAM。该程序是一个CFD工具箱应用于火灾和爆炸模拟中。为了促进外部合作，FM发布了它的建模技术。

FireFOAM利用任意非结构网格有限体积法，并且可以在大规模并行计算机上实现高度可扩展。FireFOAM的功能包括可以进行许多复杂的模拟，包括火灾增长和抑制（FireFOAM，2012）。

6.5.4 FLACS CFD模型

CMR GexCon维护的FLACS CFD商业模型，历来被用于许多行业内的气体扩散模拟和爆炸计算（GexCon，2012）。GexCon强调所有CFD模型（包括FLACS）都需要验证。该软件具有许多应用，主要应用于定量风险评估，调查爆炸的耦合、非标容器放空，预测爆炸的效果和有毒气体扩散模拟。

FLACS已成功地用于工业大爆炸调查中的假设检验。其中令人印象最深刻的FLACS的应用是GexCon美国公司和马里兰州的Bethesda公司对于于2006年11月22日在马萨诸塞州丹佛油墨和涂料制造工厂发生的爆炸火灾进行数值分析（Davis等，2010）。

利用FLACS可以探索导致爆炸的事故链以及评估设备内潜在的点火源。研究人员还比较了爆炸的燃料/空气（比值）与观察到的内部和外部的爆炸破坏，说明CFD工具可以提供宝贵的爆炸调查分析。

6.6 指导方针和标准的影响

在过去十年里，火灾模型得到频繁使用，这使得制定一套指南和标准成为一种必要。ASTM委员会E05.33目前遵循四项指南，并在使用过程中不断改进，这些指南规定了火灾模型的评估和使用。以下是目前标准指南（Janssens，Birk，2000）的概要。

6.6.1 ASTM指南与标准

（1）ASTM E1355-11：通过定义场景，证明假设，验证模型的数学基础和评估其准确性来评估火模型的预测能力（ASTM，2011）。

（2）ASTM E1472-07：介绍火灾模型是如何记录的，其中包括一本用户手册，一个程序员指南，数学程序及安装软件的操作（ASTM，2007）。注：2010年被撤销。

（3）ASTM E1591-07：涵盖并记录了对建模者有帮助的文献和数据（ASTM，2007）。

(4) ASTM E1895-07：确定火灾模型的用途和局限性，阐述如何选择最合适的模型（ASTM，2007）。注：2011 年被撤销。

6.6.2 SFPE 指南与标准

SFPE（2011）最近出版了一本《火灾模型应用指南》，这本指南补充了 ASTM 标准，并协助火灾模型的用户学会定义问题，选择一个候选模型，解释核查和验证研究各种模型，并了解用户的影响。附录中涉及消防有关现象的指导，特定模型的应用和相关物理知识的说明。

6.6.3 验证

所有火灾模型必须通过比较预测结果与实际火灾试验的结果来进行验证。这种测试有时会发现缺陷或盲点，即在某些封闭环境或条件下会产生与观察到的火灾行为不同的现象。如果模型并没有被证明可以在特定类型的火灾中得出有效的结果，那么我们不应该断然接受它在一个未知情况下的预测结果。例如，FDS 已被证明可以非常准确地预测大型室内火灾的发展过程，但 FDS 对小型室内火灾的模拟结果与实际小型室内火灾的关系仍需进一步实验。

应当指出的是，FDS 来源于模拟大型固定火灾，如油池火灾的烟羽流的发展和运动。这项工作基于大涡模拟（LES），专注于大气与烟羽的相互作用，而不是火灾本身的运动。最近，FDS 已经应用到研究荒地与城市交界（WUI）的火灾，同时考虑植被火灾对附近结构的影响。这些发展通过与实际事件相比较来进行验证，因为进行此类火灾的实际测试成本高得惊人且非常危险。

不幸的是，美国每年都会发生很多 WUI 火灾，因此就会有很多机会来收集与火灾相关的数据。因为 FDS 通过固体燃料表面的热力学特征来预测火灾的发展和蔓延，当燃料的性质是多孔疏松的，用 FDS 来模拟此类火灾将非常复杂。借风起势的火灾通过这种多孔的燃料堆进行蔓延，使得这个过程变得更加复杂。灌木丛或林场发生的林火几乎总是以破坏力最强的“树冠火”的形式呈现。也就是说，火焰通常在大气风或是火灾引起的气流的驱动下，向上并通过如树叶和针叶这样的多孔燃料堆进行蔓延。虽然 FDS 在仅仅有风助力的平坦草场（没有垂直的因素）蔓延测试中得到了验证，但它还未对更加茂盛的灌木丛和林场中的树冠火提供准确的预测。

6.6.4 达尔马诺克（DALMARNOCK）试验

2006 年，英国爱丁堡大学消防安全工程 BRE 中心进行了达尔马诺克火灾试验。这些测试包括在格拉斯哥达尔马诺克的一幢 23 层的高层建筑中进行的一系列大规模火灾试验。

在测试之前，七支队伍分别了解了关于房间的几何形状，燃料包，火源，消防通风条件等方面的可用信息。该团队尝试建立能够预测火灾现场的模型。测试的主要目的是查看预测结果的精确度。遗憾的是，结果显示，模拟复杂火灾现场具有相当大的难度。

Rein 等（2009）的结论是，在复杂的火灾现场（如 Dalmarnock 模拟）中模拟火灾动力学一直有困难，且建模者准确预测火灾发展的能力较差。一些研究和一本教材详细介绍了这些结果（Rein 等，2009；BRE 中心，2012；Abecassis-Empis 等，2008；Rein，Abecassis-Empis，Carvel，2007）。

然而，有趣的是，赖恩等以前的研究（2006）表明，使用由一阶模拟、区域模拟、场模拟这三个建模方法合并的模拟方法时，其结果具有相对良好的一致性，特别是在火灾早期阶段。研究还表明，这种方法是更复杂的模型的第一步。

6.6.5 检验和确认研究的影响

在 NRC 赞助下，近期检查了火灾模型的检验和确认（V&V）情况，包括 CFAST 和 FDS（Salley，Kassawar，2007）。NRC 的研究集中在特定的核电厂火灾隐患，它解决了很多人担心的问题，即认为火灾模型不准确或不适用于火灾现场重建，如前面提到的 Dalmarnock 测试。

这些问题包括模型预测火灾中常见特征的准确度，如上层的温度和热通量。其中报告的特点是将实际火灾测试结果和手工计算、场模拟和区域模拟的预测结果进行比较。如图 6-4 和在其他研究中，当模型得到正确应用，可以联用多个火灾模型更好地反映实际火灾的变化。

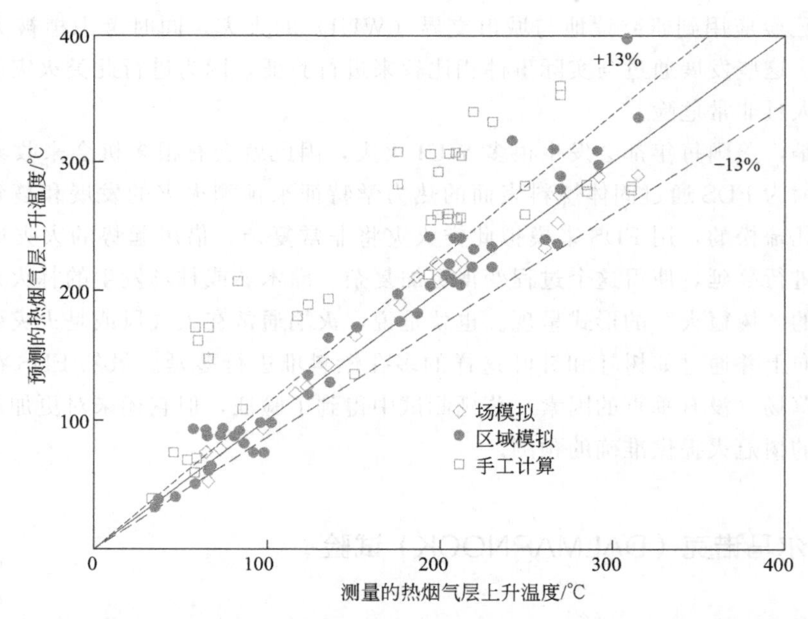

图 6-4　在全尺寸实验中测量的热烟气层温度与手工计算、区域模拟和场模拟预测值的对比。预测值有±13%的偏差，手工计算值趋向于高于预测的热烟气层温度，区域模拟和场模拟值在偏差范围内

检验和确认报告共有七本出版物。第 1 卷（Salley，Kassawar，2007），主报告，提供一般的背景资料，方案和技术概述以及项目的见解和结论。第 2～6 卷提供了：FIRC 动力学工具（FDTS）检验和确认的详细讨论（Salley，Kassawar，2007）；火灾引起的脆弱性评估，修订版 1（FIVE-REV1）（Salley，Kassawar，2007）；火灾发展模型和烟雾传递（CFAST）（Salley，Kassawar，2007）；MAGIC（Salley，Kassawar，2007）；火灾动力学模拟（FDS）（Salley，Kassawar，2007）。第 7 卷详细介绍了这五个火灾模型（Salley，Kassawar，2007）中检验和确认实验的不确定性。

6.7 火灾模拟案例研究

火灾模拟成为分析建筑规范和火灾现场重建的重要工具，科学和法律诉讼是推动其演变的两个主要因素。从实际和历史火灾案例及相关实验中发展得来的消防工程法则丰富了火灾科学。律师寻找关于由火灾破坏造成的责任和赔偿问题的答案，火灾科学也是去寻找相似问题的答案。因此，科学和法律在法庭上相遇。

此外，公众需要知道这类事故为什么发生和怎样发生，并且需要知道防火规章在实际火灾中能否达到预期效果。人们不仅是好奇，还对这样的问题有合理的担心：我的孩子住在一个没有喷淋装置的宿舍是安全的吗？

传统上，火灾模型已被用于两个单独的但重要的方面：

- 消防安全和法规分析；
- 火灾现场重建与分析。

具体火灾模拟评估关注烟雾处理系统，自动喷水灭火系统和探测器的启动，以及火灾/燃烧图痕对重建的影响或性能。消防建模通过不断应用在实际案例上，逐渐开始在司法重建方面发挥作用。表 6-5 列举了部分案例，其中用 NIST 模拟的火灾模型为火灾调查提供了宝贵的参考。这些报告和其他报告可从 NIST 火灾出版社的网站上获得。

表 6-5　典型的 NIST 火灾调查使用火灾建模

NIST 报告引用编号	案件名称及作者
NBSIR87-3560 （1987 年 5 月）	火灾发展早期阶段的工程分析：1986 年 12 月 31 日，杜邦广场酒店和赌场的火灾 H. E Nelson
NISTIR 90-4268 （1990 年 8 月卷 1）	一场致命火灾的全尺寸模拟，并与两个多房间模型的结果进行比较 R. S. Levine 和 H. E. Nelson
NISITIR 4665 （1991 年 9 月）	1989 年 10 月 5 日 Hillhaven 疗养院火灾发展过程的工程分析 H. E. Nelson 和 K. M. Tu
消防工程学报 [4，no. 4（1992）：117-31]	用 HAZZRDI 分析快乐乐园社交俱乐部火灾 R. W. Bukowski 和 R. C. Spetzler
NISTIR 4489 （1994 年 6 月）	1990 年 3 月 20 日，华盛顿特区西北马萨诸塞州大道 20 号普拉斯基大厦火灾的火灾增长分析 H. E. Bukowski

续表

NIST 报告引用编号	案件名称及作者
消防工程师 [56,no. 185(Novermber 1996):14-17]	一次回燃事故模拟:纽约瓦茨街 62 号火灾 R. W. Bukowski
NISTIR 6030 (1997 年 6 月)	火灾调查:对 1978 年 8 月 3 日纽约布鲁克林瓦尔德鲍姆火灾的分析 J. G. Quintiere
NISTIR 6510 (2020 年 4 月)	1999 年 5 月 30 日美国华盛顿特区东北樱桃路 3146 号火灾的动力学模拟 D. Madrzykowski 和 R. L. Vettori
NISTIR 7137 (2004 年 5 月)	2001 年 6 月 17 日纽约五金店地下室火灾动力学模拟 N. P. Bryner 和 S. Kerber
NISTIR 6923 (2002 年 10 月)	2000 年 2 月 14 日德州一层楼餐厅火灾动力学模拟 R. L. Vettori,D. Madrzykowski,W. D. Walton
NISTIR 6854 (2002 年 1 月)	1999 年 12 月 22 日艾奥瓦州一幢两层复式建筑火灾动力学模拟 D. Madrzykowski 和 G. A. Haynes
NIST SP 995 (2003 年 3 月)	1991 年科威特油田火灾的火焰高度和热释放率 D. Evans,D. Madrzykowski,G. A. Haynes
NIST Special [Pub. 1021,2004 年 7 月]	2003 年 10 月 17 日,芝加哥西华盛顿 69 号库克县行政大楼失火:热释放速率实验和 FDS 模拟 D. Madrzykowski 和 W. D. Wslton
NISTIR 7137 (2004 年)	2001 年 6 月 17 日纽约五金店地下室火灾动力学模拟 N. P. Bryner 和 S. Kerber
NIST NCSTAR (2005 年 9 月)	世界贸易中心双子塔火灾的重建——联邦世界贸易中心双子塔火灾的联邦建筑和火灾调查 R. G. Gann, A. Hamins, K. B. McGrattan, G. W. Mullholland, H. E. Neslon, T. J. Nelson, T. J. Olemiller, W. M. Pitts,K. R. Prasad
消防技术 42, [no. 4,(october 2006):273-81]	霍华德街隧道火灾的数值模拟 K. B. McGrattan 和 A. Hanins
消防工程 [31(Summer 2006):34-36]	NIST 夜总会火灾调查:火灾的物理模拟 D. Madrzykowski, N. P. Bryner,S. I. Kerber

注：许多类似的报告可以从 NIST 网站上获得（fire. NIST. gov/）。

以下几个案例非常重要，其在法庭评估火灾现场的火灾模拟发展情况方面值得探讨。这些典型案例连同所引用和已发表的研究中收集的重要概念一起在下文中进行讨论。

6.7.1 英国火灾研究站

英国政府在博勒姆伍德拥有一个卓越的火灾研究站（FRS），直到设备私有化，1997 年搬到了 Garston，现在是一个普通的工程咨询公司，协助英国政府调查火灾已超过 50 年。FRS 调查和重建的火灾事故包括都柏林星尘迪斯科火灾，Windsor 城堡火灾，英吉利海峡隧道火灾，皇家十字地铁车站火灾。FRS 将火灾模拟，现场调查，火灾检测实验室和统计数据库相结合，来检验假设或调查不寻常的现象（FRS，2012）。

FRS 制作了室内火灾模型来解决烟雾和热量的排出问题，研究人员检查了密歇根州利沃尼亚火灾与捷豹汽车厂火灾损失的相似性（Nelson，2002）。这些在两个独立的零件制造中心发生的火灾对汽车的生产有破坏性影响。什么能够将热的副产物和爆炸产物从天花板排出是区域火灾模型的基础，它基于实际的防火测试。

6.7.2 杜邦广场（DUPONT PLAZA）酒店和赌场火灾

1986 年 12 月 31 日发生在波多黎各圣胡安的杜邦广场酒店和赌场火灾造成 98 人死亡，由于这场火灾造成了严重且不必要的生命损失，已经成为大型火灾重建应用程序的案例。已故 NIST 研究员 Harold“Bud” Nelson 曾与 ATF 调查员合作，通过收集和分析现场调查中获得的数据成功起诉了只是为了扰乱酒店管理的放火者。

该分析结合技术数据和火灾发展模型来解释火灾动力学（Nelson，1987）。该分析关注燃烧速率，热释放速率，烟气温度，烟气层，氧气浓度，能见度，火焰蔓延和扩散速度，水喷淋作用，烟雾探测器响应和火灾持续时间。在这个分析中使用的火灾模型包括 FIRST，ROOMFIR，ASETB 和 HOTVENT。

根据分析可以确认最先起火部位位于南舞厅，然后火势蔓延到旁边一个大厅，之后到大堂和赌场区。图 6-5 记载了起火后 60s 的情况。

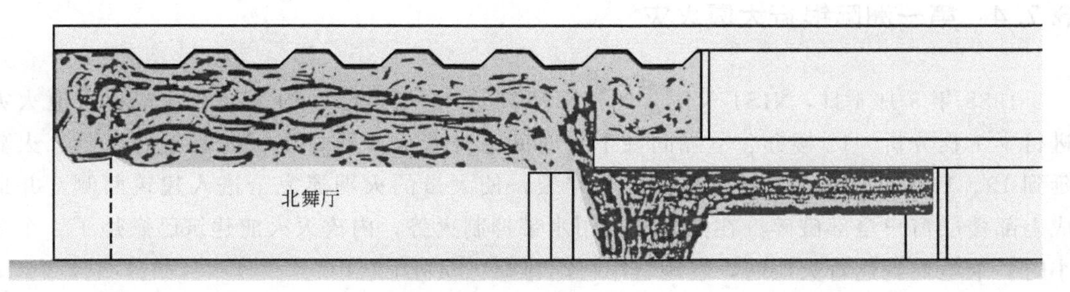

图 6-5　分析结合技术数据和 NIST 火灾发展模型来解释杜邦广场火灾的动力学，分析关注了燃烧速率，热释放速率，烟气温度，烟气层，氧气浓度，能见度，火焰蔓延和扩散速度，水喷淋作用，烟雾探测器响应和火灾持续时间

6.7.3 皇家十字地铁车站火灾

1987 年 11 月 18 日在皇家十字地铁车站发生的火灾是采用 CFD 模型进行火灾调查的重要案例。CFD FLOW 3D 模型沿着火势在木边和自动扶梯的踏板向上沿 30°倾斜的方向追踪。“壕沟效应”的理论是经 CFD 模型验证的一种独特现象。在这场火灾中 31 人丧生，其中包括一名高级消防队长（Moodie，Jagger，1992）。

判断这场火灾的起火点时，调查人员根据目击者的证词确定最先起火部位是 4 号扶梯以下大约 21m（68ft）的地方。该区域是火灾中木扶手，踏板和立管遭受破坏的最低位置。通过对油漆起泡和天花板损坏情况的分析也可以确定起火部位。一位从自动扶梯上下来时看到火灾过程的证人也证实了上述物理指标。

调查的结论是，火灾是由丢弃的烟蒂引燃运动的木制楼梯台阶引起的。火灾烧毁了木质楼梯的大部分可燃材料，并蔓延到其他的自动扶梯和上层售票厅。上层售票厅是由临时胶合板构成，尽管使用了防火涂料涂层，仍然可以燃烧。

除了采用 CFD 模型，政府的健康和安全人员还得到了来自火源附近区域的取样品的燃烧特性。调查人员惊讶地发现扶梯润滑脂加上纤维碎片（纸毛，绒毛）可以充当灯芯被点燃。

为了评估和验证 CFD 模型的模拟结果，进行了三种类型的测试。全尺寸燃烧试验结果表明，每 1m 长的自动扶梯的火灾初期热释放量为 1MW。小尺寸模型实验表明，超过一定的火灾尺寸，自动扶梯通道中的火焰没有垂直蔓延，而是被携入的空气向下推入了沟槽里，促进了表面火焰的快速蔓延。开放式通道等比例火灾测试检测了 30°的倾斜平面并用不同表面覆盖物的胶合板来评估火焰蔓延。热气体在隧道迅速向上移动，充满了售票大厅。当气体达到着火极限，大火吞噬大厅（Moodie，Jagger，1992）。

从这次火灾显示的沟槽对火灾和火灾速度的影响中我们可以发现，这类火灾可以发展并且蔓延。目击者低估了烟传播速度和火灾发展的强度以及快速疏散的必要。从那时起，地铁系统禁止吸烟，并且可燃自动扶梯、围墙和引导标志已被淘汰。

6.7.4 第一洲际银行大厦火灾

1988 年 5 月 4 日，NIST 又对加州洛杉矶高达 62 层钢结构的第一洲际银行大厦火灾进行了工程分析。12 楼办公室隔间在下班时间意外着火并通过该层向其他层蔓延。火蔓延到 13、14 和 15 层，16 楼的外窗部分碎裂，使大量的火羽流完全进入建筑两侧，并造成上部楼层窗户全部破碎。在消防队员用水带抑制火势，内攻灭火前建筑已燃烧了 2 个多小时。乘电梯到达着火层时，发现其中一名维修人员死亡。

NIST 的火灾分析中使用的可用安全疏散时间（ASET）程序计算烟气层的温度，烟雾浓度和氧气含量预测轰燃（600℃［1150℉］烟气温度）。用 DETACT-QS 模型来估算烟雾探测器和水喷淋在火灾时的响应。这些研究显示如果起火楼层有水喷淋的话，造成的损害本来是可以避免的。

这种分析第一次评估可燃家具和被破坏的玻璃的燃烧图痕和火焰传播情况，火焰从破碎玻璃蔓延至上层的情况以及火灾重构的室内燃烧率。该研究还提出一个 transfire 三角形，这表明质量燃烧（裂解）率，热释放速率和可用空气（氧）的重要相互依存关系（Nelson，1989）。

6.7.5 Hillhaven 敬老院火灾

火灾于 1989 年 10 月 5 日晚 10 点发生在弗吉尼亚州诺福克 Hillhaven 康复疗养中心，夺走了 13 人的生命。这些人无一例外都是由于吸入大量一氧化碳（CO）气体使体内碳氧血红蛋白（GOHb）值过高而亡。

已故 NIST 火灾研究员 Harold“Bud” Nelson 重建这一事件时承认评估火灾动力学的重要性。他对敬老院火灾的起火点进行了分析，发现气温上升到至少 1000℃（约 1800℉），CO 浓度上升到 40000 ppm（Nelson，Tu，1991），见图 6-6。

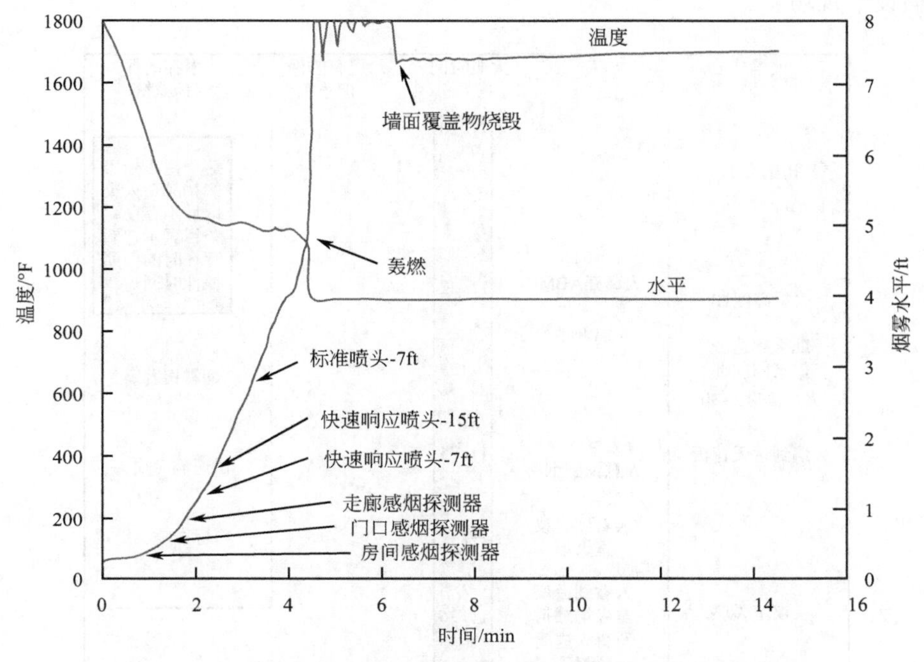

图 6-6　1991 年尼尔森提出的火灾重建，围绕不同的火灾激活设备对灭火的假设影响以及轰燃的预测时间（NIST，Nelson，1991）

FPE 工具通过使用包含在其工程包内的火灾模拟器来预测烟温度，烟气层，有毒气体浓度和烟前端的速度。在 NIST 的分析中了解到的一个重要方面是火灾重建中“假设”问题的影响。这些问题集中分析不同的火灾激活设备对灭火的假设影响以及轰燃的预测时间。

6.7.6　普拉斯基（Pulaski）建筑火灾

普拉斯基大厦火灾于 1990 年 3 月 23 日发生在华盛顿特区马萨诸塞大道 20 号 5127 套房，火灾烧毁了美国陆军战地遗迹委员会（ABMC）的办公室。NIST 的工程审查能够根据消防工程原则来评估火灾增长率（Nelson，1994）。

上午 11 时 24 分，一名机警的 ABMC 工作人员发现无人居住的音频/视频会议室冒出浓烟，房间内包含约 4530kg（约 10000lb）的可燃物，包括存储在波纹板箱里的出版物和照片以及层叠约 1.5m（5ft）高的纸板邮寄管。调查人员分析起火原因可能是磨损的通电电灯线通过从讲台到投影室的一个小孔引燃邮件用的纸筒造成的。

FPE 工具可以用来分析火灾，并设计出一个基于证人的证词和可观察的现场。火灾模拟器可以预测环境条件，温度，烟雾的深度，烟雾的厚度和从房间排出的能量以及吊顶故障的影响。

分析表明，火灾在约268s时发生轰燃。该消防工程分析的一个独特的方面是引用了时间轴（图6-7），对比观察火灾情况，居住者的行为，现有的消防系统以及潜在消防系统的“假设”现场。

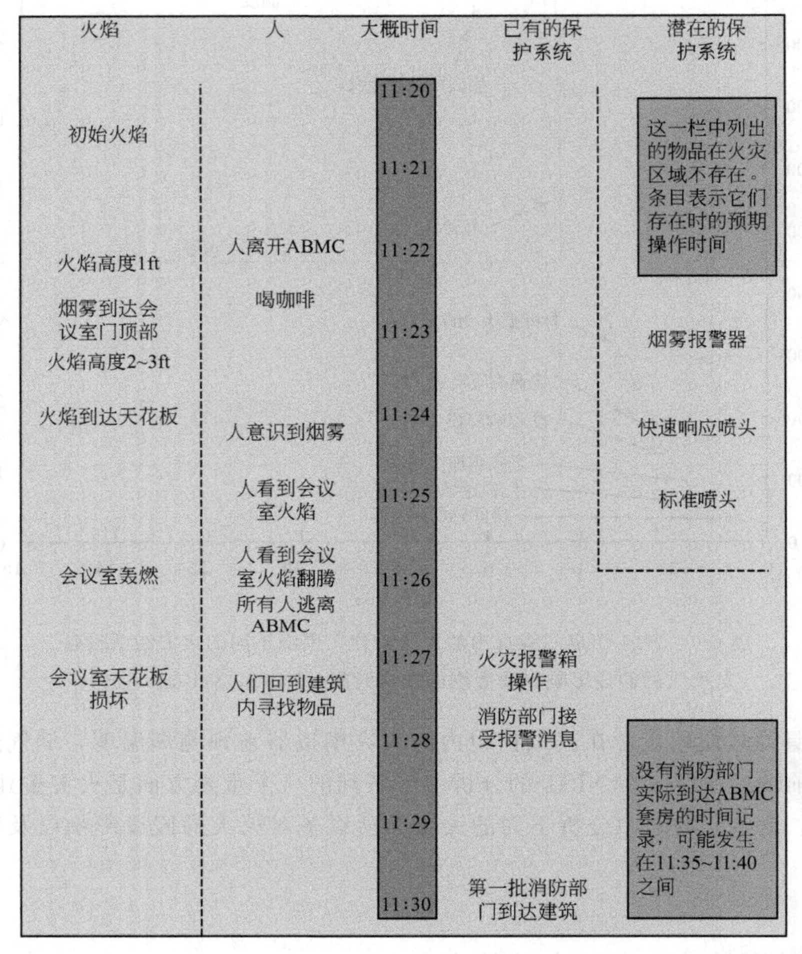

图6-7　Pulaski火灾中事件的时间轴，将观察到的火灾情况、居住者的行为、现有的消防系统的响应，以及“假设”现场对消防系统的影响与大致时间进行了比照（NIST，Nelson，1989）

6.7.7　Happyland社交俱乐部火灾

在1990年3月25日上午，放火犯用2.8L（0.75gal）汽油向邻里俱乐部的入口放火。这起火灾导致住在俱乐部二楼的87人死亡。NIST的消防工程师使用HAZARD-I模型来研究火灾的发展以及潜在影响火灾结果的缓解策略（Bukowski，Spetzler，1992）。

这些缓解策略包括利用自动喷水灭火保护，楼梯间的防火门，火灾逃生通道，封闭楼梯间和不燃室内装饰。这个分析报告也计算了实行这些缓解策略的大致经费。该研究得出以下结论：可燃的墙纸和敞开的入口使得汽油火焰进入，使火势蔓延，可燃气体迅速扩散，导致上层俱乐部的人群在1～2min内受到波及，并阻止他们的逃生。

NIST的分析在HAZARD-I火灾模型（其中纳入了CFAST 2.0版）的基础上考虑了在不同地点的人的维持能力。该维持能力的研究基于NIST和Purser毒性模型（Bukowski，Spetzler，1992）分析了可能导致二度烧伤的热通量，温度及暴露剂量分数。这一分析表明，第二种逃生方式可以降低死亡人数，但仍需要附加的缓解策略以防止人员死亡。

6.7.8 瓦茨街62号火灾

一个NIST的消防工程师模拟了1994年3月28日下午7点36分在纽约曼哈顿瓦茨街62号一幢三层公寓楼发生的火灾（Bukowski，1995，1996）。消防人员组成两个三人队伍，一队进入公寓第一层，另一队进入楼梯间寻找火灾蔓延途径。

调查后发现，一楼公寓的居住者在下午6时25分已经离开，起火原因是塑料垃圾袋不慎留在了厨房的煤气灶的上部并被引燃造成火灾的发生。几瓶高浓度酒精液体被留在附近相邻的台面，助长了初期火灾。火燃烧了约1h，烟气层下降到台面时氧气含量不足以维持火灾。尽管火灾本身并不大，但它在小的封闭的公寓中产生大量的一氧化碳、烟雾和不完全燃烧的气体。

在楼梯间的消防员撬开一楼的公寓大门后发生回燃，温度较高的火灾烟气流出公寓，同时温度较低的室外空气进入公寓。经过如此交换，可燃气体混合物被点燃，在约6min内的时间里在楼梯间产生巨大的火焰，使楼梯上的消防员丧生。

布考斯基使用CFAST模拟了这场火灾，该分析已经成为一个经典的关于回燃和消防队员安全的研究案例。McGill于2003年在加拿大多伦多圣力嘉学院使用NIST火灾动力学模拟器模拟了这种情况。麦吉尔的Smokeview可视化副本如图6-8所示，定义和构建该模型需要约20h。

6.7.9 樱桃路火灾

在这个案例中，NIST的工程师们被要求通过使用NIST FDS软件计算热流量和可持续条件以评估樱桃路联栋别墅火灾，该火灾于1999年5月30日发生在华盛顿特区东北的樱桃路3146号，火灾持续燃烧4h，导致两名消防员死亡。起火点位于联栋别墅较低层吊顶内的电气设备。消防员到达后进入建筑的一层和地下室。现场观测和随后的建模都表明，低层敞开的滑动玻璃门增大了火焰的热释放速率，使820℃的热气流从楼梯间向上移动。在明火出现前可能已经阴燃数小时，当消防队员穿过浓烟进入建筑物搜索火源和受害者时早已产生了足量的可燃气体。

樱桃路火灾的FDS模型是应用NIST FDS软件模拟的一个最佳例子之一。此外，模型预测结果得到了现场观察到的火灾痕迹的验证。随着技术的发展，解决有关瞬态加热和通风、火灾快速增长以及分层或局部条件等更棘手问题的能力也在不断提高。

图 6-8 利用 NIST 火灾动力学模拟器模拟瓦特街 62 号火灾。起火房间位于左下角，火羽流从门（中部）扩展到走廊，导致楼梯上的三名消防员被困并死亡

6.8 火灾模拟案例分析一：Westchase 希尔顿酒店火灾

1982 年 3 月 6 日，在得克萨斯州的休斯敦，Westchase 的希尔顿酒店发生火灾，导致 12 人死亡，3 人重伤。火场中的热气和烟雾从客房四楼沿着走廊蔓延，并在一定程度上蔓延到整个大楼，如图 6-9。记录显示这 137 名宾客是在火灾发生当晚登记入住的（Bryan，

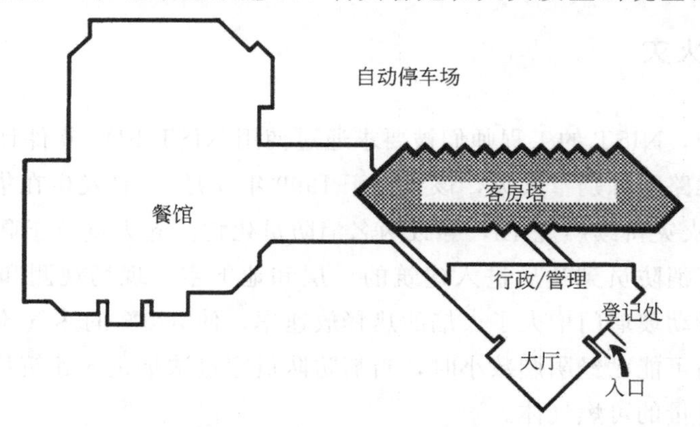

图 6-9 1982 年 3 月 6 日，在德克萨斯州的休斯顿，Westchase 的希尔顿酒店发生火灾，导致 12 人死亡，3 人重伤（得到许可转载自 NFPA Westchase Hilton 希尔顿酒店火灾调查。Copyright，1982，1983，National Fire Protection Association，Quincy，MA 02269）

1983）。起火房间在4楼404房间（图6-10），首先发现有烟气的地方是在十楼，时间是凌晨2：00，然后烟气蔓延到八楼，此时是凌晨2：10。在凌晨2：20，一个房主在自己房中发现起火。

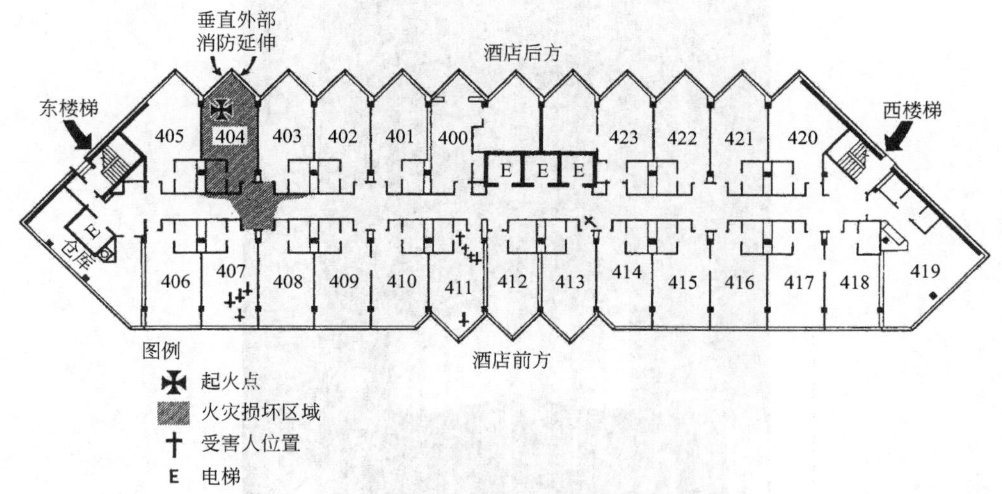

图6-10 Westchase的希尔顿酒店起火部位在4楼404房间

（得到许可转载自NFPA Westchase Hilton希尔顿酒店火灾调查。Copyright，1982，1983，National Fire Protection Association，Quincy，MA 02269）

在凌晨2：31，该区消防队长赶到，看到火羽流蔓延至外部，到达房间窗户外部（图6-11和图6-12）。灭火在凌晨2：38开始，2：41结束。火灾调查人员从这些时间点推断出屋内的轰燃发生在2：20～2：31之间。

调查发现在起火房间内一支烟头在一个软垫沙发下阴燃。之后，美国消费品安全委员会（CPSC）在这类家具上做了火灾测试。从这个测试中得到了关于处于半开状态的门的热释放速率数据，用于输入到模型中（表6-6）。先前NIST所做的家具阴燃数据也用于计算检测烟雾和观察火焰的时间因素当中。

表6-6 火灾调查与重建模型中的数学常量

特征	数值	特征	数值
房间面积	24.51m^2(263.8ft^2)	热损失率	0.66
房间天花板的高度	2.44m(8.00ft)	轰燃	
门高度(通风口)	1.99m(6.56ft)	0.152m(0.50ft)的开口	199s
通风口宽度(变化)	0.152～0.457m(6～18in)	0.076m(0.25ft)的开口	299s
火焰高度(估计)	0.914m(3.0ft)	1.2～1.5m不可忍受的温度	183℃(361 ℉)

注：来源于Janssens，Birk，2000。

该区域模型FIRM（火灾调查与重建模型）之后用于评估起火的房间的一些数据，该数据采用美国消费品安全委员会的测试数据（Janssens，Birk，2000）。将图6-13显示的数据输入进去。利用FIRM进行了灵敏度分析，该分析是检验起火房间半开的门的位置的影响。

图 6-11　在凌晨 2：31 分，该区消防队长赶到，看到一个火羽流从 Westchase 的希尔顿高层建筑的南侧起火房间的窗口向外蔓延。注意火势在外部、水平和垂直方向的蔓延

（得到许可转载自 NFPA Westchase Hilton 希尔顿酒店火灾调查。Copyright，1982，1983，National Fire Protection Association，Quincy，MA 02269）

图 6-12　此处为从走廊处观察 Westchase 的希尔顿酒店 404 室的外观，可燃的内部物几乎全部烧毁

（得到许可转载自 NFPA Westchase Hilton 希尔顿酒店火灾调查。Copyright，1982，1983，National Fire Protection Association，Quincy，MA 02269）

FIRM-VB: Input Data
File Run
Run Title Hotel Fire
Output Data File F:\firmout.fof
Units
S.I. Units
U.S. Engineering Units
Vent Dimensions
Width 1.5 ft
Sill Height 0 ft
Soffit Height 6.56 ft
Room Properties
Floor Area 263.8 ft²
Ceiling Height 8 ft
Heat Loss Fraction 0.66
Fire Properties
Fire Base Height 3 ft
Radiative Loss Fraction 0.35
Let Program Estimate Heat Loss Fraction
Maximum Run Time 1200 s
Input Fire File I:\NTCoreSoftware\Firm\Firm\Data\CH6-A01.FIR

图 6-13 火灾调查与重建模型输入界面（FIRM）

FIRM 模型还预测了起火房间内火灾的发展、可耐受条件并对轰燃的时间进行评估。表 6-6 列出了对于起火房间的观察和预测数据。FIRM 模拟程序的输出结果，如图 6-14 所示。

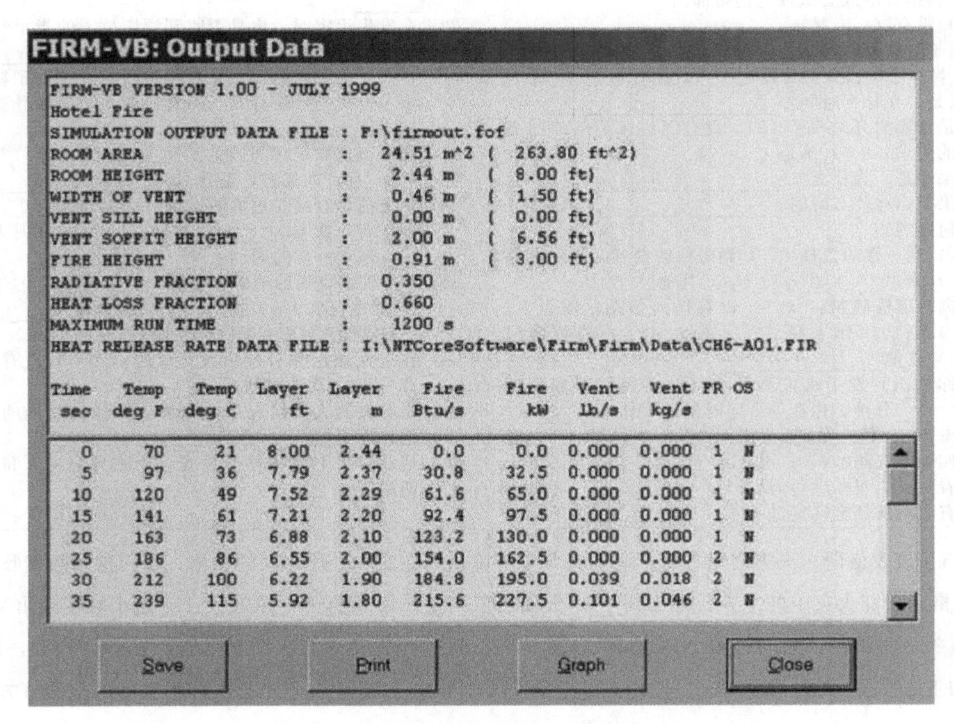

图 6-14 火灾调查与重建模型的输出结果（FIRM）

后来关于火灾中人的行为的研究使用了从访谈获取的数据，如图 6-15（Bryan，1983）。在该火灾发生大约一个月后，美国消防协会协同休斯顿消防局将此表格邮寄给了火灾发生时确认入住的 130 位客人。其中 55 人做出了回复，42 位男士，13 位女士，这个数字超出了入住人数的 27%。

火灾经过调查表

韦斯切斯特希尔顿酒店　休斯顿　得克萨斯州，1982 年 5 月 6 日

我们非常感谢您愿意与我们分享您的火灾经历，您的信息将帮助我们找到避免悲剧再次发生的方法。

职业：______ 性别：______ 年龄：______ 房间号：______

1）你最初是怎么意识到酒店里发生了不正常的事情的？______

2）事故发生时间？______ 你如何确定的时间？______

3）你什么时候意识到是发生了火灾？__你如何确定的时间？______

4）刚开始你认为火灾有多严重？
（ ）一点也不严重，（ ）轻度损伤
（ ）中度损伤，（ ）严重损伤

5）你发现火灾时是一个人吗？（ ）不是（ ）是；

6）当时有几个人和你一起？____他们是（ ）亲戚（ ）其他

7）你受伤了吗？（ ）没有（ ）受伤了；如果有，导致受伤的原因是什么？______

8）当你意识到着火时你做了什么？（陈述行动的确切顺序）
第一，______
第二，______
第三，______
第四，______
第五，______

9）刚意识到火灾时，你
（a）致电或尝试致电酒店总机（ ）没有（ ）是；如果是，在什么时间？______
（b）直接致电或尝试致电消防部门
（ ）没有（ ）是；
如果是，在什么时间？______
（c）操作手动火灾报警器（ ）没有（ ）是，
如果是，在什么时间？______

10）你是自愿离开的吗？（即，没有酒店或消防部门人员的要求）（ ）不是（ ）是
如果不是，为什么？______
如果是，在什么时间？______
如何走的？
（ ）到一楼的楼梯（ ）到房顶的楼梯（ ）电梯
（ ）窗户（ ）户外门（ ）其他

11）我离开那栋建筑：（ ）没有任何帮助；依靠于：（ ）酒店工作人员（ ）客人（ ）消防部门（ ）其他______

12）从你意识到发生火灾到你离开酒店经过了多长时间？____分钟。你在等待的时候做了什么？____

13）在离开的时候，你能看见烟雾吗？（ ）不能（ ）能
有闻到烟气吗？（ ）没有（ ）有
有看到火焰吗？（ ）没有（ ）有
你有尝试从烟雾区穿过吗？（ ）没有（ ）有，如果有，在烟雾区走了多远？____英尺（大约）。那时你能看到多远？____英尺
你折返回去了吗？（ ）没有（ ）有，如果有，为什么？______

14）你注意到任何亮着的出口标志了吗？（ ）没有（ ）有

15）在你逃跑过程中，循着出口标志指示的方向有遇到什么困难吗？（ ）没有（ ）有，如果有，有什么困难？____

16）逃跑过程中有什么阻碍吗？______

17）有什么帮助你逃脱吗？______

18）有烟进到你的房间吗？（ ）没有（ ）有，如果有，如何进入的？______
（ ）加热/制冷装置（ ）浴室通风口（ ）门缝
（ ）窗户（ ）不知道（ ）其他______

19）从你的第一件事开始，把你在房间里所做的事情的顺序编号。
（ ）用东西堵住加热/制冷装置通风口（ ）在门口徘徊（ ）在窗户附近徘徊（ ）打开电视机
（ ）关上收音机（ ）什么也没做（ ）其他______

20）你房间里的烟雾探测器报警了吗？（ ）没有（ ）有

21）你听到大楼的火警警报了吗？（ ）没有（ ）有，如果有，在什么时候？____它大概响了多长时间？______

22）在发生火灾时，你是否收到酒店员工的指示？（ ）没有（ ）有，如果有，是什么？______
在发生火灾之前，您是否收到酒店员工的消防安全指示？（ ）没有（ ）有，如果有，是什么？______
您是否遵守了房间内的消防安全须知？（ ）没有（ ）有，如果有，是什么？______

23）你之前是否接受过消防培训？（ ）没有（ ）有，如果有，次数：____，类型：____，培训人：____，最后一次的时间：____。

24）你之前接收到的消防安全知识是从？：（ ）收音机（ ）电视机（ ）报刊，消防安全知识是______在这次火灾中有提供到帮助吗？（ ）没有（ ）有

25）在这次之前你有经历过火灾吗？（ ）没有（ ）有 最后一次的时间是：____

26）在类似的火灾情况下，如果您有任何其他的建议，请告诉我们______

27）请在附图上注明逃生路线，并注明房间号和楼层，谢谢。

图 6-15　该表格即为火灾之后邮寄给了火灾发生时确认入住的 130 位客人的表格，使用这种数据收集的采访表格来研究火灾中的个人行为，其中 55 人做出了回复，42 位男士，13 位女士，这个数字超出了入住人数的 27%（得到许可转载自 NFPA Westchase Hilton 希尔顿酒店火灾调查。Copyright，1982，1983，National Fire Protection Association，Quincy，MA 02269. 美国消防协会并非本再版材料的全部官方立场，该内容仅由本标准的全部内容表示）

研究表明，在消防部门接到火灾通知前 2h，一些客人意识到火灾发生了。大多数通知是由人大喊大叫的方式。火灾通知后最常见的第一个行动是穿衣服，打电话给前台，并试图逃离。该研究没有显示这些人逃离火灾时的任何不当行为，一些时间花费在敲门，提醒其他乘客上。逃离的人没有重新进入大楼。人在烟气中的移动总是调查研究的问题。50%的客人穿过烟气的距离范围从 4.67～182m（15～600ft）。

几组专家从这次火灾的分析中吸取一些经验教训，包括需要更好地执行生命安全规范，教育公众、培训酒店工作人员和做好应急准备。其他教训体现在对火场科学总结，制定行为相关问题和答案清单以及火灾模型应用的效能。

6.9 火灾模拟案例分析二：用模型来评估有争议的起火点和起火原因

在火灾的消防工程分析中经常使用 FDS 来评估一起火灾的起火点和起火原因，特别是在火灾的起火点和起火原因有争议的情况下。这已经在火灾调查界得到进一步的普及和认可。以下案例研究由多个火灾组成，FDS 模拟提供了令人信服的论据，将火灾燃烧图痕损坏与目击者的描述相匹配，以证明或推翻假设。

【案例 6-1　便利店火灾案例：意外还是放火】便利店的老板锁门离开建筑物后不久就发生了火灾。在店主离开一段时间后发生了火灾，这就让人们对火灾的起火点和起火原因产生了疑问。有两个有争议的假设：(1) 火灾是由储藏室/展示区上部阁楼内的电气故障引发的；(2) 火灾是在一层白酒存储区的故意放火。

FDS 被用于模拟火灾并非起源于阁楼空间，而是在白酒存储区故意放火。现场发现的火灾痕迹（图 6-16）与 FDS/Smokeview 模拟的放火火灾假设内容及形状（图 6-17）相一致（注：FDS 对这个特定的应用还未进行验证）。

图 6-16　一个便利店的实际火灾燃烧痕迹图（R. Vasudevan，Sidhi Consultants，Inc. 提供）

图 6-17　NIST 火灾动力学模型模拟便利店放火假设的结果（R. Vasudevan，Sidhi Consultants，Inc. 提供）

【案例 6-2　烟雾探测器安装案例】 一居室公寓客厅里的小火产生的一氧化碳导致一人死亡，另一人重伤。有争议的是，烟雾探测器的缺失或故障是否会影响居住者对火灾做出适当反应的能力。虽然烟雾探测器的安装符合当地适用的消防法规，但它没有为居住者提供足够的通知时间，以应对燃烧产生的有毒副产品（见图 6-18 和图 6-19）。

图 6-18　一居室公寓的客厅实际燃烧破坏图片（R. Vasudevan，Sidhi Consultants，Inc. 提供）

(a) (b)

图 6-19　一居室公寓客厅的 NIST 的火灾动力学模型模拟显示（a）火灾和烟雾的遮挡和（b）表面的边界条件（R. Vasudevan，Sidhi Consultants，Inc. 提供）

【案例 6-3　致命的厨房做饭火灾案例】一间两居室公寓的厨房发生火灾，导致一名儿童死亡，另外两人一氧化碳中毒。这个问题涉及：（1）烟雾探测器的位置；（2）其探测火灾的能力；（3）儿童房间内一氧化碳的可维持水平。FDS 分析显示烟雾探测器靠近初期火灾的位置会在报警后几秒内损坏。分析还表明，不安全的一氧化碳水平将很快达到。最后，模型计算结果与火灾痕迹破坏吻合较好（见图 6-20 和图 6-21）。

(a) (b)

图 6-20　（a）厨房重建图和（b）实际火灾损坏图形（R. Vasudevan，Sidhi Consultants，Inc. 提供）

图 6-21　厨房烟气检测器的位置和一氧化碳假设试验测试的 NIST FDS 模拟结果。把这一结果与 NIST FDS 图 6-19（b）的燃烧痕迹比较（R. Vasudevan，Sidhi Consultants，Inc. 提供）

【案例 6-4　山地火灾案例】在最近的一个案例中，一个影响较大民事诉讼的支持者试图使用 FDS 预测发生在长满茂盛灌木［2～3m（6～10ft）高］陡坡上的火灾。这个倾斜陡坡［面积约为 100m×200m（330ft×660ft）］被认为是一起大火的起火区域。量热试验是用相同种类的灌木进行，目的是要收集燃料的热释放率和质量损失。在 FDS 中模拟的倾斜陡坡是一个 1m 高，1～2m 深的直线台阶，它们是相同比例的计算单元。

因为 FDS 目前并没有充分地考虑到多孔燃料阵列，在山坡上的燃料负荷的模型作为一系列薄的水平和垂直面板（以阶梯状阵列），其热释放曲线近似采用这些木本灌木做量热实验获得的数据（该量热试验，不包括任何由风力驱动的生长因子，所以它并没有复制真实的火灾环境）。一个温和的、横向的坡风也被编码在模型中。Smokeview 动画结果显示水平（横坡）传播，向下传播速度在起止阶段与向上传播的速度大致相等。显示这一结果确定的起火部位与现场调查人员确定的起火部位截然不同。

当这种模型提供给法院的弗莱受理听证会上时，支持者认为，FDS 已制定并研究了外部火（烟羽和 WUI 火灾），因此应该产生对所有类型的外部火灾的有效结果。虽然支持者可以提供同行评议的论文中讨论过 FDS 建模平坦的草原（二维传播）和 WUI（建立火灾由树木蔓延到建筑物），他们无法提供关于 FDS 和火灾在山坡上的多孔三维燃料上蔓延的任何例子。最终，法官裁定，FDS 建模在这种情况下一般不接受，因此，它的预测不能作为证据使用。

由于模型（在低风速条件向坡下传播）的预测结果违背逻辑和无数的山地火灾的观察结果，支持者应当认识到，FDS 没有得到可靠的结果。这是一个通过定义火灾现场（参见本章参考指南）以评估火灾模型的预测能力的一个例子，能应用到 ASTM E355 中。也就是说，如果模拟结果有悖于正常行为，那是因为模拟的过程出现了错误，或数据输入有误。模型应仅用于它们的设计、开发和已被证明产生的结果与该类型的实际火灾相一致的情况。

一位持不同意见的顾问利用 FARSITE 模型，这一已被广泛使用和测试野外火灾的计算机模型进行模拟，并预测了上坡的火势发展，其特征与第一响应的消防人员到场观察到的情形相一致。这些人员接近斜坡的顶部，并观看了火焰迅速从下坡处向上蔓延至上坡（伴随着轻度横坡大气风）。随着火势的增长，这些人员不得不离开作为观测点的房屋。火势的扩大源于大火产生的气流，很快发展成了风力驱动的树冠大火。在进行的量热试验中，这种风力辅助生长的火灾是无法被复制的。

6.10　火灾模拟案例分析三：用于确认全分区和部分分区影响的火灾探测模拟和预测建筑倒塌条件

根据 2011 版 NFPA921 第 3.3.59 节，火灾分析是分析确定起火部位、原因、发展和责任。当需要时，继续进行着火或爆炸的失效分析。发生于 2001 年 2 月的这起工业设施火灾进行案例分析的目的是证明评估火灾发展初始阶段的模型。使用可接受的消防工程原理，该火灾分析专注于火灾发展增长的初期阶段，并评估在起火房间与毗邻建筑物区域之间有或没有防火分隔所造成的影响。

防火分区是消防工程领域最基本的设计理念，它强调的是结构的建造，这样能够将火灾限制在起火的房间，同时也将烟气的流动达到最小化。这个设计理念包括协调耐火建筑、阻火管道和防火墙中的设施开口和施工技术，这些都是为了使火焰及烟气的扩散最小化。建筑设计时没有考虑防火分隔会降低消防安全，通常烟气和火灾会由起火房间蔓延到外部。

这个商业建筑建立在 1983 年，并于 1987 年、1994 年、1997 年扩建。图 6-22 显示了大楼在火灾时的近似物理布局。仅仅 1983 年的建筑有消防喷淋的保护。阴影部分显示的是储藏室和大致的起火区域。

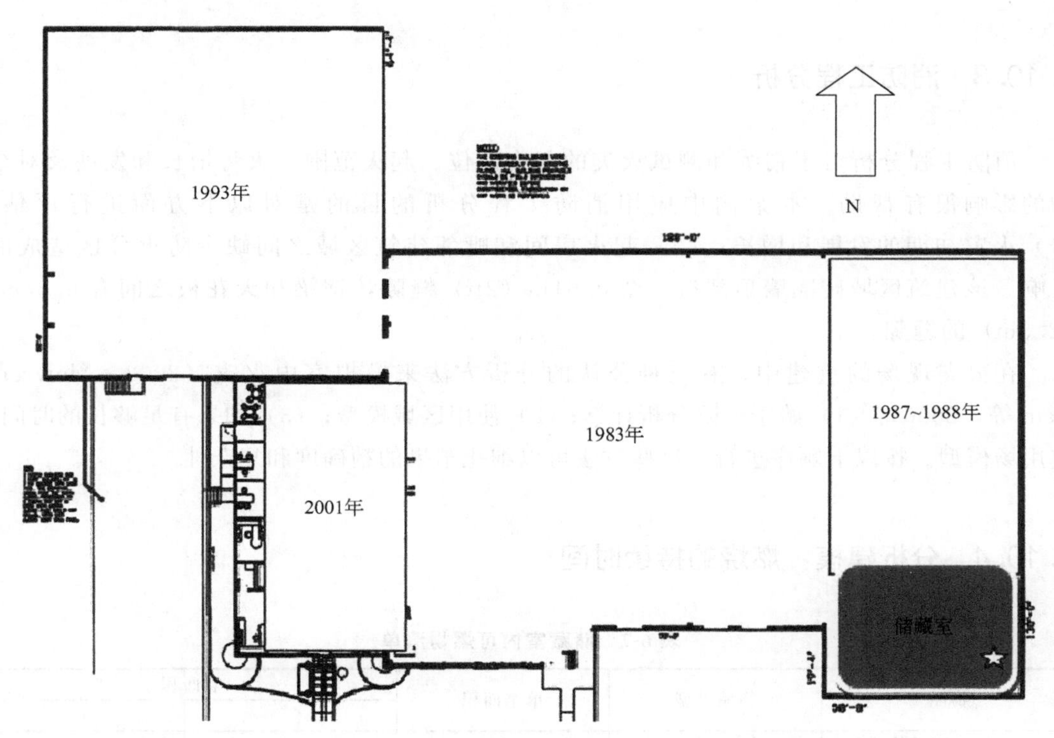

图 6-22 标注扩建日期的建筑平面图。只有原来的 1983 年建筑有消防喷淋保护。阴影区域显示储藏室和大致的起火区域（不按比例）的位置（D. J. Icove 提供）

6.10.1 灭火

消防部门在晚上 7 点 42 分接到报警电话。第一出动消防队在下午 7 时 48 分到达报告起火点，建筑的最南角的仓库区（后来查明为储藏室）。后续出动人员在大约 15min 后达到，他们发现建筑仓库内存储的大量纸箱和聚乙烯使得火势很难控制。在第一救援队伍到达后的 30～45min 后，仓库屋顶倒塌。

晚上 7 时 53 分，当地机场记录的天气情况是，温度－2.8℃（27℉），53％湿度，气压 1022.1hPa，风速 7.4km/h（2.1m/s）东南风，能见度 16.1km，无降水。

6.10.2 起火点和起火原因的调查

现场调查将起火区域锁定在储藏室内，而起火点约在该室内紧邻东墙两个运货板之间或周围，抑或是运货板底部的残渣内，且该屋内东南角屋顶出现了局部坍塌。

位于该储藏室北侧的冷藏区上部区域受到了高热和烟雾的破坏。在冷藏房间的东南角的消防通风也受到破坏，并且一直延续到冷藏室和储藏室的隔墙。烟气和热量通过隔墙和工字钢梁间的缝隙，从储藏室蔓延到冷藏室，从而进入机械室。在工字钢横梁上方，横梁和屋顶板下侧之间有一个 6.35cm（2.5in）的间隙。

6.10.3 消防工程分析

消防工程分析对于精练和测试火灾的起火部位、起火范围、火势增长和发展及对结构的影响很有帮助。本案例中应用消防工程分析的目的是对以下方面进行评估：（1）火灾初期的发展和增长；（2）起火房间和毗邻建筑区域之间缺少防火分区造成的影响。该建筑区域砖隔墙顶部有一个 0.61m（2ft）缝隙，钢梁和天花板之间有 6.35cm（2.5in）的缝隙。

在火灾现场的重建中，有三种公认的分析方法来模拟室内火灾（2002，Mowrer；Rein 等，2006）：（1）始于一阶分析计算；（2）使用区域模型；（3）如果有足够长的时间，使用场模型。按以上顺序进行，这些方法可以细化结果的精确度和复杂性。

6.10.4 分析建模：燃烧的持续时间

表 6-7 储藏室内可燃物清单

物品	物质类型	单个面积	总面积	
			ft^2	m^2
500 个折叠箱子的托盘	瓦楞板	22	352	32.7
托盘	木材	1	16	1.49
塑料卷	聚乙烯	6	96	8.9

表 6-8 检查发现的两种平面瓦楞纸箱的托盘尺寸及性质

箱体类型	托盘尺寸/in			占地面积		体积		密度	质量	
	宽	长	高	ft^2	m^2	ft^3	m^3	kg/m^3	lb	kg
类型一	40.0	57.5	31.1	16.0	1.48	41.3	1.17	76	196	88.8
类型二	46.0	50.0	39.5	16.0	1.48	41.3	1.17	76	250	113.2

注：来源于 Ryu 等，2007。

记录和列出起火范围内的主要可燃材料及防火分区是开展消防工程分析必要的第一步。通过这些信息，可以估算各种材料的热释放速率。而关于热释放速率的信息通常被用在各种分析计算方法中，来估算火灾的持续时间，增长，火焰高度和上/下层温度。

司法调查试图回答以下几个问题，其中包括：火灾燃烧多久？火羽流能达到多高？上下两个区域的温度是多少？多少烟气从敞开的门口扩散出去？水喷淋能否灭火或控制住火灾？

图 6-23 检查时发现的折叠瓦楞纸板箱（前部）和木托盘（后部）（D. J. Icove 提供）

调查确认储藏室内最初的起火物是松散堆放的大约 50 个瓦楞纸箱。火灾随后蔓延至邻近的箱子，塑料和木托盘。图 6-23 显示出了这些物品的摆放。

储藏室内燃料库存见表 6-7，这是基于调查人员提供的信息以及对现有设施的现场检查得出的。每个单位物体约为 1.49m² (16ft²) 的占地面积。表 6-7 还提供了该存储室内，全部物品估计的总的占地面积。

该室内火这最初被限定在松散堆放的瓦楞纸箱的托盘处。而在给定的燃烧室尺寸和通风条件下，这些固体可燃物的燃烧持续时间主要由燃料负荷决定。

传统上，燃料负荷是基于单位建筑面积内可燃材料的估计量，单位为 kg/m² 或 lb/ft²。根据每秒燃烧的物质质量和可用的物质量，可以估计火灾的总燃烧时间。其他计算可以估计火焰高度和上/下层温度，特别是天花板温度。

本报告的初步计算，只将瓦楞纸箱的托盘的计算考虑在内。表 6-8 总结了瓦楞纸板托板的尺寸及性质，估算了每个托盘质量。

一个充分发展的火灾的强度和持续时间取决于可用可燃材料的数量，其燃烧速率以及支持物体燃烧的空气量。固体可燃性燃料的燃烧持续时间可用下式（2001，布坎南）估算：

$$t_{\text{solid}}=\frac{m_{\text{fuel}}\Delta H_{\text{c}}}{\dot{Q}''} \tag{6-1}$$

式中 t_{solid}——燃烧时间，s；

m_{fuel}——固体燃料质量，kg；

ΔH_{c}——有效燃烧热，kJ/kg；

$\dot{Q}''$——每单位面积热释放率，kW/m²。

表 6-9 存储室内初始火灾的燃烧持续时间的两种估算

箱体类型	可燃物质量（22 个托盘）m_{fuel}/kg	有效燃烧热 ΔH_{c} /(MJ/kg)	单位面积热释放速率 Q''/(kW/m²)	燃料表面积 A_{fuel}/m²	燃烧持续时间 t_{solid}/s
类型一	88.8×22≈1953	15.7	176	32.7	5327
类型二	113.2×22≈2490	15.7	176	32.7	6792

注：来源于 Ryu 等，2007；Mowrer，1992。

这种计算燃烧时间是一阶的估计，要基于几种假设。第一，燃烧被限制在室内，它是不完全燃烧，留下了一些未燃尽燃料。灭火后，对储藏室的粗略观察可以发现，仍存在一些未燃尽燃料，包括瓦楞纸箱及塑料卷轴，同时也说明没有发生轰燃。

式（6-1）是 NRC 火灾动力学工具使用的公式，并针对存储室初始火灾给出了一个 88～113min 之间持续燃烧时间的估值范围，而这个估值只考虑将纸箱作为燃料，而没有其它燃料的参与。表 6-9 对该计算进行了总结概括。

最后，火灾的热释放速率可以用暴露在外的燃料表面的面积乘以单位地板面积的热释放速率来计算。在这个案例中

$$Q = 176\ \mathrm{kW/m^2} \times 32.7\ \mathrm{m^2} = 5775\ \mathrm{kW} = 5.78\ \mathrm{MW}。$$

如果房间内的其它燃料也被考虑在内的话，那么火灾就极有可能达到约 6000 kW，或 6 MW。

6.10.5 分析建模：热气层温度

密闭空间内的另一个一阶计算是上部热气层或区域与天花板下侧和其他结构元件接触时的温度。这种火灾通常只限于一个房间内，通过敞开的门窗通风。对于这个问题，初期火灾被认为具有自然通风，即只有一个来自毗邻装货码头的门进行通风。

起火房间内的温度受多种因素影响，但主要是进入房间内供给燃烧的空气的量。

上层热气层的估值主要是通过 McCatffrey Quintiere 和 Harkleroad（1981）的方法进行计算：

$$\Delta T_g = 6.85 \times \left[\frac{Q^2}{(A_v\sqrt{H_v})(A_T h_k)}\right]^{1/3} \tag{6-2}$$

式中 ΔT_g——上层气体高于环境温度的温升，$\Delta T_g = T_g - T_a$，K；

Q——火灾热释放速率，kW；

A_v——通风口总面积，m^2；

H_v——通风口高度，m；

h_k——热传导系数，kW/（m^2 · K）；

A_T——室内封闭表面的总面积，不包括通风口的面积，m^2。

表 6-10 根据火灾动力学工具表格（Iqbal，Salley，2004），列出了火灾初始 10min 的计算。需要注意的是，这个初始估算只是考虑了瓦楞纸箱，可以说这是保守的估算。

注意到储藏室内起火区域既邻近墙面又邻近墙角，上部气层的温度计算结果应该高于表 6-10 中的计算结果。Mowrer 和 Williamson（1987）通过研究，建议墙面火焰的 ΔT 应乘以一个系数 1.3，而墙角的火焰应乘以系数 1.7。

表 6-10 储藏室内火灾上部气层温度的初步估算

点燃后时间		上部气体层温度	
min	s	℃	℉
0	0	25	77

续表

点燃后时间		上部气体层温度	
min	s	℃	℉
1	60	227.16	440.89
2	120	251.92	485.45
3	180	267.78	514.01
4	240	279.71	535.47
5	300	289.36	552.84
10	600	321.73	611.12

6.10.6 分析建模：轰燃

密闭空间内的另一个一阶计算是轰燃发生的可能性。灭火后，经调查人员的粗略观察，该存储室仍然留有未燃尽燃料，包括瓦楞纸箱和塑料卷轴，并且可明显看到房间内没有发生轰燃。然而，火灾现场重建应当包括这些计算作为观察结果的权威性支撑数据。

室内火灾的发展通常受到进出室内的受通风限制的气流，烟气和热气的影响。限制变量可能包含天花板高度、门窗形成的通风孔、房间的体积以及房间内起火的位置。当燃烧气体受限，房间内燃烧材料的热释放速率达到一定程度，将直接导致轰燃的发生。

然而，在没有发生轰燃的情况下，由于可用燃料、火焰的蔓延及通风的限制，火灾可能不会充分发展而是达到最大规模。以下推荐的两种方法是一阶计算方程，用于预测室内引发轰燃的热释放速率的最低值（Iqbal，Salley，2004）。

Babrauskas 方法（1980）

$$Q_{fo}=750A_v\sqrt{H_v} \tag{6-3}$$

Thomas 方法（1981）

$$Q_{fo}=7.84A_T+378A_v\sqrt{H_v} \tag{6-4}$$

式中 Q_{fo}——引起轰燃的热释放速率，kW；

A_T——室内封闭表面的总面积，不包括通风口的面积，m^2；

A_v——通风区域的面积，m^2；

H_v——通风口的高度，m。

在这种情况下，室内有多个开口，如门、窗及通孔，那么底部 b 和高度 H 的 n 个开口的加权平均的高度（H_v）和通风区域的面积（A_v）可以通过如下计算获得（Peterson 等，1976；Karlsson，Quintiere，2000）。

$$A_v=(A_1+A_2+\cdots+A_n)=(b_1H_1+b_2H_2+\cdots+b_nH_n) \tag{6-5}$$

$$H_v=\frac{A_1H_1+A_2H_2+\cdots+A_nH_n}{A_v} \tag{6-6}$$

对于储藏室这个案例，在调查人员确定的起火区域内，房间开口存在两种场景：情况 1 和情况 2。

（1）在情况 1 中，建筑设计是 2.44m×2.44m（8ft×8ft）门，以及从存储室到冷藏区钢梁上面 0.0635m×18.3m（2.5in×60ft）的开口。假定天花板高 6.71m（22ft）。

对于情况 1，计算如下：

$$A_v = A_1 + A_2 = b_1 H_1 + b_2 H_2$$
$$= 8 \times 8 + 60 \times 0.21 = 64 + 12.6$$
$$= 76.6\text{ft}^2(7.12\text{m}^2)$$

$$H_v = \frac{A_1 H_1 + A_2 H_2}{A_v}$$
$$= \frac{64 \times 8 + 12.6 \times 0.21}{76.6}$$
$$= \frac{512 + 2.65}{76.6} = 6.72\text{ft}(2.05\text{m})$$

$$A_T = 2DH + DW + HW - A_v$$
$$= 2 \times 60 \times 22 + 60 \times 0.21 + 22 \times 40 - 76.6$$
$$= 9123\text{ft}^2(848\text{m}^2)$$

应用 Babrauskas 方法：

$$Q_{fo} = 750 A_v \sqrt{H_v} = 750 \times 7.12\sqrt{2.05} = 7645(\text{kW}) = 7.6(\text{MW})$$

应用 Thomas 方法：

$$Q_{fo} = 7.8 A_T + 378 A_v \sqrt{H_v} = 7.8 \times 848 + 378 \times 7.12\sqrt{2.05}$$
$$= 1046\ (\text{kW}) \approx 10.5\ (\text{kW})$$

因此，对于情况 1，热释放速率不足以引起轰燃，这与现场调查人员的观察相符，他们发现未燃烧的可燃物质残余。

（2）在情况 2 中，房间的实际结构是一个 2.44m×2.44m（8ft×8ft）门，一个钢梁上面 0.0635m×18.3m（2.5in×60ft）的开口，以及一个从存储室到冷冻区梁下面 0.609m×18.3m（2ft×60ft）的开口。假定天花板高 6.71m（22ft）。

对于情况 2，计算如下：

$$A_v = A_1 + A_2 + A_3 = b_1 H_1 + b_2 H_2 + b_3 H_3$$
$$= 8 \times 8 + 60 \times 0.21 + 60 \times 2 = 64 + 12.6 + 120$$
$$= 196.6\text{ft}^2(18.3\text{m}^2)$$

$$H_v = \frac{A_1 H_1 + A_2 H_2 + A_3 H_3}{A_v}$$
$$= \frac{64 \times 8 + 12.6 \times 0.21 + 120 \times 2}{196.6}$$
$$= \frac{512 + 2.65 + 240}{196.6} = 3.84\text{ft}(1.17\text{m})$$

$$A_T = 2 \times DH + DW + HW - A_v$$
$$= 2 \times 60 \times 22 + 60 \times 40 + 22 \times 40 - 196.6 = 9003\text{ft}^2(836\text{m}^2)$$

应用 Babrauskas 方法

$$Q_{fo} = 750 A_v \sqrt{H_v} = 750 \times 18.3\sqrt{1.17} = 14145(\text{kW}) = 14.1(\text{MW})$$

应用 Thomas 方法

$$Q_{fo}=7.8A_T+378A_v\sqrt{H_v}=7.8\times836+378\times18.3\sqrt{1.17}$$

$$=14003(kW)=14(MW)$$

因此，对于情况 2，热释放速率不足以引起轰燃，这与现场调查人员的观察相符，他们发现未燃烧的可燃物质残余。

6.10.7 分析建模：结构钢构件

评估结构防火标准的方法是使用 ASTM E119（ASTM，2011）或 NFPA 251：建筑结构和材料耐火试验标准方法（NFPA，2006）。在实际测试的基础上建立了计算钢柱、钢梁和钢桁架耐火极限的计算机关联式。

在火灾现场重建过程中，感兴趣的是支撑储藏室和冷藏室之间屋顶的钢梁的潜在行为。被钢梁支撑的屋顶能从钢梁中吸收并传导热量。

根据美国对所有结构钢构件的标准，在 538℃（1000℉）的临界平均温度下，钢构件会失去支撑荷载的强度。不受保护的钢构件的平均温度发展可由下式确定（Buchanan，2001；Iqbal，Salley，2004）：

$$\Delta T_s=\frac{F}{V}\times\frac{1}{\rho_s c_s}\left[h_c(T_f-T_s)+\sigma\varepsilon(T_f^4-T_s^4)\right]\Delta t \tag{6-7}$$

式中 ΔT_s——钢构件中上升的温度,℉；

F/V——加热表面积和单位钢梁的容积的比值，m^{-1}；

ρ_s——钢密度，kg/m^3；

c_s——钢的比热容，J/（kg·K）；

h_c——对流热传递系数，W/（m^2·K）；

T_f——受火温度,℉；

T_s——钢的温度,℉；

σ——斯蒂芬-玻耳兹曼常数，kW/（m^2·K^4）；

ε——火焰辐射系数；

Δt——时间步长，s。

FDT 电子表格包包含了几种评估结构防火的标准相关方法。程序所需的其他变量有环境空气温度、横梁的类型、火焰辐射系数和最大允许时间步长。

辐射系数（值介于 0～1 之间）是与一个完美的辐射器相比时，辐射能量的相对比例。辐射系数的范围，对于各面暴露于火中的圆柱，ε= 0.7；对于圆柱的前面，ε= 0.3；对于带有混凝土楼板的楼板梁，ε=0.5；对于宽高比不小于 0.5 架在工字钢梁上部的楼板梁，ε= 0.5；对于一个宽高比小于 0.5 的工字钢梁，ε= 0.7。

建筑图表明，存储室和冷藏室之间使用的工字钢梁为 W24× 61 型，冷藏室上面是 W24 × 61 型，冷藏室和机械室之间是 W18 × 55 型。注意，指定 W24 ×61 工字钢意味着它有一个宽凸缘（*W*），大约是 24 in，重约为 61lb/linear ft。

表 6-11 列出了使用 10s 间隔，对于 W24 × 61 型钢梁在所有辐射系数范围内的估计失效时间的 FDTs 分析结果。请注意，该梁的最接近值为 W24×62 型。

表 6-11 应用火灾动力学工具中准稳态的方法估算一个 W24×62 无保护层钢梁的耐火时间

典型的建筑类型示例	辐射系数	横梁失效时间
柱/梁外立面 带混凝土楼板的楼板梁(仅底部翼缘的下侧直接暴露于火灾中)	0.3	10.8
宽高比不小于 0.5 架在工字钢梁上部的楼板梁	0.5	8.8
宽高比不小于 0.5 架在工字钢梁上部的楼板梁 上翼缘带楼板的楼板梁 箱梁和格构梁 柱/梁四面着火	0.7	7.5

在这个案例中，屋顶结构的变形和失效是与失效历史及结构防火工程设计研究相一致的（Buchanan，2001；Tinsley，Icove，2008）。

6.10.8 区域模型

对火灾初始情况进行重建分析的第二种重建方法是利用区域模型。图 6-24 显示了火灾发生时工厂布局的平面图，图 6-25 显示了三维视图。这个三维视图是通过 CFAST 和 NIST 火灾可视化程序 Smokeview 结合生成的。

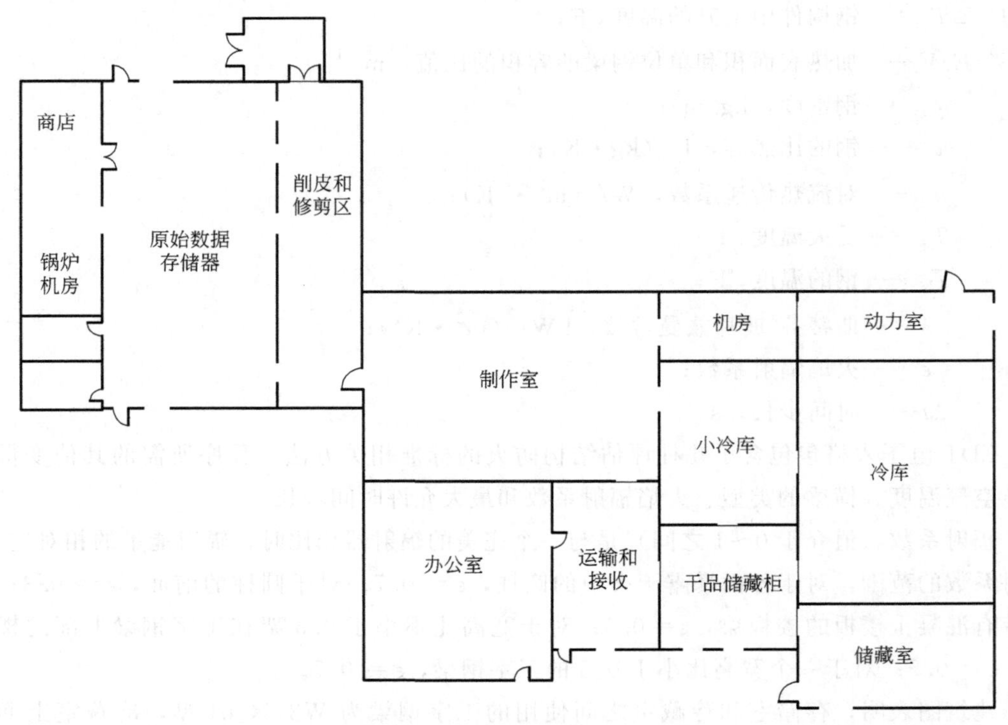

图 6-24 发生火灾时的地板平面图（不按比例）（D. J. Icove 提供）

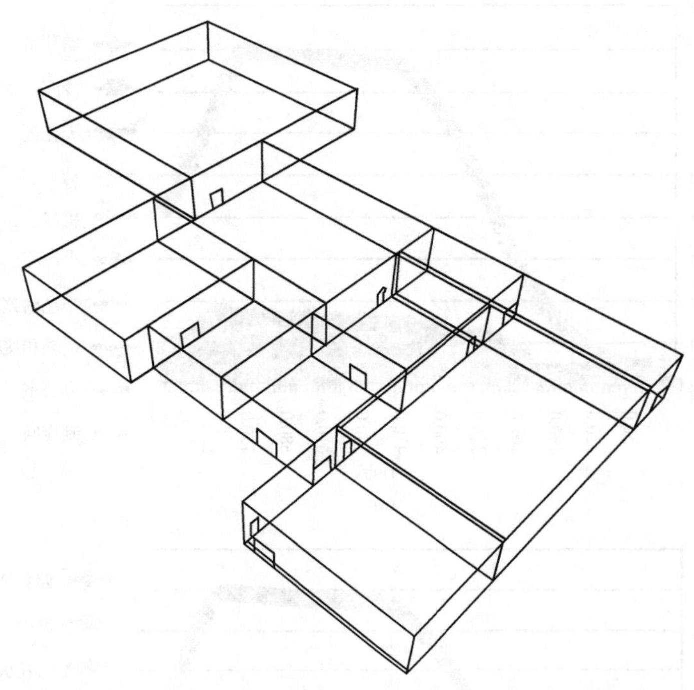

图 6-25 采用 NIST Smokeview 火灾可视化程序显示的 CFAST 代表建筑物（D. J. Icove 提供）

如 6.10.7 一节所述，CFAST 模型在两个有代表性的情况 1 和情况 2 中应用。大多数关闭的内外门都有适当的“泄漏”因素，以解决房屋间隔之间的空气和烟雾流动。这个泄漏系数包括塑料条帘。用聚氨酯的材料代替聚苯乙烯泡沫。使用一个典型的设计曲线来运行模型，该曲线具有大约 10 MW 的限制，如图 6-26 所示。

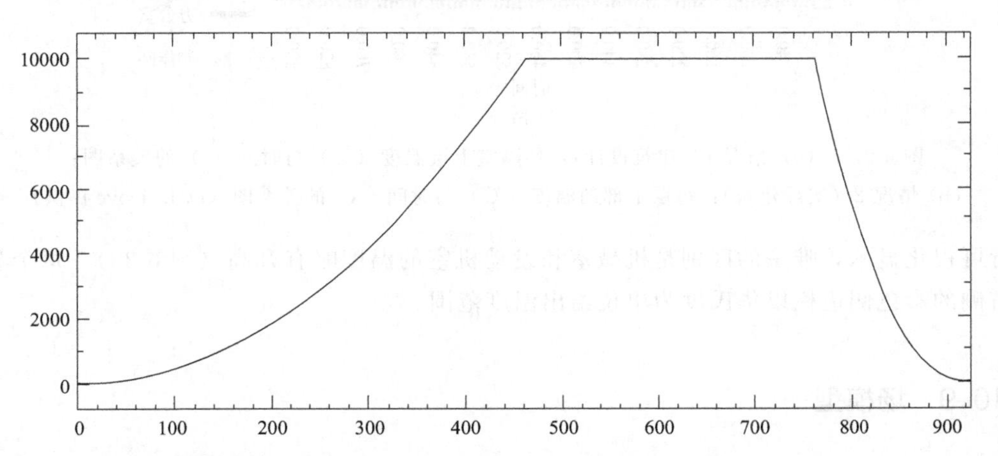

图 6-26 CFAST 模型中使用的时间（s）与热释放速率（kW）设计火灾曲线（D. J. Icove 提供）

CFAST 模型的结果（图 6-27）表明，在这两种情况下，存储室的温度都达到了 400℃（752℉）。除了天花板部分的空间，其它所有室温均保持在 100℃（212℉）以下。

最重要的结果是，即使是建筑设计，它在钢制工字钢上方仍然有一个 2.5in 的缝隙，热量从存储室传递到冷藏室上方的天花板空间。在 760s 时使用 Smokeview 对这两种情况

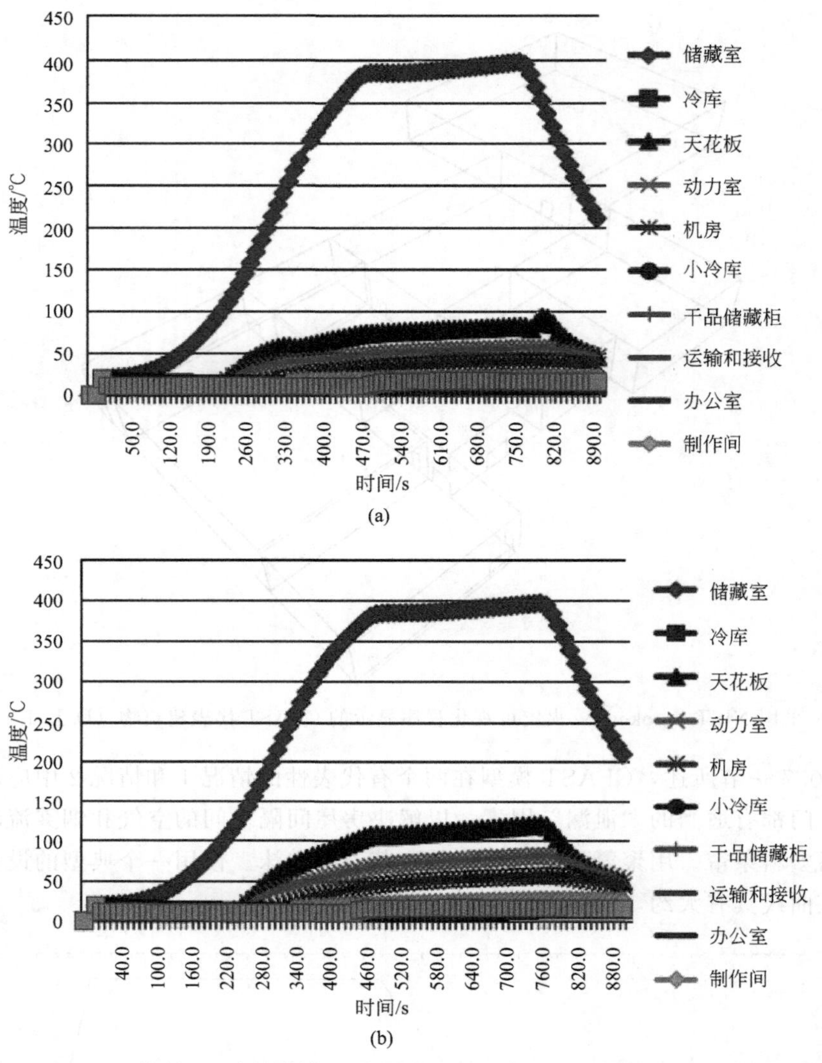

图 6-27　(a) 情况 1（建筑设计）：各隔室上层温度（℃）与时间（s）的关系图；（b）情况 2（实际建筑）：每层上部的温度（℃）与时间（s）的关系图（D. J. Icove 提供）

进行可视化显示，唯一的区别是机械室和发动机室的温度略有升高（图 6-28）。每个显示器右侧的彩色侧边栏以华氏度为单位给出温度范围。

6.10.9　场模型

在此建筑案例中使用 FDS 场模型的目的，是利用该程序模拟烟雾在建筑中的运动能力。该分析结果给出了隔间对烟雾通过建筑物迁移能力的影响（如有）计算。

图 6-29 显示了在模拟 600kW 火灾中，120s 之后烟雾和热量分布的影响。正如预期的那样，与图 6-29（b）中所示的情况相比，图 6-29（a）中更多的烟雾和热量被保留在了储藏室内。而在图 6-29（b）中，烟雾和热量已经迁移到冷冻室的上部空间。然而，还需

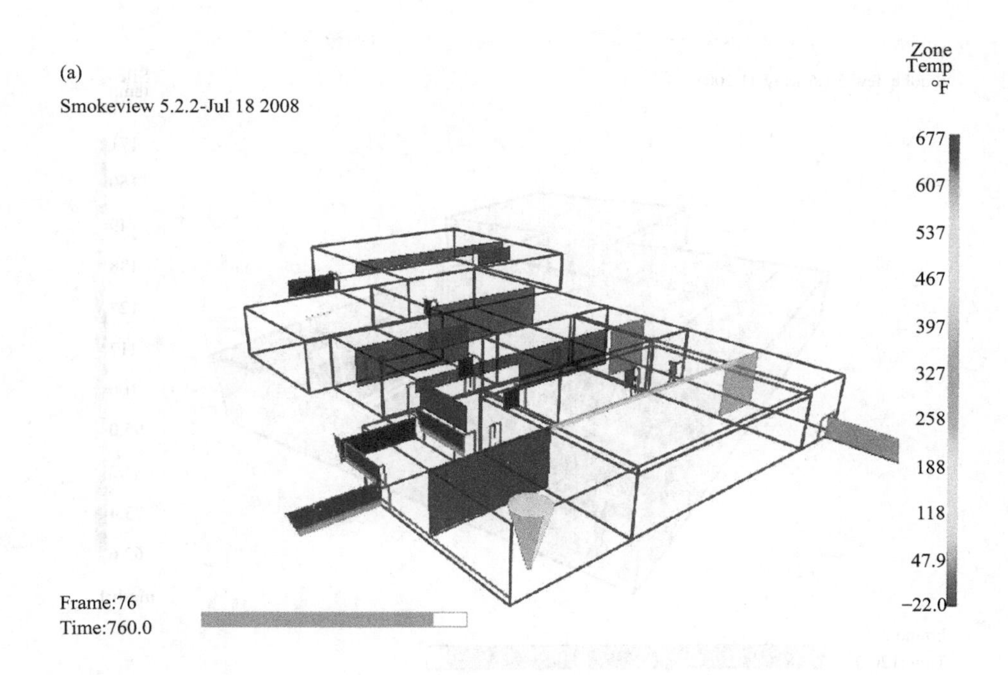

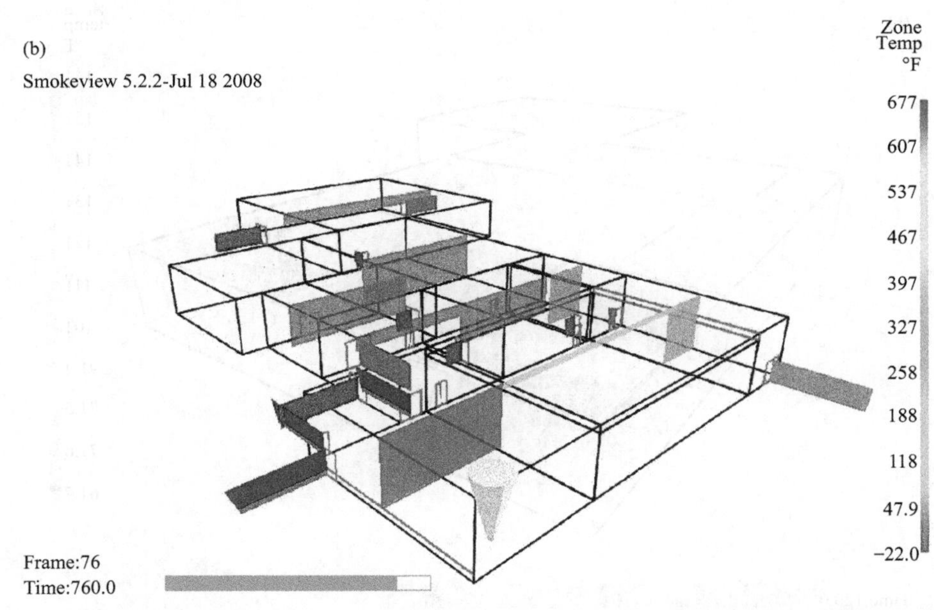

图 6-28 (a) 情况 1（建筑设计）：CFAST 在 760s（12.6min）时对每个隔间的温度和上层高度的 CFAST 三维表示；(b) 情况 2（实际建筑）：CFAST 在 760s（12.6min）时对每个隔间的温度和上层高度的 CFAST 三维表示（D. J. Icove 提供）

要进一步的测试来比较和对比来自 FDS 和 CFAST 计算机运行的结果，以获得如图 6-28 所示的相同的设计火灾曲线。

很明显，如本例所示，使用消防工程分析有助于细化和支持火灾的发生、起火区域、增长、发展和对结构的影响。在这种情况下，消防工程分析评估了火灾的最初发展和增

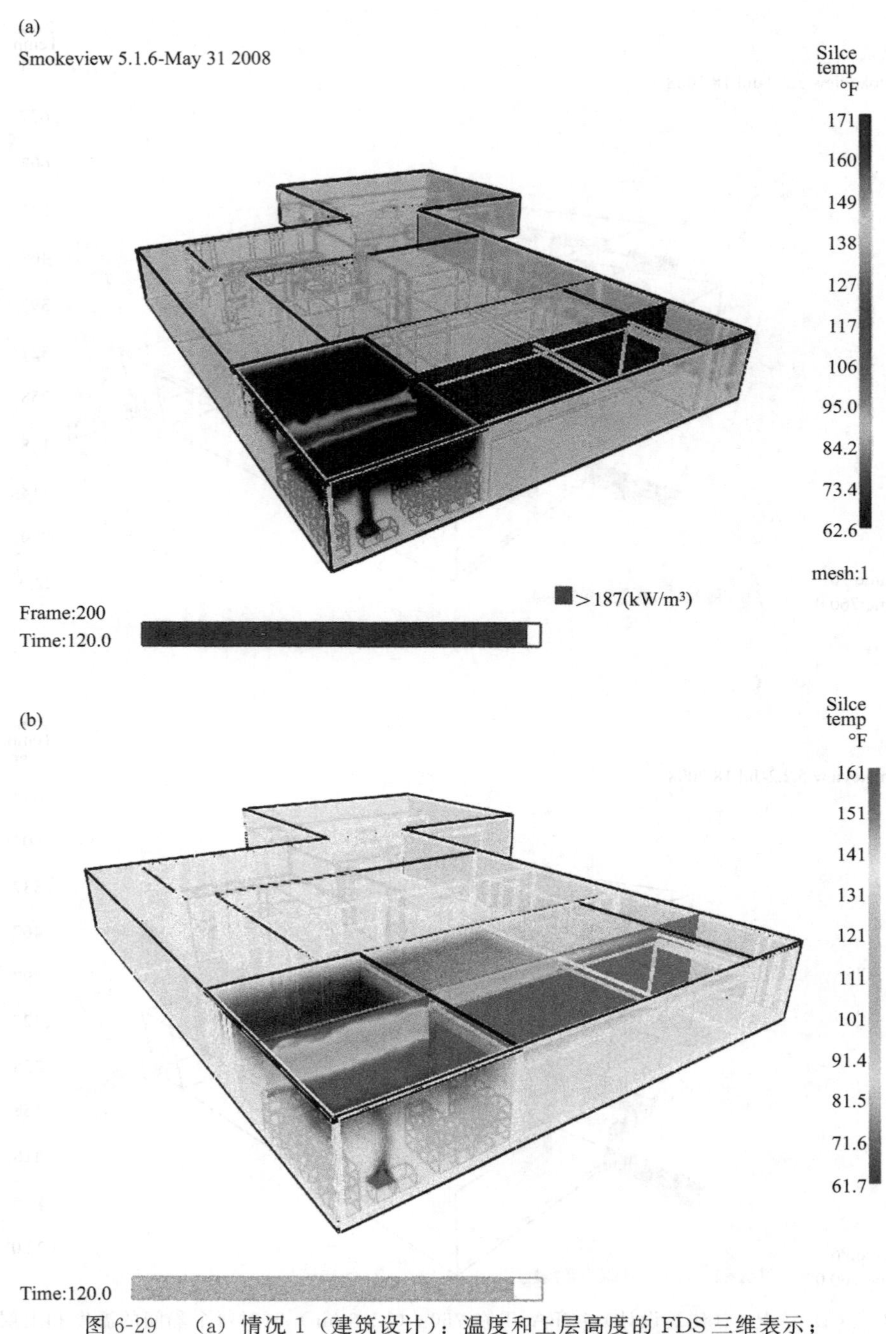

图 6-29 （a）情况 1（建筑设计）：温度和上层高度的 FDS 三维表示；
（b）情况 2（实际建筑）：温度和上层高度的 FDS 三维表示（D. J. Icove 提供）

长，以及火源房间和相邻建筑区域之间由于缺乏消防分区所造成的影响。

如果居住者的耐受性是一个问题，那么可以修改计算机模型，将进行分析所需的必要信息计算在内。可建模的其他变量包括探测器或水喷淋装置的启动及其对通知居住者和控制或抑制初期火灾的影响。因此，建模程序的多功能性可能会提出比现有答案更多的问题。火灾模型通常可以赋予用户解决处理更为复杂的问题，例如火灾探测和灭火系统的影响、消防部门的接警时间和响应时间，以及住者的宜居性。

本章小结

本章介绍了火灾建模的概念及其在火灾调查中的应用。虽然模型从20世纪60年代就已经存在，但是火灾模拟主要是解释火灾中的物理现象，尤其是用于验证现有实验数据。

通过NIST和FRS的许多消防科学家和工程师的努力，火灾模型已经走出实验室，被应用到火灾现场重建的领域。如前所述，本章的目的不是让读者成为火灾模拟专家，而是让读者在调查中更好地了解火灾模拟的价值。

下一章将更详细地探讨火灾毒性模拟的耐受性问题。

习题

（1）选择本章中提到的案例之一，并使用选定的程序对其进行建模。获得类似的火灾模拟程序，并将分析所得的结果进行比较和对比。

（2）许多计算机火灾模型包含材料及其燃烧特性的数据库。查看两个火灾模型的数据库。比较和对比使用每种模型得到的结果。

（3）使用火灾动力学工具（FDTs）电子表格，通过改变输入数据（如房间尺寸或通风口），进行敏感性分析计算。

参考文献

Abecassis-Empis, C., Reszka, P., Steinhaus, T., Cowlard, A., Biteau, H., Welch, S., Rein, G., & Torero, J. L. 2008. Characterisation of Dalmarnock fire test one. *Experimental Thermal and Fluid Science* 32 (7): 1334–43, doi: 10.1016/j.expthermflusci.2007.11.006.

ASTM. 2007a. *ASTM E1472-07: Standard guide for documenting computer software for fire models* (withdrawn 2011). West Conshohocken, PA: ASTM International.

———. 2007b. *ASTM E1591-07: Standard Guide for Obtaining Data for Deterministic Fire Models*. West Conshohocken, PA: ASTM International *ASTM International Subcommittee E05.33 on Fire Safety Engineering*.

———. 2007c. *ASTM E1895-07: Standard guide for determining uses and limitations of deterministic fire models* (withdrawn 2011). West Conshohocken, PA: ASTM International.

———. 2011a. *ASTM E119-11: Standard test methods for fire tests of building construction and materials*. West Conshohocken, PA: ASTM International.

———. 2011b. *ASTM E1355-11: Standard guide for evaluating the predictive capability of deterministic fire models*. West Conshohocken, PA: ASTM International.

Babrauskas, V. 1975. COMPF: A program for calculating post-flashover fire temperatures. Berkeley, CA: Fire Research Group, University of California, Berkeley.

———. 1980a. Estimating room flashover potential. *Fire Technology* 16 (2): 94–103, doi: 10.1007/bf02481843.

———. 1996. Fire modeling tools for FSE: Are they good enough? *Journal of Fire Protection Engineering* 8 (2): 87–96.

Bailey, C. 2006. One stop shop in structural fire engineering. http://www.mace.manchester.ac.uk/project/research/structures/strucfire/.

BRE-Center. 2012. The Dalmarnock fire tests, 2006, UK. Retrieved February 5, 2012, from http://www.see.ed.ac.uk/fire/dalmarnock.html/.

Bryan, J. L. 1983. An examination and analysis of the dynamics of the human behavior in the Westchase Hilton Hotel Fire, Houston, Texas, on March 6, 1982. Quincy, MA: National Fire Protection Association.

Buchanan, A. H. 2001. *Structural design for fire safety*. Chichester, UK: Wiley.

Bukowski, R. W. 1991. Fire models: The future is now! *Fire Journal* 85 (2): 60–69.

———. 1995. Modelling a backdraft incident: The 62 Watts Street (New York) fire. *NFPA Journal* (November/December): 85–89.

———. 1996. Modelling a backdraft incident: The 62 Watts Street (New York) fire. *Fire Engineers Journal* 56 (185): 14–17.

Bukowski, R. W., & Spetzler, R. C. 1992. Analysis of the Happyland Social Club fire with HAZARD I. *Fire and Arson Investigator* 42 (3): 37–47.

Davis, S. G., Engel, D., Gavelli, F., Hinze, P., & Hansen, O. R. 2010. Advanced methods for determining the origin of vapor cloud explosions case study: 2006 Danvers explosion investigation. Paper presented at the International Symposium on Fire Investigation Science and Technology, September 27–29,College Park, MD.

DeHaan, J. D. 2005a. Reliability of fire tests and computer modeling in fire scene reconstruction: Part 1. *Fire & Arson Investigator* (January): 40–45.

———. 2005b. Reliability of fire tests and computer modeling in fire scene reconstruction: Part 2. *Fire & Arson Investigator* (April): 35–45.

DeHaan, J. D., & Icove, D. J. 2012. *Kirk's fire investigation*, 7th ed. Upper Saddle River, NJ: Pearson-Prentice Hall.

DeWitt, W. E., & Goff, D. W. 2000. Forensic engineering assessment of FAST and FASTLite fire modeling software. *National Academy of Forensic Engineers*, 9–19.

FireFOAM. 2012. FM Research: Open Source Fire Modeling. Retrieved May 27, 2012, from http://www.fmglobal.com.

Forney, G. P. 2010. *Smokeview (version 5): A tool for visualizing fire dynamics simulation data*. Vol. I: *User's guide*. (NIST Special Publication 1017-1). Gaithersburg, MD: National Institute of Standards and Technology.

Friedman, R. 1992. An International Survey of Computer Models for Fire and Smoke. *SFPE Journal of Fire Protection Engineering* 4 (3): 81–92.

FRS. 2012. Fire Research Station, the research-based consultancy and testing company of BRE. Retrieved January 2012 from www.bre.co.uk/frs/.

GexCon. 2012. GexCon US. Retrieved February 5, 2012, from http://www.gexcon.com/.

Hunt, S. 2000. Computer fire models. *NFPA Section News* 1 (2): 7–9.

Inberg, S. H. 1927. Fire tests of office occupancies. *NFPA Quarterly* 20 (243).

Iqbal, N., & Salley, M. H. 2004. *Fire Dynamics Tools (FDTs): Quantitative fire hazard analysis methods for the U.S. Nuclear Regulatory Commission Fire Protection Inspection Program*. Washington, DC.

Janssens, M. L., & Birk, D. M. 2000. *An introduction to mathematical fire modeling*, 2nd ed. Lancaster, PA: Technomic.

Karlsson, B., & Quintiere, J. G. 2000. *Enclosure fire dynamics*. Boca Raton, FL: CRC Press.

Kawagoe, K. 1958. Fire behavior in rooms. Report No. 27. Tokyo: Building Research Institute.

Madrzykowski, D., & Vettori, R. L. 2000. Simulation of the dynamics of the fire at 3146 Cherry Road, NE, Washington, DC, May 30, 1999. *NISTIR 6510*. Gaithersburg, MD: National Institute of Standards and Technology, Center for Fire Research.

Magnusson, S. E., & Thelandersson, S. 1970. Temperature–time curves of the complete process of fire development. Theoretical study of wood fuel fires in enclosed spaces. *Civil and Building Construction Series No. 65*. Stockholm: Acta Polytechnica Scandinavia.

McCaffrey, B., Quintiere, J., & Harkleroad, M. 1981. Estimating room temperatures and the likelihood of flashover using fire test data correlations. *Fire Technology* 17 (2): 98–119, doi: 10.1007/bf02479583.

McGill, D. 2003. Fire Dynamics Simulator, FDS 683, participants' handbook. Toronto, Ontario, Canada: Seneca College, School of Fire Protection.

McGrattan, K., Baum, H., Rehm, R., Mell, W., McDermott, R., Hostikka, S., & Floyd, J. 2010. *Fire Dynamics Simulator (version 5) technical reference guide*. NIST Special Publication 1018-5. Gaithersburg, MD: National Institute of Standards and Technology.

McGrattan, K., McDermott, R., Hostikka, S., & Floyd, J. 2010. *Fire Dynamics Simulator (version 5) user's guide*. NIST Special Publication 1019-5. Gaithersburg, MD: National Institute of Standards and Technology.

Milke, J. A., & Mowrer, F. W. 2001. Application of fire behavior and compartment fire models seminar. Paper presented at the Tennessee Valley Society of Fire Protection Engineers (TVSFPE), September 27–28, Oak Ridge, TN.

Mitler, H. E. 1991. Mathematical modeling of enclosure fires. Gaithersburg, MD: National Institute of Standards and Technology.

Moodie, K., & Jagger, S. F. 1992. The King's Cross fire: Results and analysis from the scale model tests. *Fire Safety Journal* 18 (1): 83–103, doi: 10.1016/0379-7112(92)90049-i.

Mowrer, F. W. 1992. Methods of quantitative fire hazard analysis. Boston, MA: Society of Fire Protection Engineers, prepared for Electric Power Research Institute (EPRI).

———. 2002. The right tool for the job. *SFPE Fire Protection Engineering Magazine* 13 (Winter): 39–45.

———. 2003. Spreadsheet templates for fire dynamics calculations. College Park, MD: University of Maryland.

Mowrer, F. W., & Williamson, R. B. 1987. Estimating room temperatures from fires along walls and in corners. *Fire Technology* 23 (2): 133–45, doi: 10.1007/bf01040428.

Nelson, H. E. 1987. An engineering analysis of the early stages of fire development: The fire at the Dupont Plaza Hotel and Casino on December 31, 1986. Gaithersburg, MD: National Institute of Standards and Technology.

———. 1989. An engineering view of the fire of May 4, 1988, in the First Interstate Bank Building, Los Angeles, California. *NISTIR 89-4061*. Gaithersburg, MD: National Institute of Standards and Technology, Center for Fire Research.

———. 1990. FPETool: Fire protection engineering tools for hazard estimation. Gaithersburg, MD: National Institute of Standards and Technology.

———. 1994. Fire growth analysis of the fire of March 20, 1990, Pulaski Building, 20 Massachusetts Avenue, NW, Washington, DC. *NISTIR 4489*. Gaithersburg, MD: National Institute of Standards and Technology, Center for Fire Research.

Nelson, H. E., & Tu, K. M. 1991. Engineering analysis of the fire development in the Hillhaven Nursing Home fire, October 5, 1989. *NISTIR 4665*. Gaithersburg, MD: National Institute of Standards and Technology, Center for Fire Research.

NFPA. 2006. *NFPA 251: Standard methods of tests of fire endurance of building construction and materials*. Quincy, MA: National Fire Protection Association.

———. 2011. *NFPA 921: Guide for fire and explosion investigations*. Quincy, MA: National Fire Protection Association.

Peacock, R. D., Jones, W. W., Reneke, P. A., & Forney, G. P. 2008. *CFAST: Consolidated Model of Fire Growth and Smoke Transport (version 6) user's guide*. NIST Special Publication 1041. Gaithersburg, Maryland: National Institute of Standards and Technology.

Peterson, O., Magnusson, S. E., & Thor, J. 1976. *Fire engineering design of steel structures* Publication No. 50. Stockholm: Swedish Institute of Steel Construction.

Rein, G., Bar-Ilan, A., Fernandez-Pello, A. C., & Alvares, N. 2006. A comparison of three models for the simulation of accidental fires *Journal of Fire Protection Engineering* 16 (3): 183–209.

Rein, G., Abecassis-Empis, C., & Carvel, R. 2007. *The Dalmarnock fire tests: Experiments and modelling*. Edinburgh, Scotland, UK: University of Edinburgh.

Rein, G., Torero, J. L., Jahn, W., Stern-Gottfried, J., Ryder, N. L., Desanghere, S., Lazaaro, M., et al. 2009. Round-robin study of a priori modelling predictions of the Dalmarnock fire test one. *Fire Safety Journal* 44 (4): 590–602, doi: 10.1016/j.firesaf.2008.12.008.

Ryu, C., Phan, A. N., Yang, Y.-b., Sharifi, V. N., & Swithenbank, J. 2007. Ignition and burning rates of segregated waste combustion in packed beds. *Waste Management* 27 (6): 802–10., doi: 10.1016/j.wasman.2006.04.013.

Salley, M. H., & Kassawar, R. P. 2007a. *Verification and validation of selected fire models for nuclear power plant applications: Consolidated Fire Growth and Smoke Transport Model (CFAST)*. Washington, DC: U.S. Nuclear Regulatory Commission.

———. 2007b. *Verification and validation of selected fire models for nuclear power plant applications: Experimental uncertainty*. Washington, DC: U.S. Nuclear Regulatory Commission.

———. 2007c. *Verification and validation of selected fire models for nuclear power plant applications: Fire Dynamics Simulator (FDS)* Washington, DC: U.S. Nuclear Regulatory Commission.

———. 2007d. *Verification and validation of selected fire models for nuclear power plant applications: Fire Dynamics Tools (FDTs)*. Washington, DC: U.S. Nuclear Regulatory Commission.

———. 2007e. *Verification and validation of selected fire models for nuclear power plant applications: Fire-Induced Vulnerability Evaluation (FIVE-Rev1)*. Washington, DC: U.S. Nuclear Regulatory Commission.

———.2007f. *Verification and validation of selected fire models for nuclear power plant applications: MAGIC*. Washington, DC: U.S. Nuclear Regulatory Commission.

———. 2007g. *Verification and validation of selected fire models for nuclear power plant applications: Main report*. Washington, DC: U.S. Nuclear Regulatory Commission.

———. 2010. Methods for Applying Risk Analysis to Fire Scenarios (MARIAFIRES)-2008 NRC-RES/EPRI Fire PRA Workshop (vol. 1). Washington, DC: U.S. Nuclear Regulatory Commission.

SFPE. 2008. *SFPE handbook of fire protection engineering*, 4th ed. Quincy, MA: National Fire Protection Association, Society of Fire Protection Engineers.

———. 2011. *Guidelines for substantiating a fire model for a given application*. Bethesda, MD: Society of Fire Protection Engineers.

Thomas, P. H. 1981. Testing products and materials for their contribution to flashover in rooms. *Fire and Materials* 5 (3): 103–11, doi: 10.1002/fam.810050305.

Thunderhead. 2010. PyroSim example guide. Manhattan, KS: Thunderhead Engineering.

———. 2011. PyroSim user manual. Manhattan, KS: Thunderhead Engineering.

Tinsley, A. T., & Icove, D. J. 2008. An assessment of the use of structural deformation as a method for determining area of fire origin. Paper presented at the International Symposium on Fire Investigation Science and Technology, May 19–21, Cincinnati, OH.

Vasudevan, R. 2004. Forensic engineering analysis of fires using Fire Dynamics Simulator (FDS) modeling program. *Journal of the National Academy of Forensic Engineers* 21, no. 2 (December): 79–86.

第7章

火灾中的死伤

“在平淡无奇的生活纠葛里，谋杀案就像一条红线一样，贯穿中间。我们的责任就是解开线团，抽出红线，彻底查明真相。”

——阿瑟·柯南·道尔爵士

《血字的研究》

【关键词】 缺氧；有效浓度分数（FEC）；缺氧环境；致死原因；哈伯定律；耐受性

【目标】 通过学习本章，学员应该能够达到以下几点学习目标：

- 识别火灾现场伤亡存在的问题和困难；
- 解释火灾现场中造成人员伤亡的各种因素；
- 比较分析案件经过和案件结果；
- 分析火灾现场及调查人员协同配合情况。

在每个国家，特别是发达国家，火灾往往会造成大量的人员死亡。在美国，火灾是五大人员意外死亡原因之一。火灾调查人员在司法重建（特别是亡人火灾）过程中，应当明确存在的共性问题和困难。本章主要介绍火灾中致伤致死因素，列举一些相关的分析方法，并运用典型案例分析说明。

在亡人火灾调查中，火灾调查人员和法医专家来自不同的部门，以不同形式参与调查，凭借各自的知识应对挑战，以得到公正准确的结论。调查人员在案件调查过程中应当始终保持高度的协同合作，每个人都要为成功查明案件贡献一份力量。亡人事件发生后，事件本身会成为媒体、公众、警察、消防人员、保险公司和法医鉴定人员等关注的焦点。一旦出现纰漏，就会造成深远的影响。

7.1 遇到的问题和困难

亡人火灾调查中出现的很多问题会使调查复杂化，并直接影响到调查结果的准确性和可靠性。

火灾原因调查和死亡原因调查的关联：常见的主要问题是调查前就将亡人火灾及火灾之后的死亡看成是一个意外事故，并不自觉地将此火灾按照普通火灾现场调查的程序加以调查。按照原因，火灾分为人为放火、失火和意外火灾三类，人员死亡分为事故死亡、他杀、自杀和自然死亡四类。两个事件之间的关系也可以分为直接、间接和仅仅是巧合三类。火灾调查人员的职责就是查明火灾原因，帮助法医进行死亡原因调查，确定二者之间的联系（如果确实有所联系）。

死亡时间间隔：突然暴死一般是由于死者瞬间受到致命性伤害，立即晕倒，而导致的死亡（例如：受害者被子弹击中要害后，很短的时间就会死亡）。许多刑事案件的调查工作都将此作为调查的突破口，并成功查明真相。然而，火灾发生需要一定时间，增加了环境危险性，其危险性也随着时间不断变化，致死的因素也多种多样。人员有可能立即死于轰燃，也可能暴露于有毒烟气中几小时后才死亡。调查人员应当掌握火灾发展规律、毒害物质产生机制和应当加以考量的相关变量，并要将这些条件有机结合起来，而非简单将死亡事件看成某一时间节点上一些单个要素的集合导致的突然死亡。

热流强度及持续时间：火灾发生发展过程中，警察、病理医师和法医很难获得大量的有关亡人火灾现场热流强度和温度的信息。因此，他们在进行伤情勘验和尸体检验时，由于对火场理解错误，很有可能导致他们做出错误的判断。

火灾中人的行为：在大多数暴死案例中，死者面对环境威胁时，常常产生“或战或逃”的反应，而后受伤，晕倒，直到死亡。火灾中，受困人员的可能反应包括：跑去查看起火原因；原地简单观望周围情况；意识不到周围存在的危险；体弱多病或吸食药物、醉酒失去行动能力；为抢救宠物、家人或贵重财物而返回火场、延迟逃生；以及采取行动救火或试图救火。多种多样的行为反应都会使“死者为什么没有能成功逃生（或为什么其他人成功逃生了）”这一关键问题复杂化。

火灾发生与死亡时间的间隔：火灾发生后，可能几秒人就会死亡；也可能在伤者离开火场几分钟、几个小时、几天甚至几个月后才会死亡。火灾与伤者死亡的间隔时间越长，就越难准确查明火灾发生原因与死亡结果的关联。如果受害人离开火灾现场时尚且存活，随后死亡，这时，很多证据已经消失，过了提取和分析相关证据的有效时间。火灾中受伤后送至医院，随后医治无效死亡的人数并未计入全国火灾数据库和国家生命统计系统中。

调查部门之间的冲突：在调查亡人火灾时，警察部门、消防部门、医疗部门和其他司法部门的人员经常在一起工作，由于任务分工上的问题，部门间的矛盾时有发生。

对尸体的后续影响：死者死亡后，火灾对尸体的后续作用会导致部分证据的消失，极大地增加了调查的难度。尸体上能形成热作用产生的火灾痕迹，死后暴露在火灾中，尸体上能够产生烟尘覆盖痕迹。尸体长时间被火焰焚烧，会使火灾前的伤口，甚至一些临床证据（如血液样本），遭到破坏。建筑倒塌和消防救援也可能对现场和尸体造成二次破坏。

尸体过早移离现场：还有一个主要问题是过早从火灾现场中移走死者的尸体。火灾现场救援过程中，特别是对于参与救援的灭火人员来说，抢救每一个火灾受害者是最主要的目标之一。然而，一旦火势得到控制，确定火势已不能对死者造成后续伤害后，不进行记录而匆忙移动现场尸体，弊大于利，会影响燃烧痕迹分析以及尸体碎片（特别是牙齿证据）、泼洒物、衣物及相关实物（例如：钥匙、手电筒、狗链）和其他细微痕迹的收集复原。

7.2 忍受度：火灾致死因素

建筑火灾中，致人死亡的方式多种多样，如高温、烟气、火焰、烟尘和其他方式，但随着火灾的发展，火灾现场会发生持续的变化，这种变化会使人经历一个从无害环境或较少伤害环境到瞬间致死环境的变化过程。火灾中，致人死亡的各种方式经常是综合作用的，包括热作用、烟气、吸入烟气或有毒气体、窒息、火焰和钝器伤害。本章后半部分将进一步分析各种致人死亡的方式。

火灾逃生能力（忍受度）以时间表的形式衡量火灾现场条件能否保证人员生存。火灾中，一旦人遇到高温和烟气环境，行为能力就会受到不利影响。将这些生理影响分为以下几类（Purser，2008）：

■ 有毒烟气及刺激性气体：吸入有毒有害烟气，会造成神经错乱、呼吸系统损伤、意识丧失、呼吸困难，有毒气体的化学成分接触到皮肤还可能导致过敏。

■ 热量传递：皮肤和呼吸系统暴露在高温环境中，在造成剧烈疼痛的同时，也会引起不同程度的烧伤、体温升高和中暑症状。

■ 能见度：火灾中产生的烟气和刺激性气体从房顶沉降下来，由于烟气层具有不透光性，房间、楼道和走廊的能见度会大大降低。

在调查分析过程中，火灾调查人员也应当考虑两个甚至多个因素的协同影响。最主要的问题应该弄清楚哪个或哪些前述因素是导致人员受伤或妨碍死者逃生，并最终导致死亡的核心因素。火灾环境中有害因素使人产生相应的心理反应，影响到他们逃生路线的选择和逃生时间的把握。

在火灾中人类生存的单一临界极限包括：能见度 5m（16.4 ft），一氧化碳累积接触率每分钟 30000ppm，临界高温为 120℃（240℉）。这些关键因素中两个或多个的协同效应可能会超过个人的承受极限（Jensen，1998）。

在分析忍受度时，调查人员最主要的目的就是弄清楚试图从燃烧建筑逃生的人怎样丧失逃生能力，生存环境和个人感觉受到了火灾怎样的影响。忍受度分析技术要以实验数据和法庭数据为基础，为调查人员提供一种平衡实用的方法。

热传递和有毒烟气对人和动物身体的生理影响和毒害性，建立在科学、合理的实验基础上。例如：关于一氧化碳对血液中碳氧血红蛋白值影响的研究，做了大量的个体实验，既有实验室白鼠试验，也有医科学生志愿者实体实验（Nelson，1998）。其中一些数据是在一氧化碳浓度更高时外推模型得到的推算结果。这些模型还应当考虑人的年龄、健康状况和身高差异。因为火灾现场上层充满了烟气，而几乎所有毒害气体通常存在于上层烟气层中，人直立行走时，身高会影响其与烟气的接触情况。如图 7-1 所示，可以清楚看到，火灾现场中，人直立行走穿过烟气层时与烟气接触情况（Bukowski，1995）。

图 7-1　不同烟气层高度时人的忍受力示意图

（R. W. Bukowski，"Predicting the Fire Performance of Buildings：Establishing Appropriate Calculation Methods of Regulatory Applications，" National Institute of Standards and Technology，Gaithersburg，MD，1995）

火灾受害者丧失行为能力的司法判定，也是依据实际案例和调查过程中得到的数据得出的。火灾现场中人的行为的主要研究，也是从与重大火灾或爆炸事故中死里逃生的人的询问中得到的（Bryan，Icove，1977）。

7.3 有毒气体

前述关于人员忍受力的章节讨论了在逃生过程中能见度和刺激性气体对于人的影响。烟气中的有毒气体也会使人麻痹，使其窒息。火灾产生的烟气中，CO 和 HCN 是致使神经系统和心血管系统瘫痪的两种主要有毒气体。虽然二氧化碳和低氧气氛单独作用都没有毒性，但在二者协同效应的作用下，也会影响人的忍受力。

人在有毒气体中，滞留过长时间，会出现神经错乱、意识丧失，严重时会窒息身亡。火灾中由于窒息导致的行为能力丧失和死亡可以通过模拟来进行预测（Purser，2008）。根据燃烧物种类和燃烧充分与否，燃烧产生的有毒化学物质可能多种多样（燃烧温度、预混情况和氧气供给都是决定燃烧产物种类的重要变量）。

有毒气体一般分为三种基本类型：

■ 非刺激性气体（有时也称作"麻醉气体"）：CO、HCN、H_2S（二氧化硫）和 CCl_2O（光气）。

■ 酸性刺激性气体：HCl（氯化氢）——聚氯乙烯塑料（PVC）燃烧产物；氧化硫（SO_x），构成亚硫酸 H_2SO_3 和硫酸 H_2SO_4——含硫燃料有氧燃烧产物；氧化氮（NO_x），构成亚硝酸 HNO_2 和硝酸 HNO_3——含氮燃料燃烧产物。

■ 有机刺激性气体：甲醛（CH_2O）和丙烯醛（C_3H_4O）是纤维素燃料燃烧产物。异氰酸盐是聚氨酯燃烧产物。

酸性刺激性气体溶解到黏膜液中，产生上述腐蚀性的酸。这些酸破坏上皮组织细胞黏膜，导致细胞溶解，流脓浮肿，症状表现为流泪不止、咳嗽、呼吸困难。SO_x 与水混合后，产生 H_2SO_3，是一种刺激性很强的酸。与 HCN 和 CO 致死效果相同，酸性刺激性气体造成的人体反应同样会使人丧生行为能力，无法从火灾现场逃生。一般情况下，对于 HCl 气体而言，最低浓度 50ppm 就可致人呼吸困难、视力下降，影响行走能力。HCl 浓度达到 300ppm 后，人员完全丧失行动。HCl 浓度达到 1000ppm 以上，人员完全没有可能从火场逃生（Purser，2001）。

表 7-1 显示火灾中各种气体对于人的逃生能力和行为能力的影响。多数火灾现场都含有各种毒性和刺激性的气体和蒸气，包括高浓度二氧化碳和低浓度的氧气（缺氧条件），气体组分复杂。在分析暴露在火灾现场中人的忍受力时，火灾调查人员应该充分了解燃烧物的种类，燃烧方式（阴燃、明火燃烧、低氧燃烧），以及环境中有毒气体和蒸气的条件。

表 7-1　火灾烟气中使 50%人丧失逃生或行为能力的刺激性气体浓度表

火灾烟气名称	逃生能力丧失/ppm	行为能力丧失/ppm
氯化氢 HCl	200	900
溴化氢 BrCl	200	900
氟化氢 HF	200	900
二氧化硫(SO_2)	24	120
二氧化氮(NO_2)	70	350
甲醛(CH_2O)	6	30
丙烯醛(C_3H_4O)	4	20

注：数据来自 Purser，2001。

HCl 是聚乙烯类塑料在明火燃烧和阴燃条件下燃烧或热分解的主要产物。氟化氢（HF）和溴化氢（HBr）是合成橡胶燃烧生成的。甲醛是木材、硬纸板等纤维类材料燃烧生成的。

在相关研究中，提出了有效浓度分数（FEC）这一概念，用于表征火灾中产生的有毒气体或副产物对人的影响（Purser，2001）。FEC 这一概念的使用，有助于火灾调查人员更好地理解运用何种燃烧毒理学工具，有效计算致死毒性产物对人体的危害性（Purser，2008）。

FEC 一般表示为式（7-1）

$$\text{FEC}=\frac{t\text{ 时刻吸入剂量}(C_t)}{\text{致使丧失行为能力或死亡的}C_t\text{ 有效剂量}} \tag{7-1}$$

具体应用中，FEC 也被表征为丧失行为能力有效剂量分数（FID）或致死有效剂量分数（FLD）。

7.3.1　一氧化碳

火灾中，含碳可燃物不完全燃烧，产生一氧化碳（CO）。然而在不同火灾中，CO 的生成速率也不尽相同。在敞开空间（通风良好）火灾中，CO 仅仅占到燃烧产生的总气体产物的 0.02%（200ppm）。在阴燃、轰燃后，通风不良的火灾中，CO 浓度介于烟气浓度的 1%～10%之间。

一旦 CO 进入人体，就会迅速溶入到血液之中。对于已经死亡的人体来说，由于缺少呼吸作用，CO 不会从富 CO 的外界环境中扩散到血液或者机体组织当中。同样，尸体血液中 CO 的含量也是相对稳定的，直到尸体腐败才会变化。

CO 一旦进入血液，在血红细胞中与血红蛋白结合，形成结构复杂的碳氧血红蛋白（COHb）。CO 与血红蛋白中血红素的结合能力比 O_2 强 200～300 倍。CO 也会和肌红蛋白中的血红素结合，这个血红素也就是红色肌肉组织中的“红色部分”。CO 与肌细胞中血素红的结合能力是 O_2 的 60 倍。肌肉组织中，特别是在心肌中，肌红蛋白主要是用于储存和运输 O_2。在缺氧条件下，CO 经过血液传递到肌肉中，并且相对于横纹肌来说，它更容易和心肌反应（Myers，Linberg，Cowley，1979）。这就解释了为什么死者血液中 COHb 浓度低，还会出现心脏病发作症状。

Cya_3 氧化酶是一种催化细胞 ATP 产生的酶，也会受到 CO 的不利影响（Feld，2002）。COHb 性质稳定，会降低血液输送氧气的能力。如果没有水和氧气，细胞中的线粒体就无法合成 ATP，细胞就无法存活（Feld，2002）。细胞色素 b 和 aa3 结合后也会使细胞组织的呼吸功能受到 CO 的破坏（Purser，2010）。

Goldbaum、Orellano 和 Dergal 的试验研究发现，即使把狗体内血红细胞比容（血液携氧能力）减少 75%，狗也不会死亡。甚至通过输血方式将血液替换为 COHb 含量为 60%的血液，或者通过腹膜腔注入 CO，狗也不会死亡。只有实验动物吸入 CO 时才会死亡。这就说明了，CO 致人死亡的关键原因是呼吸系统吸入 CO，进而干扰了人体新陈代谢（Goldbaum，Orellano，Dergal，1976）。

血液中仅仅存在 CO，并不能说明人吸入了火灾烟气。由于亚铁血红素的降解作用，正常人血液中 COHb 的饱和度是 0.5%～1%，在这个范围以内，人体血液中的血红素不会出现明显的降低。贫血症或其他血液疾病患者（非火灾受害者）的 COHb 浓度相对更高（可以达到 3%）（Penney，2000，2008，2010）。吸烟群体血液中 COHb 的饱和度能够达到 4%～10%的水平，主要是由于香烟产生的烟气中含有高浓度的 CO。人在有应急发电机、水泵、燃料锅炉和压缩机等设备工作的密闭空间中，血液中 COHb 的浓度也会升高，有时这种情况还相当危险。

受害者从富 CO 环境转移到新鲜空气环境中后，会慢慢将 CO 从血液中排出。O_2 的分压越大（比如医务人员护理条件下的人工呼吸），CO 排出越快。在新鲜空气中待 250～300min（大约 4～5h）后，人体中 COHb 的浓度会在初始值的基础上降低 50%。借助吸氧设备，在 100%氧气环境下待 65～80min（大约 1～1.5h），COHb 浓度值能够降低 50%。在高压氧气环境中（3～4atm），COHb 浓度值降低 50%的时间仅为 20min（Penney，2000，2008，2010）。因此治疗人体中 CO 或含氮气体浓度过高的方法就是将人置于高压氧气仓中一段时间，以有效降低 CO 和含氮气体的毒害。

应当记录下抽取火灾受害者血液样本的时间和采取其他医疗救治手段的体征（如：临死前的血氧含量）。尸体中血液 COHb 的饱和浓度非常稳定，即使尸体开始发生腐烂，这个值也不会变化。许多火灾受害者在遭遇灼烧之前，就因为吸入 CO 而中毒死亡了。由于

CO气体无色无味，受害者无法察觉到已经吸入了CO。甚至在距离燃烧区域很远的地方，受害者没有受到任何高温和火焰威胁，就已经因为吸入大量CO死亡，但是在许多火灾致死案例中，CO致人死亡不是唯一的原因。

几乎所有火灾都会产生CO_2。空气中CO_2含量达到4%～5%时，成年人的呼吸频率会加快两倍（Pursr，2010）。达到10%时，呼吸频率会加快四倍，有可能致人昏迷。呼吸频率增加，CO和其他有毒气体吸入速率增加。过高浓度的CO_2会稀释可吸入氧气的浓度，并降到窒息值。血液中CO_2的浓度值只能在活体实验中测得，但死后血液中的化学物质会发生变化。在验尸过程中，由于尸体腐烂会使CO_2的值发生变化，因此很难在尸检中准确测得CO_2（或O_2）饱和值。

7.3.2 预测CO致人丧失行为能力的时间

对于预测丧失行为能力时间而言，剂量值的估算是一个重要的概念。根据哈伯定律，人体吸入的有毒气体剂量值等于在烟气中的时间与烟气浓度的乘积。例如：在某一浓度有毒气体中待1h，人吸入的有毒气体剂量值等于在一半浓度中待2h时吸入的有毒气体的剂量值。

Coburn-Forster-Kane（CFK）公式：于某些特殊的CO环境，哈伯定律并不适用。浓度和吸入气体的剂量值的线性关系仅仅适用于CO浓度较高的环境，对于CO浓度特别高的环境就不再适用。而对于低CO浓度环境，CFK公式表明，丧失行为能力的时间与浓度呈现指数关系。CFK公式还预测了CO的半衰期，这个值是通风率的双曲线函数（Peterson，Stewart，1975）。

$$\frac{A[\mathrm{COHb}]_t - BV_{\mathrm{CO}} - PI_{\mathrm{CO}}}{A[\mathrm{COHb}]_0 - BV_{\mathrm{CO}} - PI_{\mathrm{CO}}} = \mathrm{e}^{-tAV_\mathrm{b}B} \tag{7-2}$$

式中 $[\mathrm{COHb}]_t$——t时血液中CO浓度，mL/mL；

$[\mathrm{COHb}]_0$——初始暴露在CO环境中的血液CO浓度，mL/mL；

PI_{CO}——吸入空气中的CO分压，mm Hg；

V_{CO}——CO生成速率，mL/min；

A——常数；

B——常数；

V_b——常数。

CFK公式计算中，最大的缺陷是所需的变量值较多。CFK公式一般适用于环境中的CO浓度低于2000ppm（0.2%），暴露时间不多于1h的情况，或者是死亡预估时刻CO-Hb达到50%时（Purser in SFPE，2008）。对于多数亡人火灾来说，环境中的CO浓度都会大于0.2%，血液中的COHb饱和值也会远大于50%，因此CFK公式对于亡人火灾现场重建的价值十分有限。

Stewart公式：当环境中CO的浓度高于2000ppm（0.2%），血液中的COHb饱和度低于50%时，可以使用Stewart公式简单预测丧失行为能力的时间，如下：

$$\%COHb=(3.317\times10^{-5})(ppmCO)^{1.036}(RMV)(t) \quad (7\text{-}3)$$

式中 CO——CO 的浓度，ppm；

RMV——每分钟吸入气体量，L/min；

t——暴露在 CO 气体中的时间，min。

可以用式（7-4）计算位于气氛中的时间：

$$t=\frac{(3.015\times10^{4})(\%COHb)}{(ppmCO)^{1.036}(RMV)} \quad (7\text{-}4)$$

表 7-2 中列出了标准吸入气体量（RMV），作为计算成年男性、成年女性、儿童、婴儿和新生儿标准吸入气体量的典型数据。关于 RMV 的其他相关数据，可以参考 Health Canada（1995）；SFPE（2008）；Armour，Bide，Yee（1997）。

表 7-2 标准吸入气体量 单位：L/min

所处状态	成年男性	成年女性	儿童	婴儿	新生儿
休息	7.5	6.0	4.8	1.5	0.5
轻微活动	20.0	19.0	13.0	4.2	1.5

注：数据来自 Health Canada（1995）；SFPE（2008）；Armor，Bide，Yee（1997）。

根据 Stewart 公式，在 CO 浓度介于 1%～10%（10000～10000ppm）之间时，几次呼吸就会使人体血液中的 COHb 饱和度迅速升高。例如：在 CO 浓度为 1%时，呼吸 120s，血液中 COHb 饱和度将达到 30%；在 CO 浓度为 10%时，呼吸 30s，血液中 COHb 饱和度将达到 75%（Spitz，Spitz，2006）。

使人丧失行为能力的 CO 浓度的标准计算方法是通过计算 1h 内每分钟吸入 CO 的分数。正常活动时，人体 RMV 值大约是 25L/min，当血液中 COHb 达到 30%时，人就会昏迷（Purser in SFPE，2008）。1h 内丧失行为能力剂量分数有效计算公式为：

$$F_{I_{CO}}=\frac{3.317\times10^{-5}[CO]1.036(V)(t)}{D} \quad (7\text{-}5)$$

式中 $F_{I_{CO}}$——丧失行为能力剂量分数（FID）：

$$F_{I_{CO}}=\frac{t\text{ 时有毒气体浓度}}{\text{致使人不能成功逃生的有毒气体浓度}} \quad (7\text{-}6)$$

[CO]——一氧化碳浓度（体积分数，20℃），ppm；

t——接触 CO 的时间，min；

D——丧失行为能力时接触 CO 的剂量值（COHb 百分数）；

V——每分钟的呼吸量。

休息或睡觉时 $V=8.3$L/min；$D=40\%$ COHb。

轻微活动：步行逃生 $V=25$L/min；$D=30\%$ COHb。

剧烈活动：慢步跑或爬楼梯 $V=50$L/min；$D=20\%$ COHb。

【例 7-1 CO 致人丧失行为能力】 问题：一民宅发生火灾，救援人员在屋内床上发现了一名昏迷的成年女性。经简单计算，火灾发生后，她所在位置 CO 的浓度大约 5000ppm。假设她当时正在休息，计算其丧失行为能力的时间和丧失行为能力剂量分数。

参考答案：使用表 7-2 中 RMV 的数据。

空气吸入量　RMV＝6.0L/min（休息状态）。

失去意识的 COHb 饱和度，COHb＝40％（休息状态）。

CO 浓度，　CO＝5000ppm。

丧失行为能力时间［式（7-4）］，$t=\dfrac{(3.015\times10^{4})(40)}{(5000)^{1.036}(6.0)}=30(\text{min})$。

丧失行为能力剂量分数［式（7-6）］，$F_{I_{CO}}=\dfrac{(8.2925\times10^{-4})(5000^{1.036})}{30}=0.188$。

【例 7-2　CO 致人丧失行为能力以及消防队员的死亡】问题：Pittsburgh 一民房发生火灾，造成 3 名消防队员死亡（Routley，1995），研究人员利用火灾模拟技术对这起美国消防管理局调查的火灾进行了全面复盘（Chirstensen，Icove，2004），并使用 NIST 的火灾动力学模拟器（FDS）模拟火灾，估算起居室内 CO 的浓度。CO 中毒是两名消防员的直接死因，由于吸入了大量的 CO，丧失了逃离火场的能力。

这是一起放火案件，发生在一个四层连排房屋楼内，嫌疑人将汽油倒在一楼的一个房间，点燃引发火灾。消防员从街道进入楼内，试图在浓烟中找到着火的具体位置。现在已经无法辨清消防员牺牲前的一些细节，但是清楚的是在某一时刻他们发现即将耗尽空气呼吸器（SCBA）中的空气，需要立即撤离，却无法找到逃生出口，最后用光了空气补给。可以确认的是其中两个消防员摘下或放松了他们的面罩，尝试轮流使用空气呼吸器，共用一个气源。结果两人因吸入大量有毒气体而导致昏迷。尸检时，发现他们血液的 COHb 饱和度分别为 44％和 49％。第三名消防员被发现时面罩还没脱下，他血液中的 COHb 饱和度是 10％，这表明他死于缺氧。

参考答案：根据 Stewart 公式，参照预设的呼吸量和已知的血液 COHb 值，计算牺牲消防员暴露在火灾现场的时间。如图 7-2 所示，FDS 模拟火灾发生发展过程，模拟到 27min 时，发现消防员牺牲的地方 CO 浓度达到了大约 3600ppm。CO 达到这个浓度，呼吸速率 70L/min 的条件下，只需要 3～8min 的时间，两个消防员血液中累积 COHb 的饱和度就能够达到尸检时的 47％。

用 Stewart 公式解决这个问题，所使用的 CO 值来自 FDS 模拟计算，结果：

$$\%\text{COHb}=(3.317\times10^{-5})(\text{ppm})^{1.036}(\text{RMV})(t)$$

式中　CO——CO 浓度＝3600ppm；

％COHb——碳氧血红蛋白饱和度＝47％；

RMV——每分钟吸入空气的量＝70L/min；

t——时间，min。

计算牺牲消防员暴露在火灾现场中的时间，得到

$$47\%=(3.317\times10^{-5})(3600)^{1.036}(70)(t)$$

$t=4.2$min，时间区间 $t=3\sim8$min。

从尸检结果看，总的暴露时间为 4.2min，这说明摘下空气呼吸器面罩后，由于没有 SCBA 提供空气，在此 CO 浓度下，仅仅几分钟时间，血液中 COHb 浓度就达到了致死水平。

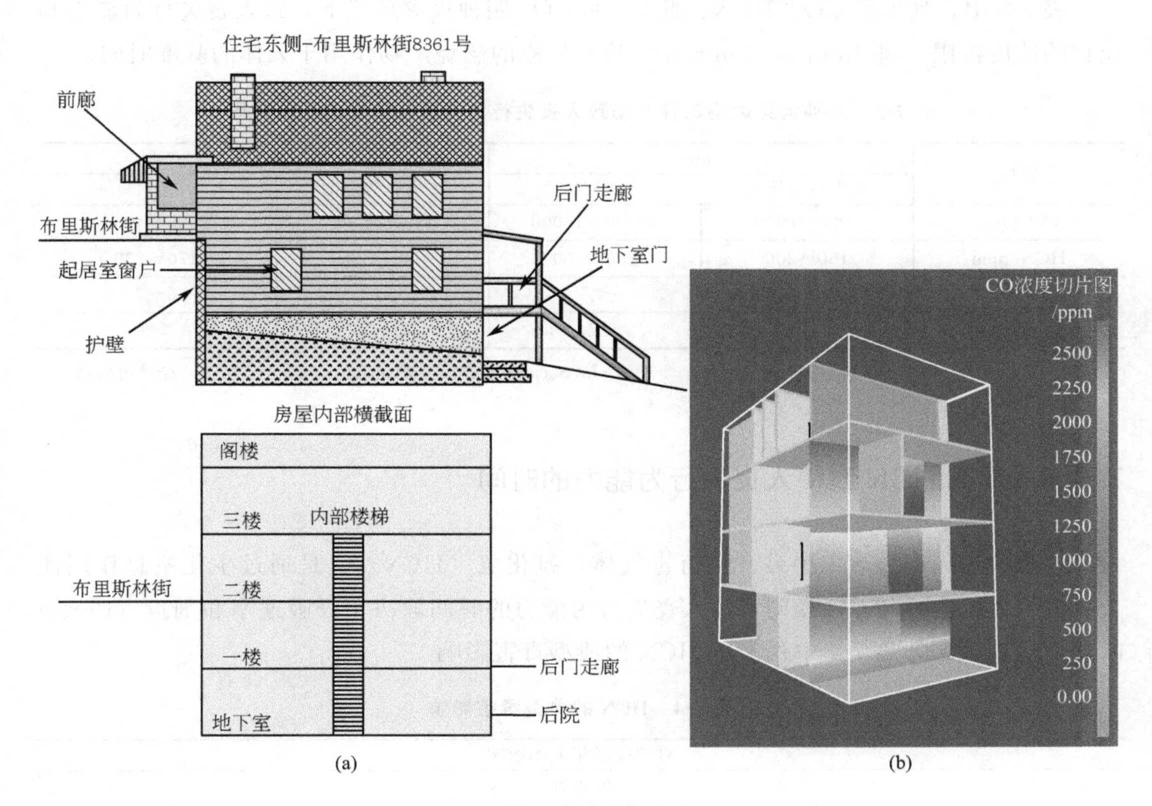

图 7-2 (a) 三名消防员被困民房结构图；(b) 27min 时，FDS 模型中房间中各处 CO 浓度分布图（D. Icove 提供）

7.3.3 氰化氢

氰化氢（HCN）易溶解于血浆中，渗入到细胞和组织器官，形成氰基。HCN 或 CN 对于细胞最主要的影响是抑制氧气参与细胞代谢，导致细胞无法正常利用血液中的氧气（Pureser，2010）。氰基也会和 Cya_3 氧化酶结合，抑制其在细胞线粒体中的活性。Cya_3 氧化酶一旦被抑制，就会影响到水和 ATP 的生成，而这是细胞呼吸的基本途径（Feld，2002）。火灾中只要存在含氮可燃物，其燃烧几乎都会产生氰化氢，特别是在丙烯橡胶、ABS 塑料和聚氨酯的燃烧过程中。

与 CO 相同，HCN 的产生与燃烧区域内的温度和氧气供给情况有关。与 CO 作用方式不同的是，HCN 作用更迅速、作用机理更为复杂，这通常取决于 HCN 浓度和吸入速率。与 CO 在血液中生成 COHb 不同，人体血液中 HCN 的浓度并不稳定。人员死后 24h 以内，血液中 HCN 的浓度将会降低 50%；同理，存储的血液样本中的 HCN 浓度也不稳定（Purser，2010）。CN 常被怀疑是火灾现场中导致大量人员死亡的罪魁祸首，但又常常不能立刻得到检测。这是因为火灾中 HCN 的生成条件与 CO 相类似，极为少量的 HCN 就会使人丧失行为能力，使人更长时间暴露在 CO 和其他毒害烟气中，进而导致死亡。

表 7-3 中，列出了 CO、HCN、低 O_2 和 CO_2 四种火灾环境下，致人丧失行为能力和死亡的浓度极限。将 5min 和 30min 作为致人晕厥的燃烧产物作用于人体的基准时间。

表 7-3 几种常见燃烧毒性产物致人丧失行为能力和死亡的浓度极限

项目	5min		30min	
	丧失行为能力	死亡	丧失行为能力	死亡
CO/ppm	6000～8000	12000～16000	1400～1700	2500～4000
HCN/ppm	150～200	250～400	90～120	170～230
低 O_2/%	10～13	<5	<12	6～7
CO_2/ppm	7～8	>10	6～7	>9

注：数据来自 SFPE，2008，Table 2. 6. B1，2-185，the Society of Fire Protection Engineers 提供。经许可转载

7.3.4 推测 HCN 致使人丧失行为能力的时间

如前所述，作为火灾中另一种有毒气体，氰化氢（HCN）也是通过生化窒息作用使人丧失行为能力。与 CO 相同，使人丧失行为能力的时间取决于呼吸速率和剂量（Purser in SFPE，2008）。表 7-4 中列出了 HCN 的典型毒害影响。

表 7-4 HCN 的典型毒害影响

对健康成年人的影响
剧毒性 170～230ppm＝30min 内死亡 250～400ppm＝5min 内死亡
含氮燃料燃烧都会产生，如头发、羊毛、毛皮、皮革、聚氨酯、尼龙
通过呼吸或摄入进入体内

注：数据来自“What Kills People in Fires”（J. D. DeHaan 提供）。

HCN 的浓度低于 80ppm，健康成年人受到的损害很小（Purser，2010，165）。浓度高于 80ppm 时，可以计算出其对人体的影响（Purser in SFPE，2008，2-119）。HCN 浓度在 80～180ppm 之间，使人丧失行为能力的 HCN 时间浓度计算公式为：

$$t_{I_{CN}}(\text{min})=\frac{185-\text{ppmHCN}}{4.4} \tag{7-7}$$

HCN 浓度大于 180ppm，使人丧失行为能力的 HCN 时间浓度计算公式为：

$$t_{I_{CN}}(\text{min})=\exp[5.396-0.023\times(\text{ppmHCN})] \tag{7-8}$$

1min 内丧失行为能力剂量分数

$$F_{I_{CN}}=\frac{1}{\exp[5.396-0.023\times(\text{ppmHCN})]} \tag{7-9}$$

注意：式（7-8）和式（7-9）中，exp 代表指数。表 7-3 表明，使人丧失行为能力的 HCN 剂量要远低于 CO 的剂量。急性氰化物中毒导致成年人死亡的最低血液浓度为 1～2mg/mL。更常见的致死浓度为 2.4～2.5mg/mL（Purser，2010，183）。例 7-3 描述了如何在调查中应用上述公式。

【例 7-3 HCN 致使人丧失行为能力】问题：在例 7-1 的火灾中，调查人员在休息室发现一名昏迷的成年男性，昏迷原因是吸入了燃烧产生的毒性副产物。火灾模拟推算出，聚氨酯塑料床垫燃烧后，空气中人体可吸入的 HCN 浓度能达到 200ppm 左右。

参考答案：计算丧失行为能力的时间和 1min 内丧失行为能力剂量分数（FID/min）。

HCN 浓度　HCN＝200ppm。

丧失行为能力时间　$t=\exp(5.396-0.023\times200)=2.2(\mathrm{min})$

1min 内丧失行为能力的剂量分数　$F_{I_{CN}}=\dfrac{1}{\exp(5.396-0.023\times200)}=0.45$（FID/min）

7.3.5 低氧条件下使人丧失行为能力

缺氧（无氧）和低氧（氧气浓度低）条件下，氧气不足以维持人体生存。这一般是由于氧气被其他气体取代，如氮气、二氧化碳等惰性气体，甲烷等可燃性气体，CO_2 和水蒸气等良性燃烧产物。正常空气中 O_2 含量为 20.9%。在氧气浓度降低到 15%前，人体不会因为氧气浓度变低而轻易出现不良反应。氧气浓度介于 10%～15%之间时，人体会感到头晕（类似于中毒的症状），判断力受到影响。氧气浓度低于 10%时，受害者会昏迷，甚至死亡。高浓度的 CO_2 会加快呼吸速率，加重缺氧反应。缺氧影响包括精神抑郁，嗜睡，记忆困难和注意力下降，意识丧失，直至死亡（Purser，2010，184）（见表 7-5）。

表 7-5　供氧不足对人的影响

氧气浓度/%	对于健康成年人的影响
14.14～20.9	无明显影响，耐力稍降
11.18～14.14	记忆力和精神状态稍受影响，耐力下降
9.6～11.8	行为能力急剧下降，嗜睡，失去意识
7.8～9.6	失去意识，死亡

注：数据来自 SFPE，2008。

成年人在低氧状态下，失去意识的时间计算公式为：

$$(t_{\mathrm{lo}})=\exp[8.13-0.54\times(20.9-\%O_2)] \tag{7-10}$$

式中　t_{lo}——人体处在低氧状态的时间；

$\%O_2$——环境温度为 20℃时，人体能够从空气中吸入的氧气浓度。

7.3.6 推测二氧化碳使人丧失行为能力的时间

暴露于高浓度 CO_2 环境中，人会产生从呼吸衰竭到失去意识等系列反应（SFPE 2008，2-119）（见表 7-6）。

作为一种窒息性气体，CO_2 取代氧气，会增加 RMV 值，致使人吸入更多的有毒有害烟气（Purser in SFPE，2008）。V_{CO_2} 倍增因素计算公式是：

$$V_{CO_2}=\exp\left(\frac{CO_2}{5}\right) \tag{7-11}$$

$$V_{CO_2}=\frac{\exp(1.903\times\%CO_2+2.0004)}{7.1} \tag{7-12}$$

二氧化碳使人失去意识（丧失能力）的时间公式：

$$t_{I_{CO_2}}=\exp(6.1623-0.5189\times\%CO_2) \tag{7-13}$$

1min 丧失行为能力剂量分数：

$$F_{I_{CO_2}}=\frac{1}{\exp(6.1623-0.5189\times\%CO_2)} \tag{7-14}$$

表 7-6　暴露在二氧化碳环境中对人的影响

二氧化碳浓度/%	影响
7～10	失去意识
6～7	呼吸衰竭，头晕，有可能失去意识
3～6	随着浓度的增加呼吸衰竭

注：数据来自 SFPE，2008。

7.4 热

人体只要能够通过皮肤热辐射和体液蒸发冷却（更为重要的温度调节方式）降低血液温度，调节体内温度，就能够存活于外部高温环境。蒸发冷却过程是通过体内的口腔、鼻孔、喉咙、肺部的黏膜层水分蒸发，和体外皮肤汗液蒸发来实现的。如果人的体内温度超过 43℃（109℉），大概率会导致死亡。

人体长时间处于干燥高温环境中（80～120℃，175～250℉），会引发致命的高温症。即使随着温度升高增加环境湿度，由于皮肤和黏膜的蒸发冷却速率降低，也会致人死亡。在火灾中，即使不吸入 CO、烟气，躲避了火焰的直接伤害，受害者也可能由于单独的高温作用遇难。虽然高温会使结缔组织和皮肤的胶原蛋白和其他蛋白发生变性，出现水泡和脱皮的现象，但高温致死者的尸体一般死后变化最小。

7.4.1 推测高温致人丧失行为能力的时间

暴露于火场的对流换热环境中，人 1min 内丧失行为能力的剂量分数（FID/min）计算公式为：

$$F_{I_h}=\frac{1}{\exp(5.1849-0.0273\times T[℃])} \tag{7-15}$$

同化各种数据后，以此为基础建立了**毒性和机体危险评价模型**（Purser in SFPE）。火灾模拟中得到的各种数据，如有毒的化学物质和物理颗粒浓度值，都能输入该危险评价模型。模型计算得出，短时间内人体能够承受的辐射热通量为 $2.5kW/m^2$。除了皮肤烧伤（包括热辐射和热对流烧伤），吸入温度超过 120℃（250℉）的干燥气体也会灼伤人体的上呼吸道。

使用危险评价模型评估各项数值需要得到两方面的信息。一是主要毒害产物的浓度和作用时间的具体情况，包括作用时间、物质浓度和毒性三者的相互关系。另一个是死者所处区域内可能存在的毒害产物，如 CO、HCN、CO_2 等气体的浓度，以及辐射热通量、环境温度等其他参数。这些值可由前述的复杂计算机模型计算得到。

7.4.2 吸入热烟气

吸入极热烟气常会引起呼吸道黏膜组织的水肿（肿胀和发炎）。如果水肿极其严重会堵塞气管，造成物理窒息。热烟气的吸入也可能引发喉部痉挛，喉管自然闭合，以阻止外来异物进入；还有可能抑制中枢神经，导致呼吸停止，心率降低。

吸入热烟气后，烟气温度会随着黏膜组织的水分蒸发而迅速降低，因此假如吸入了干燥热烟气，热损伤通常不会延伸到咽喉以下的部位。如果热烟气中含有水蒸气或烟气中的水分达到饱和，蒸发降温作用降到最低，烧伤和水肿会延伸到主要的支气管和肺泡（肺内部的小气囊）。假如吸入烟气的温度非常高，会损伤支气管和肺的内部组织，也会损伤面部皮肤、口腔以及面部或鼻腔的毛发。

7.4.3 高温和火焰的影响

火灾中高温作用下的人体是一个复杂的靶向体。皮肤由两个基本层构成。外层是一层薄薄的上皮组织（死细胞组成的皮肤角质层），下层是较厚的真皮组织层。真皮层的细胞积极生长，包裹着神经末梢、毛囊和毛细血管，供给皮肤生长发育所需的营养物质。真皮层的下面，是一层结实有弹性的结缔组织，皮下脂肪，最后是肌肉和骨头。

在高温和火焰作用下，不同组织发生不同的变化。高温作用于皮肤表面会导致上皮组织与真皮层脱离，形成水泡，类似于木头和塑料受热后，表面的油漆和壁纸鼓泡的现象。当组织内部温度超过 54℃后，皮肤表面就会起水泡。凸起后上皮层非常薄，更易受到持续高温作用的影响，达到一定温度后造成上皮层烧焦变黑。上皮组织也可能大面积的脱落，形成所谓的皮肤滑移。温度超过 43～44℃（110～112℉）时，受到高温作用，裸露的真皮层会产生非常强烈的疼痛感（Purser in SFPE，2008，2-179）。

高温继续作用，真皮层中的蛋白质受到破坏，皮肤进一步干燥和变色。能量更高的热流使温度升高，造成组织熟化和炭化。皮肤脱水过程中会收缩、褶皱消失，面部轮廓改变（增加了肉眼识别受害人的难度）。皮肤继续收缩、裂开，出现锯齿状不规则的撕开伤口（完全不同于边缘清晰锋利的皮表刀刃切口），如图 7-3 所示（Smith，Pope，2003）。高温开裂的皮肤通常能够显现出下层组织的皮下桥接，但切割过的皮肤没有这种现象。

如果受害者在火灾后存活了一段时间，皮肤收缩会压迫血管，所以医生在治疗时会从受损的真皮层做出切口（escharotomies 切痂术），以减轻血管压力，维持血液循环。因此如果火灾后，受害者存活了一段时间并得到了医疗干预，如焦痂切开术或皮肤移植术，火

图 7-3　高温和火焰作用使皮肤收缩、褶皱消失，改变面部轮廓。皮肤继续收缩、裂开，出现锯齿状不规则的撕开伤口，这与明显的轮廓清晰的刀口表面不同。死者胳膊上的高温作用撕裂口与胸部刀口形貌对比图（Dr. Elaybe J. Pope 提供）

灾调查人员应该认识治疗对伤口的影响，并将其与烧伤伤口加以区分。

由于单根头发体积小，热质量低，受到高温作用后很快就会发生变化。首先是颜色发生变化（颜色更黑、更红，或完全变成灰色、苍白色）。随后头发受热烧焦，毛干起泡、收缩、断裂。收缩作用导致发丝卷曲，类似烧焦状。烧焦的毛干的微观形貌非常有特点（与剪切或折断的毛干完全不同）。大团头发燃烧后，会形成一团黑色蓬松纠缠的线团。

躯体继续受到高温作用，肌肉也会开始收缩。颈部的肌肉和皮肤收缩，会把舌头挤出口腔。肌肉和肌腱的收缩会导致关节的紧缩，进而导致躯体呈现出所谓的“拳击姿势”，如图 7-4 所示。火灾持续作用下，这种趋于“拳击姿势”的肌肉收缩会使躯体发生移动。如果在一个不稳定或是不平整的平面上，躯体移动会使躯体从床上或扶手椅上掉落下来，并且有可能改变高温作用的位置（消除或模糊此前形成的躯体特征），身体位置变动前未受到高温作用部位可能暴露出来。尸体受到高温作用呈现出“拳击姿势”的特征已在火葬过程中被观测到，670～810℃（1240～1490℉）的高温火焰作用 10min 后，人体就会呈现出“拳击姿势”（Bohnert，Rost，Pollak，1998；Pope，2007）。

具有 500～900℃（930～1650℉）的高温气体和高热通量（55kW/m^2），火焰直接作用于人体时，会迅速产生一系列的反应。火焰作用 5s 后，就会起肿泡，几秒后水泡就会烧焦。皮肤与火焰直接接触 5～10min，就会完全烧焦，特别是紧绷在骨头上的皮肤（关节处、鼻子、前额、头盖骨）（Pope，Smith，2003，2004；Pope，2007）。短暂而又强烈

图 7-4 肌肉和肌腱收缩，导致关节收缩，呈现“拳击姿势”（Dr. Elayne J. Pope 提供）

的火焰（闪火）作用会使皮肤表皮层起泡，但不会感到疼痛，这是由于疼痛传感器在表皮层下的真皮层中，而热量穿透到深处需要更长时间。

即使没有火焰作用，如果人体在高温环境中暴露过长时间（超过 50℃，122℉），肌肉组织中的水分也会流失，出现收缩，呈现“拳击姿势”。火焰作用下，肌肉会开始燃烧，四肢的骨头会发生降解而断裂。极其高温作用下，骨头还可出现扭曲和断裂，持续的火焰作用（持续 30min 或更长时间，比如通过火葬过程观测得知），骨头会发生煅烧（此时烧焦的有机质已经烧失）。骨头发生煅烧后极其脆弱，可以自行碎裂。由于老年受害者本就骨质疏松，相对于普通人的骨头，他们的骨密度更低，在火焰作用下，会更快、更完全地裂解（Christensen，2002）。实验测试发现，火灾高温作用会使充当缓冲剂的脑内液体和脑细胞中的液体通过颅骨的裂缝泄漏出来，但颅骨一般不会爆裂。在火葬的高温作用下，脱水烧焦的内脏器官，需要焚烧至少 30～40min 才会发生烧失（Bohnert，Rost，Pollak，1998）。在内脏器官受到火灾影响前，对于普通结构的火灾而言，成年躯干需要更长的时间才会发生烧失。在火灾高温作用下，骨头会发生一定程度的收缩，这增加了误判死者身高的风险。

颅骨上的薄骨会随着内外层各自失效而分层，这种分层会导致颅骨上形成热穿孔，热穿孔有像弹孔一样的斜边（Pope，Smith，2003）。最新实验证实，不管头骨上是否有过机械外伤或钝器损伤，火焰作用都可能导致颅骨的破坏。某些头骨的热穿孔与头骨弹伤形状非常相似，这就需要在个案调查说明时更加注意（Pope，Smith，2004）。

高温作用于头部，会导致血液和体液聚集，在颅骨和包裹大脑的硬脑膜中间的硬脑膜外或硬脑膜上区域形成脑血肿。高温进一步作用，体液沸腾、蒸发，然后颅骨烧焦，产生刚性泡沫状的黑色团状物。构筑物掉落物砸伤头部造成的物理创伤也可能形成硬脑膜下水肿。但高温作用不会导致颅骨基部骨折现象发生（Bohnert，Rost，Pollak，1998）。火灾高温作用会使人体裸露组织炭化封闭，因此暴露在火焰中的人体不会流血成为一条定律。但挪动尸体时，覆盖人体组织的脆性结炭层被破坏，会导致体液渗出。因此，移动一具烧焦结炭组织包裹的炭化尸体时，一定要采取更为有效的保护措施，且在移动尸体前一定要认真做好记录。

经过一定考虑，如果通过本书讲解的可燃物种类、通风条件、分散情况等因素可以分析估算出火灾强度，就能建立起火灾伤害程度与火灾作用时长的关系。最近的研究对燃烧速率、热惯性和人体器官组织相对燃烧性质等相关参数做了深入研究探索（DeHaan，Campbell，Nurbakhsh，1999）。本章后续内容，将继续讨论火灾对尸体的破坏作用。

7.4.4 火焰作用（焚化）

物体表面受热时，热量向内传递的速率由材料的热惯性决定（热容、密度和导热能力的数值）。皮肤的热惯性与木块或聚乙烯塑料大致相当，见表 2-4。人的疼痛传感器位于真皮层，大约在表皮下方 2mm（0.1 in）的位置。如果高温作用时间较短，一般不会出现不适感或疼痛感。延长高温作用的时间，热量会逐渐向皮肤内层传递。热能越强，热量穿透皮肤的传递速率越快。皮肤细胞温度达到 48℃（120℉）时会引发痛感；温度超过 54℃（130℉），皮肤细胞就会受到破坏（Stoll，Greene，1959）。

2～4kW/m^2 强度的辐射热接触皮肤表面 30s，人体就会出现疼痛感，但不会出现永久性损伤。热通量进一步增强，皮肤会出现水泡和皮肤滑移等损伤。4～6kW/m^2 强度的辐射热作用皮肤 8s，皮肤就会起水泡（二级烧伤）。10kW/m^2 强度的辐射热作用皮肤 5s，会导致更深层的局部厚度的皮肤损伤。辐射热强度达到 50～60kW/m^2 时，5 s 会导致真皮组织遭到破坏，形成三级烧伤（Stoll，Greene，1959）。

7.4.5 烧伤

即使没有火焰直接作用，人体长时间处在整体温度超过 54℃（130℉）的环境中时，也可能造成烧伤，并出现皮肤脱水、脱皮和起泡等症状。腐蚀性的化学试剂也可能造成类似的损伤。如果不是不可能的话，辨别这几种尸体烧伤痕迹是在死前不久形成的还是死后形成的通常也非常困难。火灾发生时，无论受害者是死是活，甚至尸体已经开始腐烂，受到火灾的高温作用后，尸体表面都会形成充满体液的水泡。

虽然有反对的声音，但绝大部分医务人员认为皮肤变红为一级烧伤。二级烧伤，即局部厚度烧伤（partial-thickness burns）指的是上皮组织损伤，出现起泡或脱皮。由于真皮中的生长层尚在，二级烧伤的全部烧伤区域可以修复痊愈，一般不需要做皮肤移植手术。三级烧伤，即全厚度烧伤（full-thickness burns），由于真皮层受到损伤，仅有伤口边缘的部分可以痊愈，需要通过植皮手术进行治疗。四级烧伤，也叫全厚度烧伤，囊括以上全部损伤，伤口处的皮肤完全烧损，下层肌肉、甚至肌肉下层的骨头都裸露在外。

汽油或其他表面张力小、黏度低、易挥发的可燃液体泼洒到裸露皮肤表面，部分可燃液体会渗透到表层皮肤中，但大部分可燃物会流失，只留下极薄的一层可燃液体层，这种现象在垂直的皮肤表面尤为明显。这层可燃液体薄膜会迅速烧尽（少于 10s）。液体下方的皮肤不会烧伤或者仅仅是变红（一级烧伤），但皮肤褶层和浸有可燃液体衣物处会维持长时间的燃烧，造成严重的水肿，甚至在极端情况下，会造成表皮炭化。皮下脂肪或肌肉深度烧伤需要火焰保持数分钟的持续作用，远超通常的汽油薄膜火灾燃烧的时间。由于水平皮肤表面会形成一个更深的油池，可以支持更长时间的燃烧，因而可能会在油池边际形成环形水泡（二级烧伤）（DeHaan，Icove，2012）。

7.4.6 钝器创伤

火灾现场中，钝器创伤也可能致人死亡。建筑结构的倒塌或爆炸造成硬物击中受害者。现场人员逃生过程中，固定物（家具或门框）的掉落或撞击都可能造成钝器创伤，只有经过细致的医疗检查才能将该种损伤与蓄意伤害造成的损伤区分开来。从伤口痕迹、血迹，甚至一些细微的痕迹上能够判别出是不是钝器创伤，也能推断出这些伤口是蓄意伤害造成的，还是火灾造成的创伤。火灾调查人员应当考虑咨询病理专家和刑事专家，以帮助判断钝器伤的形成原因，并与火灾现场的其他特征建立联系。

7.5 能见度

浓烟的不透光性和刺激性，会降低正常人的视力，影响呼吸功能，进而减弱行动能力。浓烟的影响有：

- 影响逃生路线和安全出口的选择；
- 影响逃生人员的移动速度；
- 影响人员发现道路的能力。

在建筑火灾中，受困人员需要依靠自身能力寻找安全出口标志、门、窗（Jin，1976；Jin，Yamada，1985）。物体能见度取决于多种因素，如烟气的分散程度，透光能力，光线的波长，物体（例如出口标志）可见类型，是反光式还是发光式，以及个体的视觉敏感度（Mulholl in SFPE，2-197）。

此前美国医学和外科局的海军医学研究实验室研究发现人体对红色荧光最为敏感，并首次将这一基本原理应用在安全出口指示标志上。这一系列研究测试了不同颜色的海上荧光浮标的可识别能力。红色荧光（黄红色和橘红色）是可被发现距离最远的颜色（USN，1955）。美国空军相关研究人员（Miller，Tredici，1992）在夜视条件下的后续研究扩展了这些发现。他们发现当从明视条件（高流明水平）到暗视条件（低流明水平，特别是夜间）时，人眼的敏感度从可见光谱的红色端移向蓝色端。

人对红色光识别距离最远这一海军研究成果，为红色火灾安全出口指示标志的设计与使用提供了科学、合理的依据，无论是反光型的荧光指示标志还是发光型的指示标志。根据美国职业安全与健康管理局（OSHA）规定，需要安装的指示标志，应是白底红字，字体高度不应小于 6in［OSHA 29 CFR 126-200（d）］。

7.5.1 光密度

能见度通常用单位距离的光密度值来表征。计算中，包括一个附加的消光系数 K，是单位质量消光系数 K_m 与烟气溶胶质量浓度 m 的乘积。

$$K=K_m m \tag{7-16}$$

$$D=\frac{K}{2.3} \tag{7-17}$$

式中 K——消光系数，m^{-1}；

K_m——特定物质的消光系数，m^2/g；

m——烟气的质量浓度，g/m^3；

D——单位距离的光密度，m^{-1}。

木材和塑料明火燃烧产生的烟气的 K_m 值一般是 7.6 m^2/g，明火燃烧前的热分解阶段产生的烟气的 K_m 值为 4.4m^2/g（SFPE，2008）。

就消光系数而言，在火灾中，决定能见度 S 值的一个重要因素就是指示标志自身的发光能力和其反光能力。S 值就是人在烟气中观测指示标志的可见程度。发光型指示标志的可见能力是反光型指示标志的 2～4 倍（Mulholl，SFPE，2008），KS 值计算见式（7-18）和式（7-19）。

$$\text{发光指示标志 } KS=8 \tag{7-18}$$

$$\text{反光指示标志 } KS=3 \tag{7-19}$$

式中 K——消光系数，m^{-1}；

S——能见度，m。

基于质量光密度推算能见度的方法是切合实际的。研究中发现，火灾现场在 3m（9.84ft）能见距离的光密度值下，人能够从充满烟气的火场中折返逃生（Bryan，1983）。研究还发现，相对男性来说，女性逃生的可能性更大。还有其他一些因素影响人的逃生，包括人发现疏散指示标志，并顺利逃生的能力。观察者的高度和安全出口标志的高度对于能见度也至关重要。

能见度 D_m 是在质量光密度基础上，从实验数据中推算出来的（Babrauskas，1981）。表 7-7 列出了不同材质床垫有焰燃烧产生烟气的质量光密度值。

表 7-7 床垫燃烧实验中产生烟气的质量光密度（D_m）

材料种类	质量光密度/(m^2/g)
聚氨酯	0.22
棉花	0.12
天然橡胶	0.40
氯丁橡胶	0.20

注：数据来自 Babrauskas，1981。

用下式推算可见烟气的密度 D：

$$D=\frac{D_m \Delta M}{V_C} \tag{7-20}$$

式中　D——单位距离的光密度，m^{-1}；

D_m——质量光密度，m^2/g；

ΔM——样品的总质量损失；

V_C——空间体积，m^3。

【例 7-4 能见度】问题：休息室的长凳上铺着一个重 300g（0.66lb）的小型聚氨酯座垫，一未成年人放火将其点燃，发生明火燃烧。放置凳子的房间 6m（20ft）见方，吊顶高为 2.5m（8.2ft）。计算发光型疏散指示标志和反光型疏散指示标志距出口门的最远能见距离。

参考答案：假设烟气将房间均匀充满。

床垫总的质量损失 $\Delta M=300g$。

质量光密度 $D_m=0.22m^2/g$（见表 7-6）。

空间体积 $V_C=6m\times 6m\times 2.5m=90.0m^3$。

光密度 $D=0.22\ m^2/g\times 300g\div 90.0m^3=0.733m^{-1}$。

消光系数 $K=2.3D=2.3\times 0.733m^{-1}=1.687\ m^{-1}$。

能见度（发光型）$S=8/K=8\div 1.687\ m^{-1}=4.74m$。

能见度（反光型）$S=3/K=3\div 1.687m^{-1}=1.77m$。

计算得出，火灾中人在距离发光型指示标志 4.74m（15.5ft）以内都可以发现疏散指示标志，对于反光型来说这个距离仅为 1.77m（5.58ft）。相对于计算结果来说，由于热烟气层浮力的作用，人更不容易发现房间上半部分的应急指示标志。现在安全出口标志应设置在人的膝盖高度及以下，以便人能够在更远的距离发现。

7.5.2 烟气的等价浓度分数

下列公式适用于密闭空间，根据 FEC_{smoke} 的方法一，视线受阻越多，逃生的概率就越小。

对于小空间来说，$FEC_{smoke}=\dfrac{D}{0.2}$　(7-21)

对于大空间来说，$FEC_{smoke}=\dfrac{D}{0.1}$　(7-22)

式中　D——所遇烟气的单位距离光密度值。

7.5.3 移动速度

如前所述，烟气的光密度不但会影响人选择最近的安全出口、做出正确的逃生决定，还会影响发现正确逃生路线的能力和逃生速度。在空旷区域和正常视觉条件下，正常成年人的移动速度大约为 2m/s。在烟气条件下，建筑中的家具或其他摆放物会阻碍减缓逃生速度。火灾调查人员评估证人有关从建筑火灾中逃生时间的陈述时，应当将此因素考虑在内。

人员穿越充满无刺激性烟气的走廊的实验表明，人员移动速度会随着烟气浓度的增加而降低（Jin，1976；Jin，Yamada，1985）。

根据 Jin（1976）的研究，这种关系的表达式为：

在 $0.13\text{m}^{-1} \leqslant D \leqslant 0.30\text{m}^{-1}$ 时

$$FWS = -1.738D + 1.236 \tag{7-23}$$

式中 FWS——步行速度，m/s；

D——单位距离光密度，m^{-1}。

式中，烟气光密度范围在 0.13m^{-1}（低于正常步行速度）和 0.56m^{-1}（高于黑暗中 0.3 m/s 的步行速度）之间。这个公式没有考虑其他因素的影响，例如步行飘忽和感官刺激造成的延迟。实验中，Jin 主要是用木材燃烧产烟。

7.5.4 发现逃生路线

Jin 的研究未考虑人员在选择逃生路线时会中途修正，也未考虑烟气带来的能见度的降低和刺激作用。研究结果表明，人能够折返逃生的烟气平均光密度是 3m（9.84ft）的能见距离（$D=0.33\ \text{m}^{-1}$ 和 $K=0.76$）。低能见度和烟气对眼睛的刺激作用是降低人发现逃生路线能力的首要因素，其次是烟气对人体呼吸系统的刺激作用（Jensen，1998）。

7.5.5 烟气

火灾烟气中含有水蒸气、CO、CO_2、无机物灰烬、有毒气体、气溶胶态的化学物质以及炭化物颗粒。炭化物颗粒是由于不完全燃烧产生的体积足够大，可见的碳颗粒聚集物。这些颗粒温度非常高，被人体吸入后无法迅速冷却，所以高温颗粒一旦接触到呼吸系统和黏膜组织后，就会造成黏膜组织水肿和烧伤。炭化物颗粒也有较强的吸附性，会携带有毒化学物质进入呼吸系统，使其被吞食或吸入人体（被黏膜组织直接吸收）。吸入大量炭化物颗粒足以引发物理阻塞，导致机械窒息。烟气中的炭化物颗粒、水蒸气、灰尘和气溶胶也会影响人的视线，阻碍人员逃生。

7.6 时间间隔

7.6.1 火灾发生时间与死亡时间的间隔

之前已经对火灾中的暴露时间和死亡时间的时间间隔问题进行了论述。受害者可能瞬间死亡，也可能几分钟、几小时后才死亡。在此种情况下，寻找人员死亡与致死原因的因果关联并不困难。但当人员死于火灾发生数周或数月后，虽然仍存在死者死于火灾的可能，但这种因果联系会被大量的医疗干预所掩盖。

人员遭遇火灾到人员死亡之间的时间跨度由多种影响因素决定。处于极高温热烟气或蒸汽中，或处于严重缺氧或低氧环境中，几秒钟或几分钟内人员就会死亡。吸入高温热烟气后可能会抑制迷走神经或是发生喉痉挛，都会导致呼吸衰竭，很快就会导致人员瞬间死亡。火灾充分发展阶段（经常导致结构倒塌）常见的爆炸损伤和烈焰焚烧，也会使人瞬间死亡。

数分钟内致人死亡的原因有：吸入有毒气体，如氰化氢、一氧化碳或其他热分解产物；炭化物颗粒阻塞呼吸道；火焰灼伤；物理创伤（导致失血过多）；内伤；大脑受伤。

数小时内致人死亡的原因有：吸入一氧化碳、热烟气导致的呼吸道水肿、烧伤、脑损伤或其他内伤。脱水或烧伤导致的休克会使受害者在火灾发生数天后死亡。甚至火灾中受伤引发的感染或脏器衰竭也会使受害者在数周或数月后死亡。

死亡原因定义为损伤或疾病引发了后续系列事件，最终致人死亡。火灾中可能的死亡原因有：吸入热烟气、CO或其他有毒气体；受热；烧伤；缺氧；窒息；结构倒塌或钝器创伤。死亡机理是与生存原理互不相容的生物紊乱或生化错乱。死亡机理可能包括呼吸衰竭，失血过多，伤口感染，脏器衰竭和心脏骤停。死亡形式包含法医评定环节和死亡原因现场分类。在美国，死亡原因通常分为故意杀人、自杀、事故致死、自然死亡和死因不明。

致死原因（火灾）与最终导致死亡病症（器官衰竭，败血症等）的发作之间的间隔时间越长，就越难找到二者之间的联系。特别是当伤者从伤口治疗的医院转至长期护理医院（有时在另一地区），这种联系就更难找到。火灾调查人员认定死亡原因时，尽量不要用法医死亡证明中关于死亡机理的通用术语，如：呼吸系统衰竭、心力衰竭或败血症。

7.6.2 现场勘验

重现火灾受害者的生前活动，需要发现和收集血迹（碰撞后易留在墙上或门框上）、墙上手印、机械损伤（钝器创伤）痕迹和尸体上的人为伤痕。衣服的材质款式（休闲装、制服、睡衣）和相关物品（狗链、珠宝、手电筒、灭火器、房间钥匙、电话、纪念品等）都可以为查明受害者生前的行为提供线索。

由于火灾中尸体姿态多种多样，尸体姿态（面朝上还是朝下）对于查明案情来说就显得不那么重要。由于火灾中的尸体姿态会趋于形成“拳击姿势”，因此尸体姿势与生前行为关联很小。如前所述，无论火灾时人员死亡与否，尸体受到高温作用后都会呈现出“拳击姿势”。这种姿势的变化还可能导致尸体位置的变化，从扶手椅、床垫等凹凸平面上滚落到发现尸体的位置。年龄小的孩子还可能藏在床下或壁橱中，但在其他位置发现他们的尸体，也不能说明火灾发生时，他们没有时间或体力寻找安全地点。

7.6.3 死后破坏

在火焰作用下，尸体也可以燃烧，燃烧速率和完全程度取决于受到火焰作用的尸体的性质和状态。皮肤、脂肪、肌肉和关节一旦脱水烧焦，就会发生收缩。如果火焰强度足够大，它们也会发生燃烧，产生燃烧热。内脏器官是含水分较多的组织，受到高温作用首先干燥脱水，随后才发生燃烧，这一过程会提高组织的阻燃性能，延缓燃烧发生。

骨头（特别是骨髓）中含有水分和大量的脂肪，高温作用下骨头会收缩、开裂、分离，为外部燃烧提供可燃物。人体的皮下脂肪是燃烧质量最高的可燃物，有效燃烧热能够达到 32～36kJ/g（DeHaan，Campbell，Nurbakhsh，1999）。然而皮下脂肪与蜡烛相似，除非有合适的灯芯材料吸收了熔化的脂肪，否则脂肪自身不能发生自燃、阴燃，通常也无法支持有焰燃烧。尸体周围烧焦的衣物、床单、地毯、衬垫物和木材（只要材料是多孔坚硬块状物），都适合作为灯芯材料。燃烧面积大小取决于灯芯材料吸收脂肪的表面积。根据尸体位置和可供灯芯材料吸收脂肪的面积不同，尸体的燃烧热值介于 20～120kW 之间，相当于一个废纸篓的燃烧热值。尸体燃烧火焰局限在尸体周围，破坏作用非常有限。

人体脂肪燃烧产生的火焰温度介于 800～900℃（1300～1650℉）之间，如果火焰紧贴尸体表面燃烧，还会加速尸体的破坏。没有其他材料燃烧，单纯的脂肪燃烧非常缓慢，燃烧速率在 3.6～10.8kg/h（7～25lb/h）之间。持续足够长的时间（5～10h），人体大部分组织会烧完，仅会留下碎骨片（DeHaan，2001；DeHaan，Campbell，Nurbakhsh，1999；DeHaan，Pope，2007）。

而在室内火灾或汽车火灾的充分发展阶段，尸体烧损速率更接近于自费火葬过程中的烧损速率。在这些情况下，温度 700～900℃（约 1300～1650℉）、单位面积热释放量 100kW/m^2 的火焰包裹于人体，1.5～3h 后，尸体就会变成灰烬，大块骨头就会变成碎骨片（Bohnert，Rost，Pollak，1998；DeHaan，Fisher，2003；DeHaan，2012）。

7.7 亡人火灾中可行的尸检试验总结

亡人火灾案件的复杂性要求调查人员必须找到隐藏在表象背后的真相。想要成功准确完成火灾调查，最好的途径就是根据火灾现场情况，准确把握法医样本和数据。虽然不是所有的火灾死亡人员都需要进行下列法医检验并收集相关数据，但是一旦尸体被埋葬或火化，再进行法医鉴定就太晚了（DeHaan，Icove，2012，第 15 章）。

■ 血液（从主动脉或心室中提取，不要从体腔中提取）：检测 COHb 饱和度、HCN 含量、药物含量（正常服用和滥用）、酒精含量和挥发性烃类。

■ 脏器（大脑、肾、肝、肺）：检测药物含量、毒物含量、挥发性烃类含量、燃烧副产物含量和 CO（血液不充足的前提下）。

■ 组织（伤口周围的皮肤）：测试皮肤中重要化学成分或细胞对灼烧的反应。

■ 胃中残留物：推测死前的活动和可能的死亡时间。

■ 眼部分泌液：未经污染的在服药物和体内代谢物样本源。

■ 呼吸道：将口腔到肺部的呼吸道纵向切开，查看和记录呼吸道中肿泡、灼伤、脱水和烟尘的程度和分布情况。

■ 体内温度：应当在现场测量。火焰作用、死后分解或死前体温过高，都可能导致尸体温度升高。但是如果在火灾后发现尸体的体温过低，这说明死者很可能死于火灾发生前。

- X 射线：进行全身检查（包括收尸袋中的碎片），注意牙齿的详细情况，不要忽略特殊特征（骨折、假牙）。
- 衣物：所有衣服残留物和被拿走或保存下来的相关遗物。
- 拍照：最常用的方法（整体拍照），用特写镜头记录下烧伤、创伤的颜色和形状。
- 尸体的多层螺旋 CT（MDCT）：如果有检验条件的话，实验证明这是一种非常有效的检测技术（Levy，Harcke，2011）。
- 尸体称重：指的是人体组织及器官称重，不包括附着尸体上的燃烧残骸和运尸袋。

当进行尸体的解剖和检验时，调查人员在场能起到很大作用，不仅能保证勘验到位，还能随时解释解剖检验中发现的问题。绝大多数医疗专家缺乏火灾动力学和火灾化学方面的知识背景，不了解火灾对人体的影响，所以火灾调查人员要用恰当的方式向医疗专家解释尸体周围火灾情况。

【案例 7-1　火灾前死亡——死亡原因与燃烧持续时间】 某天上午 9 点左右，Mr. John Doe（化名）在他弟弟家餐厅处，发现了他弟妹和他 3 岁小侄子严重烧毁的尸体。9 点前的几分钟，Mr. John Doe 接到他弟弟 Mr. Jim Doe 的电话。Mr. Jim Doe 是一名售货员，早晨离开家后，始终电话联系不上他的妻子（怀孕 8 个月）。出于对妻子安全的担心，给他哥哥打了个电话，让他去家里看看，确认一下他妻子的安全。

刚到他家，John Doe 看到了整个房子充满了浓烟，在餐厅燃烧着的地毯中间躺着两具尸体，并且只有尸体附近能看到小火苗。他说用毛巾将小火苗扑灭，然后出去拨打了 911 火警电话。当地消防部门 9 点 10 分到达现场，了解火灾情况后，为防止火势扩大，派出一名消防队员进入现场，用高压开花水枪对准尸体附近少量射水，扑灭了仍在燃烧的小火苗，然后原路返回。要不是门窗都是打开的，热烟气能够及时排出，无法积聚，否则过火面积还会更大。

即将开始火灾调查时，Jim Doe 回到家里。他说早晨 6 点他从家出来，当时一切正常。离开家后，给车加了油，然后在一个餐厅打销售电话，提供了一系列他早晨 6 点后不在家的证据。

该起火灾的过火面积只有 $2m^2$ （$21.5ft^2$），但如此小的椭圆形地毯燃烧面中间，却躺着两具尸体。母亲横躺着，面朝下。她的孩子在她身旁，背躺着，四肢张开，见图 7-5。在通向厨房的通道墙壁和踢脚板上有一些烟熏炭化痕迹。母亲右腿根部旁边，有两块乙烯基地板烧毁。她的腿部靠近地板的位置，有烧焦炭化的痕迹。火灾调查人员在实验室中，鉴定出了尸体周围的地毯上有汽油成分，具体位置在餐厅、厨房和走廊客厅结合处（见图 7-6）。

死者血液中的 COHb（碳氧血红蛋白）含量为 0，呼吸道中也未发现烟尘。两具尸体上都存在钝器击伤痕迹，孩子死于头部多次重击。孩子尸体处发现的血迹说明，孩子死前在此处受到过拳打脚踢。但是孩子母亲的脸部、颈部和上部躯干被火烧毁严重，一定程度上妨碍了调查人员准确认定死因。

图 7-5　过火面积只有 $2m^2$，但如此小的椭圆形地毯燃烧面中间，却躺着两具尸体，母亲横躺着。面朝下，她的孩子在她身旁。背躺着，四肢张开（Cosumnes Fire Department. 提供）

图 7-6　火灾调查人员在实验室中，鉴定出了尸体周围的地毯上汽油成分，具体位置在餐厅、厨房和走廊客厅结合处（Cosumnes Fire Department. 提供）

与火灾发展过程有关的主要问题是：火灾的可燃物是什么？在这样的现场条件下，人体能够烧多长时间？当人体为火灾的主要燃料时，尸体的质量损失速率是多少（与家具或其他外部火灾载荷参与的大体积封闭式火灾不同）？为了验证现场推断，设计了一个实验方案，收集相关数据。

从现场未过火的位置提取足量的地毯和衬垫，作为现场实验的对比样本和测试对象。这种地毯是由95%聚丙烯和5%尼龙面纱线缝合而成的网状材料。地毯下面的衬垫是低密度的聚氨酯泡沫。实验证明，在泼洒少量汽油情况下，地毯和衬垫结合物点燃后能独立稳定燃烧。实验观测到，被点燃的地毯会产生5～8cm（2～3in）的小火苗，地毯保持持续燃烧，每小时烧毁面积约为0.5m^2。地毯烧毁面积有限，但燃烧深度较深（例如：与汽油油池火直接接触的燃烧），由此推测地毯上可能泼洒了不到2L的汽油。这一质量的汽油泼洒到地毯上，持续燃烧2～3min后预计会产生500kW的热量。实验结果证实了这一推断。

起火建筑房间平面图如图7-7所示，客厅、餐厅、厨房和家庭活动室构成了这个大房间，整个大房间上面是一个高拱顶，一堵隔墙将客厅餐厅与家庭活动室和厨房分开。尸体上方的拱顶大概有3.6m（12ft）高，未被火灾破坏。直径1m（3.3ft）的燃烧面，热释放量为500kW，火焰高度1.8m（6ft）左右，无法导致吊顶破坏。

距离中心火焰最近的墙，是南侧餐厅的墙面，大约1m多距离。房间中所有的墙都铺着石膏墙板，但是没有一块被烧毁。餐厅中，木质家具也是完好的，未被烧毁。在尸体和进门口中间的位置，有一块狭窄圆弧状的燃烧痕迹，推测是汽油燃烧留下的痕迹，但除了地毯外，其他家具都没有受到破坏。

汽油滴落在合成材料地毯表面，四处飞溅引发燃烧，造成许多坑状炭化、熔化痕迹。整个房间都充满了烟气，热烟尘在水平和垂直墙面上凝结聚集（墙立柱、吊顶龙骨和其他一些不明显的轮廓也都显现了出来）。

从地板表面飞溅的血迹和附着的烟尘来看，用于伪装入室抢劫而散落一地的物品（如花瓶、箱子、餐具等），在火灾发生前，血迹泼洒后就已经摆放成这种布局。在类似地板铺设物上用这类液体进行的系列对比实验表明，厨房乙烯基地板上的炭化痕迹和焦化痕迹是由于汽油或其他低沸点的可燃液体燃烧造成的。火灾损伤最严重的地方是两具尸体。然而孩子身上并没有穿衣服，Mrs. Doe穿着针织衫和内裤，尸体的火灾荷载并不大。

显然，现场中泼洒了少量的汽油，导致尸体燃烧，所以分析火灾时间线时，应该将重点放在尸体燃烧过程上。由于Mrs. Doe生前接受过孕期检查，可以得到她生前体重值的准确记录。与尸体的质量进行对比，得知身体失重12kg（25lb）。受害儿童没有死亡前后体重比对值，决定了Mrs. Doe的身体失重值成为推算火灾持续时间最为可靠的参考值。

在加利福尼亚居家用品局（BHF）的房间量热仪中，完成了相关实验，得到了人体脂肪的质量损失速率和热释放速率。由于猪肉脂肪与人的皮下脂肪较为相似，且容易获得，常选择猪肉脂肪作为实验材料。实验中常用少量的猪肉脂肪（带皮）(1～2kg, 2.2～4.4lb)包裹上棉布衣服，以维持20～70kW的小型火灾（DeHaan, Campbell, Nurbakhsh, 1999)。

燃烧的规模主要由灯芯材料（炭化棉布）的表面积决定，燃烧持续时间则由燃料的供给量决定。质量损失率为1～2g/s（3.6～3.7kg/h）。BHF也进行了锥形量热仪实验，用10cm×10cm的托盘进行实验，用固体石蜡作为控制源。实验发现，辐射热量在35～

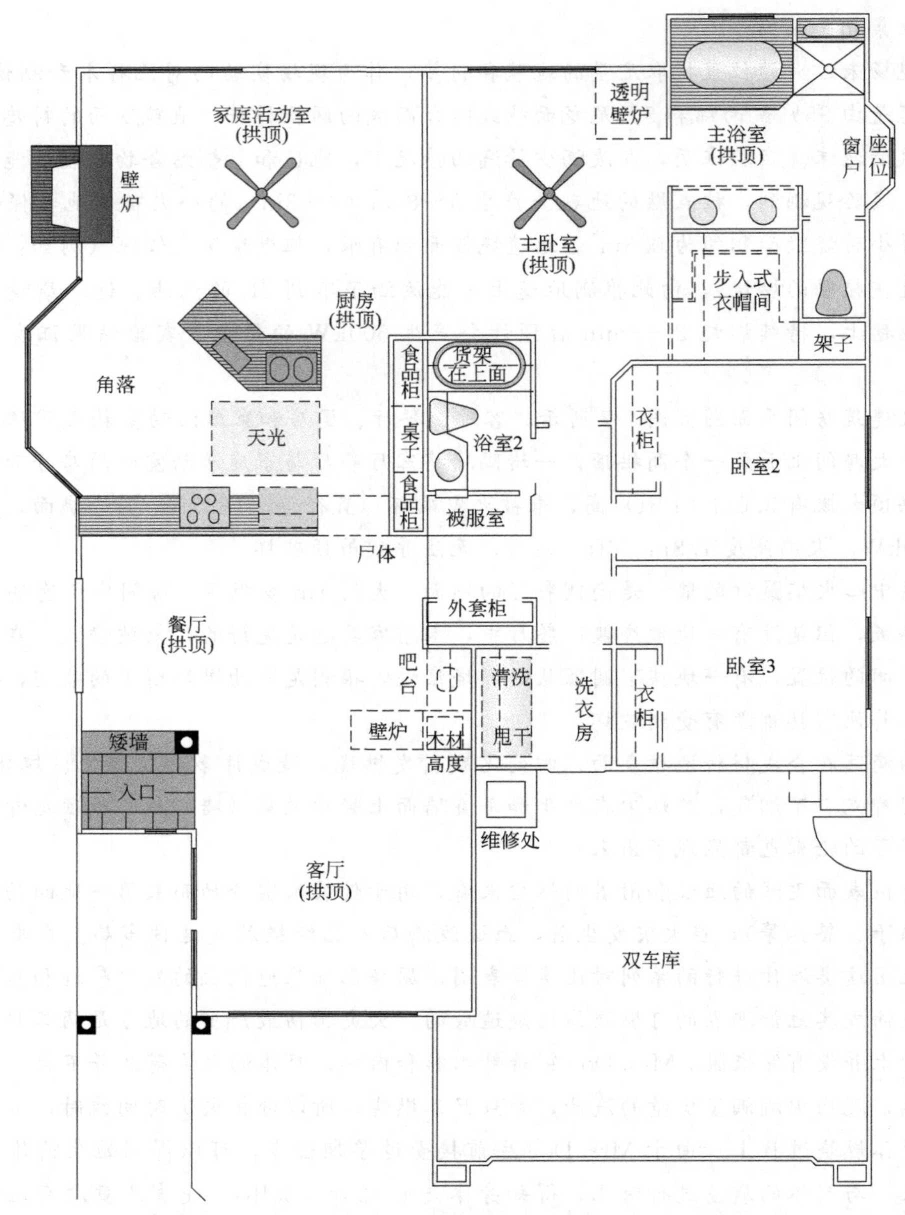

图 7-7　起火建筑房间平面图，客厅、餐厅、厨房和家庭活动室构成了这个房间，整个大房间上面是一个高拱顶，有一个半截墙将客厅餐厅这一部分与家庭活动室和厨房分开（Bruce Moran，Sacramento County District Attorney's Laboratory of Forensic Services，Sacramento，CA. 提供）

50kW/m² 之间时，猪肉脂肪熔化、冒烟，但是如果没有棉质衣物作为灯芯附着在表面，也无法持续稳定燃烧（DeHaan，Campbell，Nurbakhsh，1999）。辐射热作用下，一会儿衣物就会炭化，熔化下层脂肪。熔化脂肪借由炭化棉质衣物产生毛细现象进而开始燃烧。锥形量热实验说明，猪肉脂肪和人体脂肪的有效燃烧热值大约都是 34kJ/g，并且热释放速率（燃料表面单位面积）也是大致相当，为 200～250kW/m²。观察可得猪肉脂肪和人体脂肪的熔化性质和燃烧行为区别不大，这就证明了用猪肉脂肪或猪的尸体替代人的尸体进行实验能够得到可信结论（DeHaan，Campbell，Nurbakhsh，1999）。

给猪的尸体穿上针织服装，泼洒 1L（0.22gal）汽油，然后进行一系列的燃烧实验，以验证炭化的针织衣物和地毯、衬垫能够作为灯芯材料，以维持尸体燃烧。在多次试验中，燃烧持续时间超过 1h，均能够产生带烟火焰，释放热量大约为 50kW，质量损失率大约为 1.5g/s（5.4kg/h）。进一步来说，汽油在 3min 左右就会燃尽，产生 250～400kW 热量。在多次试验中，这个短暂的火焰都会引燃周围的地毯，持续燃烧，使地毯以 0.5m^2/h 速率燃烧消耗。

实验现象中有趣的是，最初的汽油燃烧持续时间很短，并没有造成皮肤收缩、开裂，也没使脂肪熔化，溢出燃烧。但衣物和地毯开始燃烧 10min 后或更长的时间，尸体的脂肪才开始熔化溢出燃烧。

一系列的实验和数据可以清楚说明，起火时间可以定格在灭火前的 2～4h 之间。由于上午 9 点左右火灾现场仍在燃烧，可以认定犯罪嫌疑人在早晨 5～7 点之间，用汽油引发了火灾。这个时间线与犯罪嫌疑人的供述存在矛盾，因此检察官对其提起诉讼。最终判定嫌疑人犯有三项二级谋杀罪和一项放火罪，判处有期徒刑 60 年。

【案例 7-2　放火杀人案】在远处一片农田里，发现了一具被火烧焦的年轻女性的尸体。尸体全身大部分烧毁，身上穿着烧剩的棉料牛仔裤、长袖棉布衬衫和一件内衣，通过火灾残存的铭牌标签加以辨认，如图 7-8。火灾发生前，她的双踝被一根结实的皮带紧紧绑住，脚上还穿着棉袜，如图 7-9 所示。

图 7-8　现场发现的被烧死的受害者。躯干和四肢附近的土壤中反复出现的踩踏痕迹和少量的灼烧痕迹表明在火灾过程中受害者发生过移动。受害者在地上打滚时，在靠近躯干的土壤上留下了衬衫褶皱的痕迹。牛仔裤烧焦的残留物留在左腿和腰部。烧焦的布料碎片与尸体分离也表示火灾前后受害者发生过移动。左下角的鞋印部分被腿部织物印痕覆盖，显示（遗留的）顺序

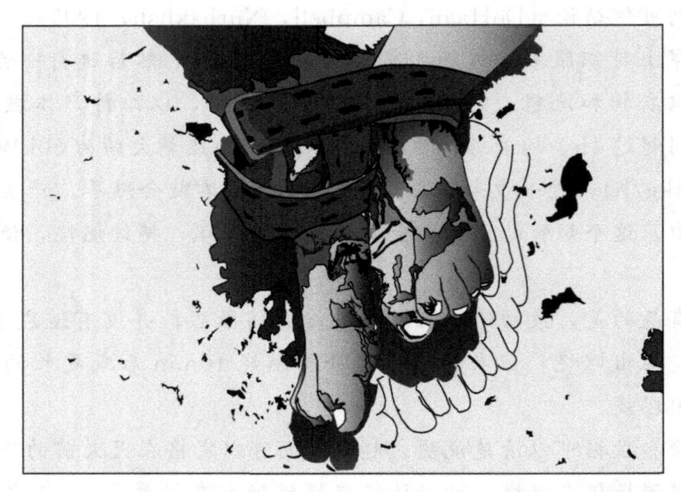

图 7-9 脚趾和脚附近土壤中的踩踏痕迹显示出重复运动。脚趾的弯曲是由于肌腱受热收缩造成的。受害者的脚由于棉质袜子的燃烧而出现一级和二级烧伤。脚踝上皮带捆绑处的袜子燃烧时间更长（由于汽油燃烧时袜子的灯芯作用），并导致下面的皮肤炭化

死者躺在地上，四肢部分弯曲。她头部 2.6m（8ft 8in）远的地方有一堆烧毁的衣物（可能是在筒状布袋中）。从包内衣物和其他物品看，这个包属于死者。

附近的农田上，能看到有大量小片炭化烧焦或炭化痕迹，与尸体和那堆衣物均相距一定的距离。虽然有可能是易燃液体飞溅到周围农田上独立燃烧造成的这种现象，但是从表面上看，更像是燃烧的衣服和泥土接触造成的。

进一步勘验现场发现，在尸体和衣物包中间的干沙地上，有一处微弱的褶皱布（像是从衬衫或裤子上扯下来的）在地上形成的印痕。在身体右侧临近身体躯干和右侧大腿上部旁边的土地上也有一块褶皱布印痕。

火灾现场泥土还揭示了一些其他信息。死者脚趾旁边和下方的土地上，有很深的类似于赤脚或穿袜子踩踏的痕迹。尸体右侧烧焦炭化，泥土有被翻动和搅动过的痕迹，有可能是死者右胳膊或右腿挪动造成的。现场尸体周围还有一些鞋印和轮胎印，这些印痕覆盖了踩踏痕迹，但在大部分的案件中，踩踏痕迹会掩盖现场遗留下的鞋印，也可以证明活动的先后顺序和时间。

在死者衣物上、烧毁的衣服堆上和附近的土壤样本中，都检测到了汽油成分，但现场周围并未找到盛装汽油的容器，也无法推断汽油的用量。除了衣物外，现场也没有找到其他可燃物。

身体上所有受到火焰作用的地方，有大面积的烧焦和水泡出现。相对于躯干前侧，后背烧得更严重，且大部分的衣服都烧光没了，特别是后背和侧面的衣服。许多被烧皮肤都有特征反应症状出现。全身几乎都是浅层烧损（二级烧伤），仅有被皮带绑着的小腿和脚踝（脚上穿着棉袜）连接处，炭化烧毁较重。所有的头发都已烧毁，卷缩为黑团。右手手指紧扣着已经炭化的衣服。

尸检发现，死者咽喉黏膜和喉头上有不同程度灼伤痕迹，这是由于死者吸入了高温热烟气。血液毒性检查，发现血液中 COHb 值是 14%。这次火灾是不是死者在意识尚存时

被泼洒汽油，放火烧死的？如果是，接下来将会发生什么？

在实验室中，用一个身高与死者相似的服装模特作为死者的替代品进行翻滚实验，结果显示，死者在地下翻滚两周移动的距离，恰好就是现场中尸体距离衣物堆的距离。由于身体从肩膀到脚是类似于圆锥形的，可以推断死者翻滚的路线是弧形而非直线形的。

我们知道，汽油燃烧产生的50kW/m^2 的火焰，直接作用 5s 就可使皮肤出现水肿(局部浅层烫伤)。从身体上烧伤的位置和烧毁衣物的情况看，汽油燃烧的火焰给人体造成热损伤时，人不可能处于昏迷或无意识状态。尸体后背和臀部未出现保护区域，而是出现大面积烧伤，只可能是因为受害者有意识地挪动身体。从受害者手里抓着被烧焦的衣服来看，在火灾中死者曾试图脱下正在燃烧的衣服。

火灾中人体受到火焰高温作用，主要的关节会发生收缩、弯曲，致使尸体或失去意识的人体的位置发生改变，但是从现场中农田上残留下的衣服或织物的压痕外形看，一定是死者身体翻滚造成的。身体右侧地面上的踩踏痕迹，很有可能是由于死者向右侧躺着，右侧的胳膊和大腿来回移动造成的。死者身体可能是以背为轴翻转过来，最后呈现出这样的姿势。脚和脚趾的移动形成了现场发现的较深的踩踏痕迹。衣服烧毁的痕迹与现场地面上独立的炭化痕迹也证明死者生前有意识移动过。

汽油燃烧仅仅持续了 2min，甚至更短的时间（假定汽油用量不大于 1gal)。如果汽油泼洒在裸露的皮肤或薄棉织布上，燃烧持续的时间会更短。这么短时间的汽油燃烧，只会造成人体轻度烧伤。但浸润汽油的棉袜，会成为支持进一步燃烧的灯芯物质，使火焰长时间燃烧，造成邻近组织的深度烧伤。地面上踩踏痕迹上覆盖的脚印，说明了死者身体最先在衣服堆这一侧被点燃，且在燃烧初起阶段，她还试图用打滚的方式，将火扑灭，此时袭击她的人尚未离开。可以推测出燃烧开始后她仍有几十秒保持清醒。

实施这次谋杀的三人都与死者相识。他们认为以这种方式杀人非常有趣。于是他们就购买了一辆卡车和一罐汽油，将她绑架到卡车上进行了杀害。三人已经承认谋杀指控。

【案例 7-3　致命的厢式货车火灾】十一月份一个寒冷的早晨，在 5：30 左右，一名农民听到河对岸有人呼救。他向那里望去，发现一辆露营的厢式货车燃起了熊熊大火。他给消防队打电话报警，但由于消防队距离事发地点太远，15min（可能时间更长）后，才到达现场，然后用了 10min 将火扑灭。

厢式货车内发现了一具烧过的成年女性尸体。据称，火灾发生时，她和他的男友正在车后排熟睡。据她的男友所说，他醒后，发现车厢内充满了烟气，还有一些火苗，他试图叫醒死者，但她已经毫无反应，而后他用头将后车窗打碎，逃出车厢。他尝试着从外面营救他的女友，但他发现除了一个门没有上锁，其他门都是锁着的。由于货厢和驾驶室之间悬挂着一张毯子，他根本无法救出女友。他还说，他们刚刚在河边露营了一天。两人都为了消遣吸食毒品，并且他还有入室抢劫和小量毒品交易的犯罪记录。

调查人员接到电话后，赶到现场发现，这台运动型厢式货车的所有车窗都已破坏，但是无法确定是不是由机械破坏造成的。后窗和侧窗的玻璃都是钢化玻璃，已经粉碎成热炸裂或机械破坏造成的细小的块状，但是每块碎玻璃上都附着烟尘。厢式货车已经被完全烧毁，货厢和驾驶室烧毁最严重（图 7-10）。从现场痕迹看，火是由厢式货车车厢内向发动机舱蔓延的。车厢金属车顶已经被烧得严重扭曲变形。现场中，没有发现能够证明火灾发生时，汽车正处于启动状态的痕迹。汽车油箱中还有半箱油，油料系统也处于正常状态。

图 7-10　已经被完全烧毁的厢式货车外部烧毁情况，货厢和驾驶室烧毁最严重
(Solano County Sheriff's Dept.，Fairfield，CA. 提供)

车辆外部受到火灾破坏的地方仅仅是车的周边和下方的草地。从现场痕迹上看，火势不是从车厢外的草地向车厢内蔓延的。厢式货车内有很多箱包，装有衣物、食品、露营装备、工具和地毯。现场找到了一盏丙烷露营灯残骸，灯炉内能够放 2 个 1lb 的丙烷瓶，但是可以看出当时并未使用。厢式货车中，几乎所有的可燃物都已烧毁。

两人的一个朋友说自己在火灾前夜来到露营地，一起吃了些快餐（没有用火），点了几根小的许愿蜡烛照明。庆幸的是，该辖区的消防队长的车内总是放着一个相机，在车内可燃物搬动、车辆送检之前，留下了几张车厢内部阴燃状态的照片。从照片可以看出，座椅衬垫物、汽车仪表盘、货仓的车厢镶嵌板都已经完全烧毁（图 7-11）。这些火灾破坏痕迹清晰地说明了大量空气从窗户进入车厢（火灾发生之前处于关闭状态，火灾发展过程中玻璃破碎），使得厢内火灾转变为轰燃。

在车厢右侧，发现了呈半坐姿势的尸体（图 7-12），面向车的后侧。身体大部分已被大火严重烧毁。整个身体的右侧几近烧失（露出了脊柱），大骨头化为碎片。死者血液中 COHb 达到 41%，酒精含量为零，有浓度非常低的苯丙胺代谢物。她非常年轻（23 岁），身体健康，无残疾。火焰的猛烈作用破坏了她头部和颈部的软组织，使她的头骨灰化，破裂成块。身体上没有发现外力打击，致使内部出血的症状。在火灾中，她的肺部和呼吸道粘连融合为一体，以至于无法查明燃烧产物的种类。

血液中 COHb 值毫无疑问地证明了火灾发生时死者仍然存活且有呼吸，她的死是烟

图 7-11　火灾扑灭后，物品翻动前车内的情况。死者面对镜头坐着，背部靠着座位。座椅衬垫物、汽车仪表盘、车厢镶嵌板都已经完全烧毁（Solano County Sheriff' s Dept.，Fairfield，CA. 提供）

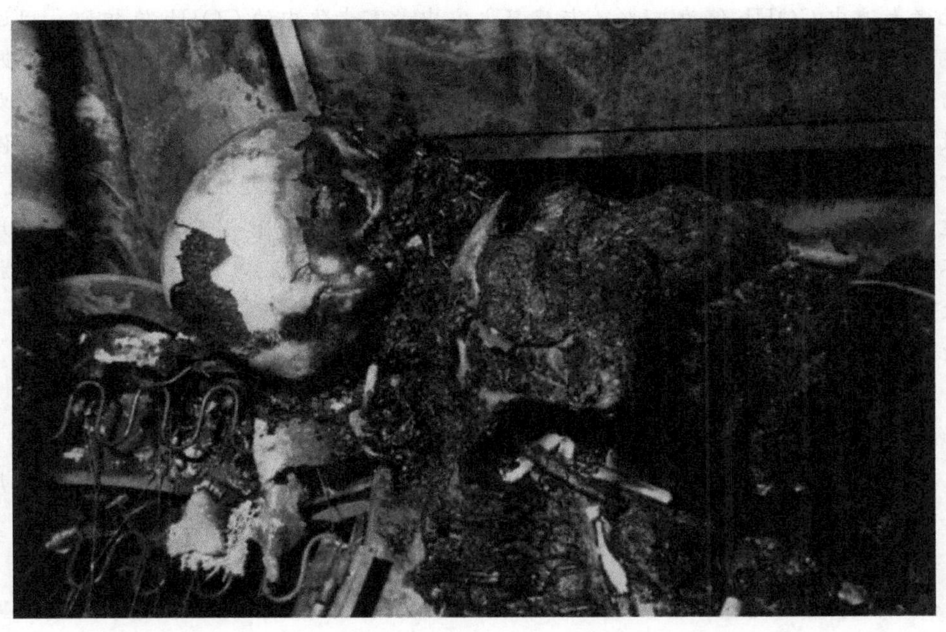

图 7-12　车内发现的受害者。尸体被火灾严重损坏，肋骨、脊柱和内脏裸露。由于长时间暴露在火灾中，头骨炭化碎裂（Solano County Sheriff' s Dept.，Fairfield，CA. 提供）

气或火焰作用的结果。法医认为，是可燃液体火焰焚烧，导致尸体大面积烧毁化为灰烬，但随后实验分析中，并没有在她的身下的小块地毯上发现石油类产品。

厢式货车的外部和下面并未找到易燃液体的残留物。厢式货车大面积烧毁、没有外来火源、货车处于停止状态，通过这些事实，火灾调查人员认定火灾是有人蓄意将易燃液体泼洒到死者身上或周边，点燃易燃液体以阻止死者逃生。她的男友被指控谋杀。

死者男友在厢式货车外部，只穿着T恤和内裤（农民听到的呼救声就是他发出的）。他的脸上、胳膊上和手上都有烟痕，但没有烧伤。他的面部毛发（包括胡须）也没有烧损，但头顶的头发被烧焦。他的指关节上，有新留下的摩擦血痕，头顶也有一处，小腿上还有抓伤和摩擦血痕。在他的头顶头发内还找到了玻璃碎渣。火灾发生后，未立即抽取他的血液进行检验，但随后的检验结果显示他血液中的CO浓度、苯丙胺代谢物值非常低，也没有酒精。据他所说，他和死者在货车厢的地板上肩并肩、盖着毛毯在睡觉，醒来才发现车厢内部起火。他否认之前与死者发生过冲突。

应当地检察官办公室调查人员的要求，专家（本书作者之一）对证据进行了重新审查，得出了这样一个结论，从生理、医学、病理学和毒物学的证据看，相对于谋杀者用易燃液体放火，该起火灾更像是意外失火造成的。通过分析人在火灾中的行为可知，如果幸存者在充满烟气的车厢中平躺着睡觉，他的脸部和胳膊最可能附着烟尘，而且不会受到热烟气层的作用，直到他坐起来，试图逃生后，才可能受到热烟气层的作用。此时，他的头发会受到高温破坏。该男子打破玻璃或在黑暗中开锁都可能划伤右手；用头撞碎后窗也可能会划伤头顶，将玻璃碎屑残留在发中；从位置较高的后窗爬出，也可能使小腿割伤或擦伤。

死者血液中COHb值为41%，与建筑火灾中受害者体内的COHb值相似。用逆向思维考虑，如果将足量的汽油泼洒到人身体上，点燃以阻止他/她逃离，尸体下面被遮挡处会残留下汽油残留物，同时造成大面积爆燃（闪火），会烧毁尸体周围人的表层毛发（例如，放火者）。假如死者面部附近，有一定量的汽油蒸气发生燃烧，会使人呼吸急停，血液中COHb值也会很低。汽油蒸气或气体燃烧的最初几秒，周围气体中CO的值较低，吸入这些烟气也不会使血液中COHb值升高。在这样的情景下，不会产生玻璃碎片，头发也不会烧焦，小腿也不会受伤。如果没有大量的可燃物的话，汽油燃烧是不会造成死者尸体大面积烧毁的。

此起火灾调查中遇到的问题：

■ 厢式货车中的火灾荷载对火灾的影响是什么？

■ 厢式货车的尺寸和窗户被打破是否影响了火灾发展？

■ 在一个封闭的厢式货车中发生火灾，人能否逃脱，是否会在幸存者身上产生类似的生理和临床症状？

■ 在此现场中，火灾能否发生轰燃？

■ 如果能够发生轰燃，轰燃后在没有任何助燃剂的情况下，尸体和货车是否会呈现出类似的烧毁状态？

当地检察官办公室找来了一部与现场中车辆类似的长轴距运动系列厢式货车（见图7-13）。通过计算车窗面积和高度，得出了以下结论：如果车窗全部打开，足量空气进入，车厢中燃烧的热释放量可达到3.2MW。经计算，厢式货车内部空间为9.8m^3，相对于普通的载客汽车而言，内部空间更大，也就是说充满整个货厢所需的空气量就更大。

图 7-13 按照起火货车车窗的原始状态，调整所用厢式货车车窗布局，但有一个车窗需要用金属材质的固体侧板代替玻璃车窗，并且边上要装上合页，以便在火灾实验过程中能够及时打开，模拟热冲击造成的窗口失效（Solano County Sheriff' s Dept.，Fairfield，CA. 提供）

调查人员按照起火货车车窗的原始状态调整了所用厢式货车车窗布局，但有一处车窗需要用金属材质的固体侧板代替玻璃车窗，并且边上要装上合页，以便在火灾实验过程中及时打开，以模拟热冲击造成的玻璃破碎。车内装饰复制起火车辆的装饰，车内衬板、地毯和座椅均保持一致。

根据车内原有物品，放置几个木箱和一块羊毛毯子窗帘，120kg（265lb）的衣物、毯子、塑料箱、硬纸箱和其他可燃物，摆放的可燃物质量达到起火货车可燃物一半，见图7-14。

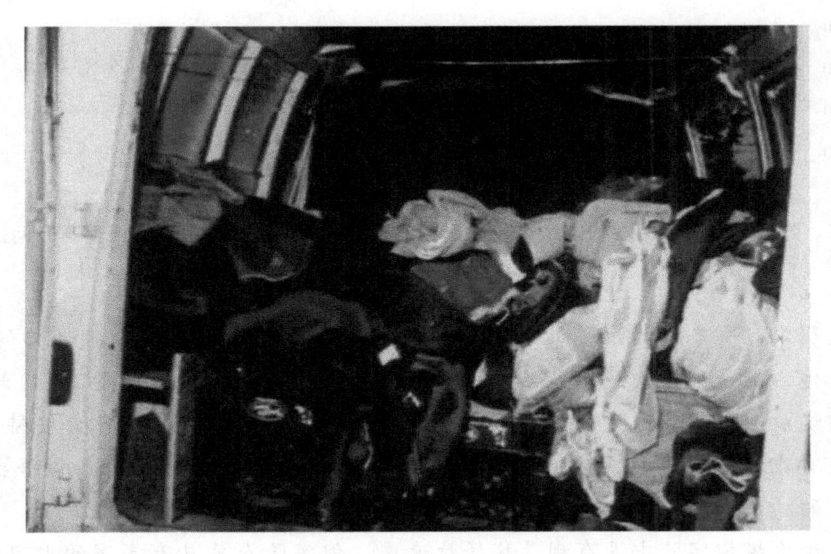

图 7-14 根据车内原有物品，放置几个木箱子和一块羊毛毯子窗帘，120kg（265lb）的衣物、毯子、塑料箱、纸篓和其他可燃物，摆放的可燃物的量达到起火货车可燃物的一半（Solano County Sheriff' s Dept.，Fairfield，CA. 提供）

在厢式货车中间靠近尸体的位置摆放的树形支架上安装三支热电偶，以检测温度变化，后侧车窗附近放置一个热电偶，因为幸存者从此处成功逃生。用明火引燃普通可燃物，之后关闭车厢。放错位置的许愿蜡烛可能就是引发实际火灾的引火源。根据已经得出的火灾发生发展情况和现场的可燃物的性质看，当时不可能发生阴燃。

实验开始后 3min，浓烟充满了整个车厢，热烟气层温度达到了 80～100℃（176～212℉），如图 7-15 所示。在所有的玻璃上都能观测到附着了烟尘。在 3 分 45 秒时，从外部打破后侧玻璃。7min 时，热烟气层的温度达到了 600℃（1112℉），车窗受到热冲击失效后，发生轰燃。6～8min，车窗陆续失效，打开侧通风口，在 8min 时，热烟气层温度达到 1000℃（1832℉）。在车厢内可燃物燃烧过程中，温度达到 600℃以上的时间持续了 12min，之后才进入衰减阶段。整个燃烧过程持续了 30min。厢式货车内外烧毁情况与原始火灾现场非常相似，如图 7-16、图 7-17 所示。

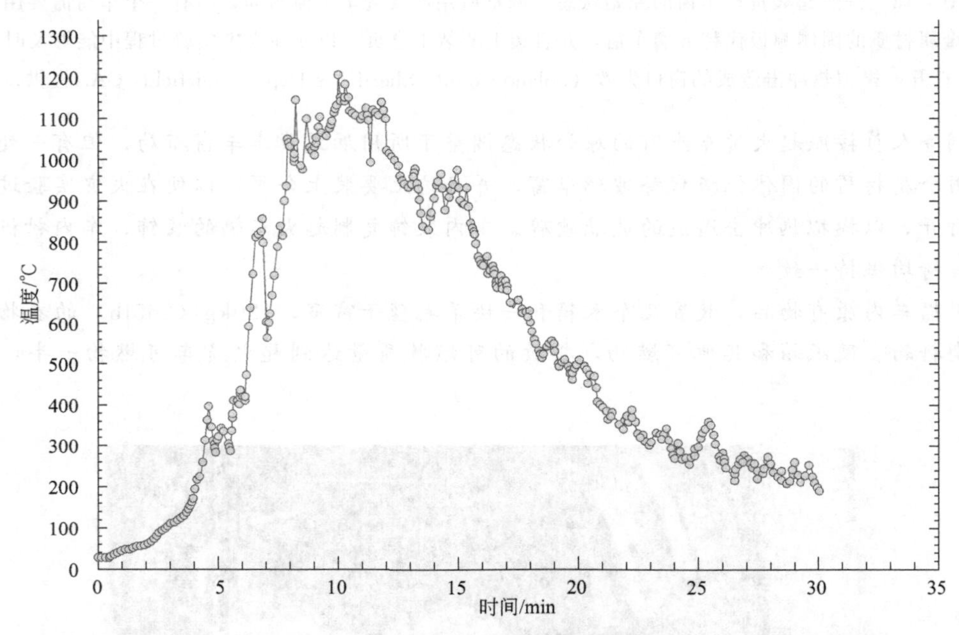

图 7-15　测试车辆中的火灾测试结果，受害者位置附近热电偶记录的内部温度与时间的关系（Fred Fisher，Fisher Research & Development，Inc.，Vacaville，CA. 提供）

实验过程中，货车中间位置的温度和热量，甚至超过了尸体火葬时火焰的温度和热量。死者身体右侧受到了强烈的火焰作用，这是由于尸体靠近车厢中间位置，此处在轰燃发生后的燃烧最为猛烈。由于试验车厢内可燃物数量相对较少，限制了火灾持续的时间，但强度并没有减小。这是由于燃烧强度是由轰燃发生后可燃物的表面积和供给燃烧的空气量共同决定的。

虽然在这次模拟实验中没有测量热释放速率，但实验人员具有丰富的火灾调查经验，推算出火灾发展到最猛烈的阶段（10～12min）时，热释放速率超过了 3MW。模拟实验所用厢式货车内部通风条件与火灾中货车相同，因此二者内部燃烧的规模和强度也相同。由于实际发生火灾的货车内可燃物更多，相对于模拟实验来说，实际火灾现场轰燃后燃烧

图 7-16　厢式货车外部烧毁情况（Solano County Sheriff’s Dept.，Fairfield，CA. 提供）

图 7-17　厢式货车内部烧毁情况（Solano County Sheriff’s Dept.，Fairfield，CA. 提供）

持续的时间大概率更长。

据农民目击者所述，当他看到厢式货车时，它已经整体开始燃烧，大约 25～30min 后被扑灭。基于这样的实验结果，当地检察官认为不能排除意外失火的可能性，并且事实上与现场的证据更加吻合。于是检察院取消了对这名男性犯罪嫌疑人的所有指控。

【案例 7-4　放火谋杀，还是意外火灾事故】某个工作日，下午 4 点左右，消防和医疗救护部门接到报警，郊区某公寓的厨房发生火灾，有一名女性被大火烧伤，需要救治。救护人员和消防队员到达现场后，在临街的门口处，发现了一名已经死亡了的成年女性，身上有明显的烧伤痕迹。一名男子声称是死者的配偶，向消防队员提供了公寓厨房的疑似起火位置。消防队员迅速进入现场，对现场进行了巡查，仅在厨房中发现了一点小火苗，火灾损失很小。他们扑灭火灾后，由于出现了死者，要求火灾调查人员参与调查。

在场的消防人员最初的推测（假设）是这样的，这名男性正在制作汽车模型的发动机，不小心点燃了发动机使用的燃料，后续发展的火灾导致这名女性死亡。而在场的警察则有另一个推测（假设），火灾发生时，这名男性和这名女性发生了激烈的争吵，不慎将燃油洒在厨房地面上。随后，燃油被意外点着，引燃了女性的衣服。她逃离公寓，向楼下院子跑去，也就是发现她在火场的位置。赶来救援急救人员发现她时她距离公寓约为 50m，位于前门，已在火灾中受伤死亡。

救援人员对死者尸体进行了现场检查，注意到她穿着长裤长袖纯棉布料的运动服，运动服里面穿着内衣，脚上穿着尼龙袜子。死者衣服严重烧毁，特别是臀部或大腿以上，包括上身和头部，如图 7-18 所示。死者上半身严重烧伤，她的头部和下巴的位置受到了极其严重的烧伤。她的手和前臂烧伤也非常严重，但是小腿处的裤子并未过火，较为完整，见图 7-19。

图 7-18　死者上半身在住所外，注意衣服、上身和脸部烧损情况［Ross Brogan（ret.），NSW Fire Brigades，Greenacre，NSW，Australia. 提供］

调查人员在前门的一条小道上发现了死者烧焦的衣服和皮肤残留物，沿着这条小道通向前门的一条小路，并顺着内部楼梯一直延伸到二层。在起火房间外面的楼梯上，可以看到烧脱落的皮肤粘连在墙壁上。

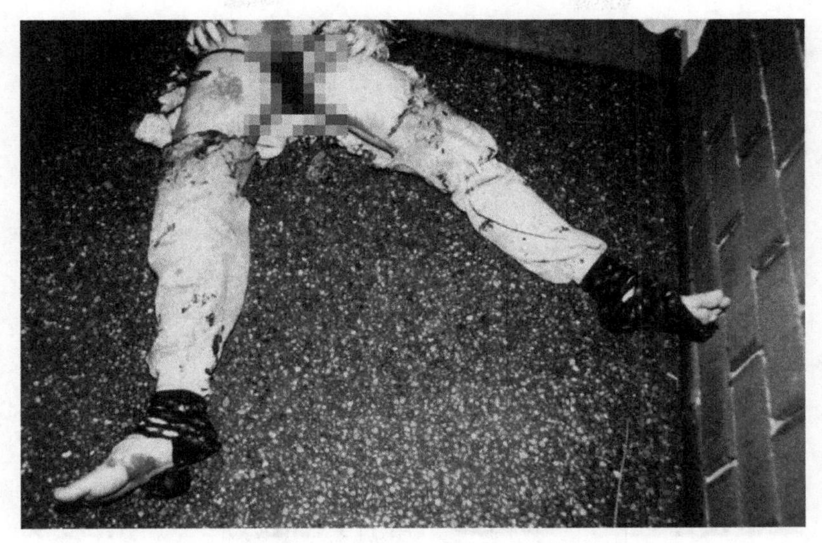

图 7-19　死者的腿和裤腿完整，尼龙袜子熔化［Ross Brogan（ret.），NSW Fire Brigades，Greenacre，NSW，Australia. 提供］

在公寓内部，调查人员发现厨房内仅有几小块区域过火。瓷砖地面仅有几块面积较小的炭化痕迹，木橱底部有轻微的炭化痕迹，但是更为关键的是，在橱柜的上表面有几处过火痕迹，如图 7-20 所示。一卷纸巾的正面自厨房操作台面向上有“V”形痕迹；微波炉正面玻璃上有“V”形烟熏痕迹；台面上的一个厨房家电的塑料腿有轻微熔化痕迹。厨房中有很明显的甲基化乙醇（变性酒精）的气味，来自微波炉下方，如图 7-21 所示。在橱柜底部附近，发现了一个部分熔化的塑料容器（容量大约 4L，或 1gal）。

图 7-20　发生火灾的厨房，橱柜底部中间和操作台面上靠近微波炉的一卷纸抽有轻微的烧损痕迹［Ross Brogan（ret.），NSW Fire Brigades，Greenacre，NSW，Australia. 提供］

图 7-21　火灾现场厨房操作台面上的烧损情况。纸抽上的“V 形痕迹；微波炉玻璃窗上的燃烧痕迹
［Ross Brogan (ret.)，NSW Fire Brigades，Greenacre，NSW，Australia. 提供］

调查人员在隔壁房间找到了一个 1∶5 比例的汽车发动机模型，它的零部件按照模型尺寸加工，标号。通过走访汽车模型销售商能够得知，该模型发动机使用的燃料是甲基化乙醇（变性酒精），而非汽油，而甲基化乙醇就是这名男性认为的起火物质。

检查完死者烧伤和厨房中燃烧痕迹后，警方和调查人员就火灾发生、发展过程做了一番讨论。一种说法（假设）是乙醇溅到地板上之后被点燃，引发了火灾，死者是意外卷入这起火灾事故的。用于验证这种说法的理由是死者还穿着尼龙袜子，而棉料运动服下半部分并未过火，保持完好。事实上，如果是厨房地面最先开始燃烧的，按照正常火势发展规律，袜子和下半身衣物是最先被点燃的。从第一种说法反推可以知道，死者的上半身应该是被泼洒了，或是溅上了，或是被倾洒了易燃液体，点燃后造成了现在的伤势。后续的科学实验表明她的衣服和厨房的某些区域确实被甲基化乙醇污染过。

在警方的后期讯问中，犯罪嫌疑人供述他和他的妻子发生过争吵。犯罪嫌疑人有一桶 4L 的甲基化乙醇（塑料桶的一多半），由于当时太过生气，就往她身上泼了一些液体，而后将桶扔到地上，愤怒之下还把桶踢到了一边。他拿起了一个一次性打火机，在远离她的地方，打着火试图吓唬她。但地面的液体突然间被点燃，她身上的衣服也开始燃烧，于是她就跑下楼梯，跑出公寓。他紧随其后，尝试用床单扑灭她身上的火，把她带到前门。

进一步的调查发现，在浴室的地面上有一些男子烧毁和浸湿的衣服。烧毁的衣服，以及嫌疑人的烧伤表明他的衣服也起火了，并且在他追随妻子下楼前，他首先去浴室，用淋浴熄灭身上的火。随后警方指控这名男性犯有谋杀罪。

为了验证调查人员的推断，对死者身上的衣服进行了科学分析，并购买了与其相似的衣服。同时，研究人员还买了两个人体模特进行试验，查看火灾对死者身上衣物烧毁情况的影响。在消防培训大学消防训练塔内进行试验，全程录像和拍照记录，作为此案的证据，如图 7-22 所示。两个人体模特穿着相同的衣服，两个实验都使用甲基化乙醇作为易燃液体，一个实验中仅将乙醇泼洒在人体模特脚下的地面上，另一个实验将乙醇泼洒在人体模特上身和地面上。

图 7-22　验证一起亡人火灾中衣物和可燃物的试验［Ross Brogan (ret.)，NSW Fire Brigades，Greenacre，NSW，Australia. 提供］

点燃易燃液体，记录下火灾结果。虽然房间中没有任何家居、装饰物品和橱柜等物品，但可以认为这是一个基础性试验，用于验证火灾会不会产生与死者身上相似的烧伤痕迹。在两个试验中，泼洒到地面上的易燃液体都会使人的下半身烧伤，衣服和袜子最先着火，如图 7-23～图 7-26。

图 7-23　仅在地面上泼洒易燃液体进行试验［Ross Brogan (ret.)，NSW Fire Brigades，Greenacre，NSW，Australia. 提供］

图 7-24 试验过程中火被扑灭［Ross Brogan (ret.),
NSW Fire Brigades, Greenacre, NSW, Australia. 提供］

图 7-25 易燃液体在地面上燃烧时，人体模特烧损情况［Ross Brogan (ret.),
NSW Fire Brigades, Greenacre, NSW, Australia. 提供］

在易燃液体泼洒在人体模特上半身的试验中，人体模特的上半身和脸部被烧伤，与真实现场中死者的烧伤程度一致。两组照片并排放置后可以看出，烧伤情况基本一致，如图 7-27 和图 7-28 所示。从死者受伤的位置看，脸部下方最先烧伤，依次烧伤下巴的下表面，上嘴唇的下部，鼻孔，眼睑外侧，下耳垂。

利用试验收集的数据和证据，此案拟提交法庭，并指控该男子犯有谋杀罪。与公诉人商议后，决定再在厨房做一组更贴近现场实际的试验，测试实际现场配置的有效性，以验证试验和理论的准确性。调查人员联系房屋管理部门，找到一间厨房布置与现场类似的空置的联

图 7-26　易燃液体泼洒在地面和上半身及衣物上的试验。上半身衣服上的深色部分显示泼洒的易燃液体［Ross Brogan (ret.)，NSW Fire Brigades，Greenacre，NSW，Australia. 提供］

图 7-27　易燃液体泼洒在地面和上半身时，人体模特全身着火，法官认为这张图片可能会使陪审员感到不安［Ross Brogan (ret.)，NSW Fire Brigades，Greenacre，NSW，Australia. 提供］

排别墅。相对于之前敞开空间水泥墙面的试验，这种配置增强了试验结果的准确性。

首先，调查人员找到一个与现场容器相类似的 4L（大约 1gal）容器，在容器外表面标记刻度以显示液位，单位刻度为 250mL。容器中盛装带颜色的水，进行不同盛装液体量的泼洒实验，观察不同盛装量的容器，每次晃动泼洒出多少液体。这组试验是为了推测事故发生时有多少易燃液体洒到死者身上。试验全程录像和照相，以制作成证据，并用于法庭审判。

试验中，穿着的衣服与死者当时穿的一样，厨房的布局和设置也与火灾现场相似。试

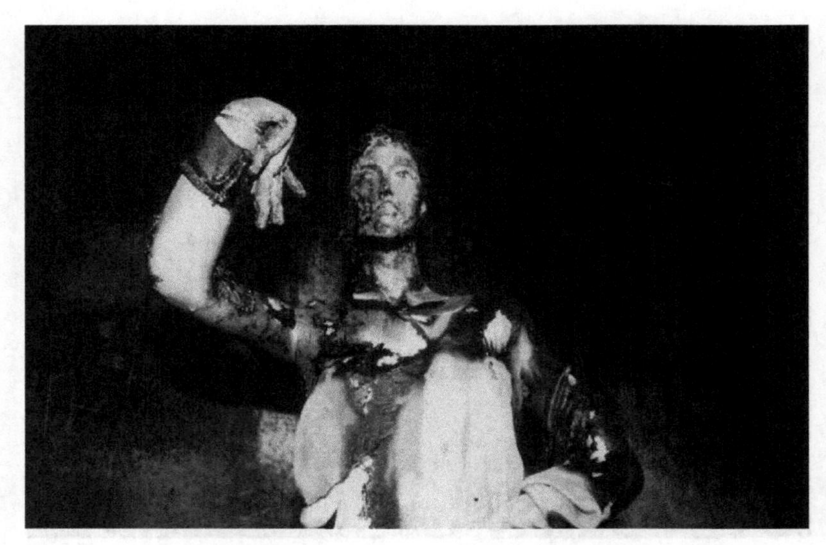

图 7-28　试验结果显示人体模特烧伤痕迹与实际火灾中受害者的烧伤痕迹一致［Ross Brogan（ret.），NSW Fire Brigades，Greenacre，NSW，Australia. 提供］

验中，全程录像和拍照，按照法庭证据的要求进行记录。此外，易燃液体泼洒到人体模特上半身造成的烧毁和烧伤的位置要与实际现场死者的情况一致。调查人员和检察官一致认为这个推论合乎逻辑、客观真实，并且经过了科学方法验证。

在庭审中，播放完现场试验的视频证据后，庭审法官考虑到陪审团看到这些视频会对被告产生偏见，审判后可能成为上诉的理由，因此拒绝将视频证据提交给陪审团观看。但是，法官允许在出示证据的时候，讨论推理试验过程和结果。整个庭审过程中，调查人员用了五天半的时间，在证人席展示主要证据，并在交叉质询中提供证据证明了他本人和假说的可信度以及实验的准确性，证明了被告所述是谎言。随后，该男子承认了自己犯有杀人罪。

在交叉质询中出现了有趣的一幕：调查人员首先解释了易燃液体燃烧，从严格意义上来说，其实是易燃液体蒸气燃烧，而不是液体自身发生燃烧这一科学基础。而后被告辩护律师提出一个能够解释现场情况的推理，他说蒸气在空气中悬浮，呈现蜘蛛网状的结构，这个蒸气网被点燃，就会烧伤死者上半身。在交叉质询中，双方就蜘蛛网理论的科学基础展开了激烈的讨论，公诉方最终还是推翻了这个理论。能够将其推翻的部分原因是，陪审团提出的一个问题表明，陪审团中的某个成员受过一定的科学训练，抱怨说辩护方的理论是欺骗陪审团的“垃圾科学理论”，而这显然是检方提出的一个有效的科学理论。另一个影响因素就是，按照这个蜘蛛网理论，如果空气中悬浮着易燃液体蒸气，与上半身衣服一样，下半身衣服也容易被点燃。最终，陪审团认定被告是有罪的。

本章小结

亡人火灾中，死亡原因和火灾原因是相互独立的，也有着千丝万缕的内在联系。只有查明每一个环节，才能将二者有机联系在一起。

意外火灾中人员的死因包括：意外身亡，自杀，谋杀，甚至还有正常死亡。放火火灾中，人员可能死于谋杀（火灾可能作为直接死因，或只是犯罪过程的一部分），同时也可能存在意外身亡和正常死亡的情况（如果死因正确且合乎情理）。为了准确查明火灾中人的死亡原因，需要遵循以下原则：

（1）调查初期，将火灾现场视为犯罪现场。

火灾中，一旦出现人员死亡或重伤，就应该将该起火灾现场看作是一个潜在的犯罪现场，而不预判为事故现场。必须由具有相关资格的人组成调查组，封闭现场、保护现场、勘验现场、搜集相关证据并做好记录。

（2）记录与提取所有的关键证据（第 4 章中提及的内容）。

记录和提取证据的方式，包括：准确绘制现场平面图，含有尺寸、主要可燃物的位置和全方位的现场照片。现场照片应包括调查开始前的现场照片，分层调查过程中的现场照片和移动尸体前、移动尸体时全方位拍摄尸体的照片，法医验尸时全方位拍摄的照片。记录和提取证据对于火灾现场重构非常关键。

（3）尽量不要移动尸体。

调查人员、病理专家或验尸人员要对尸体进行恰当的检查，用相机或表格全面记录下检查内容，在这之前，禁止移动尸体。尸体上下方和 0.9m（3ft）范围内的残骸，需要分层详细勘验。所有的衣物和碎片应当保存下来。遗物（珠宝、武器等）应该记录并收集。

（4）评估可燃物。

火灾调查人员必须要弄清楚现场可燃物的情况（建筑结构和家具），各种可燃物有没有可能被引燃，帮助火势蔓延，可燃物的热释放速率是多少，燃烧了多少时间，以及是否具备产生轰燃的条件。

（5）完成所有的尸检项目。

火灾中的每名死者都必须进行全面系统的尸体检查，包括毒性检验和 X 射线检查。毒性检验包括测试酒精、药物和 COHb、HCN，既要测血液样品，还要测组织样品。尸体上的衣物尽量保持原样，移动前要在现场记录和判断，然后恰当保存下来。人体内部体温（肝脏）应该尽快测量记录（最好是当场测量）。

（6）对现场宠物进行尸检。

对已死的宠物要进行 X 射线和尸体检验。固定和记录下幸存宠物的伤口情况。也要检测已死宠物血液中 COHb 饱和度和药物浓度。

（7）检查现场中的幸存者。

无论受伤与否，都要在询问过程中对火灾幸存者进行直观检查，条件允许还应当拍照记录。如果案情需要，还要抽取血液样本以备今后分析。幸存者穿的衣服（裤子、鞋、衬衫）也应当妥善留存。

（8）全面了解火灾现场环境条件。

病理专家和谋杀案侦探必须了解火灾现场的环境条件，如温度、热量和热量传递情况，火焰和烟气，还有燃烧产物的分布情况和人在火灾中各种各样的反应，最实用的方式就是，法医或病理医生亲身深入现场，了解现场尸体所处位置的环境条件（火焰、热量和烟气情况），残留物的性质，以及残留物的位置和形态。

（9）实施法医火灾现场重建。

完整的火灾现场重建工作，要求收集各种各样的犯罪证据，如血迹、血痕、指纹、工具残痕、鞋印和其他痕迹。刑事专家应和谋杀案侦探、火灾调查人员和病理学家共同组成现场调查组。

通过对章节内容的分析与理解，在亡人火灾中，人员不是简单的在某一时刻，暴露在一系列静态条件下发生的死亡。火灾本身就非常复杂，亡人火灾调查更加复杂且具有挑战性。只有将具备才华和专业知识基础的人组为团队，共同努力，才能得到以下三大问题的正确答案。什么导致了人员死亡？火灾是意外发生的，还是蓄意为之？火灾和亡人这二者之间如何相互作用？

习题

（1）论述亡人火灾现场调查中遇到的共性问题和困难。将这些共性问题和困难，与主流媒体报道的最近发生的相关案件调查进行对比分析。你能从中发现什么？

（2）案例 7-1 中，封闭走廊，长 15m，宽 3m，高 2.5m，其他火灾条件不变，计算能见度。

（3）案例 7-2 中，在相同的条件下，计算男性、儿童和婴儿的丧失行为能力剂量分数。

（4）查看报纸上提到的你所处社区最近发生的亡人火灾。明确谁参与了调查，得出了怎样的结论，是否有谋杀指控？

参考文献

Babrauskas, V. 1981. Applications of predictive smoke measurements. *Journal of Fire and Flammability* 12:51–66.

Bide, R. W., Armour, S. J., & Yee, E. 1997. Estimation of human toxicity from animal inhalation toxicity data: 1. Minute volume–body weight relationships between animals and man. Ralston, Alberta, Canada: Defence Research Establishment Suffield (DRES).

Bohnert, M., Rost, T., & Pollak, S. 1998. The degree of destruction of human bodies in relation to the duration of the fire. *Forensic Science International* 95 (1): 11–21, doi: 10.1016/s0379-0738(98)00076-0.

Bryan, J. L. 1983. An examination and analysis of the dynamics of the human behavior in the Westchase Hilton Hotel Fire, Houston, Texas, on March 6, 1982. Quincy, MA: National Fire Protection Association.

Bryan, J. L., & Icove, D. J. 1997. Recent advances in computer-assisted arson investigation. *Fire Journal* 71 (1): 20–23.

Bukowski, R. W. 1995a. How to evaluate alternative designs based on fire modeling. *Fire Journal* 89 (2): 68–70.

———. 1995b. Predicting the fire performance of buildings: Establishing appropriate calculation methods for regulatory applications. In Proceedings of ASIAFLAM95 International Conference on Fire Science and Engineering, 9–18, Kowloon, Hong Kong, March 15–16.

Christensen, A. M. 2002. Experiments in the combustibility of the human body. *Journal of Forensic Sciences* 47 (3): 466–70.

Christensen, A. M., & Icove, D. J. 2004. The application of NIST's fire dynamics simulator to the investigation of carbon monoxide exposure in the deaths of three Pittsburgh fire fighters. *Journal of Forensic Sciences* 49 (1): 104–7.

DeHaan, J. D. 2001. Full-scale compartment fire tests. *CAC News* (Second Quarter): 14–21.

———. (2012), Sustained combustion of bodies: Some observations. *Journal of Forensic Sciences,* doi: 10.1111/j.1556–4029.2012.02190.x.

DeHaan, J. D., Campbell, S. J., & Nurbakhsh, S. 1999. Combustion of animal fat and its implications for the consumption of human bodies in fires.

Science & Justice 39 (1): 27–38, doi: 10.1016/s1355-0306(99)72011-3.

DeHaan, J. D., & Fisher, F. L. 2003. Reconstruction of a fatal fire in a parked motor vehicle. *Fire & Arson Investigator* 53 (2): 42–46.

DeHaan, J. D., & Icove, D. J. 2012. *Kirk's fire investigation,* 7th ed. Upper Saddle River, NJ: Pearson-Prentice Hall.

DeHaan, J. D., & Pope, E. J. 2007. Combustion properties of human and large animal remains. Paper presented at Interflam, July 3–5, London, UK.

Feld, J. M. 2002. The physiology and biochemistry of combustion toxicology. Paper presented at Fire Risk and Hazard Assessment Research Applications Symposium, July 24-26, Baltimore, Md.

Goldbaum, L. R., Orellano, T., & Dergal, E. 1976. Mechanism of the toxic action of carbon monoxide. *Annals of Clinical and Laboratory Science* 6 (4): 372–76.

Health Canada. 1995. Investigating human exposure to contaminants in the environment: A handbook for exposure calculations. Ottawa, Ontario, Canada: Ministry of National Health and Welfare, H. C. Health Protection Branch.

Jensen, G. 1998. Wayfinding in heavy smoke: Decisive factors and safety products; Findings related to full-scale tests. IGPAS: InterConsult Group.

Jin, T. 1976. Visibility through fire smoke: Part 5, Allowable smoke density for escape from fire *Report No. 42*. Fire Research Institute of Japan.

Jin, T., & Yamada, T. 1985. Irritating effects of fire smoke on visibility. *Fire Science and Technology* 5 (1); 79–90.

Levy, A. D., & Harcke Jr, H. T. 2011. *Essentials of forensic imaging*. Baton Rouge, LA: CRC Press.

Miller II, R. E., & Tredici, T. J. 1992. Night vision manual for the flight surgeon. *Special Report AL-SR-1992-0002*. Brooks Air Force Base, TX: Armstrong Laboratory.

Moran, Bruce. 2001. Personal communication. March 29.

Mulholland, G. W. 2008. Smoke production and properties. In *SFPE Handbook of Fire Protection Engineering,* 4th ed., ed. P. J. DiNenno, pt. 2, chap. 13, 12–297. Quincy, MA: National Fire Protection Association.

Myers, R.A.M., Linberg, S. E., & Cowley, R. A. 1979. Carbon monoxide poisoning: The injury and its treatment. *Journal of the American College of Emergency Physicians* 8 (11): 479–84.

Nelson, G. L. 1998. Carbon monoxide and fire toxicity: A review and analysis of recent work. *Fire Technology* 34 (1): 39-58, doi: 10.1023/a:1015308915032.

Penney, D. G. 2000. *Carbon monoxide toxicity*. Boca Raton: CRC Press.

———. 2008. *Carbon monoxide poisoning*. Boca Raton, FL: CRC Press.

———. 2010. Hazards from smoke and irritants. In *Fire toxicity,* ed. A. A. Stec & T. R. Hull. Boca Raton, FL: CRC Press.

Peterson, J. E., & Stewart, R. D. 1975. Predicting the carboxyhemoglobin levels resulting from carbon monoxide exposure. *Journal of Applied Physiology* 39:633–38.

Pope, E. J. 2007. The effects of fire on human remains: Characteristics of taphonomy and trauma. PhD diss., University of Arkansas, Fayetteville, Arkansas.

Pope, E. J., & Smith, O. C. 2003. Features of preexisting trauma and burned cranial bone. Presentation lecture, American Academy of Forensic Sciences (AAFS) 55th Annual Meeting, Chicago, February 17–22.

———. 2004. Identification of traumatic injury in burned cranial bone: An experimental approach. *Journal of Forensic Sciences* 49 (3): 431–40.

Purser, D. A. 2001. Human tenability. The technical basis for performance-based fire regulations. Paper presented at the United Engineering Foundation Conference, January 7–11, San Diego, CA.

———. 2008. Assessment of hazards to occupants from smoke, toxic gases and heat. In *SFPE Handbook of Fire Protection Engineering,* 4th ed., ed. P. J. DiNenno, pt. 2, chap. 6, 96–193. Quincy, MA: National Fire Protection Association.

———. 2010. Asphyxiant components of fire effluents. In *Fire Toxicity*. Boca Raton, FL: CRC Press, 118–98.

Routley, J. G. 1995. Three firefighters die in Pittsburgh House Fire, Pittsburgh, Pennsylvania. In *Major fires investigation project*. Emmitsburg, PA: U.S. Fire Administration.

SFPE. 2008. *SFPE Handbook of Fire Protection Engineering,* 4th ed. Quincy, MA: National Fire Protection Association, Society of Fire Protection Engineers.

Smith, O.B.C., & Pope, E. J. 2003. Burning extremities: Patterns of arms, legs, and preexisting trauma. Paper presented at the 55th Annual Meeting of the American Academy of Forensic Sciences, Chicago, IL.

Spitz, W. U., & Spitz, D. J., eds. 2006. *Spitz and Fisher's medicolegal investigation of death: Guidelines for the application of pathology to crime investigation,* 4th ed. Springfield, IL: Charles C. Thomas.

Stoll, A. M., & Greene, L. C. 1959. Relationship between pain and tissue damage due to thermal radiation. *Journal of Applied Physiology* 14 (3): 373–82.

USN. 1955. Field study of detectability of colored targets at sea. *Medical Research Laboratory Report No. 265* (vol. 14, no. 5). New London, CT: U.S. Naval Medical Research Laboratory.

第8章

火灾试验

“我已经想出了七个不同的解释，每一个都能尽可能地涵盖了我们目前所知的所有事实。但是到底哪个是正确的，只能由等待着我们继续去寻找的事实来决定。”

——阿瑟·柯南·道尔爵士

《铜山毛榉案》

【关键词】 自燃温度；燃点；自燃温度；量热法；闪点

【目标】 通过学习本章，学员应该能够达到以下几点学习目标：

- 了解火灾试验的意义；
- 熟悉火灾试验的基本类型，并能够一一举例说明；
- 掌握将不同规模的试验数据与真实场景相对应的方法；
- 领会火灾试验数据在火灾场景分析与评价中的应用。

火灾试验是物理建模的一种形式，是基于与某一案例或研究相关的材料所进行的试验或实验。为了支持火灾重建所进行的试验种类很多，可以是不需要任何设备的简单现场试验，可以是在试验台上进行的燃烧试验，也可以是在实际建筑中进行的需要多种测量仪器的全尺寸燃烧试验（如图8-1所示）。

2011版NFPA 921，pt. 20.5.1中指出，火灾试验是一种工具，可以提供数据，以补充在火灾现场收集的数据（见2011版NFPA 921，4.3.3节），或用于验证假设（见2011版NFPA 921，4.3.6节）。这类火灾试验包括实验室试验和对整个火灾案件的全尺寸重建（NFPA，2011）。

火灾试验有助于确定或否定有关火灾发生、发展和蔓延的假设，测试并验证计算模型或有经验的调查人员提出的预测，或证明火灾中各种因素的作用及其对居住者的影响。概括地说，本章探讨了多种有助于火灾调查的试验。

图 8-1　以火灾重建为目的的试验，可以是不需要任何设备的简单的现场试验，也可以是在实际建筑中进行的全尺寸燃烧试验（Michael Dalton，Knox County Sheriff's Office. 提供）

8.1 美国材料与试验协会（ASTM）和美国联邦法规（CFR）燃烧试验

表 1-5 中列出了火灾调查工作中用到的试验标准和方法（见第 1 章）。ATSM 的一些试验可以用于评价材料的燃烧性能、火灾蔓延速率及其本质，本节将对其进行简要阐述。但是，要将这些试验结论直接用于实际火灾，还会有许多限制。这些限制主要是由试验中试样的几何形状和尺寸所决定的。

在相同的火源条件下，火焰向上蔓延速度比向下或向四周蔓延速度更快。沙发背面边缘起火的火灾蔓延速度比沙发底部同样的纤维材料起火的火灾蔓延速度要慢得多。悬挂的窗帘顶部起火，很可能烧毁其挂钩和挂杆，并与窗帘布一起掉落，这有可能引燃窗帘下方的材料，反之，底部起火的窗帘在烧毁其支撑物之前，窗帘布一般就已经完全烧毁了。

目前，窗帘的阻燃性能在一定程度上是通过织合多层纤维织物和衬布来达到的。对每一层纤维织物单独进行试验，可能会得到与织合织物大相径庭的结论。试验样品中的残留水分也会影响其燃烧性能，因此，试样在试验前一般需要在指定的标准环境中放置 24～48h。

大多数 ASTM 标准方法会给出关于在特定的火灾条件下，利用该方法来评价材料可能呈现的性能的参考意见，而不会预测材料在不同火灾条件下的火灾行为。有些试验中引用了美国国家防火协会（NFPA）和美国消费品安全委员会（CPCS）等其他实体的相关数据。

服装织物燃烧性能（16 CFR 1610-U.S.）：试验要求将 50mm×150mm（2in×6in）的织物试样置于一呈 45°角的支撑架上，将小火苗与其表面直接接触 1s，不被点燃且火焰沿着样品向上蔓延时间分别不超过 3.5s（光滑织物）和 4.0s（拉毛织物）。试验样品在试验前须经过烘干和冷却。

ASTM D 1230 服装织物燃烧性能标准试验方法（不同于 16 CFR 1610）： CPSC 要求商用织物必须满足 16 CFR 1610 标准。试验适用于除儿童睡衣或防化服装之外的所有纺织物。试验要求将 50mm×150mm（2in×6in）的织物试样置于一呈 45°角的金属支撑架上，控制火焰在其底部喷燃 1s，记录火焰沿试样向上蔓延 127mm（5in）所需的时间。

聚乙烯塑料薄膜的燃烧性能（16 CFR 1611-U.S.）： 试验要求将聚乙烯塑料薄膜（衣料用）置于一呈 45°角的支撑架上，点燃后燃烧速率不超过 3.0cm/s（1.2in/s）。

毛毯地毯的燃烧性能，16 CFR 1630（大块地毯）和 16 CFR 1631（小块地毯）： 将地毯试样置于钢板下方，钢板中心开口直径为 20.32cm（8in）。将甲胺片放在开口中心并点燃。甲胺片的热释放速率和燃烧持续时间与典型的掉落火柴类似。不论从哪个方向测量，如果试样的炭化长度大于 3in，则认为试样“不合格”。由于试验是在室温下进行的，环境的辐射热通量很小，加之点火源为持续时间很短的 50～80W 的小火焰，因此，试验表明，一些通过该测试的地毯材料在受到较强的持续点火源的作用时，较强的热通量作用下，将会易于点燃并传播火焰。试验中的地毯试样为水平放置，所以同样的地毯材料垂直放置时将会产生不同的火灾行为。

ASTM D2859 装饰用纺织铺地材料点燃特性的标准试验方法： 该试验使用 22.9cm（9in）正方形和厚度为 0.64cm（0.25in）中心开口直径为 20.32cm（8in）的钢板。钢板中心放置甲胺片，并在无通风的封闭空间内被点燃。试验前试样已充分烘干并冷却。如果试样炭化范围达到了钢板孔边缘的 25mm（1in）以内，即认为材料不合格。试验中需要平行测试 8 件试样。《可燃纤维织物法规》（FFA）中规定 8 件试样中至少要有 7 件试样通过测试。

床垫和衬垫材料的燃烧性能（16 CFR 1632-U.S.）： 9 支以上燃烧着的普通香烟放在裸露床垫的不同位置，这些部位包括絮棉的光滑部位、床垫围边、簇绒口袋等。香烟所在床垫表面任何方向的炭化范围不得大于 50mm（2in）。也可在床垫上两层床单之间放置香烟进行重复试验。

床垫燃烧性能（明火）标准（16 CFR 1633-U.S.）： 本试验是基于 NIST 研究的全尺寸试验。利用一对 T 形丙烷燃烧器短时间作用于床垫及其支撑架，使其自由燃烧 30min。燃烧器模拟了床上用品的燃烧。记录试样的热释放速率和火灾总生成热量。本标准规定了两个合格判据，所有床垫都应满足这两个判据。（1）在 30min 的试验过程中，试样的热释放速率峰值不得超过 200kW。（2）试验前 10min 的总热释放量不得超过 10MJ［联邦公报 71（No.50），2006.3.15］。

儿童睡衣燃烧性能（16 CFR 1615 和 1616-U.S.）： 平行测试 5 件试样，试样尺寸为 88.9cm×25.4cm（35in×10in），每件试样垂直悬挂于试验箱中的支撑架上，并在其底部用较小的气体火焰作用 3s。试样的平均炭化长度不得大于 18cm（7in），单个试样最大炭化长度不得超过 25.4cm（10in）（完全燃烧），点火源移开 10s 后任一试样柜下方不能出现滴落的燃烧材料。这些要求适用于睡衣成品（成衣或经过一次洗涤晾干）和洗涤晾干 50 次的样品。

ASTM E1352 软垫家具部件模型耐香烟点燃标准试验方法：试验中利用缩小尺寸的胶合板模型，尺寸为47cm×56cm（18in×22in），加装软垫以模拟坐垫、靠背和扶手，测试掉落的阴燃状态的烟头对家具的点燃性能。试验中所针对的家具主要用于公共和私人住宅，例如养老院和医院。将香烟放置于坐垫、扶手和靠背等部件表面和缝隙中。记录并比较每个香烟处的炭化距离或被明火点燃的情况。

ASTM E1353 软垫家具部件耐香烟点燃标准试验方法：试验中利用模型来对各个部件进行测试，如实际家具中会用到的表面织物、绳子、内部织物、填充物或棉絮材料的形式、几何形状和组合等。试验中只使用单支香烟，但是每支香烟表面覆盖有单层棉织物以保存更多的热量，使其比在空气环境中进行的测试更加严格。

ASTM E648 辐射热源作用下铺地材料临界辐射热通量的标准试验方法：试验在水平地板上覆盖尺寸为20cm×99cm（8in×39in）试样，在其上方30°角处放置气体火焰辐射加热器（带有燃气燃烧器），该加热器的辐射热通量为1～10kW/m^2。火焰沿着试样蔓延的距离表征了点燃和蔓延所需的最小辐射热通量。

8.2 其他材料的ASTM试验方法

ASTM国际委员会E05火灾标准中确定了其他材料的试验方法。

ASTM D1929 塑料点燃温度判定的标准试验方法（ISO 871）：试验中利用圆柱形热空气加热炉对圆盘中的试样进行加热。试验时通过调节样品温度，使热解气通过顶部排出并在燃烧室附近的小引火源的作用下产生闪燃，由热电偶监测样品发生闪燃时的温度，即为闪燃温度（闪点，FIT）。利用同样的设备还可以测定自燃温度（SIT），具体做法是不设置引火源，观察试样产生肉眼可见的火焰或灼热燃烧（或是试样温度突然迅速上升）。普通塑料的SIT比FIT高20～50℃（68～122 ℉）。每次试验需要3g材料，试样应为颗粒状、粉末状、碎块状或碎片状。

ASTM E119 建筑构造及建筑材料火灾试验标准方法：将墙体、地板、门等样本暴露于标准火灾下，评估其耐受火灾或保持其完整性的时间。试验中利用水平或垂直放置的大型加热炉来制造标准时间-温度火灾环境。待测部件暴露于设定的环境条件下，测量其表面温度，监控其结构完整性，从而判断火焰完全蔓延的时间。标准时间-温度火灾环境并不能准确地反映所有实际火灾的情况，因此测试所得的建筑构件的性能等级只用于比较分析。

ASTM E659 液态化学品自燃温度标准试验方法：将少量液体试样（100μL）注入已加热到预置温度的烧瓶之中，观察烧瓶中试样出现闪燃火焰的现象，并利用内置热电偶测量烧瓶内部温度突然迅速上升的情况。如果观察不到点燃过程，则升高预置温度，重复上述试验过程，直至材料被点燃为止。利用此方法可以测定空气中的热焰自燃温度（AIT）。试验中还可以记录到着火延迟时间。如果烧瓶内部只有温度突然开始小幅上升的现象，则该温度称为冷焰自燃温度。

本方法还适用于在试验温度下熔融、气化或完全升华的固体燃料。试验条件受玻璃烧瓶和烧瓶中试样的传热情况及球形烧瓶的形状等因素控制。在实际火灾的点燃过程中，材料的表面性质和接触方式决定了对流传热系数的大小，并进一步影响着火的时间和温度。任何使燃料与热表面接触的几何体（管状或外壳）都能在较低的温度下自燃，而在开口的平面上，受热蒸气的浮力可以将燃料从受热表面输送出去。

ASTM D3675 辐射热源下软质泡沫材料表面燃烧性能标准试验方法： 试验中将尺寸为30cm×46cm（12in×18in）的气体火源辐射加热器放置于倾斜的试样前方，试样尺寸为15cm×46cm（6in×18in），试样倾斜一定角度以保证被引燃火焰点燃的最初位置位于试样的上边缘，且火焰前缘向下移动。记录火焰向下移动的速率，并计算火焰蔓延指数。本试验适用于所有火灾中的材料的测试。每次至少需要测试4组试样进行平行试验。

ASTM D3659 半约束法测定服装织物燃烧性的标准试验方法： 试验模拟了垂直披在肩膀上的衣服的燃烧特性。试验样品尺寸为15cm×38cm（6in×15in）（测试需要五组样品），在试验前试样须烘干并称重。将试样垂直悬挂在横梁上，在织物底部边缘利用小型气体燃烧器火焰作用3s之后移开。对火焰烧失重量（单位面积）和所需时间进行比较（交叉引用自《儿童睡衣的燃烧性能——尺寸0—6X》FF3-71）。

ASTM E84 建筑材料表面燃烧特性标准试验方法： 本试验为“斯坦纳隧道试验”（Steiner Tunnel），即在绝热的隧道中装入样品进行测试，隧道长7.6m（25ft），高30cm（12in），宽45cm（17.75in）。在隧道一端利用气体燃烧器点燃试样，观察并记录试样沿隧道长度方向的火焰蔓延速率。试样尺寸至少为51cm×7.32m（20in×24ft）。设备的通气管道中安装有光密度测量系统（光源和光电池）。在光度计后部可以收集燃烧产物。本设备中模拟的情况在实际火灾中并不常见，只是在天花板材料的燃烧中遇到此类情况。

ASTM E1321 材料点燃和火焰蔓延测定标准试验方法： 本试验是对暴露于外部辐射热通量下的垂直燃料表面的点燃和火焰蔓延特性进行表征。通过试验可以计算点燃且火焰蔓延的最小辐射热通量和温度。本试验装置为大型装置，试样垂直放置，在其一定角度设置气体燃烧辐射加热器。试验中利用气体火焰引燃试样，记录火焰沿样品长度方向蔓延的距离和速度（如图8-2所示）。

ASTM E800 火灾中气体产物的测量标准指南： 本指南介绍了火灾试验中正确收集和保存气态燃烧产物的方法，O_2、CO、CO_2、N_2、HCl、HCN、NO_x 和 SO_x 等气体的分析方法，常用的方法主要是气相色谱法、红外分析法和湿化学法。在火灾条件下，有些燃料会产生高浓度的有毒刺激性气体。对已知存在于亡人火灾中的材料进行测试，通过试验我们可以了解其燃烧产生的气体产物在亡人火灾中起到了什么样的致命性作用。

加利福尼亚 TB 603 关于床垫、弹簧床垫和蒲团垫的标准：2005年1月1日以后，加利福尼亚要求出售的床垫类材料需要通过新的测试。试验中模拟了实际火灾点火源，并测定了燃烧的床垫类材料释放的能量值。将床垫的顶部和侧边暴露于T形气体燃烧器下一段时间（如图8-3所示）。满足以下条件之一即可认为试样未通过测试：(1) 点燃后30min内热释放速率峰值大于等于200kW；(2) 点燃后10min内总释放热大于等于25MJ。到2007年7月1日，美国所有出售的民用床垫、褥垫和其支撑材料组件、蒲团必须通过16 CFR 1633测试，该测试与本标准类似，只是要求最初10min内的总释放热不得超过15MJ。

图 8-2　表面火焰蔓延速率试验（ASTM E 1321）使用与被测表面成一定角度的辐射加热板（NIST 提供）

图 8-3　正在进行的床垫 TB 603 试验（2007 年 7 月 1 日后，美国所有出售的民用床垫必须通过 16 CFR 1633 测试，该测试的总释放热量上限为 15MJ，相比较 TB 603 试验的总释放热量上限为 25MJ（Bureau of Home Furnishings. 提供）

8.3 液体的闪点和燃点

可燃液体的闪点和燃点测定试验比较简单，即在室温条件下，在有盖培养皿或玻璃杯中加入几滴液体燃料，在液体表面附近用点燃的火柴进行测试。如果能够被引燃，则可以确认该材料为ⅠA或B类易燃液体，其闪点低于室温［23℃（73℉）］。相对更加可靠的试验则需要使用重现性更好的点火源，更可控的蒸气。一般闪点试验就是取一定量的液体燃料，并将其放入温度逐渐上升的水浴杯中。杯子可以是对大气环境敞开的，也可以是用小遮板封闭的。将小火焰周期性作用于杯子上，观察杯子的闪燃现象。大多数液体燃点的测定是利用开口杯法，即逐渐增加温度直至产生自发稳定的火焰，而不是闪燃火焰。

闭口杯试验中保留了部分蒸气，使得其更易于点燃。对于同一种燃料来说，测得的闭口杯闪点一般低于开口杯闪点。

液体闪点和燃点的试验方法主要有以下几种：

① **ASTM D56 塔格（Tag）闭口杯闪点标准试验方法：**一般用于低黏度液体，其闪点低于93℃（200 °F）。每次试验需要50mL液体试样（有时简写为TCC）。

② **ASTM D92 克利夫兰（Cleveland）开口杯闪点标准试验方法：**用于所有闪点在79～400℃（175～752 °F）范围内的石油产品，燃油除外。每次试验至少需要70mL液体试样（有时简写为COC）。

③ **ASTM D93 彭斯基-马顿（Penskey-Marten）闭口杯闪点标准试验方法：**用于所有闪点在40～360℃（104～680 °F）范围内的石油产品，包括燃料油、润滑油、悬浮液和高黏度液体。每次试验至少需要75mL液体试样。

④ **ASTM D1310 塔格开口杯闪点燃点标准试验方法：**用于闪点在－18～165℃（0～325 °F）范围内，燃点高于165℃（325 °F），在低温环境下使用的石油产品。燃点的判据为燃料点燃并燃烧至少5s。每次试验至少需要75mL液体试样。

⑤ **ASTM D3278 小型闭口杯液体闪点标准试验方法：**适用于闪点在0～110℃（32～230 °F）的少量（每次试验需要2mL）液体闪点的测定。使用微量闪点测量仪进行。试验方法与ISO 3679和3680类似，都是在低温环境下进行的。

⑥ **ASTM D3828 小型闭口测试仪闪点标准试验方法：**与ASTM D3278类似。用于测定材料在指定温度下是否发生闪燃，每次试验需要2～4mL液体试样。

由于闪点的测试方法很多，ASTM E502-07e1中给出了《选择和使用ASTM闭口杯法测定化学物质闪点的标准试验方法》（ASTM，2007）。

8.4 量热法

传统的弹式热量法一般用于测量燃料的总燃烧热（具体见ASTM D4809）。弹式热量计是指能够承受内部压力的一种密闭容器。试验方法主要是让称重过的试样在密闭容器中燃烧，氧气供应充足，直至试样完全氧化。燃烧产生的热量通过测定密闭容器中温度的上升来确定，通过比热容和质量计算燃烧放热量。本试验不适用于包含多种物质的燃料，因为它只测定总燃烧热，而不是有效燃烧热（这与不完全燃烧产生的损失有关）。

由于大部分普通燃料燃烧时每消耗单位质量的氧气所产生的热量几乎是相同的(13kJ/g)，因此通过测定燃烧过程中总的耗氧量，可以很容易地计算出放热量。这种方法就称为耗氧量热法。如果试样在空气中燃烧，燃烧产物由集烟系统收集，那么 O_2、CO 和 CO_2 的浓度就可以测定。如果试验炉体和排烟管道的通风速率可测，那么就可以确定总的耗氧量。管道中的感光元件还可以监测光密度和烟气的遮光度。需要注意的是，本试验中的耗氧量和热释放速率都是通过采集的数据计算得到的。

根据尺寸和设备，量热法可分为四种常见类型：锥形量热法、家具量热法、单室量热法和工业量热法。锥形量热法是由 NIST 的 Babrauskas 发明的，在 ASTM E 1354-11b 中有详细介绍，试验中将尺寸为 10cm×10cm（4in×4in）的试样放置于金属托盘中，暴露于一定的均匀入射的辐射热通量下，辐射热源由样品上方的锥形电加热器提供（如图 8-4 所示）（ASTM，2011）。

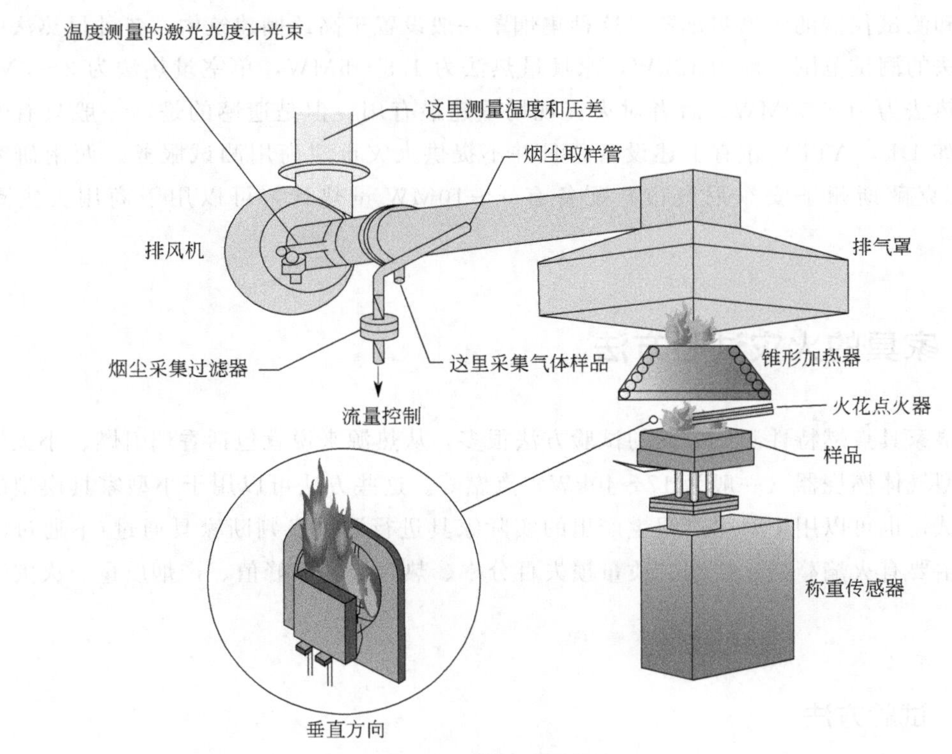

图 8-4　锥形量热计结构示意图

可以通过调整加热元件的温度来控制作用于样品的辐射热通量的大小。利用小型电弧点火源点燃加热产生的烟羽流然后移开。火焰和烟气通过锥形加热器的中心向上移动，烟气流过集烟管道，测量 O_2、CO 和 CO_2 浓度以及烟气遮光度。样品托盘放置于一个敏感的测重元件上，可以持续测量试验中的质量变化情况。分析系统可以计算出热释放速率（以燃料的单位表面积表示）、质量损失速率和有效燃烧热。试验表明，即使试验样品比实际缩小了尺寸，试验结果也与实际火灾性能有高度的相关性（Babrauskas，1997）。本试验系统可以对液体或固体（或是低熔点热塑性材料）燃料进行测试。木材和其他硬质燃料还可以进行垂直方向的测试。

家具量热仪是用同样的方法来测定与实际使用中一致的同尺寸单个家具物品燃烧时的热释放率。试验中，家具放置于测重元件上，在敞开的环境中燃烧，所有的燃烧产物由通风集烟罩收集。管道系统可以对温度，压力，O_2、CO 和 CO_2 浓度进行测定。通过计算得到的热释放速率结合测重元件的质量损失数据可以进一步计算有效燃烧热。

单室量热法主要是针对多件家具，连同地毯、墙衬及其他燃料的综合分析。试验前须建造试验房间，尺寸一般为 2.4m×3.6m×2.4m（8ft×12ft×8ft），这时整个房间就成了燃烧产物的“收集器”。燃烧烟气随通风向房间开口处移动，并由集烟罩收集并测定。这种设计可以不间断地计算火灾从一处向另一处蔓延时的热释放速率，即使火灾达到轰燃阶段也可以进行记录和计算。

最大型的量热试验一般称为工业量热法。工业量热系统最基本的构件是带有风扇、管道系统和测试仪器的大型集烟罩。这种集烟罩一般设置于高顶棚建筑中。各种量热法中锥形量热法的测试范围一般为 12kW，家具量热法为 1.5～5MW，单室量热法为 3～6MW，工业量热法为 10～50MW。后者对火灾现场重建最有用，但是遗憾的是，一般只有专业机构（如 UL，ATF）才有上述设备，且并不提供火灾重建商用测试服务。西南研究院（美国德克萨斯州圣安东尼奥市）配备有 4～10MW 量热计，可以用于商用火灾重建项目。

8.5 家具的火灾试验方法

软垫家具点燃特性测试方面的试验方法很多，从热源来说就包括香烟引燃、小火焰引燃、大型气体燃烧器（一般为 17～40kW）点燃等。这些方法可以用于小型家具模型的标准化测试，也可以用于对生产线生产出的实际家具进行测试。判断家具通过/不通过的标准指标主要有火焰蔓延、烧洞、质量损失百分率、热释放速率峰值、产烟质量、火灾烟气毒性等。

8.5.1 试验方法

目前常用的很多试验方法在美国联邦法规（CFR）、英国标准（BS）、国际标准化组织（ISO）、ASTM 和加利福尼亚州家用家具局技术报告（TB）中都有详细描述。Krasny，Parker 和 barauskas 在 2001 年对现有技术进行了详细描述和讨论，见表 8-1。第七版《柯克火灾调查》中附加信息中也有这方面内容（DeHaan，Icove，2012）。

表 8-1 家具燃烧性能试验方法总结

试验	香烟点燃试验	火焰点燃试验	热释放速率(HRR)	烟气	毒性
ISO 8191	×	×			
BS 5852	×	×			
ASTM E1352	×				
ASTM E1353	×				
NFPA 261	×				
NFPA 260	×				
TB 116,117	×				
软垫家具法案	×				
BIFMA 美国办公家具协会	×	×			
CFR 1632	×	×			
BS 6807	×	×			
TB 133		×	×	×	×
TB 129		×	×	×	×
TB 121		×		×	×
ASTM E1537		×		×	×
ASTM E1590		×		×	×
ASTM E162		×			
ASTM D3675		×			
ISO 5660			×	×	×
ASTM E1474			×	×	×
ASTM E1354			×	×	×
NFPA 264A			×	×	×
ASTM F1550M				×	
ISO TR 5924				×	
ASTM E662				×	
ASTM E906			×	×	
ISO TR 9122					×
ISO TR 6543					×
ASTM E1678					×

早期实验室规模的试验表明（与前面描述的小规模试验一样），在将这些试验结果用于实际火灾重建时有限制条件。例如，某种材料仅仅通过一项试验并不能说明这种材料在实际火灾环境下是阻燃的或是安全的。

其他还需要注意的是，试验前样品应在一定的温度和湿度条件下放置24～48h。火灾调查人员应注意这类因素对试验结果的潜在影响。试验规模对试验结果也有重要影响（如果是在墙角或靠墙而不是大房间中央进行测试，同一家具可能会产生不同的放热量或者火灾痕迹，从而最大限度地减少辐射热反馈或通风影响）。家具火灾性能试验中，引燃位置、方式、方法和持续时间对试验结果都有明显的影响。例如，如果将点火源放置在乙烯塑料饰面椅子面上，塑料椅面会产生一定的阻燃作用（PVC 软垫家具受热后会炭化、膨胀）。但是椅子下方即使放置一个较小的火源，只要火焰能够接触到聚氨酯软垫，椅子就一定会被点燃。

8.5.2 软垫家具的香烟点燃试验

近年来软垫家具中大量应用棉花、棕垫、木棉纤维及类似材料进行座垫填充，这些材料都易于被灼热的香烟点燃，所以近几十年香烟点燃软垫家具已成为一个主要的火灾原因。

Holleyhead（1999）对香烟点燃家具方面的文献进行了综述。但是，关于这类点燃引起燃烧所需要的时间方面存在大量错误信息。火灾调查人员错误地认为香烟点燃一定需要1～2h，所有比这个时间短的点燃都是明火直接点燃。

最早在 20 世纪 80 年代早期，加利福尼亚州家具局和 NIST（后来的 NBS）通过大量试验已经指出，点燃时间是变化的。试验表明，将灼热香烟放置在座垫之间或座垫与扶手或靠背之间，能够引燃的最短时间为 22min。其他试验时间为 1～3h，有些在自熄之前阴燃数小时但是一直不会产生明火。即使构建相同的实体模型，试验中的火灾行为也有很大变化。Babrauskas 和 Krasny 对这类试验结果进行了统计分析（1997）。

笔者所做过的试验也有类似的点燃时间和点燃结果。在静止空气条件下，如果纤维织物被撕开，香烟掉落并与未经过阻燃处理的棉垫直接接触，那么最少在 18min 就会引燃。如果有小气流的存在则会影响引燃过程，并增加阴燃纤维塑料的热释放速率。DeHaan 曾做了一个非正式的试验，在有变化的小气流存在的情况下，将香烟放置于松散包装的毛巾中，15min 后会产生火焰。到目前为止，从阴燃转变为有焰燃烧的机理还无法建立模型或进行准确的预测。手卷香烟的引燃危险性相对较低，这是因为这种香烟比一般商业生产的烟草香烟更倾向于自熄。有关大麻香烟引燃浸油服装的试验及参考文献见 Jewell、Thomas 和 Dodds 等人完成的工作（2011）。

NFPA 网站 firesafecigarrettes.org/中指出，美国所有 50 个州通过了立法，强制执行所谓的“火灾安全”或自熄香烟。欧盟（EU）也为其成员国建立了标准，要求到 2011 年 11 月 17 日后，欧盟出售的所有香烟都是“降低了点火倾向”（RIP）香烟。从技术术语上来说，RIP 比“火灾安全”的叫法更为准确，因为这意味着这种香烟从设计上比传统香烟更不易于点燃沙发或床垫等软垫家具。这种特别设计的香烟只是减小了香烟点燃软垫家具的概率，但并不能阻止所有点燃。一般“火灾安全”香烟采用多孔性与低孔性纸条交替捆绑，这样能够终止阴燃。

胶乳（天然）橡胶泡沫与灼热的香烟接触也很容易点燃。需要注意的是，一根香烟在点燃后最多会在 20～25min 内消耗完（如果塞在座垫间可能燃烧时间稍长一些）。点燃时间较长是由于燃料被香烟点燃后会自发性阴燃，阴燃的表现主要是在产生明火前的几分钟会产生大量白烟（比单纯的香烟燃烧的发烟量要大得多）。

8.6 其他物理试验方法

8.6.1 比例模型

通过建造按比例缩小的房间建筑模型及家具试验可以获得大量有用的信息，且相较于全尺寸试验，这种小型试验能够降低成本和复杂程度。这类模型在测试点燃特性，验证初期火灾假设方面尤其有效，在这些假设中，房间表面和其他条件的交互作用影响较小。

当考虑辐射热和通风因子等条件时，一定要注意火灾中的所有因子不会随着房间尺寸的减小而线性减小。例如，开口处的通风条件主要是受开口面积和开口高度的平方根的影响。上述因子是可以进行修正的，但是这并不像建立玩具屋那么简单，因为所有的门窗都要按全尺寸比例设计。辐射热通量与距离的平方成反比（$1/r^2$），所以在建立试验模型时一定要注意这个关系。

正如火灾调查人员所有的调查工具一样，缩尺模型（RSE）能够提供大量信息，而这些信息有助于火灾调查，且模型的建造和燃烧试验都相对较为简单。热烟气实际上就是动态流体，所以其在全尺寸模型（FSE）中的运动与 RSE 是类似的。Quintiere 在其早期的论文中介绍了各种不同尺寸的模型的传热和烟气运动情况（Quintiere，1989）。

近年来 RSE 在通风开口（门）方面进行了垂直尺度的缩尺试验研究，通过修改通风因子 $A_0\sqrt{h_0}$，调整宽度以保证夹杂空气质量流率，式中 A_0 为开口面积，h_0 为开口高度。例如，如果模型比例为 1/4（0.25），则 RSE 中开口宽度为 FSE 开口宽度的$\sqrt{0.25}$（或 0.5）倍。也就是说 30in 的开口宽度缩小 1/4（0.25）为 7.5in，但是通过调整平方根因子，最终开口宽度应为 15in。注意只是通风开口的宽度需要修正（Bryner，Johnsson，Pitts，1995）。

此外，现有研究一般认为家具模型不需要建造得十分精确和复杂。一般使用标准 1/2in 定向刨花板（OSB）做框架，以聚氨酯泡沫为填充料，以家具用装饰物为面料，这样就能提供足够的燃料荷载。试验中所有维度都按比例变化，只有家具的厚度不变。一种缩尺家具是截取 OSB 的中心部分搭建框架，用来制作椅子和沙发。板材通过胶黏或钉子组成框架结构。将聚氨酯泡沫放在框架内并在其表面覆盖家具装饰面料。床由两层聚氨酯泡沫构成，表面覆盖床单。在床下方放置简单的木框架构成床架。图 8-5 中展示了 Mark Campbell 利用比例模型进行的创新性试验过程。

FSE，RSE 和 FDS 模型等现有试验方法都比较类似。类似之处主要有：煅烧区、清洁燃烧区、通风燃烧痕迹、轰燃、回燃及热电偶数据。RSE 中热电偶数据显示了房间模型中发生的火灾增长、轰燃转变、湍流以及火势的衰变。这类数据有助于火灾调查人员判断痕迹、起火部位和火灾强度。

RSE 可以为分析火灾影响提供大量数据，但是不能用于计算热释放速率、火灾蔓延时间、质量损失速率、气体种类或气体浓度，这些信息利用比例模型试验更难以得到。热释放速率、烟气运动速度和轰燃时间与试验比例也不存在线性关系。这些信息有助于火灾调查人员完善工作假设，但是不能只依靠研究或火灾试验获得。

图 8-5 (a) Mark Campbell 和 Dan Hrouda 搭建的 1/4 比例的房间模型。这是这个缩尺模型的正面照片。在正面加装了纸面石膏板，朝向开口方向。模型中布置了两架摄像机：一个在 A 面，朝向房间背面，另一个在 D 面，朝向沙发。在角落 B/C 处放置了丙烷燃烧器。房间顶棚布置了 15 个热电偶（Mark Campbell，Fire Forensics Research Center，Denver，CO 提供）

图 8-5 (b) 这是丙烷燃烧器喷射 90s 后由 D 面拍摄的 B 面的现场情况。丙烷燃烧器放置于沙发的正右方。按照比例试验规定，可以按比例缩减为 5/2，热释放速率按比例减小为 3kW，在全尺寸火灾试验中热释放速率应为 100kW（Mark Campbell，Fire Forensics Research Center，Denver，CO 提供）

图 8-5 (c) 火灾已经蔓延到整个沙发，同时顶棚热烟气使得椅子发生热解并将其引燃。房间中间布置的热电偶可以测定房间火灾开始发展到轰燃阶段的时间（Mark Campbell，Fire Forensics Research Center，Denver，CO 提供）

图 8-5 (d) 在轰燃后期燃烧阶段，火焰涌出缩尺模型。在轰燃发生后房间又燃烧了 2min。缩尺模型为火灾调查人员提供了分析火灾影响和燃烧痕迹的另一种途径（Mark Campbell，Fire Forensics Research Center，Denver，CO 提供）

如果地板或墙壁材料的厚度按比例减少，当它们的厚度小于几毫米时，会成为对热量更敏感的热薄型材料，其对火反应特性与该材料在较厚情况下是不同的。模型中将选择特殊的材料制作墙壁和顶棚，使其在比例模型中的热行为与一般实际石膏或者灰泥墙壁的热行为一致。

8.6.2 流体箱试验

没有火焰和烟气的流体箱试验可以得到大量信息，而这些信息可以用于在前面章节中讨论过的热烟气模型的建造和测试。建筑物内烟气的运动是由热气体相对于正常室内空气的浮力所推动的，利用两种不同密度的流体（例如淡水和盐水）就可以模拟这个过程。如果将一种液体染色，则可以观察并记录其运动和混合过程。图 8-6 中展示了流体箱模型试验。

图 8-6 (a) 图中为 1/4 流体箱比例模型的侧视图，展示了右下半部的开口打开后将冷却的高密度流体（代表冷空气）注入腔体，有浮力的流体从开口顶部喷出的情景。该试验用于评估室内火灾中可能发生的回燃现象中流体流动和混合情况（Dr. Charles Fleischmann，University of Canterbury，Christchurch，New Zealand. 提供）

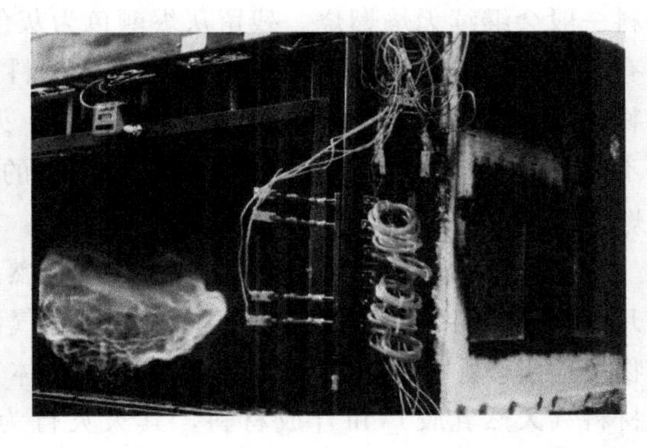

图 8-6 (b) 1/2 比例模型火灾试验腔体的 1/4 视图。密闭腔体中放置燃烧器以产生富燃料热烟气浮力层。当位于右侧的小门打开时，浮力层烟气向外逸出，新鲜冷空气由开口底部流入并与热烟气混合。当在远端利用引燃火焰引燃后，火焰沿着预混面迅速蔓延，即产生回燃。(a) 中的流体箱试验已经预测到了这种火灾行为（Dr. Charles Fleischmann，University of Canterbury，Christchurch，New Zealand. 提供）

一般情况下，房间比例模型（从 1/8～1/4）是由透明的树脂玻璃构建的，然后浸入并倒置在一个装满轻质（低密度）液体的大罐子里。然后将密度较大的液体注入模型中，以模拟室内火灾中烟气的产生。比例因子非常重要，应该通过校准液体的相对密度和黏度来模拟浮力层烟气的混合情况，但是这项技术能够为一些调查问题提供答案，并验证或否定计算模型及其假设（Fleischmann，Pagni，Williamson，1994）。

8.6.3 现场测试

准确判断最先被引燃的燃料对于火场重建是非常重要的。如果相较于灼热表面，最先被引燃的燃料更易于被明火点燃（例如，天然气、石油气或聚乙烯塑料），那么火场勘验时可以将重点放在寻找恰当的潜在点火源上。纤维燃料及其他天然材料（如木材）更易于被灼热表面热源（如烟头或灼热的电气连接部位）引燃。上述大多材料可以利用外观检查的方法进行分析判断，但是关于其点燃时的火灾行为还是大多依赖火灾调查人员的专业知识进行判断。

利用火柴或打火机对静止空气中垂直放置的小型试验样品的一角进行简单的“燃烧性及引燃性试验”，可以判断其引燃的难易程度，并观察到当点火源移开后其是否能保持明火燃烧，这类试验方法在 NFPA 705 中有详细介绍（NFPA，2009）。目前一般认为 NFPA 701（NFPA，2010）是首选的试验方法。

在试验条件下，纤维材料火焰颜色为黄色，烟气颜色为灰色。当火焰熄灭后，这类材料一般会继续无焰燃烧。残留灰烬颜色为灰色或黑色，结构一般为粉末状或易碎残片，没有熔化滴落的硬质残留物。热塑性合成材料在燃烧过程中熔融，会产生熔融的燃烧滴落物。热塑性材料在熔融过程中一般会收缩，火焰颜色一般以蓝色为主，烟气可能是几乎看不到的白色烟气（聚乙烯），也可能是浓重的墨黑色（聚苯乙烯）。这类材料不会发生阴燃燃烧。

热固性树脂一般比其他燃料更难以点燃。当火源移开后这类材料一般以阴燃的方式燃烧，烟气浓重，残留物质地坚硬，呈半多孔状。弹性体（橡胶体）包括天然材料（天然乳胶）和合成材料，其火灾行为方式多样。有些很容易燃烧，而有些，如硅橡胶，则很难维持燃烧。硅橡胶燃烧残留物为亮白色，呈粉末状，而其他弹性材料残留物一般质地坚硬，呈黑色多孔状物质。火场中怀疑是最先引燃的未知材料，如果其可能与火灾起火或蔓延有关，都应该提取，并进行实验室分析。

在进行和解释这类非正式引燃试验时都应谨慎，由于程序和人员的主观性和可变性，NFPA 705 试验方法现在争议颇多。该试验还存在实验人员受伤的危险，并且有报道称曾发生过多起意外火灾事故。因此在进行燃烧性及引燃性试验时，强烈建议应用 NFPA 701“纺织品和薄膜材料的火灾蔓延试验方法”（如图 8-7 所示）（NFPA，2010）。

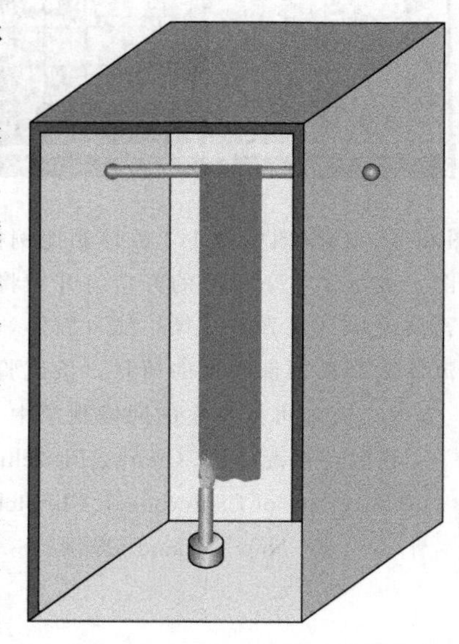

图 8-7　NFPA 701 纺织品燃烧性能小型试验方法。NFPA 701 试验在封闭的试验装置中对自由垂直悬挂的纺织品试样进行测试，试样尺寸为 150mm×400mm（6in×6in）。将试验用燃烧器火焰作用于试样底部 45s，然后移开。观察纺织品的火灾蔓延行为，火焰熄灭后对残留物进行称重记录

NFPA 701 实际上是对垂直悬挂织物的燃烧性能试验，如窗帘、帘子和窗上用品等。该试验测定了在一定的点火源下纺织品的燃烧速率。在 NFPA 701 试验中，试样垂直悬挂，受火源作用一定时间，观察试样是否具有自熄性，测量炭化长度，并观察试样掉落到试验装置底部后是否会继续燃烧。

NFPA 701 试验方法 No. 1 用于单层纺织品和多层窗帘和帘子等的试验。NFPA 701 试验方法 No. 2 用于乙烯基涂层织物遮光衬里的试验。NFPA 701 中提到用于建筑表面

或内部装修的材料试验应依据 NFPA 255 或 NFPA 265 进行，NFPA 255 为“建筑材料表面燃烧特性标准试验方法”，NFPA 265 为“对室内火灾增长贡献评价的标准火灾实验方法”。

阻燃剂对点燃和火焰蔓延特性有显著影响。在同样点火源的条件下，地毯类材料的边角部位比中心部位更易于引燃。试样垂直放置更有利于引燃和火焰蔓延，如果试样潮湿则可能不利于引燃和蔓延，所以试验结果具有一定的参考价值，但是不能作为判断实际火灾行为的证据。

8.6.4 全尺寸火灾试验

在实际建筑中进行的火灾试验能够收集大量信息。很少有试验建筑的尺寸、通风条件、构件材料等均与某起特定火灾完全一致的情况，但是从这些试验中我们还是可以收集到关于火灾行为的大量可靠信息。除了物理匹配性，一般还要考虑火焰对周围物品的影响、环境因素、物流通道、防火系统等的影响。如果在这种建筑中进行试验，则应规定设置多个摄像机观测口、多组热电偶和辐射热流计。

DeHaan 发现一栋建筑与某起死亡了六个人的着火建筑几乎完全一样。该试验用建筑已经被安排拆除，DeHaan 对其进行了整修，并按照火灾现场进行了布置。DeHaan 进行了有助燃剂和没有助燃剂的火灾试验，并利用气体分析仪、热电偶和摄像机进行了记录。试验数据显示没有助燃剂的火灾可能导致了建筑结构的损伤，并使受害者迅速被困在上层（DeHaan，1992）。

由于美国有一些火灾训练死亡事故，消防部门特别注意大型建筑火灾人员安全问题。大多数消防人员已经意识到在上述建筑中进行消防员训练的意义，并计划依照 NFPA 1403“现场消防训练标准”（NFPA，2012）中的安全条款进行现场消防训练。火灾调查人员应该了解上述安全条款中包括了填补地板烧洞、移除可能带来不安全因素的玻璃窗、玻璃门及碎片等物体，识别和评估所有出口，只使用有限的燃料荷载（不燃液体或气体）。因此，在这种情况下，火灾行为，或者说是火灾痕迹就不一定与家具、门窗、天花板和屋顶等未被破坏的原始火场完全符合。火灾调查人员不能试图利用上述消防演习来收集证据和火灾痕迹。可以建造用于火灾试验的全尺寸房间，利用其对某种特定情况进行重现，并控制变量。

ASTME 603 为“室内火灾试验标准指南”（ASTME，2007）。指南中介绍了用于评价在特定火灾条件下室内材料、设备或房间物品等的火灾行为的试验方法，而这种火灾行为难以通过小尺寸试验进行评价。进行全尺寸室内火灾试验设计可以参考该指南，指南中明确指出了在试验开始前应考虑的事项。例如，ASTME 603 建议房间尺寸应为 2.4m×3.7m（8ft×12ft），顶棚高度应为 2.4m（8ft）。房门标准尺寸为 0.8m×2.0m，房门上边缘距离顶棚至少要有 0.4m（16in）的距离，以保存部分热烟气。指南还建议使用标准仪器来测量试验房间的烟气光密度、温度和热通量等。同时指南中介绍了必要的资料和控制元件。

【案例 8-1　小隔间房间模型】有效的小隔间房间模型构建成本很低，可用于全尺寸实验。基于 Mark Wallace 的设计，这种模型主要包括四个 2.43m×2.43m（8ft×8ft）的木质框架板［一般木龙骨规格为 61cm（24in）］，中心为石膏墙板，顶部吊顶亦选用类似板材（见图 8-8）。同理还可以构建出更大的隔间模型，设计时应提供可拆卸的墙板，以便在获得实验数据之后可以对模型进行轻松拆解。

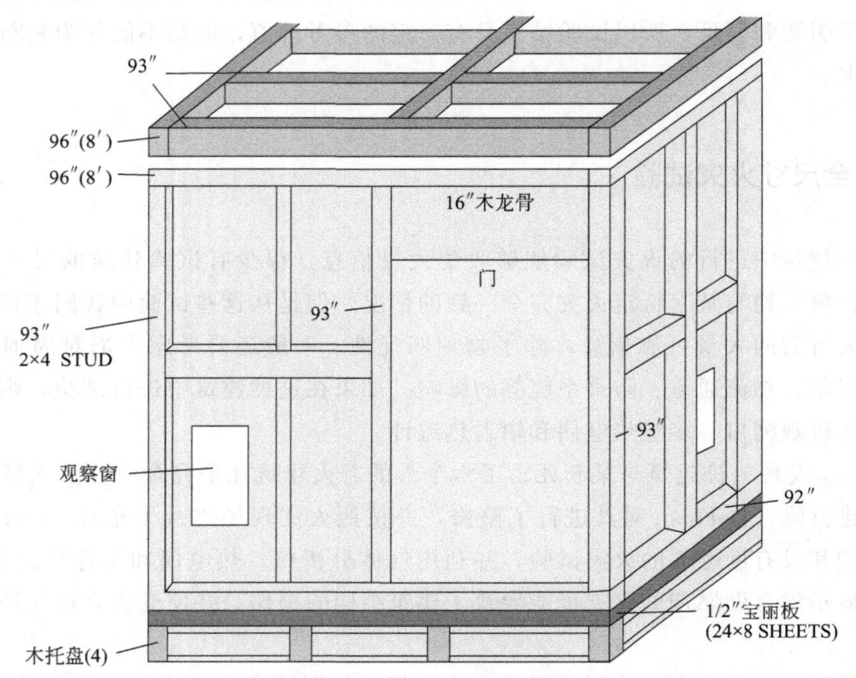

图 8-8　房屋隔间模型，可以用于低成本全尺寸实验（J. D. DeHaan 提供）

根据需要可以设置门窗，在每个门上方留出 25～45cm（10～18in）的门楣。在四个被 13mm（0.5in）胶合板覆盖的托盘或托梁（2in×4in 或 4in×4in）上可以很容易地建造小隔间。由于这些模型一般用于做短期（<30min）实验，不安装隔板通常不会影响室内火灾结果。模型中还可以安装插座。

同时，在模型中可以设置窗口，即在楼板平面的一面或多面墙上切出大约 25cm×30cm（10in×12in）大小的洞口。利用聚硅氧烷密封剂将无边框的普通窗玻璃粘到室内墙表面（并且在火灾前经过 24h 的固化）。无框架意味着整块玻璃暴露在同样的热通量下，不会产生轰燃前就被破坏的压力。经验表明，这样的窗户通常能坚持到轰燃发生。如果需要的话可以选用壁炉隔板或炉门一类的耐热玻璃，这样在轰燃结束后其也可以保证完整性。

热电偶是用于测量温度的传感器，由两种不同金属合金在一端接合（扭曲或焊接）在一起。当该接合处受到热作用时，它将产生一个小的电压，该电压与温度成比例。最常见的是 K 型（镍铬/镍铝）热电偶，这类热电偶的电源线也需正确连接，以保证其极性正常工作。常用热电偶的温度测量范围为－200～1250℃（－328～2282℉）。访问 Omega 工程公司网站，可以获得相关商业文档和材料。

热电偶可以很容易地通过在石膏上钻的小孔被添加到所需的位置。建议一面墙上至少设置三个热电偶：一个靠近天花板，一个在中间位置，一个在地面上方大概 15cm（6in）

处，此处正好离门或者其他通风口一定距离。另外一组热电偶可以安装在房间的对面，附加的热电偶可以放置在门楣里面（以记录轰燃），或安置在目标燃料包上面。可以利用小直径金属、陶瓷或只留下头部的玻璃试管来遮蔽热电偶。由于在测量温度时，线径较大会导致测量结果降低，所以应尽量使用较小直径的热电偶。常用的导线尺寸为 24 AWG。AWG 越大表示导线直径越小；然而，较细线径的热电偶工作起来比较困难，更容易在测试条件下断裂。数据最好用如 Picolog 等的数据记录仪记录，尽管它们也可以在监视多个单独仪表的数字输出的摄像机中捕获，并在后期手动记录。

这样的小隔间可以近乎复制真实房间环境［更大的房间可以额外增加 1m×2.5m（4ft×8ft）隔间］。同时，这类实验可以保证安全，将人身危害降到最低（例如有毒物质，石棉接触，或者结构倒塌等）。图 8-9 就是在这种实验隔间中轰燃后的情况。可以单独加框架来构建整个墙面，这样在火灾实验后就可以很容易地打开并且平放在地面上，使得测量和照相工作变得方便。试验过程中应用多个相机记录试验影像，必要时应同步时间。点火时应同时使用视觉提示和声音提示，以便所有记录都从 $t=0$ 时开始。在燃料荷载相同的情况下，小尺寸模型［2.5m×2.5m（8ft×8ft）］发生轰燃所需要的时间比一个实际房间［3m×4m（10ft×13ft）］要少（大约少 30%）。

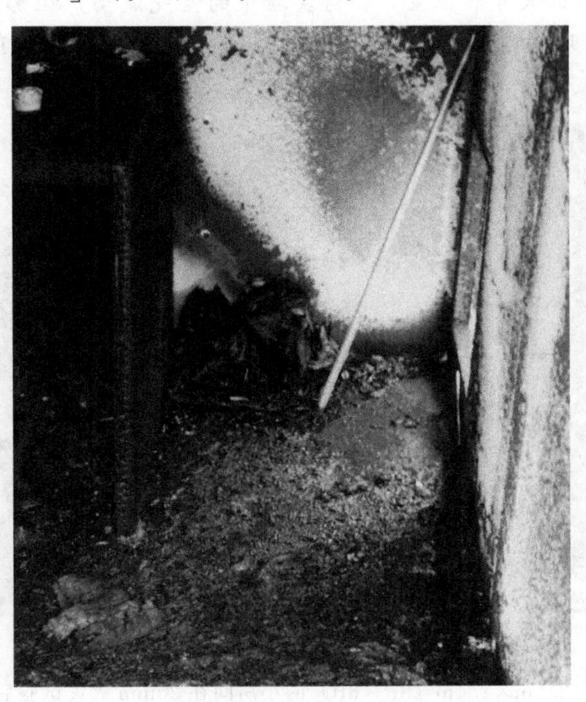

图 8-9　在装修好的 2.4m×2.4m（8ft×8ft）办公小隔间中进行轰燃火灾实验的结果。注意图中右边合成地毯大范围的破坏和纸面石膏板的燃烧。右后方的玻璃窗口在轰燃发生之前已经破坏。注意在后方的墙壁上的清洁燃烧痕迹，以及在开口处下方大面积破坏的地毯。右后角落只有地毯和垫子（图片由 J. D. DeHaan 提供，测试由 California Association of Criminalists and Huntington Beach Fire 提供）

科学有效的小尺寸实验可以用来测试火焰传播特性，实验中不需要特殊设备，只要尽可能多地考虑测试变量的影响即可。举个例子，毯子或者家具可以在开阔处进行测试，但在房间里测试燃烧过程会有很大区别，这是因为室内燃烧中辐射热会从墙壁和天花板反射回来，并且通风条件也有所改变。

为保证实验效果，地毯铺设方式与实际建筑一样。合成地毯在燃烧的同时会发生收缩和卷曲。如果地毯边缘翘起，则地毯的燃烧会显著增强，热释放速率增大，火灾痕迹发生变化。地垫和地毯单独暴露在火灾中一般难以维持火焰传播，但其相互作用可维持稳定燃烧，所以在模拟火灾实验时，地毯下应放置地垫。

实验中应使用已知点火源，或对不同种类点火源进行测试。例如，在室温下，一根掉落的火柴不能将聚丙烯地毯引燃，因为它已经通过二甲胺片试验；此外，可以利用更大的点火源，如一张点燃的揉皱报纸，或其他外部热源，地毯则可以维持稳定燃烧。一旦被点燃，聚丙烯地毯的持续燃烧速率高达约 0.5～$1m^2/h$（5～$11ft^2/h$），会产生约 5～7cm（2～3in）高的火苗。

如果在室内进行火灾实验，必须注意每次测试时主要燃料包应放置在相同的位置（或者是与实际火场相同的位置）。位于角落的燃料包和位于墙边或者房间中央的燃料包的燃烧过程有显著区别。在远离房门开口处的火灾与靠近房门开口的火灾也不一样（图 8-10）。改变房间通风口的尺寸和位置，会对实验中的空气流动产生影响，并进一步影响最终的火灾痕迹。如果火灾实验在轰燃（通风限制）后期持续进行，则其通风作用形成的火灾痕迹是可以预料的。

(a) (b)

图 8-10　(a) 2.4m×2.4m（8ft×8ft）的小房间在 20min 火灾试验后的内部情况。右边床上的衣服被明火点燃，将近 16min 后才能全部燃烧。房间在不到 1min 之后就发生了轰燃，引燃了左后方的地毯和椅子（有腰和腿的椅子）。注意离门最近的床角的大面积燃烧现象（通风效应）。后方角落的玻璃窗在轰燃前就破碎了。图片由 J. D. DeHaan 提供。(b) 从门口的角度观察房间情况，此时将室内左侧的床和椅子和剩余地毯移开。注意，地毯和约 13mm（0.5in）的胶合板地板的暴露区域在轰燃后不到 4min 就被引燃，5cm×10cm（2in×4in）木地板托梁自上而下燃烧。实验中没有使用助燃剂。图片由 J. D. DeHaan 提供，试验由 lowa Chapter ofthe IAAI 提供

【案例 8-2 洛瓦 (Lawa) 小隔间试验】 从小隔间试验中可以获取大量有效数据，例如 2002 年 9 月 25 日在艾奥瓦州沃特卢进行的试验。在实验中，国际放火调查员协会 (IAAI) 和美国烟酒枪支爆炸物管理局 (ATF) 爱荷华州分部建造了两个小隔间，其内部燃料荷载基本相同。

小隔间中放置有一把装有软垫的椅子、一个木制梳妆台、窗帘、一把厨房用椅子以及聚氨酯合成地毯。第一个小隔间实验中利用明火点燃椅子的裙边。这个火灾实验在 10.5min 达到轰燃。第二个小隔间实验中点燃地面中央的汽油，大约 70s 后发生轰燃。两个小隔间实验能达到的最高温度相同，地毯和木制地板破坏程度相同，只有达到轰燃的时间不同。该试验是一个很好的物理重现和数据收集的实例。

图 8-11～图 8-21 为洛瓦小隔间试验过程。

图 8-11　火灾前配备家具的 2.4m×2.4m (8ft×8ft) 小隔间视图，隔间墙壁和天花板为干式墙。火灾开始于左边椅子的裙边。照片由 Special Agent Mike Marquardt, CFI, ATF, Grand Rapids, MI 提供，试验由 lowa Chapter of the IAAI 提供

图 8-12　火灾发生后 13min 时的情况，此时已发生轰燃 5min。照片由 Special Agent Mike Marquardt, CFI, ATF, Grand Rapids, MI 提供。试验由 lowa Chapter of the IAAI 提供

图 8-13　地板上的痕迹，可以看出胶合板炭化严重，地毯和垫子破坏不规则，这种情况一般出现在门口处。照片由 Special Agent Mike Marquardt，CFI，ATF，Grand Rapids，MI 提供，试验由 lowa Chapter of the IAAI 提供

图 8-14　该小隔间火灾前家具所在位置。注意第二把椅子和梳妆台处从地面到天花板的火焰蔓延痕迹。照片由 Special Agent Mike Marquardt，CFI，ATF，Grand Rapids，MI 提供，试验由 lowa Chapter of the IAAI 提供

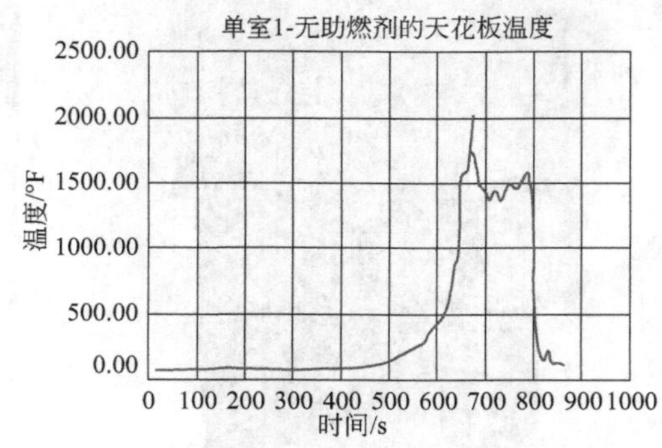

图 8-15　房间中央每隔 0.3m（1ft）放置的热电偶树测得的温度曲线图。注意轰燃后温度约为 816℃（1500℉）。照片由 Special Agent Mike Marquardt，CFI，ATF，Grand Rapids，MI 提供，试验由 lowa Chapter of the IAAI 提供，数据由 David Sheppard，Fire Protection Engineer，ATF Research Laboratory，Ammendale，MD 提供

图 8-16　与前面小隔间装修风格相同的另一隔间火灾前照片。热电偶树位于小隔间中央。照片由 Special Agent Mike Marquardt，CFI，ATF，Grand Rapids，MI 提供，试验由 lowa Chapter of the IAAI 提供

图 8-17　有助燃剂存在的小隔间火灾在 60s 时达到轰燃温度。照片由 Special Agent Mike Marquardt，CFI，ATF，Grand Rapids，MI 提供，试验由 lowa Chapter of the IAAI 提供

图 8-18　有汽油助燃的火灾燃烧 4min 后的照片。天花板和前面的干式墙在火灾中发生倒塌，注意图中两个大椅子后面墙壁被保护的区域。照片由 Special Agent Mike Marquardt，CFI，ATF，Grand Rapids，MI 提供，试验由 lowa Chapter of the IAAI 提供

图 8-19 地面痕迹与未添加助燃剂的火灾现场区别不大。注意面向门口没有泼洒汽油处，地毯和垫子的破坏以及地面烧损情况。照片由 Special Agent Mike Marquardt，CFI，ATF，Grand Rapids，MI 提供，试验由 lowa Chapter of the IAAI 提供

图 8-20 家具位置还原。注意图中位于后部的椅子的火灾痕迹，该椅子上泼洒过助燃剂。照片由 Special Agent Mike Marquardt，CFI，ATF，Grand Rapids，MI 提供。试验由 lowa Chapter of the IAAI 提供

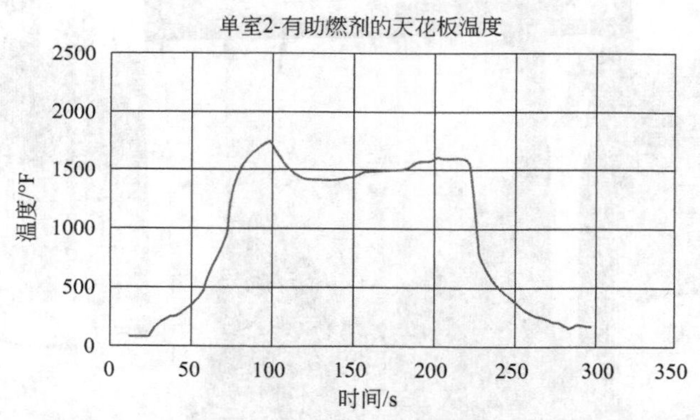

图 8-21 热电偶树测得的温度图。注意火灾在 70～90s 内快速发展到轰燃。轰燃持续的时间约为 130s。照片由 Special Agent Mike Marquardt，CFI，ATF，Grand Rapids，MI 提供，试验由 lowa Chapter of the IAAI 提供，数据由 David Sheppard，Fire Protection Engineer，ATF Research Laboratory，Ammendale，MD 提供

【案例 8-3 大尺寸试验】 需要进行热量测量，辐射测量，连续气体取样以及视频监控的全尺寸实验是最复杂的（也是最贵的）。英国加斯顿火灾研究所进行的星尘迪斯科舞厅的整个座位区火灾重建实验（FRS，1982）是这类大尺寸火灾研究中的范例。

前面描述的单体或家具实体模型实验一般用来评估材料的可燃性和燃料特性，但只有全尺寸重建实验（如星尘试验）才可以揭示不断猛烈发展的火灾和各种燃料之间复杂的相互作用关系，在这种情况下，很小的初期火灾也可能快速发展到轰燃阶段。

世界上只有极少数机构能够进行此类实验。美国国家标准与技术研究院（NIST）、美国工厂互保研究中心（Factory Mutual Engineering）、美国保险商实验室、加州家具局（消费者事务部）、阿伯丁试验研究所、建筑研究机构（Garston，UK）和美国西南研究院都有较大的燃烧实验室和检测设施。多年来，这些机构在火灾调查方面进行了宝贵的实验，并且大多对公共机构免费。

马里兰州 Ammendale 的 ATF 火灾研究实验室（FRL），是一个致力于支持火灾调查及社会多方面研究需求的火灾科学研究实验室。它还设有 ATF 国家法医实验室。FRL 是由来自 NIST、美国工厂互保研究中心、美国保险商实验室、休斯协会和美国马里兰大学等机构的火灾科学家、工程师和火灾调查专家组成的团队负责设计的。

图 8-22～图 8-25 展示了简单以演示为目的的大尺寸实验，分别为室内火灾开始后 3min、8min、11min 以及 14min 的情况。BRE 火灾研究站的工作人员在 FRS 的大型燃烧室内的 9m×9m（30ft×30ft）的量热仪下组装了一个 2.5m×3.75m×2.4m（8.2ft×12.4ft×8ft）的模拟起居室（休息室）。

图 8-22 全尺寸客厅火灾实验，点火后 3min 时，只有废纸篓和报纸被点燃（火灾初期阶段）。图片由 J. D. DeHaan 提供，实验由 FRS，Building Research Establishment，Garston，UK. 提供

该全尺寸实验模型结构为加有陶瓷防火保温板衬垫的木框（基本结构可以重复利用）。室内铺设石膏板，地板上覆盖乙烯基地毯砖（地毯砖下面铺一层砂子，以保护实验大厅的混凝土地面免于烧损）。在一侧顶部有 25cm（10in）的门楣，其余部分则完全开放，以模拟“露台房间”的结构。这个大开口可以为空间提供足够的空气，以保证火灾即使在轰燃阶段也不会出现通风限制。通过开口面积 A_0 和高度 H_0 与空气最大质量流量的关系，计算最大空气流量为：

图 8-23　全尺寸客厅火灾实验，点火后 8min 时，窗帘已几乎烧完；窗帘的下摆点燃了位于图中左上角处的椅子和桌子（火灾发展阶段）。图片由 J. D. DeHaan 提供，实验由 FRS，Building Research Establishment，Garston，UK. 提供

图 8-24　全尺寸客厅火灾实验，点火后 11min 时，已经发生轰燃，10.7min 时观测到最大热释放速率为 5.2MW。地毯充分燃烧。图片由 J. D. DeHaan 提供。实验由 FRS，Building Research Establishment，Garston，UK. 提供

图 8-25　全尺寸客厅火灾实验，点火后 14min 时，左侧木制箱体被点燃。室内充满了滴落的残留物，火灾维持增长到 2MW，然后开始衰减。沙发和椅子都已几乎完全燃烧（衰减阶段）。图片由 J. D. DeHaan 提供。实验由 FRS，Building Research Establishment，Garston，UK. 提供

$$\dot{m}_{air}=0.5A_0\sqrt{H_0}=0.5\times8.06\times1.46=5.88(\mathrm{kg/s}) \tag{8-1}$$

由于 1kg 空气可以支持 3MJ 热释放，

$$\dot{Q}_{max}=(3000\mathrm{kJ/kg^3})(\dot{m})=17640\mathrm{kW} \tag{8-2}$$

此通风限制房间的最大热释放量为 15～17MW。该计算过程中假定功效为 100%。如果功效是 50%，$\dot{Q}_{max}$ 为 8825kW（8.8MW）。

实验模型内部主要有非阻燃窗帘（无窗户）、木桌、木椅、木柜、聚氯乙烯软椅、各类报纸书籍和一个三人沙发，这款沙发采用阻燃面料，可以延缓火势增长。

模型中，三个镍铬/镍铝热电偶分别放置在房间不同部位，监控天花板和人体呼吸水平高度的气体温度。在实验过程中，这些热电偶每秒记录一次数据。火灾气体由集烟罩收集（在图 8-23 中不可见）。

通过量热计连续监测热释放速率以及 CO，CO_2 和 O_2 的气体浓度，对实验过程连续录像，每隔 30s～1min 照片记录。明火点燃沙发（靠近软椅）远端废纸篓里的报纸，实验热释放速率见图 8-26，温度见图 8-27。可将其与图 8-22～图 8-25 所示的火灾不同发展阶段进行比较。

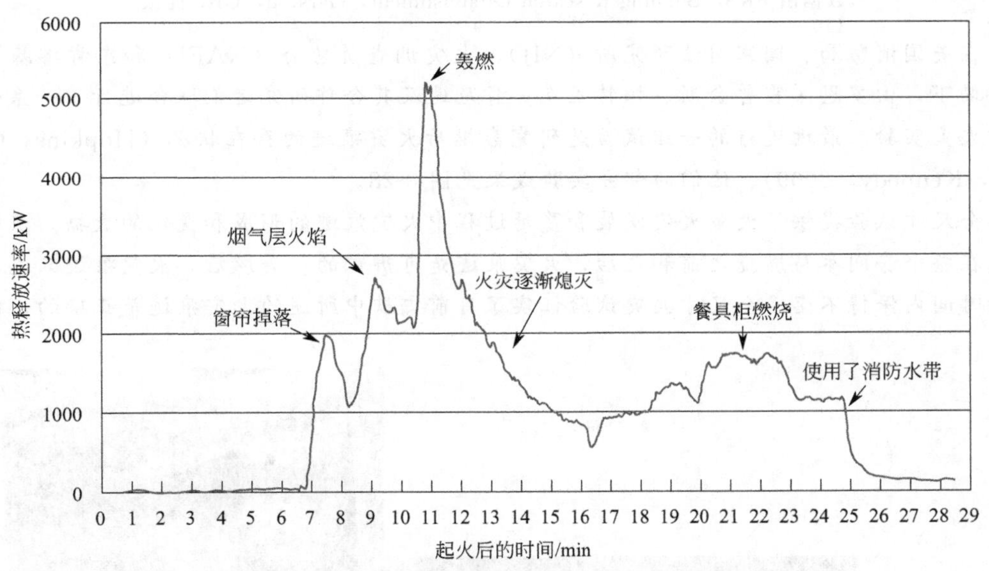

图 8-26　热释放速率与时间关系曲线，由全尺寸火灾实验数据得到。
数据由 FRS，Building Research Establishment，Garston，UK. 提供

该火灾实验持续燃烧 25min，然后通过喷水系统熄灭余火。由于室内轰燃后持续燃烧，不能直接观察到持续时间或火灾蔓延方向。在发生轰燃后持续燃烧的房间不能获得此类数据是火灾调查人员在火灾重建分析中遇到的基本问题之一。

这个火灾实验表明，如果主要燃料包，例如客厅沙发，是阻燃的，则轰燃发生时间将大大推迟（以此类推，在类似的房间如果放置 20 世纪 90 年代的复古沙发，同样以明火点燃，则不到 3min 即可发生轰燃）。利用此类实验数据可以确定模型预测的时间和条件的准确性，分析证人证言的可靠性，证明火灾的哪个阶段可能使被困的受害者丧失行动能力或死亡，还可以分析家具或消防系统在防火中的作用。

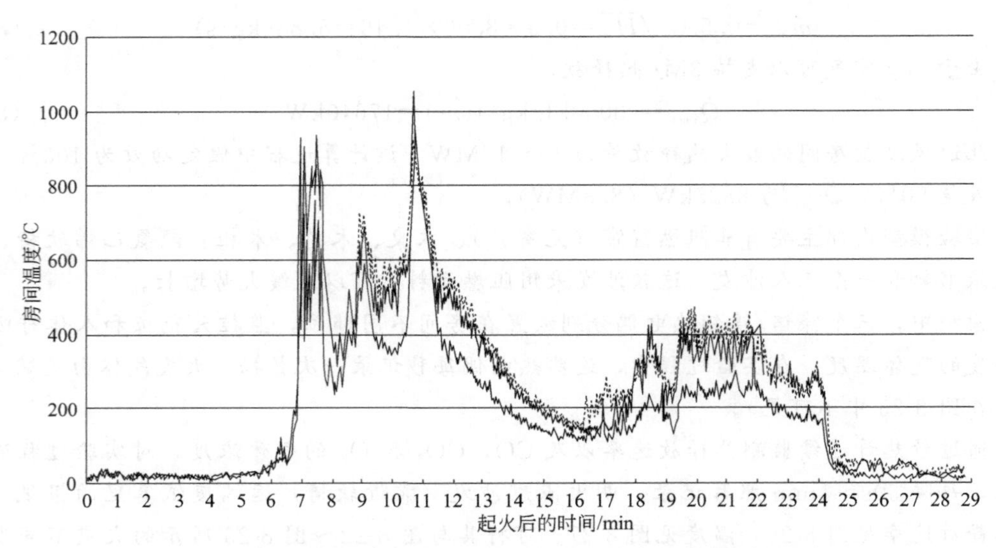

图 8-27 温度随时间的变化曲线，由全尺寸火灾实验数据得到。

数据由 FRS，Building Research Establishment，Garston，UK. 提供

在美国消防局、国家司法研究所（NIJ）、火灾调查员协会（NAFI）和东肯塔基大学的赞助下，由罗恩·霍普金斯、帕特里克·肯尼迪及其合作研究者们联合进行了一系列全尺寸火灾实验。最近进行的一组试验是研究轰燃后火灾痕迹的存在状况（Hopkins，Gorbett，Kennedy，2009）。他们的部分实验成果见图 8-28。

全尺寸试验提供了大量火灾发展和蔓延过程中火灾痕迹的形成和变化的数据。试验证明，在整个房间参与燃烧之前和之后，火灾痕迹是可辨识的。轰燃后，火灾痕迹只能在很短的时间内保持不变。全尺寸火灾试验证实了目前文献中所述的火灾痕迹是正确的，同时

(a)

(b)

图 8-28 在东肯塔基大学进行的室内火灾试验显示，短时间内（2～4min）的轰燃燃烧不会使 V 型痕迹或其他痕迹消失。(a) 在卧室轰燃试验中，起火点附近墙上的火灾痕迹显示了从起火点处蔓延形成的 V 型痕迹。床上最先开始起火，790s 发生轰燃，1005s 火灾熄灭。轰燃持续时间：215s（3.6min）（图片由 Ron Hopkins，TRACE Fire Protection and Safety，Richmond，KY 提供）。(b) 客厅轰燃试验，靠近起火点的墙上的火灾痕迹显示了从起火点处向外蔓延的 V 型痕迹，以及主要受沙发处的火羽流的影响。沙发处最先起火，640s 发生轰燃，836s 火灾熄灭。轰燃持续时间：196s（3.2min）（图片由 Ron Hopkins，TRACE Fire Protection and Safety，Richmond，KY 提供）

合理利用全尺寸实验还可以辅助认定火灾起火点。研究人员发现，如果进行适当的话，通过燃烧试验和计算机火灾模拟，有助于认识火灾痕迹的形成和火灾的发展过程。

卡曼（2008，2010）在 ATF 火灾动力学 2005 年消防培训会议上也提出了其轰燃实验结果。他的实验中使用了两个相同的具有标准尺寸门的房间，每个进行 7min 燃烧试验。几个小时后，要求 53 个事先不了解该火灾的学生对房间进行检查，并确定他们认为的每个房间的起火点。结果表明，只有 5.7%的学生正确判断出每个房间的起火部位。不能正确认定起火点的，通常是被轰燃后的燃烧痕迹误导所致。

作者指出，这些人对房间的勘验比较粗略，在此期间调查人员没有利用常用的勘验技术，如炭化深度测量、燃烧痕迹分析、蔓延方向分析、火灾建模和实验室鉴定等。

【案例 8-4 宿舍多人死亡火灾调查】2000 年 1 月 19 日凌晨四点半左右，位于新泽西州南奥兰治市的西顿霍尔大学校园宿舍博兰大楼北侧三楼发生一起火灾。火灾造成了 3 名学生死亡和超过 50 人受伤。起火点位于三楼公共区学生休息室西墙沙发处，火灾原因认定为放火。

(1) 建筑说明

博兰大楼是位于西顿霍尔大学西北角的新生宿舍。该建筑由两部分组成：南博兰，20 世纪 50 年代建造的五层楼；北博兰，20 世纪 60 年代建造的 6 层建筑。两个建筑物结构相似，并且每层楼都有一个走廊连接。该建筑为Ⅱ级（不燃），混凝土楼板和砖石墙（NFPA，2008）。该建筑设有手动控制的火灾自动报警系统与烟雾探测器，以及一个湿式立管系统，但火灾发生时，该建筑并没有配备自动喷淋灭火设施。图 8-29 和图 8-30 为该建筑的总体布局。

北博兰是一个T形建筑，有着长长的东西向走廊（北走廊），由一个较短的走廊（中心走廊）与南博兰建筑中点相连。北走廊大约81m（266ft）长，宽度为2.13m（7ft）到1.52m（5ft）不等。中心走廊（从与北走廊的连接点处到与南博兰相连处的）1.52m（5ft）宽，长度为14.45m（47ft5in）。走廊地板到天花板高度大约为2.41m（7ft11in），地板到吊顶高度是2.24m（7ft4in）。该建筑设有三个楼梯，北走廊两端各有一个；一个在建筑中点附近，与中心走廊交汇。北博兰三楼有40间宿舍，可容纳约84人。火灾最先发生在北博兰三楼开放休息区处，毗邻北走廊和中心走廊的丁字路口，与走廊之间没有隔断，如图8-30和图8-31所示。休息区东侧为大楼的电梯前室。休息室长18.13m（26ft8in），宽7.11m（23ft4in），天花板高度与走廊一样，休息室的天花板处安装有两个感烟探测器，一个位于休息区的中心附近，另一个靠近电梯前室处。

图8-29　博兰大楼的鸟瞰图，海耶斯和莫里斯2007（图片得到Interscience Communications，Ltd允许复制）

休息区南墙，西墙及毗邻北走廊处分别有三个沙发。沙发为粗重的木框架结构的箱式家具，上有聚氨酯泡沫垫，表面由织物覆盖。西墙沙发上方安装有一个木框公告板。公告板的尺寸约为2.44m（8ft）宽，1.22m（4ft）高。公告板材质为覆盖有装饰纸的中密度纤维板。

（2）消防部门响应

南奥兰治消防部门大约在凌晨4时32分接到火警报告，立即派出配有泵浦车和登高车的消防队到场。每台消防车配备四名消防员，大约在凌晨4时37分赶到现场，登高车中队指挥官成立现场指挥部，救出多名火灾被困人员。消防人员报告说，在抵达时他们观察到烟雾从三楼的窗户涌出，几个学生正探出窗外呼救（Frucci，Irwin，2001）。

消防队在建筑正面使用云梯车进行救援，消防队员通过伸缩梯靠近三楼窗户，以协助救援行动。其他消防队员在云梯消防车后面进行灭火救援。

指挥官和一名消防员由该建筑住户带领，带着高层水带进入建筑着火区域。到达北博兰三楼中心楼梯口处，消防员可以透过玻璃看到起火的休息区。他们将水带连接室内消火栓，充满水，由楼梯进入休息区。休息区及其邻近的走廊充满热烟气。火灾主要集中在休

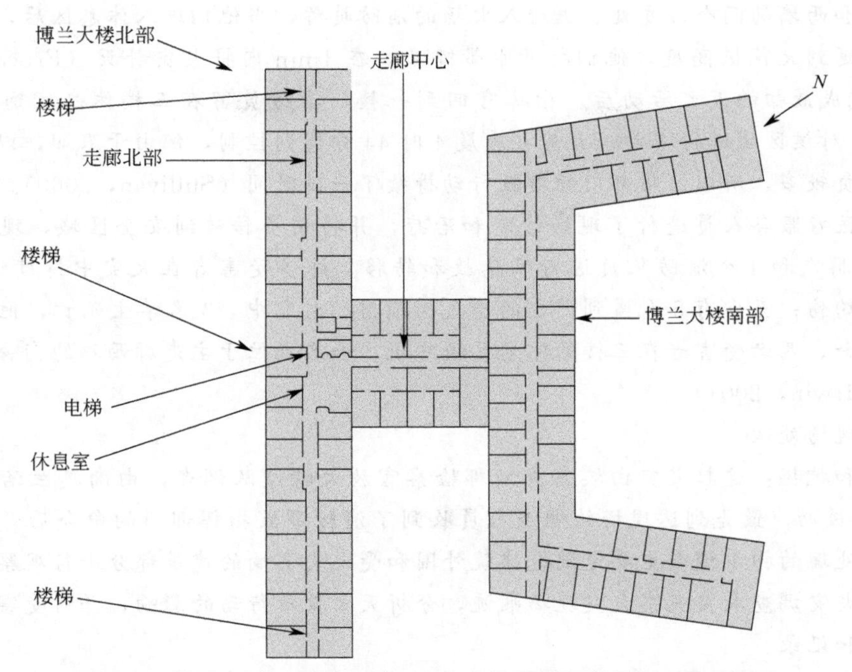

图 8-30 博兰大厅三楼平面图，2007 年海耶斯和莫里斯（图片得到 Interscience Communications，Ltd 允许，得以翻印）

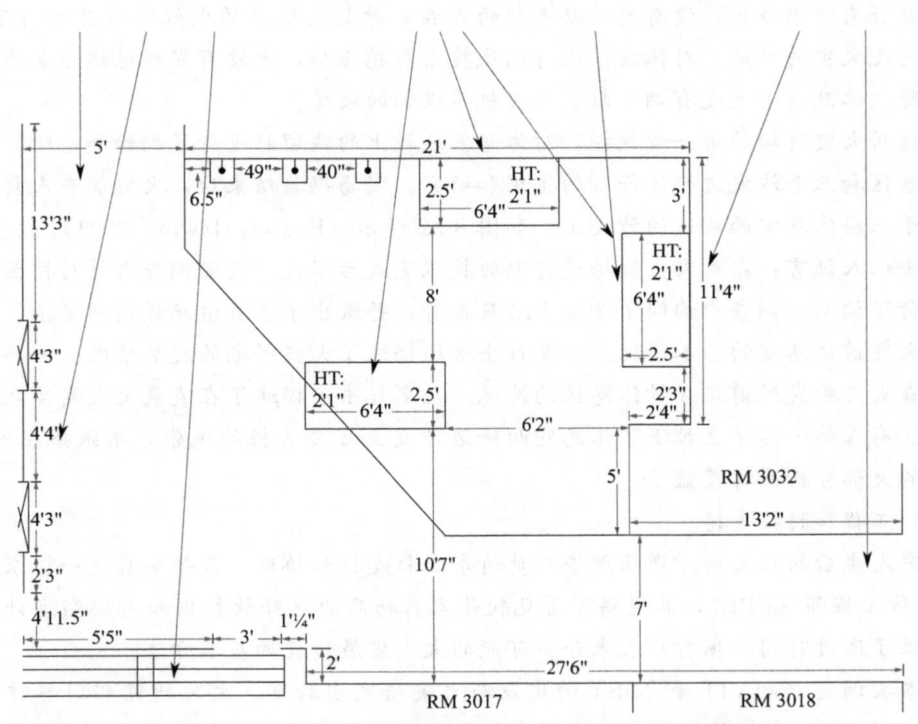

图 8-31 北博兰三楼休息室平面图，2007 年海耶斯和莫里斯（图片得到 Interscience Communications，Ltd 允许复制）

息区南墙和西墙的两个沙发处。据进入火场的消防员称，当他们进入休息区后，沙发处火焰没有蔓延到天花板高度，他们打开水带喷头，在 1min 内将火灾扑灭（Frucci，Irwin，2001）。完成最初的灭火活动后，指挥官回到一楼，消防员留在三楼休息室通过水喷淋（水喷雾）对该区域进行冷却。火势在凌晨 4 时 44 分得到控制，但由于浓烟，以及留在建筑中的人员较多，所以消防部门的搜救行动持续了一段时间（Sullivan，2000）。

紧急医疗服务人员进行了现场诊断和治疗，并将伤员转移到安全区域，现场对大约 55 个伤亡群众和 4 个消防队员进行了急救和转移。许多受害者在火灾中持续吸入浓烟，并受到热灼伤；至少有 5 人遭到严重的持久性损伤。火灾中，3 名学生死亡，他们都住在三楼的宿舍。两名受害者在三楼的休息区被发现，一名在位于主走廊西端的宿舍内被发现（Frucci，Irwin，2001）。

（3）现场处理

检查和挖掘：这起火灾由埃塞克斯郡检察官放火特遣队调查，由南奥兰治警察署和 ATF 提供援助。最先到达现场的调查人员收到了消防事故指挥部门的命令后开始处理现场。现场处理的初步调查主要是围绕建筑外围和受火灾影响的建筑部分进行观察。在初步调查中，火灾调查人员观察火灾现场痕迹，分析灭火救援行动的影响，并对受害者的位置进行观察和记录。

随后，火灾调查人员通过照相和绘制着火区域现场图，对火场进行记录，并进行进一步调查。三名火灾受害者的尸体从现场运送到法医办公室进行尸检。警犬以及相关人员检查现场是否有可燃液体，没有发现助燃剂的存在。对起火区域的电线和灯具进行了检查，排除了电气火灾的可能。对休息区进行彻底搜索和挖掘后，也没有发现电线延长线或电气设备故障。休息区中也没有烟灰缸、打火机等吸烟的痕迹。

通过对火灾现场的进一步挖掘，对休息室地板上的残留物进行了勘验和清除。重点对整个休息区和三个沙发进行了仔细的挖掘和研究，现场勘验结束后，火灾调查人员认为起火点位于三楼休息室西墙边的沙发上，如图 8-32 所示（Frucci，Irwin，2001）。

目击证人证言：在对火灾现场进行勘验挖掘完成后不久，火灾调查人员对博兰大楼的住户进行了询问。调查中询问了 200 多名目击者，并做出了 130 份正式询问笔录。目击者描述了火灾前休息室的基本情况。一些目击者还描述了火灾早期的发展情况。一些目击者描述了在火灾被发现前几分钟休息区的情况。几名目击者描述了在凌晨大火发生之前更早的情况。有人称一名学生扯下了休息室西墙边沙发上方公告板的纸张，纸张搭在沙发上，把沙发的大部分椅面都覆盖了。

（4）工程和科技支持

火灾发生后的几天内，现场调查人员请求工程支持和协助。最早响应这个请求的一名 ATF 消防工程师（FPE），其提供了常见软垫家具物品的热释放数据和火焰高度计算。此外还提供了通过时间数据对应表来分析可能的火灾发展情况的基本方法。

在本次调查中，ATF 和 NIST 的建筑与火灾研究实验室、火灾研究部门签订了谅解备忘录（MOIU）和报销协议，这使得各机构可以就放火调查的实验测试、研究测量等方面整合资源，共享技术专长和仪器设备。

NIST 和 ATF 消防工程师们于 2000 年 5 月 11 日会见了 ATF 的火灾调查人员和新泽

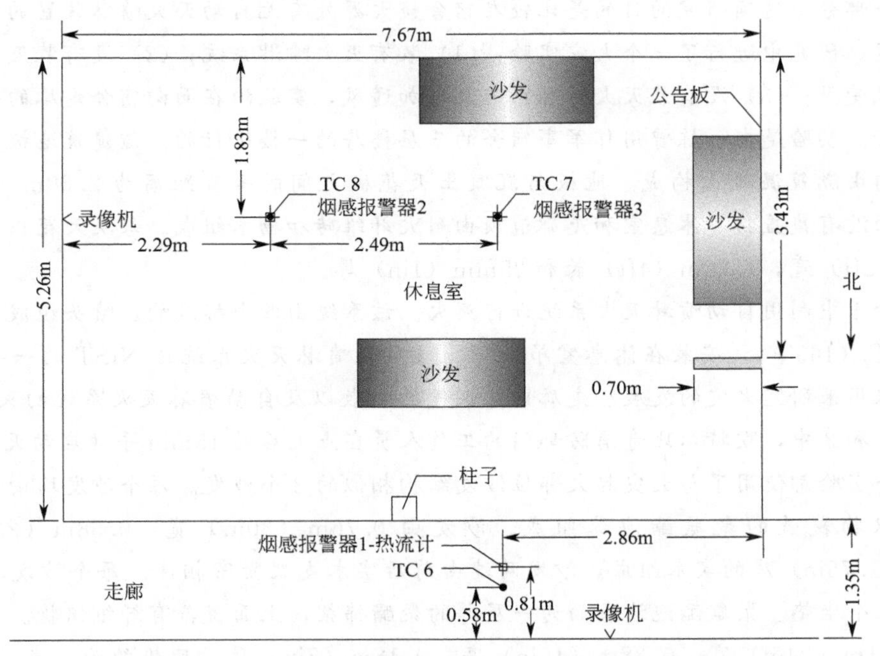

图 8-32 休息室沙发及相关设施布局示意图，海恩斯和莫里斯 2007

（图片得到 Interscience Communications，Ltd 允许复制）

西州埃塞克斯郡检察官办公室的放火专责小组的成员。本次会议结束后，对博兰大楼进行现场访问，以收集实验所需数据并对信息进行分析。现场访问期间收集的数据包括基本的平面图、草图、受火灾影响区域的现场照片以及三楼主要建筑构件的测量数据。还收集了沙发垫和天花板样品，供 NIST 进行小尺寸实验和锥形量热试验分析。

2000 年 5 月，一名 ATF 特派员被分派到南卡罗来纳州查勒斯顿市，ATF 办公室通知 ATF 消防工程师，部分宿舍楼提供给 ATF 和 NIST 做消防研究和培训，该建筑被定为默特尔比奇空军基地重建计划的一部分。2000 年 8 月，ATF 和 NIST 工程师访问了默特尔比奇空军基地，确定这些建筑是否适合进行火灾实验，从而支持火灾调查及 ATF 和 NIST 的各项火灾研究项目。该宿舍楼有合适的条件，可以提供不同类型火灾实验现场。为了保证能够进行必要的火灾实验，默特尔比奇消防局和默特尔比奇空军基地重建局合作将这些建筑进行了改造。

（5）小尺寸试验

NIST 于 2000 年 6 月对沙发坐垫和天花板瓷砖材料进行了锥形量热实验。该试验的最初目的是为计算机模拟提供材料参数，同时为大尺寸宿舍火灾实验提供技术支持。

NIST 于 2000 年 8 月和 2001 年 1 月对沙发垫材料和装饰牛皮纸进行了小尺寸点火试验，用以分析这些材料在受到明火和阴燃的香烟作用时，其点燃特性。这些小尺寸点火实验结果记录在 2002 年 1 月 23 日的 NIST 实验报告中（Madrzykowski，2002）。

（6）大尺寸试验

2000 年 9 月 20 日，NIST 和 ATF 进行了一系列全尺寸实验以辅助火灾调查，并完成美国消防局（USFA）资助的研究项目。该合作项目是 USFA 改善大学宿舍消防安全状况项目的一部分。这项研究的目的是比较在宿舍楼火源处有无自动灭火喷淋装置的室内火灾破坏程度。研究中进行了三个火灾实验：(1) 装有灭火喷淋系统；(2) 没有装灭火喷淋系统且通风受限；(3) 没有装灭火喷淋系统且增加通风，实验均在面向宿舍走廊的日间休息区域进行。实验是在一栋曾用作军事宿舍的三层楼房的一楼进行的。该建筑地板、天花板和墙体均由浇筑混凝土构成。地板与混凝土天花板之间的垂直距离为 2.60m (8ft6in)。地板表面没有覆盖物。休息室和走廊吊顶由耐火纤维砖和杨木组成。每块天花板瓷砖约为 0.61m (2ft) 宽，1.22m (4ft) 长和 25mm (1in) 厚。

实验 1 中利用自动喷淋灭火系统进行灭火。该系统由四个标准响应喷头组成，响应温度为 74℃ (165℉)，安装在休息室吊顶下。该自动喷淋灭火系统是 NIST 的一项研究成果，可以用来研究火灾的发展、走廊内热烟气的扩散以及自动喷淋灭火系统的灭火效果。在试验 2 和 3 中，默特尔比奇消防部门的工作人员在点火后约 15min 手动启动灭火系统。

每个实验都使用了与火灾起火部位沙发结构相似的 3 个沙发。每个沙发均由裸露的木框架和织物覆盖的聚氨酯泡沫组成。沙发由 0.76m (30in) 宽，0.58m (23in) 高，44mm (1.75in) 厚的实木组成。沙发两端由前后实木支架紧密相连。每个沙发均有三个背垫和三个坐垫。聚氨酯泡沫表面为一层薄的聚酯棉絮，上面覆盖有纤维织物。背部靠垫约为 0.61m (24in) 宽，0.38m (15in) 高，0.18m (7in) 厚。座垫约为 0.61m (24in) 宽，0.53m (21in) 深，0.20m (8in) 厚。

在实验 1 中，起火沙发结构与实验 2 和 3 中使用的沙发类似；然而实验 1 中作为目标燃料的沙发使用了两种不同类型的装饰软垫。目标沙发由木框架构成，坐垫填充聚氨酯泡沫，背垫填充聚酯棉絮。在实验 2 和 3 中，三个沙发基本一样。

最先点燃的沙发位于休息室西墙处，距南墙 0.91m (3ft) 远。第二个沙发位于南墙处，距西墙 1.83m (6ft) 远。第三个沙发正面位于南墙以北 3.2m (10ft6in) 处，沙发西侧距西墙 2.6m (8ft6in)。

公告板位于西墙沙发上方。公告板的尺寸为 2.44m (8ft) 宽，1.22m (4ft) 高。公告板材质为中密度纤维板，12mm (0.5in) 厚，直接贴在墙壁上。公告板木框架大约 63.5mm (2.5in) 宽，12mm (0.5in) 厚。两张牛皮纸从公告板上扯下，搭落在沙发上。每张纸大约 2.33m (7ft7.75in) 宽，0.91m (3ft) 高。在试验 1 中纸张直接贴在石膏板墙壁上，没有设置公告板。

实验中利用直径 0.51mm (0.02in) 的裸珠 K 型热电偶对温度进行测量。沿着走廊方向设置了十组热电偶树，休息室区域内设置了两组热电偶树。每个热电偶树中热电偶分别位于天花板下方 25mm (1in)，0.305m (1ft)，0.610m (2ft)，0.910m (3ft)，1.22m (4ft)，1.52m (5ft) 和 1.83m (6ft) 处。

走廊上的热电偶树位于走廊中心线上，除靠近走廊东头和西头的热电偶树之外，热电偶树间距为 7.62m (25ft)。

4 号、5 号和 6 号热电偶附近安装了 3 对圆箔式热流计。客厅 6 号热电偶附近的热流计，其设计热通量为 $227kW/m^2$ [$20Btu/(ft^2 \cdot s)$]。西部 5 号热电偶附近的热流计，其设计热通量为 $114kW/m^2$ [$10Btu/(ft^2 \cdot s)$]。4 号热电偶附近的热流计，其设计热通量为

57kW/m^2 [5Btu/(ft^2·s)]。每对热流计中一支向上对着天花板，另一支面向客厅。面向天花板的热流计高度约为走廊地板上方 0.91m（3ft）或吊顶下方 1.17m（3ft10in）。水平朝向火焰的热流计高度约为走廊地板上方 0.86m（2ft10in）或吊顶下方 1.22m（4ft）。

实验中使用了市售离子感烟探测器，探测器安装在休息室吊顶及走廊吊顶上。每个探测器分别与数据采集系统相连。报警时，电池两端的电压会发生变化，借以记录报警时间，每个实验中都用到了这种新型感烟探测器。

实验还使用了热保护摄像机对实验过程进行记录。两台摄像机分别拍摄了休息室从东到西，从北至南的情况，这两个摄像机均安装在靠近地板的部位。另外还有一个摄像机安装在走廊西头的通风口里，面向东进行拍摄。

在实验 1 中，埃塞克斯县检察官办公室放火特遣部门提供了用于点火的沙发和其它实验（2 和 3）中使用的三个沙发。同时，实验中所用的天花板瓷砖材料与博兰大楼中的类似。实验中建筑的几何形状以及家具布局，均与博兰大楼三楼学生休息室情况类似。客厅和走廊感烟探测器的安装位置，也与博兰大楼一致。根据博兰大楼火灾事故时间轴设定了实验 2 和 3（点火到手动灭火）的持续时间。在实验 2 和 3 中，ATF 消防工程师用一根纸梗火柴点燃了公告板上掉落的位于沙发中间座垫前部边缘的纸张。选择这种点火方式被认为与博兰大楼的火灾情况一致，这样就保证了模拟实验与火灾调查假设之间的一致性。

休息室/走廊火灾实验结果记录在报告初稿中，实验报告的初稿于 2001 年 3 月 12 日完成，2004 年 6 月，NISTIR7120 发表了《喷头对宿舍火灾危险性的影响：休息室火灾实验》(Madrzykowski，Stoup，Walton，2004)。报告中对实验设置，家具，仪器装置及试验过程进行了详细说明。同时还给出了实验时间表、感烟探测器启动时间、温度数据和热通量数据等信息。

(7) 分析

NIST 进行的这组沙发垫及装饰用牛皮纸小尺寸点燃实验，可以用来表征这些材料在明火和烟头作用下的点燃特性。实验结果表明，阴燃的香烟不能单独点燃牛皮纸、沙发坐垫泡沫或沙发垫样品上的牛皮纸。而单根燃烧的火柴则足以点燃牛皮纸、沙发坐垫泡沫及沙发垫组件等。由此可以看出，一根燃着的火柴比阴燃的香烟更容易点燃上述样品。

在默特尔比奇空军基地进行了两组全尺寸火灾实验，都没有安装喷淋系统，且都是在面向宿舍走廊的休息室区域内进行的。实验建筑结构及燃料情况与博兰大楼三楼学生休息室类似，与 NIST 实验 2 和实验 3 相同，都是用一根纸梗火柴点燃了位于沙发中间座椅坐垫前部边缘的公告板纸张，位置大概相同。

在实验 2 中，火势由公告板点火处的牛皮纸迅速发展并很快蔓延到起火沙发的整个座椅和背垫上。当火灾发展到足够强度后，点燃了休息室南墙沙发，邻近走廊的沙发也受到了热损伤，具体位置如图 8-32 所示。天花板附近 7 号热电偶显示的峰值温度为 780℃(1436℉)，走廊东端附近 1 号热电偶显示的峰值温度则为 120℃（248℉），走廊西端最高温度为 170℃（338℉）。分析实验测得的温度和热通量数据可知，火灾发展到大约 7min 时，强度开始降低。整个建筑的温度大约在 400s（6.7min）达到峰值，然后稳步下降。温度曲线与视频记录表明，火灾为通风控制型，因此强度逐渐下降，直至被默特尔比奇消防队扑灭。对休息室区域燃烧后的情况分析也与观测情况一致——尤其是沙发、天花板和墙壁的破损痕迹，以及三个沙发燃烧残留物的情况。

在进行实验3时，认为火灾强度衰减的主要原因是通风受限，所以对通风口进行了改动。在实验3中，走廊东端五间卧室的门是开着的，每间卧室都有窗户向外打开。相对于实验2来说，这种变化导致了温度升高。天花板附近的7号热电偶显示的峰值温度为900℃（1652℉），走廊东端附近1号热电偶显示的峰值温度为240℃（464℉）。走廊西端最高温度为230℃（446℉）。

在实验3中，火势从公告板牛皮纸处点燃处迅速增长，并迅速蔓延到整个起火沙发座椅和背垫，与实验2的情况类似。火势愈演愈烈，直到火势蔓延到三个沙发上，并对吊顶造成损坏，天花板瓷砖开始燃烧，由天花板悬挂格栅被火灾破坏处掉落到地面上。

大火在大约15min后，由默特尔比奇消防局扑灭。当灭火人员进入了走廊和休息室区域，烟雾已经接近地面，能见度很低。主要火势被小型射水装备迅速扑灭。在休息室和走廊区域还有一些小火，其中一些是由于燃烧的天花板瓷砖掉落所引起的。这起火灾的情况以及灭火过程与博兰大楼火灾中首次内攻的消防员的灭火情况相似。

对休息室的烧损情况分析可以看出，火灾烧毁了几乎所有的沙发靠垫。坠落物和受火灾损坏的天花板残体也堆积在地板上。把实验3火场燃烧照片和博兰大楼的火灾现场照片相对比可以看到，沙发和走廊区域燃烧后的情况惊人的相似。

（8）结论

由NIST完成的沙发坐垫和装饰牛皮纸的小尺寸点燃实验表明，阴燃的香烟不能单独点燃牛皮纸、沙发坐垫泡沫或沙发垫上的牛皮纸样品。这些结果为现场调查假设提供了支持，即沙发上的火灾不太可能由随手丢弃的香烟引起的。然而，明火作为点火源则可以点燃现场的任一可燃物。

在默特尔比奇空军基地进行的大尺寸火灾实验早期火灾发展都很相似。而火灾的发展过程，与博兰大楼证人证言中描述的火灾初期情况也很相似。实验2火灾在被扑灭之前通风受限。

无论在火灾初期还是火灾后期直到火灾被扑灭，实验3中火灾的增长和发展与博兰大楼火灾一致。消防员的描述及火灾后灾害分析也都支持这一结论。博兰大楼三楼学生休息室和在默特尔比奇空军基地进行的大尺寸火灾实验之间的相同之处，支持了现场调查人员关于火灾原因的假设和最终结论。

通过ATF和NIST实验，研究人员得出结论，火灾是博兰大楼三楼休息室西墙沙发上的布告栏处人为用明火点燃纸张引起的。

该调查结论提交给了大陪审团。2003年6月，大陪审团以放火、故意伤害罪、过失杀人罪和重罪谋杀为由，起诉了两名西顿霍尔大学的学生。在未来三年半内，法庭会对火灾调查人员及其对放火的判定进行诉讼预审。

针对该起火灾调查过程中调查人员所运用的调查技术、方法和程序，被告提出了辩护动议。经过广泛的审查和验证，主审法官对这种情况进行了裁定，认为对西顿霍尔火灾的调查是可靠彻底的，可以成为审判中的证据。

2006年11月15日，约瑟夫·莱波雷和肖恩·瑞安在认罪陈词中承认自己曾经利用明火点燃了三楼休息室西墙沙发处的纸张。2007年1月26日，两名被告以放火罪被判处在州监狱服刑五年。

案例研究由杰拉尔德·海恩斯、P.E. 提供，消防分析由 LLC 和 MichaelMorris 和埃塞克斯县检察官助理检察官办公室提供。这项研究成果此前在 InterFlam 2007 上公开发表，本书得到许可转载。

本章小结

火灾试验范围很广，包括简单的可燃性试验，如 NFPA 705，以及实验室规模的织物材料试验，如 ASTM 和 16 CFR，还包括在建筑中进行的全尺寸试验。通过试验可以得到有用的数据，这些数据包括简单的对温度和辐射热通量的观察、基于耗氧原理设计的量热分析以及大型试验中的热释放速率等。通过火灾试验的设计、实施及分析，可以获取基本火灾过程中的详细信息。这些信息发表在同行评议的出版物和权威性论文或网站上（见 Pearson-Brody 资源中心）。这些数据可用于起火预测和火灾分析，对研究点燃特性、火灾蔓延和火灾影响等假设都有至关重要的作用。

利用火灾试验数据在司法鉴定中重建火灾现场的标准在于：这些试验是否做到了规范实施、数据是否准确采集、记录是否可靠、试验条件是否恰当并适用于实际情况。火灾试验的目的是通过可重现的有效方法来收集确切的数据。研究者必须考虑到燃料、试验条件和点火方式等是否与实际火灾问题相符。试验设计是否遵照了 ASTM 或 NFPA 公布的公认的测试标准？如果遵照了相关标准，那么它是否符合这个标准？如果没有遵照标准，那么在其试验设计中考虑了哪些因素？试验中考虑了哪些变量，这些变量又是如何控制的？燃料湿度、质量和数量，物理状态，环境温度和湿度，热通量，以及氧含量等都对点燃特性、火焰蔓延和放热过程有重要影响。如果是自行设计的试验，哪些数据可能更加客观，更能准确地加以收集和分析？是否有后续相关试验来检查试验数据的灵敏度和重现性？在刑事和民事调查中，火灾试验数据都非常重要，因此有必要以稳定、公正和可重复的方式进行火灾测试，并对数据进行客观的解释。

习题

（1）如果为了重现实际火灾情况而进行火灾试验，那么材料、试验规模和通风条件应该与实际火场条件有多相似？

（2）收集一个你所在地区的火灾试验示例，可以是商业试验、学术研究试验或政府调查试验。参观该机构，或打电话进行咨询，了解这是什么类型的试验。

（3）通过查阅文献收集至少 10 个涉及量热分析方面的试验。

（4）研究野外火灾试验的实施方法。

（5）从市场收集不同种类的衣料或装饰织物样品（能确定其成分），参照 NFPA 705 点燃试验对样品进行测试（在安全的场所）。记录试验数据，对观察到的现象与参考文献中的描述进行比较分析。

参考文献

ASTM. 2007a. *ASTM E502-07e1: Standard test method for selection and use of ASTM standards for the determination of flash point of chemicals by closed cup methods.* West Conshohocken, PA: ASTM International.

———. 2007b. *ASTM E603-07: Standard guide for room fire experiments.* West Conshohocken, PA: ASTM International.

———. 2011. *ASTM E1354-11b: Standard test method for heat and visible smoke release rates for materials and products using an oxygen consumption calorimeter.* West Conshohocken, PA: ASTM International.

Babrauskas, V. 1997. The role of heat release rate in describing fires. *Fire & Arson Investigator* 47 (June): 54–57.

Babrauskas, V., & Krasny, J. 1985. *Fire behavior of upholstered furniture.* Gaithersburg, MD: U.S. Dept. of Commerce.

———. 1997. Upholstered furniture transition from smoldering to flaming. *Journal of Forensic Sciences* 42:1029–31.

Bryner, N. P., Johnsson, E. L., & Pitts, W. M. 1995. Scaling compartment fires: Reduced- and full-scale enclosure burns. Paper presented at the International Conference on Fire Research and Engineering, September 10–15, Orlando, FL.

Carman, S. W. 2008. Improving the understanding of post-flashover fire behavior. Paper presented at the International Symposium on Fire Investigation Science and Technology, May 19–21, Cincinnati, OH.

———. 2010. Clean burn fire patterns: A new perspective for interpretation. Paper presented at Interflam, July 5–7, Nottingham, UK.

DeHaan, J. D. 1992. Fire: Fatal intensity; A third view of the Lime Street fire. *Fire and Arson Investigator* 43 (1): 5.

———. 2001. Full-scale compartment fire tests. *CAC News* (Second Quarter): 14–21.

DeHaan, J. D., & Icove, D. J. 2012. *Kirk's fire investigation,* 7th ed. Upper Saddle River, NJ: Pearson-Prentice Hall.

Fleischmann, C. M., Pagni, P. J., & Williamson, R. B. 1994. Salt water modeling of fire compartment gravity currents. Paper presented at Fire Safety Science: Fourth International Symposium, July 13–17, Ottawa, Ontario, Canada.

FRS. 1982. Anatomy of a fire (video). Garston, Watford, UK.

Frucci, J., & Irwin, R. 2001. Investigation of fire in Boland Hall on January 19, 2000. Report to Essex County Prosecutors Office Arson Task Force, Newark, NJ.

Haynes, G. A., & Morris, M. 2007. Investigation of a multiple fatality dormitory fire at Seton Hall University. Paper presented at InterFlam, July 3–5, London, UK.

Holleyhead, R. 1999. Ignition of solid materials and furniture by lighted cigarettes. A review. *Science & Justice* 39 (2): 75–102, doi: 10.1016/s1355-0306(99)72027-7.

Hopkins, R. L., Gorbett, G. E., & Kennedy, P. M. 2009. Fire pattern persistence and predictability during full scale comparison fire tests and the use for comparison of post fire analysis. Paper presented at Fire and Materials 2009, 11th International Conference, January 26–28, San Francisco, CA.

Jewell, R. S., Thomas, J. D., & Dodds, R. A. 2011. Attempted ignition of petrol vapour by lit cigarettes and lit cannabis resin joints. *Science & Justice* 51 (2): 72–76, doi: 10.1016/j.scijus.2010.10.002.

Krasny, J., Parker, W. J., & Babrauskas, V. 2001. *Fire behavior of upholstered furniture and mattresses.* Norwich, NY: William Andrew.

Madrzykowski, D. 2002. NIST letter report of test. Gaithersburg, MD: National Institute of Standards and Technology.

Madrzykowski, D., Stoup, D. W., & Walton, W. D. 2004. Impact of sprinklers on fire hazard in dormitories: Day room fire experiments. Gaithersburg, MD: National Institute of Standards and Technology.

NFPA. 2008. *Fire Protection Handbook* (20th ed.). Quincy, MA: National Fire Protection Association.

———. 2009. *NFPA 705: Recommended practice for a field flame test for textiles and films.* Quincy, MA: National Fire Protection Association.

———. 2010. *NFPA 701: Recommended practice for a field flame test for textiles and films.* Quincy, MA: National Fire Protection Association.

———. 2011. *NFPA 921: Guide for fire and explosion investigations.* Quincy, MA: National Fire Protection Association.

———. 2012. *NFPA 1403: Standard on live fire training evolutions.* Quincy, MA: National Fire Protection Association.

Quintiere, J. G. 1989. Scaling applications in fire research. *Fire Safety Journal* 15 (1): 3–29, doi: 10.1016/0379-7112(89)90045-3.

Sullivan, D. 2000. South Orange Fire Department incident report 2000015. South Orange, NJ.

后　记

“亲爱的沃森，我得出了一个完全错误的结论，这表明从不足信息出发进行推理是多么的危险。”

阿瑟·柯南·道尔爵士

《斑点乐队历险记》

由于科技、调查、刑侦和法律力量的融合，法庭科学尤其是火灾现场重建，已经进入了一个快速转变时期。这种转变的结果是全球火灾调查方法的重塑。因此，从业者和有抱负的新人的当务之急是实施一系列技术并制定短期解决方案，以及制定可行的策略来应对长期的职业挑战。

由于大量受教育程度不高的从业人员、薄弱的科学基础和过时的搜集与记录技术，导致火灾调查的科学方法包括但不限于火灾痕迹分析等的可靠性不足。可疑的证词和证据经常绕过不堪重负的司法机构，而司法机构却肩负着把关的责任。怀疑的声音越来越多，改革迫在眉睫。

由于火灾现场记录正在成为几乎所有司法争议中的重点内容，因此简单的火灾现场重建等工作，如将家具或其他手工制品重新定位到火灾之前的位置等，已不能满足现实需求。从一个简单的烤面包机故障火灾到多人死亡的放火火灾，当代火灾调查人员必须仔细评估所有火灾现场，全面搜集和记录每一项证据，并仔细记录各种调查的结果。毕竟，科学的有效性和可靠性将不可避免地受到同行评议、道伯特挑战、激烈的证人陈述和有针对性的交叉询问。

现场记录过程中，火灾调查员必须具备科学的火灾痕迹分析能力，在专家解读火灾中存留的可识别痕迹的基础上运用科学分析方法进行分析。专业的火灾调查人员不仅要描述火灾痕迹，还要理解基本的火灾科学理论和工程概念，以说明最终的火灾痕迹是如何产生的。火灾动力学计算对于评估各种工作假设至关重要，例如燃料消耗量、火灾持续时间以及起火房间的通风效果。

准确的结论还需要系统地记录调查过程，目的是支持和核实调查意见和结论。强制性程序包括证人证言、证据位置和火灾遗留现场的记录以及火灾现场照相和视频记录，并辅以全面的绘图技术，以确保调查过程的完整性。用照片和草图记录信息，以确保火灾现场的证据得以完整保留。

为了准确记录火灾现场，必须进行细致的测量，尤其是在以后进行物理或火灾建模的情况下，需要准确的门、窗尺寸和天花板高度。火灾调查人员可以利用摄影测量系统来比较火源和燃料包之间的距离，还可以计算易燃液体的大概泄漏面积。火灾痕迹可以与已有痕迹进行比较。输入到火灾模型中的测量值将添加有关火灾起火、传播和持续性的时空证据信息。这些创新的方法和技术将彻底改变火灾现场调查。

二维火灾现场评估将很快成为过时的方法，因为这种方法只适合于对火灾动力学进行静态而非动态解释。与之相对，现场的 3D 视图对于确认证人证言或证明证据可靠性是非常必要的。勘验技术不断发展，3D 数字成像和扫描等方法正在变得流行，并将很快取代 2D 的方法。随着 3D 扫描设备变得更加方便，其可用性也在变强。

火灾调查实践将需要使用现代激光辅助成像方法，从图像中推断视觉和数字信息，以比较和区分特征并解释图像。这些方法反过来将使调查人员能够根据已知情况测试提出的假设，然后回答有关动态火场的重建问题，以计算其与假设可燃物的关联性。

火灾调查人员教育和训练已成为司法审查的重点。火灾调查人员将不再能够靠较低的学历和技能证书获得火灾调查和执法资格证；取而代之的是，要求调查人员是具有精湛专业技能的刑侦专家。除了 NFPA1033 的现有要求外，火灾调查人员的附加先决条件可能还包括在盗窃、毒品、赌博、计算机取证、事故调查、会计和税务计算、法庭证据识别和收集等领域的理论和工作经验，甚至参与尸检和医学检查以评估身体损伤。相关正规教育机构将纳入消防相关科学与工程本科和研究生学位课程。

经过严格学术和资格培训的人，仅仅是达到了从事火灾调查工作的入门条件。一名专业的火灾调查人员必须能提出全面的火灾假设来综合分析火灾情况，这是科学方法框架和实施中的核心。一个可行的火灾场景重建假设是基于调查人员描述或阐释的起火部位、原因和后续发展而提出的。一个可行的假设并不是最终结论，而需要不断地进行修改。这些结论结合了本书中的基本领域——火灾调查专业指南和标准、火灾动力学和建模、火灾痕迹分析、证人证言、法庭科学的正确应用、类似火灾和爆炸的分析、已出版的火灾试验的解释和人员行为。

本书或其他书中所介绍的常用做法正在变成一种标准。经验丰富的火灾调查人员携带基于 COM 端口的设备，可记录火灾初期的痕迹特征、评估损失、查询气象数据、记录现场采访的视频，并能构建 3D 高动态分辨率（HDR）图像。

为应对案件或阐明以往实验，火灾调查人员必须知晓火灾实验规则的应用领域。火灾调查人员必须知道，用以往的火灾实验结论来辅助火灾痕迹分析时，经常得不到正确的结论，因为以往进行和设计的实验不是用于此目的的。通过利用或在有效的火灾模型的帮助下，火灾调查人员可以利用实验室小尺寸实验的结果对实际火灾事故的条件、点火场景、影响和假设进行评估。

火灾调查工作越来越依赖公共和私人研究实验室，如国家标准与技术研究所（NIST）、烟酒枪械和爆炸局（ATF）火灾研究实验室；与私人研究实验室，如 FM Global，美国保险商实验室和西南研究所的联络越来越紧密。

由于目前全尺寸房间的火灾痕迹研究只能对火灾原因认定关键问题作出初步解释，通过开发和运用新的 3D 技术将解决这些困难。未来的火灾痕迹研究将依赖于可靠的火灾痕迹数据库，通过将火灾现场的痕迹物证与已知痕迹样本进行定量比较，进行图形重叠比较计算出火灾痕迹特征相似度。

火灾相关的法医学与法律都要求现代火灾调查人员必须掌握基本法律法规和相关规

定，并对专家证据和证词有分析能力。火灾调查人员所提供的证据必须通过最关键的初步审查，必须保证证据与法律和逻辑的相关性、可靠性、有效性，并证明价值，避免假定不利影响。实际上，相关法律法规会使科学证据、技术证据和其他专业证据受到诸多非排他性的“因素”的影响，为了避免假冒科学证据的虚假专家证词在法庭中出现，对火灾事故证据的审查应当包括但不限于以下内容：

- 专家意见是否可以验证？
- 专家意见是否是基于足够的火灾事故事实和数据提出的？
- 使用的火灾事故事实是否有证据支持？
- 研究人员是否具有提供相关观点的专业资质？
- 专家的资质是否与其提供的观点相匹配？
- 火灾调查领域是否普遍接受所使用的方法？
- 火灾模拟实验是否正确应用和阐释？
- 实验所采用的理论或技术是否过于抽象复杂，因而用处不大？
- 进行了多少次火灾模拟实验？
- 火灾模拟实验错误率是多少？
- 使用的方法和陈述的结论之间是否有区别？
- 科学技术的应用在这个特殊场合“合适”吗？
- 基础科学理论在实战中有效果吗？
- 是否有火灾调查专业同行参与，如果有，他们的意见是什么？
- 提出的理论是否已发表？
- 专家的意见是确定、极大可能还是仅仅可能？

21 世纪的火灾调查人员必须“像律师一样思考”，必须有效地把科学的、接地气的火灾调查推理同复杂的、不确定的和模棱两可的法律规定同步起来。

火灾调查人员不仅要具备强大的分析能力，还必须具备高效的文书写作能力，这样才能撰写专家证人报告和其他相关记录。想要全面、有效和简洁地将一个复杂的主题向非专业人士叙述清楚，就需要一种逻辑性强、简单明了的方法。虽然典型的专家证人报告通常包括所表达的观点和支撑理由，但较高级别的报告是需要有组织、有格式、有风格和详细的。将支撑的文件在文本脚注中标记或列为参考文献，对权威机构和学术论文的大量引用为文本的科学性提供了支撑。作者努力遵从司法管辖范围内民事和证据规则的应用。一丝不苟的撰稿人提供了毫无疑问且同时能禁受得住任何道伯特挑战的法律工具。

火灾调查科技化刚刚起步。上述技术与其他观点要和实验室实验相结合，进行定性和定量分析，进而促进火灾调查向准确和稳定的方向发展。

托马斯 · R · 梅，法学博士
火灾诉讼策略责任有限公司

注：托马斯 · R · 梅是一篇标志性法律评论文章：《火灾痕迹分析，伪科学，老太太的故事和武断的言辞：营救中涌现的法庭 3D 图像技术？》的作者。T. C. Williams School of Law，University of Richmond. 16 Richmond Journal of Law & Technology 13 (2010)，http：//jolt. richmond. edu/v16i4/article13. pdf.

附录　数学释意

A.1　分数幂

当一个数字（或值）后面跟着一个上标数字或分数，例如 x^n，这意味着数字（x）的 n 次方。如果幂次是 2，就是这个数的平方($3^2=3\times3=9$)。如果幂次是 3，就是这个数的立方($3^3=3\times3\times3=27$)

n 可以是一个分数，例如$\frac{1}{2}$。

$$X^{\frac{1}{2}} \text{或} X^{0.5}=\sqrt{X}\text{(对 } X \text{ 进行开方)}. \tag{A.1}$$

n 可以是任意值，$n=\frac{2}{5}$、$\frac{5}{2}$或$\frac{3}{2}$是火灾动力学中常见的数字。这些值必须使用带有 y^x 或 y^n 函数的“科学计数法”计算器来计算（其中 $y=X$,X[或 n]是 y 的幂）。如果 n 是一个负数，那么 x^{-n} 表示$\frac{1}{x^n}$（x^n 作为分数的分母）。下面是使用指数幂数学方程的一般例子：

$$Q^x Q^y=Q^{x+y} \tag{A.2}$$

$$\frac{Q^x}{Q^y}=Q^{x-y} \tag{A.3}$$

$$(Q^x)^y=Q^{xy} \tag{A.4}$$

A.2　对数

一个数的常用对数值与这个数换算成 10 的幂次时的幂相等，即 $\log_{10}$ =原始数字经过 10 的幂次换算后得到的幂次。

因此，

$$\log_{10}100=2, \tag{A.5}$$

因为

$$10^2=100. \tag{A.6}$$

同样，

$$\log_{10}10=1, \tag{A.7}$$

因为

$$10^1=10. \quad (A.8)$$

这个值可以通过计算器或数学表格计算。例如，

$$\log_{10}3.5=0.54, \quad (A.9)$$

以及

$$\log_{10}2330=3.3673. \quad (A.10)$$

上述函数的反函数有时称为反对数：

$$\text{antilog}_{10}2=10^2=100. \quad (A.11)$$

当使用基本单位 e（e=2.71）时，该值称为自然对数（ln）。例如，

$$\log_e 5=\ln 5=1.6094, \quad (A.12)$$

以及

$$\ln 10=2.3025. \quad (A.13)$$

反对数 e^x 是通过将 e 提高到该次方计算的值：

$$e^5=148.413, \quad (A.14)$$

以及

$$e^{10}=22026.5. \quad (A.15)$$

修改后的“10 次方”表示法用作非常大或非常小的数字的简写。例如，

$$3.40\text{E}-05=3.4\times10^{-5}=0.000034,$$
$$2.88\text{E}+00=2.88\times10^0=2.88,$$
$$5.00\text{E}+02=5.0\times10^2=500.$$

A.3 量纲分析

量纲分析是检查计算是否正确的一个非常有用的方法。例如，观察变量和常量所使用的单位，如果它们同时出现在函数的分子和分母时，单位之间相互抵消，使用这种规则可以验证计算是否正确。

例如，

$$\dot{Q}=\dot{m}''A\Delta H_c, \quad (A.16)$$

式中 $\dot{m}''$——质量通量，kg/(m^2·s)；

A——燃烧面积，m^2；

ΔH_c——热值，kJ/kg。

相乘得出

$$\left(\frac{\text{kg}}{\text{m}^2\cdot\text{s}}\right)(\text{m}^2)\left(\frac{\text{kJ}}{\text{kg}}\right)=\frac{\text{kJ}}{\text{s}}=(\text{kW}), \quad (A.17)$$

kW 是 $\dot{Q}$ 的单位。

对于热传导公式，

$$\dot{Q}=k\frac{T_2-T_1}{l}A, \tag{A.18}$$

式中　k——$k=\frac{W}{m\cdot K}$；

l——长度，m；

T_2-T_1——ΔT，K；

A——面积，m^2。

通过计算得到

$$\dot{Q}=\frac{\left(\frac{W}{m\cdot K}\right)(K)(m^2)}{m}=W, \tag{A.19}$$

这是 $\dot{Q}$ 正确的单位.

术　语

本词汇表包括了本教材中的重要术语，以及在火灾调查领域广泛使用的其他术语。需要注意的是，在某些情况下同一术语存在多个定义，文中适当引用了其文献出处。

A

安培（A）：每单位时间通过导体截面的电荷量（1C/s），是表示电流的基本单位。

B

饱和化合物：不含碳碳双键或三键的碳氢化合物。

爆轰：一种特别迅速的反应，能够产生很高的温度和高压冲击波，具有极大的破坏性。爆轰在介质内以超声波速度传播[>1000m/s(3300ft/s)]。

爆燃：伴随着光和热的迅速氧化反应（主要是燃气、蒸气或粉尘），产生低能压力波并造成破坏。反应以亚声速在燃料组分中传播[<1000m/s(3300ft/s)]。

爆炸点：在固体或液体爆炸附近，受到爆炸高压和冲击波的作用而形成剧烈物理破坏的部位。

爆炸极限：能够支持空气/气体或空气/蒸气的混合气燃烧或爆燃的最低和最高浓度。

爆炸上限（UEL）：空气中气体或蒸气浓度高于此浓度时，暴露于点火源下火焰不能传播，也称为燃烧上限（UFL）。

爆炸：势能突然转变为动能，并迅速释放大量的热量、气体或机械性压力。

爆炸威力：表征猛炸药产生的爆破效果的程度。

爆炸下限（LEL）：空气或氧气环境中能够产生火焰的燃料最小浓度，也称为燃烧下限（LFL）。

比热容：物质的热容与相同温度下水的热容的比值。

剥落：由于爆炸的热作用或机械压力作用形成的混凝土或砖石表面的剥离或碎片。

不燃材料：在大多数情况下不会发生燃烧的材料。

C

插座：通过插头与设备连接的开关装置。

场模型：利用计算流体力学（CFD），通过将房间分隔成相同的小单元或控制体来模拟火灾场景的火灾计算模型。利用计算机程序来预测每种控制体的情况，如压力、温度、一氧化碳、氧气以及碳烟颗粒生成量。

彻底灭火：为消除隐蔽火苗、灼热灰烬或有可能使火灾复燃的火花而进行的灭火行动，一般需要拆移建筑构件（《柯克火灾调查》第7版）。火灾主体被扑灭后进行的最后灭火阶段，在此阶段所有火灾隐患都需被清除（2011版 NFPA 921，3.3.121部分）。

初期火灾：火灾开始阶段。

传热：热量传导、对流或辐射的方式传递。

存疑：火灾原因还没有确定，但是有线索表明是放火火灾，所有其他事故造成的火灾原因均已排除。

D

低爆速炸药：能够产生爆燃的物质，一般在高压作用下能产生气体。

点火能量：能够引起燃料/氧化剂体系自主燃烧的能量值。

点火装置：用于点火或引发爆炸的化学、机械装置或手段。

电弧故障定位：定位和分析电路中的电弧故障图痕，用以判断可能的起火部位。

电弧通道：破损的绝缘体或不良导体之间形成电流通道，可以使局部过热，从而使材料发生降解，并产生电流。

电弧：通过两个电导体间缝隙的电流，一般会产生高温和发光的气体。

电缆管道：专门或单独用于布置电线、电缆或母线的通道。

电压：电路或系统指定的数值，为了便于对电压进行分级。

电阻：阻止电流通过的元件。

叠加效应：两种或两种以上的火灾或热传递方式的联合效应。一种常常产生令人迷惑火灾破坏指示的现象。

顶棚射流：火羽作用形成的位于水平面（例如顶棚）以下的热烟气流动层，这层热烟气相对较薄，且只在水平方向流动（2011 版 NFPA921，3.3.23 部分）。

动机：能诱导或促使某种特定行为发生的内在驱动力或冲动，可以是诱因、原因或刺激等（Rider，1980）。

短路：带电导体之间直接接触。

断路器：为了保证在一定额定功率范围内不受破坏，在预先设定的过负荷情况下能够自动断开电路的一种设备。

煅烧：热作用引起的晶体失水现象。

E

俄歇能谱：通过分析电子显微镜电子发射情况来鉴别元素种类的一种手段。

F

翻燃：在建筑火灾发展阶段热烟气被火焰引燃的现象（《柯克火灾调查》第 7 版）。起火部位的未燃燃料（热解产物）聚集在顶棚层，并达到了点燃和燃烧的浓度（大于等于最低点燃极限）。翻燃可以在从最初引燃物分隔出来的燃料未引燃或引燃前发生。也称为滚燃（Rollover）（2011 版 NFPA 921，3.3.71 部分）。

犯罪事实：确切地说，是指犯罪主体。能够证明犯罪行为的基本事实。

芳香族：苯环结构的碳氢化合物。

防爆设备：能够承受其内部指定的气体或蒸气爆炸或能够阻止其周围指定的气体或蒸气被火花、闪燃、燃料爆炸引燃的设备。防爆设备会在上述外界温度条件下运行，以保证周围的可燃气体不会被引燃。

防火墙：砖石或其他不燃材料堆砌的固体墙，可以在一定时间内阻止火灾的蔓延（一般位于屋顶与护栏之间）。

放火火灾：指故意放火。

放火：以破坏或诈骗为目的的故意放火。

放火装置：用于纵火的装置。

放热：在化学反应过程中产生或释放热量。

飞火火灾：距离火灾主体有一定距离，由风携带的余烬导致的火灾。

沸点：液体由液相转变为气相并达到平衡的温度，该温度与压力有关。

沸溢液体蒸气爆炸（BLEVE）：当密闭容器中的液体受到远大于其沸点的温度作用时，产生的热量导致的机械爆炸（《柯克火灾调查》第7版）。这类故障通常与金属容器的热老化有关，当容器盛装可燃液体时，一般会突然出现火球（2011版NFPA 921，21.2.2部分）。

伏特（V）：电动势基本单位。

浮顶层：室内火灾中热烟气形成的浮力层。

浮力：由于密度不同造成的空气或液体中向上托举或漂浮的力（《柯克火灾调查》第7版）。这种向上的力使物体或一定量的液体从周围的液体环境中上露出来。如果这部分上露的液体受到正浮力，则说明这种液体比周围液体更轻，更易于上浮。相对地，如果受到负浮力，则说明这种液体比较重，更易于下沉。液体的浮力与分子量和温度有关（NFPA手册2008版，第一章第二部分）。

复燃：不彻底灭火之后，由潜在热源、火花或余烬重新点燃的火灾。

G

高爆炸药：用于爆轰且具有爆炸能力的物质。

工作方式：电气运行的应用情况。（1）连续工作。在无限长时间内持续恒定荷载运行。（2）间歇式工作。以下列交替间隔的方式运行。（a）有荷载/无荷载；（b）有荷载/静止；（c）有荷载/无荷载/静止。（3）周期工作。荷载周期性变化的间歇运行方式。（4）短时工作。明确规定的短时持续恒定荷载的运行。（5）变工况。荷载和时间间隔都存在很大变数的运行模式。

共熔合金：由两种材料组成的合金，具有特定的物理化学性质，合金的熔点比两种材料为低。

观点：基于事实和逻辑得到的意见或判断，但是没有绝对的证据来证明其真实性（ASTM E1138—89，1989）。

归纳逻辑或推理：人们依据实践经验并将其概括推广的过程。在这个过程中，假设是基于可观测到的、已知的事实、培训、经验、知识、专家意见而提出的（2011版NFPA 921，3.3.104部分）。

滚燃：见翻燃。

过负荷：设备超过正常额定负荷，或导线超过其额定电流，在经过一段时间之后会产生过热的损害或危险。过负荷电流一般被限制在由导线或电路中的其它电气设备构成的导电通路中，但是也有例外的情况。在有电流通过的情况下，导线或电气设备产生高于其温度范围的情况（2011版NFPA 921，3.3.122部分）。

过载电流：高于额定电流的电流。

H

哈伯定律：人体吸入的有毒气体剂量值等于在烟气中的时间与烟气浓度的乘积。

含水量：物质固有的水含量，以物质总质量的百分数表示。

恒载：建筑结构、设备、装置固有恒定的重量。

轰燃：火灾发展的最后阶段。室内所有可燃物全部引燃，则可认为是轰燃（《柯克火灾调查》第 7 版）。室内火灾发展的过渡阶段，该阶段暴露于热辐射下的所有表面几乎同时达到燃点，火灾在空间中迅速蔓延，造成室内或封闭空间内的全面燃烧（2011 版 NFPA 921，3.3.78 部分）。

华氏温标：一种温度表示方法，定义水的冰点为 32 ℉，水的沸点为 212 ℉，绝对零度为－459.69 ℉。

化学当量混合物：化学反应结束后反应物完全没有剩余的反应物化学比例。

环境：周围的状况。

挥发性物质：沸点低的液体；倾向于蒸发为气态的物质。

回火：点火源回到燃料表面并引燃气体或蒸气（这种现象在可燃液体中比较常见）。

回燃：建筑物或室内火灾中氧气耗尽后发生的气体爆炸或烟气迅速燃烧，大多数都是由于通风或建筑结构破损导致氧气补充而引起的。

毁灭证据：损毁、实质性变更或未能保全在之后的诉讼中可能会用到的证据（《柯克火灾调查》第 7 版）。负责保存证据的人员丢失、损毁或实质性变更在诉讼中是或可能是证据的物体或文件的行为（2011 版 NFPA 921，3.3.162 部分）。

混合区：林野火灾中指示火灾方向的混合区域。

火把：一种专业的放火工具。

火花：过热的耀眼的小颗粒。

火旋风：建筑火灾或林野火灾中，由于对流和热辐射共同作用而导致的火灾无法遏制的发展。

火焰传播速率：火焰材料表面蔓延的速率（一般是指在特定的条件下）。

火焰前沿：燃烧反应区域火焰传播边缘（2011 版 NFPA 921，3.3.70 部分）。

火焰射流：当通过对流传热不能再向上运动而转为横向运动的天花板或其他限制面下水平运动的火焰。

火焰羽流：火灾中肉眼可见的热烟气发光浮力层。

火羽：火灾形成的热烟气的浮力对流体；包括火焰和不燃产物。

火灾：伴随着放热和发光现象的剧烈氧化反应；不可控制的燃烧（《柯克火灾调查》第 7 版）。剧烈的氧化过程，也就是伴随着不同程度的放热和发光现象的化学反应（2011 版 NFPA 921，3.3.58 部分）。

火灾场所：火灾主体所在的区域，其范围由热量、火焰和烟气向外传播的情况决定。

火灾荷载：火灾中燃料的总量，可以用燃烧热表示（单位与热量单位相同）。

火灾痕迹：烟气、火焰和热作用综合形成的损坏（或是相对来说损坏不大）的表观表现（《柯克火灾调查》第 7 版）。可见的或可测的物理改变，或是由于火灾作用形成的特殊的形状（2011 版 NFPA 921，3.3.64 部分）。

火灾模型：利用数值计算或计算机模拟来描述与火灾动力学、火灾蔓延、人员疏散、火灾影响等火灾发展有关过程的数学模型。利用火灾模型计算的结果可以与物证和目击证人证言相互比对以验证假设。

火灾行为：燃料点燃、火焰发展、火灾蔓延的方式。火灾行为异常表明可能存在助燃剂或火灾荷载增加的现象。

J

激光扫描仪：利用全景数码照相技术来完整准确展示火场方位的一种技术。3D激光扫描仪利用激光雷达（LIDAR）技术能够在现场快速定位。

急剧燃烧：火灾通过火焰前沿的方式在粉尘、气体或可燃液体蒸气等分散燃料中迅速蔓延，不会产生破坏性压力（2011版NFPA 921，3.3.76部分）。

技术专家：在机械技术、应用科学或相关领域受过高等教育或有经验的人。

架空引入线：通过电线杆、变压器或其他空中支撑，位于高处引入建筑设备的引入线，包括各种接头。

假设：为了查明真相而提出的假想或推测，是火灾调查的一种基本方法，通过调查可以验证假设或推翻假设（ASTM E1138—89，1989）。

检验和确认（V&V）：为火灾模拟建立可接受的用途、适用性和限制的一种正式验证过程。检验决定了模型能够正确表达开发者的概念性描述。确认决定了模型适用于火灾的实际情况，并且可以再现人们感兴趣的某些现象（Salley，Kassawar，2007）。

焦耳：热量、能量或功的国际单位。1J是指1A通过1Ω的电阻1s内所产生的热量，或是在1N力的作用下移动1m所需要的功。1cal＝4.184J，1BUT＝1055J，1W＝1J/s（2011版NFPA 921，3.3.109部分）。

接地短路：不论是故意的还是偶然的，电气线路、设备与地面或其他地面导体之间的传导式连接。

接地故障：建筑中一般对地短路造成电流回路而引起的异常电流的故障现象。

救援：减少火灾烟气、射水或天气原因造成的火灾损失的行动，常用的方法为移动法或遮盖法。

卷吸：由于层流或运动造成的两种或多种流体（气体）的混合。在空气卷吸中，是指空气或气体吸入火灾、火羽或射流中（2011版NFPA 921，3.3.48部分）。

绝热：温度和压力的一种平衡状态，也指反应中没有热量的增加或减少。

龟裂：玻璃突然冷却而导致的应力裂缝。龟裂：燃烧过的木材表面呈现的一种常见炭化图痕。

K

卡路里：将1g水提升1℃所需要的热量。

开尔文：一种温度的表示方法，是指从绝对零度开始，水的冰点为373.16K，水的沸点为373.16K。

开关：电气系统中电流供给设备装置的连接点，一般是插座或直接连接。

科学手段：包含识别与规划、通过观察提取证据、实验以及对假设的验证测试等知识的系统工作。

可燃物：能够燃烧的所有物体（2011版NFPA 921）。

可燃物（易燃物）：易于点燃，燃烧剧烈或火焰蔓延迅速的可燃材料。

可燃物：有足够的热源和氧化剂存在的情况下能够被点燃并燃烧的物质。

可燃液体：利用可燃性和易燃性对液体的一种分类。

可燃液体：通过测试，闭口杯闪点低于37.8℃（100℉）的液体，ASTM D323 4.4部分（石油产品蒸气压标准试验方法，瑞德法）中定义，37.8℃时瑞德蒸气压不超过绝对压力276kPa（40psi）（2012版NFPA 30）。

可燃液体：通过测试仪器和方法测得闭口杯闪点大于等于100℉（37.8℃）的液体（NFPA 30，2012）。

可引燃点火源：具有足够的能量并能将能量传递到燃料中，使燃料升温到其燃点温度的点火源（2011版NFPA 921，3.3.33部分）。

空气卷吸：空气被卷入火焰、火羽或射流中的过程（NFPA 921，2011版）。

扩散火焰：在燃烧区域氧气与燃料混合生成的火焰（2011版NFPA 921，3.3.44部分）。

L

兰金度数：以绝对零度开始的一种温度表达方法，水的冰点是491.67°R，水的沸点是671.67°R。

链烷烃化合物：不含碳碳双键或三键的碳氢化合物；烷烃；饱和脂肪烃。

量热法：用于测量燃料燃烧总热量的一种分析方法。

量热仪：测量中等规模燃料包燃烧产生的总热量以及生热速率的一种仪器测量系统。

M

明火点燃：明火（火柴或打火机）对燃料的直接点燃。

明线：没有绝缘层的导体，或有绝缘层但是没有接地金属护套或防护物的导体，一般位于地面之上，但没有穿管或其他防护。

N

耐受度：火灾可能带来的潜在危害的一种评估方法，这种方法基于以下因素。①对热源、热释放速率和燃烧产物的产生速率的分析；②当火场人员可能暴露于有害环境之下时；③这种暴露对于人员造成的影响。

O

欧姆：电阻的单位。

P

骗保：故意欺骗以获得不合理或不合法的保险赔偿。

Q

汽化潜热：一定量的固体或液体转化为气相所需的热量。单位J/g或BTU/lb。也称为汽化热（Heat of gasification）。

起火部位：火灾发生的场所[《柯克火灾调查》第7版]。一般包括火灾或爆炸事故的“起火点”，可以是火灾现场中的建筑物、建筑物的一部分或某一区域（可参见起火点Point of origin）（2011版NFPA 921，3.3.9部分）。

起火点：火灾或爆炸最初开始的位置（2011 版 NFPA 921，3.3.119 部分）。

起火点：火灾最初起火的位置（《柯克火灾调查》第 7 版）。位于部位内，热源与燃料相互作用并导致火灾或爆炸发生的位置（2011 版 NFPA 921，3.3.127 部分）。

潜热：由固相转变为液相（溶解潜热）或由液相转变为气相（汽化潜热）所需的热量。

强迫着火：气化材料通过接触外界高能火源如火焰、火花、电弧或赤热电线点燃可燃物。

清洁燃烧：由于受到火焰直接灼烧或受到其他高温热源的作用，墙面、天花板或其他表面的有机炭化残留物被烧失的区域。

区域模型：假设火灾发生在室内或封闭空间内的一种火灾计算模型，是按照两个单独区域来进行的，分别为上层和下层区域，每个区域内的情况是可以预计的。区域模型中对每一个区域应用了一系列差分方程，可以预测压力、温度、一氧化碳、氧气和碳烟颗粒生成量等参数。

全面燃烧或充分燃烧：着火建筑的整个区域被热、烟和火焰所包围。除非采取消防射流控制措施，否则不可能进入建筑物。

全室燃烧：室内火灾中所有物体都参与燃烧的现象（2011 版 NFPA 921，3.3.84 部分）。

缺氧：氧气缺乏的一种情况。

缺氧：指氧浓度较低的情况。

R

燃点：在标准火源下或标准试验条件下，液体被点燃并能持续燃烧的最低温度。常见的标准如 ASTM D92《基于克利夫兰开口杯测量闪点和燃点的标准试验方法》（2012 版 NFPA 30）。

燃点：在一定的标准测试条件下，点燃后燃料的蒸气或热解产物维持有焰燃烧的最小温度。

燃料包：火焰能够完全蔓延的彼此聚集的大量燃料。一起室内火灾中可能包括多种多样的燃料包（2011 版 NFPA 921，5.6.2.1 部分）。

燃料挂车：建筑中有助于火灾蔓延的可燃材料的聚集体。

燃料荷载：火灾现场中所有的可燃物，包括建筑构件、装修材料和家具等（《柯克火灾调查》第 7 版）。建筑物、某个空间或火灾现场可燃物的总量，包括内部装饰装修物，以热量单位或木材当量来表示（2011 版 NFPA 921，3.3.82 部分）。

燃料控制火灾：放热速率和增长速率被质量、几何尺寸等燃料特征控制的火灾，这类火灾一般燃烧供氧充足（2011 版 NFPA 921，3.3.83 部分）。

燃料：在特定的环境条件下能够维持燃烧的材料（2011 版 NFPA 921，3.3.80 部分）。

燃烧极限：燃料蒸气或气体/气化氧化物混合体系（一般用体积分数表示）中，燃料蒸气或气体的最小和最大浓度，定义了在接触点火源时能发出火焰的浓度范围（可燃或爆炸范围）。最小浓度也就是燃烧下限（LFL）或爆炸下限（LEL）。最大浓度是指燃烧上限

（UFL）或爆炸上限（UEL）（NFPA 53）。

燃烧：能够产生可测的热量并发光的氧化现象（《柯克火灾调查》第7版）。以灼热或火焰的形式体现的化学氧化过程，氧化需足够迅速以产生热量，通常伴有发光现象。

燃烧瓶：装有可燃液体的易碎容器，通常用于投掷。燃烧瓶可以由火焰芯或化学方式点燃。

燃烧热：燃烧过程中燃料释放的热量，单位为 kJ/g 或 BTU/1b。

燃烧四面体：用于描述维持持续燃烧的四个元素的模型，燃料、热量、氧气和不间断化学链式反应。

燃烧速率：火灾中单位时间内消耗的燃料质量。

燃烧图痕：当热通量高于使材料表面焦化、熔融、炭化或被点燃的临界值时形成的图痕。

热保护器：防止过热的内在装置，为温度响应或电流响应，当过负荷或其他故障发生时能够保护设备防止其过热。

热薄固体：一面受热的固体，在其背面温度几乎与受热面温度一致。这个性质不仅仅是材料的性质，还与受热时间和热通量有关。

热传导：材料内部或直接接触材料间的热量传递过程。在直接接触材料间通过不同温度材料的原子和（或）粒子热运动方式传递能量（2011版 NFPA 921）。

热导率：表述材料通过热传导来进行传热的能力的性质。热导率大的材料传热速率比热导率小的材料更大。热导率的单位为 W/m·K。

热对流：通过流体（主要是气体）运动而实现的传热过程。对流换热中，高温流体密度小于周围流体，向上运动，从而形成环流。

热辐射：通过电磁波传递能量的一种传热方式。

热固性材料：一旦固化后就不会再熔融的塑料或树脂材料，受热后会发生化学降解反应。

热惯性：用以表征材料暴露在热环境时表面温度上升特性的参数。材料的热惯性与材料的热导率、密度和比热容有关。（2011版 NFPA 921，3.3.170 部分）。

热厚固体：一面受热的固体，在其背面温度增长可以忽略不计。这个性质不仅仅是材料的性质，还与受热时间和热通量有关。

热解：物质在没有氧气的情况下受热的作用而发生的化学分解过程；当由氧气进入并与分解材料接触后会发生氧化性热解。

热界线：火灾损害的界线（一般是水平线上的），通常表现为墙面油漆或涂料的炭化、燃烧或变色。

热量：从较高温度体系向较低温度体系流动的热能量。

热释放速率：热源产生热量的速率，通常以 W/s，J/s 或 BTU/s 表示。

热塑性材料：不需要化学降解就可以熔融和重新固化的有机材料。

热通量：表面上单位面积、单位时间传递的热量速率，以 kW/m^2、$kJ/(m^2 \cdot s)$ 或

BTU/（ft^2·s）表示。

S

SI国际单位制：被科学界普遍接受的定量表示方法。

色谱法：基于两种材料在不同物理状态下，如气/液、液/固，其化学吸附能力的差别而实现混合物分离的一种化学手段。

闪点：在一定的试验条件下，材料产生的蒸气被点燃并产生短暂闪烁（不是持续的）火焰的最小温度。

上层：室内火灾产生的热烟气浮力层（2011版NFPA 921）。

设备：通常是指具有一种或多种功能的非工业用设备，如洗衣机、空调、食品搅拌机、烹饪用具等，一般有标准化的尺寸和类型。

设证推理（又称溯因推理）：寻求某一现象最佳解释的推理过程。

摄氏度：一种温度表示方法，定义水的冰点为0℃，水的沸点为100℃，绝对零度为−273.16℃。

深位火灾：建筑火灾充分发展，产生大量热量，需要较高浓度的和长时间的灭火剂浸渍才能被扑灭；深藏于可燃材料内部的火灾（与表面火灾相反）；建筑构件的深度炭化。

双原子分子：含有两个原子的分子。

死亡原因：损伤或疾病引发了后续系列事件，最终致人死亡。火灾中死亡原因包括吸入热烟气、一氧化碳或其他有毒气体，烧伤，缺氧，窒息，建筑物倒塌以及钝物造成的创伤。

碎片：爆炸产生的高速移动的固体碎屑。碎片主要是爆炸容器本身，其次是爆炸中粉碎的目标物。

T

炭化等深线：在木材表面上，将火灾现场中炭化深度相近的点连接起来构成的线。

炭化深度：一种通过将木材表面与其原始表面高度比较，来判断热解或燃烧情况的衡量方式。

炭：热解形成的含碳物质，一般表现为纤维素或其他固体有机燃料表面的黑色物质。

碳间电弧：半导体降解产物中偶发的电流通道。

碳氢化合物：只由碳和氢组成的化合物。

通风控制火灾：热释放速率或增长速率受火灾可补给的空气量控制的火灾。

通风口：气体、烟气等流体溢出通道的开口。

通风：支撑火灾的空气或氧气供给。

同行评议：同行评议一般是指科学或技术档案正式作出之前，或筛选主持研究计划的部门授权申请的一个正式程序。同行评议具有独立性和客观性。同行评议对评价结果不感兴趣。报告者不能挑选评议者，评议一般是匿名进行的。同样地，不能由同事、管理者或调查同一起事故的其他代理调查员来进行同行评议，进而评价火灾调查人员的工作。这类评价更准确的叫法是“技术评价”（2011版NFPA 921，4.6.3部分）。

退火：一种金属热处理工艺。

W

瓦特（W）：能量单位或功率，1W＝1J/s，表示在1V电压下1A电流所产生的功率（NFPA 921，2011）。

完全发展火灾：燃料和氧气充足，同时有足够的热量使燃料发生热解。火灾达到稳定燃烧阶段，也称为自由燃烧阶段和稳态燃烧。

温度：物体平均动能热能的表达方法，由分子运动产生。

无机物：构成元素中不含有碳、氧、氢。

X

吸附：固体基材表面对气体的吸着现象。

吸热：在化学反应中吸收热量。

烯族化合物：含有碳碳双键的碳氢化合物；不饱和的；烯属烃。

下落：室内燃烧物坍塌引起的单独的低位燃烧现象；倒塌。

现场：火灾或爆炸事故所在的场所（地理区域、建筑的部分结构、车辆、船舶、设备部件等）。现场对于火灾调查工作十分重要，因为其包含了机械损伤、残骸、物证、尸体或其他与事故有关的线索（2011版NFPA 921，3.3.143部分）。

刑事科学技术：自然科学（物理学、化学、生物学、植物学等）方法在司法调查中的应用。

形状因子：辐射由一个表面发出并被第二界面截断的部分，也称为视角系数。

虚化痕迹：不燃地板上由于地板黏合剂的熔融和燃烧造成的地板瓷砖的污渍轮廓。

Y

烟尘层顶：表示高度的层面，在此高度烟气和烟灰将附着于墙面和窗户上而不会造成热损伤。

烟气：空气中的固体和液体微粒，材料热解或燃烧后产生的气体及其他物质与空气的混合物（2011版NFPA 921，3.3.153部分）。

烟炱：含碳材料不完全燃烧产生的以碳为主的固体残留物。

演绎推理：由已知前提通过逻辑分析得出结论的过程。

氧化：某种元素与氧的化合反应；涉及电子损失的化学变化。

液体或固体的相对密度：一定体积的物质的质量与4℃下同体积水的质量的比值（2011版NFPA 921，3.3.161部分）。

液体：有一定的体积，但是没有固定的形状的一类物质，其形状一般认为是其盛装容器的形状。

阴燃：固体燃料和大气中的氧在没有气体火焰条件下发生的放热反应，也称灼热燃烧。

引入设备：包含主控和供电系统切断设备的必要的硬件设备，一般由断路器、保险丝、开关组成，位于供电设备入口附近的配电盘处。

引入线：从干线上引出的供电导线，或是设备中预先引入的变压器。

引入：预先引入的从供电系统向设备传输电流的导体和设备。

隐蔽电线：布在建筑结构或装饰内部的不易被发现的电线。穿管导线也被认为是隐蔽电线。

英制热量单位（BTU）：在1个大气压下把1lb的水提高1 ℉温度所需的热量；1BTU ≈1055J（1.055kJ，或252.15cal）（2011版NFPA 921，3.3.19部分）。

有机物：由碳参与构成的化合物。

有效暴露浓度分数：有毒烟气和燃烧副产物对人影响的一种评价方法。FED与火灾气体中颗粒毒害物浓度和暴露时间有关。

有焰燃烧：燃烧过程发热发光的部分。释放的热量能使气体维持足够的温度保证其发射的能量波在可见光范围。

预混火焰：在燃烧前，实验室本生灯或燃气器具中的燃料与氧化剂预先混合形成的火焰。火焰的传播受流速、传递过程和化学反应的相互作用的影响（2011版NFPA 921，3.3.127部分）。

原因：火灾或爆炸事故所带来或造成的环境、条件变化，财产损失或人员伤亡情况（2011版NFPA 921，3.3.22部分）。

原子：一种元素能保持其化学性质的最小单位。

Z

载流量：电导体的载流容量（单位为A）。

蒸气密度：一定体积的气体或蒸气的分子量与同样体积的空气分子量的比值；或是气体或蒸气的分子量与空气分子量的比值（$M_W=29$）。

蒸气相对密度：气体或蒸气的平均分子量与空气分子量的比值（2011版NFPA 921，3.3.160部分）。

蒸气：在正常温度和压力条件下液体或固体材料的气相状态。

证据链：能体现物证从提取到在法庭上提交全过程的书面报告。

支路：电源与终端的过电流保护装置之间的电路。

脂肪族：碳链为直链的碳氢化合物。

直接射水：利用消防射流或其他灭火剂直接作用于火灾，而不是在建筑中利用生成射流来灭火。

直链烃（*n*-hydrocarbons）：没有支链的直链碳氢化合物；脂肪族化合物。

指示：热、火焰或烟气造成的可观测到的（通常是可测量的）表观变化。

中性面：在火灾发展阶段，开启的门窗等通风口位置，冷热气体层界面压力差为零的垂直面。

助燃剂：用于产生燃烧或加速火灾蔓延的燃料（通常是易燃液体）（《柯克火灾调查》第7版）。

着火点（Autoignition temperature自燃温度）：在一定的试验条件下，物质在空气中受到热源的作用被加热并自主燃烧的最小温度，如没有点火源或非引导点火的情况下。

资料：用于讨论或认定的事实或信息（ASTM E 1138—89，1989）。

自燃：能够产生足够的热量并点燃反应物的化学或生物过程。

自燃温度：在没有外部火源或热源的情况下，材料开始燃烧的温度。

自燃：在缺少引火源情况下由于周围温度足够高引起的燃烧，非点燃引燃。

自燃：在正常温度条件下，暴露于大气环境中能够发生氧化的情况。

自热：能产生足够热量从而变成引火源的放热化学或生物反应过程，又称自燃。

纵火癖：实施放火的不受控制的心理冲动。

阻燃：能够保证达到建筑防火法规中规定的耐火等级的结构或材料。

阻燃：一旦外部火源移开后，不能维持有焰燃烧的材料或表面。

最小能量（MIE）：在一定的试验条件下，可燃混合物产生的能够使火焰从某一点传播开来的最小能量值（NFPA 68）。